# 配位聚合原理

PRINCIPLES OF COORDINATION
**POLYMERISATION**

高分子化学中的均相和多相催化反应——
烃类、杂环和含有杂原子的不饱和单体的聚合

[波]维托德·库兰(Witold Kuran) 著
李化毅 编译
胡友良 审订

化学工业出版社
·北京·

Principles of Coordination Polymerisation: Heterogeneous and Homogeneous Catalysis in Polymer Chemistry—Polymerisation of Hydrocarbon, Heterocyclic and Heterounsaturated Monomers, 1st edition/by Witold Kuran
ISBN 9780470841419 / 0470841419

Copyright © 2001 by John Wiley & Sons Ltd. All rights reserved.
Authorized translation from the english language edition published by John Wiley & Sons Ltd
本书中文简体字版由 John Wiley & Sons Ltd 授权化学工业出版社独家出版发行。
未经许可，不得以任何方式复制或抄袭本书的任何部分，违者必究。

北京市版权局著作权合同登记号：01-2022-0113

#### 图书在版编目（CIP）数据

配位聚合原理/（波）维托德·库兰（Witold Kuran）著；李化毅编译. —北京：化学工业出版社，2021.10
书名原文：Principles of Coordination Polymerisation
ISBN 978-7-122-39405-7

Ⅰ.①配… Ⅱ.①维… ②李… Ⅲ.①配位聚合 Ⅳ.①O631.5

中国版本图书馆 CIP 数据核字（2021）第 127963 号

---

责任编辑：王　婧　杨　菁　　　　文字编辑：李　玥
责任校对：李雨晴　　　　　　　　装帧设计：李子姮

出版发行：化学工业出版社（北京市东城区青年湖南街 13 号　邮政编码 100011）
印　　装：北京捷迅佳彩印刷有限公司
787mm×1092mm　1/16　印张 27　字数 650 千字　2022 年 3 月北京第 1 版第 1 次印刷

购书咨询：010-64518888　　　　　　　　售后服务：010-64518899
网　　址：http://www.cip.com.cn
凡购买本书，如有缺损质量问题，本社销售中心负责调换。

定　价：198.00 元　　　　　　　　　　　　　　　版权所有　违者必究

## 译者前言

"配位聚合"是指在配位催化剂存在下的聚合。在聚合的每一步中,单体首先配位而后链接到催化剂的活性中心上。通过单体(M)和活性中心(Mt-X)配位,两者的反应性化学键相互活化,这是配位聚合的典型特征。在20世纪50年代,Ziegler和Natta两位伟大的科学家在催化剂研究上获得重大发现之后,配位聚合领域无论是在基础研究还是在工业应用上都取得了巨大的进展和成就。就以烯烃(主要是乙烯和丙烯)聚合为例,目前全球的聚烯烃年产量已超过亿吨规模,而且还在不断地增长。

尽管配位聚合的理论和实践都非常重要,但是长期以来都缺乏一本以"配位聚合"来命名的专著。波兰科学家Witold Kuran教授根据他在华沙科技大学化学学院25年中给学生的不同课程的讲稿为基础,编著了这本《配位聚合原理》,弥补了这方面的不足。可惜作者英年早逝,对于近二十年来这个领域的最新成就不能编入书中了。为此,我们在翻译本书的同时,请刘卫卫博士收集了近二十年来烯烃配位聚合进展方面的文献,并撰写了一篇综述,内容包括:密度泛函理论在Ziegler-Natta催化聚合、茂金属催化聚合、非茂金属的催化聚合中的应用;Ziegler-Natta催化剂内外给电子体的发展;以及烯烃极性单体聚合、双核茂金属催化剂和链穿梭聚合等。这些内容作为本书的第10章,以供有兴趣的读者阅读参考。

本书的翻译者李化毅博士已从事配位聚合研究近二十年,对该书的内容很熟悉。我本人从事配位聚合研究近五十年,书中很多实例都是我在研究工作中经历过的。我们在翻译和审校过程中尽力保持原著的风貌,但仍然难免有不妥之处,请读者不吝指正。

最后,我向从事配位聚合研究的硕士和博士研究生,学习一般聚合物科学的本科生和研究生,以及从事相关工作的大学教师和工业界的研究技术人员,热诚地推荐本书,希望得到你们的关注和认可。

胡友良
**2019年6月于北京**
中国科学院化学研究所

# 给 Witold Kuran 的献词

本书的作者 Witold Kuran 逝世于 1999 年 11 月 19 日，享年 58 岁。在他生命的最后 25 年里，一直被华沙科技大学化学学院聘为教授，并担任聚合物合成与加工系主任。在早期的研究生涯中，他痴迷于 Karl Ziegler 和 Gulio Natta 的发现以及有机金属催化剂为高分子化学和技术发展提供的巨大机会，他的整个职业生涯都致力于此项研究。有机铝和有机锌化合物的反应，以及这些化合物在极性乙烯基单体和杂环单体的催化聚合中的应用是他研究工作的主要方向。20 世纪 60 年代末至 70 年代初，他使用烷基氯化铝率先研究了氯乙烯、烯烃和二烯烃与丙烯酸衍生物单体的交替共聚，并且发现聚合是由金属-碳键均裂产生的自由基引发的。70 年代中期，他开始研究二氧化碳和杂环单体的共聚，在很短的时间内，他领导的小组就发展了许多原创的高活性共聚催化剂。在进一步的研究中发现，这些催化剂可以成功地用于环氧、环碳酸酯和其他杂环单体的配位聚合。基于他自己大量的实验结果以及对其他研究人员发表的成果极为精确的分析，他提出了杂环单体聚合中的有机金属催化这个一般性概念，并发表在许多专题刊物上。Kuran 教授的成果还包括在有机金属化学和高分子化学领域内发表的大量有价值的论文。他在米兰 Gulio Natta 大学进行合作研究时，他是钯（0）化合物基础研究的合作者之一，他也合作研究了环碳酸酯的缩聚聚合。58 岁，正是充满创造力的高峰时期，他却离我们而去，但是他留下了丰厚的科学成果：他独自或参与撰写了两本书、超过 110 篇的科学论文，并且获得了 30 项专利。

在华沙科技大学化学学院，他教授高分子化学与技术课程。在 20 世纪 80 年代，催化聚合工艺日益显示出对塑料产品的决定性影响，他决定设置有关该领域的新课程——配位聚合原理。该课程在研究生和博士生中很受欢迎，它的基本论点以单行本的形式印发并成为波兰教科书"高分子化学"中的一大章节。90 年代初期，他决定写一本专论，试图概括各类单体配位聚合的基本概念和最新进展。这本书的编写工作开始进展得很快，而且 John Wiley&Sons 出版社有出版意向。但不幸的是，编写工作完成的最后限期被推迟了好几次，因为催化聚合工艺新领域的研究发展非常快，以至于几乎每次到图书馆查资料后就需要对书的内容进行更正和补充。Kuran 教授身体健康的恶化也是这本书编写工作减慢的一个主要原因。书的初稿完成于 1999 年 3 月，他周围同事在阅读后，决定和 Kuran 教授一起完成书的编著工作。然而最终未能实现。Kuran 教授逝世后，我们尽力按照他的指导思想并考虑了评论者的意见，承担并完成了他的工作。希望我们小小的改变没有破坏作者原有的理念。他是我们的老师和朋友，他一生伟大的工作将会被证明对学生以及高分子化学和技术领域的专业人员是有帮助的。

Zbigniew Florjańczyk 教授

# 前言

这本书是以 25 年来我在华沙科技大学化学学院传授不同课程的讲稿为基础编著而成，论述了高分子化学、配位聚合、催化聚合工艺、聚合立体化学和有机技术等。由于没有发现一本著作其包含配位聚合的全部理论并收集和适当评论这方面的文献，促使我开始写这本书。目前❶只有很少几种教科书有独立的关于配位聚合的章节。然而，这些章节都忽略了一些重要类别的单体的配位聚合，并且没有详尽而有启发性地处理所有重要问题，这就使得人们很难掌握这一重要学科。在 Ziegler 和 Natta 的发现之后，无论是基础研究还是工业研究，在配位聚合领域内取得了巨大进展和成就，这都与相应的教科书之间有着难以填补的鸿沟，按理说这样的教科书应该提供适当的数据，并给予适当解释和恰当的评述。Ziegler 和 Natta 的突破给 20 世纪后半叶的聚合物科学和技术带来了革命性的进展，他们二人因此荣获了 1963 年的诺贝尔奖。这些发现使配位聚合在学院和工业实验室内都变成最活跃最激动人心的研究领域，并且给塑料和橡胶工业的发展带来了重大的影响，然而 Ziegler 和 Natta 在生前却没有看到一本专述配位聚合的书，而这样的书也确实应该以"配位聚合"来命名。20 世纪 80 年代中期，科学上取得的显著成就和创新以及工艺的改进给聚烯烃技术带来了第二次革命，我们现在正亲眼见证这一革命的后续阶段，茂金属技术可以剪裁聚烯烃分子得到所有实际可能的微结构。这些成就为聚合机理研究打下了基础，并且为塑料和橡胶工业的不同分支引入新的或改进的工业工艺提供了诱人的潜力。然而由于缺乏适当的教材，正确掌握配位聚合这门重要学科的机会减少了，大多数化学家接受的相关训练似乎也不充足，这真是一件令人遗憾的事情。这本书要克服这些缺点，将努力提供一个统一的尽可能全面的关于配位聚合的概观。这本书的目标是覆盖配位聚合的全部领域，也就是每一聚合步骤中都涉及催化剂和单体配位的聚合。这本书因教学的需要而编写，致力于配位聚合，可作为聚合物科学、催化和聚合催化方面的介绍性教材或高等教材。这本书对研究生和工业界的研究人员非常有用，也可以作为参考书。多年以来，激励我编著这本书的精神动力是我对配位聚合的持久兴趣，这一兴趣被激发起来是在 20 世纪 70 年代前期，那时我在米兰理工大学化工学院做博士后，后来又去了米尔海姆/鲁尔的马克斯·普朗克研究所做访问学者。此后，我在华沙科技大学化工学院有机化学与技术研究所和高分子化学与加工系从事研究工作并领导研究团队，这些研究成果以及我持续不断收集的文献数据，对这本书的编著都很有帮助。

这本书集中论述了各种类型的配位催化剂对所有重要类型的碳氢单体和非碳氢单体的聚合反应，并强调了配位聚合对基础研究和工业的不断增长的重要性。这本书收集并谨慎筛选了海量的内容，以适合该学科中不同水平和不同知识面的读者，包括几乎全部的配位聚合反应和全部易于配位聚合的单体以及相关的相对重要的配位催化剂。工业上已经更替了好几代催化剂和聚合工艺，制备了各种广泛使用的材料（从一般热塑性塑料到橡胶），所以这本书

---

❶ 译者注：到本书翻译并出版时，这种状况依然没有改变。

在某种程度上着重于烯烃的配位聚合，尤其是1,3-二烯烃。论述这类单体的章节包含已经在工业工艺中使用的方法和这些方法的演变史，这一领域内的工业研究和基础研究有着非常强的关联性。

这本书的内容根据单体和催化剂的类型组织，考虑了各种单体配位聚合机理的基本特征。根据单体的结构所决定的性能对单体进行分类。因此，第一章和第二章介绍了配位聚合的一般性特征，接下来的章节致力于不饱和烃类单体的配位聚合，主要论述了α-烯烃（第3章）、乙烯基芳烃（特别是苯乙烯，第4章）、共轭二烯烃（第5章）、环烯烃（第6章）和炔烃（第7章）的立体定向聚合，也论述了二乙烯基单体通过非环二烯烃易位反应的配位缩聚、功能性芳香化合物通过Heck反应的配位偶联缩聚以及碳基化偶联缩聚（第8章）。最后的第9章涉及了杂环和杂不饱和非烃类单体的配位聚合。虽然用现有的配位催化剂这些单体的聚合和共聚合还不能大规模地应用于工业生产中（只限于大规模地生产聚醚橡胶），而且它们对塑料和橡胶工业的影响也没有达到烃类单体的那种程度，但是，它们发展了新的配位聚合思想并拓宽了合成可行性。尤其考虑到它的特点，所以需要更详细地处理这部分内容。综上所述，本书中各个章节是不均衡的，根据所论述的化学问题而不是技术问题的重要性和宽广度的不同，而在章节内容的大小上有所不同。

每一章统一论述单体、催化剂、机理（机理的重点在于立体化学）、聚合物结构、配位聚合的应用、现在的研究趋势以及商业应用及潜力。每一章之后列有问题，以使学生或其他读者能更好地吸收内容。

配位催化剂的一个最重要的特点是能够制备立构规整的聚合物，所以当讨论到个别类单体的聚合时，着重考察了催化剂活性中心的结构和这些聚合的立体控制机理。那些有助于理解配位聚合本质的关键问题在本书中给予了特别的重视，尤其充分地论述了利用配位聚合制备立构规整性聚合物的问题。

本书收录的一些涉及配位聚合的比较难懂的内容，那些已经掌握了一般化学知识的本科生也是很容易理解的。首先是所有问题的介绍性的讲解，这些内容本科生是可以理解的；之后，一些较深的问题的讲解，需要有更深知识的研究生和其他人员才能理解。这本书的一个理念是非常易于为教师讲解也容易让学生理解。现在，大多数的学院和大学都没有开设配位聚合的课程，很少有教师知道这方面的研究，仅仅在高分子的其他课程中草草提及配位聚合。毋庸置疑，有许多例外情况，从单个的工作人员的辛勤工作到大型的聚合物研究中心，例如由十几名或更多员工组成的正式或非正式的聚合物研究小组。但是，很少有学术中心能够聚集多名配位聚合领域的专家。

这本书的参考文献引用了最近的综述和书目以及那些最重要的原创性的工作。一些一般性的综述和书目的章节列在"拓展阅读"中。因为这本书不是专题论文，所以参考文献尽量齐全。由于很多引文都是综述和书目，读者可以通过引文很容易再查找到更多的参考文献。为了避免参考文献和"拓展阅读"放在书后形成的目录过长，参考文献列在了各个章节后面。这本书将配位聚合这一领域最近的知识浓缩在一本书中，希望可以更方便地让专家学者们使用并从中受益。

这本书写给催化、聚合催化研究方向的硕士和博士研究生、一般聚合物科学的本科生和研究生、学院和大学的教师以及工业界的研究人员。

# 符号表

| | | | |
|---|---|---|---|
| A | Ziegler-Natta 催化剂的活化剂（助催化剂） | $k_m$ | 对单体的链转移速率常数 |
| | | $k_p$ | 链增长速率常数 |
| Ac | 酰基 | $k_s$ | 自发链转移速率常数 |
| Acac | 乙酰丙酮 | $k_t$ | 平均链转移常数 |
| All | 烯丙基 | $k_{11}$ | 单体 1 的均增长速率常数 |
| Ar | 芳基 | $k_{22}$ | 单体 2 的均增长速率常数 |
| Bbn | 9-硼双环 [3.3.1] 壬烷基 | $k_{21}$ | 单体 1 的共增长速率常数 |
| Bu | 丁基 | $k_{12}$ | 单体 2 的共增长速率常数 |
| Bz | 苯甲基（苄基） | $K_p$ | 链增长平衡常数 |
| Bzo | 苯并 | L | 配体 |
| CD | α-环糊精 | LA | Lewis 酸 |
| Chx | 环己烷 | LB | Lewis 碱 |
| Cod | 环辛-1,5-二烯 | Ln | 镧系 |
| Cp | 环戊二烯基 | M | 单体 |
| Cp* | 五甲基环戊二烯基 | $M_1$ | 单体 1 |
| Cp′ | 取代的或者非取代的 Cp | $M_2$ | 单体 2 |
| Cp″ | 取代的或者非取代的 Cp | $m, M$ | 内消旋的 |
| C* | 手性碳原子 | MAO | 甲基铝氧烷 |
| $C^*$ | 活性中心总浓度 | Me | 甲基 |
| $C_p^*$ | 增长活性中心浓度 | Mt | 金属 |
| Dmon | 二亚甲基八氢萘 | $M_n$ | 数均分子量 |
| Dmpe | 1,2-双（二甲基膦）乙烷 | $M_w$ | 重均分子量 |
| DOX | 1,4-二氧六环 | Nbd | 2,5-降冰片二烯 |
| E | 能量 | Np | 新戊基 |
| EB | 苯甲酸乙酯 | Nph | 萘基 |
| Et | 乙基 | Ph | 苯基 |
| Flu | 9-芴基 | Pr | 丙基（或者错） |
| h | 单体的头部 | Py | 吡啶 |
| Hx | 己基 | $P_h$ | 单体以头连接的增长活性种 |
| Ind | 1-茚基 | $P_t$ | 单体以尾连接的增长活性种 |
| $k_a$ | 助催化剂的链转移速率常数 | $P_n$ | 聚合物链 |
| $k_{H_1}$ | 对氢的链转移速率常数 | $P_x$ | 聚合物链 |
| $k_i$ | 链引发速率常数 | $P_m$ | 形成 m 二元组的概率 |

| | | | |
|---|---|---|---|
| $P_r$ | 形成 r 二元组的概率 | Tbp | 2,2′-硫代双（4-甲基-6-叔丁基酚） |
| $P_n$ | 数均聚合度 | THF | 四氢呋喃 |
| $r_1$ | 单体 1 的竞聚率 | THind | 1-(4,5,6,7-四氢茚基) |
| $r_2$ | 单体 2 的竞聚率 | Tmdn | 三亚甲基十二氢萘 |
| $r$, $R$ | 外消旋的 | $T_g$ | 玻璃化转变温度 |
| R | 烷基（氢） | X, Z | 取代基 |
| $R$ | 右手的 | $\Delta$ | 右手的 |
| $R_p$ | 总的聚合速率 | $\Lambda$ | 左手的 |
| S | 左手的 | $\theta_A$ | 和活化剂配位的中心百分数 |
| t | 单体尾 | $\theta_M$ | 和单体配位的中心百分数 |
| $t$ | 时间 | □ | 配位空位 |

# 目录

## 1 绪论

- 参考文献 ········· 003
- 拓展阅读 ········· 004
- 思考题 ········· 005

## 2 配位聚合的一般特征

- 2.1 单体和催化剂——配位 ········· 006
- 2.2 配位单体的聚合 ········· 008
  - 2.2.1 烃类单体 ········· 009
  - 2.2.2 非烃（杂环和杂不饱和）单体 ········· 011
- 2.3 聚合物的立构规整性 ········· 013
- 2.4 高分子化学和技术中的配位聚合 ········· 017
- 参考文献 ········· 020
- 拓展阅读 ········· 026
- 思考题 ········· 027

## 3 烯烃的配位聚合

- 3.1 α-烯烃聚合物的立体异构 ········· 029
- 3.2 聚合催化剂 ········· 035
  - 3.2.1 Ziegler-Natta 催化剂 ········· 035
  - 3.2.2 不需烷基金属（或氢化金属）活化的均相催化剂 ········· 051
  - 3.2.3 负载茂金属催化剂 ········· 054
  - 3.2.4 乙烯聚合负载催化剂——菲利普斯催化剂 ········· 057
- 3.3 Ziegler-Natta 催化剂的聚合机理——动力学 ········· 059
  - 3.3.1 现象学特征 ········· 060
  - 3.3.2 聚合中的反应 ········· 061
- 3.4 活性中心模型和聚合机理 ········· 067
  - 3.4.1 使用非均相 Ziegler-Natta 催化剂的聚合 ········· 068

- 3.4.2 使用菲利普斯催化剂的聚合 ⋯⋯⋯⋯⋯⋯⋯⋯⋯⋯⋯⋯⋯⋯⋯⋯⋯⋯⋯⋯⋯⋯⋯⋯ 073
- 3.4.3 使用可溶钒基 Ziegler-Natta 催化剂的聚合 ⋯⋯⋯⋯⋯⋯⋯⋯⋯⋯⋯⋯⋯⋯⋯ 073
- 3.4.4 使用均相单中心茂金属催化剂的聚合 ⋯⋯⋯⋯⋯⋯⋯⋯⋯⋯⋯⋯⋯⋯⋯⋯⋯ 074
- **3.5 立体调节机理** ⋯⋯⋯⋯⋯⋯⋯⋯⋯⋯⋯⋯⋯⋯⋯⋯⋯⋯⋯⋯⋯⋯⋯⋯⋯⋯⋯⋯⋯ 079
  - 3.5.1 影响聚合立体定向性的因素 ⋯⋯⋯⋯⋯⋯⋯⋯⋯⋯⋯⋯⋯⋯⋯⋯⋯⋯⋯⋯⋯ 079
  - 3.5.2 使用非均相 Ziegler-Natta 催化剂的等规定向链增长的立体控制 ⋯⋯⋯⋯ 082
  - 3.5.3 使用可溶钒基 Ziegler-Natta 催化剂的间规链增长的立体控制 ⋯⋯⋯⋯ 086
  - 3.5.4 使用单中心茂金属催化剂的链增长的立体控制 ⋯⋯⋯⋯⋯⋯⋯⋯⋯⋯⋯ 089
  - 3.5.5 立体定向链增长的空间缺陷和聚合物立构规整性的分析 ⋯⋯⋯⋯⋯⋯ 103
- **3.6 高级 α-烯烃的聚合** ⋯⋯⋯⋯⋯⋯⋯⋯⋯⋯⋯⋯⋯⋯⋯⋯⋯⋯⋯⋯⋯⋯⋯⋯⋯⋯ 106
  - 3.6.1 Ziegler-Natta 催化剂的活性 ⋯⋯⋯⋯⋯⋯⋯⋯⋯⋯⋯⋯⋯⋯⋯⋯⋯⋯⋯⋯ 107
  - 3.6.2 单体的聚合能力 ⋯⋯⋯⋯⋯⋯⋯⋯⋯⋯⋯⋯⋯⋯⋯⋯⋯⋯⋯⋯⋯⋯⋯⋯⋯ 107
- **3.7 丙二烯及其衍生物的聚合** ⋯⋯⋯⋯⋯⋯⋯⋯⋯⋯⋯⋯⋯⋯⋯⋯⋯⋯⋯⋯⋯⋯⋯ 108
- **3.8 烯烃的异构化聚合** ⋯⋯⋯⋯⋯⋯⋯⋯⋯⋯⋯⋯⋯⋯⋯⋯⋯⋯⋯⋯⋯⋯⋯⋯⋯⋯ 109
  - 3.8.1 α-烯烃的 2,ω-偶联聚合 ⋯⋯⋯⋯⋯⋯⋯⋯⋯⋯⋯⋯⋯⋯⋯⋯⋯⋯⋯⋯⋯ 109
  - 3.8.2 β-烯烃的 1,2-偶联聚合 ⋯⋯⋯⋯⋯⋯⋯⋯⋯⋯⋯⋯⋯⋯⋯⋯⋯⋯⋯⋯⋯ 111
- **3.9 共聚合** ⋯⋯⋯⋯⋯⋯⋯⋯⋯⋯⋯⋯⋯⋯⋯⋯⋯⋯⋯⋯⋯⋯⋯⋯⋯⋯⋯⋯⋯⋯⋯ 111
  - 3.9.1 乙烯与 α-烯烃共聚合 ⋯⋯⋯⋯⋯⋯⋯⋯⋯⋯⋯⋯⋯⋯⋯⋯⋯⋯⋯⋯⋯⋯ 112
  - 3.9.2 乙烯与 β-烯烃的合共聚 ⋯⋯⋯⋯⋯⋯⋯⋯⋯⋯⋯⋯⋯⋯⋯⋯⋯⋯⋯⋯⋯ 115
  - 3.9.3 乙烯与环烯烃的共聚 ⋯⋯⋯⋯⋯⋯⋯⋯⋯⋯⋯⋯⋯⋯⋯⋯⋯⋯⋯⋯⋯⋯ 115
  - 3.9.4 乙烯和 α-烯烃与一氧化碳的共聚 ⋯⋯⋯⋯⋯⋯⋯⋯⋯⋯⋯⋯⋯⋯⋯⋯ 117
- **3.10 非共轭 α,ω-二烯烃的环聚** ⋯⋯⋯⋯⋯⋯⋯⋯⋯⋯⋯⋯⋯⋯⋯⋯⋯⋯⋯⋯⋯⋯ 120
  - 3.10.1 脂环族聚合物的立体异构 ⋯⋯⋯⋯⋯⋯⋯⋯⋯⋯⋯⋯⋯⋯⋯⋯⋯⋯⋯⋯ 122
  - 3.10.2 立体调节机理 ⋯⋯⋯⋯⋯⋯⋯⋯⋯⋯⋯⋯⋯⋯⋯⋯⋯⋯⋯⋯⋯⋯⋯⋯⋯ 122
- **3.11 功能烯烃的聚合** ⋯⋯⋯⋯⋯⋯⋯⋯⋯⋯⋯⋯⋯⋯⋯⋯⋯⋯⋯⋯⋯⋯⋯⋯⋯⋯⋯ 124
  - 3.11.1 功能 α-烯烃的配位均聚及其与乙烯和 α-烯烃的配位共聚 ⋯⋯⋯⋯⋯ 125
  - 3.11.2 (甲基) 丙烯酸脂肪酯的基团转移配位聚合 ⋯⋯⋯⋯⋯⋯⋯⋯⋯⋯⋯⋯ 128
  - 3.11.3 使用改性 Ziegler-Natta 催化剂催化极性单体的自由基均聚和与烯烃的共聚 ⋯⋯ 129
- **3.12 工业聚合工艺** ⋯⋯⋯⋯⋯⋯⋯⋯⋯⋯⋯⋯⋯⋯⋯⋯⋯⋯⋯⋯⋯⋯⋯⋯⋯⋯⋯⋯ 130
  - 3.12.1 聚合方法 ⋯⋯⋯⋯⋯⋯⋯⋯⋯⋯⋯⋯⋯⋯⋯⋯⋯⋯⋯⋯⋯⋯⋯⋯⋯⋯⋯ 130
  - 3.12.2 聚合催化剂 ⋯⋯⋯⋯⋯⋯⋯⋯⋯⋯⋯⋯⋯⋯⋯⋯⋯⋯⋯⋯⋯⋯⋯⋯⋯⋯ 134
  - 3.12.3 聚合产品 ⋯⋯⋯⋯⋯⋯⋯⋯⋯⋯⋯⋯⋯⋯⋯⋯⋯⋯⋯⋯⋯⋯⋯⋯⋯⋯⋯ 135
- **3.13 附录: 主族金属基催化剂聚合的最近进展** ⋯⋯⋯⋯⋯⋯⋯⋯⋯⋯⋯⋯⋯⋯⋯ 136
  - 3.13.1 使用含有 Ni 或 Pd 和 α-二亚胺配体的催化剂对烯烃的均聚和共聚 ⋯⋯ 137
  - 3.13.2 线型 α-烯烃的制备 ⋯⋯⋯⋯⋯⋯⋯⋯⋯⋯⋯⋯⋯⋯⋯⋯⋯⋯⋯⋯⋯⋯ 139
  - 3.13.3 使用二齿膦配位的 Pd 催化剂催化一氧化碳和 α-烯烃共聚制备聚酮 ⋯ 139
- **参考文献** ⋯⋯⋯⋯⋯⋯⋯⋯⋯⋯⋯⋯⋯⋯⋯⋯⋯⋯⋯⋯⋯⋯⋯⋯⋯⋯⋯⋯⋯⋯⋯⋯ 140
- **拓展阅读** ⋯⋯⋯⋯⋯⋯⋯⋯⋯⋯⋯⋯⋯⋯⋯⋯⋯⋯⋯⋯⋯⋯⋯⋯⋯⋯⋯⋯⋯⋯⋯⋯ 155
- **思考题** ⋯⋯⋯⋯⋯⋯⋯⋯⋯⋯⋯⋯⋯⋯⋯⋯⋯⋯⋯⋯⋯⋯⋯⋯⋯⋯⋯⋯⋯⋯⋯⋯⋯ 157

# 4
## 乙烯基芳香烃单体的配位聚合

- **4.1 乙烯基芳香烃单体的等规定向配位聚合** ......158
  - 4.1.1 多相 Ziegler-Natta 催化剂催化的聚合 ......159
  - 4.1.2 均相镍配合物催化的聚合 ......160
- **4.2 乙烯基芳香烃单体的间规定向配位聚合** ......161
  - 4.2.1 聚合的区域选择性和立体定向性 ......162
  - 4.2.2 催化剂、活性中心模型和聚合机理 ......163
- **4.3 共聚合** ......168
  - 4.3.1 与烯烃的共聚 ......169
  - 4.3.2 与一氧化碳的共聚 ......170
- **参考文献** ......172
- **拓展阅读** ......175
- **思考题** ......176

# 5
## 共轭双烯烃的配位聚合

- **5.1 共轭双烯烃聚合物的立体异构** ......178
- **5.2 聚合催化剂** ......181
  - 5.2.1 Ziegler-Natta 催化剂 ......182
  - 5.2.2 负载半夹心茂金属催化剂 ......188
  - 5.2.3 $\eta^3$-烯丙基型过渡金属催化剂 ......188
  - 5.2.4 不需有机金属或金属氢化物活化的过渡金属盐催化剂 ......191
- **5.3 聚合机理和立体化学** ......192
  - 5.3.1 聚合机理和动力学 ......192
  - 5.3.2 链增长反应的区域专一性和化学选择性 ......194
  - 5.3.3 1,4-链增长反应的顺-反异构化 ......196
  - 5.3.4 增长反应的等规定向和间规定向 ......198
- **5.4 共聚** ......203
  - 5.4.1 1,3-丁二烯和高级共轭二烯烃的共聚 ......203
  - 5.4.2 共轭二烯烃与乙烯和 $\alpha$-烯烃的共聚 ......203
  - 5.4.3 1,3-丁二烯和苯乙烯的共聚 ......204
- **5.5 工业聚合工艺** ......205
- **参考文献** ......207
- **拓展阅读** ......213
- **思考题** ......213

# 6
# 环烯烃的配位聚合

| | |
|---|---|
| **6.1 持环聚合** ················· | 215 |
| 6.1.1 1,2-插入聚合 ················· | 215 |
| 6.1.2 非共轭环二烯烃的环聚 ················· | 218 |
| 6.1.3 1,3-插入异构化聚合 ················· | 219 |
| **6.2 开环易位聚合** ················· | 220 |
| 6.2.1 聚亚烯的立体异构 ················· | 221 |
| 6.2.2 聚合催化剂和活性中心 ················· | 222 |
| 6.2.3 聚合机械动力学和热力学 ················· | 228 |
| 6.2.4 共聚合 ················· | 230 |
| 6.2.5 聚合的立体化学 ················· | 230 |
| 6.2.6 环多烯的聚合 ················· | 234 |
| **6.3 环外烯烃的开环聚合** ················· | 237 |
| **6.4 工业聚合工艺** ················· | 238 |
| 参考文献 ················· | 239 |
| 拓展阅读 ················· | 244 |
| 思考题 ················· | 244 |

# 7
# 炔烃的配位聚合

| | |
|---|---|
| **7.1 插入聚合** ················· | 247 |
| 7.1.1 单炔烃的聚合 ················· | 247 |
| 7.1.2 $\alpha,\omega$-二炔烃的环聚 ················· | 248 |
| **7.2 易位聚合** ················· | 250 |
| 7.2.1 单炔烃的聚合 ················· | 250 |
| 7.2.2 $\alpha,\omega$-二炔烃的环聚 ················· | 252 |
| 参考文献 ················· | 253 |
| 拓展阅读 ················· | 257 |
| 思考题 ················· | 257 |

# 8
# 配位缩聚

| | |
|---|---|
| **8.1 非环二烯烃的易位缩聚** ················· | 260 |
| 8.1.1 缩聚催化剂 ················· | 261 |
| 8.1.2 缩聚机理 ················· | 262 |
| 8.1.3 剪裁的烃类和功能化聚合物 ················· | 263 |
| **8.2 卤代芳烃衍生物的碳-碳偶联缩聚** ················· | 265 |

| 8.2.1 芳基-乙烯基偶联 | 265 |
| 8.2.2 芳基-炔基偶联 | 267 |
| 8.2.3 芳基-烷基偶联 | 269 |
| 8.2.4 芳基-芳基偶联 | 269 |

**8.3 双（二氯甲基）芳烃卡宾型偶联缩聚** ... 270

**8.4 碳-杂原子偶联缩聚** ... 270

| 8.4.1 羰基化偶联 | 270 |
| 8.4.2 羧基化偶联 | 271 |

**8.5 双酚的氧化羰基化缩聚** ... 271

**参考文献** ... 272

**拓展阅读** ... 276

**思考题** ... 277

# 9 非烃（杂环和杂不饱和）单体的配位聚合

**9.1 单体和催化剂** ... 278

**9.2 氧杂环单体的聚合** ... 283

| 9.2.1 环醚的聚合 | 283 |
| 9.2.2 环酯的聚合 | 290 |

**9.3 硫杂环单体的聚合** ... 297

| 9.3.1 三元环硫的聚合 | 297 |
| 9.3.2 环硫代碳酸酯的聚合 | 300 |

**9.4 氮杂环单体的聚合** ... 301

| 9.4.1 $\alpha$-氨基酸-$N$-羧酸酐的聚合 | 301 |
| 9.4.2 吗啉二酮的聚合 | 302 |

**9.5 磷杂环单体的聚合** ... 303

**9.6 杂环单体的共聚** ... 303

| 9.6.1 三元环氧和环酸酐的共聚 | 303 |
| 9.6.2 三元环氧和环碳酸酯的共聚 | 305 |
| 9.6.3 三元环氧和内酯或环酸酐的嵌段共聚 | 305 |

**9.7 杂环和杂不饱和单体的共聚** ... 306

| 9.7.1 三元环氧和二氧化碳的共聚 | 306 |
| 9.7.2 四元环氧和二氧化碳的共聚 | 310 |
| 9.7.3 三元环硫和二氧化碳的共聚 | 311 |
| 9.7.4 三元环氧和二硫化碳的共聚 | 311 |
| 9.7.5 三元环硫和二硫化碳的共聚 | 311 |
| 9.7.6 三元环氧和二氧化硫的共聚 | 312 |

**9.8 杂不饱和单体的聚合** ... 312

| 9.8.1 异腈的聚合 | 312 |

- 9.8.2 异氰酸酯的聚合 ·········· 313
- 9.8.3 羰基单体的聚合 ·········· 314
- 9.8.4 烯酮的聚合 ·········· 315
- 参考文献 ·········· 316
- 拓展阅读 ·········· 323
- 思考题 ·········· 323

# 10 烯烃配位聚合的最新进展

- 10.1 密度泛函理论在烯烃配位聚合中的应用 ·········· 326
  - 10.1.1 密度泛函理论在 Ziegler-Natta 催化聚合中的应用 ·········· 326
  - 10.1.2 密度泛函理论研究茂金属催化剂及其聚合反应 ·········· 344
  - 10.1.3 密度泛函理论在非茂金属催化聚合中的应用 ·········· 346
- 10.2 内、外给电子体在丙烯聚合用 Ziegler-Natta 催化体系中的应用 ·········· 350
  - 10.2.1 新型内给电子体 ·········· 350
  - 10.2.2 内给电子体对催化剂活性中心结构的影响 ·········· 352
  - 10.2.3 内给电子体对配位聚合机理的影响 ·········· 353
  - 10.2.4 内给电子体对聚合动力学的影响 ·········· 353
  - 10.2.5 新型氨基硅烷类外给电子体 ·········· 354
  - 10.2.6 复合型外给电子体 ·········· 355
  - 10.2.7 外给电子体取代基的电子效应和位阻效应 ·········· 356
  - 10.2.8 外给电子体对催化剂活性中心的影响 ·········· 356
  - 10.2.9 外给电子体对催化剂及聚合物性能的影响 ·········· 357
- 10.3 烯烃与极性单体共聚 ·········· 359
  - 10.3.1 基于前过渡金属的催化体系 ·········· 360
  - 10.3.2 非茂后过渡金属催化体系 ·········· 361
- 10.4 双核茂金属催化剂 ·········· 366
  - 10.4.1 亚苯基桥连的茂金属催化剂 ·········· 367
  - 10.4.2 硅烷/硅氧烷桥连的茂金属催化剂 ·········· 367
  - 10.4.3 聚亚甲基桥连的茂金属催化剂 ·········· 369
  - 10.4.4 柔性/刚性桥连的茂金属催化剂 ·········· 369
  - 10.4.5 桥连的 CGC 催化剂 ·········· 371
- 10.5 链穿梭聚合 ·········· 373
  - 10.5.1 链穿梭聚合机理 ·········· 373
  - 10.5.2 催化剂和链穿梭剂选择的基本原则 ·········· 374
  - 10.5.3 催化剂的选择 ·········· 375
  - 10.5.4 链穿梭剂的选择 ·········· 378
  - 10.5.5 蒙特卡罗模型在链穿梭聚合中的应用 ·········· 379
- 参考文献 ·········· 379

# 1 绪 论

自远古以来，人类就一直在开发使用自然界中大量的聚合物，但是在很长一段时间内，它们的结构，即便是一个粗略的轮廓，都没能被解读。在20世纪的初期，使用物理方法研究诸如橡胶、多糖或者蛋白质这些材料时，就已经证实这些材料具有很大的分子量，但是这些发现却没有促使科学家得出结论说这些材料是由大的分子构成的，很多著名的物理化学家都认为它们是由小分子组分缔合而成的，这种观点一直持续到20世纪20年代末期。十年后，Staudinger提出聚合物材料实际上是由巨大的分子组成的，他命名为"大分子"（或称"高分子"）[1]。此时，当涉及聚合物分子本质和结构解释的问题还是研究人员关注的最重要的问题时，化学反应机理的研究就很难发展。天然橡胶的结构相对简单，然而，研究其结构就花费了科学家将近一个世纪的时间。

现代聚合物化学的发展开始于19世纪30年代的初期，当时，Carothers[2]通过有机化学的多种缩聚反应成功地从多官能团单体合成了聚合物，从而最终证实了由Staudinger和Tritschi提出的大分子假设。自此以后，研究者又有了许多发现并提出了很多假设，这些假设已经是聚合物化学甚至整个化学发展的重要基础。随后，聚合机理研究引起了人们的注意，包括自由基链过程（Staudinger：1953年诺贝尔奖得主，Melville）、缩聚反应（Carothers，Flory：1974年诺贝尔奖得主）、碳阳离子的反应（Whitemore，Evans，Olah：1994年诺贝尔奖得主）、碳阴离子的反应（Szwarc）和烯烃及相关的不饱和烃单体的配位聚合（Ziegler和Natta：1963年诺贝尔奖得主[3,4]）。还值得注意的是生物化学家在活性大分子体系中做出的重要贡献，也有很多人因此获得了诺贝尔奖，如Watson和Crick[5]因发现DNA的双螺旋结构而获奖。我们应该意识到，形成高分子体系的反应和有机化学中形成小分子物质的反应遵循着同样的规律；在聚合物化学和有机化学两方面，机理和结构是不能被一分为二的。

聚合物化学，尤其是配位聚合化学，在机理研究中经常要考虑构型和构象问题，也要考虑热力学和动力学问题。然而，配位聚合对立体化学问题有着特殊的兴趣，因为这种聚合往往得到有规立构聚合物，而其他聚合方法不常得到。借助于光谱技术的巨大发展，研究天然和合成聚合物的立体异构现象成为可能。众所周知，天然橡胶是聚异戊二烯，主要是顺-1,4-结构[6]，而反-1,4-异构体主要构成了古塔胶[7]。纤维素，最丰富的天然聚合物（每年地球上的生长量大概在 $10^{11}$ t），是1,4-苏式-双间规聚（D-吡喃葡萄糖），或者说，从有机化学中所知，是含有β-1,4-D-吡喃葡萄糖苷单元的D-吡喃葡萄糖的聚合物[8]。另外，直链淀粉，如D-吡喃甘油聚合物的异构体，含有α-1,4-D-吡喃甘油苷单元[9]，根据19世纪50年代中期以来发展起来的聚合物合成技术判断，是1,4-赤式-双等规聚（D-吡喃葡萄糖）。

位于米尔海姆/鲁尔的马克斯·普朗克研究所，Karl Ziegler 领导的实验组于 1953 年发现，烷基铝活化的过渡金属化合物形成的独特有机金属催化剂能够催化乙烯聚合[10]，取得了不饱和烃单体配位聚合的开拓性进展。很快，Giulio Natta 实验组就于 1954 年在米兰理工大学化学研究所发现，这种新型的有机金属催化剂催化含有立体碳原子的烃类单体（如丙烯、高级 α-烯烃或者共轭二烯烃）聚合后可以形成立构规整聚合物[11]。在 19 世纪 50 年代早期，印第安纳州标准石油实验室（美国石油公司）[12] 和菲利浦石油公司[13,14] 分别独立地发现了不用烷基铝活化剂的催化剂，这两类催化剂引发了大学和工业实验室的研究人员对配位聚合的浓厚兴趣，尤其是能够产生立构规整聚合物的配位聚合更受关注，这一突破性的进展对聚合物科学和技术的进步以及塑料和橡胶工业的扩展都产生了重要的影响。聚烯烃热塑性材料、乙丙橡胶和共轭二烯基橡胶产品极其迅速地增长起来，这些材料具有很宽广的性能。合成的有规立构聚合物，如聚（α-烯烃），正是由于有规立构性而产生了立体异构体，如共轭二烯烃聚合物具有顺反异构体。除了实际和工业应用，立体定向聚合给高分子科学引入了一个高度复杂的化学概念，并且对高分子领域的发展和完善作出了相当大的贡献[15,16]。

Kaminsky 等[17] 和 Ewen[18] 在 19 世纪 80 年代中期发现了立体定向柄型茂金属催化剂，引发了剪裁聚合工艺，利用最廉价的不饱和烃单体就可以在很宽的范围内制备出具有所期望的结构和性能的聚合物。这些新型茂金属催化剂的催化中心基本上只有一种类型，可以被剪裁来催化烃类单体聚合，得到实际可行的各种微结构的聚合物。现在商业化的产品不仅有等规、间规、半等规和立体嵌段聚（α-烯烃结构），还有新型的脂环族聚烯烃。茂金属催化剂制备的间规聚苯乙烯现在也有了商品化产品。使用茂金属催化剂，可以分别独立地调节烯烃类单体聚合物的微结构、分子量、端基组成和共单体含量。与非均相负载催化剂相比，新一代单中心茂金属催化剂创造了更多的可能性，为控制聚合立体化学和分子量调节的机理研究提供了条件。最近发展起来的多功能茂金属催化剂和其他多功能单中心催化剂可能在工业中取得广泛应用。很显然，茂金属和其他配位聚合催化剂的潜力还只被开发了一部分[19]。

共轭二烯烃的配位聚合工艺没有发展到单烯烃工艺的那种程度，直到 19 世纪 80 年代中期，高效钕基 Ziegler-Natta 催化剂被引入到工业应用中才改变了这种状况[20]。环烯烃，特别是双环烯烃的开环易位聚合也取得了重大进步[21,22]。最近发展双环戊二烯和立体定向的降冰片烯的 RIM 聚合工艺，以及多中心 Ziegler-Natta 催化剂和单中心茂金属催化剂对烯烃和二烯烃聚合的巨大成就，给予了有机金属化学、催化剂、聚合物化学和聚合物工程巨大的促进作用。最近的划时代的发现对于发展新的环境友好的各类烃类聚合物材料提供了具有吸引力的潜力，并扩展了聚合物技术前沿。

应该注意到，配位聚合是聚合物化学和技术研究前沿中最重要的方向之一，已经成为塑料和橡胶工业中多个重要分支的发展基础。虽然各种烃类单体大量的均聚和共聚方法[20-27]（一氧化碳作为共单体[28-30]）备受关注，但是杂环单体的配位聚合和共聚方法却很少被注意，在大规模工业生产水平上，这一方法还只限于环氧配位共聚得到聚醚弹性体[31,32]。但是，大量的机理研究和探索更好的高性能的商业应用催化剂的工作还在持续不断地进行着。配位聚合催化剂应用于杂环单体聚合扩展了这些单体聚合的可能路线，有可能得到高分子量、高区域专一性和高立构规整度的均聚物，以及高分子量的、与杂不饱和单体（如一氧化碳[33]）的共聚物，而其他方法不能制备出这种共聚物[34]。

杂环单体配位聚合的一个非常重要的方面源于所用单体的优点，即低毒性和易生物降解性，可以作为潜在的生物医学和制药材料。最近，高效催化剂已经被成功应用于 β-丁内酯等杂环单体的配位聚合,聚合在常温下可以很容易地发生,为制备聚[(R)-3-羟基丁酯][35]发展了一个简单的方法。聚[(R)-3-羟基丁酯]是一种最常用的聚($\beta$-羟基脂肪酸酯),广泛应用于微生物学中。应该注意到,这类单体的聚合物都是环境友好的。与烃类单体配位聚合相比,杂环和杂不饱和单体的配位聚合的目的不同[34],但是也受到了重视。

毫不夸张地说,配位聚合在聚合物科学和技术中占有最重要的地位。尽管配位聚合作为聚合物科学的一个分支,其发展时间相对较短,但是它对聚合物科学未来的发展会有较大的贡献。现在,人们已经意识到大分子的立体异构在现代技术中所起的重要作用。正如天然高分子,不同的异构体有完全不同的效用特征,所以,现代技术已经开始合成具有新价值的大分子异构体,配位聚合方法在这一技术中占有重要地位。

### 参考文献

1. Staudinger, H. and Fritschi, J., *Helv. Chim. Acta*, **5**, 785 (1922).
2. Carothers, W. H., *J. Am. Chem. Soc.*, **51**, 2548 (1929).
3. Ziegler, K., *Angew. Chem.*, **76**, 545 (1964).
4. Natta, G., *Science*, **147**, 261 (1965).
5. Watson, J. D. and Crick, F. H. C., *Nature*, **171**, 737, 1964.
6. Schildknecht, C. E., Zoss, A. O. and McKinley, E., *Ind. Eng. Chem.* **39**, 180.
7. Schildknecht, C. E., Gross, S. T., Davidson, H. R., Lambert, J. M. and Zoss, A. O., *Ind. Eng. Chem.*, **40**, 2104 (1948).
8. Freudenberg, K. and Blomqvist, G., *Chem. Ber.*, **68**, 2070 (1935).
9. Freudenberg, K., Friedrick, K., Baumann, I. and Soff, K., *Ann. Chem.*, **494**, 41 (1932).
10. Ziegler, K., Holzkamp, E., Breil, H. and Martin, H., *Angew. Chem.*, **67**, 541 (1955).
11. Natta, G., Pino, P., Corradini, P., Danusso, F., Mantica, E., Mazzanti, G. and Moraglio, G., *J. Am. Chem. Soc.*, **77**, 1708 (1955).
12. Zletz, A., US Pat. 2 692 257 (to Standard Oil of Indiana) (1951); *Chem. Abstr.*, **49**, 2777d (1955).
13. Hogan, J. P. and Banks, R. L., US Pat. 2 825 721 (to Phillips Petroleum Co.) (1958); *Chem. Abstr.*, **52**, 8621i (1958).
14. Clark, A., Hogan, J. P., Banks, R. L. and Lanning, W. C., *Ind. Eng. Chem.*, **48**, 1152 (1956).
15. Farina, M., *Trends Polym. Sci.*, **2**, 80 (1994).
16. Locatelli, P., *Trends Polym. Sci.*, **2**, 87 (1994).
17. Kaminsky, W., Külper, K., Brintzinger, H. H. and Wild, F. R. W. P., *Angew. Chem. Int. Ed. Engl.*, **24**, 507 (1985).
18. Ewen, J. A., *J. Am. Chem. Soc.*, **106**, 6355 (1984).
19. Horton, A. D., *Trends Polym. Sci.*, **2**, 158 (1994).
20. Andreussi, P., Lauretti, E. and Miani, B., in *Abstracts of the IUPAC International Symposium on Stereospecific Polymerisation, STEPOL '94*, Milan, Italy, 1994, p. 125.
21. Fisher, R. A. and Grubbs, R. H., *Makromol. Chem. Macromol. Symp.*, **63**, 271 (1992).
22. Goodall, B. L., McIntosh, L. H. and Rhodes, L. F., *Macromol. Symp.*, **89**, 421 (1995).
23. Galli, P., *Macromol. Symp.*, **89**, 13 (1995).
24. Karol, F. J., *Macromol. Symp.*, **89**, 563 (1995).
25. Covezzi, M., *Macromol. Symp.*, **89**, 577 (1995).
26. Kaminsky, W., *Catalysis Today*, **20**, 257 (1994).
27. Ishihara, N., *Macromol. Symp.*, **89**, 553 (1995).
28. Sen, A. and Jiang, Z., *Macromolecules*, **26**, 911 (1993).
29. Won, P. K., van Doorn, J. A., Drent, E., Sudmeijer, O. and Stil, H. A., *Ind. Eng. Chem. Res.*, **32**, 986 (1993).
30. Amevor, E., Bronco, S., Consiglio, G. and Di Benedetto, S., *Macromol. Symp.*, **89**, 443 (1995).

31. Owens, K. and Kyllingstad, V. L., 'Polyethers,' in *Kirk-Othmer Encyclopedia of Chemical Technology*, Wiley-Interscience, John Wiley & Sons, New York, 1993, Vol. 8, pp. 1079–1093.
32. Kuran, W., 'Poly(propylene Oxide)', in *The Polymeric Materials Encyclopedia*, CRC Press, Boca Raton, 1996, Vol. 9, pp. 6656–6662.
33. Kuran, W., 'Poly(propylene Carbonate)', in *The Polymeric Materials Encyclopedia*, CRC Press, Boca Raton, 1996, Vol. 9, pp. 6623–6630.
34. Kuran, W., *Prog. Polym. Sci.*, **23**, 919 (1997).
35. Le Borgne, A., Pluta, C. and Spassky, N., *Macromol. Rapid Commun.*, **15**, 955 (1994).

## 拓展阅读

Morawetz, H., 'History of Polymer Science', in *Encyclopedia of Polymer Science and Engineering*, Wiley-Interscience, John Wiley & Sons, New York, 1988, Vol. 7, pp. 722–745.

Pasquon, I., Porri, L. and Giannini, U., 'Stereoregular Linear Polymers', in *Encyclopedia of Polymer Science and Engineering*, Wiley-Interscience, John Wiley & Sons, New York, 1989, Vol. 15, pp. 632–733.

Gavens, P. D., Bottrill, M., Kelland, J. W. and McMeeking, J., 'Ziegler–Natta Catalysis', in *Comprehensive Organometallic Chemistry*, Pergamon Press, Oxford, 1982, Vol. 3, pp. 475–547.

McDaniel, M. P., 'Supported Chromium Catalysts for Ethylene Polymerization', *Adv. Catal.*, **33**, 47–98 (1985).

Tait, P. J. T., 'Monoalkene Polymerization: Ziegler–Natta and Transition Metal Catalysts', in *Comprehensive Polymer Science*, Pergamon Press, Oxford, 1989, Vol. 4, pp. 1–25.

Tait, P. J. T. and Watkins, N. D., 'Monoalkene Polymerization: Mechanisms', in *Comprehensive Polymer Science*, Pergamon Press, Oxford, 1989, Vol. 4, pp. 533–573.

Starkweather, H., 'Olefin–Carbon Monoxide Polymers', in *Encyclopedia of Polymer Science and Engineering*, Wiley-Interscience, John Wiley & Sons, New York, 1987, Vol. 10, pp. 369–373.

Porri, L. and Giarrusso, A., 'Conjugated Diene Polymerization', in *Comprehensive Polymer Science*, Pergamon Press, Oxford, 1989, Vol. 4, pp. 53–108.

Eleuterio, H. S., 'Scientific Discovery and Technological Innovation: an Eclectic Odyssey into Olefin Metathesis Chemistry', *J. Macromol. Sci. – Chem. A*, **28**, 907–915 (1991).

Ivin, K. J., 'Metathesis Polymerization', in *Encyclopedia of Polymer Science and Engineering*, Wiley-Interscience, John Wiley & Sons, New York, 1987, Vol. 9, pp. 634–668.

Schrock, R. R., 'Ring-opening Metathesis Polymerization', in *Ring-Opening Polymerization*, Carl Hanser Publishers, Munich, 1993, pp. 129–156.

Bolognesi, A., Catellani, M. and Destri, S., 'Polymerization of Acetylene', in *Comprehensive Polymer Science*, Pergamon Press, Oxford, 1989, Vol. 4, pp. 143–153.

Costa, G., 'Polymerization of Mono- and Di-substituted Acetylenes', in *Comprehensive Polymer Science*, Pergamon Press, Oxford, 1989, Vol. 4, pp. 155–161.

Brintzinger, H. H., Fischer, D., Mülhaupt, R., Rieger, B. and Waymouth, R. M., 'Stereospecific Olefin Polymerisation with Chiral Metallocene Catalysts', *Angew. Chem., Int. Ed. Engl.*, **34**, 1143–1170 (1995).

Wünsch, J. R., 'Syndiotaktisches Polystyrol', in *Polystyrol*, Carl Hanser Publishers, Munich, 1996, pp. 82–104.

Tsuruta, T. and Kawakami, Y., 'Anionic Ring-opening Polymerization: Stereospecificity for Epoxides, Episulfides and Lactones', in *Comprehensive Polymer Science*, Pergamon Press, Oxford, 1989, Vol. 3, pp. 489–500.

Jérôme, R. and Teyssié, P., 'Anionic Ring-opening Polymerization: Lactones,' in *Comprehensive Polymer Science*, Pergamon Press, Oxford, 1989, Vol. 3, pp. 501–510.

Inoue, S. and Aida, T., 'Anionic Ring-opening Polymerization: Copolymerization', in *Comprehensive Polymer Science*, Pergamon Press, Oxford, 1989, Vol. 3, pp. 533–569.

Vogl, O., 'Aldehyde Polymers', in *Encyclopedia of Polymer Science and Engineering*, Wiley-Interscience, John Wiley & Sons, New York, 1985, Vol. 1, pp. 623–643.

Inoue, S. and Aida, T., 'Catalysts for Living and Immortal Polymerization', in *Ring-Opening Polymerization*, Carl Hanser Publishers, Munich, 1993, pp. 197–215.

思考题

1. 决定聚合物化学发展的里程碑是什么?
2. 小分子体系和高分子体系中的机理为何相同?
3. 什么是配位聚合,其最主要的特征是什么?
4. 哪些类单体可以进行配位聚合?
5. 配位聚合的优点是什么?
6. 为什么说配位聚合给塑料和橡胶工业带来了革命性发展。

# 2

# 配位聚合的一般特征

## 2.1 单体和催化剂——配位

Ziegler[1] 于 1953 年发现了可以低压催化乙烯和丙烯聚合的过渡金属催化剂；Pruitt 等[2] 利用氯化铁催化氧化丙烯开环聚合得到了结晶性聚合物（Dow 的专利）。在当时，这是非同寻常的，为此，1956 年首次提出了配位聚合的概念。

"配位聚合"是指在配位催化剂存在下的聚合，在聚合的每一步中，单体首先配位而后链接到催化剂的活性中心上。配位催化剂的活性中心由配体包围的金属原子（Mt）组成，其中一个配体和该金属形成共价键（Mt—X）。这意味着聚合物链增长和金属原子是由共价键连接的。通过单体（M）和活性中心（Mt—X）配位，两者的反应性化学键相互活化，这是配位聚合的典型特征。因此，单体和金属原子先配位并被活化，而后链接到与金属键接的聚合物链上。必须注意到，只有那些和催化剂活性中心能够形成不稳定配合物的单体才能进行配位聚合。

许多使用配位催化剂的聚合体系其所谓的配位步骤还不明确，因此，更一般性的术语"插入聚合"用于这些多变的聚合体系来暗指存在着一个受阻的链增长点，可以避免未经证明的称谓-配位。然而，插入聚合主要指各种烃类单体，特别是乙烯和 $\alpha$-烯烃在 Ziegler-Natta 和其他一些过渡金属催化剂作用下的均聚和共聚反应，在聚合中，配位单体通过一个四中心的过渡态顺式插入到金属-碳键中进行链增长。杂环单体和杂不饱和单体的配位聚合不属于这种过程，而是亲核攻击，在多中心过渡态中被攻击的配位杂环单体的碳原子的构型发生反转，在多数情况下（当主链含有杂原子的聚合物生成时）配位杂不饱和单体通过多中心过渡态进行反式配位插入。

单体向催化剂活性中心的配位方式有多种，从本质上讲，因单体和催化剂的种类不同可以归纳为两种机理。第一种情况，不饱和烃类单体和过渡金属催化剂的金属配位，形成 $\pi$ 络合物；另一种情况，杂环单体和杂不饱和单体与各种配位催化剂作用，杂原子和金属原子形成 $\sigma$ 键。

含有 $\pi$ 键的烃类单体和过渡金属形成 $\pi$ 络合物。最简单的不饱和烃类单体如烯烃和过渡金属形成 $\pi$ 键的分子轨道交叠示意图见图 2.1[3]。

金属的原子轨道 $ns$、$np$、$(n-1)d_{z^2}$ 和 $(n-1)d_{x^2-y^2}$ 或其杂化轨道 $(n-1)d_x nsnp_y$

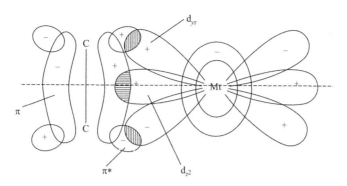

**图 2.1** 烯烃在过渡金属上配位的示意图

和烯烃 π 成键实轨道交叠得到电子，使金属原子的电子密度增大。占用的金属轨道 $d_π$（$d_{xy}$，$d_{yz}$，$d_{xz}$）和烯烃的 $π^*$ 反键空轨道交叠，形成一个反向 π 键，使得烯烃 $π^*$ 反键轨道电子密度增大，而金属原子电子密度减小。相对于原来的金属 $(n-1)$d 轨道和单体 π 轨道，上述形成的 π 络合物的两种轨道的能量都降低了，并且很容易从激发的 Mt—X（X＝烷基）活性键接受一个电子而使配位单体以协同方式顺式插入到 Mt—X 键中[4-11]。

通过和过渡金属催化剂形成 π 络合物进行配位聚合和共聚的单体包括烯烃[11-19]、乙烯基芳烃（如苯乙烯）[13,20,21]、共轭二烯烃[22-29]、环烯烃[30-39] 和炔烃[39-45] 等不饱和烃类单体，烯烃配位聚合中最多的是乙烯、丙烯和高级 α-烯烃[46] 的聚合，也包括累积二烯（丙二烯）[47,48] 的聚合、α-烯烃的 2,ω-异构化聚合[49]、β-烯烃的 1,2-异构化聚合[50,51] 以及非共轭 α,ω-二烯烃的环聚[52,53]。

在过渡金属催化剂存在下，乙烯、α-烯烃、环烯烃、苯乙烯与一氧化碳的配位共聚反应中，烯烃和金属原子也是形成同样的 π 络合物[54-58]，而一氧化碳和金属是通过碳原子配位的；一氧化碳弱的反键大多定域在碳原子的 σ 轨道上（碳原子的电子对），它和未占用的金属杂化轨道交叠，而填充金属 $d_π$ 轨道和一氧化碳 $π^*$ 反键轨道交叠（反向 π 轨道）[59]。一氧化碳和过渡金属配位的示意图见图 2.2。

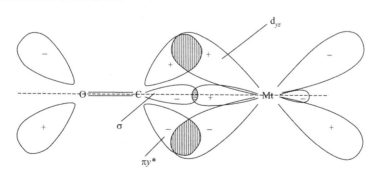

**图 2.2** 一氧化碳在过渡金属上配位的示意图

和一氧化碳有同样配位方式的其他杂不饱和单体都具有类卡宾结构，如异氰化物，使用镍基催化剂催化其均聚可以得到主链为碳-碳键的聚合物，聚（亚甲基亚胺）类聚合物[60]。

杂不饱和单体和杂环单体的配位均聚和共聚是配位聚合的一个独特部分，单体杂原子（非一氧化碳[60]）和金属原子形成的 σ 型配位键在本质上和不饱和烃单体与金属原子形成的 π 络合是完全不同的。能够进行配位均聚和共聚的杂环单体包括环氧等氧杂环单体[2,61-71]、环硫化物等硫杂环单体[72-76]、氮杂环单体[77,78]和磷杂环单体[79]。能够进行配位均聚和共聚的具有环外氧原子的氧杂环单体有环酯，如内酯[80-90]和交酯[90-92]、环酸酐[93-98]、环碳酸酯[99,100]等。

醛[101-103]、酮[104]、异氰酸酯[105]和烯酮[106,107]等不饱和单体配位均聚的报道还不多。不易均聚的杂不饱和单体二氧化碳和其他含有杂原子的单体如环醚的配位共聚[71,108-113]也有报道，并引起了越来越多的注意。

杂不饱和单体和杂环单体配位聚合的催化剂有主族金属化合物和过渡金属化合物，有均相的也有非均相的。多数情况下，这些催化剂由 2～3 种组分组成，各组分混合反应后才能形成活性种，有时在聚合单体存在下才能形成活性种。非均相催化剂在其表面的某些特定点上形成活性中心，均相催化剂的活性中心是配体围绕的金属原子。个别的均相催化剂是负载有活性中心的超分子或胶体，这些催化剂分子足够大，可以吸收并消散单体配位和插入时释放的能量。

## 2.2　配位单体的聚合

催化剂活性键（Mt—X）在没有单体配位的状态下是稳定的，单体配位后该键和单体配位的键的分裂能力都得到增强，这导致了聚合引发和链增长。单体和催化剂的互相活化作用应该被认为是配位聚合的一个重要典型特点。

配位单体有活化作用，而催化剂似乎起到了聚合引发剂的作用。金属原子的引发取代基（X）出现在每一个聚合物链的链端［式(2-1)］。值得一提的是，从纯学术的角度讲，催化聚合并不能被认为是真正的催化过程，因为大多数情况下，催化剂的结构在聚合后发生了改变而没能恢复到初态。对从事生产的化学工作者而言，这还不仅仅是个纯学术问题，因为催化剂在聚合物中的残留部分（主要是金属和非引发的配体）对聚合物性能有严重的影响。因此，"催化剂"是广义的说法，只关注它和单体配位并链接单体的能力以及引发剂的作用，而不从纯学术的角度来讲它是否可以再生成为活性形式。

$$\text{Mt—X} + \text{M} \longrightarrow \begin{array}{c}\text{Mt—X}\\\uparrow\\\text{M}\end{array} \longrightarrow \text{Mt—M—X} \xrightarrow{\text{M}} \begin{array}{c}\text{Mt—M—X}\\\uparrow\\\text{M}\end{array} \longrightarrow \text{Mt—M—M—X}$$

(2-1)

就此而论，从原理上讲，自由基或者阴离子引发剂在单体插入前不需要和单体配位（活化）。需要重点指出的是，配位聚合中，引发取代基或聚合物链端和金属原子是共价键连接的，所以"假自由基""假离子"（"假阴离子"）这些术语不能用于配位聚合机理，这些术语没有考虑单体配位和插入。某些配位催化剂体系中的阳离子物质引起的阳离子聚合称为"阳离子配位"也是不适合的，容易使人误解。"阳离子配位聚合"要求取代基（$X^{\delta-}$）带有和金属同等的电荷，但是从本质上讲，任何配位聚合引发取代基都不能达到这个要求。相反，按照配位聚合机理，认为增长聚合物链端带有部分负电荷是合理的（$Mt^{\delta+}$—$X^{\delta-}$）。

最后，应该注意到单体和催化剂之间的配位相互作用可以引起配位单体的空间取向。在很多情况下，单体相对于活性中心上增长聚合物链的构型决定着聚合物链的立构规整性。各种催化剂对多种单体的配位聚合行为有着巨大的差异,下面将分别讨论。

## 2.2.1 烃类单体

从配位聚合引发和增长的机理来看,用 π 键和过渡金属催化剂配位而发生聚合的烃类单体包括很少几类:烯烃[5,17-19]、共轭二烯烃[25-27]、环烯烃[36,37] 和炔烃[43-45]。用于该类单体配位聚合的大多数催化剂的引发取代基和金属原子通过碳原子相连接。要声明一点,也有些催化剂中的引发取代基是氢原子或者杂原子(如氯)。就催化剂引发取代基和金属之间的金属-碳键而言,这个键的类型也有很大差异,通过 π 键配位于活性中心的烃类单体的插入机理也因其差异性而不同。

在烯烃配位聚合中,催化剂活性中心通常含有烷基基团,烷基和金属以 σ 键连接形成活性 Mt—C 键。聚合增长反应时,配位单体插入到这个键中并重新生成同样性质的金属-碳键[5]。带有乙基引发取代基的催化剂进行烯烃配位聚合的引发和增长步骤如下所示:

$$(2-2)$$

显然,聚合的每一步中都包括配位烯烃向活性金属-碳键的插入。使用某些配位催化剂,丙炔也可以像烯烃一样以式(2-2)机理进行插入聚合。

在共轭二烯烃聚合催化剂中,引发基团或者聚合物链增长最后一个单体单元和过渡金属原子形成的金属-碳键有多种可变形式,金属和单齿的烯丙基型配体以 σ 键链接 [Mt—($\eta^1$-All)],与三齿的烯丙基型配体以 π 键连接 [Mt—($\eta^3$-All)]。单体配位后,金属原子与引发取代基或增长聚合物链形成的 π 键变为 σ 键,配位单体插入的同时,这个键又恢复为烯丙基型 π 活性键[25-27]。式(2-3)给出了含有烯丙基引发取代基的催化剂配位催化 1,3-二烯烃聚合的引发和增长步骤(生成顺-1,4-结构聚合物):

$$(2-3)$$

很明显，每一个聚合步骤都包括配位共轭二烯烃向活性金属-碳 σ 键的插入，插入后金属-碳 σ 键变为 π 键，随后的单体配位又将这个 π 键变为 σ 键。

另一种金属-碳键——金属卡宾键（卡宾具有亲电或亲核性）——是开环易位聚合中过渡金属催化剂和环烯烃的活性键。这个键由 $sp^2$ 杂化的碳原子与金属原子形成，具有 σ、π 的双键特性（Mt=C）[34,35]。配位环烯烃和金属卡宾活性键的连接机理与烯烃或者 1,3-二烯烃插入金属-碳 σ 键的机理是不同的。环烯烃单体通过 π 络合和卡宾取代的金属配位，再通过其 σ 键插入形成金属环化物（金属环丁烷）。第二步中，金属环化物的 σ 键又变成金属卡宾物[38]。带有二苯基卡宾引发取代基的催化剂通过两步烯基交换反应（易位），催化环烯烃（生成顺式结构聚合物）聚合的引发和增长步骤如式（2-4）所示：

$$\text{(结构式)} \tag{2-4}$$

环烯烃开环易位聚合过程的一个典型特征是金属-碳键在金属卡宾 σ、π 键和金属环 σ 键之间的交替转化。值得一提的是，金属环丁烷本身就可以成功充当这类聚合的催化剂[36,37]。

乙炔和高级炔烃的配位聚合也很有意思，其机理非常类似于环烯烃的易位聚合，也含有金属卡宾和金属环化物（金属环丁烯）[45]。带有二苯基卡宾引发取代基的催化剂催化炔烃（产生顺式结构聚合物）聚合的引发和增长步骤如式(2-5)所示：

$$\text{(结构式)} \tag{2-5}$$

聚合中金属卡宾 σ、π 键和金属环 σ 键之间的交替转化和环烯烃开环易位聚合中的情形一样。值得注意的是，在考虑丙炔类单体易位聚合的机理时，含有金属碳炔键（Mt≡C）的催化剂，只有当这个键转变为相应的金属卡宾键（Mt=C）后才能引发聚合[39]。

## 2.2.2 非烃（杂环和杂不饱和）单体

常用于杂环和杂不饱和单体均聚和共聚的配位催化剂包括很广范围的金属衍生物，它们具有中等的亲核性和相对高的Lewis酸性。第2族和第3族金属化合物，如锌、镉和铝，以及过渡金属化合物，如铁，都是典型的配位催化剂。催化剂中金属适当的Lewis酸性和金属配体适当的亲核性可以保证配体优先向金属配位，而不是金属配体优先向未配位的单体进行亲核攻击。

杂环单体和杂不饱和单体因亲核反应引发的阴离子聚合与其配位聚合有本质区别，配位催化剂中金属-杂原子之间具有共价键特性（极化的$Mt^{\delta+}-X^{\delta-}$键），配位后单体被活化，金属取代基的亲核性得到增强，同时，亲核引发剂中金属-杂原子键的离子特性被增强。

用于杂环和杂不饱和单体的聚合催化剂，其引发取代基大多为杂原子（如Cl、Mt—Cl活性键）或通过杂原子（Mt—X，X=O，S，N等）连接的基团。某些催化剂具有烷基引发取代基，特别是用于杂不饱和单体聚合的催化剂，但起初的金属-碳键在单体插入后就变成了金属-杂原子键。

杂环和杂不饱和单体的配位聚合由金属引发取代基（或者增长聚合物链）对配位单体碳原子的亲核攻击形成。式(2-6)给出了含有Mt—X活性键的催化剂配位催化环氧聚合的引发和增长步骤[68,114,115]：

(2-6)

环氧有一个环内杂原子，是最具代表性的杂环单体。配位的环氧向Mt—X活性键的插入机理实际上是一个多中心过渡态，而不是四中心过渡态，好像有同一种催化剂或者其他种催化剂分子的另一个金属原子参与到过渡态中。配位环氧分子被亲核攻击的碳原子的构象发生了反转[63,68,71,116-121]。

高级环醚、环硫醚等其他含有环内杂原子的杂环单体也可以像环氧一样发生配位聚合，聚合中金属-杂原子$\sigma$键在连续的聚合步骤中不断再生[122,123]。

既含有环外又含有环内杂原子的杂环单体如环酯（内酯、交酯、碳酸酯）和环酸酐进行配位聚合或配位共聚时，金属原子和环内杂原子形成配合物[100,124]。含有Mt—X活性键的催化剂催化$\beta$-内酯聚合是这类配位聚合的代表，其引发和增长步骤如下：

$$(2\text{-}7)$$

$$(2\text{-}8)$$

内酯开环的模式有赖于催化剂的类型。含有金属烷氧基活性键（Mt—X，X=OR）的催化剂催化 β-内酯聚合时，配位单体 C(O)—O 键断裂（通过金属原碳酸酯），而金属烷氧基键再生 [式(2-7)][87]。含有金属羧酸基活性键 [Mt—X，X=OC(O)R] 的催化剂催化 β-内酯聚合时，配位单体 $C_\beta$—O 键断裂（通过金属原碳酸酯），而金属羧酸基键再生 [式(2-8)][88-90]。

β-内酯和其他含有环内或环外杂原子的杂环单体的聚合机理也涉及了至少两个金属原子参与的多中心过渡态，这点类似于环氧的聚合机理。

杂不饱和单体如醛和二氧化碳的聚合或共聚也有至少两个金属原子参与的多中心过渡态。在含有 Mt—X 活性键的催化剂作用下，羰基单体配位聚合的引发和增长步骤如式(2-9)所示[125]，这种聚合也含有反式配体插入，聚合机理和杂环单体的一样。

$$(2\text{-}9)$$

## 2.3 聚合物的立构规整性

立体化学研究分子的三维结构,以及其对分子的物理化学性能尤其是反应性的影响。作为立体化学的一部分,大分子的立体化学遵守一些已经建立起来的一般有效法则。然而,当这些法则应用到个别情况时需要一些补充说明。

有机立体化学研究的小分子化合物一般只含有一个或少数几个立体异构点,一般是四面体或者三角形的碳原子,重点研究反应性和反应机理。无机立体化学研究具有高配位数的更复杂的络合物结构,例如四边形、三角双锥或八面体等。这两种情况下分子在所有方向上都是不连续的。

然而,在大分子立体化学中,有两种情况必须予以考虑[126]。第一,高分子是准一维分子,其长度比截面直径大几个数量级。如果结构片段在分子链上有明显的规律重复,那么表征单个分子的最好方法是线对称而不是点对称。因此,研究高分子最适合的模型是无限链模型(或链的无端切片)。第二,高分子内或者高分子间存在无序性。值得注意的是,聚合物不是传统化学意义上的纯净物,而是相似的分子的混合物,其长度不同,化学与立体化学的精细结构也不同。所以,研究链段的微观规整性被证明是合适的[127]。

19世纪50年代中期,在G.Natta发现等规聚α-烯烃之后,聚合物立体化学才开始形成一个学科[128,129]。然而,几次相关的实验和讨论在此之前就在文献中有报道。Staudinger首次声明,合成聚合物中很可能存在立体异构体[130]。Huggins[131]和Schildknecht等[132]注意到非均相催化剂可以制备出结晶聚合物,他们提出了如何通过聚合条件控制立构规整性的问题。根据Farina[126]的看法,这一时期最重要的贡献是由Frisch等作出的[133],他们意识到叔碳原子的假不对称性导致了乙烯基聚合物的非手性。从分析不对称聚合开始,他们假设了两个极端机理:链端效应(不对称引发)和催化剂效应(不对称增长),以此解释了所有形成立构规整聚合物的概率。

下面考察聚合物的各种异构体并介绍与各类聚合物相关的立体化学定义和标记[134]。首先应该明确区分高分子构象和构型这两个概念。高分子构象描述链上的原子的几何排列,这是通过化学键的旋转、伸缩和价角的弯曲引起的,聚合物不同构象的例子有完全伸直链的锯齿结构、自由线团、螺旋和折叠链排列。构型是指聚合物链原子的立体化学排列。聚合物分子的构型在没有化学键的断裂和重排时是不能改变的。

规则聚合物指线形聚合物,其分子实质上是特定构型单元以特定的序列进行的排列。立构规整性聚合物是一种规则聚合物,其分子可以描述为一种立体重复单元单一的序列排列。立体重复单元是高分子主链上在所有立体异构点上都具有明确构型的结构单元。必须注意到聚合物异构现象只能用来描述规则聚合物。因此,具有头-头、头-尾和尾-尾结构的聚合物才有立体异构体[134]。

然而并不是所有的规则聚合物都有立体异构体。不含前手性或手性碳原子单体,如乙烯、甲醛、环氧乙烷和β-丙内酯,得到的聚合物不必考虑其立体化学的可能性,因为在单体碳原子上的两个取代基是相同的而不是不同的,如下所示:

$$n\ \mathrm{CH_2=CH_2} \longrightarrow {\leftharpoonup}\mathrm{CH_2-CH_2}{\rightharpoonup}_n \qquad (2\text{-}10)$$

$$n\ \mathrm{O=CH_2} \longrightarrow {\leftharpoonup}\mathrm{O-CH_2}{\rightharpoonup}_n \qquad (2\text{-}11)$$

$$n\ \mathrm{CH_2-CH_2\atop\diagdown O \diagup} \longrightarrow {\leftharpoonup}\mathrm{O-CH_2-CH_2}{\rightharpoonup}_n \qquad (2\text{-}12)$$

$$n\ \mathrm{O=C-CH_2\atop |\quad\ \ |\atop O\!-\!CH_2} \longrightarrow {\leftharpoonup}\mathrm{O-C(=O)-CH_2-CH_2}{\rightharpoonup}_n \qquad (2\text{-}13)$$

在前手性单体（如丙烯、乙醛）立体定向聚合和手性单体（如环氧丙烯、β-丁内酯、3-甲基环戊烯）立体选择性聚合中才会出现立体异构现象。这种形成有规聚合物的聚合称为立体定向聚合。有规聚合物是规则聚合物的一种，可以描述为一种构型重复单元的单一序列排列。构型重复单元是一个、两个或更多连续的构型基本单元的最小组，它规定着聚合物分子主链上一个或多个立体异构点的构型重复。构型基本单元是结构重复单元，它的构型由聚合物分子主链上的一个或多个立体异构点定义。在规则聚合物中，一个构型基本单元对映一个结构重复单元[134]。

根据以上基本定义，我们考察一下前手性单体丙烯和乙醛形成的聚合物的结构：

$$n\ \mathrm{CHR=CH_2} \longrightarrow {\leftharpoonup}\mathrm{C^*H(R)-CH_2}{\rightharpoonup}_n \qquad (2\text{-}14)$$

$$n\ \mathrm{O=CHR} \longrightarrow {\leftharpoonup}\mathrm{O-C^*H(R)}{\rightharpoonup}_n \qquad (2\text{-}15)$$

这些前手性单体含有一个带不同取代基的碳原子，聚合后由于主链上连续的两个单体单元之间形成新键，该碳原子就成了立体异构点。每一个立体异构点由带有四个不同取代基的碳原子组成，记为 $C^*$，取代基分别为 H、R 和两个不同长度的聚合物链段 $[CH(R)CH_2]_x$ 和 $[CH_2CH(R)]_y$。$C^*$ 碳原子并不显示光学活性，因为光学活性只由 $C^*$ 的每一个取代基的开始几个原子（$\alpha$、$\beta$ 和 $\gamma$）决定，但是在这里，连接在 $C^*$ 的两个链段的开始几个原子相同：—CH(R)CH$_2$CH(R)CH$_2$—$C^*$H(R)—CH$_2$CH(R)CH$_2$CH(R)—，这正是这类聚合物不能显示光学活性的原因。这类立体异构点 $C^*$ 就是先前所说的假不对称中心，也称为假手性中心。

C*原子在单体中之所以称为前手性原子,是因为它在聚合后能变为假手性原子。上面已经提到,α-烯烃和高级醛等前手性单体得到的聚合物中每一个假手性C*原子都是立体异构点。聚合物链中C*原子具有两种不同构型的一种。这两种构型一般记为R和S,它们可以被任意指定。由立体化学规则确定的绝对构型R和S对聚合物立体异构体的性能实际上并不重要。对于立体异构化引起的聚合物性质而言,只有连续假手性中心的相对构型才是重要的。连续假手性碳原子构型的规律性决定了聚合物规整性的全部秩序。如果沿着聚合物链连续假手性碳原子的构型相同,则聚合物是等规的;如果假手性碳原子的构型从一个重复单体单元到下一个单元以相反的构型交替变化,则聚合物是间规的。换句话说,等规聚合物作为规则聚合物的一种,它的分子由一种构型基本单元以单一的方式排列而成,其构型基本单元和结构重复单元是相同的。间规聚合物作为规则聚合物的一种,它的分子由对映异构体构型基本单元交替组成,构型重复单元由两个互为对映异构体的构型基本单元组成。因此,根据定义,立构规整度就是聚合物分子主链上构型重复单元的相继有序度。无规聚合物作为规则聚合物的一种,各种可能的构型基本单元以均等的概率自由地分布于分子链中[134]。

手性单体3-甲基环戊烯、氧化丙烯和β-丁内酯开环聚合后得到的聚合物不含任何内部对称面。如下所示:

$$\text{(2-16)}$$

顺式　　　　反式

$$\text{(2-17)}$$

$$\text{(2-18)}$$

手性单体得到的聚合物主链上具有真正的手性点,它们是标记为C*的碳原子。除了H、R和以CH₂为端基的聚合物链段三个取代基外,当有双键或氧原子连接在这个手性碳原子上时,聚合物链中C*原子周围的环境非常不同,不像前手性单体形成的聚合物的环境。由于这种不对称性,手性单体的等规聚合物可以显示出光学活性。应该注意到,手性单体的聚合物的立构规整性[式(2-16)至式(2-18)]不是由聚合中新键形成而产生的手性点引起的,与前手性单体的情形不同[式(2-14)、式(2-15)]。根据式(2-16)至式(2-18),手性环状单体开环聚合得到的聚合物的立构规整性归因于单体的起始手性点C*原子。就此而论,这里应该给出立体选择性聚合的定义。立体选择性聚合是单体的立体异构体混合物中的一种优先接到增长聚合物链上形成聚合物的聚合。然而，单体的立体异构体仅仅保留在聚合物上的聚合不能认为是立体选择性聚合。例如，手性单体 D-氧化丙烯或 L-氧化丙烯的单体构型保留聚合不能称为立体选择性聚合，而对映异构体 D-氧化丙烯和 L-氧化丙烯混合物中的一种单体构型保留的聚合反应才是典型的立体选择性聚合[134]。在立体选择性聚合中，被选择的立体异构点也可以位于侧取代基上，如不对称 α-烯烃（$CH_2=CHR^*$）。

聚合物的立构规整性不仅和聚合物链上饱和碳的四个取代基的构型有关，还和聚合物链中存在的不饱和碳原子的几何异构化有关。共轭二烯烃的 1,4-聚合［式(2-19)］、炔烃聚合［式(2-20)］以及环烯烃的开环聚合［式(2-16)］得到的聚合物的主链上都有几何异构现象。

顺式有规聚合物是主链上构型基本单元的双键全部是顺式排列的有规聚合物。反式有规聚合物是主链上构型基本单元的双键全部是反式排列的有规聚合物[134]。环结构中取代基的不同构型也产生几何顺反异构现象。

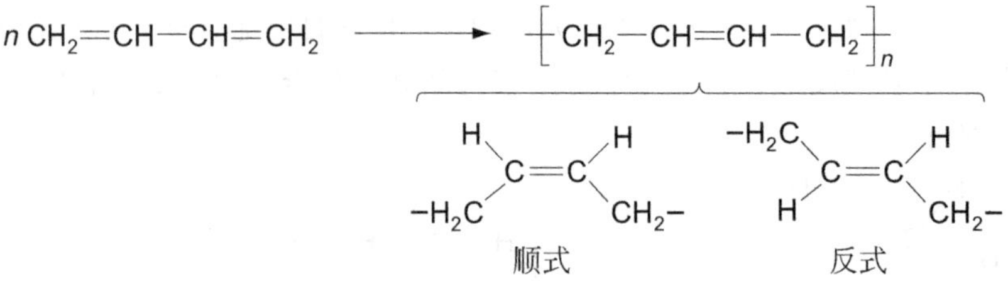

$$n\,CH_2=CH-CH=CH_2 \longrightarrow \ce{[CH_2-CH=CH-CH_2]_n} \tag{2-19}$$

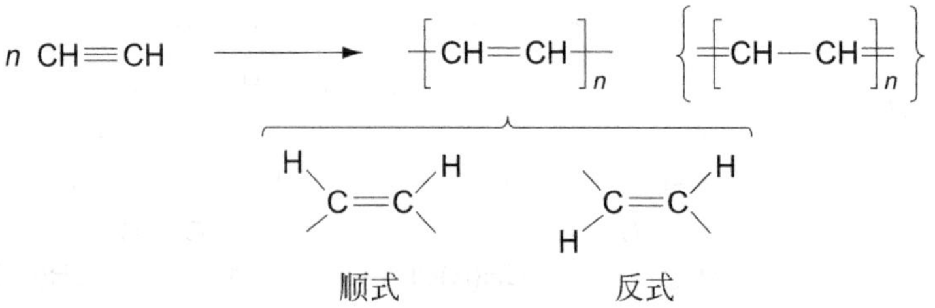

顺式　　　　反式

$$n\,CH\equiv CH \longrightarrow \ce{[CH=CH]_n} \quad \ce{[CH-CH]_n} \tag{2-20}$$

顺式　　　　反式

将立构规整聚合物和有规聚合物两个概念相比较，立构规整聚合物都是有规聚合物，但是有规聚合物不全是立构规整聚合物，因为有规聚合物不需要在所有的立体异构点上都有明确的定义。

应该注意到，与分子链中主要部分的立构规整性相比，在合成立构规整聚合物时，有些单体单元是误插入的。这种"错误"既有化学性质的（如头-头连接代替了头-尾连接和异构化的单体单元），也有立体异构点的立体性质的。因此，所有合成立构规整聚合物都需要用立构规整度来表征（一般很高）。立构规整这个术语一般指真实聚合物分子的主要部分的结构特征。值得注意的是，要了解立构规整聚合物合成中的立体控制机理，聚合物链结构中存在的立体化学缺陷能够提供有价值的信息。

如前所述，与有机小分子相比，大分子的立体化学有一些附加条件需要考虑，和聚合物的特性有关。因此，大分子立体化学需要区分立体异构和手性，这种区别在不久前才被强调[135]。专有名词"立体中心"指能够形成立体异构体的多价原子，而不考虑任何对称性问题；手性原子指不含有任何对称面的原子（如区域手性环境下的一个原子和作为整体的非手性的大分子）。因此，不对称或手性碳原子更适合称为立体中心手性原子，假不对称或假手性碳原子应该称为立体中心非手性原子[126]。

## 2.4 高分子化学和技术中的配位聚合

在 19 世纪 50 年代的早期,印第安纳标准石油公司[14]和菲利普斯石油公司[15]的研究人员以及米尔海姆/鲁尔的马克斯·普朗克研究所的 Karl Ziegler 研究组分别独立地发现了三种不同的催化剂,可以在低压低温下制备出高分子量的聚乙烯。相对于广泛商品化的高压自由基工艺制备的低密度聚乙烯,这种聚乙烯被称为高密度聚乙烯。这些发现奠定了乙烯配位聚合和聚乙烯产品多样化的基础。标准石油公司的催化剂(负载于氧化铝上的氧化钼)、菲利普斯石油公司的催化剂(负载于二氧化硅上的氧化铬)以及 Ziegler 催化剂[由过渡金属氯化物(特别是氯化钛)和有机金属化合物或 1~3 主族的金属氢化物(特别是烷基铝)反应制备]三种催化剂中的后两种已经被广泛商品化了。

因为没有立体中心碳原子,聚乙烯没有立体异构现象,但是配位聚合得到的聚乙烯和低密度聚乙烯是不同的。高密度聚乙烯本质上是线型聚合物,由薄晶片中的长链组成,含有的支链很少,而支链结构是自由基高压聚合的低密度聚乙烯的典型特征。高密度聚乙烯可以有很高的结晶度和高的熔点,因为它链上的支链比低密度聚乙烯的少很多。高密度聚乙烯具有高强度、更好的溶剂和化学抵抗能力以及低温脆性。

利用配位催化剂首次在相对低的压力下制备出了乙烯与其他烯烃(如 1-丁烯、1-己烯和 1-辛烯)的共聚物,通过引入支链减少结晶度得到了线型低密度聚乙烯[136]。图 2.3 给出了这三种聚乙烯的结构示意图,图中它们的主要特征被夸大了以示强调[46]。

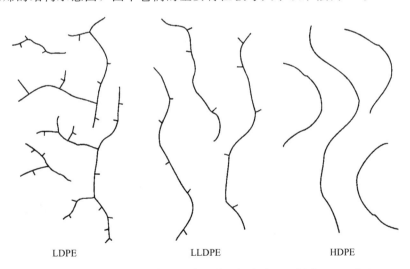

图 2.3 低密度聚乙烯(LDPE)、线型低密度聚乙烯(LLDPE)和高密度聚乙烯(HDPE)分子的结构示意图

配位催化剂(尤其是均相钒基催化剂)催化乙烯和丙烯共聚合,当乙烯的加入量为 15%~75%(摩尔分数)时,可以制备出无定形态的具有弹性体性能的乙丙无规共聚物[137]。当少量的非共轭二烯烃(如 1,4-己二烯)加入聚合体系中时,可以得到乙烯-丙烯-

二烯烃三元共聚物，该三元共聚物经过硫黄硫化后是重要的商品合成橡胶[138]。

1954年，Ziegler的发现的第二年，Giulio Natta实验组（米兰理工大学化学研究所）首次引入了α-烯烃立体定向聚合的概念，并制备和表征了等规聚丙烯和其他等规聚（α-烯烃）[13]。与乙烯聚合相比，只有配位催化剂才能成功制备可结晶的聚丙烯。Natta等设法组合先前Ziegler发现的催化剂来合成等规结晶聚丙烯，并取得技术应用突破。等规聚丙烯因为链的立体有序性而具有高的结晶度和相对高的熔点，不溶于低沸点的脂肪烃溶剂中。使用丙烯等规定向聚合催化剂共聚乙烯/丙烯，其一般得到的是嵌段共聚物和两种均聚物的混合物[139]。这种乙丙嵌段共聚物（聚合物合金），由于具有诱人的物理性能而被大规模的商品化了。

Ziegler-Natta催化剂是一类非同寻常的催化剂，是唯一可以立体定向聚合α-烯烃（如丙烯、1-丁烯、4-甲基-1-戊烯和高级1-烯烃）得到立构规整聚合物的催化剂。聚（1-异丁烯）的很多性能和聚乙烯、聚丙烯的相似。聚（4-甲基-1-戊烯）比其他聚合物的密度要低很多（约0.83g/cm$^3$）[140]，熔点却比聚丙烯还高，适合于高温使用。应该注意到，α-烯烃既不能用自由基聚合也不能用阴离子引发聚合。

配位催化剂也成功聚合了许多环烯烃。Ziegler-Natta催化剂发明不久，Natta实验组就发现环烯烃可以通过双键打开的持环反应（环结构保留）而聚合，得到了具有各种微结构的环烯烃均聚物[32]以及不能均聚的环烯烃和乙烯的交替共聚物[141]。然而，这些聚合物并没有引起人们的兴趣，因为环烯烃持环聚合的催化剂选择很困难，因此人们将更多的兴趣放在了环烯烃的开环易位聚合上。虽然开环易位聚合是在烯烃配位聚合研究中发现的[32,142]，但是烯基交换反应的详细机理早就有了坚实的基础。实际上，易位聚合研究为聚合机理提出了新模型[38,143]。开环易位聚合在机理研究以及在塑料和橡胶工业应用两方面都已经吸引了相当大的研究力量，其发展欣欣向荣[144]。

1954年，Goodrich-Gulf实验室[22]使用Natta研制的新催化剂制备了1,4-顺式-聚异戊二烯，天然橡胶的人工合成等价物，后来Natta等制备了1,4-反式-聚异戊二烯，即古塔胶的人工合成类似物[23]。

同时，Natta等分离并表征了间规聚丙烯[145]。使用可溶的钒基催化剂在低温下聚合可以制备出间规聚丙烯[146]，间规聚丙烯具有很多有趣的优点，却没有能够商品化。

有意思的是，Ziegler-Natta催化剂制备的全同聚苯乙烯[13]的性能并不比自由基聚合制备的无规聚苯乙烯的性能好多少。

非均相Ziegler-Natta催化剂在实际应用中发挥着重要作用，主要用于工业制备线型高密度聚乙烯、线型低密度聚乙烯、等规聚丙烯、乙丙烯共聚物弹性体（使用钒基催化剂）、1,4-顺式-聚（1,3-丁二烯）、1,4-反式-聚（1,3-丁二烯）和聚异戊二烯。这类催化剂用途极其广泛，可以聚合很多种烃类单体，得到的聚合物具有不同的立构规整性。1963年，Ziegler和Natta因此共同获得诺贝尔化学奖。

在过渡金属催化剂聚合烃类单体（尤其是乙烯和丙烯）的先驱研究工作之后，催化剂的研究方向大多是提高催化剂的活性和选择性。19世纪70年代，超高活性丙烯等规定向聚合催化剂的研究取得了突破性进展，并被用于工业生产。乙烯配位均聚和共聚，尤其是生产线型低密度聚乙烯也引起了市场的注意，开始和低密度聚乙烯相竞争。用于气相聚合流化床工艺的现代催化剂可以控制聚合物的粒子尺寸和孔隙率得到球形粒子[147-150]。1990年全世界

聚乙烯产能为 $33782\times10^3$ 吨/年（低密度聚乙烯为 $15598\times10^3$ 吨/年，线型低密度聚乙烯为 $6754\times10^3$ 吨/年，高密度聚乙烯为 $11430\times10^3$ 吨/年），全世界聚丙烯（等规）的年产能为 $13300\times10^3$ 吨/年[46]。

19 世纪 80 年代，催化剂和工艺的发展主要集中于控制聚合物的分子量分布和共单体的插入，以改善聚合物的机械和流变性能。新型单中心立体定向茂金属催化剂的发现是新型烃类聚合物材料的发展中另一个重要的里程碑。茂金属催化剂可以制备各种聚合物，包括乙烯与 1-丁烯、1-己烯和/或 1-辛烯共聚得到的线型低密度聚乙烯[151-154]；乙丙共聚物[155-157]；各种有规聚烯烃，尤其是等规[11,158]、间规[159,160] 聚丙烯和立体嵌段的等规-无规聚丙烯[161-163]；乙烯-环烯烃共聚物[164-168]；新型脂环族聚烯烃[168-172]，包括 $\alpha,\omega$-二烯烃环聚物[173-176]；间规聚苯乙烯[177-181]；乙烯-苯乙烯共聚物[182]；1,3-二烯烃的 1,4-顺式、1,4-反式或 1,2-结构等各种有规聚合物[29,183]；功能化的聚烯烃[184-190]。

茂金属聚合烃类单体（尤其是烯烃）研究的一个主要原因是它们可以促进对非均相聚合催化剂反应机理的模拟。1955 年就知道烷基铝活化的第四族过渡金属茂配合物（二环戊二烯基二氯化钛、二乙基氯化铝）可以催化乙烯聚合，这是一个很有吸引力的模型体系[191,192]。因为能够聚合乙烯的均相茂金属催化剂很有限，但是，很多年以来这都是这一领域发展的重要障碍，大约在 1980 年，Kaminsky 和 Sinn 发现[193-196] 甲基铝氧烷活化的茂金属对丙烯和高级 $\alpha$-烯烃聚合有活性。随后 Brintzinger[197,198]、Ewen[11,159,199] 和 Kaminsky 等[158,169] 的重要发现以及 Pino[200-202] 和 Zambelli[203,204] 对机理的研究，是继 Ziegler 和 Natta 早期发现后的最重要成就。通过改变催化剂结构可以任意剪裁聚烯烃和其他烃类聚合物的结构，揭开了配位聚合的新纪元。

茂金属催化剂被称为单中心催化剂，它允许更好地研究烯烃聚合机理和立体化学。然而，在一般聚合条件下均相催化剂存在多个构象态，将导致副反应发生，并失去立体化学控制。将催化剂连接到一个惰性载体上可以抑制许多副反应。现在，根据合理的模型发展起来的先进催化剂和配位聚合工艺已经开始超越非均相 Ziegler-Natta 催化剂。该类催化剂也能用于商业气相催化工艺。将茂金属负载于二氧化硅或者氧化铝硅胶上可以分离开活性中心[205-209]。可溶茂金属催化剂制备的聚合物呈粉末状，而用固体负载的茂金属催化剂粒子制备出的是互相粘接的聚合物粒子[210]。非均相茂金属催化剂，如负载于二氧化硅上的催化剂，可以在现有的 Ziegler-Natta 聚合生产设备上使用，如浆液聚合或气相聚合体系[211-214]。甲基铝氧烷或其他活化剂活化的单中心催化剂技术给聚合工艺带来了前所未有的控制能力，特别是区域专一性、立体定向性、分子量、分子量分布和共单体的插入。这使得新型聚烯烃材料的商业化成为可能。尽管负载催化剂有实际的优点，但载体材料和催化剂配合物之间分子水平上的相互作用还只是被部分地理解。

氧化丙烯等非烃类杂环单体的首次配位聚合研究开始于 19 世纪 50 年代[1,2,215]。第一个高级环氧配位聚合催化剂是氯化铁和氧化丙烯组成的配合物[117]，称为 Pruitt-Baggett 加合物。19 世纪 60 年代，报道了大量环氧聚合催化剂，大多数催化剂是烷基金属化合物和单/多质子化合物如醇、水、二醇组成的二元或三元体系。有些环氧聚合催化剂，如烷氧基金属和 $\mu$-氧化烷氧基双金属是使用其他方法制备的，而不使用烷基金属。无论使用还是不使用烷基金属，所制备的非均相或均相催化剂都含多核缔合物，大多含有铝或锌原子，都可以制备高分子量的环氧均聚物或者相对宽分子量分布的共聚物[115,124]。19 世纪 80 年代，

Inoue 和 Aida 发现了新型的均相环氧聚合催化剂——铝、锌的金属卟啉。这些催化剂是单核非缔合物，可以催化环氧活性聚合，得到窄分布的低分子量均聚物和共聚物[69,216]。后来，其他环氧的立体定向聚合的均相单核催化剂，如 Schiff 碱铝衍生物[70,217]和杯[4]芳烃铝衍生物[71]也成功地用于环氧的立体定向聚合。

环氧是很重要的杂环单体，其聚合机理和技术研究的目标是使某些环氧聚合工艺商业化。虽然对催化剂结构的研究很多，但是现在只能确定有限的一些催化剂在固态和溶液中的结构。Tsuruta 等[218-222]使用结构明确的多核催化剂，在分子水平上给出了令人满意的环氧聚合机理，包括立体化学方面在内。单核催化剂聚合环氧的机理也有了一些解释[69-71,115,124,216,217]。

如今，包括环氧化物的配位聚合在内，用环氧氯丙烷、氧化乙烯和/或氧化丙烯生产弹性体（硫化单体单元为烯丙基缩水甘油醚）已经有了大规模的商业生产[223-225]。1990 年全世界环氧氯丙烷聚合物和共聚物（醇橡胶）[223]与氧化丙烯共聚物（聚醚橡胶）[225]的产量超过了 12000 吨/年。现在，环氧配位聚合工业工艺中使用的催化剂是 19 世纪 50 年代后期发现的 Vandenberg 催化剂，是三烷基铝-水和三烷基铝-水-乙酰丙酮或其他类似的螯合剂。但是，有关催化剂的结构，虽然投入了巨大的研究力量，但目前还未取得阶段性进展。

19 世纪 60 年代以后，环氧配位聚合和共聚合的研究就广泛延伸到了其他杂环单体和杂不饱和单体的聚合。大多数环氧聚合催化剂都可以促使氧杂环、硫杂环和杂不饱和单体的配位聚合。这些配位聚合的机理研究、催化剂的改进和新的商业化聚合工艺的探索，一直在广泛地开展着。配位催化剂催化聚合杂环单体已经可以得到高区域专一和高立构规整性的高、低分子量聚合物。除了作为潜在的塑料或者橡胶，杂环单体和杂不饱和单体制备的聚合物在生物和/或医药方面也有潜在的重要应用。杂环单体配位聚合的另一个可以达到的重要目标是：与不易均聚的杂不饱和单体（如二氧化碳[226]）共聚并将其引入聚合物链中，这似乎是聚合杂不饱和单体唯一可行的方法。当然，杂环单体和杂不饱和单体等非烃类单体制备的聚合物性能不能与高性能的烃类聚合物相媲美。然而，含有杂原子的环和非环单体在不同因素的作用下被引入到了烃类单体的聚合中。因此，无论在工业应用还是基础学术研究方面两类配位聚合得以互补。

### 参考文献

1. Price, C. C. and Osgan, M., *J. Am. Chem. Soc.*, **78**, 4787 (1956).
2. Pruitt, M. E., Jackson, L. and Baggett, J. M., US Pat. 2 706 181 (to Dow Chemical Co.) (1956).
3. Chatt, J. and Duncanson, L. A., *J. Chem. Soc.*, **1953**, 2939 (1956).
4. Cossee, P., *Tetrahedron Lett.*, **17**, 12 (1960).
5. Cossee, P., *J. Catal.*, **3**, 80 (1964).
6. Natta, G., Farina, M. and Peraldo, M., *Chim. Ind. (Milan)*, **42**, 255 (1960).
7. Miyazawa, T. and Ideguchi, T., *J. Polym. Sci., B*, **1**, 389 (1963).
8. Zambelli, A., Giongo, M. G. and Natta, G., *Makromol. Chem.*, **112**, 183 (1968).
9. Zambelli, A. and Tosi, C., *Fortschr. Hochpolym. Forsch.*, **15**, 31 (1974).
10. Böhm, L. L., *Polymer*, **19**, 545 (1978).
11. Ewen, J. A., *J. Am. Chem. Soc.*, **106**, 6355 (1984).
12. Ziegler, K., Holzkamp, E., Breil, H. and Martin, H., *Angew. Chem.*, **67**, 541 (1955).
13. Natta, G., Pino, P., Corradini, P., Danusso, F., Mantica, E., Mazzanti, E. and Moraglio, G., *J. Am. Chem. Soc.*, **77**, 1708 (1955).

14. Zletz, A., US Pat. 2 692 257 (to Standard Oil of Indiana) (1954); *Chem. Abstr.*, **49**, 2777d (1955).
15. Hogan, J. P. and Banks, R. L., US Pat. 2 825 721 (to Phillips Petroleum Co.) (1958); *Chem. Abstr.*, **52**, 86211 (1958).
16. Fischer, M., Ger. Pat. 874 215 (to BASF A.G.) (1943); *Chem. Abstr.*, **51**, 10124g (1957).
17. Rodriguez, L. A. M. and van Looy, H. M., *J. Polym. Sci., A-1*, **4**, 1951, 1971 (1966).
18. Henrici-Olivé, G. and Olivé, S., *Adv. Polym. Sci.*, **6**, 421 (1969).
19. Pino, P. and Rotzinger, B., *Makromol. Chem., Suppl.*, **7**, 41 (1984).
20. Natta, G. and Corradini, P., *Makromol. Chem.*, **16**, 17 (1955).
21. Ishihara, N., Kuramoto, M. and Uoi, M., *Macromolecules*, **21**, 2464 (1986).
22. Horne Jr, S. E., Kichl, J. P., Shipman, J. J., Volt, V. L. and Gibbs, C. T., *Ind. Eng. Chem.*, **48**, 784 (1956).
23. Natta, G., Corradini, P. and Porri, L., *Rend. Accad. Naz. Lincei*, **8**, 728 (1956).
24. Porri, L. and Aglietto, M., *Makromol. Chem.*, **177**, 1465 (1976).
25. Destri, S., Gatti, G. and Porri, L., *Makromol. Chem., Rapid Commun.*, **2**, 605 (1981).
26. Destri, S., Bolognesi, A., Porri, L. and Wang, F., *Makromol. Chem., Rapid Commun.*, **3**, 187 (1982).
27. Porri, L., Giarrusso, A. and Ricci, G., *Makromol. Chem., Macromol. Symp.*, **48/49**, 239 (1991).
28. Yasuda, H. and Nakamura, A., *Angew. Chem., Int. Ed. Engl.*, **26**, 723 (1987).
29. Ricci, G., Porri, L. and Giarrusso, A., *Macromol. Symp.*, **89**, 383 (1995).
30. Anderson, A. W. and Merckling, N. C., US Pat. 2 721 189 (to Du Pont de Nemours) (1955); *Chem. Abstr.*, **50**, 3008 (1956).
31. Eleuterio, H. S., US Pat. 3 074 918 (to Du Pont de Nemours) (1957); *Chem. Abstr.*, **55**, 16005 (1957).
32. Natta, G., Dall'Asta, G., Mazzanti, G. and Motroni, G., *Makromol. Chem.*, **69**, 163 (1963).
33. Dall'Asta, G. and Motroni, G., *Eur. Polym. J.*, **7**, 707 (1971).
34. Fischer, E. O. and Dotz, K. H., *Chem. Ber.*, **105**, 3966 (1972).
35. Casey, C. P. and Burkhardt, T. J., *J. Am. Chem. Soc.*, **96**, 7808 (1974).
36. Gilliom, L. R. and Grubbs, R. H., *J. Am. Chem. Soc.*, **108**, 733 (1986).
37. Wallace, K. C. and Schrock, R. R., *Macromolecules*, **20**, 450 (1987).
38. Herisson, J. L. and Chauvin, Y., *Makromol. Chem.*, **141**, 161 (1970).
39. Katz, T. J., Ho, H.-T., Shih, N.-Y., Ying, Y.-C. and Van Stuart, I. W., *J. Am. Chem. Soc.*, **106**, 2659 (1984).
40. Natta, G., Mazzanti, G. and Corradini, P., *Atti Acad. Naz. Lincei, Cl. Sci. Fis. Mat. Nat.*, **25**, 3 (1958).
41. Luttinger, L. B., *Chem. Ind. (Lond.)*, **1960**, 1135 (1960).
42. Ito, T., Shirakawa, H. and Ikeda, S., *J. Polym. Sci., Polym. Chem. Ed.*, **12**, 11 (1974).
43. Schen, M. A., Karasz, F. E. and Chien, J. C. W., *J. Polym. Sci., Polym. Chem. Ed.*, **21**, 2787 (1983).
44. Clarke, T. C., Yannoni, C. S. and Katz, T. J., *J. Am. Chem. Soc.*, **105**, 7787 (1983).
45. Masuda, T., Sasaki, N. and Higashimura, T., *Macromolecules*, **8**, 717 (1975).
46. Whiteley, K. S., Heggs, T. G., Koch, H., Mawer, R. L., Goldbach, G. and Immel, W., 'Polyolefins', in *Ullmann's Encyclopedia of Industrial Chemistry*, VCH Publishers, Inc., Weinheim, 1992, Vol. A21, pp. 487–577.
47. Baker Jr, W. P., *J. Polym. Sci., A*, **1**, 655 (1963).
48. Havinga, R. and Schors, A., *J. Macromol. Sci. – Chem. A*, **2**, 1, 31 (1968).
49. Möhring, V. M. and Fink, G., *Angew. Chem., Int. Ed. Engl.*, **24**, 1001 (1985).
50. Endo, K., Ueda, R. and Otsu, T., *J. Polym. Sci., Polym. Chem. Ed.*, **29**, 807, 843 (1991).
51. Endo, K., Ueda, R. and Otsu, T., *Makromol. Chem.*, **193**, 539 (1992).
52. Marvel, C. S. and Stille, J. K., *J. Am. Chem. Soc.*, **80**, 1740 (1958).
53. Makowski, H. S., Shim, B. K. C. and Wilchinsky, Z. W., *J. Polym. Sci., A*, **2**, 1549, 4973 (1964).
54. Sen, A. and Lai, T.-W., *J. Am. Chem. Soc.*, **104**, 3520 (1982).
55. Lai, T.-W. and Sen, A., *Organometallics*, **3**, 866 (1984).

56. Drent, E., van Broekhoven, J. A. M. and Doyle, M. J., *J. Organomet. Chem.*, **417**, 235 (1991).
57. Batistini, A., Consiglio, G. and Suter, U. W., *Angew. Chem. Int. Ed. Engl.*, **31**, 303 (1992).
58. Bartolini, S., Carfagna, C. and Musco, A., *Macromol. Rapid Commun.*, **16**, 9 (1995).
59. Fenske, R. F., *Pure Appl. Chem.*, **27**, 61 (1971).
60. Nolte, R. J. M. and Drenth, W., *Recl. Trav. Chim. Pays-Bas*, **92**, 788 (1973).
61. Osgan, H. and Price, C. C., *J. Polym. Sci.*, **34**, 153 (1959).
62. Furukawa, J., Tsuruta, T., Sakata, T., Saegusa, T. and Kawasaki, A., *Makromol. Chem.*, **32**, 90 (1959).
63. Vandenberg, E. J., *J. Polym. Sci.*, **47**, 486 (1960).
64. Colclough, R. O., Gee, G. and Jagger, A. H., *J. Polym. Sci.*, **48**, 273 (1960).
65. Osgan, M. and Teyssié, P., *J. Polym. Sci., B*, **5**, 789 (1967).
66. Inoue, S., Tsuruta, T. and Furukawa, J., *Makromol. Chem.*, **53**, 215 (1962).
67. Kuran, W., Rokicki, A. and Pieńkowski, J., *J. Polym. Sci., Polym. Chem. Ed.*, **17**, 1235 (1979).
68. Kuran, W. and Listoś, T., *Macromol. Chem. Phys.*, **195**, 401 (1994).
69. Aida, T. and Inoue, S., *Macromolecules*, **14**, 1166 (1981).
70. Vincens, V., Le Borgne, A. and Spassky, N., *Makromol. Chem., Rapid Commun.*, **10**, 623 (1989).
71. Kuran, W., Listoś, T., Abramczyk, M. and Dawidek, A., *J. Macromol. Sci. – Chem. A*, **35**, 427 (1998).
72. Machon, J. P. and Sigwalt, P., *Compt. Rend. Acad. Sci. (Paris)*, **260**, 549 (1965).
73. Furukawa, J., Kawabata, N. and Kato, A., *J. Polym. Sci., Polym. Lett. Ed.*, **5**, 1073 (1967).
74. Coulon, C., Spassky, N. and Sigwalt, P., *Polymer*, **17**, 821 (1976).
75. Dumas, P., Sigwalt, P. and Guérin, P., *Makromol. Chem.*, **193**, 1709 (1992).
76. Aida, T., Kawaguchi, K. and Inoue, S., *Macromolecules*, **23**, 3887 (1990).
77. Tsuruta, T., Inoue, S. and Matsuura, K., *Makromol. Chem.*, **63**, 219 (1963).
78. Matsuura, K., Inoue, S. and Tsuruta, T., *Makromol. Chem.*, **80**, 149 (1964).
79. Katużyński, K., Libiszowski, J. and Penczek, S., *Makromol. Chem.*, **178**, 943 (1977).
80. Cherdron, H., Ohse, H. and Corte, F., *Makromol. Chem.*, **56**, 187 (1962).
81. Agostini, D. E., Lando, J. B. and Shelton, J. R., *J. Polym. Sci., A-1*, **9**, 2775 (1971).
82. Tani, H., Yamashita, S. and Teranishi, K., *Polym. J.*, **3**, 417 (1972).
83. Ouhadi, T., Stevens, C. and Teyssié, P., *Makromol. Chem. Suppl.*, **1**, 191 (1975).
84. Benvenuti, M. and Lenz, R. W., *J. Polym. Sci., A, Polym. Chem.*, **29**, 793 (1991).
85. Pajersky, A. D. and Lenz, R. W., *Makromol. Chem. Macromol. Symp.*, **73**, 7 (1993).
86. Le Borgne, A., Pluta, C. and Spassky, N., *Macromol. Rapid Commun.*, **15**, 955 (1994).
87. Asano, S., Aida, T. and Inoue, S., *J. Chem. Soc., Chem. Commun.*, **1985**, 1148 (1985).
88. Yasuda, T., Aida, T. and Inoue, S., *Macromolecules*, **16**, 1792 (1983).
89. Inoue, S. and Aida, T., *Makromol. Chem., Macromol. Symp.*, **73**, 1792 (1983).
90. Le Borgne, A., Vincens, V., Jouglard, M. and Spassky, N., *Makromol. Chem., Macromol. Symp.*, **73**, 37 (1993).
91. Feng, X. D., Song, C. X. and Chen, W. Y., *J. Polym. Sci., Polym. Lett. Ed.*, **21**, 593 (1983).
92. Trofimoff, L. R., Aida, T. and Inoue, S., *Chem. Lett.*, **1987**, 991 (1987).
93. Inoue, S., Kitamura, K. and Tsuruta, T., *Makromol. Chem.*, **126**, 250 (1969).
94. Hsieh, L. H., *J. Macromol. Sci. – Chem. A*, **7**, 1526 (1973).
95. Kuran, W. and Nietsochowski, A., *Polym. Bull.*, **2**, 411 (1980).
96. Kuran, W. and Nietsochowski, A., *J. Macromol. Sci. – Chem. A*, **15**, 1567 (1981).
97. Aida, T. and Inoue, S., *J. Am. Chem. Soc.*, **107**, 1358 (1985).
98. Aida, T., Sanuki, S. and Inoue, S., *Macromolecules*, **18**, 1049 (1985).
99. Kuran, W. and Listoś, T., *Makromol. Chem.*, **193**, 945 (1992).
100. Kricheldorf, H. R., Jenssen, J. and Kreiser-Saunders, I., *Makromol. Chem.*, **192**, 2391 (1991).

101. Furukawa, J., Saegusa, T., Fujii, H., Kawasaki, A., Imai, H. and Fujii, Y., *Makromol. Chem.*, **37**, 149 (1960).
102. Natta, G., Mazzanti, G., Corradini, P. and Bassi, I. W., *Makromol. Chem.*, **37**, 156 (1960).
103. Natta, G., Corradini, P. and Bassi, I. W., *J. Polym. Sci.*, **51**, 505 (1960).
104. Kawai, W., *Bull. Chem. Soc. Jpn*, **35**, 516 (1962).
105. Yilmaz, O., Usanmaz, A. and Alyürük, K., *Eur. Polym. J.*, **28**, 1351 (1992).
106. Natta, G., Mazzanti, G., Pregaglia, G. F., Binaghia, M. and Peraldo, M., *J. Am. Chem. Soc.*, **82**, 4742 (1960).
107. Yamashita, Y. and Nanumoto, S., *Makromol. Chem.*, **58**, 244 (1962).
108. Inoue, S., Koinuma, H. and Tsuruta, T., *Makromol. Chem.*, **130**, 210 (1969).
109. Inoue, S., Koinuma, H. and Tsuruta, T., *J. Polym. Sci. B*, **7**, 287 (1969).
110. Kuran, W., Pasynkiewicz, S., Skupińska, J. and Rokicki, A., *Makromol. Chem.*, **177**, 11 (1976).
111. Kuran, W. and Listoś, T., *Macromol. Chem. Phys.*, **195**, 977 (1994).
112. Koinuma, H. and Hirai, H., *Makromol. Chem.*, **178**, 241 (1977).
113. Aida, T., Ishikawa, M. and Inoue, S., *Macromolecules*, **19**, 8 (1986).
114. Tsuruta, T., *Pure Appl. Chem.*, **53**, 1745 (1986).
115. Kuran, W. and Listoś, T., *Polish J. Chem.*, **68**, 643 (1994).
116. Price, C. C. and Spector, R., *J. Am. Chem. Soc.*, **88**, 4171 (1966).
117. Vandenberg, E. J., *J. Polym. Sci. A-1*, **7**, 525 (1969).
118. Tani, H., Oguni, N. and Watanabe, S., *J. Polym. Sci., B*, **6**, 577 (1968).
119. Hirano, T., Khanh, P. H. and Tsuruta, T., *Makromol. Chem.*, **153**, 331 (1972).
120. Hasebe, S. and Tsuruta, T., *Makromol. Chem.*, **188**, 1403 (1987).
121. Watanabe, Y., Yasuda, T., Aida, T. and Inoue, S., *Macromolecules*, **25**, 1396 (1992).
122. Oguni, N. and Hyoda, J., *Macromolecules*, **13**, 1687 (1980).
123. Coulon, C., Spassky, N. and Sigwalt, P., *Polymer*, **17**, 821 (1976).
124. Kuran, W. and Listoś, T., *Polish J. Chem.*, **68**, 1071 (1994).
125. Van der Kerk, G. J. M., *Pure Appl. Chem.*, **30**, 389 (1972).
126. Farina, M., *Macromol. Symp.*, **89**, 489 (1995).
127. Bovey, F. A. and Tiers, G. V. D., *J. Polym. Sci.*, **44**, 173 (1960).
128. Natta, G., *Atti Accad. Naz. Lincei, Cl. Sci. Fis. Mat. Nat.*, **4**, 61 (1955).
129. Natta, G. and Corradini, P., *Atti Accad. Naz. Lincei, Cl. Sci. Fis. Mat. Nat.*, **4**, 73 (1955).
130. Staudinger, H., Ashdown, A., Brunner, M. Bruson, H. A. and Wehrli, S., *Helv. Chim. Acta*, **12**, 934 (1929).
131. Huggins, M. L., *J. Am. Chem. Soc.*, **66**, 1991 (1944).
132. Schildknecht, C. E., Gross, S. T., Davidson, H. R., Lambert, J. M. and Zoss, A. O., *Ind. Eng. Chem.*, **40**, 2104 (1948).
133. Frisch, H. L., Schuerch, C. and Szwarc, M. J., *J. Polym. Sci.*, **11**, 559 (1953).
134. Brandrup, J. 'Stereochemical Definitions and Notations Relating to Polymers, in *Polymer Handbook*, Wiley-Interscience, John Wiley & Sons, New York, 1989, pp. I/43–61.
135. Mislow, K. and Siegel, J., *J. Am. Chem. Soc.*, **106**, 3319 (1984).
136. Glenz, W., *Kunststoffe*, **76**, 834 (1986).
137. Natta, G., Crespi, G., Valvassori, A. and Sartori, G., *Rubber Chem. Technol.*, **36**, 1583 (1963).
138. Baldwin, F. P. and Ver Strate, G., *Rubber Chem. Technol.*, **45**, 709 (1972).
139. Heggs, T. G., in *Block Copolymers*, Wiley-Interscience, John Wiley & Sons, New York, 1973, pp. 513–523.
140. Griffith, J. H. and Ranby, B. G., *J. Polym. Sci.*, **44**, 369 (1960).
141. Natta, G., Allegra, G., Bassi, I. W., Corradini, P. and Ganis, P., *Makromol. Chem.*, **58**, 242 (1962).
142. Eleuterio, H. S., *J. Macromol. Sci. – Chem. A*, **28**, 907 (1991).
143. Ivin, K. J., Rooney, J. J., Steweart, C. D., Green, M. L. H. and Mahtab, R., *J. Chem. Soc., Chem. Commun.*, **1978**, 604 (1978).
144. Feast, W. J., 'Metathesis Polymerization: Applications', in *Comprehensive Polymer Science*, Pergamon Press, Oxford, 1989, Vol. 4, pp. 135–142.
145. Natta, G., Pasquon, I., Corradini, P., Peraldo, M., Perogaro, M. and Zambelli, A., *Atti Accad. Naz. Lincei, Cl. Sci. Fis. Mat. Nat.*, **28**, 539 (1960).
146. Natta, G., Pasquon, I. and Zambelli, A., *J. Am. Chem. Soc.*, **84**, 1488 (1962).

147. Galli, P. and Haylock, J. C., *Makromol. Chem., Macromol. Symp.*, **63**, 19 (1992).
148. Galli, P., *Macromol. Symp.*, **89**, 13 (1995).
149. Covezzi, M., *Macromol. Symp.*, **89**, 577 (1995).
150. Karol, J. F., *Macromol. Symp.*, **89**, 563 (1995).
151. Anon, *Modern Plastics Int.*, **1995**, 12 (1995) May.
152. Anon, *Eur. Plastics News*, **1995**, 22 (1995) May.
153. Anon, *Eur. Plastics News*, **1995**, 23–27 (1995) June.
154. Anon, *Modern Plastics Int.*, **1996**, 16 (1996) April.
155. Guidetti, G. P., Busi, P., Giulianelli, I. and Zannetti, R., *Eur. Polym. J.*, **19**, 757 (1983).
156. Avella, M., Martuscelli, E., Volpe, G. D., Segre, A., Rossi, E. and Simonazzi, T., *Makromol. Chem.*, **187**, 1927 (1986).
157. Tsutsui, T., Mizuno, A. and Kashiwa, N., *Polymer*, **30**, 428 (1989).
158. Kaminsky, W., Külper, K., Brintzinger, H. H. and Wild, F. R. W. P., *Angew. Chem., Int. Ed. Engl.*, **24**, 507 (1985).
159. Ewen, J. A., Jones, R. L., Razavi, A. and Ferrara, J. D., *J. Am. Chem. Soc.*, **110**, 6255 (1988).
160. Cheng, H. N. and Ewen, J. A., *Makromol. Chem.*, **190**, 19341 (1989).
161. Mallin, D. T., Rausch, M. D., Lin, Y. -G., Dong, S. and Chien, J. C. W., *J. Am. Chem. Soc.*, **112**, 2030 (1990).
162. Chien, J. C. W., *Makromol. Chem., Macromol. Symp.*, **63**, 209 (1992).
163. Coates, G. W. and Waymouth, R. M., *Science*, **267**, 217 (1995).
164. Kaminsky, W., Bark, A. and Arndt, M., *Makromol. Chem., Macromol. Symp.*, **47**, 83 (1991).
165. Kaminsky, W. and Noll, A., *Polym. Bull.*, **31**, 175 (1993).
166. Kaminsky, W. and Bark, A., *Polym. Int.*, **28**, 251 (1992).
167. Cherdron, H. and Brekner, M., *Macromol. Symp.*, **89**, 543 (1995).
168. Anon, *Modern Plastics Int.*, **1993**, 8 (1993) May.
169. Kaminsky, W. and Spiehl, R., *Makromol. Chem.*, **190**, 515 (1989).
170. Kaminsky, W. and Möller-Lindenhof, N., *Bull. Soc. Chim. Belg.*, **99**, 103 (1990).
171. Collins, S. and Kelly, W. M., *Macromolecules*, **25**, 233 (1992).
172. Kelly, W. M., Taylor, N. J. and Collins, S., *Macromolecules*, **27**, 4477 (1994).
173. Resconi, L. and Waymouth, R. M., *J. Am. Chem. Soc.*, **112**, 4953 (1990).
174. Mogstad, A. L. and Waymouth, R. M., *Macromolecules*, **25**, 2282 (1992).
175. Kesti, M. R. and Waymouth, R. M. *J. Am. Chem. Soc.*, **114**, 3565 (1992).
176. Coates, G. W. and Waymouth, R. M., *J. Am. Chem. Soc.*, **115**, 91 (1993).
177. Ishihara, N., Seimiya, T., Kuramoto, M. and Uoi, M., *Macromolecules*, **19**, 2464 (1986).
178. Pellecchia, C., Longo, P., Proto, A. and Zambelli, A., *Makromol. Chem., Rapid Commun.*, **13**, 265 (1992).
179. Ready, T. E., Day, R. O., Chien, J. C. W. and Rausch, M. D., *Macromolecules*, **26**, 5822 (1993).
180. Zambelli, A., Pellecchia, C. and Proto, A., *Macromol. Symp.*, **89**, 373 (1995).
181. Ishihara, N., *Macromol. Symp.*, **89**, 553 (1995).
182. Lee, D.-H., Yoon, K. -B., Lee, E. -H., Noh, S. -H., Byun, G. -G. and Lee, C. -S., *Macromol. Rapid Commun.*, **16**, 265 (1995).
183. Oliva, L., Longo, P., Grassi, A. and Zambelli, A., *Makromol. Chem., Rapid Commun.*, **11**, 519 (1990).
184. Yasuda, H., Yamamoto, H., Yokota, K., Miyake, S. and Nakamura, A., *J. Am. Chem. Soc.*, **114**, 4908 (1992).
185. Yasuda, H., Furo, N., Yamamoto, H., Nakamura, A., Miyake, S. and Kibino, N., *Macromolecules*, **25**, 5115 (1992).
186. Yasuda, H., Yamamoto, H., Yamashita, M., Yokota, K., Nakamura, A., Miyake, S., Kai, Y. and Tanehisa, N., *Macromolecules*, **26**, 7134 (1993).
187. Collins, S. and Ward, D. A., *J. Am. Chem. Soc.*, **114**, 5460 (1992).
188. Giardello, M. A., Yamamoto, Y., Brard, L. and Marks, T. J., *J. Am. Chem. Soc.*, **117**, 3276 (1995).
189. Kesti, M. R., Coates, G. W. and Waymouth, R. M., *J. Am. Chem. Soc.*, **114**, 9679 (1992).
190. Chung, T. C., *Macromol. Symp.*, **89**, 151 (1995).

191. Natta, G., Pino, P., Mazzanti, G. and Giannini, U., *J. Am. Chem. Soc.*, **79**, 2975 (1957).
192. Breslow, D. S. and Newburg, N. R., *J. Am. Chem. Soc.*, **79**, 5072 (1957).
193. Andresen, A., Cordes, H. G., Herwig, J., Kaminsky, W., Merck, A., Mottweiler, R., Pein, J., Sinn, H. and Vollmer, H. J., *Angew. Chem., Int. Ed. Engl.*, **15**, 630 (1976).
194. Sinn, H. and Kaminsky, W., *Adv. Organomet. Chem.*, **18**, 99 (1980).
195. Sinn, H., Kaminsky, W., Vollmer, H. J. and Woldt, R., *Angew. Chem., Int. Ed. Engl.*, **19**, 396 (1980).
196. Kaminsky, W., Miri, M., Sinn, H. and Woldt, R., *Makromol. Chem., Rapid Commun.*, **4**, 417 (1983).
197. Wild, F. R. W. P., Zsolnai, R., Huttner, G. and Brintzinger, H. H., *J. Organomet. Chem.*, **232**, 233 (1985).
198. Wild, F. R. W. P., Zsolnai, R., Huttner, G. and Brintzinger, H. H., *J. Organomet. Chem.*, **288**, 63 (1985).
199. Ewen, J. A., Haspeslagh, L., Atwood, J. L. and Zhang, H. J., *J. Am. Chem. Soc.*, **109**, 6544 (1987).
200. Pino, P., Cioni, P. and Wei, J., *J. Am. Chem. Soc.*, **109**, 6189 (1987).
201. Pino, P. and Galimberti, M., *J. Organomet. Chem.*, **370**, 1 (1989).
202. Waymouth, R. M. and Pino, P., *J. Am. Chem. Soc.*, **112**, 4911 (1990).
203. Longo, P., Grassi, A., Pellecchia, C. and Zambelli, A., *Macromolecules*, **20**, 1015 (1987).
204. Grassi, A., Zambelli, A., Resconi, L., Albizzati, E. and Mazzocchi, R., *Macromolecules*, **21**, 617 (1988).
205. Kaminaka, M. and Soga, K., *Makromol. Chem., Rapid. Commun.*, **12**, 367 (1991).
206. Soga, K. and Kaminaka, M., *Makromol. Chem.*, **194**, 1745 (1993).
207. Chien, J. C. W. and He, D., *J. Polym. Sci., A, Polym. Chem.*, **29**, 1603 (1991).
208. Kaminsky, W. and Renner, F., *Makromol. Chem., Rapid Commun.*, **14**, 239 (1993).
209. Soka, K., Kim, H. J. and Shiono, T., *Macromol. Rapid Commun.*, **15**, 139 (1994).
210. Antberg, M., Dolle, V., Haftka, S., Rohrmann, J., Spaleck, W., Winter, A. and Zimmermann, H. J., *Makromol. Chem., Macromol. Symp.*, **48/49**, 333 (1991).
211. Richardson, K., *Chem. in Britain*, **30**, 87 (1994).
212. Anon, *Modern Plastics Int.*, **1994**, 29 (1994) December.
213. Anon, *Modern Plastics Int.*, **1993**, 12 (1993) November.
214. Anon, *Eur. Plastics News*, **1995**, 11 (1995) October.
215. Price, C. C., Osgan, M., Hughes, R. E. and Shambelan, C., *J. Am. Chem. Soc.*, **78**, 690 (1956).
216. Inoue, S., 'Metalloporphyrin Catalysts for Control Polymerisation', in *Catalysis in Polymer Synthesis*, ACS Symp. Ser. 496, Washington, DC, 1992, pp. 194–204.
217. Vincens, V., Le Borgne, A. and Spassky, N., 'Oligomerization of Oxiranes with Aluminium Complexes as Initiators', in *Catalysis in Polymer Synthesis*, ACS Symp. Ser. 496, Washington, DC, 1992, pp. 205–214.
218. Ishimori, M., Higawara, T., Tsuruta, T., Kai, Y., Yasuoka, N. and Kasai, N., *Bull. Chem. Soc. Jpn*, **49**, 1165 (1976).
219. Ishimori, M., Higawara, T. and Tsuruta, T., *Makromol. Chem.*, **179**, 2337 (1978).
220. Higawara, T., Ishimori, M. and Tsuruta, T., *Makromol. Chem.*, **182**, 501 (1978).
221. Hasegawa, H., Miki, K., Tanaka, N., Kasai, N., Ishimori, M., Heki, T. and Tsuruta, T., *Makromol. Chem., Rapid Commun.*, **3**, 947 (1982).
222. Kageyama, H., Kai, Y., Kasai, N., Suzuki, C., Yoshino, N. and Tsuruta, T., *Makromol. Chem. Rapid Commun.*, **5**, 89 (1984).
223. Vandenberg, E. J., 'Catalysis: a Key to Advances in Applied Polymer Science', in *Catalysis in Polymer Synthesis*, ACS Symp. Ser. 496, Washington, DC, 1992, pp. 2–23.
224. Owens, K. and Kyllingstad, V. L., 'Polyethers', in *Kirk-Othmer Encyclopedia of Chemical Technology*, Wiley-Interscience, John Wiley & Sons, New York, 1993, Vol. 8, pp. 1079–1093.
225. Meissner, B., Schätz, M. and Brajko, V., 'Synthetic Rubbers: Epichlorohydrin Rubber', in *Studies in Polymer Science*. Vol. 1. *Elastomers and Rubber Compounding Materials*, Elsevier, Amsterdam, 1989, pp. 274–278.
226. Kuran, W., 'Poly(propylene Carbonate)', in *The Polymeric Materials Encyclopedia*, CRC Press, Inc., Boca Raton, 1996, Vol. 9, pp. 6623–6630.

## 拓展阅读

Vandenberg, E. J., 'Coordinate Polymerization', in *Encyclopedia of Polymer Science and Engineering*, Wiley-Interscience, John Wiley & Sons, New York, 1986, Vol. 4, pp. 174–175.

Pino, P., Giannini, U. and Porri, L., 'Insertion Polymerization', in *Encyclopedia of Polymer Science and Engineering*, Wiley-Interscience, John Wiley & Sons, New York, 1987, Vol. 8, pp. 147–220.

Pasquon, I., Porri, L. and Giannini, U., 'Stereoregular Linear Polymers', in *Encyclopedia of Polymer Science and Engineering*, Wiley-Interscience, John Wiley & Sons, New York, 1989, Vol. 15, pp. 632–733.

Gavens, P. D., Bottrill, M., Kelland, J. W. and McMeeking, J., 'Ziegler–Natta Catalysis', in *Comprehensive Organometallic Chemistry*, Pergamon Press, Oxford, 1982, Vol. 3, pp. 475–547.

McDaniel, M. P., 'Supported Chromium Catalysts for Ethylene Polymerization', *Adv. Catal.*, **33**, 47–98 (1985).

Tait, P. J. T., 'Monoalkene Polymerization: Ziegler–Natta and Transition Metal Catalysts', in *Comprehensive Polymer Science*, Pergamon Press, Oxford, 1989, Vol. 4, pp. 1–25.

Tait, P. J. T. and Watkins, N. D., 'Monoalkene Polymerization: Mechanisms', in *Comprehensive Polymer Science*, Pergamon Press, Oxford, 1989, Vol. 4, pp. 533–573.

Tait, P. J. T. and Berry, I. G., 'Monoalkene Polymerization: Copolymerisation', in *Comprehensive Polymer Science*, Pergamon Press, Oxford, 1989, Vol. 4, pp. 575–584.

Corradini, P., Busico, V. and Guerra, G., 'Monoalkene Polymerization: Stereospecificity', in *Comprehensive Polymer Science*, Pergamon Press, Oxford, 1989, Vol. 4, pp. 29–50.

Kaminsky, W., 'Polyolefins', in *Handbook of Polymer Synthesis*, M. Dekker, New York, 1992, Part A, pp. 1–76.

Starkweather, H., 'Olefin–Carbon Monoxide Polymers', in *Encyclopedia of Polymer Science and Engineering*, Wiley-Interscience, John Wiley & Sons, New York, 1987, Vol. 10, pp. 369–373.

Porri, L. and Giarrusso, A., 'Conjugated Diene Polymerization', in *Comprehensive Polymer Science*, Pergamon Press, Oxford, 1989, Vol. 4, pp. 53–108.

Natta, G. and Porri, L., 'Diene Elastomers', in *Polymer Chemistry of Synthetic Elastomers*, Wiley-Interscience, John Wiley & Sons, New York, 1969, Part 2, pp. 597–678.

Natta, G., Valvassori, A. and Sartori, G., 'Ethylene–Propylene Rubbers', in *Polymer Chemistry of Synthetic Elastomers*, Wiley-Interscience, John Wiley & Sons, New York, 1969, Part 2, pp. 679–702.

Kaminsky, W., 'Polymeric Dienes', in *Handbook of Polymer Synthesis*, M. Dekker, New York, 1992, Part A, pp. 385–431.

Natta, G. and Dall'Asta, G., 'Elastomers from Cyclic Olefins', in *Polymer Chemistry of Synthetic Elastomers*, Wiley-Interscience, John Wiley & Sons, New York, 1969, Part 2, pp. 703–726.

Ivin, K. J., 'Metathesis Polymerization', in *Encyclopedia of Polymer Science and Engineering*, Wiley-Interscience, John Wiley & Sons, New York, 1987, Vol. 9, pp. 634–668.

Amass, A. J., 'Metathesis Polymerization: Chemistry', in *Comprehensive Polymer Science*, Pergamon Press, Oxford, 1989, Vol. 4, pp. 109–134.

Kricheldorf, H. R., 'Metathesis Polymerization of Cycloolefins', in *Handbook of Polymer Synthesis*, M. Dekker, New York, 1992, Part A, pp. 433–479.

Schrock, R. R., 'Ring-opening Metathesis Polymerization', in *Ring-opening Polymerization*, Carl Hanser Publishers, Munich, 1993, pp. 129–156.

Bolognesi, A., Catellani, M. and Destri, S., 'Polymerization of Acetylene', in *Comprehensive Polymer Science*, Pergamon Press, Oxford, 1989, Vol. 4, pp. 143–153.

Costa, G., 'Polymerization of Mono- and Di-substituted Acetylenes', in *Comprehensive Polymer Science*, Pergamon Press, Oxford, 1989, Vol. 4, pp. 155–161.

Brintzinger, H. H., Fischer, D., Mülhaupt, R., Rieger, B. and Waymouth, R. M., 'Stereospecific Olefin Polymerisation with Chiral Metallocene Catalysts', *Angew. Chem., Int. Ed. Engl.*, **34**, 1143–1170 (1995).

Kaminsky, W., 'Zirconocene Catalysts for Olefin Polymerization', *Catal. Today*, **20**, 257–271 (1994).

Arndt, M. and Kaminsky, W., 'Microstructure of Poly(cycloolefin)s Produced by Metallocene/Methylaluminoxane (mao) Catalysts'. *Macromol. Symp.*, **97**, 225–246 (1995).
Wünsch, J. R., 'Syndiotaktisches Polystyrol,' in *Polystyrol*, Carl Hanser Publishers, Munich, 1995, pp. 82–104.
Tsuruta, T., 'Stereoselective and Asymmetric-selective (or Stereoelective) Polymerisations', *J. Polym. Sci., D*, **6**, 179–250 (1972).
Tsuruta, T. and Kawakami, Y., 'Anionic Ring-opening Polymerization: Stereospecificity for Epoxides, Episulfides and Lactones', in *Comprehensive Polymer Science*, Pergamon Press, Oxford, 1989, Vol. 3, pp. 489–500.
Jérôme, R. and Teyssié, P., 'Anionic Ring-opening Polymerization: Lactones', in *Comprehensive Polymer Science*, Pergamon Press, Oxford, 1989, Vol. 3, pp. 501–510.
Inoue, S. and Aida, T., 'Anionic Ring-opening Polymerization: Copolymerization', in *Comprehensive Polymer Science*, Pergamon Press, Oxford, 1989, Vol. 3, pp. 533–569.
Vogl, O., 'Aldehyde Polymers', in *Encyclopedia of Polymer Science and Engineering*, Wiley-Interscience, John Wiley & Sons, New York, Vol. 1, pp. 623–643.
Inoue, S. and Aida, T., 'Catalysts for Living and Immortal Polymerization', in *Ring-opening Polymerization*, Carl Hanser Publishers, Munich, 1993, pp. 197–215.
Kuran, W., 'Coordination Polymerization of Heterocyclic and Heterounsaturated Monomers', *Prog. Polym. Sci.*, **23**, 919–992 (1996).
Randall, J. C., 'Microstructure', in *Encyclopedia of Polymer Science and Engineering*, Wiley-Interscience, John Wiley & Sons, New York, 1987, Vol. 9, pp. 795–824.
Jenkins, A. D. and Loening K. L., 'Nomenclature', in *Comprehensive Polymer Science*, Pergamon Press, Oxford, 1989, Vol. 1, pp. 13–54.
Ciardelli, F., 'Optically Active Polymers,' in *Encyclopedia of Polymer Science and Engineering*, Wiley-Interscience, John Wiley & Sons, New York, 1987, Vol. 10, pp. 463–493.
Ciardelli, F., 'Optical Activity', in *Comprehensive Polymer Science*, Pergamon Press, Oxford, 1989, Vol. 1, pp. 561–571.
Bovey, F. A., 'Isomerism in Polymer Chains', in *High Resolution NMR of Macromolecules*, Academic Press, New York, 1972, pp. 53–64.
Bovey, F. A., 'The Study of the Conformations of Vinyl Polymer Chains and Model Compounds by NMR', in *High Resolution NMR of Macromolecules*, Academic Press, New York, 1972, pp. 182–204.
Bovey, F. A. and Kwei, T. K., 'Microstructure and Chain Conformation of Macromolecules', in *Macromolecules – an Introduction to Polymer Science*, Academic Press, New York, 1979, pp. 207–271.
Corradini, P., 'The Impact of the Discovery of Stereoregular Polymers in Macromolecular Science', *Macromol. Symp.*, **89**, 1–11 (1995).
Wilke, G., 'Karl Ziegler – the Last Alchemist', in *Ziegler Catalysts*, Springer-Verlag, Berlin, 1995, pp. 1–14.
Mülhaupt, R., 'Novel Polyolefin Materials and Processes: Overview and Prospects', in *Ziegler Catalysts*, Springer-Verlag, Berlin, 1995, pp. 35–55.

**思考题**

1. 烃类不饱和单体和含有杂原子的环和非环单体配位的区别是什么？以催化剂和单体为例。
2. 一氧化碳、二氧化碳配位的区别是什么？给出催化剂的例子。
3. 给出一个配位插入聚合的例子。写出方程式。
4. 给出一个烯基交换配位聚合的例子。写出方程式。
5. 给出一个向配位单体封端的增长聚合物链进行亲核攻击的配位聚合的例子。写出方程式。
6. 以下单体中哪些可以形成立构规整聚合物？

$$CH_2=CHR \qquad\qquad H_2C=O$$

$$CH_2=CR_2 \qquad\qquad RCH=O$$

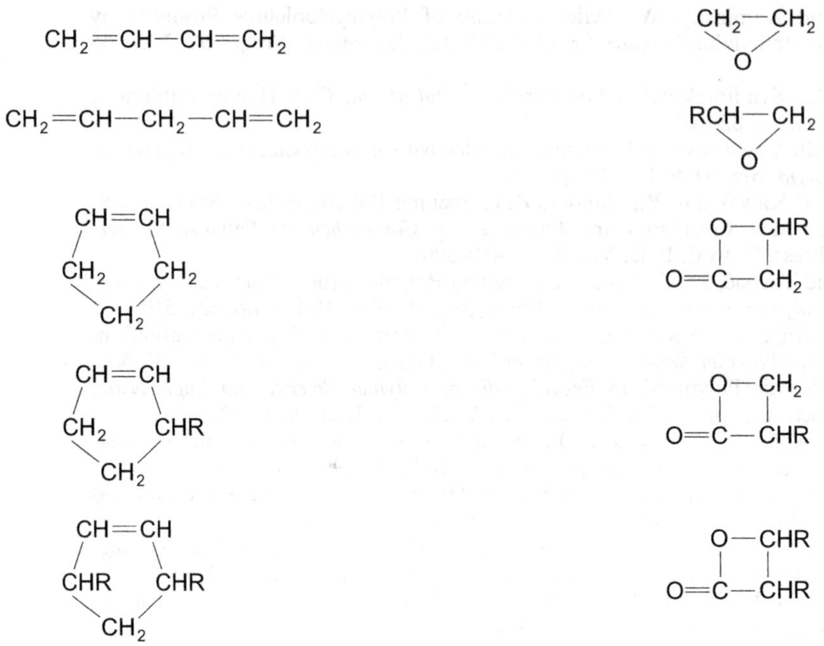

$$CH_2=CH-CH=CH_2$$

$$CH_2=CH-CH_2-CH=CH_2$$

<img: cyclopentene ring CH=CH, CH_2, CH_2, CH_2>

<img: cyclopentene ring with CHR substituent>

<img: cyclopentene ring with two CHR substituents>

<img: ethylene oxide CH_2-CH_2-O>

<img: propylene oxide RCH-CH_2-O>

<img: β-propiolactone O=C-CH_2-O-CHR>

<img: β-lactone variant>

<img: β-lactone with two CHR>

7. 区分立构规整聚合物和有规聚合物，分别给出一个实例。
8. 区分立体定向聚合和立体选择聚合，分别给出一个实例。
9. 立构规整聚合物与非立构规整聚合物的物理化学和力学性能为什么有区别？
10. 指出重要的配位聚合工艺生产的聚合物并标明其结构。

# 3 烯烃的配位聚合

## 3.1 α-烯烃聚合物的立体异构

区域规整头-尾结构的 α-烯烃聚合物 $\{CH(R)-CH_2\}_n$ 的异构化会产生等规和间规聚(α-烯烃)[1-3]，如图 3.1 所示。

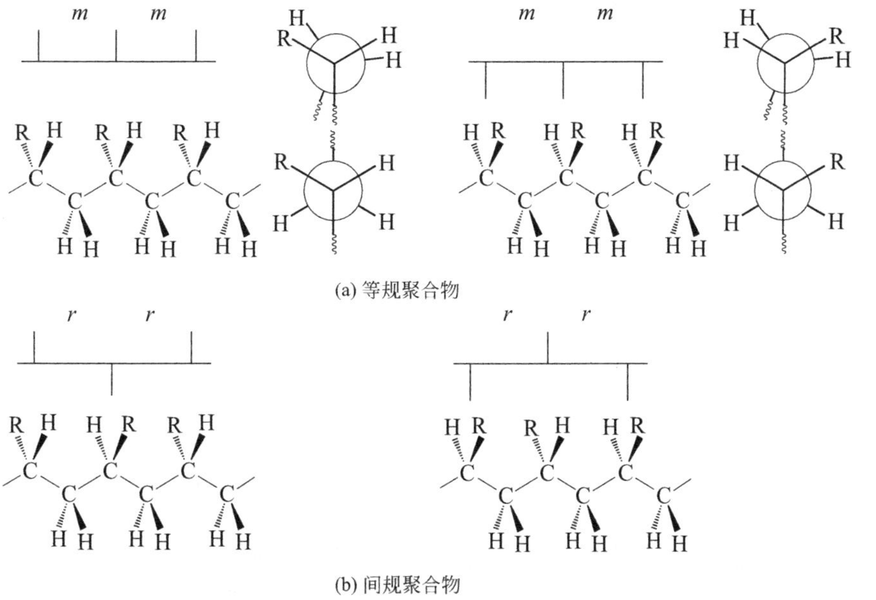

(a) 等规聚合物

(b) 间规聚合物

**图 3.1** 聚（α-烯烃）$\{CH(R)-CH_2\}_n$ 的立体异构[1]

图 3.1 是旋转 90°后的 Fischer 投影（Fischer 投影一般为垂直视图）。想象将聚合物中所有的 C—C 键旋转到重叠构象 [图 3.1 (a)]或者交错构象 [图 3.1 (b)]，这是真实存在的构象，就像锯齿-螺旋构象，那么旋转后的投影图中水平线对应聚合物的主链，即纸面后伸张的 C—C 键。Fischer 投影中的垂直线条代表纸面前边或后边的键，即主链上立体中心叔碳原子和 α-烯烃烷基取代基形成的键。垂直线可以在纸面的前、后、上、下，这取决于叔碳原子相应的构型。在旋转的 Fischer 投影中，一般用水平直线代表聚合物主链，但不能直观地看到锯齿链构象。

图 3.1（b）是假设的完全伸直的聚（α-烯烃）链段以交错构象形成的平面锯齿状投影。烷基取代基位于主链所在平面的前边还是后边取决于相应叔碳原子的构型。这种平面投影有时能够给出三维排列的清晰图像。

在所采取的 Fischer 投影中，如果连续的垂直线出现在水平线的同一边，上边或者下边，那么所代表的聚（α-烯烃）就是等规的。等规聚合物的叔碳原子具有相同的相对构型，等规聚合物的特征是具有相同相对构型立体二元组，记为 meso（m）二元组。因此，等规聚（α-烯烃）只含有 m 二元组（或等规 mm 三元组），而不管立体中心叔碳原子的绝对构象。就此而论，等规聚（α-烯烃）由等规大分子组成，其叔碳原子呈现相反的构型。

在所采取的 Fischer 投影中，如果连续的垂直线交替地出现在水平线的上边和下边，或者说，连续的烷基取代基交替地出现在平面锯齿投影中的聚合物伸直链平面的前边和后边，那么所代表的聚（α-烯烃）就是间规的。间规聚合物相邻两个叔碳原子的构型是相反的。间规聚（α-烯烃）的典型特征是具有相反相对构型立体二元组，记为 racemo（r）二元组，且只含有 r 二元组（或 rr 三元组）。

如果所采取的 Fischer 投影中的垂直线或者平面投影的烷基取代基无规排列（图 3.2），那么聚合物就是无规的。无规聚（α-烯烃）的特征是 r 二元组和 m 二元组数量相同，这些二元组组成等量的杂规三元组 mr、rm、mm、rr。

聚（α-烯烃）等规度的概念由 Natta 提出，形成有规立构聚合物的聚合称为立体定向聚合。如果单体完全立体无规排列，那么所形成的就是无规共聚物。换句话说，相反相对构型立体中心叔碳原子以统计分布，并且大分子作为整体没有光学活性。如果聚合物中所有的重复单元都有相同的相对构象，那么聚合物就是等规的。理论上讲，等规聚合物具有光学活性，而一般情况下合成的聚合物观察不到，因为在大多数情况下，具有一定相对构型的大分子形成的同时，具有相反相对构型的大分子也会产生。等规聚合物具有规则的结构，因此可以结晶，这使它同无规聚合物的性质大不相同。

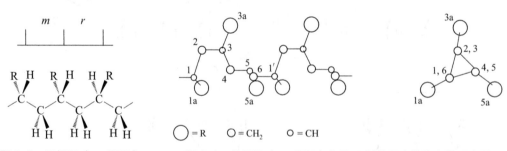

图 3.2 无规聚（α-烯烃）　　图 3.3 等规聚（α-烯烃）如聚丙烯结晶态链构象的示意图

等规聚（α-烯烃）结晶态的构象为螺旋形，对于聚丙烯而言，每三个单体单元为一个周期[4,5]，聚丙烯的熔点为 165℃，不溶于沸腾的正庚烷[6,7]。根据主链上叔碳原子的构型，聚（α-烯烃）的螺旋可以分为左手性和右手性。聚（α-烯烃）链的螺旋结构本身就说明分子具有手性[8]。图 3.3 给出了聚丙烯的螺旋链构象（每 3 个单元一个螺旋）[5]。

间规聚丙烯立体中心叔碳原子的相对构型交替出现，和等规聚丙烯不同，但也是有规结构。间规聚丙烯结晶链构象为每四个单体单元一个周期的螺旋（图 3.4）[9,10]。聚合物链构象的变化源于主链上相继叔碳原子相对构型的变化。间规聚丙烯出现了左手性和右手性的双螺旋。间规聚丙烯结晶变态中也会出现平面锯齿形链构象[11]。间规聚丙烯的熔点为 135℃，可溶于沸腾的正庚烷。

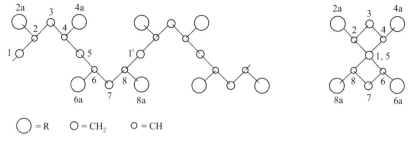

○ = R    ○ = CH₂    ○ = CH

**图 3.4** 间规聚丙烯结晶态链构象的示意图

要研究聚合物结构和规整性 [与聚 (α-烯烃) 的立体中心叔碳原子的相对构型有关] 之间的关系，就有必要表征聚合物微结构和立体中心碳原子的相对构型。到了 20 世纪 60 年代的初期，由于 Bovey 的先驱性工作[12-14]，核磁共振谱才被用来分析聚合物短链段（二元组、三元组等）的立体化学，m-r 命名法才在聚合物化学家中普及，用以判定聚合物的规整性。这种命名法是对带有一个对称结构基团（如果有）结构等价的相继但不一定相邻的碳原子相对构型的指定。racemo 这个词是对上面所定义的外消旋（racemic）排列的合乎逻辑的指定。有机化学中所用的外消旋（racemic）这个词并没有直接应用到聚合物中，而是使用了 racemo 这个前缀，在特定的上下文环境中，这个词不会引起误解[15]。

从理论上讲，等规或间规聚丙烯分子叔碳原子的绝对构型对聚合物的性能并没有实际的重要性，这可能是由于这些叔碳原子位于大分子的主链中。

等规和间规聚丙烯立体中心叔碳原子是否为手性环境点，取决于分子表示模型[16]。继 Natta 的发现之后，聚合物链的立体化学分析出现了两种模型。一方面，有规立构聚合物被认为是研究透彻的高分子量有机分子如三羟基戊二酸的扩展和延伸：

```
    COOH                          COOH
     |                             |
 H—C—OH   手性环境立体中心      HO—C—H    手性环境立体中心
     |                             |
 H—C—OH   立体中心非手性环境     H—C—OH   手性环境非立体中心
     |                             |
 H—C—OH                         H—C—OH
     |                             |
    COOH                          COOH
```

三羟基戊二酸的两种异构体

因此采用了带有相同端基的有限长链立体化学模型[17]。等规聚丙烯被认为是一个内消旋化合物，两个"半分子"互为镜像。

另一方面，结晶学上使用无限链概念并不考虑端基的影响，而只关心链自身的对称元素。为了使这两个概念相一致[18]，小环分子被用作线型高分子的适当模型，小环分子的优点是可以用点对称来研究，比用于无限链的线对称要容易得多。从这一观点来看，作为等规聚丙烯的构型模型，1,3,5-顺式-三甲基环己烷比 3,5,7-三甲基壬烷及其衍生物更好。

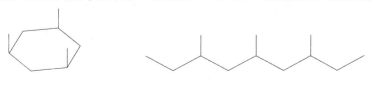

1,3,5-顺式-三甲基环己烷              3,5,7-三甲基壬烷

环模型对局部结构不适用，只能用于具有平移对称性的长链。

对于无限链模型（和对应的环模型），聚丙烯的两种异构体（等规和间规聚合物）都是非手性的，叔碳原子也是非手性环境点。对于带有相同端基的模型，等规聚丙烯是非手性的（内消旋），但叔碳原子是手性环境点（如果立体中心碳原子是奇数个，中间的那一个除外）。然而，这种情况下，光学活性或其他手性指标会随着分子量的升高而降低，且在分子量非常高的情况下会消失，这种现象称为隐手性[19]。无限链模型（或者等价的环模型）是评价一个给定分子手性的最有效方法：它的答案非常简单（是或否），没有任何隐手性问题。等规聚丙烯的内消旋特性并不是它的内在特性，而是和聚合物的模型系统有关[16]。用无限链模型来分析等规聚丙烯是有问题的，因为当聚合物链具有偶数个立体中心碳原子时，聚合物是手性的（或者说更好的静态隐手性），当为奇数个立体中心碳原子时，聚合物是非手性的[16]。

采用带不同端基的模型也是不现实的：所有情况下等规聚丙烯和间规聚丙烯都是手性的，更确切地说，是隐手性的。这一模型适合于分析齐聚物，尤其适合于研究聚合机理，在这种情况下，这时反应性链端是极其重要的[16]。

通过不同模型分析聚丙烯异构体的结果见图3.5[16]。

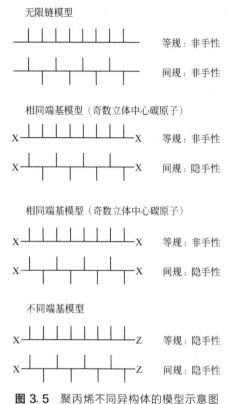

**图3.5** 聚丙烯不同异构体的模型示意图

还有另外一些有规立构聚（α-烯烃），聚合物链中有或长或短的等规序列或具有相同相对构型的叔碳原子（等规嵌段聚合物），或者构型互相交替（立体嵌段聚合物），也有等规间规双嵌段聚合物。这些有规立构聚合物的示意图见图3.6。

等规嵌段聚丙烯的特征是m二元组的有规立构序列为几对r二元组所桥接[20,21]。这种含有少量长嵌段的聚丙烯一般称为等规聚丙烯。这种情况下，聚合物链含有相同手性（右手或者左手）的螺旋序列，这归因于这些序列中叔碳原子具有形同的相对构型。有规立构聚丙烯，也称为嵌段-等规聚丙烯，是由短的有规立构m二元组被分立的r二元组所桥接而成[22,23]。这种聚合物链的螺旋序列的手性沿着链交替出现（从右手到左手，或者相反），这归因于这些序列中叔碳原子的相对构型交替出现。

两种不同叔碳原子序列交替组成的聚合物为半有规的：在一个序列中取代基的排列非常明确，而在另一个序列中排列无序[24]。从微有规的角度讲，半等规聚（α-烯烃）由统计分布的mm和rr三元组相继组成，半间规立构聚（α-烯烃）由统计分布的不重叠的mr和rm三元组相继组成（图3.7）[2]。就此而论，等规间规双嵌段聚合物（图3.6）是半等规聚合物的一个特例（图3.7）。

具备了聚（α-烯烃）的结构知识就可以合理地解释它们在物理化学特性方面的差异。例如等规聚丙烯的分子链具有紧密堆积的螺旋构象，所以具有相当高的密度（0.92～0.94g/cm³）

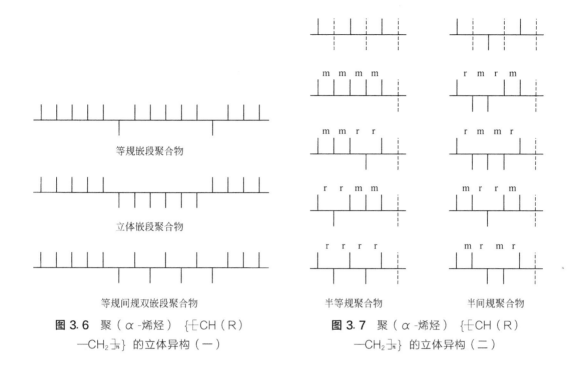

图 3.6 聚（α-烯烃）{⁅CH(R)—CH₂⁆ₙ} 的立体异构（一）

图 3.7 聚（α-烯烃）{⁅CH(R)—CH₂⁆ₙ} 的立体异构（二）

和熔点（165℃），并且不溶于沸腾的低沸点脂肪烃。具有双螺旋的间规聚丙烯分子链，与等规的相比，堆积不够紧密，其密度为 0.89～0.91g/cm³，熔点为 135℃，比等规聚丙烯低；间规聚丙烯室温下在烃类溶剂中有中等溶解度。无规聚丙烯为蜡状无定形物，密度为 0.85～0.90g/cm³，在室温下易溶于烃类溶剂。立体嵌段聚丙烯分子链的螺旋序列手性交替出现，不能紧密堆积。所以，有少量长嵌段的立体嵌段聚丙烯其熔点不超过 155℃，在烃类溶剂中有中等溶解度。然而，含有大量短链段的有规立构聚丙烯其软化点并不比室温高多少，在烃类溶剂中很易溶解。由于立体嵌段（或者嵌段-等规）聚丙烯的这些物理性能和等规聚丙烯相应的性能相反，所以它们也称为非有规立构聚丙烯。就此而论，含有非常短嵌段的立体嵌段聚丙烯的微结构类似于半有规立构聚丙烯[25]。

双规聚合物是有规聚合物的一种，它主链上的构型基本单元有两种明确的立体异构点。有规立构聚（α-烯烃）也有双规聚合物，最合适的例子是氘代-α-烯烃立体定向聚合产生的双等规和双间规聚（氘代-α-烯烃），例如顺式-1-氘代丙烯和反式-1-氘代丙烯[26,27]，或者顺式-1,2,3,3,3-五氘代丙烯和反式-1,2,3,3,3-五氘代丙烯[22]。像 CH(R)=CH(R′) 单体（R=CH₃，R′=D），它有两种异构体，顺式和反式，它的双键打开产生的单体单元由两对对映异构体组成，四种单体单元如下所示：

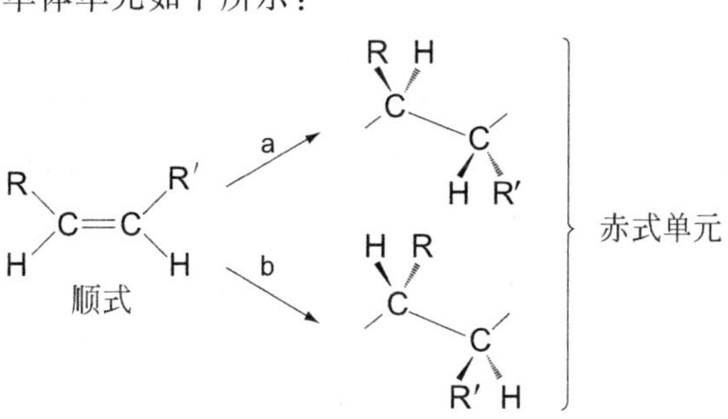

$$\text{赤式单元} \tag{3-1}$$

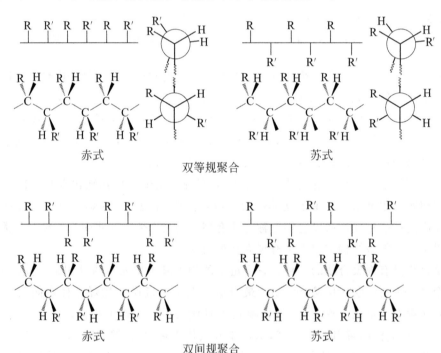

$$\text{反式} \xrightarrow[b]{a} \left.\begin{array}{c}\text{(赤式构型)} \\ \text{(赤式构型)}\end{array}\right\} \text{苏式单元} \quad (3\text{-}2)$$

这些单体单元中两个相邻碳原子的相对构型用赤式或者苏式表示。

某些类型单元的头-尾排列也能产生双等规聚合物。双等规聚合物是一种等规聚合物，其两种立体中心、手性环境或非手性环境碳原子在主链的构型基本单元上都有明确的立体化学结构。双等规聚合物可以是赤式-双等规，其特征是相继单元的构型〔如式(3-1a) 或式(3-1b)〕；也可以是苏式-双等规，其特征是相继单元的构型〔如式(3-2a) 或式(3-2b)〕。赤式-双等规聚合物中两个立体中心叔碳原子的相对构型是相同的，而苏式-双等规聚合物的却相反（图 3.8）[2,15]。双等规聚合物链在结晶态下采取螺旋构型[2]。

**图 3.8** β-取代的α-烯烃聚合物 {$\text{-[CH(R)-CH(R')]}_n\text{-}$} 的立体异构

根据式(3-1a) 和式(3-1b) 或者式(3-2a) 和式(3-2b)，一对对映异构体单元进行规则交替头-尾排列，就形成了双间规聚合物。双间规聚合物是一种间规聚合物，其两种立体中心、手性环境或非手性环境碳原子在主链的构型基本单元上都有明确的立体化学结构。双间规聚合物可以是赤式-双间规和苏式双间规，相连单体单元的两个立体中心叔碳原子的构型分别是相反的和相同的（图 3.8）。对这两种双间规结构更深入的考察显示，除了端基不同，它们其他方面相同。因此，从实际的角度看，双间规聚合物的立构规整性实际上可以只考虑一种[2,15]。

单氘代聚丙烯和五氘代聚丙烯也可以形成无规聚合物，类似于非氘代丙烯的聚合。然而，一个立体中心叔碳原子的无规结构，通过其他可能的排列是否可以形成有规聚合物序列，这一点还不知道。同样，双规聚合物也有类似的情况。

## 3.2 聚合催化剂

一般实践中称烯烃聚合催化剂为 Ziegler-Natta 催化剂，但更科学的方法应该将乙烯和 α-烯烃配位聚合催化剂分为四大类：Ziegler-Natta 催化剂（均相和非均相的）；不含有机金属或金属氢化物活化剂的均相催化剂；负载茂金属和相关的催化剂；含有过渡金属氧化物的负载催化剂，如菲利普斯催化剂。这种催化剂分类的依据是 Ziegler-Natta 催化剂的经典定义。正如将要介绍的，均相 Ziegler-Natta 催化剂与无需有机金属活化剂的均相茂金属催化剂，负载的非均相 Ziegler-Natta 催化剂与负载的茂金属催化剂，在某种程度上是互相重叠的。

### 3.2.1 Ziegler-Natta 催化剂

Ziegler-Natta 催化剂定义为第 4～8 族的过渡金属化合物（前催化剂或催化剂前体）与第 1～4 族的有机金属化合物或金属氢化物（活化剂）反应的产物。反应一般在惰性介质中和惰性（厌氧）条件下进行：

第 4～8 族　　　　　　　第 1～4 族　　　　　　　第 4～8 族
过渡金属化合物　　　+　烷基、芳基或氢化金属　→　烷基、芳基或者氢化过渡金属
（前催化剂催化剂前体）　　（活化剂）　　　　　　（Ziegler-Natta 催化剂）

(3-3)

上述定义非常宽泛，但不是所有催化剂前体和活化剂的反应都形成烯烃聚合活性催化剂。文献中已经报道了大量的 Ziegler-Natta 催化剂，它们在惰性反应介质中或可溶或不溶的，甚至不需要反应介质，如液态丙烯本体聚合和气相聚合工艺[28]。

在提及 Ziegler-Natta 催化剂时，过渡金属化合物的类型不能被忽视。第 4～8 族过渡金属化合物，如卤化物、卤氧化物、烷氧化物、乙酰丙酮化物等都可以作为催化剂前体，而活化剂为第 1～4 族的烷基金属或者金属氢化物。最常用的非均相催化剂由氯化钛和三乙基铝在脂肪烃介质中制备。最常用的均相催化剂由氯氧化钒或者乙酰丙酮钒和二烷基氯化铝在脂肪烃或者芳烃介质中制备。

非均相催化剂已经被用于烯烃的工业聚合，但唯一不适用于乙丙无规共聚。乙丙无规共聚使用的是均相钒基催化剂[28]。

另外，研究最多的烯烃聚合均相 Ziegler-Natta 催化剂由第 4 族茂金属（特别是茂锆）和烷基铝氧烷（最常用的是甲基铝氧烷）在芳烃如甲苯中制备[29,30]。这些新催化剂一般称为单中心（或均一中心）催化剂，也称为茂金属催化剂。值得一提的是，某些茂金属催化剂不需烷基金属（或金属氢化物）活化也能进行烯烃聚合。这类烯烃聚合茂金属催化剂或者以

单一组分使用[31]，或者和其他化合物（非有机金属和金属氢化物）共同使用[32-35]，按照定义，这些催化剂不能归为 Ziegler-Natta 催化剂。无论是否可以称为 Ziegler-Natta 催化剂，茂金属催化剂对未来聚合物重要分支的工业生产都可能带来突破。使用单中心茂金属催化剂（负载于硅胶或者氧化铝上）的烯烃聚合工艺已经工业化[36]。

在报道一个 Ziegler-Natta 催化剂时，溶剂或稀释剂的类型应该给予详细说明。烯烃聚合通常在惰性溶剂中进行，如脂肪烃或者芳烃（例如汽油的某些部分或者甲苯）。质子或非质子的极性溶剂或稀释剂代替烃类聚合介质能够完全改变聚合机理，而一般会导致烯烃配位聚合催化剂失活。现代烯烃聚合采用气相流化床工艺或液相本体工艺，如丙烯聚合[28,37]。

对 Ziegler-Natta 催化剂分类需要考虑与其性能相关的标准和与其活性中心的本质和聚合机理相关的标准，这些催化剂可能会用于乙烯和 α-烯烃的工业生产。

工业的、商业的和经济学的标准对开发更有效更具选择性的乙烯和 α-烯烃聚合和共聚催化剂有重大影响。最重要的问题是足够高的催化活性，这样就可以从生产过程中除去所有有关催化剂失活的操作和清除聚合物中残留催化剂的操作。另一个问题是烃类聚合介质，聚合介质的应用涉及介质的再生、干燥、存储以及聚合物的干燥等要求，希望从聚合工艺中除去烃类聚合介质。α-烯烃聚合中的一个重要因素是增加反应釜中高分子量立构规整聚合物的分数，消除蜡状无规和低分子量聚合物。就丙烯聚合而言，必须增加沸腾正庚烷不能抽提的聚丙烯百分数，这个百分数一般称为等规度[17]。虽然所有的 Ziegler-Natta 催化剂对乙烯聚合都有效，但并不全都适用于丙烯聚合，因为丙烯聚合比较困难，还有立体定向性的要求。相反，所有丙烯聚合催化剂都可以成功地用于乙烯聚合。催化剂效力也指对聚合物分子量和分子量分布的更好的控制，以及聚合物更好的加工性。控制聚合物粒子的形态、大小、孔隙率和堆积密度也是一个重要的因素，这方面的努力可以省去生产工艺最后阶段的造粒步骤。最后，催化剂效力也包括改进工业生产的灵活性，是否允许在同一个反应釜中使用不同类型的催化剂和共单体。聚合工艺必须为催化剂提供最少的约束而发挥其最广泛的性能。一个理想的催化剂应该具有如下特性：非常高的活性（低成本）和选择性（产物明确），对聚合物微结构的控制，包括分子量、分子量分布、链形状、有序微观规整性，对聚合物形态（粒子大小、形状和孔隙率）和相分布的控制以及对聚合物性能的控制（应用的广泛性）[38]。

从工业和经济的角度看，催化剂的这些性能非常重要，以此为标准，Ziegler-Natta 催化剂可以分为五类：一般称为第一代、第二代、第三代、第四代和茂金属（单中心）催化剂。相继的几代 Ziegler-Natta 催化剂的效力不断增强，这几代催化剂在不同的、甚至是相连的几个时期内产生，它们都是为满足工业目的而产生的非均相催化剂。前四代催化剂聚合丙烯都产生等规聚合物[28,38]。

聚乙烯和聚丙烯工业生产对催化剂提出的许多必须具备的要求都已经满足。但是，制备聚合物和共聚物的更高活性更高选择性的催化剂还有待发展。这就涉及单中心茂金属催化剂的烯烃聚合工艺。这类催化剂，无疑具有巨大的科学和商业重要性，近几年已经有了大规模的发展[29,30]。

Ziegler-Natta 催化剂的分类不仅限于和工业应用有关的因素，也包括那些没有用于工业聚合的催化剂。其他的标准关注催化剂在聚合体系中的溶解性能，影响 α-烯烃聚合形成有规或无规聚合物的活性中心。因此，Ziegler-Natta 催化剂可以分为非均相的（负载的和非负载的）和均相的。除此之外，考虑到 α-烯烃聚合中催化剂活性种的不同立体定向性，可以将催化剂分为三类：过渡金属卤化物（以及相关的化合物）和活化剂组成的催化剂，活化剂有烷基金属、烷基金属卤化物或金属氢化物；基于第4族茂金属和甲氧基铝氧烷或者其他化合物组成的催化剂；以及包含第3族茂金属的催化剂[28,29]。

### 3.2.1.1 非均相非负载催化剂

Ziegler发现[39]的乙烯聚合催化剂在原位制备，由可溶的过渡金属卤化物（前催化剂）和烷基金属或者烷基金属卤化物（活化剂）反应产生，使用最多的前催化剂是$TiCl_4$，最初的活化剂为$AlEt_3$和$AlEt_2Cl$，产物不溶于惰性反应介质，活化剂和前催化剂的摩尔比不大于1。最终的催化剂悬浮于烃类介质，主要是无定形态的具有链结构的棕色$\beta\text{-}TiCl_3$的变种，$TiCl_4\text{-}AlR_3$体系的烷基化和还原反应如下所示：

$$TiCl_4 + AlR_3 \longrightarrow TiRCl_3 + AlR_2Cl \quad (3\text{-}4)$$

$$TiCl_4 + AlR_2Cl \longrightarrow TiRCl_3 + AlRCl_2 \quad (3\text{-}5)$$

$$TiCl_4 + AlRCl_2 \longrightarrow TiRCl_3 + AlCl_3 \quad (3\text{-}6)$$

$$TiRCl_3 \longrightarrow \frac{1}{x}(TiCl_3)_x + R \cdot \begin{cases} 复合； \\ 齐化； \\ 等 \end{cases} \quad (3\text{-}7)$$

棕色$\beta\text{-}TiCl_3$沉淀表面上的某些点和有机铝化合物烷基产生带有Ti—C键的活性种（如果活化剂为金属氢化物，则活性种带有Ti—H键）。式(3-8)给出了$AlR_3$活化前催化剂$TiCl_3$的反应式。

$$(TiCl_3)_{y+z} + zAlR_3 \longrightarrow (TiCl_3)_y(TiRCl_2)_z + zAlR_2Cl \quad (3\text{-}8)$$

$TiCl_3$中大约1%的钛原子会形成表面活性中心（因为大多数钛原子在固体$TiCl_3$粒子的内部）[40]。这些活性中心对丙烯聚合的立体定向性很差。$\beta\text{-}TiCl_3$基催化剂的活性和立体定向性有赖于烷基铝活化剂。在丙烯和其他$\alpha$-烯烃聚合中，和二乙基氯化铝相比，三乙基铝活化的催化剂具有非常高的活性，但立体定向性非常差，因此三乙基铝（和三异丁基铝）常用于乙烯聚合[28]。

Natta意识到聚丙烯的等规度和催化剂表面的均一性直接相关，他采用低价过渡金属卤化物的预制晶体作为催化剂前体。这种不溶于烃的催化剂前体，尤其是紫色$TiCl_3$层状晶体（$\alpha$-变种、$\gamma$-变种和$\delta$-变种），用$AlEt_3$和$AlEt_2Cl$等烷基铝活化后产生的催化剂聚合丙烯可以产生等规的高分子量的聚合物[41,42]。这种前催化剂中也只有大约1%的$TiCl_3$能够形成活性中心［根据式(3-8)］[40]，但这些活性中心具有相对较高的立体定向性。烷基铝如三乙基铝活化的紫色$TiCl_3$前催化剂制备的聚丙烯的等规度在85%～80%之间[28]。

在400℃以上，一般在800℃，氢气还原$TiCl_4$可以制得$\alpha\text{-}TiCl_3$晶体变种。在250℃烃类介质中，金属铝还原$TiCl_4$可以产生$AlCl_3$和$\alpha\text{-}TiCl_3$的共晶$\alpha\text{-}TiCl_3 \cdot 1/3AlCl_3$[28,43]：

$$3TiCl_4 + Al \longrightarrow 3TiCl_3 \cdot \frac{1}{3}AlCl_3 \quad (3\text{-}9)$$

$\beta\text{-}TiCl_3$可以通过金属铝或烷基铝化合物在较低温度下（一般在0～100℃）还原$TiCl_4$产生，或者使用氢气还原产生。在150℃以上加热$\beta\text{-}TiCl_3$或者在150～200℃还原$TiCl_4$可以产生$\gamma\text{-}TiCl_3$；金属铝还原$TiCl_4$可以产生$\gamma\text{-}TiCl_3 \cdot 1/3AlCl_3$。长时间研磨$\alpha\text{-}TiCl_3$或$\beta\text{-}TiCl_3$可以产生$\delta\text{-}TiCl_3$。$\alpha\text{-}TiCl_3$和$\beta\text{-}TiCl_3$前催化剂比$\delta\text{-}TiCl_3$的活性低，$\beta\text{-}TiCl_3$基催化

剂制备的聚丙烯主要是无定形态的[7,28]。

用于烯烃浆液聚合工艺的大多数非负载催化剂由 δ-TiCl$_3$ · 1/3AlCl$_3$ 固体溶液制备。金属铝或烷基铝还原 TiCl$_4$ 的产物球磨后产生的催化剂比纯 α-TiCl$_3$ 的活性更高[44]。在球磨过程中,α-TiCl$_3$ 和 γ-TiCl$_3$ 都转化为双层堆积结构的 δ-TiCl$_3$[45]。上述类型的催化剂统称为第一代 Ziegler-Natta 催化剂。第一代商业催化剂大多以 δ-TiCl$_3$ · 1/3AlCl$_3$ 固体溶液为前体,经过干磨和热处理制备。这些催化剂的比表面积为 10~40m$^2$/g,产率为几千克聚乙烯或聚丙烯(等规度为 88%~93%)/(gTi·h·atm)(每小时每大气压)[28,43]。生产工艺(包括浆液聚合)都很复杂昂贵,也正因为复杂而缺乏通用性。尽管催化剂对乙烯的生产能力比丙烯的高很多,但是还必须抽提催化剂残余,将 Ti 和 Cl 的量减少到可接受的量。

第一代 Ziegler-Natta 催化剂等规定向聚合高级 α-烯烃(不包含 α,α-双取代烯烃,如异丁烯以及和它类似的烯烃)能产生高分子量的结晶聚合物[46,47]。

新 Ziegler-Natta 催化剂体系持续研究的推动力是进一步提高聚丙烯的等规度和产率,添加某些 Lewis 碱到聚合体系中可以增加催化剂效力,尤其是 α-烯烃聚合的等规定向性,Lewis 碱的用量为催化剂前体 TiCl$_3$ 的 0.01%~0.1%(摩尔分数)。可以使用的 Lewis 碱范围非常广,如醚、酯、酮、胺、酰胺、磷化氢和其他有机磷化合物,聚合物衍生物等,这些碱一般和 δ-TiCl$_3$ · 1/3AlCl$_3$ 前催化剂一起球磨。Lewis 碱的添加模式、浓度条件、预制温度以及 Lewis 碱的内在本质都是决定催化活性的重要因素。添加 Lewis 碱通常可以增加催化剂对 α-烯烃聚合的定向性,但是会降低催化剂的活性而减少产率。但也并不全如此,添加合适的 Lewis 碱可以同时提高催化剂的立体定向性和活性。这类含有第三组分 Lewis 碱的催化剂称为第二代 Ziegler-Natta 催化剂,其产率可以达到十几千克聚乙烯或聚丙烯(等规定为 92%~97%)/(gTi·h·atm)[28,43]。

Lewis 碱能增加催化剂聚合 α-烯烃的立体定向性和活性的原因是复杂的,简单的解释如下:立体定向性(等规定向性)的增加可能是因为 Lewis 碱更易和容易接近的非立体定向催化中心配位,而不易接近受阻的等规定向中心,等规定向中心没有受到碱的阻碍。因此,相对于总的活性中心(非活性中心被阻塞),TiCl$_3$-AlR$_3$-Lewis 碱催化剂表面上的等规定向中心的百分数增加,催化剂聚合 α-烯烃的立体定向性增强。总的催化活性降低是因为催化剂表面的某些活性中心被 Lewis 碱阻塞。然而,Leweis 碱可以影响催化剂前体如 TiCl$_3$·$x$AlR$_3$ 的再附聚,催化剂的总表面积会增加(达到 150m$^2$/g 或更高),这将导致催化剂活性中心浓度增加,活性增加。通过 Lewis 碱和 TiCl$_3$ 的优先配位和抽去,前催化剂粒子发生再附聚作用,留下多孔的和弱键合的 TiCl$_3$ 母体。除了以上简单解释,如果再考虑其他一些因素,Lewis 碱的作用就更完全了,如 Lewis 碱配位的部分非定向中心转化为等规定向中心,Lewis 碱和烷基铝活化剂配位降低了其还原能力等。

虽然聚丙烯的等规度和产率都有了提高,但是催化剂残留量还是高,仍然需要聚合物去灰程序(去除催化剂残留,减少 Ti 和 Cl 的含量)。用非负载的第一代和第二代 Ziegler-Natta 催化剂工业生产聚乙烯和聚丙烯,还需要一些操作来处理产物以适应销售。包括聚合物中催化剂的去除,无定形态(无规)聚丙烯的分离,未反应单体的纯化,聚合物造粒和排出物的处理[37,38]。需要强调的是,第二代 Ziegler-Natta 催化剂是获得更好的高效催化剂发展历程中一个重要的中间阶段。

丙烯聚合的第一代和第二代 Ziegler-Natta 催化剂的钛组分几乎无一例外的都是卤化物-氯化钛。而乙烯聚合的高活性催化剂也可以由烷氧基钛或烷氧基氯化钛制备，但活化剂只能使用烷基氯化铝，不能使用三烷基铝。这类非均相催化剂如 Ti(OBu)$_4$-AlEt$_2$Cl 制备的聚乙烯具有超高分子量（$3\times10^6 \sim 6\times10^6$）[48]。

### 3.2.1.2 非均相负载催化剂

负载 Ziegler-Natta 催化剂有非常高的活性，增强了聚烯烃的大规模生产。更高的催化剂活性意味着更低的生产成本，因为这可以减少生产步骤，或引入新的低成本的生产技术（如气相工艺）。

自从 Natta 等[40]证实了非负载催化剂中只有很小一部分 Ti 原子（第一代催化剂一般少于 1%）对烯烃聚合有活性以后，人们就认识到，大部分的前催化剂主体的作用仅仅是充当活化反应［式(3-8)］产生的活性中心的载体，如果将活性钛物种沉积于载体上，就可以取得重大进展，因为载体残余是惰性的，不像 TiCl$_3$ 那样，对聚合物的性能没有害处[49]。如果将过渡金属化合物负载于适当的载体上，催化剂的活性一定可以增加。早期的研究将 TiCl$_4$ 直接负载于硅胶、氧化铝或氧化镁上，但是并没有显著提高催化剂的产率[50]。使用 Mg(OH)Cl 作为载体首次制备了高产率催化剂[50]。几年后，大量的负载催化剂被成功地制备出来，并用于乙烯工业聚合，后来又开始用于丙烯工业生产。负载催化剂应用到乙烯聚合中相对简单，但是对于丙烯，因为催化剂的活性普遍较低以及立体调节的要求，负载催化剂的应用遇到非常困难的问题。各种金属氧化物、卤化物、氯氧化物和醇合物都可以作为催化剂载体，如 Al$_2$O$_3$、SiO$_2$、Al$_2$O$_3$-SiO$_2$、MgO、ZnO、ZrO$_2$、TiO$_2$、ThO、Mg(OH)Cl、Mg(OEt)$_2$ 和 MgCl$_2$。有机聚合物也可以充当催化剂载体[28,51]。但是，大量的镁化合物取得了最大的成功[28,50]；其中最有效的是 MgCl$_2$，或者能够产生它的反应混合物，至少在载体表面上有它。负载（如 MgCl$_2$）催化剂中活性中心的反应速率并没有显著提高（催化剂活性的本质），但是钛原子形成活性中心的百分数增加了（几乎是 100%），所以催化剂的活性有了大幅度的提高[52]。活化的 MgCl$_2$ 是最理想的载体，其负载的 TiCl$_4$ 及其衍生物称为第三代催化剂。无论从工业的角度还是从科学的角度看，这一发现都揭开了 Ziegler-Natta 催化剂新的篇章。和第一代、第二代 Ziegler-Natta 催化剂相比，在 20 世纪 80 年代，第三代催化剂给聚烯烃生产带来了革命性的发展。催化剂载体概念的引入大大增加了催化剂构造的复杂性，却大大降低了烯烃聚合工艺的复杂性。催化剂活性中心可以在整个载体表面上分散，基本上都可以和聚合单体作用。所有的氯化钛分子都能参与聚合，所以需要的量更少，每克钛产生的聚合物足够多，不再需要除灰程序。这为生产带来了显著的经济效益，也有利于环境，最终导致了聚烯烃在全球塑料市场上爆炸式的增长[49]。

用于制备 Ziegler-Natta 催化剂的载体在本质上各不相同。一些载体含有活性的表面基团（如特殊工艺制备的金属氧化物表面的羟基），而另外一些载体则不含这些活性基团（如纯的羟基氯化金属）。因此负载催化剂这个词是广义的。负载催化剂中过渡金属化合物和载体的作用有多种，有的通过共价键连接在载体表面，有的体系中过渡金属原子占有一个载体晶格位，还有的和载体配位或吸附[28]。过渡金属也可以通过 Lewis 碱铆接在载体表面，金属和碱络合，碱再配位固定在载体表面[53,54]。

按照载体的类型，Ziegler-Natta 催化剂的载体前体可以通过两种方式制备：用过渡金属化合物处理表面含有羟基的载体形成共价键连接，或者用 Lewis 碱和过渡金属化合物处理氯化镁或醇镁形成共价键连接。

使用氧化铝、硅胶等含有羟基的载体，化学固定过渡金属化合物，该方法早在 20 世纪 60 年代初期就已经普遍采用。对这些载体进行热处理（煅烧）能够控制表面羟基的数量和类型，从而间接控制着过渡金属原子铆接在表面的数量和分布。最常用的该类 Ziegler-Natta 催化剂前体由 Mg（OH）Cl 载体和 $TiCl_4$ 反应制备[28,51]：

$$—Mg—OH + TiCl_4 \longrightarrow —Mg—OTiCl_3 + HCl \quad (3\text{-}10)$$

$$\begin{aligned}—Mg—OH \\ + TiCl_4 \longrightarrow \\ —Mg—OH\end{aligned} \quad \begin{aligned}—Mg—O \\ \phantom{xx} \diagdown \\ —Mg—O\end{aligned}\!\!\diagup\!\!TiCl_2 + 2HCl \quad (3\text{-}11)$$

所产生的负载催化剂前体需要三烷基铝活化，$MgOTiCl_3$ 活化的反应如下：

$$—Mg—O—TiCl_3 \xrightarrow[-AlR_2Cl]{+AlR_3} —Mg—O—TiRCl_2$$

$$\xrightarrow{-R} —Mg—O—TiCl_2 \xrightarrow[-AlR_2Cl]{+AlR_3} —Mg—O—TiRCl \quad (3\text{-}12)$$

据称，钛催化剂组分负载后可以减少钛活性中心被活化剂还原的趋势[55]。

这种载体前体和三烷基铝组成的许多催化剂对乙烯聚合具有高的活性，但是对丙烯和更高级的 α-烯烃的聚合还不很实用。

有机聚合物载体也可以制备催化剂。聚合物载体要求在聚合介质中不溶但可以溶胀，这允许聚合产物从催化剂上扩散到聚合介质中，该类载体已经制备了一系列有趣的催化剂[56,57]。乙烯、丙烯和非共轭二烯烃三元共聚物接枝聚甲基丙烯酸共聚物是一种合适的载体。这种聚合物负载的 Ziegler-Natta 催化剂在高温溶液中聚合烯烃产生的聚合物实际上不含催化剂残余（通过过滤将催化剂从聚合物溶液中分离出来了）。

由醇镁，尤其是乙醇镁和 $TiCl_4$ 反应制备的催化剂对乙烯聚合有非常高的活性〔大约为 100kgPE/（gTi·h·atm）〕。醇盐的原始结构在反应中一般会被破坏，形成更大表面积的新物质〔Mg（OEt）$_2$/$TiCl_4$ 催化剂前体约 60m$^2$/g〕。这种孔型结构可以解释聚合过程中（$AlEt_3$ 作为活化剂）催化剂粒子的崩解。最终残留催化剂粒子的直径小于 0.0005μm[28]。

Mg（OR）$_2$/$TiCl_4$-$AlEt_3$ 催化剂要达到最大活性，要求高的 Al/Ti 比；报道中给出的值为（80～100）：1[28]。其实这并不奇怪，对于第一代和第二代 Ziegler-Natta 催化剂，如果只考虑表面的 Ti 原子，其 Al/Ti 比和第三代的相当。

最常用的负载催化剂（尤其是用于丙烯聚合的）都以 $MgCl_2$ 作为载体。$MgCl_2$ 有三种晶型：α-晶型、β-晶型和 δ-晶型。立方紧密堆积的 α-$MgCl_2$ 最常见，六方紧密堆积的 β-$MgCl_2$ 为热力学非稳态。δ-$MgCl_2$ 是旋转无序的 β-$MgCl_2$ 的变种[58,59]。$MgCl_2$ 很适合作为丙烯聚合催化剂的载体。这一独特的性能是因为 $MgCl_2$ 和 $TiCl_3$ 有类似的晶体结构[58,60]，特别是 δ-$MgCl_2$ 和 δ-$TiCl_3$ 比较类似，$Ti^{4+}$ 和 $Mg^{2+}$ 的粒子半径分别是 0.68Å 和 0.65Å[60]。这些事实表明，$MgCl_2$ 有能力模仿活性 $TiCl_3$ 的结构[61]。

要成功制备催化剂，必须先将 $MgCl_2$ 转化为能够有效结合 $TiCl_4$ 的形式。最初使用球磨的方法，将 $MgCl_2$、$TiCl_4$（乙烯聚合催化剂）和/或 Lewis 碱一起球磨。Lewis 碱一般为芳香酯，如苯甲酸乙酯、邻苯二甲酸二丁酯等。这种Lewis碱一般称为内Lewis碱。在Lewis碱存在下，凝聚体（二次微晶）球磨后分裂为初级微晶，新分裂的表面会被Lewis碱覆盖，这阻止了再凝聚作用。将$MgCl_2$/Lewis碱混合物和$TiCl_4$在80～130℃回流几个小时，活性钛就会结合到载体表面。在处理过程中，一些Lewis碱会被$TiCl_4$取代。最后用烃类溶剂洗涤，除去过量的未键合到载体的$TiCl_4$（部分$TiCl_4$和Lewis碱配位）[28,61]。计算表明，$MgCl_2$的（100）和（110）面具有不同的酸性（后者具有更大的酸性）。从$MgCl_2$不同面上去除Lewis碱的难易程度不同。（100）面的Lewis碱更易去除，$TiCl_4$的结合也更容易一些，而（110）面上碱的结合受到的阻力要大一些，有人以此来解释$MgCl_2$/Lewis碱负载催化剂具有较高的立体定向性[61-63]。

在聚合丙烯时，大多数$MgCl_2$负载Ziergler-Natta催化剂前体除了加入三烷基铝活化剂[式(3-3)]，还需另加Lewis碱（称为外Lewis碱）以增加催化剂的立体控制能力。活化剂一般为三乙基铝，Al/Ti比一般为（300～400）:1。活化剂除了还原钛产生活性Ti—C键，还会与结合到催化剂上的Lewis碱反应。与活化剂结合的外Lewis碱也会和载体、$TiCl_4$以及体系中产生的其他副产物作用。$MgCl_2$/内Lewis碱/$TiCl_4$-$AlEt_3$/外Lewis碱体系中外Lewis碱的作用很复杂，其最基本的反应如下：首先与三烷基铝配位，降低其对于Ti的还原性；通过选择性配位使某些特殊活性中心失活，甚至将某些非立体定向中心转化为等规定向中心。用于$MgCl_2$/苯甲酸乙酯/$TiCl_4$-$AlEt_3$/外Lewis碱催化体系的外Lewis碱有苯甲酸酯、对甲基苯甲酸酯、茴香酸酯和各种胺；$MgCl_2$/邻苯二甲酸二丁酯/$TiCl_4$-$AlEt_3$/外Lewis碱催化剂的外碱是各种二取代和三取代的烷氧基硅烷。外Lewis碱的确切作用还不清楚，但是在大多数情况下，它是高等规催化剂的必须组分。这类催化剂的典型特点是立体定向性和产率呈反关系。商品化的该类催化剂的产率据称可以达到500～1000kgPP（等规度约为95%）/(gTi·h)[28]。这类催化剂对高级$\alpha$-烯烃（除了$\alpha,\alpha$-双取代烯烃）等规定向聚合也很有效。

20世纪70年代后期又开发了一类新型的超高活性的基于$MgCl_2$载体的催化剂。这类催化剂的特点是表面活性种实际上只有一种，产量可以达到2000kgPP（等规度为95%～98%）/(gTi·h)。另外，三烷基铝和钛的Al/Ti比较低，聚丙烯等规度和产率之间不存在反关系[28,38]。

聚丙烯粒子的形状一般是催化剂粒子的复形[64,65]。聚合物链同时从催化剂表面和内部的活性中心上生长。产生的聚合物链使粒子逐步膨胀，催化剂粒子分裂为初级粒子而分散在整个聚合物粒子中，即催化剂粒子通过复形增长。在聚合过程中，催化剂初级粒子的整个形状被保持，聚合物粒子大小的分布和催化剂粒子大小的分布有关[43]。这种分裂过程是催化剂高活性的必要条件。

为了使催化剂粒子的复形过程得以顺利进行，催化剂粒子的机械强度必须和聚合活性相平衡[58,66]。如果反应活性太高，就会发生不受控制的"爆炸"，增长聚合物链产生的机械力会使粒子破碎为聚合物细粉。如果催化剂粒子的机械强度太大，内部活性中心会由于缺乏空间而不能产生聚合物链，导致反应活性降低。如果负载催化剂的聚合活性和机械强度相当，就可以兼顾高的活性和好的复形。超高活性的第三代Ziegler-Natta催化剂的复形因子（聚合物粒子和催化剂粒子的尺寸比）可以达到40～50，且不产生细颗粒，而传统催化剂的复制因子只有7～10[49]。

第四代Ziegler-Natta催化剂揭开了一个新领域——聚合物形状和形态的领域。通过控制催化剂粒子的构造和三维结构，可以在聚合中复制催化剂的形状，生成具有可控可复制孔结构的聚合物粒子。聚合产物粒子可以是密度相对均一的粒子，也可以是开放的层状结构，甚至是厚壳的中空粒子。第四代 Ziegler-Natta 催化剂制备的聚丙烯不需去灰、去无规，有时还可以省去造粒程序[38,49]，制备的聚乙烯中的过渡金属含量为几毫克/克，催化剂灰分含量为 $50\mu g/g$（包括活化剂的贡献）。这个量已经足够低，不再需要去除催化剂程序。残留的氯（$40\mu g/g$）也不足以腐蚀聚乙烯[51]。在第四代催化剂的制备中还发明了更好的新工艺。例如以球形硅胶作为 $TiCl_4$ 载体，催化剂制备中使用 Lewis 碱并经过多步工艺活化[28]。使用 $SiO_2$ 作为载体制备催化剂可以减少氯的残留量，对催化剂的复形也更有效。硅胶在聚合物中理想分散，提高了聚合物加工中的某些流变性能，如摩擦性能。第四代超高活性催化剂的产率和第三代的差不多，制备的聚丙烯的等规度非常高，可以达到 $98\%$。

对用于 $\alpha$-烯烃聚合的 $MgCl_2$ 负载的 Ziegler-Natta 催化剂中，Lewis 碱的作用依然是研究者的兴趣所在。最近[67]，在前催化剂的制备中引进了 1,3-二醚 [一般为 $R_1OCH_2C(R_2)(R_3)CH_2OR_4$] 作为内 Lewis 碱，如 2,2-二叔丁基-1,3-二甲氧基丙烷。这种催化剂同时具有高的活性和立体定向性，甚至不需要外给电子体。这类不使用外 Lewis 碱的催化剂已商业应用，具有第四代 Ziegler-Natta 催化剂的所有特点，产率约为 2500kgPP（等规度不低于 $97\%$）/(gTi·h)[38]。这类新催化剂在制备过程中只需内 Lewis 碱，为了强调这一特性，它们的发明者建议称其为第五代 Ziegler-Natta 催化剂[68]。

值得强调的是，在制备有效的第三代和第四代负载 Ziegler-Natta 催化剂时，负载的是 $TiCl_4$ 而不是预制的 $TiCl_3$。三烷基铝活化 $MgCl_2$ 负载的 $TiCl_3$（如从 $TiCl_3 \cdot 3Py$ 络合物溶液中沉积）聚合丙烯无立体定向性[69]，加入 Lewis 碱如苯甲酸乙酯可以将它转化为等规定向催化剂[70]。

在工业应用 $MgCl_2$ 负载的超高活性丙烯聚合催化剂中，典型的钛组分是氯化钛。而其他钛化合物，特别是烷氧基钛和烷氧基氯化钛，负载于 $MgCl_2$ 上，经三烷基铝活化后可以作为乙烯聚合催化剂。这种催化剂制备的聚乙烯具有超高分子量，如 $MgCl_2/Ti(OBu)_4$-$Al(i$-$Bu)_3$ 和 $MgCl_2/Ti(OBu)_2Cl_2$-$Al(i$-$Bu)_3$，产率小于相应的 $MgCl_2/TiCl_4$-$Al(i$-$Bu)_3$ 催化剂。增加 Ti 原子上 Cl 原子的取代数目，也就是减少配体的给电子能力，会增加催化剂的产率。因此，用相应的酚氧基取代烷氧基，即 $MgCl_2/Ti(OPh)_4$-$Al(i$-$Bu)_3$ 对乙烯聚合具有更高的产率[71]。

还有其他一些乙烯和丙烯聚合非均相负载 Ziegler-Natta 催化剂负载于含碳的载体上，这类催化剂在文献中很少报道。

### 3.2.1.3 可溶钒基催化剂

经典的烯烃聚合均相 Ziegler-Natta 催化剂一般由过渡金属化合物和烷基金属化合物在烃类溶液（庚烷、己烷、甲苯）中制备。然而，这些可溶 Ziegler-Natta 催化剂产生的聚合物在聚合过程中会沉淀出来。

以 $VCl_4$、$VOCl_3$、$V(Acac)_3$、$VO(OEt)Cl_2$、$VO(OEt)_2Cl$、$VO(OEt)_3$ 或 $VO(OBu)_3$ 为前体，以 $AlEt_3$、$AlEt_2Cl$ 或 $Al(i$-$Bu)_2Cl$ 为活化剂，在庚烷溶液中制备的催化剂是工业应用中唯一重要的可溶催化剂，主要用于制备乙丙共聚物和乙烯/丙烯/非共轭

二烯烃三元共聚物[72]。这类催化剂的 Al/V 比一般不超过 3∶1。

许多钒基催化剂以及它们的聚合体系具有很大的学术价值,希望它们能够作为非均相催化剂和聚合体系的模型,因为这类催化剂没有表面特性和粒子尺寸等相关问题的干扰。然而,均相钒基催化剂比想象的要复杂得多。现在还没有明确的证据能够给出催化剂活性中心的结构。

以氯化镁和氯化钛与脂肪族磷酸酯形成的可溶配合物为催化剂前体,以烷基铝为活化剂产生的均相 Ziegler-Natta 催化剂也能制备乙丙共聚物,如 $(TiCl_4)_x \cdot (MgCl_2)_y \cdot [O=P(OBu)_3]_3$-Al($i$-Bu)$_3$ 和 $Cl_3TiOMgCl \cdot [O=P(OBu)_3]_3$-Al($i$-Bu)$_3$(Al/Ti 摩尔比约为 10∶1)。这些催化剂已经被用于乙烯/丙烯无规共聚[73]。

可溶钒基催化剂另一引人注意的特点是它在低温下可以产生间规聚丙烯。其中第一个催化剂是溶于甲苯的 $VCl_4$-AlEt$_2$Cl[10]。间规聚丙烯催化剂由 $VCl_4$、$VOCl_3$ 或 V(Acac)$_3$ 和 AlEt$_2$Cl 或 Al($i$-Bu)$_2$Cl 组成。当 Al/V 比为 (2~10)∶1(一般为 5∶1),并加入弱碱(与钒的摩尔比为 1∶1)如苯甲醚时,可以制备出特别有效的间规催化剂[10,74]。有报道称,V(Acac)$_3$-AlR$_2$Cl 在 −65℃ 可以生成活性间规聚丙烯[75,76]。均相钒基催化剂制备的间规聚($\alpha$-烯烃)中,间规聚丙烯是唯一能结晶的[2,10]。要强调的是,可溶钒基 Ziegler-Natta 催化剂很难进行高级 $\alpha$-烯烃的间规聚合,只能形成间规聚(1-丁烯)的齐聚物,产率相当低[2]。

可溶钒基催化剂也可用于环丁烯的持环聚合 [$VCl_4$-AlEt$_3$[77,78]、V(Acac)Cl$_2$-AlEt$_2$Cl、VO(OBu)$_3$-AlEt$_2$Cl[78]]、丁二烯的 1,4-聚合 [$VCl_4 \cdot 3THF$-AlEt$_3$,V(Acac)Cl$_2$-AlEt$_2$Cl[79,80]]和 $\alpha$-烯烃、$\beta$-烯烃、环烯烃/共轭二烯烃的交替共聚 [$VCl_4$-Al($i$-Bu)$_3$-Al($i$-Bu)$_2$Cl-苯甲醚[81],V(Acac)Cl$_2$-AlEt$_2$Cl、AlChxCl[82,83]、$VOCl_3$、$VCl_4$、VO(Acac)$_2$-AlR$_3$、AlR$_2$Cl[84-86]]。

### 3.2.1.4 均相单中心茂金属催化剂

20 世纪 80 年代发现 MAO 活化的可溶茂锆催化剂是一种多功能的 Ziegler-Natta 催化剂,对乙烯和丙烯聚合具有高的活性[28-30]。其实,茂金属基催化剂在 20 世纪 50 年代中期就已经被发现,最具有代表性的茂金属是基于二环戊二烯二氯化钛 Cp$_2$TiCl$_2$ 的催化剂,两个 $\eta^5$-环戊二烯配体和过渡金属原子键合。当时已经发现三烷基铝或烷基氯化铝活化 Cp$_2$TiCl$_2$ 可以聚合乙烯,但不能聚合丙烯[87-89]。此后,关于这个催化剂和其他可溶催化剂的研究一直持续开展,并发展了很多催化体系。在当时,这类催化剂的产率相对较低 [几 kgPE/(gTi·h·atm)][28]。第一个有效的乙烯聚合茂金属催化剂在 1976 年发现[90,91]。早在 1973 年就有报道称,虽然水会严重毒害催化剂,但少量水污染聚合体系会增加催化剂的产率[92],这一不同寻常的现象归因于部分烷基铝化合物水解产生了铝氧烷[93]。紧跟着,Kaminsky 和 Sinn 发现甲基铝氧烷(MAO)活化的 Cp$_2$TiCl$_2$ 对乙烯聚合有非常高的效率[90,91,94,95]。

烷基铝氧烷是在精细地控制下由三烷基铝和水作用制备。烷基铝氧烷一般定义为两个或更多铝原子通过氧原子桥连起来的化合物。烷基铝氧烷是一种混合物,其中包含 R$_2$AlO-[Al(R)-O]$_x$-AlR$_2$ 和—[Al(R)-O]$_x$—($x=2~20$),这些结构带有或不带有—[Al(O)-O]—型支化结构。烷基铝氧烷为三维笼状化合物,铝原子是四配位的[37,96-99]。烷基铝氧烷尤其是甲基铝氧烷是茂金属前催化剂的重要活化剂,但是它们的结构到现在还不是非常地清楚。在三甲基铝和水的反应产物中已经分离出了不同缩合度和结构的甲基铝氧烷齐聚物。这些齐聚物在苯中形成缔合，冰点降低法测定的分子量为1000～1500g/mol，两到三个具有6～10个Al—O单元的分子形成络合物，一两个三甲基铝分子也络合在上，这些三甲基铝分子在真空下不能脱去[29,37,96]。因此，烷基铝氧物和甲基铝氧烷可分别表示为 $[Al(R)O]_x$ 和 $[Al(Me)O]_x$。

MAO活化的茂锆是第一个报道的对乙烯具有格外高活性的催化剂，比非均相催化剂的活性高很多，并且具有更长的活性周期。在甲苯中聚合，其产率达到约25000～40000kgPE/(gZr·h·atm)，每一个锆原子平均产生20000个分子量为100000～200000的聚乙烯分子。尤其是在50℃以上，锆基催化剂聚合乙烯比铪和钛基催化剂有更高的活性[37]。

茂锆-MAO催化剂也可以催化丙烯聚合，以及催化乙烯和丙烯、高级α-烯烃共聚（除了α,α-双取代烯烃）。非均相Ziegler-Natta催化剂催化聚合丙烯的温度一般为30～100℃，在这个温度条件下，非手性茂锆催化剂如 $Cp_2ZrX_2$[100] 只能产生无规聚丙烯。这种无规聚合物是非常纯的无规物，而非均相Ziegler-Natta催化剂制备的无规聚丙烯中还含有等规和间规链段[37]。

1980年以后，人们开始努力获取第4族（Ti，Zr，Hf）均相茂金属-MAO催化剂的立体控制能力。Ewen[22] 发现 $Cp_2TiX_2$-MAO催化剂在低温下（-78～-30℃）聚合丙烯可以产生立体嵌段聚合物。20世纪80年代中期，Ewen[22]、Kaminsky和Brintzinger[101] 发现MAO活化的 $C_2$ 对称的手性柄型茂金属，如 rac.-亚乙基双（4,5,6,7-四氢-1-茚基）二氯化锆 [rac.-(THindCH$_2$)$_2$ZrCl$_2$][101] 和 rac.-亚乙基双（1-茚基）二氯化锆 [rac.-(IndCH$_2$)$_2$ZrCl$_2$][22] 可以制备等规聚丙烯。接着，Ewen等[23] 发现MAO活化的 $C_s$ 对称的柄型茂金属前体，亚异丙基（环戊二烯基）(9-芴基）二氯化锆 [Me$_2$C(Cp)(Flu)ZrCl$_2$] 具有优异的丙烯间规聚合能力。均相催化剂立体定向聚合的研究引起了人们浓厚的兴趣。

等规定向聚合茂金属催化剂 [rac.-(THindCH$_2$)$_2$ZrCl$_2$][101] 和 [rac.-(IndCH$_2$)$_2$ZrCl$_2$][22] 丙烯聚合的活性一般比乙烯低4～5倍[30,102]。虽然如此，它们对乙烯的活性还是不如MAO活化的非取代的茂金属前体，如 $Cp_2TiCl_2$[95,103]。另外，间规定向 Me$_2$C(Cp)(Flu)ZrCl$_2$ 催化剂很独特，它对丙烯的聚合活性比乙烯的高[102]。柄型茂金属-MAO催化剂对高级α-烯烃也有聚合能力，如1-丁烯[101]、1-己烯，甚至在4位有取代的α-烯烃如4-甲基-1-己烯[104]，聚合活性比丙烯的低一些[30]。

均相烯烃聚合催化剂一般由茂金属 $Cp'_2MtX_2$（Cp'=环戊二烯基或取代环戊二烯基；Mt=Ti、Zr、Hf；X=Cl、Me）和过量的MAO在惰性溶剂如甲苯中混合制备。这种催化剂的特点如下[105]：催化剂活性随Al/Mt比增大而增大[95,102,106]。要达到可接受的活性，所需要的MAO要大大过量（Al/Mt大于500）；在90℃，当Al/Zr约为67000时，催化剂产率可以达到2260kgPE/(molZr·h·atm)[24775kg/(gZr·h·atm)][22]。

降低Al/Mt比和升高聚合温度都能降低聚合物的数均分子量，如果进行α-烯烃立体定向聚合，则立构规整性会降级[22,107]。

催化剂的活性顺序一般为 Zr＞Hf＞Ti[29,30,108]。在-50℃以上，$Ti^{4+}$ 被快速还原为 $Ti^{3+}$ 而失活[93]。

与脂肪烃相比，甲苯可以溶解相当量的MAO，以确保它在体系中浓度适中。对于非常高活性的 $Cp'_2MtX_2$-MAO催化剂，只有当茂金属的浓度非常低时（单体的几百毫克/克）才能得到有效的烯烃聚合体系。也正因如此，这些催化体系非常容易受到痕量空气和水的影响而失活。非均相 Ziegler-Natta 催化剂中 Ti 化合物的量一般也为单体的十几到几百毫克/克。

需要强调的是,关于茂金属-MAO 催化剂的上述特性,其他可替代的、更便宜的烷基铝氧烷(如比 MAO 更易溶于脂肪烃的乙基铝氧烷和异丁基铝氧烷),以及其他烷基铝化合物用作茂金属活化剂时,催化活性较低。

第 4 族茂金属聚合烯烃要达到高的催化活性需要大大过量的 MAO,从离散的 $d^0$ 茂金属催化剂的活性特征考虑,可以理解这一现象。第 4 族茂金属和 MAO 反应后被转化为 $14d^0$ 电子阳离子 $[Cp_2'MtMe]^+$ 和 MAO 的阴离子衍生物 $[Al_x(Me)_{x-1}O_xX_2]^-$,两者形成松散粒子对[109-114],其中 $[Cp_2'MtMe]^+$ 带有活性 Mt—C 键,是催化活性中心。

$$Cp_2'MtX_2 + [Al(Me)O]_x \rightleftharpoons [Cp_2'MtMe]^+ [Al_x(Me)_{x-1}O_xX_2]^- \quad (3-13)$$

$Cp_2ZrCl_2$ 和 MAO 在甲苯溶液中反应立即发生配体交换,产生单甲基衍生物 $Cp_2Zr(Me)Cl$[115],接着,过量的 MAO 产生 $Cp_2ZrMe_2$[95,100,101]。一般假设,MAO 中的某些 Al 原子具有特异性能,可以从 $Cp_2ZrMe_2$ 中夺取一个甲基阴离子螯合成一个弱的配位离子 $[Al_x(Me)_{x-1}O_xX_2]^-$[30]。因此,很显然,$MAO/Cp_2'MtX_2$ 的比例越大,式(3-13)的平衡常数就越大,活性中心的浓度就越大。

最近十年发展了大量的 MAO 活化用于 α-烯烃立体定向聚合的新型催化剂前体,包括非桥连的茂金属和立体刚性的柄型茂金属[29,30,37,105-107,112-114,116-135]。这些催化剂不仅能够制备等规[118,119,124,131,132]、间规[23,118,124,133]聚丙烯和其他聚(α-烯烃)[121],还可以制备半等规[112,121,124]、等规嵌段[131,132,134]、间规等规嵌段(立体规整共聚物)[127]、立体嵌段等规[135]和立体嵌段等规-无规[116,128,129]聚丙烯。

茂金属的对称性、金属原子的类型、活化剂的本质和聚合温度等都是聚丙烯等规度的决定因素。茂金属催化剂一般的立体规整性行为源于连接到同一金属原子的催化活性中心的区域手性,或者手性环境。做手性分析时要考虑茂金属催化剂的结构。

催化剂活性中心如 $[Cp_2'MtMe]^+ [Al_x(Me)_{x-1}O_xX_2]^-$ 和烯烃单体反应后产生一个四面体的增长中心,由茂金属阳离子 $[Cp_2'Mt(P_n)M]^+$ 和 MAO 的衍生阴离子组成,其中 $P_n$ 表示增长聚合物链,M 表示配位的单体分子[136]。一般来说,茂金属母体 $Cp_2'MtX_2$ 和阳离子催化剂活性中心 $[Cp_2'Mt(P_n)M]^+$ 可以表示为 $Cp'(Cp'')MtL_2$,$Cp'$ 和 $Cp''$ 表示两个等价的或不等价的环戊二烯基型配体,或者两个两齿配体,L 表示 X、$P_n$ 或者 M。按立体化学对 $Cp'(Cp'')MtL_2$ 进行分类,可以分为五类[16,122],其 Fischer 投影见图 3.9[122]。

之所以分为 5 类,是充分考虑了 L 形成的催化剂活性中心的所有手性环境。如果催化剂不是手性环境的(催化剂被一个水平镜面所等分),有两种可能,两个环戊二烯基相同

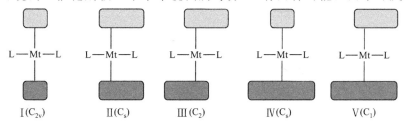

图 3.9 五类(Ⅰ-Ⅴ)代表性茂金属催化剂的 Fischer 投影

灰色区域代表环戊二烯基型配体

（类型Ⅰ）或者不同（类型Ⅱ）。如果是手性环境的，有三种可能，两个催化活性中心是同种的（相等的），有一个两折的对称轴（类型Ⅲ）；对映的，有一个垂直镜面（类型Ⅳ）；或者非对映的（互不相同的），没有对称元素（类型Ⅴ）。总之，如果不考虑立体异构体的互变体，只有五类茂金属催化剂[122]。

理论上讲，类型Ⅰ和类型Ⅱ催化剂丙烯聚合只能产生无规聚合物，类型Ⅲ产生等规的[22]，类型Ⅳ产生间规的[23]，而缺乏对称性的类型Ⅴ，一般不能预言其规整性。在一定的条件下，根据类型Ⅴ的不同类型，可以产生等规、间规、半等规、立体嵌段的等规-无规聚丙烯[107,112,116,124,127,137]。

茂金属-MAO体系不同的配体（和/或金属）所能产生的聚丙烯的微观结构见表3.1[22,23,101,105,107,112,113,124,127,132,137]。表3.1中的配体结构仅仅是例子，代表特定的对称性和类型。还有很多其他茂金属催化剂可以成功制备不同立体结构的聚丙烯。

表3.1 茂金属类型和聚丙烯微结构的关系

| 茂金属催化剂前体① | 类型（对称性） | 聚丙烯 |
|---|---|---|
| Cp₂ZrX₂ | Ⅰ ($C_{2v}$) | 无规 |
| Cp₂TiPh₂ | Ⅰ ($C_{2v}$) | 立体嵌段等规② |
| meso-(IndCH₂)₂ZrX₂ | Ⅱ ($C_s$) | 无规 |
| rac.-(IndCH₂)₂ZrX₂ | Ⅲ ($C_2$) | 等规 |
| rac.-Me₂Si(MeCp)₂ZrCl₂ | Ⅲ ($C_2$) | 等规嵌段 |

| 茂金属催化剂前体[①] | 类型（对称性） | 聚丙烯 |
|---|---|---|
| Me$_2$C(Cp)(Flu)ZrX$_2$ | Ⅳ ($C_s$) | 间规 |
| Me$_2$C(Cp)(Flu)HfCl$_2$ | Ⅳ ($C_s$) | 间规等规嵌段 |
| Me$_2$C(MeCp)(Flu)ZrX$_2$ | Ⅴ ($C_1$) | 半等规 |
| Me$_2$C(t-BuCp)(Flu)ZrX$_2$ | Ⅴ ($C_1$) | 等规 |
| rac.-MeCH(Ind)(Me$_4$Cp)TiCl$_2$ | Ⅴ ($C_1$) | 立体嵌段等规-无规 |
| t-BuCH(Cp)(Flu)ZrCl$_2$ | Ⅴ ($C_1$) | 间规 |

① 前视图（根据 Fischer 投影和侧视图），X=Cl、Me。
② 低温聚合[22]。

非手性的 $Cp_2MtX_2$ 型催化剂前体形成的类型Ⅰ催化剂在 50~70℃（非均相催化剂催化丙烯聚合的典型温度），催化丙烯聚合产生无规聚合物，在低温（如-45℃，表 3.1）可以产生立体嵌段等规聚丙烯[22]。

非手性的 $meso.-(IndCH_2)_2MtX_2$ 型催化剂（表 3.1）前体形成的类型Ⅱ催化剂催化丙烯聚合的特点和上述类型Ⅰ的类似。

手性的 $rac.-(IndCH_2)_2ZrCl_2$ 型催化剂前体（表 3.1）[22] 可以形成类型Ⅲ催化剂。属于类型Ⅲ的其他丙烯等规定向聚合催化剂前体还有外消旋二乙基亚硅基双［1-(3-甲基环戊二烯基)］二氯化锆［$rac.-Et_2Si(MeCp)_2ZrCl_2$］[112]，外消旋二甲基亚硅基双 (1-茚基) 二氯化锆［$rac.-Me_2Si(Ind)_2ZrCl_2$］[102,118]，外消旋二甲基亚硅基双［1-(2,4-二甲基环戊二烯基)］二氯化锆［$rac.-Me_2Si(Me_2Cp)_2ZrCl_2$］，外消旋二甲基亚硅基双［1-(2-甲基) 茚基］二氯化锆［$rac.-Me_2Si(MeInd)_2ZrCl_2$］，外消旋二甲基亚硅基双［1-(2-甲基-4-萘基茚基)］二氯化锆［$rac.-Me_2Si(Me, NphInd)_2ZrCl_2$］，外消旋四甲基二亚硅基双［1-(2-甲基-4,5-苯并茚基)］二氯化锆［$rac.-(MeBzoIndMe_2Si)_2ZrCl_2$］[118,125,132,138,139]，以及其他具有两个桥连环戊二烯基型配体的柄型茂金属，桥连基可以是乙基、异丙基、二烷基硅基、双二烷基硅基（四甲基二硅基）。如果聚合中使用的 MAO 不够多或者聚合温度过高，都将产生立体嵌段等规聚丙烯[22,107,140,141]。

外消旋二甲基亚硅基双［1-(3-甲基环戊二烯基)］二氯化锆［$rac.-Me_2Si(MeCp)_2ZrCl_2$］（表 3.1）或者外消旋二甲基亚硅基双［1-(3-甲基环戊二烯基)］二氯化铪［$rac.-Me_2Si(MeCp)_2HfCl_2$］催化剂前体形成的类型Ⅲ催化剂催化丙烯聚合产生等规嵌段聚合物[132]。

具有对映点的 $Me_2C(Cp)(Flu)ZrCl_2$ 型（表 3.1）前体形成的类型Ⅳ催化剂在 50~70℃ 可以产生间规聚丙烯[23,102,142]。如果将一个桥链碳原子换为两个，即将亚异丙基换为亚乙基，亚乙基(环戊二烯基)(9-芴基)二氯化锆[$(CpCH_2)(FluCH_2)ZrX_2$] 也可以有效地的产生间规聚丙烯[143]。$(CpCH_2)(FluCH_2)ZrX_2$-MAO 催化剂也可以催化聚合线型的和 $\beta$-支化的（非 $\alpha$-支化）高级 $\alpha$-烯烃产生高间规聚合物，如 1-丁烯、4-甲基-1-戊烯[117]。

MAO 活化的类型Ⅳ催化剂亚异丙基（环戊二烯基）(9-芴基) 二氯化铪［$Me_2C(Cp)(Flu)HfX_2$］（表 3.1）产生间规等规嵌段聚丙烯[127]。

没有对映点的前体产生类型Ⅴ催化剂，如亚异丙基［1-(3-烷基环戊二烯基)](9-芴基)二氯化锆［$Me_2C(RCp)(Flu)ZrX_2$］和二甲基亚硅基［1-(3-烷基环戊二烯基)](9-芴基)二氯化锆［$Me_2Si(RCp)(Flu)ZrX_2$］，其中烷基 R＝Me、$t$-Bu。这类茂金属称为假螺烯[144,145]。假螺烯配体只产生外消旋对映异构体，不能像类型Ⅱ催化剂那样形成具有一个镜面的内消旋异构体。$Me_2C(MeCp)(Flu)ZrX_2$（表 3.1）和 $Me_2Si(RCp)(Flu)ZrX_2$ 产生半等规聚丙烯[112,124,146]。$Me_2C(t-BuCp)(Flu)ZrX_2$（表 3.1）和 $Me_2Si(t-BuCp)(Flu)ZrX_2$ 产生等规聚丙烯[124,127,146]。因为假螺烯不能形成内消旋异构体，所以基于假螺烯的类型Ⅴ催化剂优于等规定向类型Ⅲ催化剂，因为后者需要非立体定向的内消旋异构体和立体定向的外消旋异构体进行拆分[146]。

外消旋亚乙基(1-四甲基环戊二烯基)(1-茚基)二氯化钛［$rac.-MeCH(Me_4Cp)(Ind)TiCl_2$］（表 3.1）或者外消旋亚乙基(1-四甲基环戊二烯基)(1-茚基)二甲基钛［$rac.-MeCH(Me_4Cp)(Ind)TiMe_2$］前体产生的类型Ⅴ催化剂，在 25~50℃ 范围产生等规和无规立体序列交替出现的部分立构规整性聚合物。这种聚合物具有热塑弹性体的性质[116,120]，其结构的形成可能是因为催化剂具有两种增长状态（等规定向、非立体定向），催化剂含有手性的立体定向环境[107]。

2,2-二甲基亚丙基（环戊二烯基）(9-芴基）二氯化锆 [t-BuCH（Cp）(Flu)ZrCl$_2$]（表3.1）形成的类型Ⅴ催化剂是丙烯间规聚合的优异催化剂[107,137]。

现在所知的大多数茂金属催化剂前体含有桥连配体，如类型Ⅲ的 rac.-Me$_2$Si（Me, NphInd)$_2$ZrCl$_2$，但是等规定向聚合催化剂不一定必须含有这种结构[139]。非桥连的带有适当取代基的茂金属也能保持高度的立体刚性。很显然，这些取代基非键的相斥充当着茂金属中不可见的虚构的桥连作用[143]。表3.2给出了几个非桥连茂金属前体的典型例子，在MAO作用下可以产生高等规度的聚丙烯[119,128,129,143,147]。

**表3.2** 非桥连茂金属和聚丙烯微观结构的关系

| 茂金属催化剂前体 | 类型① | 聚丙烯 |
|---|---|---|
| 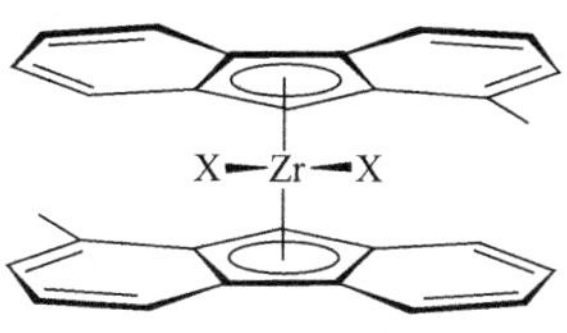 (MeFlu)$_2$ZrCl$_2$ | ② Ⅲ | 等规 |
| 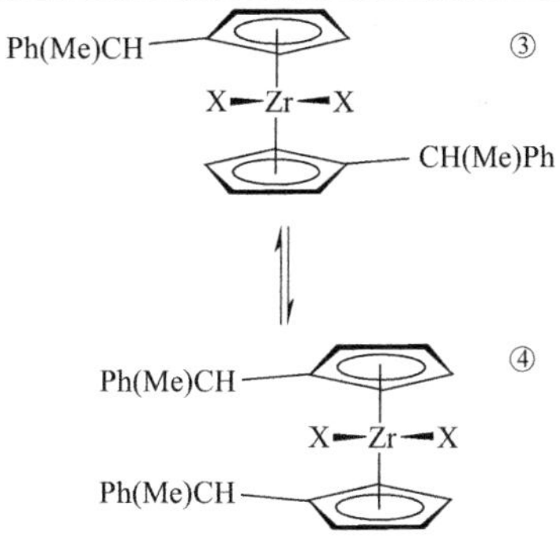 rac.-[Ph(Me)CHCp]$_2$ZrCl$_2$ | ③ Ⅲ ⇌ ④ Ⅱ | 等规⑤ |
| 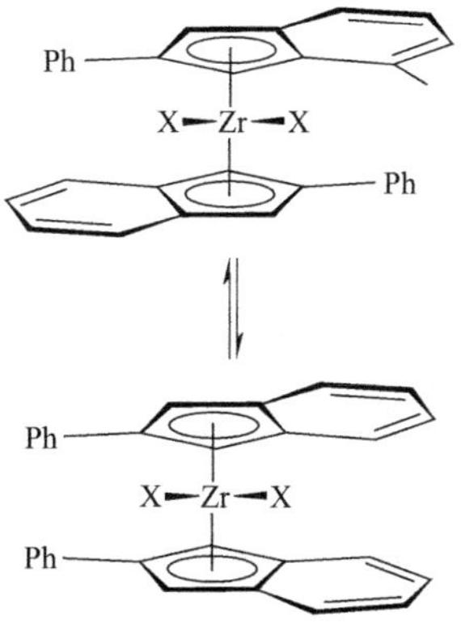 (PhInd)$_2$ZrCl$_2$ | ② Ⅲ ⇌ ⑥ Ⅱ | 立体嵌段 等规-无规 |

① 根据丙型茂金属的构型对暂时的构象分类；
② 手性环境构象（外消旋）具有等规定向性；
③ 手性环境构象（外消旋）在低温具有部分等规定向性；
④ 非手性环境构象（内消旋）在低温具有部分等规定向性；
⑤ 低温聚合；
⑥ 非手性环境构象（内消旋）没有定向性。

非桥连茂金属催化剂，如双（1-甲基芴基）二氯化锆[(MeFlu)$_2$ZrCl$_2$]（表 3.2）在相对高的聚合温度下（60℃）可以产生高等规度（90%）的聚丙烯。这个催化剂的高等立体定向性是由于 Zr-(1-甲基芴基)配体的旋转位垒相对较高，这使它能保持相对稳定的构象，相当于类型Ⅲ中的桥连茂金属催化剂的结构[143]。外消旋双[(1-苯基乙基)环戊二烯基]二氯化锆 {rac.-[Ph(Me)CHCp]$_2$ZrCl$_2$}（表 3.2）是另一种具有更高旋转位阻的非桥连茂金属，它有短暂的手性，如桥连的类型Ⅲ茂金属和缺少手性环境的类型Ⅱ催化剂的异构体。用 MAO 活化，在-50℃进行丙烯聚合可以产生等规聚合物，在更高的温度下立体定向性消失，像类型Ⅱ催化剂[119]。

很有意思，非桥连茂金属双（2-苯基茚基）二氯化锆[(PhInd)ZrCl$_2$]（表 3.2）在 20℃可以产生具有热塑弹性体性能的立体嵌段等规-无规聚丙烯[128,129]。(PhInd)ZrCl$_2$-MAO 催化剂的 2-苯基茚基配体虽然受到阻碍，仍然可以在链增长时在配位空间中进行旋转而异构化。在临时的手性位，相当于类型Ⅲ的桥连茂金属，产生等规链段；在临时的非手性位，相当于类型Ⅱ的桥连茂金属，产生无规链段。类似的，五甲基环戊二烯基（2-苯基茚基）二氯化锆[(Cp*)(PhInd)ZrCl$_2$]也产生立体嵌段的等规-无规聚丙烯，但产率比 (PhInd)ZrCl$_2$ 低[147]。

只有一个环戊二烯基的烯烃聚合茂金属催化剂也有广泛地发展。亚乙基、二甲基亚硅基、四甲基二亚硅基桥连的单（1-四甲基环戊二烯基）、单（1-茚基）或者单（9-芴基）-氨基钛化合物，如二甲基亚硅基（1-四甲基环戊二烯基）（叔丁基）氨基二氯化钛[Me$_2$Si(Me$_4$Cp)N(t-Bu)Cl$_2$]（图 3.10），最近引起了工业界和科学界的双重关注，用 MAO 活化可以进行乙烯均聚，以及和 1-丁烯、1-己烯、1-辛烯共聚[30,105,148-152]。

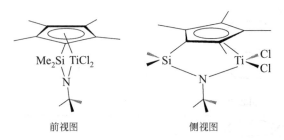

前视图　　　　　侧视图

图 3.10　单环戊二烯基氨基钛催化剂前体二甲基亚硅基（1-四甲基环戊二烯基）（叔丁基）氨基二氯化钛[Me$_2$Si(Me$_4$Cp)N(t-Bu)Cl$_2$]用于制备低密度聚乙烯

单环戊二烯基-氨基钛配合物归类为限定几何构型催化剂，能够制备带有长支链的低密度聚乙烯（乙烯和 C$_4$、C$_6$ 或者 C$_8$ 的 1-烯烃共聚），而通常的双环戊二烯苯茂金属催化剂只能制备出严格的线型低密度聚乙烯（乙烯和 C$_4$、C$_6$ 或者 C$_8$ 的 1-烯烃共聚）[30,105,148,149]。

MAO 活化的单环戊二烯基（MeCp、Ind、Flu）氨基第四族金属配合物丙烯聚合可以产生等规[153]、间规[154] 和无规[155] 聚合物。

### 3.2.1.5　均相单中心非茂催化剂

不含任何环戊二烯基型配体的催化剂的研究也在广泛进行，原期望可普遍存在的茂金属的替代物成功的例子很有限。以新的第 4 族金属非茂配合物为前体，以 MAO 和其他烷基铝为活化剂的几个均相 Ziegler-Natta 催化剂已经开发出来并被用于烯烃聚合。这些配合物配体种类很多,如氨基[156]、亚胺吡啶配体[157]、Schiff 碱-双烯醇配体[158]、双酚配体[159]、杯芳烃双酚配体[160]。第 4 族过渡金属的苄基衍生物如四苄基锆在 MAO 或三烷基铝作用下也可以作为烯烃聚合均相催化剂[161,162]。

非茂单中心催化剂类似于茂金属催化体系,含有阳离子金属。该类催化剂对乙烯聚合具有中等活性,对丙烯聚合的活性相当差。然而,某些催化剂,如双{[二(三甲基硅基)]氨基}二氯化锆[(Me$_3$Si)$_2$N]$_2$ZrCl$_2$-MAO[156] 和四苄基锆 {Zr(CH$_2$Ph)$_4$}-MAO[161] 可以制备高等规的聚丙烯和高级聚 (α-烯烃)。

这些例子表明,用于乙烯和 α-烯烃聚合的第 4 族阳离子金属配合物均相单中心 Ziegler-Natta 催化剂不必都带有环戊二烯基型配体。

## 3.2.2 不需烷基金属(或氢化金属)活化的均相催化剂

不含烷基铝(烷基铝氧烷)的均相烯烃聚合催化剂一般称为含有第 4 族茂金属阳离子的催化剂。这种催化剂和相应的茂金属 Ziegler-Natta 催化的结构和性能很类似,但是根据定义,并不属于 Ziegler-Natta 催化剂。

人们发现,双烷基第 4 族茂金属和化学计量的(或近似化学计量的)三苯基硼、四苯基硼铵盐(实际是相应的五氟苯基衍生物)[32,33,110-113,163-171] 或者三苯基甲基四(五氟苯基硼)[35] 组成的简单双组分体系产生的烷基阳离子茂金属能够进行烯烃聚合,如 [Cp$_2'$MtR]$^+$,后来就大力发展了不需要烷基铝的茂金属催化体系。早在 20 世纪 80 年代早期,人们就发现并证明了该类催化剂对烯烃聚合具有活性,包括 Lewis 碱配位的第 4 族茂金属阳离子如 [Cp$_2'$Mt(THF)R]$^+$ 和四苯基硼负离子组成的单组分催化剂[109,172-174],或者等电子的中性的第 3 族镧(Ln) 系烷基茂金属如 Cp$_2^*$LnR 或氢化物如 (Cp$_2^*$LnH)$_2$[31,175-180]。

不需烷基铝的均相烯烃聚合催化剂也包括非茂第 4 族金属阳离子配合物,如四苄基配位的配合物[162]。还有一种特殊的不含烷基铝的均相烯烃聚合催化剂由镍配合物组成[181-183]。

### 3.2.2.1 单中心第 4 族茂金属催化剂

选择好稳定的在惰性芳烃溶剂中有良好溶解性的配位能力较差的阴离子,是合成烯烃聚合第 4 族茂金属烷基阳离子 [Cp$_2'$ZrR]$^+$ 催化剂的决定性因素。阴离子对茂金属阳离子非常差的配位能力是催化剂活性的决定性因素[184]。

开始使用传统的"非配位"阴离子,如 [BF$_4$]$^-$ 或 [PF$_6$]$^-$,由于 F 原子向阳离子转移导致了催化剂失活,没有取得成功[109]。即便是更大的弱配位阴离子,如四苯基硼 [B(C$_6$H$_5$)$_4$]$^-$ 和碳阴离子 [C$_2$B$_9$H$_{12}$]$^-$,也和烷基锆阳离子 [Cp$_2'$ZrMe]$^+$ 有相当强的作用[33,110,169,185]。[Cp$_2'$ZrMe]$^+$ 和 [B(C$_6$H$_5$)$_4$]$^-$ 或 [C$_2$B$_9$H$_{12}$]$^-$ 组成的催化剂催化丙烯聚合的速率非常低[33,109,163-169]。全氟代四苯基硼作为阴离子使这方面取得了突破[110,186]。Cp$_2'$ZrMe$_2$ 和四(五氟苯基)硼二甲基苯铵(或者三丁基铵) [式(3-14)]或者四(五氟苯基)硼三苯基甲基 [式(3-15)]反应可以产生 [Cp$_2'$ZrMe]$^+$ [B(C$_6$F$_5$)$_4$]$^-$:

$$Cp_2'MtMe_2 + [PhNHMe_2]^+ [B(C_6F_5)_4]^- \longrightarrow [Cp_2'MtMe]^+ [B(C_6F_5)_4]^- + PhNMe_2 + MeH \quad (3-14)$$

$$Cp_2'MtMe_2 + [Ph_3C]^+ [B(C_6F_5)_4]^- \longrightarrow [Cp_2'MtMe]^+ [B(C_6F_5)_4]^- + Ph_3CMe \quad (3-15)$$

该催化剂结构明确,是第一个不需要外加活化剂就可以高活性催化乙烯、丙烯和高级 α-烯烃的聚合茂锆催化剂。后来发现,强 Lewis 酸 $B(C_6F_5)_3$ 从 $Cp'_2ZrMe_2$ 中夺取一个 Me 产生的茂金属催化剂对乙烯和 α-烯烃也具有高的活性[30,105]:

$$Cp'_2MtMe_2 + B(C_6F_5)_3 \longrightarrow [Cp'_2MtMe]^+ [MeB(C_6F_5)_3]^- \quad (3\text{-}16)$$

从理论上讲,不需有机金属活化的茂金属催化剂催化烯烃聚合的行为应该类似于 MAO 活化的茂金属。尤其是在具有拥挤的亚乙基茚基和相关配体的催化剂体系中{如 $[rac.\text{-}(IndCH_2)_2ZrMe]^+$ 阳离子},这种猜测是对的;催化剂活性、聚合物的微观结构(主要为等规)和熔点(高分子量的和低分子量分布)都相似,这说明 $[B(C_6H_5)_4]^-$ 阴离子和 MAO 产生的阴离子的(差的)配位能力相近。因此,两种情况下,α-烯烃配位并插入到阳离子 $[rac.\text{-}(IndCH_2)_2ZrMe]^+$ 上的增长链机理也类似[105]。

位阻较小的茂金属如 $[Me_2C(Cp)(Flu)ZrMe]^+$(间规的)对阴离子的配位效果比较敏感,阴离子配位的强弱顺序如下:$[Al_x(Me)_{x+1}O_x]^- < [B(C_6H_5)_4]^- < [MeB(C_6H_5)_3]^-$。对于这些和其他更"开放"的阳离子,阴离子的配位能力增强将降低活性、立体定向性(聚合物熔点)和聚合物数均分子量[112,113]。因此,就活性和立体定向性而言,不需 MAO 活化的立体位阻较小的茂金属催化剂和相应的 MAO 活化的 Ziegler-Natta 茂金属并不等价[105]。

### 3.2.2.2 单中心第 3 族和镧系茂金属催化剂

烷基化的或者氢化的第 3 族和镧系茂金属催化剂,至少在概念上,比双组分烯烃聚合第 4 族茂金属体系要简单。中性茂金属的金属原子也含有 14d$^0$ 电子,和第 4 族茂金属阳离子等电子,如 $Cp_2MtR$ 和 $Cp_2^*MtR$(Mt=Sc,Y,Lu;R=Me,Et)。因此,第 3 族茂金属可以作为单组分烯烃聚合催化剂。其实,大多数情况下,它们制备的聚乙烯具有高的分子量,而聚丙烯的分子量较低[175-180]。这类均相茂金属催化剂特别适合于研究烯烃插入到 Mt—C 活性键这一单步反应的速率和机理。

第 3 族的柄型茂金属更有意思。同手性的二聚合体 $rac.\text{-}(S,S)$-二甲基亚硅基双[1-(2-三甲基硅基-4-叔丁基环戊二烯基)]氢化钇 $\{[rac.\text{-}Me_2Si(Me_3Si,t\text{-}BuCp)_2YH]_2\}$(图 3.11),可以催化丙烯、1-丁烯、1-戊烯、1-己烯的聚合反应产生高等规高分子量的聚合物[31,187]。

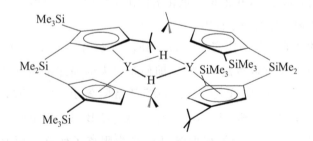

图 3.11 单组分催化剂,同手性的二聚合体,$rac.\text{-}(S,S)$-二甲基亚硅基双 [1-(2-三甲基硅基-4-叔丁基环戊二烯基)]氢化钇 $\{[rac.\text{-}Me_2Si(Me_3Si,t\text{-}BuCp)_2YH]_2\}$,可制备高等规的聚(α-烯烃)(侧视图)[31]

聚合速率相当慢，可能是由于 16d⁰ 电子铱二聚催化剂的活性较低。因此，14d⁰ 电子的单体氢化物或者烷基衍生物可能更适合与烯烃聚合[187]。

[rac.-Me$_2$Si（Me$_3$Si，t-BuCp）$_2$YH]$_2$ 是第一个单组分等规定向催化剂；该催化剂以及相关的双组分第 4 族 $C_2$ 对称的类型Ⅲ茂金属催化剂适合于研究赋予 α-烯烃聚合中异常高的立体定向性的微妙立体因素。

### 3.2.2.3 第 4 族苄基金属催化剂

通过 σ-键形成的 TiBz$_4$ 和 ZrBz$_4$ 是最先认识到的 α-烯烃等规定向聚合均相催化剂[188]，但是，即使用烷基铝活化，其活性还是较低，所以这方面的研究没有引起人们的兴趣。然而，受第 4 族茂金属阳离子合成的启发，人们合成了 [Mt(CH$_2$Ph)$_3$]$^+$ (Mt=Ti，Zr)，并发现它对烯烃聚合有活性[162,189,190]。含有第 4 族苄基金属阳离子的催化剂可以产生（只能在较高的温度下）高分子量宽分布（$M_w/M_n=65$）的聚乙烯[162]，如 [ZrBz$_3$]$^+$[BzB(C$_6$F$_5$)$_3$]$^-$。而 Ziegler-Natta 型茂金属和不需 MAO 活化的催化剂产生的聚乙烯的分子量分布都很窄。

阳离子 [ZrBz$_3$]$^+$ 在较高的温度可以催化聚合 α-烯烃，如丙烯、1-丁烯、1-戊烯。非茂的芳烃锆配合物 [ZrBz$_3$]$^+$[PhCH$_2$B(C$_6$F$_5$)$_3$]$^{-[189]}$ 能够或部分能够在较高的温度下催化 α-烯烃等规定向聚合[162,189,190]。

### 3.2.2.4 镍配合物催化剂

镍配合物是另一种不同的不需烷基铝活化的烯烃聚合均相催化剂。双（1,5-环辛二烯）镍（0）[Ni(Cod)$_2$] 和膦内鎓盐以及三苯基膦在甲苯溶液中反应形成的催化剂对乙烯聚合很有效[181]：

$$Ni(Cod)_2 + Ph_3P=CH-\overset{O}{\underset{\|}{C}}-Ph + PPh_3 \xrightarrow{-2Cod} \quad (3-17)$$

产生的 Ni(Ⅱ) 配合物含有 Ni—C(Ni—Ph) 活性键，可以产生高分子量高密度聚乙烯，特别是在不能溶解它的脂肪烃中聚合。

由双烯丙基镍 Ni(All)$_2$ 和双（三甲基硅基氨基）双（三甲基硅基亚氨基）膦 [(Me$_3$Si)$_2$NP(=NSiMe$_3$)$_2$] 在甲苯溶液中反应形成的均相催化剂值得关注[182]：

$$(3\text{-}18)$$

类似的催化剂也可以由镍（0）配合物如 $Ni(Cod)_2$ 和 $(Me_3Si)_2NP(=NSiMe_3)_2$ 制备。这种催化剂制备的聚乙烯带有短支链[182]，这是催化剂产生的短链 1-烯烃和乙烯共聚的结果。

由反应式(3-18)得到的这种催化剂和相关的能够催化聚合 α-烯烃的催化剂，所产生的聚合物的结构很奇怪，单体不是一般的 1,2-偶联，而是 2,ω-偶联[191]：

$$-[CH(CH_3)-(CH_2)_x-CH_2]_n- \qquad -[CH_2-CH(CH_2-(CH_2)_x-CH_3)]_n-$$

2,ω-偶联聚（α-烯烃）       1,2-偶联聚（α-烯烃）

这种聚合称为 α-烯烃的 2,ω-异构化聚合，这类催化剂称为镍迁移催化剂。这种现象是由配体 $(Me_3Si)_2NP(=NSiMe_3)_2$ 引起的，将配体中的一个硅原子用碳原子取代产生的催化剂没有活性[183]。

很有趣，镍（Ⅱ）化合物对 β-烯烃具有异构化能力；它和 Ziegler-Natta 催化剂如 $TiCl_3$-$AlEt_3$ 或者 $AlEt_2Cl$-$NiCl_2$（Ti/Al/Ni 摩尔比为 1∶3∶1）一起使用可以将 β-烯烃（2-丁烯）异构化为相应的 α-烯烃（1-丁烯）并聚合为聚（α-烯烃）[聚（1-丁烯）]，其中单体主要是 1,2-偶联[192-195]。

### 3.2.3 负载茂金属催化剂

均相单中心茂金属催化剂能够以极高的活性制备任何结构的各种聚烯烃，但是直接将它们应用到烯烃工业聚合工艺中却遇到了各种各样的困难。主要的问题是粘釜和无法控制聚合物的形态。负载催化剂可以控制形态，使用低成本的气相聚合和本体聚合（丙烯）工艺，MAO 的用量更少，甚至可以使用三烷基铝作活化剂，通过配体变化可以简单控制聚合物的性能。因此，为了使茂金属催化剂能够应用于工业，对其做了大量的改进。基于合理的假设模型，对催化剂和催化聚合工艺进行了改进，制备了非均相的茂金属 Ziegler-Natta 催化剂。

固体负载茂金属催化剂粒子产生的聚合物是粘接在一起的粒子，而溶解的均相茂金属催化剂产生的是聚合物粉末。非茂的非均相 Ziegler-Natta 催化剂产生的聚合物颗粒是对催化剂粒子扩大了的复形[134]。非均相茂金属催化剂可以用在现有的 Ziegler-Natta 催化剂聚合设备上，如负载于硅胶表面的催化剂可以用于浆液聚合或气相聚合体系[30]。

制备负载催化剂的一般过程如下，首先用浸泡法将茂金属预先吸附在氧化铝、硅胶[196-201]或二氯化镁上[200,201]，再用一般的三烷基铝（$AlR_3$，R＝Me、Et、i-Bu）活化负载的催化剂，如负载于 $Al_2O_3$ 或者 $MgCl_2$ 上的 $rac.-(THindCH_2)_2ZrCl_2$、$Me_2C(Cp)$(Flu)$ZrCl_2$ 和 $Cp_2ZrCl_2$。这类催化剂是丙烯等规、间规和无规聚合的优异催化剂[200,201]。不需要 MAO 的茂金属负载后制备的催化剂用一般的三烷基铝活化后也可以使用。而含有氯的烷基铝活化剂会使催化剂失活[201]。将 MAO 处理过的硅胶（$SiO_2$-MAO）和不同对称性的茂金属反应，再用一般的烷基铝活化所产生的催化剂具有高活性和立体定向性，与均相茂金属相近[198-209]。

有关茂金属负载催化剂本质的一些重要问题现在还不清楚，但一般认为 $MgCl_2$、$Al_2O_3$、$SiO_2$、$SiO_2$-MAO 负载的催化剂（催化剂前体）的形成过程大概如下[201,202]：

$$Cp'_2ZrX_2 + MgCl_2 \longrightarrow Cp'_2Zr^+ \overset{X}{\underset{Cl}{\cdots}} \overset{X}{\underset{MgCl_2}{Mg^-}} \quad (3\text{-}19)$$

$$Cp'_2ZrX_2 + Al_2O_3 \longrightarrow Cp'_2Zr^+ \overset{X}{\underset{O}{\cdots}} \overset{X}{\underset{Al_2O_3}{Al^-}} \quad (3\text{-}20)$$

$$Cp'_2ZrX_2 + SiO_2 \longrightarrow Cp'_2Zr^+ \overset{X}{\underset{O}{\cdots}} \overset{X}{\underset{SiO_2}{Si^-}} \quad (3\text{-}21)$$

$$\equiv Si-OH + [Al(Me)O]_x \xrightarrow{-MeH} \equiv Si-O[Al_x(Me)_{x-1}O_x] \quad (SiO_2)$$

$$\xrightarrow{Cp'_2ZrX_2} \equiv Si-O[Al_x(Me)_{x-1}O_xX]^-[Cp'_2ZrX]^+ \quad (3\text{-}22)$$

现在所报道的大多数负载茂金属催化剂都是通过茂金属的 Cl 配体和无机载体表面活性点之间的离子作用而使茂金属固定 [式(3-19)~式(3-21)]。类似的，在 MAO 预处理的催化剂中，茂金属也是通过类似的离子作用 [式(3-22)] 而固定的。显然，根据式(3-19)~式(3-22) 所形成的催化剂前体很容易被一般的三烷基铝活化。

这种表面负载的茂金属催化剂的最大优点是在较小的烷基铝（或者 MAO）与 Zr 的摩尔比下就可以达到较好的活性，一般的 Al/Zr 约为（100~400）∶1，比均相催化剂所需的少得多。每克负载催化剂的总产率约为最新一代非均相 $MgCl_2$ 负载的 Ziegler-Natta 催化剂的 50%[30]。

$SiO_2$ 负载的催化剂更受关注。茂金属和硅胶表面的羟基反应而被固定[205]：

$$\equiv Si-OH + Cp'_2ZrX_2 \xrightarrow{-HX} \equiv Si-O^-[Cp'_2ZrX]^+ \quad (3\text{-}23)$$
$$(SiO_2)$$

很有趣，三甲基硅醇（$Me_3SiOH$）改性的均相茂锆也可以被三烷基铝活化[210]。

负载于 $SiO_2$ 上的茂金属不含氯原子。从生态学的角度看，这是一个优点，尤其是当大量的聚合物产品用于化学或热循环中时[211]。

将 $SiO_2$ 改性可以使茂金属催化剂结合得更紧密，更进一步地提高催化剂的性能。通过以下方法可以制备出一系列的通过配体化学键连接到固体表面的催化剂[207,208]：

$$\text{SiO}_2\text{-OH} \xrightarrow[-2\text{BuH}]{2\text{LiBu}} \text{SiO}_2\text{-O-Si(LiInd)(IndLi)-O} \xrightarrow[-2\text{LiCl}]{\text{ZrCl}_4} \text{SiO}_2\text{-O-Si(Ind)(Ind)-O-ZrCl}_2 \quad (3\text{-}24)$$

$$\text{SiO}_2\text{(HO)(OH)} \xrightarrow[-2\text{HBr}]{(\text{Br}_2\text{CH})_2} \text{SiO}_2\text{-O-CH(Br)-CH(Br)-O} \xrightarrow[-2\text{LiBr}]{2\text{LiInd}} \text{SiO}_2\text{-O-CH(Ind)-CH(Ind)-O} \quad (3\text{-}25)$$

$$\xrightarrow[-2\text{BuH}]{2\text{LiBu}} \text{SiO}_2\text{-O-CH(LiInd)-CH(IndLi)-O} \xrightarrow[-2\text{LiCl}]{\text{ZrCl}_4} \text{SiO}_2\text{-O-CH(Ind)-CH(Ind)-O-ZrCl}_2$$

$$\text{SiO}_2\text{(HO)(OH)} \xrightarrow[-\text{H}_2\text{SO}_3]{\text{SOCl}_2} \text{SiO}_2\text{(Cl)(Cl)} \xrightarrow[-2\text{LiCl}]{2\text{LiFlu}} \text{SiO}_2\text{(Flu)(Flu)} \quad (3\text{-}26)$$

$$\xrightarrow[-2\text{BuH}]{2\text{LiBu}} \text{SiO}_2\text{(LiFlu)(FluLi)} \xrightarrow[-2\text{LiCl}]{\text{ZrCl}_4} \text{SiO}_2\text{(Flu)(Flu)ZrCl}_2$$

$$\text{SiO}_2\text{(HO)(OH)} \xrightarrow[-2\text{HCl}]{2\text{Me}_2\text{SiCl}_2} \text{SiO}_2\text{-O-SiMe}_2\text{Cl, ClSiMe}_2\text{-O-} \xrightarrow[-2\text{LiCl}]{(\text{LiIndCH}_2)_2} \quad (3\text{-}27)$$

$$\text{SiO}_2\text{-O-SiMe}_2\text{-Ind-(CH}_2)_2\text{-Ind-SiMe}_2\text{-O} \xrightarrow[-2\text{BuH}]{2\text{LiBu}} \text{SiO}_2\text{-O-SiMe}_2\text{-(LiInd)-(CH}_2)_2\text{-(IndLi)-SiMe}_2\text{-O} \xrightarrow[-2\text{LiCl}]{\text{ZrCl}_4} \text{SiO}_2\text{-O-SiMe}_2\text{-Ind-(CH}_2)_2\text{-Ind-SiMe}_2\text{-O-ZrCl}_2$$

根据式(3-24)~式(3-27)产生的催化剂在 MAO 或者 AlR$_3$ 的活化下对烯烃立体定向（等规定向）聚合有高的活性。有些情况下产生的等规聚丙烯有两个熔点，可能是由于表面羟基不够，形成了单键连接的和双键连接的两种催化剂种[208]。

Ziegler-Natta 催化剂发现后，聚烯烃工业主要依赖于 Ti 基催化剂。茂金属出现后，更多的人关注 Zr 基催化剂，因为它们比 Ti 的更好。

最近，利用类似于式(3-24)的方法制备了 SiO$_2$ 负载的茂钛催化剂。其前体如下：

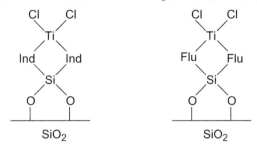

尽管这种催化剂的活性不是很高，但是其制备的聚丙烯具有高的等规度和相当的分子量[208]。

对于具有不同桥连结构配体的各种茂金属化合物而言，一元硅桥和二元亚乙基桥是现在使用最多的，这仅仅是出于催化剂合成与烯烃聚合测试的目的。例如，利用类似于式(24)的合成方法制备的 Sn 桥连前催化剂被 Al（i-Bu）$_3$ 活化后，制备的等规聚丙烯只有一个熔点（160～162℃）。SnCl$_4$ 对羟基有更高的反应活性，在表面形成的活性中心更均一[208]。

柄型茂金属前体直接负载在未处理的硅胶载体上，用它制备的聚烯烃的加工性能与均相溶液中制备的分子量非常高的聚烯烃的加工性能不同[204,206]，这可能是活性点分离的效果，也就是说，严格地禁止了活性中心的相互作用[30]。

茂金属负载催化剂的载体不限于无机物。淀粉[212] 和 α-环糊精[213] 也可以作为茂锆-AlMe$_3$[212] 和茂锆-MAO[213] 催化剂的载体，所得负载催化剂能制备高分子量的聚乙烯。

最后要提一下负载茂铬催化剂，负载于硅胶载体表面的双环戊二烯基铬对乙烯聚合有非常高的活性[214]。催化剂的形成过程如下[215]：

$$\equiv Si-OH \xrightarrow[-CpH]{Cp_2Cr} \equiv Si-O-CrCp \qquad (3-28)$$

（SiO$_2$）

苄基和烯丙基过渡金属化合物与硅胶或三氧化二铝表面的羟基反应，由此产生的负载催化剂也对烯烃聚合有活性[216-218]。例如，氧化铝负载的四苄基钛（TiBz$_4$）、四烯丙基锆［Zr（All）$_4$］、三烯丙基铬［Cr（All）$_3$］和硅胶负载的四烯丙基铪［Hf（All）$_4$］对乙烯聚合有高的活性[219]，氧化铝负载的 TiBz$_4$ 和三烯丙基溴化锆［Zr（All）$_3$Br］可以等规定向聚合丙烯[216]。

## 3.2.4 乙烯聚合负载催化剂——菲利普斯催化剂

20 世纪 50 年代，人们已经认识到在非均相催化剂中使用载体。1954 年 Hogan 和 Banks[220,221] 发现，负载于硅胶上的三氧化铬对乙烯具有高活性，使用载体的方法更易被人们接受。这种催化剂在温和的温度和压力下催化乙烯聚合的产物主要为线型高密度聚乙烯。

这种催化剂的制备过程如下：首先用 $CrO_3$ 溶液浸泡高比表面积的载体（一般为 $SiO_2$ 或 0.87：0.13 的 $SiO_2/Al_2O_3$ 复合物），接着在空气中逐步升温到约 800℃ 进行焙烧。这个温度下，脱去物理吸附的水和大部分的羟基[222]，而铬原子直接和表面连接留在了表面。$CrO_3$ 和表面羟基反应形成铬酸硅 $[(\equiv Si-)_2 CrO_4]$ 和双铬酸硅 $[(\equiv Si-)_2 Cr_2O_7]$[223,224]：

$$\tag{3-29}$$

其实，在制备这种催化剂时羟基是不必要的，完全脱羟基的硅胶也是极好的载体[225]。

负载的 $CrO_3$ 催化剂一般称为菲利普斯催化剂，是重要的高密度聚乙烯工业催化剂。菲利普斯催化剂催化乙烯聚合有一个诱导期，在此期间单体还原 Cr(Ⅵ) 并取代催化剂中的氧化产物（主要是甲醛）[226]。用 $H_2$ 或者 CO 预还原催化剂可以消除诱导期。表面形成的活性中心包括低价态的 Cr(Ⅱ) 和 Cr(Ⅲ) 中心，可以是单核的（源于铬酸），也可以是双核的（源于二铬酸）[227-232]。

选择和处理载体是最基本的工艺，工厂可以使用各种载体制备的催化剂来生产所有产品。催化剂产率约为 1g 催化剂/5kg 聚乙烯或者更高，铬含量为 2mg/kg 或者更少。形成聚合活性中心的 Cr 原子估计有 12%[43]。一般的商品化的 Phillips 催化剂含有大约 1% 的 Cr，粒子大小为 30～150μm[224]。

Phillips 催化剂催化乙烯聚合一般采用浆液聚合工艺，压力为 40atm，温度为 80～100℃。制备催化剂的特定阶段的温度和聚合温度都是聚乙烯分子量的基本控制因素。

含有 Cr—C 键的活性结构种难以确定，一般假设乙烯和低价的配位不饱和的铬离子进行氧化加成形成活性种[219]：

$$\tag{3-30}$$

$$\tag{3-31}$$

$$\tag{3-32}$$

另一种形成 Cr—C 键的可能路径涉及烯丙基[233-235]：

$$\text{Cr} \xrightarrow{2\text{CH}_2=\text{CH}_2} \text{Cr}(\text{CH}_2\text{CH}_2)_2 \longrightarrow \text{Cr}(\text{CH}_2\text{CH}_2\text{CH}_2\text{CH}_2) \longrightarrow \text{Cr}(\text{CH}_2\text{CH}=\text{CHCH}_3)\text{H} \tag{3-33}$$

聚合中的活性种可能包含 Cr(Ⅱ) 或 Cr(Ⅲ)，或者两个都有[224]。

Phillips 催化剂很容易催化丙烯和高级 α-烯烃聚合，产物发黏，为无规结构，含有少量的结晶聚合物。对于聚丙烯而言，结晶部分是等规聚丙烯[236]。

Phillips 催化剂很容易催化乙烯和 α-烯烃共聚。乙烯和 1-丁烯或者 1-己烯的共聚物是低密度聚乙烯市场的主要产品，这一巨大的市场还在进一步的扩张中[28,37,43,237]。

尽管 Phillips 和 Ziegler-Natta 催化剂都可以进行乙丙共聚，而后者的应用更广泛一些，因为它更易于剪裁，制备的聚合物的组成分布和分子量分布更窄[43]。

Cr 催化剂的改进物也称为 Phillips 催化剂。其中之一是使用膦酸铝 $AlPO_4$ 作为载体，它和硅胶很类似，两者等电子等结构[224]。

据报道，铬酸三苯基硅[$(Ph_3Si)_2CrO_4$] 和 Phillips 催化剂的假设活性中心很类似，在高压下可以聚合乙烯[238]。对于低压乙烯聚合，$(Ph_3Si)_2CrO_4$ 负载于硅胶上形成的催化剂有高的活性[226]。

Standard Oil of Indiana 催化剂是第一个发现的烯烃聚合配位催化剂，和 Phillips 催化剂类似[239]。其典型组成为负载于氧化铝或者硅胶上的 $MoO_3$，在空气中高温焙烧而成。和 Phillips 催化剂不同，它在使用前必须经过高温氢气还原。虽然有进一步的研究，Standard Oil of Indiana 催化剂仍然没有被广泛地商业化[43]。

## 3.3 Ziegler-Natta 催化剂的聚合机理——动力学

化学动力学研究反应速率和所有影响速率的因素，并用反应机理解释速率值。Ziegler-Natta 催化剂的烯烃聚合动力学研究对烯烃工业聚合工艺的发展产生了特别重要的作用，但是对聚合机理的理解要相对少得多[240,241]。这是由于 Ziegler-Natta 催化剂的本质非常复杂，尤其是非均相催化剂，活性种具有非常广泛的活性范围和非常不同的几何区域。随着聚合温度和时间的变化，活性中心的数目和结构也在改变。催化剂内在的活性、整个聚合体系以及扩散过程对时间的依赖性复杂化了聚合体系。而且，单体吸附（配位）、活化剂吸附（络合）、前催化剂形成中产生的副产物以及非均相 Ziegler-Natta 催化剂中的 Lewis 碱（内和外）使聚合动力学更加复杂。

非均相催化剂体系的动力学测量没有得出关于聚合机理的任何精确的信息。关于单体在催化剂表面的吸附以及聚合中存在的两个步骤：单体配位和配位单体的插入［式(2-2)］，对动力学数据的分析都没有形成一致的结论。在适当的条件下，从理论上讲，每一步都可能是聚合决速步[241]。在聚合过程中还没有直接发现π络合物，间接证据表明可能有这一步骤[242]。实际上，到现在为止，还没有形成一个一般性的 Ziegler-Natta 催化剂的烯烃聚合机理，聚合机理可能有赖于催化剂类型、单体类别和聚合条件。

在使用 Ziegler-Natta 均相催化剂进行烯烃聚合的情况下，特别是使用单中心（茂金属）催化剂，其动力学分析可能比使用非均相催化剂进行聚合的情况更简单，并且在某些情况下可以作为揭示真正聚合机理的非常有用的工具[30,243]。

### 3.3.1 现象学特征

对各种 Ziegler-Natta 催化剂催化烯烃聚合的动力学数据进行比较，可以对典型的速率-时间动力学曲线进行分类。这种曲线对于 Ziegler-Natta 催化剂烯烃聚合体系很重要，特定的催化剂或者催化剂-单体体系具有特定的曲线形状。在研究 Ziegler-Natta 催化剂中发现了多种不同的速率-时间动力学曲线，一些典型的例子列于图 3.12（非均相非负载催化剂）和图 3.13（非均相负载催化剂）[240,241]。

从图 3.12 中可以看出，$AlR_3$ 作为活化剂比 $AlR_2Cl$ 产生的催化剂的活性高，但是稳定性差。这种催化剂的聚合有一个加速期（或者沉降期），然后反应速率增大到最大值（$TiCl_3$-$AlR_3$ 催化剂），或者一个相对稳定的值（$TiCl_3$-$AlR_2Cl$ 催化剂）。加速期的产生和催化剂表面积的增加有关。松散连接的 $TiCl_3$ 基本晶粒（例如 δ-$TiCl_3$ 基本晶粒的大小为 0.03~0.70μm）形成的附聚体（例如 δ-$TiCl_3$ 附聚体的大小为 20~40μm）的空间会被聚合初期形成的聚合物填充。在增长聚合物链机械外力的作用下，附聚体会分裂为基本粒子，活性中心的数目和聚合速率都会增加[28,240]。

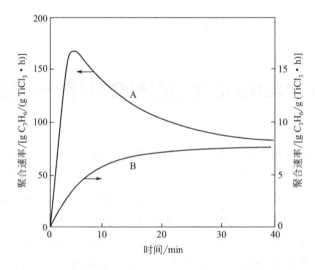

图 3.12　丙烯聚合的速率-时间图（A—$TiCl_3$-$AlEt_3$ 催化剂；B—$TiCl_3$-$AlEt_2Cl$ 催化剂）。1989年 Wiley New York 版权[241]

图 3.13 的曲线表明，负载 Ziegler-Natta 催化剂对不同单体具有不同的动力学；某些能够聚合乙烯的活性中心不能聚合丙烯（或者高级 α-烯烃，一些特定的催化剂中心可能还有不同性能，这取决于 α-烯烃的类型，如 3-甲基-1-丁烯等支化的和不支化的）。因此要得到单

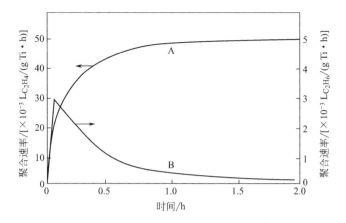

**图 3.13** $MgCl_2/TiCl_4$-Al($i$-Bu)$_3$ 催化剂的聚合速率-时间曲线
（A—乙烯聚合； B—丙烯聚合）。 1989年 Wiley New York 版权[241]

体活性的顺序，不仅要比较聚合速率，还要消除活性中心浓度的影响[241]。

许多负载的高活性催化剂的动力学曲线和图 3.13 中的 B 类似，聚合速率在开始时达到最大值，随着时间或快或慢地下降。一些均相催化剂也有这样的动力学行为。其他一些聚合体系没有加速期，聚合速率随着时间保持恒定，这种情况比较少见，例如含有邻苯二甲酸酯的 $MgCl_2$ 负载催化剂催化 4-甲基-1-戊烯聚合和 $Cp_2TiCl_2$-MAO 催化剂催化乙烯聚合（后期有一个短的沉降期）[240]。

非均相 Ziegler-Natta 催化剂制备的聚乙烯和聚丙烯的分子量分布都很大。聚乙烯的 $M_w/M_n$ 一般为 5~10[49,64,66,67,123,244-247]。均相茂金属催化剂制备的聚合物的分子量的分散性较小，$M_w/M_n$ 一般稍大于 2[22,95,101,112,138,140]。可溶的钒基催化剂低温下催化丙烯聚合产生的聚合物的分子量分布很窄（$M_w/M_n$ 一般为 1.15~1.25），并发现 $M_n$ 随着时间线性增长，这是明显的活性聚合特征[75,76,241]。

理论上讲，非均相 Ziegler-Natta 催化剂制备的聚烯烃的分子量随时间的变化有两种情况：①分子量在开始阶段增长而后达到一个恒定值（如 α-$TiCl_3$-$AlEt_3$ 催化剂）；②分子量在整个聚合过程中一直增长，但随着时间增长速率减小（如 δ-$TiCl_3$-$AlEt_2Cl$ 催化剂），这可能是因为聚合体系一直没有达到稳态[240]。

一般来说，聚合速率随着聚合温度升高而增加，但大多数 Ziegler-Natta 催化剂催化乙烯和 α-烯烃聚合的温度为中等程度，一般不超过 100℃，因为催化剂在一定温度下会变得不稳定。有少数工业催化剂的聚合温度在 200℃ 以上[51,240]。

## 3.3.2　聚合中的反应

### 3.3.2.1　使用非均相催化剂的聚合

Ziegler-Natta 催化剂（有机金属活化的，如 $AlR_3$）聚合烯烃的反应历程假设如下[240]：

$$Mt\!-\!R + \underset{}{\overset{}{C\!=\!C}} \xrightarrow{k_i} Mt\!-\!C\!-\!C\!-\!R \qquad (3\text{-}34)$$

$$\text{Mt}-\overset{|}{\underset{|}{C}}-\overset{|}{\underset{|}{C}}-P_n + \diagup C=C\diagdown \xrightarrow{k_p} \text{Mt}-\overset{|}{\underset{|}{C}}-\overset{|}{\underset{|}{C}}-P_{n+1} \quad (3\text{-}35)$$

$$\text{Mt}-\overset{|}{\underset{|}{C}}-\overset{|}{\underset{|}{C}}-P_n + \diagup C=C\diagdown \xrightarrow{k_m} \text{Mt}-\overset{|}{\underset{|}{C}}-\overset{|}{\underset{|}{C}}-H + \diagup C=C-P_n \quad (3\text{-}36)$$

$$\text{Mt}-\overset{|}{\underset{|}{C}}-\overset{|}{\underset{|}{C}}-P_n + \text{AlR}_3 \xrightarrow{k_a} \text{Mt}-R + R_2\text{Al}-\overset{|}{\underset{|}{C}}-\overset{|}{\underset{|}{C}}-P_n \quad (3\text{-}37)$$

$$\text{Mt}-\overset{|}{\underset{|}{C}}-\overset{|}{\underset{|}{C}}-P_n \xrightarrow{k_s} \text{Mt}-H + \diagup C=C-P_n \quad (3\text{-}38)$$

链引发步骤［式(3-34)］为第一个配位单体向催化剂活性中心的过渡金属-碳键的插入。链增长步骤［式(3-35)］为配位单体向链增长中心的金属-碳键的插入。所有链增长中心被认为具有相等的活性，即相等的增长速率常数 $k_p$，与它们的几何区域和聚合度无关。实际上，不是所有的活性中心都具有相等的活性，$k_p$ 应该看作平均值[240]。

在 α-烯烃聚合中，链增长步中单体向 Mt—C 键的插入方式有两种：1,2-插入（一级插入）或 2,1-插入（二级插入）：

$$\text{Mt}-P_n + \overset{(1)}{CH_2}=\overset{(2)}{\underset{R}{CH}} \longrightarrow \text{Mt}-\overset{(1)}{CH_2}-\overset{(2)}{\underset{R}{CH}}-P_n \quad (3\text{-}39)$$

$$\text{Mt}-P_n + \overset{(2)}{\underset{R}{CH}}=\overset{(1)}{CH_2} \longrightarrow \text{Mt}-\overset{(2)}{\underset{R}{CH}}-\overset{(1)}{CH_2}-P_n \quad (3\text{-}40)$$

一般来讲，使用 Ziegler-Natta 催化剂聚合 α-烯烃有高区域规整性，就是说产生的聚合物的重复单元只由一种插入模式（一级的或者二级的）产生，具有同样的结构。例如，非均相 Ziegler-Natta 催化剂聚合 α-烯烃为一级插入［式(3-39)］，增长链结构为 Mt—$CH_2$—CH(R)—[$CH_2$—CH(R)$]_n$（等规结构）；可溶钒基 Ziegler-Natta 催化剂聚合 α-烯烃（丙烯）为二级插入［式(3-40)］，增长链结构为 Mt—CH(R)—$CH_2$—[CH(R)—$CH_2]_n$（在低温，间规结构）[1]。

如果没有特殊的链转移剂加入聚合体系，一般有三种链转移反应：向单体链转移［式(3-36)］，向三烷基铝活化剂转移［式(3-37)］以及自发链转移［式(3-38)］。向单体的链转移和自发的链转移涉及增长聚合物链的 β-氢消除反应，而向活化剂的链转移为双金属的取代基交换反应[240,241]。

链转移反应的相对重要性依赖于聚合条件和所用的催化剂类型。对于 $MgCl_2/TiCl_4$-$AlR_3$ 催化剂，在很宽的活化剂和单体浓度条件下，向单体的链转移反应是主要的链转移反应，在极端条件下才会有自发链转移[241,248]。$TiCl_3$-$ZnR_2$ 催化剂聚合体系中向活化剂的链转移反应是主要的链转移反应[249]。

Ziegler-Natta 催化剂聚合体系也会向外加链转移剂进行链转移。氢气是最常用的最重要的外加链转移剂，可以调节分子量，降低 Ziegler-Natta 催化剂制备的聚乙烯和聚丙烯的分子量，但同时也会稍稍降低催化活性[37]。现代催化剂浆液聚合制备聚烯烃的典型平均分子量如下：高密度和线型低密度聚乙烯 $M_w \approx 96000$，$M_n \approx 18000 \sim 23000$；等规聚丙烯 $M_w \approx 460000$，$M_n \approx 154000$[43]。

向氢的链转移反应如下所示：

$$\text{Mt}-\underset{|}{\text{C}}-\underset{|}{\text{C}}-P_n + H_2 \xrightarrow{k_{H_2}} \text{Mt}-H + H-\underset{|}{\text{C}}-\underset{|}{\text{C}}-P_n \qquad (3-41)$$

实验中经常用 CO 终止 Ziegler-Natta 催化的烯烃聚合体系来确定催化剂活性中心。

根据式(3-36)、式(3-38) 和式(3-41) 进行的链转移反应终止了单个的聚合物增长链，但没有终止聚合动力学链，因为新形成的活性中心可以引发进一步的聚合。

在 Ziegler-Natta 催化聚合体系中采用氢气终止链的方法对菲利普斯催化剂无效，氢气对聚乙烯的分子量没有影响[37]。

从式(3-36) 和式(3-38) 可以看出，某些情况下的链转移反应产生的聚合物带有不饱和链端。这些双键封端的链有时可以作为 α-烯烃插入到 Mt—C 键中而形成支化聚合物。如果不饱和链插入到金属-乙基键中会产生乙基（短）支链，如果插入到金属-聚合物链键中将产生长链支化。短链和长链支化聚乙烯的形成如下所示[51]：

$$\text{Mt}-CH_2CH_3 + H_2C=\underset{|}{\underset{P_n}{CH}} \longrightarrow \text{Mt}-CH_2-\underset{|}{\underset{CH_2CH_3}{CH}}-P_n \qquad (3-42)$$

$$\text{Mt}-\underset{|}{\underset{P_m}{CH_2CH_2}} + H_2C=\underset{|}{\underset{P_n}{CH}} \longrightarrow \text{Mt}-CH_2-\underset{|}{\underset{CH_2CH_2-P_m}{CH}}-P_n \qquad (3-43)$$

但是，共聚体系中 α-烯烃的反应性比乙烯的要低很多[250]，实际上制备的高密度聚乙烯中不含长支链和短支链，特别是不含长支链，而有时也故意产生少量的支链以满足特殊的产品要求。典型的高密度聚乙烯中每 500 个单体单元含有 1～3 个长支链，而高压自由基聚合工艺生产的低密度聚乙烯有 20～30 个长支链。

线型低密度聚乙烯为含有少量 1-丁烯、1-己烯或者 1-辛烯单元的乙烯共聚物，支链长度均一，在分子链上无规分布，有一个平均浓度，链越短支链浓度越大[43]。

非均相 Ziegler-Natta 催化体系是最主要的烯烃聚合体系，其聚合速率 $R_p$ 正比于前催化剂（$MtX_n$）和单体（M）浓度，在烷基铝活化剂（A）的极限浓度内，$R_p$ 和 A 无关[37]：

$$R_p = k_p \times [MtX_n]^1 \times [M]^1 \times [A]^0$$

也就是说，烯烃聚合速率与活化剂/前催化剂的摩尔比在很宽的范围内无关。当前催化剂和活化剂的浓度比一般聚合体系中的浓度高几个数量级时，也可以观察到某种依赖关系[251,252]。

等价的聚合速率表示式可以用增长活性中心浓度（$C_p^*$）和单体浓度（M）来简单表达，当聚合体系处于稳态时可以假设 $C_p^*$ 为常数（$dC_p^*/dt=0$）：

$$R_p = k_p \times C_p^* \times [M]$$

该式基于烯烃聚合的简单动力学模型，对非负载 Ziegler-Natta 催化剂（具有中等活性）体系有效。当 [M] 很高时，$k_i \approx k_p \gg k_m$，$C_p^* \approx C^*$（$C^*$ 表示活性中心的总浓度），可以推导出一些重要的极限表达式，$P_n$ 表示数均聚合度：

$$R_p = k_p \times C^* \times [M]$$

和

$$\overline{P}_n = k_p/k_m$$

即在高 [M] 下 $P_n$ 和所有聚合变量无关[240]。

在一般的实验条件下：
$$1/\overline{P}_n = k_m/k_p + k_a \times [A]/(k_p \times [M]) + k_s/(k_p \times [M])$$

当 [A] 恒定时，$1/P_n$ 对 $1/[M]$ 的直线的截距为 $k_m/k_p$，斜率为 $k_a[A]/k_p + k_s/k_p$。当 [M] 恒定时，$1/P_n$ 对 [A] 的直线的截距为 $k_m/k_p + k_s/k_p[M]$，斜率为 $k_a/k_p[M]$[240]。

动力学模型也可以称为吸附模型，特别是对于高活性的负载 Ziegler-Natta 催化剂的烯烃聚合体系，如 $MgCl_2$/苯甲酸乙酯/$TiCl_4$-$AlR_3$。该模型中单体的吸附（烯烃在过渡金属上的配位）和活化剂的吸附（通过桥键络合）都是可逆的过程。有多种模型来描述这种类型的动力学，其中大多数的模型通过 Langmuir-Hinshelwood 等温吸附来考虑催化剂表面实际吸附的单体和活化剂的浓度，分别以 $\theta_M$ 和 $\theta_A$ 表示。需要强调的是，$\theta_M$ 和 $\theta_A$ 不等于溶液的本体浓度 [M] 和 [A]。因此，单体和活化剂络合的表面中心的份数，并不是溶液的本体浓度，它代表着实际的单体和活化剂的浓度。这就是说，基于简单聚合模型的聚合速率等式必须考虑增长中心的单体的实际浓度 $\theta_M$，因此更严格的关系式如下[240]：

$$R_p = k_p \times C_p^* \times \theta_M$$

活性中心浓度的确定很重要，这是 Ziegler-Natta 催化剂所有基本特性的决定性因素，应该给予重点关注。知道了这个浓度就可以估计聚合物链的聚合速率（增长速率）和增长时间（生命周期）。当存在不止一种活性中心时，总的聚合速率是不同类型的单个活性中心的聚合速率的加和，最简单的例子就是使用同一个催化剂聚合丙烯，同时产生等规和无规聚合物。应该注意到，不仅 $C_p^*$ 随时间而改变，催化剂活性中心的本质也随时间改变，这可以由聚合速率常数的变化反映出来[240]。

尽管 $C_p^*$ 和其他一些值会随着 Ziegler-Natta 催化体系的温度而变化，烯烃聚合过程总的活化能还是能够确定的，活化能的范围在 43~59kJ/mol。$k_p$ 和平均链转移速率 $k_t$ 相除 $(k_p/k_t)$ 给出聚合物链的数均分子量。在 70℃聚合丙烯，α-$TiCl_3$ 前体产生的催化剂的 $k_m/k_p$ 在 $4\times 10^{-4}$ 和 $1.2\times 10^{-3}$ 之间，而 δ-$TiCl_3$-$AlEt_2Cl$ 催化剂的在 $10^{-5}$ 和 $2\times 10^{-4}$ 之间[37]。

确定活性中心浓度的方法很多，但最常用的方法是动力学方法（数均聚合度和聚合物产量随时间的变化）、猝灭法（标记的猝灭试剂为滴定过的醇或者水、氚带的醇或者水、$^{131}I_2$）、同位素示踪法（以 $^{14}C$ 标记的 $AlR_3$ 作为活化试剂，用 $^{14}CO$ 或者 $^{14}CO_2$ 处理体系并用醇猝灭）、同时吸收和速率测定（丙二烯或 CO 为毒化剂）。应该注意，不同方法测定的 $C_p^*$ 值各不相同[37,240]。

### 3.3.2.2 使用均相茂金属催化剂的聚合

均相茂金属催化剂的烯烃聚合体系中每一单个的聚合步骤还没有完全地研究清楚。然而，动力学研究已经确定了活性中心的本质，并以定量的方式建立了聚合中的某些基本步骤。

均相体系的聚合速率非常快，链增长时间约为 $10^{-3} \sim 10^{-2}$ s。如果聚合度为 10000，则每一单次插入的时间为 $10^{-6} \sim 10^{-5}$ s，这可以和快速的生物学过程相比[95]。对于 $Cp_2ZrCl_2$-MAO 催化剂，每克 Zr 每小时可以产生几十吨的聚乙烯，每一个 Zr 原子每小时可以产生几万个高分子[37]。

在所有研究过的茂金属催化聚合体系中，链增长步骤中 α-烯烃向过渡金属-碳键的插入主要为一级插入［式(3-39)］，与所形成的聚合物的规整性（等规、间规等）无关[29,30]。但是茂金属-MAO 体系的区域专一性不是很高，有误插入［二级插入，式(3-40)］，链增长主要形成 Mt—$CH_2$—CH（R）—$P_n$，有少量的 Mt—CH(R)—$CH_2$—$P_n$ 序列出现。丙烯向二级单元 Zr—CH(Me)—$CH_2$ 插入的速率比向一级单元 Zr—$CH_2$—CH(Me) 插入的速率慢约 100 倍[114,253]。因此，如果体系中没有氢气存在，当丙烯的二级插入发生率为 1% 时就足以将 90% 的催化剂变为二级单元 Zr—CH（Me）—$CH_2$。因此，如果不受 2,1-插入的影响，催化剂的活性可以得到充分的提高[30]。

茂金属-MAO 催化 α-烯烃聚合时偶然的区域错误都会产生严重的阻碍作用[114,138,253-261]。为了减少二级单元 Zr—CH（Me）—$CH_2$ 的数目，促进聚合，可以使用氢气作为链转移剂：

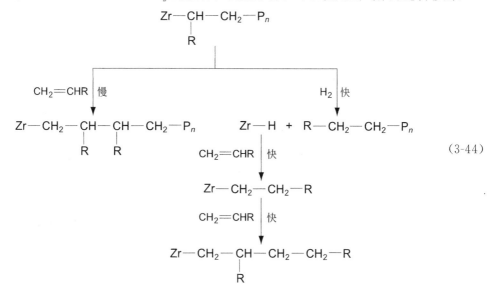

(3-44)

例如，在氢气存在下，rac.-$(IndCH_2)_2ZrCl_2$-MAO 催化丙烯和 1-丁烯聚合的速率会增加 10%～60%[260]。这些聚合物中没有发现错插入，氢气似乎可以消除慢插入的 2,1-单体单元，开始一个新的快速增长的聚合物链［式(3-44)］[30]。

使用没有 α-取代基的（环戊二烯基型配体的 2 位）均相柄型茂金属-MAO 催化剂催化烯烃聚合的动力学研究表明，增长聚合物链直接向配位单体的 β-氢转移反应，即向单体的链转移［式(3-36)］是主要的链转移[253,256,262]。对于具有 α-取代基的催化剂，聚合物链向金属的 β-氢转移，即自发链转移几乎是唯一的链转移反应[256,263]。

MAO 活化的均相茂金属催化体系中，向 MAO 链转移反应［类似于式(3-37)］的程度很大，相比之下，$AlR_3$ 活化的非均相 Ziegler-Natta 催化体系中向 $AlR_3$ 链转移反应的程度要小得多[264]。

均相茂金属催化的烯烃聚合体系中，链转移反应不仅终止了单个的聚合物链，有时也会终止聚合动力学链。例如，在丙烯的齐聚和聚合中，如果向单体的链转移反应是发生在增长链的 Mt—C 键与丙烯中的甲基［式(3-45)］或者乙烯基［式(3-46)］的 C—H 键之间的 σ 键迁移反应，则会产生暂时没有活性的金属-烯丙基或者金属-乙烯基物[177,241,264]：

$$\text{Zr}-\text{CH}_2\text{CH}(\text{CH}_3)\text{P}_n \xrightarrow{\text{CH}_2=\text{CHCH}_3} \begin{array}{c} \text{Zr}----\text{CH}_2\text{CH}(\text{CH}_3)\text{P}_n \\ | \\ \text{CH}_2=\text{CHC}----\text{H} \\ | \quad | \\ \text{H} \quad \text{H} \end{array} \tag{3-45}$$

$$\longrightarrow \text{Zr}\overset{\text{CH}_2}{\underset{\text{CH}_2}{=}}\text{CH} + \text{CH}_3\text{CH}(\text{CH}_3)\text{P}_n$$

$$\text{Zr}-\text{CH}_2\text{CH}(\text{CH}_3)\text{P}_n \xrightarrow{\text{CH}_2=\text{CHCH}_3} \begin{array}{c} \text{Zr}----\text{CH}_2\text{CH}(\text{CH}_3)\text{P}_n \\ | \\ \text{CH}_2\text{CH}=\text{C}----\text{H} \\ | \quad | \\ \text{H} \quad \text{H} \end{array} \tag{3-46}$$

$$\longrightarrow \text{Zr}-\overset{\text{CHCH}_3}{\underset{\text{CH}}{\|}} + \text{CH}_3\text{CH}(\text{CH}_3)\text{P}_n$$

上文已经提到，茂金属催化剂和非均相 Ziegler-Natta 催化剂制备的聚烯烃的分子量分布不同。Ziegler-Natta 催化剂制备的聚合物的分子量分布宽，一般认为是活性中心不均一的原因[123,265]。茂金属催化剂制备的聚合物的分子量多分散系数为 2，遵守 Schulz-Flory 分布，这是由于所有的聚合物源于同样的催化剂中心，链增长速率和链转移速率都相同。多分散系数为 2 表明均相聚合体系链增长反应中只有一种催化中心。这些处于稳态条件的聚合体系会因催化剂的失活和重新活化反应而产生多种络合物，但是只有一种对链增长有贡献，一般假设为阳离子 [(Cp$_2'$ZrR)·(烯烃)]$^+$ [30]。

Cp$_2$ZrX$_2$-MAO 型非桥连茂金属制备的聚乙烯的分子量一般在 100000～1000000[90,91,95,103]，而室温制备的聚丙烯的分子量要低得多，为 200～1000[103]。茂金属的类型强烈地影响着聚（α-烯烃）的分子量。柄型茂金属基催化剂聚合丙烯产生的聚合物的分子量会增大。例如，rac.-(IndCH$_2$)$_2$ZrCl$_2$-MAO 和 rac.-(THindCH$_2$)$_2$ZrCl$_2$-MAO 在室温制备的聚丙烯的重均分子量约为 50000[101,254,255]。柄型茂铪基催化剂可以制备高分子量的聚丙烯，但是催化剂的活性会大幅下降[140,266]。如果在茂锆催化剂前体的每一种环戊二烯基型配体上引入 α-甲基，那么聚合丙烯将有高的活性，聚丙烯也有高的分子量[32,138]。rac.-Me$_2$Si(MeInd)$_2$ZrCl$_2$ 和 rac.-Me$_2$Si(Me，NphInd)$_2$ZrCl$_2$（图 3.14）催化剂前体在 50℃ 聚合产生的聚丙烯的分子量（$M_w$）为 100000～400000[256,263] 和 1000000[263]。

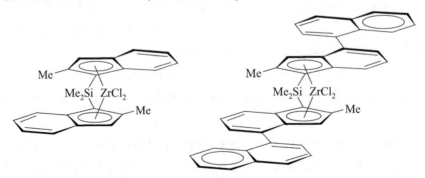

**图 3.14** 制备高分子量聚丙烯的带有 α-取代基的柄型茂金属前体：rac.-Me$_2$Si(MeInd)$_2$ZrCl$_2$ 和 rac.-Me$_2$Si(Me，NphInd)$_2$ZrCl$_2$（前视图）。1994 年美国化学会版权[263]

聚合体系的温度升高，茂金属浓度增大或者单体浓度降低都很容易降低聚烯烃的分子量。加入少量氢气（0.1%～2%，摩尔分数）也会降低分子量，如 $Cp_2ZrCl_2$-MAO 催化乙烯聚合，如果没有氢气，重均分子量为 170000，加入 0.5%（摩尔分数）$H_2$ 后 $M_w$ 降低到 42000[267]。

最后，需要区分一下聚合体系和可溶的催化剂体系。例如，双环戊二烯基钛基催化剂体系是可溶的，但是聚乙烯形成后却变为非均相的[37]。

## 3.4 活性中心模型和聚合机理

烯烃配位聚合的两步机理已经被广泛接受，即单体配位和配位单体插入链接步骤［式(2-2)］，但是现在还没有一个统一的机理可以适用于所有的聚合体系和所有的聚合条件。正如上所述，决速步的问题还没有解决[58,242,268-271]。在一般条件下的聚合中，通常假设配体单体的插入步是决速步[268-270]。

尽管分子轨道从头算法（ab initio）和分子力学法得出的结论有矛盾之处[272-274]，但大多数的研究表明插入是决速步。配位烯烃的插入过程非常快。配体、金属-碳键和配位单体的空间排列在能量上非常有利于单体的快速插入。插入过程包括金属-碳键和单体分子双键的断裂，以及新的金属-碳键的形成。无论是非均相的还是均相的烯烃聚合催化剂，配位烯烃向 Mt—C 键的插入都是顺式的，与单体连接模式(1,2 或者 2,1)和聚（α-烯烃）的规整性无关。分析氘代丙烯聚合物的微观结构发现，烯烃的双键是顺式打开的。例如，非均相 Ziegler-Natta 催化剂催化顺-1-D-丙烯聚合产生赤式双等规聚（1-氘代丙烯）(图 3.8)[26,275]。这是单体顺式插入的结果：

$$Mt-P_n + \underset{H}{\overset{D}{C}}=\underset{H}{\overset{Me}{C}} \longrightarrow \text{[过渡态]} \longrightarrow \text{[产物]} \quad (3-47)$$

如果顺-1-D-丙烯的聚合以另一种链接方式进行（即通过单体反式插入进行），那么形成的聚（1-氘代丙烯）应该为苏式双等规结构［式(3-48)］，但情况并非如此：

$$Mt-P_n + \underset{H}{\overset{D}{C}}=\underset{H}{\overset{Me}{C}} \not\longrightarrow \text{[过渡态]} \longrightarrow \text{[产物]} \quad (3-48)$$

类似地，均相催化剂 $(IndCH_2)_2ZrCl_2$-MAO 催化顺-1,2,3,3,3-五-D-丙烯聚合产生的聚（五氘代丙烯）也是赤式双等规结构，这也证明单体为顺式插入[22]。

另外，非均相 Ziegler-Natta 催化剂催化反-1-D-丙烯聚合产生的聚合物为苏式-双等规结构［式(3-49)］，这也证明单体是顺式插入的[26,275]：

$$Mt-P_n + \underset{H}{\overset{D}{C}}=\underset{Me}{\overset{H}{C}} \longrightarrow \text{[过渡态]} \longrightarrow \text{[产物]} \quad (3-49)$$

对共聚物微观结构的研究更进一步表明，用可溶钒基 Ziegler-Natta 催化剂低温催化顺（或反）-1-D-丙烯与全氘代丙烯的共聚合反应，间规增长中单体也以顺式插入[27]。

因为单体采取顺式方式插入到金属-碳键中，那么插入机理可能涉及一个四元环过渡态。不管怎样，人们还是提出了多种烯烃配位聚合插入机理和活性中心模型。

## 3.4.1 使用非均相 Ziegler-Natta 催化剂的聚合

Ziegler-Natta 催化剂活性中心的假设模型有许多。模型的多样性是由于催化剂前体和活化剂反应产生的（或者被认为产生的）产物很多［如式(3-4)到式(3-8)和式(3-12)］。所提出的活性中心无非两类，只含中心过渡金属原子（如 Ti）的单金属物种，活化剂金属（如 Al）和中心过渡金属桥连的双金属物种。

Cossee 提出的单金属活性中心机理被广泛接受[268,276-278]。根据该假设，层状紫色 α-$TiCl_3$ 催化剂的活性中心位于晶面侧面，通过活化剂的一个烷基取代了 $TiCl_3$ 面上伸出的非桥连单键合的 Cl 原子，形成了活性中心［式(3-8)］。活性中心的 Ti 原子被四个来自晶格的 Cl 原子（和另外两个 Ti 原子桥连）和一个烷基包围，由于 Ti 原子采取八面体构型，因此，带有活性 Ti—C 键的活性中心金属上还有一个配位空位（□）。烯烃分子双键以平行于一个八面体轴的方式和 $Cl_4Ti$（□）R 中的空位配位，形成 $Cl_4Ti$（烯烃）R。根据 Cossee 模型，烯烃聚合过程如下：

(3-50)

非络合的活性中心 $Cl_4Ti$（□）R 中的 Ti—C(Ti—R) 键相对稳定。烯烃分子在空位配位后形成 π 键（图 2.1），导致所形成的 π 络合物 $Cl_4Ti$（烯烃）R 的能量下降；Ti 的 $3d_\pi$ 轨道和烯烃的 $π^*$ 轨道混合后形成的分子轨道比原来的 $3d_\pi$ 轨道的能量要低得多，激发的 Ti—C 活性键的一个电子容易转移到杂化轨道上。所形成的烷基自由基会和最近的配位烯烃的碳原子通过四中心过渡态以协同方式连接起来。在 Cossee 机理中，插入步骤中增长聚合物链迁移到先前烯烃配位的位置上。这种机理称为迁移链插入机理。通过 π-σ 键重排，链顺式迁移到 π-烯烃配体上，形成新的配位不饱和活性中心，它能够继续和另外的烯烃分子配位。为了满足 α-烯烃等规聚合的立体化学要求，当一个新的单体分子配位时，增长链必须总在同样的位置，因此 Cossee 假设中，在迁移的最后一步，链再次迁移回原来的位置［式(3-50)］。

分子轨道计算表明，α-$TiCl_3$ 的活性中心位于侧面，这有力地支持了 Cossee 机理[268]。分子模型方法也研究过其他类似的活性中心，如位于层状 $TiCl_3$ 侧面上突出的层面上的类似点[279-283]，以及 $MgCl_2/TiCl_4$ 催化剂前体的活性点[279]。

Cossee 机理的链回迁步是一个弱点，可以用以下假设来弥补，π 络合的烯烃分子的插入需要另外一个单体分子来引发，也就是说，没有另外一个分子的帮助，配位烯烃分子不能进行插入[284]。

Cossee 的单金属中心模型已经被广泛接受，但这一模型并没有考虑 Ziegler-Natta 催化剂聚合体系中的活化剂以及活化剂产生的其他产物〔如式(3-4)~式(3-6)〕。关于活化剂的作用，双金属模型给出的解释似乎更正确，和许多实验数据较吻合[37]。一般所称的烯烃聚合双金属活性中心模型由 Rodriguez 和 Van Looy 在 Cossee 机理的基础上提出[285,286]。活化剂（$AlR_2Cl$）或者它的衍生物的一个分子通过 Cl 桥和过渡金属（Ti）络合，而链增长却是单金属的：

$$(3\text{-}51)$$

单金属和双金属机理的区别如下，除了需要一个迁移步骤，单金属机理的本质比双金属机理简单，而双金属机理引入了活化剂，在某些情况下更令人信服一些。

非均相非负载 Ziegler-Natta 催化剂（如 δ-$TiCl_3$-$AlEt_3$）和负载 Ziegler-Natta 催化剂（如 $MgCl_2$/苯甲酸乙酯/$TiCl_4$-$AlEt_3$ 或者 $MnCl_2$/苯甲酸乙酯/$TiCl_4$-$AlEt_3$）的活性中心模型和机理由 Doi 等[287] 提出。假设的活性中心有两种：一种是严格立体定性的活性中心，产生高等规聚丙烯的（图 3.15）；另一种是非立体定性的活性中心，它在等规定向中心和间规定向中心之间转化（图 3.16），形成的无规聚丙烯含有短序列的等规和间规立体嵌段[287]。

立体定向中心（图 3.15）上的表面金属（Mg、Mn 或者 Ti）为配位饱和态，非立体定向中心（图 3.16）上的表面金属有一个氯空位；后一种活性中心上的二烷基铝部分可以进行可逆迁移。迁移频率和链增长速率之比决定着所形成的无规聚丙烯的立体嵌段的长度。在非立体定向中心上，间规定向中心临时性的间规立体控制要比相应的等规立体控制延续时间长（图 3.16），也就是说，间规立体定向中心向等规的转变要慢，所以可以预料到，所形成的无规聚丙烯中间规部分占主要。其实，无论是基于 $TiCl_3$[9,287] 还是基于 $MgCl_2$ 负载的 $TiCl_4$[287,288] 形成的非均相 Ziegler-Natta 催化剂，催化丙烯聚合主要形成等规聚合，但是也会或多或少地产生间规聚丙烯副产物。

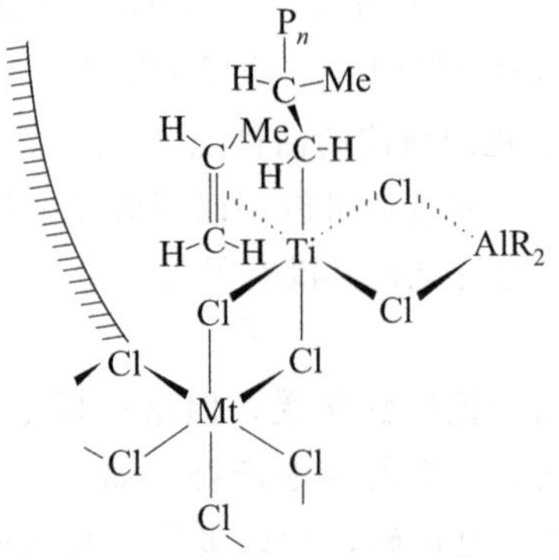

等规增长

**图 3.15** 形成高等规聚丙烯的非均相 Ziegler-Natta 催化剂的可能的活性中心结构。Mt= Mg、Mn（$MgCl_2$ 或者 $MnCl_2$ 负载的催化剂）、Ti（非负载的 $TiCl_3$ 基催化剂）；ｦｦｦｦｦ：$MgCl_2$、$MnCl_2$、$TiCl_3$ 的表面

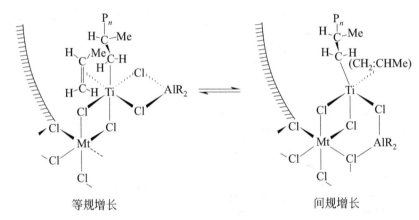

等规增长　　　　　　　　　　　　间规增长

**图 3.16** 形成无规聚丙烯的非均相 Ziegler-Natta 催化剂的可能的活性中心结构。Mt= Mg、Mn（$MgCl_2$ 或者 $MnCl_2$ 负载的催化剂）、Ti（非负载的 $TiCl_3$ 基催化剂）；ｦｦｦｦｦ：$MgCl_2$、$MnCl_2$、$TiCl_3$ 的表面

第一、第二和第三代非均相 Ziegler-Natta 催化剂制备的等规聚丙烯都含有立体嵌段无规产物[289]。$MgCl_2$ 负载的 $TiCl_3$ 催化剂前体制备的非均相催化剂[68,69]和均相茂金属基催化剂，如外消旋-亚乙基双［1-(3-甲基茚基) 二氯化锆-MAO］，$rac.$-$(MeIndCH_2)_2ZrCl_2$-MAO[112]，所制备的聚丙烯为完全无规结构，和上述的立体嵌段无规聚丙烯不同。

上面已经提到，重要的丙烯聚合商品催化剂-$MgCl_2$ 负载的 Ziegler-Natta 催化剂的制备如下：先将 $MgCl_2$ 和内 Lewis 碱球磨，再和 $TiCl_4$ 反应制备出催化剂前体，最后在外 Lewis 碱存在下用 $AlEt_3$ 活化。对这种催化剂的结构进行了大量研究，但是 Lewis 碱和活性中心的 Mg、Ti 原子的相互作用还是不清楚。$MgCl_2$/Lewis 碱/$TiCl_4$-$AlEt_3$ 催化剂活性中心的模型很少见，可以分为两类：①活性中心的 Ti(Ⅲ) 和 $MgCl_2$ 表面直接键合；②活性中心的 Ti(Ⅲ) 和 Lewis 碱配位再和 $MgCl_2$ 表面键合[1,37,51-54,61,66-68,70,240,290]。

Corradini 等[279-281,291]通过计算非键作用，检查了非负载的（或者说是"自负载"的）$TiCl_3$ 基 Ziegler-Natta 催化剂活性中心的 Cossee 模型，并将 Cossee 模型应用到了 $MgCl_2$ 负载的催化剂[283]。结果发现，$TiCl_4$ 存在延伸配位的可能，$TiCl_4$ 还原产生的 $TiCl_3$ 位于 $MgCl_2$ 配位不饱和的侧面上，和母体以"浮雕"式的晶键连接[1]。然而，还没有证据表明这种活性种的存在[54,62,292]。实际上，在非均相 $MgCl_2$ 负载的 Ziegler-Natta 催化剂中发现了离子物种[293]。Ziegler-Natta 催化剂、茂金属催化剂 $Cp_2TiCl_2$-$AlR_2Cl$ 活性中心是离子本质的概念于 20 世纪 60 年代早期提出[294-297]。毫无疑问，中心金属上的正电荷影响着活性中心和烯烃的作用。在 $MgCl_2$ 负载的催化剂中，$MgCl_2$ 不是"惰性"载体，它影响着 Ti 的电子状态，增强了 Ti 的亲电性以及和烯烃的配位能力[298]。然而，更重要的是金属原子的电荷，它会改变 Ti—C 键的能量特性，降低烯烃向 Ti—C 键插入的能量位阻（对茂金属基催化剂也是同样存在这样的假设）[299]。

$MgCl_2$ 负载的催化剂中 Lewis 碱对活性中心的形成有多种作用：和 $TiCl_4$ 竞争吸附在 $MgCl_2$ 的不同晶面上，毒化或者改性非立体定向催化剂活性中心，参与溶液中的和吸附态中的氯化钛（$TiCl_4$、$TiCl_3$、$TiCl_2$）和 $AlEt_3$ 的络合平衡。最后的结果是吸附的 $TiCl_4$ 被还原为 $TiCl_3$，其结构和自负载的 $TiCl_3$ 基 Ziegler-Natta 催化剂中提出的催化中心几何构型很类似[122]。

必须认识到 $MgCl_2$/内 Lewis 碱/$TiCl_4$-$AlEt_3$/外 Lewis 碱催化剂中化学的极度复杂性。催化剂表面的活性中心的非均一性，即存在动力学和立体特性不同的多种催化剂中心，又进一步增加了其复杂性[300]。在聚合结果[301,302]和非键作用计算[303]的基础上已经提出了多种活性中心模型，但是，对聚合机理的许多基础方面和活性中心的真实结构还是了解很少。

非负载催化剂如 $TiCl_4$-$AlR_3$（R=Et、$i$-Bu）催化乙烯聚合时，当 Ti 的平均价态是 2 时，聚合速率最大[304]。二价钛化合物作为催化剂前体，乙烯聚合有高的活性，但是 $\alpha$-烯烃聚合的活性较低[51,240]。

Ti 的氧化态对烯烃聚合活性的影响还没有形成一致的解释。值得注意的是，配位烯烃不能向 Ti(Ⅱ) 的 Ti—C 键插入，和 Ti(Ⅱ) 的两个配位点配位的两个乙烯分子能进行氧化加成形成相应的金属环化物-环戊烷钛[305]。1,2-双（二甲基膦）乙烷 [Dmpe] 络合的二甲基钛的这种反应如下所示[305]：

$$\begin{array}{c}\text{Me}_2\text{P}\cdots\text{Ti}\cdots\text{PMe}_2\\ \text{Me}_2\text{P}\cdots\text{Ti}\cdots\text{PMe}_2\\ \text{Me}\end{array} \xrightarrow[-\text{Dmpe}]{+2\text{CH}_2=\text{CH}_2} \begin{array}{c}\text{Me}_2\text{P}\cdots\text{Ti}\cdots\text{PMe}_2\\ \text{Me}\end{array} \xrightarrow[(-20\,°\text{C})]{\text{TiMe}_2\cdot\text{Dmpe}} \diagup\!\!\!\diagdown \qquad (3\text{-}52)$$

通过 $\beta$-氢迁移环戊烷钛络合物分解产生 1-丁烯。

鉴于 Ti(Ⅱ) 化合物和乙烯反应不是向 Ti—C 键插入，而是形成环戊烷钛，Eisch 等[306]提出了 $TiCl_2\cdot2THF$-$AlMe_2Cl$ 和 $TiCl_2\cdot1.8MgCl_2\cdot6THF$-$AlMe_2Cl$ 体系中活性聚合催化剂产生的机理：先经过去溶剂和相分离生成固体 $TiCl_2$ [式(3-53)]（或 $TiCl_2$/$MgCl_2$），乙烯再氧化加成到 $TiCl_2$ 的表面中心形成 Ti(Ⅳ) 物种 [式(3-54)]，接着进行 $\beta$-氢消除和乙烯分子的钛氢化反应 [式(3-55)]，最后形成能够使乙烯聚合的离子物 [式(3-56)]，乙烯通过配位和插入 Ti—C$\sigma$ 键进行聚合。

$$TiCl_2\cdot2THF+2AlMe_2Cl \longrightarrow TiCl_2+2THF\cdot AlMe_2Cl \qquad (3\text{-}53)$$

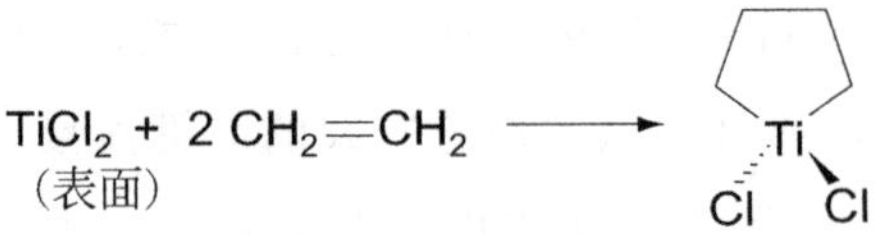

$$\text{TiCl}_2 + 2\text{ CH}_2=\text{CH}_2 \longrightarrow \underset{\text{Cl Cl}}{\text{Ti}} \quad (3\text{-}54)$$
（表面）

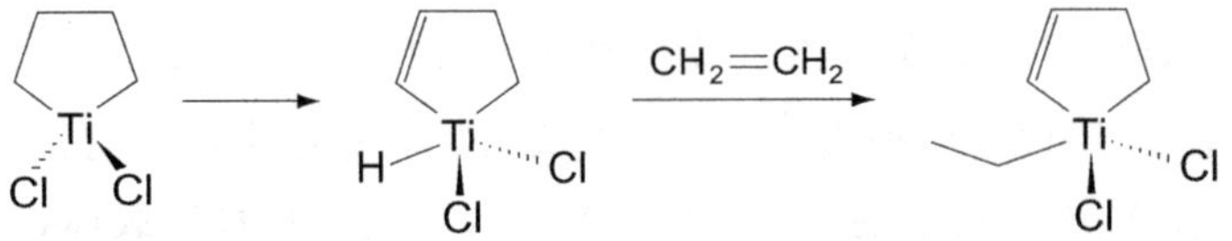

$$(3\text{-}55)$$

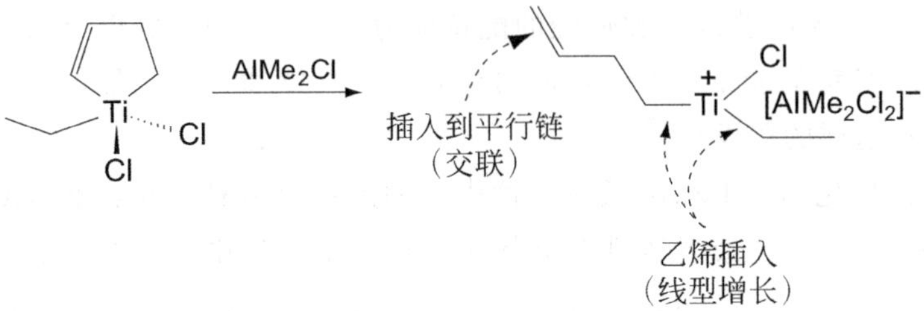

$$(3\text{-}56)$$

插入到平行链
（交联）

乙烯插入
（线型增长）

式(3-53)～式(3-56)所表示的反应最终所形成的 Ti(Ⅳ) 阳离子（反离子为 [AlMe$_2$Cl$_2$]$^-$）连接在 TiCl$_2$ 粒子上，或者分散在 MgCl$_2$ 粒子上 [Ti(Ⅳ) 通过烷基自由基分裂能够被还原为 Ti(Ⅲ) 阳离子][306]。含有一个或两个 Ti—C σ 键的活性种 [分别对应 Ti(Ⅲ) 和 Ti(Ⅳ) 阳离子] 不仅可以进行乙烯的线型增长，它的一个端基双键还可以插入到其他分子的 Ti—C 键而形成交联。实验中已经发现，TiCl$_2$ 基催化剂催化乙烯聚合的产物高度不溶，可能是因为高度交联，其在 200℃ 以上才熔融[306]。

Ziegler-Natta 催化剂催化乙烯聚合的活性中心和链增长机理的早期假设值得注意，先形成环戊烷钛中间物 [通过两个 Ti—Cl 键连接分散在载体（或自载体）离子上]，烷基迁移将钛还原为 Ti(Ⅱ)，同时完成链增长并释放出两个配位空位[307,308]：

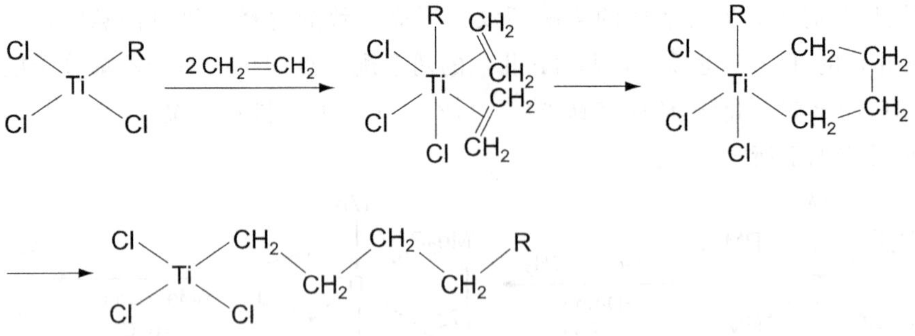

$$(3\text{-}57)$$

利用半经验分子轨道方法对这一模型计算显示[309]，在丙烯聚合时，赤道面上 2,4-取代的环戊烷金属是最稳定的形式，它可以形成头尾相连的等规聚丙烯[51]。然而这一计算结果还没有得到实验证实，没有观察到丙烯向 Ti(Ⅱ) 的配位以及其后类似于上式乙烯的反应。

非均相 Ziegler-Natta 催化剂和烯烃聚合体系种类繁多，可能并不存在一个一般性的聚合机理能够适用于所有情况，相反，聚合路径还有赖于催化剂的类型、单体的类型和聚合条件。Ziegler-Natta 催化剂烯烃聚合体系还有其他机理，其中一个需要给予一定的注意。它假设链增长通过卡宾和氢化金属与金属环丁烷中间体进行[310-312]。该机理一般称为 Green-Rooney 机理，金属-烷基键首先进行 α-氢迁移产生卡宾和氢化金属，烯烃在空位配位并和金属卡宾作用形成金属环丁烷中间体，氢迁移回碳原子完成链增长：

$$\begin{array}{c} \text{Mt}=\text{CH}-\text{CH}_2-\text{P}_n \rightleftharpoons \text{Mt}=\text{CH}-\text{CH}_2-\text{P}_n \xrightleftharpoons[-\text{CH}_2=\text{CH}_2]{+\text{CH}_2=\text{CH}_2} \\ \\ \text{Mt}=\text{CH}-\text{CH}_2-\text{P}_n \rightleftharpoons \text{Mt}-\text{CH}-\text{CH}_2-\text{P}_n \\ | \quad\quad\quad\quad\quad\quad\quad\quad\quad\quad | \\ \text{H}_2\text{C}=\text{CH}_2 \quad\quad\quad\quad\quad\quad \text{H}_2\text{C}-\text{CH}_2 \\ \\ \longrightarrow \text{Mt}-\text{CH}_2-\text{CH}_2-\text{CH}_2-\text{CH}_2-\text{P}_n \end{array} \quad (3\text{-}58)$$

如果氢的回迁步骤较慢,则催化剂变成易位催化剂,链增长很难进行。尽管卡宾机理在某些特定的情况下是正确的,但是 Ziegler-Natta 催化剂聚合烯烃机理更倾向于插入机理,而不是这种机理[51]。值得强调的是,卡宾金属和金属环丁烷假设也可以应用到 Ziegler-Natta 催化剂得丙烯等规定向聚合中[1]。

## 3.4.2 使用菲利普斯催化剂的聚合

典型的菲利普斯催化剂由化学铆接在硅胶载体上的铬物种组成。表面上的铬酸硅以及二铬酸硅的形成[式(3-29)]在催化剂的制备中非常重要,因为在焙烧温度下三氧化铬会分解为低价氧化物。三氧化铬开始以铬酸的形式结合在硅胶上,一般地,至少有1%的负载量,在高温下可能会重排为二铬酸。认为只有一个特定价态的铬可以催化乙烯聚合是不对的。商品化的 $CrO_3$/硅胶催化剂经过乙烯或者一氧化碳还原后,其主要的活性种可能是 Cr(Ⅱ)[式(3-59)],但是其他价态,尤其是 Cr(Ⅲ) 也能在特定的条件下聚合乙烯:

$$\begin{array}{c} \text{O} \quad\quad \text{O} \\ \backslash\!\!\!/ \\ \text{Cr} \\ /\;\;\;\backslash \\ \text{O} \quad\quad\quad \text{O} \\ |\quad\quad\quad\quad | \\ \overline{\text{SiO}_2} \end{array} \xrightleftharpoons[\text{O}_2]{\text{C}\equiv\text{O}} \begin{array}{c} \text{Cr} \\ /\;\;\;\backslash \\ \text{O} \quad\quad \text{O} \\ |\quad\quad\quad | \\ \overline{\text{SiO}_2} \end{array} \quad (3\text{-}59)$$

乙烯或者一氧化碳还原后的催化剂对空气和水汽敏感,暴露于空气很容易氧化为 Cr(Ⅵ) 物种。

一氧化碳还原后的催化剂可以立即进行乙烯聚合,没有诱导期;而乙烯还原的催化剂有诱导期,这和还原反应有关[28,37,43,224,240]。

不仅是铬的价态,还有铬物种的环境(即配体的类型和排列方式)对催化剂的活性也很重要;可能存在着不同类型的铬物种。菲利普斯催化剂聚合烯烃不需要有机金属或氢化金属活化剂,这证明链增长发生在过渡金属-碳键上。关于菲利普斯催化剂的聚合机理,还没有直接的证据,它可能遵守 Green-Rooney 路径,如式(3-58)所示[313];但也不能排除插入机理[式(2-2)]。

## 3.4.3 使用可溶钒基 Ziegler-Natta 催化剂的聚合

间规聚丙烯首次于20世纪50年代末由 Natta 等[9] 发现,是从非均相催化剂制备的主要为等规聚丙烯的产物中分离出来的。1962年，Natta等[10]发现可溶的$VCl_4$-$AlEt_2Cl$催化剂在低温下可以产生间规聚丙烯。后来发现、以$VCL_4$、$VOCl_3$或者V（Acac）$_3$为前体，以$AlEt_2Cl$或者Al（$i$-Bu）$_2$Cl为活化剂组成的催化剂都能有效地在低温下进行丙烯间规聚合。要得到高间规聚丙烯，Al/V摩尔比需要控制在2~10之间，外加的弱Lewis碱（如苯甲醚），1:1的比例就足够了[10,74,314-318]。

钒基可溶Ziegler-Natta催化剂在工业生产中有广泛应用，主要制备乙丙共聚物和乙烯/丙烯/二烯烃三元共聚物[319-322]。乙丙无规共聚最常用的钒基催化剂由$VCl_4$、$VOCl_3$、V（Acac）$_3$、VO(OEt)$Cl_2$或VO(OEt)$_3$前体和$AlEt_3$、$AlEt_2Cl$或Al（$i$-Bu）$_2$Cl活化剂组成，Al/V比不超过3:1[37,72]。

在钒基均相Ziegler-Natta催化剂（如$VCl_4$-$AlR_2Cl$）的大多数聚合模型中，提出的活性中心包含：带有三个Cl原子的五配位三价钒物种，最后插入的单体单元的第二个碳原子（烯烃主要通过2,1-连接），以及配位烯烃[323-327]。还有一种模型的活性中心包含带有四个Cl原子的六配位V(Ⅲ)物种、最后单元的碳原子和配位烯烃[328]。

无论这些模型提出的活性中心的结构如何，都认为通过配位单体向V—C键的插入进行聚合物链增长［主要为二级插入，如式(3-40)］；聚合物链迁移到原先由配位单体占据的位置。换句话说，均相钒基Ziegler-Natta催化剂的烯烃聚合遵循链迁移插入机理。在这个机理中，下一个烯烃分子配位之前没有链的回迁，这和非均相Ziegler-Natta催化剂的Cossee机理相反［式(3-50)］。

非均相Ziegler-Natta催化剂产生少量间规聚丙烯的原因，不是因为聚合机理的最后阶段像上述均相钒基催化剂那样没有链的回迁，Doi等[287]对此已经给出了一个合理的解释（图3.16）。

## 3.4.4 使用均相单中心茂金属催化剂的聚合

根据稳定的过渡金属配合物的Tolman电子规则[329]，桥连和非桥连结构的茂钛、茂锆和茂铪［Cp'Cp"$MtX_2$］都是16$d^0$电子的假四面体构型，因此，这些茂金属都处于配位不饱和态。与MAO衍生的负离子形成松散离子对［式(3-13)］的第4族茂金属阳离子为14$d^0$电子构型[109-112]，更加使配位不饱和。这些茂金属阳离子是均相单中心催化剂烯烃聚合中的关键性中间体[163-174]。

烷基铝活化的茂金属催化剂催化乙烯聚合时，链增长步骤中的活性种在非活性态（休眠态）和活性态之间交替，只有活性态才能进行真正的链增长[330-333]：

$$TiP_{n-1} \xrightarrow{CH_2=CH_2} TiP_n \xrightarrow{CH_2=CH_2} TiP_{n+1}$$

$$\updownarrow \qquad\qquad \updownarrow \qquad\qquad \updownarrow$$

$$\underbrace{TiP_{n-1} \qquad\qquad TiP_n \qquad\qquad TiP_{n+1}}_{\text{非增长物种}}$$

(3-60)

"间歇式增长"模式有进一步的详细解释[334-341]，乙烯聚合体系有连续的平衡，烷基氯化铝和茂金属首先转化为电子受体配合物［式(3-61)］，即紧密（内部）离子对，该离子对再转化为离散（分离的）离子对 [式(3-62)]$^{[297,338]}$：

$$Cp_2TiRCl + AlRCl_2 \rightleftharpoons Cp_2TiRCl \cdot AlRCl_2 \tag{3-61}$$

$$Cp_2TiRCl \cdot AlRCl_2 \rightleftharpoons [Cp_2TiR]^+ [AlRCl_3]^- \tag{3-62}$$

在这些高度动态的平衡中，只有离散的离子对才有单体聚合能力，对链增长有贡献。由此而论，平衡中的紧密离子对可以被称为"休眠态"[30]，这种离子对在平衡中占优势。电渗析研究乙烯聚合[342]首次直接证明了这些阳离子的存在，并表明催化活性来自这些离子。

这个模型还能解释茂金属-烷基氯化铝体系为什么不能聚合丙烯和高级 $\alpha$-烯烃[94]。很明显，$\alpha$-烯烃的配位能力更弱，不足以从金属中心取代铝酸盐阴离子，形成具有反应性的与烯烃分开的离子对。许多年来，均相催化剂只能催化乙烯聚合的这一局限性成了该领域进展的最主要阻碍。幸运的是，Kaminsky 和 Sinn 等在 20 世纪 80 年代的一连串的偶然观察[90-95,100,101,103]中发现[90,91,94,95,100,101]，MAO 活化后的茂金属对丙烯和其他 $\alpha$-烯烃（不包含 $\alpha,\alpha$-双取代烯烃）有聚合活性。

可以设想一下，在 MAO 活化的第 4 族茂金属催化剂中，具有聚合能力的配合物是 $[Cp_2'Mt(R) \cdot 烯烃]^+ [Al_x(R)_{x-1}O_xX_2]^-$，它是由 $[Al_x(R)_{x-1}O_xX_2]^-$ 取代具有配位烯烃分子在旁的 $[Cp_2'Mt(R)]^+$ 的反应离子而产生的[30]，这也与普遍的观点相一致。

非均相 Ziegler-Natta 催化剂催化丙烯聚合的 Cossee 机理[268,276,277]一般也适用于第 4 族茂金属催化聚合乙烯和 $\alpha$-烯烃，但需要一些改进，如氢和金属中心的 $\alpha$-agostic 相互作用[343,344]。

烯烃插入到阳离子茂金属 Mt—C 键后，聚合物链可能位于先前由配位烯烃分子占据的位置（链迁移插入机理），也可能在下一个烯烃分子插入前跳回到它的起始位置（链固定插入机理），这有赖于茂金属的种类。大致上说，就是在没有相继单体参与下链是否回迁，也就是说，催化剂是否进行回迁异构化。有一个一般性的机理，根据茂金属中心原子的立体环境，假设了自由的、受限的和禁阻的链迁移机理，从而产生出高区域规整的无规聚丙烯[345]和间规的、半等规的、等规的 $\alpha$-烯烃聚合物[143,146]。可以得出一个结论，无论茂金属催化剂的类型如何，也无论链迁移插入和/或链固定插入机理，其插入机理符合 Cossee 机理。均相单中心茂金属催化剂和非均相 Ziegler-Natta 催化剂催化烯烃聚合时单体插入的可能路径如图 3.17 所示[122]。

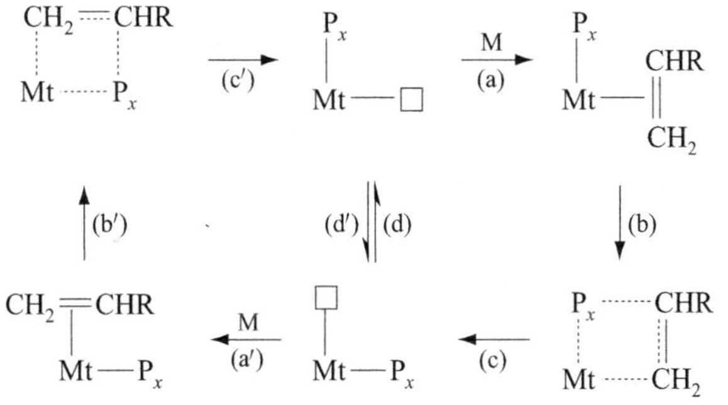

图 3.17 $\alpha$-烯烃配位聚合中单体的插入机理。$P_x$—$P_n$ 和/或 $P_{n+1}$；M—$CH_2$=CHR；□—配位空位。

路径 (a)→(b)→(c)→(d) 和 (a')→(b')→(c')→(d') 都对应着原先 Cossee 提出的机

理，但有一些小的修改[1]，对非均相催化剂仍然有效。类型Ⅱ和部分类型Ⅴ的茂金属基催化剂遵守这个机理，在同一点进行连续加成（从构型的角度讲），也称为"链固定插入"机理（"链回迁机理"或"没有插入的点异构化"机理)[143,146,345]。(a)→(b)→(c)→(a′)→(b′)→(c′)路径对应"链迁移插入"机理，类型Ⅰ、Ⅲ、Ⅳ和部分类型Ⅴ的茂金属催化剂具有这种机理[143,146]。

为了正确理解"链迁移"插入、"链固定"或者"链回迁"插入、"没有插入的点异构化"插入这些概念，还需要一些烯烃聚合机理方面的重要解释。这些概念都基于Cossee的一个假设，即催化剂中心金属原子上有一个配位空位。配位空位的概念是烯烃配位聚合机理研究中的一个有力工具（图3.17），但配位空位不能被视为真实的"配体"，具有配位空位的催化剂活性中心应该被视为配位不饱和活性中心。对于非均相Ziegler-Natta催化剂，配位不饱和活性中心指带有五个单齿（$\eta^1$）配体和一个配位空位的金属原子，该点确实为五配位，其不必采取八面体几何构型。当配位烯烃分子后，它采取几何上都能接受的八面体构型。同样，对于均相茂金属催化剂而言，$14d^0$电子构型的茂金属阳离子的几何形状也不同于带有配位烯烃分子或者反离子的$16d^0$电子构型物种。如上所述，很明显，有单体参与的"链迁移"机理（插入）和没有单体参与的"链迁移"机理（"链回迁"或者"点异构化"）都基于近似的传统概念。"点异构化"可以用配位单体分子接近金属原子的两种可能的方式来描述（与金属原子配体的空间构型有关）。从路径（a）或者（a′）可以看出，从实际存在的物种出发产生出两个假设的处于平衡中的带有配位空位的物种［路径（d）、（d′），图3.17］。

类似于非均相Ziegler-Natta催化剂聚合烯烃的情况，烯烃以π键和茂金属阳离子配位（图2.1），形成能量较低的π络合物，如$[Cp_2'Mt(R)\cdot 烯烃]^+ [Al_x(R)_{x-1}O_xX_2]^-$，激活了催化剂的Mt—C键和烯烃的C=C双键[136]，为插入反应作好了准备。

具有$16d^0$电子构型的配合物的插入反应的活化能相对较低，而配位有双电子给体烯烃的第4族茂金属阳离子就具有$16d^0$电子构型[136]。同样，中性的第3族和镧系茂金属与烯烃形成的π络合物也具有$16d^0$电子构型，这些单组分催化剂用于烯烃聚合（或者齐聚）时，很容易发生插入反应[187]。

茂金属和烯烃的配合物越是配位不饱和，配位烯烃向Mt—C键插入的活化能就越高。量子计算表明，$8d^0$电子构型的配合物$[Cl_2Ti(Me)(CH_2=CH_2)]^+$和$[Cp_2Ti(Me)(CH_2=CH_2)]^+$相比，乙烯向前者的Ti—Me插入的活化能比后者的大几倍[136]。这就说明了为什么第4族茂金属对烯烃聚合有独特的性能。

然而，还有其他的因素决定着茂金属催化烯烃聚合的性能，即金属-烷基链上的一个$\alpha$-氢原子和催化剂金属中心的元结（agostic）效应[343,344]。

$\alpha$-agostic效应指金属烷基取代基中$C_\alpha$—$H_\sigma$键的电子对向缺电子的金属转移。在配位烯烃向金属-烷基键插入中，$\alpha$-agostic效应可能发挥着重要作用，使插入更简单。这个假设已经得到了部分实验的证实[346-350]，显示出金属-氢的$\alpha$-agostic效应。

密度函数分子轨道计算显示，Zr—$CH_3$键中金属和氢的$\alpha$-agostic效应有利于稳定Zr—$CH_3$，也有助于甲基和乙烯的$\pi^*$轨道作用[351,352]。$\alpha$-agostic过渡态中的旋转自由度减少了，这稳定了Zr—$CH_3$，并增强了C—C键的形成。

扩展的 Hückel 分子轨道研究提供的证据表明[274]，agostic 效应能够稳定插入过渡态，Zr—CH$_2$R 二元组中金属和氢的 $\alpha$-agostic 效应和反应配合物增强的缺电性有关，在烯烃插入配位中，催化剂从 16d$^0$ 电子变为了 14d$^0$ 电子[30]。乙烯向硅桥双环戊二烯（甲基）锆阳离子 [H$_2$Si（Cp）$_2$Zr-Me]$^+$ 的 Zr—C 键的插入如图 3.18 所示[272]。

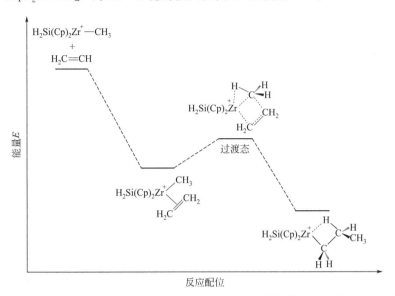

**图 3.18** 乙烯向 Zr—C 键插入的理论研究，硅桥双环戊二烯（甲基）锆阳离子 [H$_2$Si（Cp）$_2$Zr-Me]$^+$

过渡态的 $\alpha$-agostic 效应值得注意，产物的 $\beta$-agostic 效应（C$_\beta$—H 键和 Zr 的 agostic 效应）也值得注意。$\beta$-agostic 效应对插入后的烷基产物具有稳定作用[272]。对于正丙基取代物 Zr—CH$_2$—CH$_2$—CH$_3$，插入反应最后可能是由 $\gamma$-agostic 效应稳定的（C$_\gamma$—H 键和 Zr 的作用）[136,272-274]。但是，插入反应开始产生的具有 $\gamma$-agostic 效应的物种可能会重排为具有 $\beta$-agostic 效应的结构，这可能更有利于稳定性[173,353-356]。$\beta$-agostic 物种可能代表着 [Cp$_2$ZrR]$^+$ 离子的一种休眠态[30,105]。

分子模拟法研究丙烯向锆-二级烷基键 Zr—CH(Me) 插入时，可以看出茂金属催化剂催化烯烃聚合中的金属-氢 agostic 效应的重要性[357]。茂金属催化剂催化丙烯聚合时，无论所形成的丙烯的规整性如何，丙烯向 Mt—CH$_2$—CH（Me）—P$_n$ 插入都为一级［式(3-39)］。需要强调的是，锆氢之间的 $\alpha$-agostic 效应只存在于金属—一级烷基键中。当丙烯向 Zr-CH(Me)-CH$_2$-P$_n$ 插入［式(3-44)］相当难[114,253]，因为插入过渡态中不可能形成 $\alpha$-agostic 效应[357]，只能形成相对稳定的 $\beta$-agostic 效应，烯烃配位中心受阻：

还有一种意见，认为烯烃聚合中链增长的实验活化能来源于 $\gamma$-agostic 物种向 $\alpha$-agostic 物种的重排，而不是实际的插入（图 3.19）[358]，重排为下一个单体分子释放出配位中心。

从图 3.19 给出了第 4 族茂金属催化烯烃聚合的链增长机理，可以形成 $\alpha$-agostic 效应的烷基化茂金属阳离子活性种（不包括与反离子的作用）和烯烃在空配位中心配位后形成相应

3 烯烃的配位聚合 077

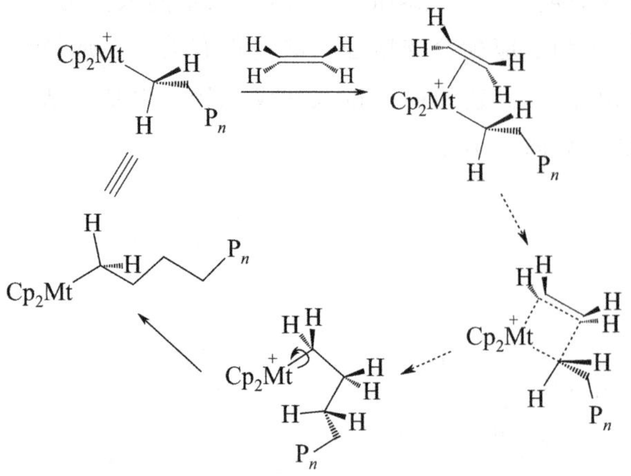

**图 3.19** 茂金属催化烯烃聚合的链迁移插入机理

的 π 络合物。接着通过一个四元环过渡态，烯烃插入到 Mt—C。所形成的物种可能会产生金属-氢 $\gamma$-agostic 效应。最后，聚合物链进行旋转以允许下一个单体分子配位。所产生的物种允许 $\alpha$-agostic 效应形成，其空配位点不再受到聚合物链的阻碍。其实这一物种和起始物种等价，它再与后继的烯烃分子配位，继续进行链增长[358]。

如上所述，只有在链增长物种中才会形成 $\alpha$-agostic 效应，而含有 $\beta$-agostic 效应和 $\gamma$-agostic 效应的物种为非增长物种，因为在这样的物种中链会阻塞空配位点：

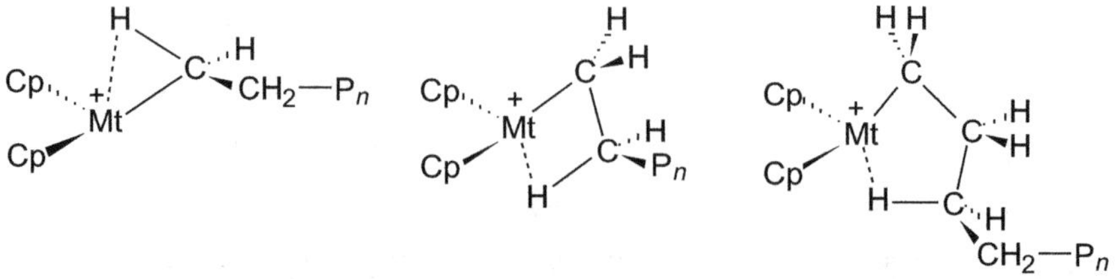

上述链迁移插入机理根据 Cossee 机理[268,277,278] 提出，它没有聚合物链的回迁，有聚合物链绕 Mt—CH$_2$ 键的旋转（图 3.19）[358]。

从概念上讲，这个机理可以理解，但是从实际的角度讲，还不完全合理。如活性种的确切本质以及活化剂和/或反离子的作用还有待定论，特别是 MAO 活化的第 4 族茂金属体系。MAO 可能有如下作用，产生活性种，清除聚合体系的杂质，以及更重要的作用，如协助每一个单体单元的插入或者活化"休眠"点[358]。

最近的研究对活化剂 MAO 的作用有了更准确的了解。已经分离出了确定的烷氧基铝化合物，$[(t\text{-Bu})_2\text{AlOAl}(t\text{-Bu})_2]_2$ 和 $[\text{Al}(t\text{-Bu})\text{O}]_x$ ($x=6,7,8,9$)，这为研究烷氧基铝对烯烃聚合催化剂茂锆的活化提供了基础。前一种化合物，$[(t\text{-Bu})_2\text{AlOAl}(t\text{-Bu})_2]_2$ 含有两个三配位的铝原子，和 Cp$_2$ZrMe$_2$ 不反应，两者的混合物对乙烯聚合没有活性。相反，闭笼结构的化合物 $[\text{Al}(t\text{-Bu})\text{O}]_6$ 中所有铝原子都为四配位，可以和 Cp$_2$ZrMe$_2$ 进行可逆反应，生成离子对 $[\text{Cp}_2\text{ZrMe}]^+[\text{Al}_6(t\text{-Bu})_6\text{O}_6\text{Me}]^-$，对乙烯聚合有活性。$[\text{Al}(t\text{-Bu})\text{O}]_6$ 和 $[\text{Cp}_2\text{ZrMe}]^+[\text{Al}_6(t\text{-Bu})_6\text{O}_6\text{Me}]^-$ 的结构见图 3.20[98,359]。Cp$_2$ZrMe$_2$-$[\text{Al}(t\text{-Bu})\text{O}]_x$ ($x=7,9$) 也有聚合活性。笼状叔丁基铝氧烷 $[\text{Al}(t\text{-Bu})\text{O}]_6$ 和二茂锆 Cp$_2$ZrMe$_2$ 形成的烯烃聚合单中心催化剂的结构如图 3.20 所示[98,359]。

应该注意的是，笼状叔丁基铝氧烷 $[\text{Al}(t\text{-Bu})\text{O}]_6$ 本质上并不是 Lewis 酸，但具有潜在的 Lewis 酸性，这意味着它具有通过 Al—O 键断裂的能力，从而获得 Lewis 酸性位点[98,359]。

$[\text{Cp}_2\text{ZrMe}_2]$-$[\text{Al}(t\text{-Bu})\text{O}]_6$ 催化乙烯聚合的活性比 Cp$_2$ZrMe$_2$-MAO 的低。其原因难以确定，主要是因为 MAO 的确切结构还未知。商品化 MAO 一般都含有大量的三甲基铝[359,360]。

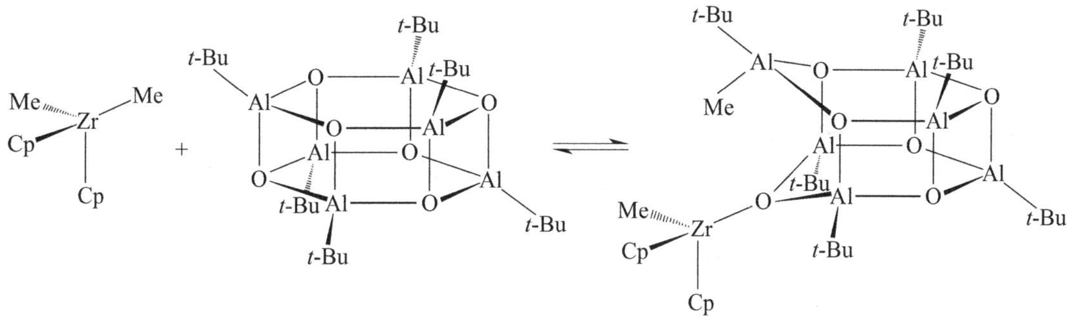

**图 3.20** 二茂锆 $Cp_2ZrMe_2$ 与笼状叔丁基铝氧烷 $[Al(t\text{-}Bu)O]_6$ 反应中烯烃聚合单中心催化剂的形成

作为茂金属 Ziegler-Natta 烯烃聚合催化剂的活化剂，研究烷基铝氧烷所发挥的作用，没有充分考虑 MAO 与简单酸的对比。高级 Lewis 酸全氟硼烷，如 $B(C_6F_5)_3$，比 MAO 具有更高的活性，但是其形成的茂锆催化剂的稳定性比 MAO 的低[98]。

单组分茂钛和茂钇催化剂进行烯烃聚合时，烯烃向金属-烷基键插入也可能涉及了金属-氢的 $\alpha$-agostic 效应。最近的一些发现暗示，链增长的过渡态中有 $\alpha$-agostic 效应[187]。$\alpha$-agostic 效应可能降低了烯烃插入的能量，这和计算结果一致。基于 $\alpha$-agostic 对 C—C 键形成的过渡态的稳定作用，对 Green-Rooney 链增长机理进行了改进[187]，该机理含有氢化金属和金属卡宾[343,344,347]，只适用于 Ziegler-Natta 烯烃聚合催化剂[272,274]，对其他体系不适用[136,273]。活性双环戊二烯金属催化剂具有 $14d^0$ 电子和两个空轨道：一个提供给配位烯烃，另一个用于 $\alpha$-agostic 效应。因此，形成了具有多于四个配体的金属过渡态[187]：

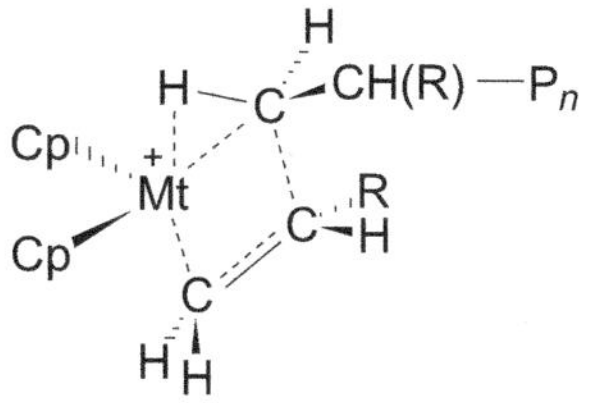

对于中性的茂钪 $Cp_2^*Sc\text{-}CH_2\text{-}CH_3$、阳离子茂钴 $[Cp^*(L)Co\text{-}CH_2\text{-}CH_2R][L=PMe_3, P(OMe)_3]^{[361]}$ 和茂锆 $[Cp^*(PMe_3)Zr\text{-}CH_2\text{-}CH_2R]^{[173]}$，更可取的基态结构可能是相对稳定的 $\beta$-agostic 效应。计算结果显示，在 C—C 键形成的过渡态中，基态结构是 $\alpha$-agostic 排列（由于环的张力稳定性较差）。因此，可以暂时认为，基态为 $\beta$-agostic 结构，而链增长过渡态为 $\alpha$-agostic 结构[187]。另外，一些实验并不支持 $\alpha$-agostic 过渡态，如 $Cp_2ZrCl_2$-MAO 对反,反-1,6-二炔-1,5-己二烯的氢环化反应，这些发现说明在 C—C 键形成中并不总是需要 $\alpha$-agostic 的协助[187]。

## 3.5 立体调节机理

### 3.5.1 影响聚合立体定向性的因素

无论构型的选择如何，只要相继的加成（主要）相同，或者 1,2 [式(3-39)]或者 2,1

[式(3-40)]，所产生的聚合物都称为区域规整聚合物（区域专一性或区域选择性聚合产生的聚合物）。一般来说，Ziegler-Natta 催化剂和相关的配位催化剂催化 α-烯烃聚合都有高度区域专一性，但立体定向性大不相同。前面已经定义过，如果相继的立体中心叔碳原子的构型具有规律性，这种大分子就称为有规立构的（立体专一性或立体选择性聚合产生）。在理想条件下，由 m 二元组（具有相同相对构型的立体二元组）规则相继而成的聚（α-烯烃）链为等规的，由 r 二元组（具有相反相对构型的立体二元组）规则相继而成的聚（α-烯烃）链为间规的（图 3.1），而没有立体规整性的链称为无规的（图 3.2）。

直到 20 世纪 80 年代中期，人们才习惯于将立体专一的 Ziegler-Natta 催化剂分为非均相的等规定向和均相的间规定向催化剂。随着茂金属催化剂的出现，这类等规和间规定向 Ziegler-Natta 催化剂和相关的配位催化剂都归为传统类型[1]。负载于载体上的如负载于 $SiO_2$、$Al_2O_3$ 和 $MgCl_2$ 上的立体定向茂金属催化剂变为非均相的，但是仍然保持着等规或间规定向性能（尤其是负载于硅胶上）[201,206]。

Ziegler-Natta 和相关的配位催化剂催化烯烃聚合的区域专一性说明，一级插入和二级插入[式(3-39) 和式(3-40)]不等价，这源于电子和/或立体因素的不同。

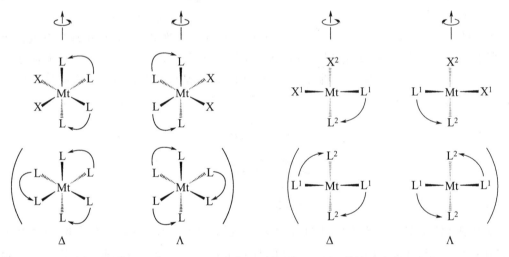

图 3.21 八面体的对应点：Δ（dextrorotatory）—右手性，Λ（laevorotatory）—左手性。

图 3.22 四面体的对应点：Δ（dextrorotatory）—右手性，Λ（laevorotatory）—左手性。

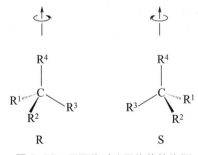

图 3.23 四面体对映异构体的构型：R（rectus）—右手性，S（sinister）—左手性；碳的 R 取代基的优先顺序为：$R^1 > R^2 > R^3 > R^4$。

在一定的插入模式下，立体定向性要求催化剂能够区别前手性 α-烯烃的两个面，也就是要求聚合反应活性种至少含有一个手性中心。催化剂活性中心的手性[八面体构型（图 3.21）或者四面体构型（图 3.22）中的 Δ 和 Λ]（对映点立体控制）和最后插入的单体单元的立体中心碳原子的构型（R、S）(图 3.23)（链端立体控制）是立体控制的两个因素。

两种机理都得到了证实，不同催化剂有不同的机理。对映点的外消旋混合物形成的非光学活性的催化剂为对映点立体控制。不同立体定向 Ziegler-Natta 催化剂聚合丙烯的立体控制机理见表 3.3。

**表 3.3　Ziegler-Natta 催化剂立体定向聚合丙烯的立体化学**

| 催化剂 | 聚合 | |
|---|---|---|
| | 单体插入 | 立体控制类型 |
| 非均相等规定向催化剂<br>（如 $MgCl_2/TiCl_4$-$AlEt_3$） | 顺-1,2① | 对应点 |
| 均相间规定向<br>（如 $VCl_4$-$AlEt_2Cl$） | 顺-2,1② | 链端 |
| 均相等规定向（非手性的-非手性环境的）<br>（如 $Cp_2MtX_2$-MAO） | 顺-1,2② | 链端 |
| 均相等规定向（手性的-同伦的）<br>[如 $rac.$-$(IndCH_2)MtX_2$-MAO] | 顺-1,2② | 对应点 |
| 均相间规定向（手性的-对映异构的）<br>[如 $Me_2C(Cp)(Flu)MtX_2$-MAO] | 顺-1,2② | 对应点 |
| 均相等规定向（手性-非对映异构体）<br>[如 $Me_2C(t$-$BuCp)(Flu)MtX_2$-MAO] | 顺-1,2① | 对应点 |
| 均相间规定向（手性的-非对映异构的）<br>[如 $(t$-$BuCp)(Flu)ZrCl_2$-MAO] | 顺-1,2 | 对应点/链端 |

① 链固定（链回迁）插入增长机理。
② 链迁移插入增长机理。

中间体和过渡态中手性的主要因素可以假设如下[1]：首先，一个前手性 $\alpha$-烯烃分子，如丙烯，通过它的两个面和催化剂活性中心配位，产生不可重叠的右手性和左手性非对映异构体（图 3.24）[362,363]。根据所设计的机理，如果一长序列的 $\alpha$-烯烃都是右手性或左手性配位插入，那么产生的聚合物为等规的，如果 $\alpha$-烯烃分子以右手性和左手性交替配位插入，那所得的聚合物为间规的[1]。

手性的第二个因素是增长链上立体中心叔碳原子的构型，尤其是最后一个插入的单体单元。

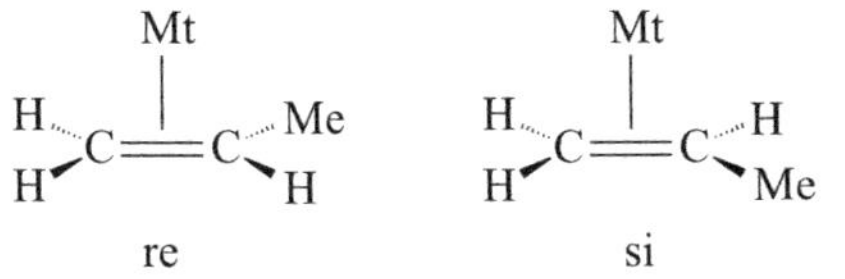

**图 3.24**　丙烯向金属原子两个可能的手性配位：re（rectus）—右手性，si（sinister）—左手性。

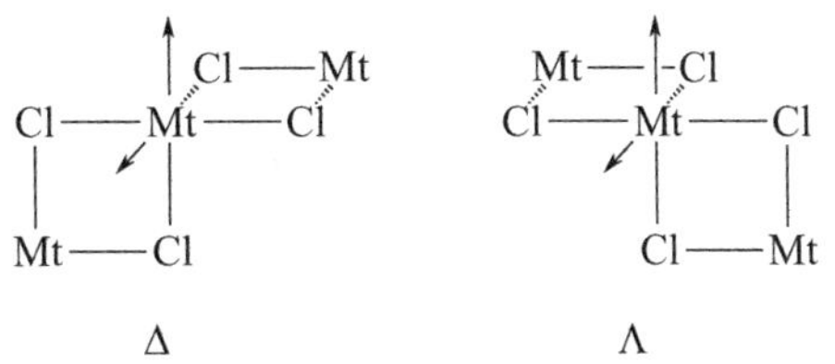

**图 3.25**　和另外两个金属原子桥连的金属形成的非均相催化剂的八面体手性点（Δ 和 Λ）模型；箭头所示的位置为配位分子和聚合物增长链占据。

最后，催化剂活性中心自身就具有手性，但这一点并不是最重要的。具有手性的非均相催化剂的一个模型首先由 Arlman[278] 提出，该模型后来为 Allegra[364] 和 Corradini 等[279,283,345,382] 提出的模型所共有，如图 3.25 所示[1]。一个金属原子通过氯桥和另外两个金属连接，两个配位位置被单体和增长链占据（图 3.25）。具有手性中心的均相催化剂的一个例子是含有亚乙基双（1-茚基）配体的具有立体刚性的手性化合物[22,101,112,345,365]。

在此框架内，α-烯烃聚合的立体控制与非对应异构体之间的能量差异有关[1]，而能量差异由以上所述的两个或更多的手性因素的综合影响产生。

## 3.5.2 使用非均相 Ziegler-Natta 催化剂的等规定向链增长的立体控制

使用 $TiCl_3$ 基催化剂的丙烯等规定向聚合的活性中心模型有许多[68]。丙烯等规定向聚合立体控制的原因由 Natta 首次提出[366]，他认为由紫色三氯化钛晶层边缘的活性种产生。Arlman 和 Cossee[277] 认为等规定向活性点位于侧晶面上，如紫色三氯化钛 α-$TiCl_3$ 的（110）面上。此断裂面上的钛原子和五个氯原子键合，具有一个空的八面体活性中心（图 3.26）[1,68]。

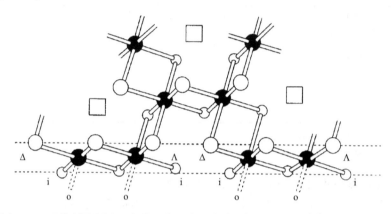

**图 3.26** 紫色 $TiCl_3$ 层的侧面断面示意图。在具有更大位阻的内部位置（i），氯原子被活化剂的烷基取代，在聚合中被增长链取代。在具有较小位阻的外部位置（o），α-烯烃分子配位。两个钛原子的手性 Δ 和 Λ 如图所标示。●—Ti，○—Cl，□—空位[1]。1989 年 Pergamon Press 版权

在前催化剂活化过程中，伸出表面的（内部具有更大位阻的位置上）氯原子被烷基取代[式(3-8)]，而其余四个和其他钛原子键接的氯原子被束缚得较紧；通过单体配位（外部具有更小位阻的位置上），钛原子采取八面体构型。内部的和外部的配位位置不等价；根据非均相催化剂模型的计算结果，丙烯在外部配位的能量最小，在内部配位时，根据特定的点（在孤立的结构层上[280,283]，在边缘[279] 或者在（110）面的断面内[279]）能量会增加 3~7kcal/mol[345]。注意，相邻钛原子的手性相反（图 3.26）[1,68,303]。

如前所述，Cossee 机理[268] 有两步：单体双键以平行于 Ti—C 键的方式向钛空位配位，配位单体分子插入的链迁移（增长聚合物链迁移到先前由配位单体占据的位置）；在下一步插入前，只有聚合物链回迁到原来的位置，活性中心才能满足等规定向[式(3-50)]。

Allegra 提出的模型值得注意[364]，他设想活性中心位于紫色三氯化钛层上，为相邻两个钛原子上突出的那个钛原子。该模型不需要链回迁的异构化步骤；与相应单体和增长链的非键作用相关的原子之间有一个局部的 $C_2$ 对称轴。因此，在配位步中，增长链和配位单体交换位置形成的两种情况相同（图 3.27）[68]。均相等规定向茂金属催化剂也具有类似的对称性，如 $rac.$-$(IndCH_2)_2ZrCl_2$-MAO（表 3.1）。

基于对 Cossee 和 Allegra 模型中的非键作用的评估，Corradini 等认为[1]，金属原子的手性环境迫使处于内部的（更大位阻的）聚合物链的第一个 C—C 键的手性取向；这个取向

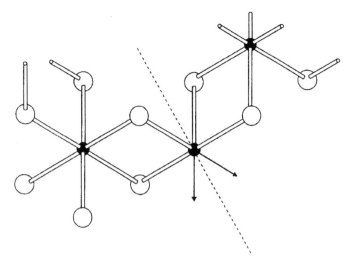

**图 3.27** Allegra 假设的 TiCl₃ 层端[364]；箭头表示两个 C₂ 对称的等价的配位位置；●—Ti，○—Cl。

被认为是决定聚合等规定向的决定性因素。配位丙烯分子的甲基和连接在金属上的增长链的 β-碳原子的非键作用诱导单体优先以某一个对映面配位，这可以使丙烯的甲基和链上的 $C_\beta$ 原子位于 Ti—C 和 C═C 键确定的平面的两边（图 3.28）[1,68]。

这将降低活化能，有利于左手配位插入（图 3.28），与丙烯在 Λ 位右手配位的情况相反（图 3.29）[1]。相反的情况（即丙烯更适合右手配位插入）Δ 位也是适用的[1]。

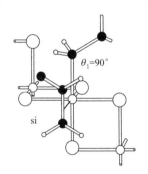

**图 3.28** 丙烯配位（左手的）的透视图，适合于在图 3.26 所示的 Λ 位进行一级插入。增长烷基链占据一个具有更大位阻的（内部的）位置，丙烯配位到较小位阻的（外部的）位置，其甲基远离链上最后一个单体单元的 $C_\beta$ 原子[1]。

◯—Ti，○—Cl，●—CH₃，●—C，○—H；
1989 年 Pergamon Press 版权。

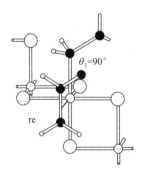

**图 3.29** 丙烯在图 3.26 的 Λ 位进行右手配位的透视图。◯—Ti，○—Cl，●—CH₃，●—C，○—H；
1989 年 Pergamon Press 版权。

对于所讨论的模型点，丙烯在外部配位为对映选择性，在内部配位为对应非选择性。因此在假设条件下，只有当丙烯总是在同一个配位位置配位时（也就是说，在新的丙烯分子配位之前或同时，链回迁到原来的位置），这些模型点才能满足等规定向性[345]。

使用 δ-TiCl₃ 和不同的富含 ¹³C 的烷基铝组成的催化剂制备的聚（α-烯烃），它们的链端基立体化学结构[367-369] 和 Corradini 等提出的模型[1] 是一致的。对于非均相等规定向催化

3 烯烃的配位聚合　083

剂（非负载的或负载于 $MgCl_2$ 的），烯烃 C=C 双键向活性中心 Ti—R 键一级插入的对映选择性在很大程度上依赖于 R 基团的大小，其顺序如下：R = $CH_3$ ≪ $CH_3CH_2$ < $(CH_3)_2CHCH_2$ < $P_n$。$AlMe_3$ 活化剂形成的催化剂中，丙烯向 Ti—$CH_3$ 键的插入没有立体定向性；虽然 Ti—$CH_3$ 键中的甲基处于催化剂（Δ 或 Λ）的手性点，还是不能"识别"前来配位的单体的适当的对映面（右手或左手配位）。当钛原子的取代基有两个碳原子时，也就是乙基，丙烯向 Ti—$CH_2CH_3$ 键（$AlEt_3$ 作为活化剂）的插入具有部分立体定向性；丙烯向 Ti—$CH_2CH(CH_3)_2$ 键 [Al $(i\text{-}Bu)_3$ 作为活化剂] 的插入为等规定向，就像连续插入时那样。就此而论，不论引发烷基的大小，第二个单体向 Ti—C 键的插入（真正的链增长步骤）都为等规定向[281,368]。在聚丙烯链增长中，当插入一个乙烯单元后，所讨论的模型仍然可以保证构型[370]，因为这个模型中，如果金属 β-位为仲碳原子，其性质保持不变。Brookhart 和 Green[344] 提出，单体插入中钛和增长链 C—H 键有强烈的 α-agostic 效应[1,2,68]。烯烃 C=C 键向 Ti—R 键第一步插入的对映选择性对 α-烯烃双键上取代基的位阻也有依赖性[2]。

综上所述，非均相紫色 $TiCl_3$ 基催化剂催化丙烯等规定向聚合时，单体插入的立体化学控制机理源于配位单体的甲基取代基和 Ti 原子 R 配体上 $C_\beta$ 原子的非键作用。催化中心的手性迫使增长链反应性端基的第一个 C—C 键以确定反向进行手性取向，进而决定了新插入的丙烯单元的构型。紫色 α-$TiCl_3$、γ-$TiCl_3$、δ-$TiCl_3$ 催化剂[281]（110）断面上突出暴露的 $Ti_2Cl_6$ 能够满足单金属机理[2] 等规定向模型的立体要求。

根据上述的紫色 $TiCl_3$ 基 Ziegler-Natta 催化剂等规定向活性点模型，Corradini 等[283] 计算了上述活性中心的非键作用，认为 $MgCl_2$ 负载的 Ziegler-Natta 催化剂的等规定向中心应该源于 $MgCl_2$ 晶层（100）面的边沿上延伸的 $Ti_2Cl_6$ 二聚体。两个相邻钛原子互为对映异构体，它们的手性是聚合时立体调节的原因[68]。这种立体专一性点（等规专一性点）和 $TiCl_3$（110）面上的 $Ti_2Cl_6$ 二聚体类似（图 3.30）[303]。非立体定向点源于 $MgCl_2$（100）和（110）面上孤立的 $TiCl_3$[279]。

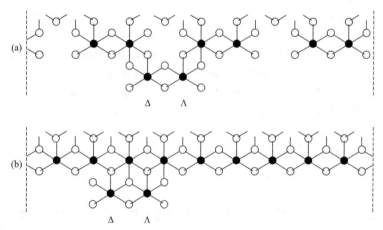

**图 3.30** （a） $TiCl_3$（110）面上突出的 $Ti_2Cl_6$ 二聚体，（b） $MgCl_2$（100）面上突出的 $Ti_2Cl_6$ 二聚体。金属原子的手性如图所标示。●—（a） Ti，（b） Mg 和 Ti；○—Cl。

众所周知，Lewis 碱对 $MgCl_2$ 负载的催化剂的立体定向性能有显著提高。含有 Lewis

碱（内和外）的 MgCl₂ 负载的 Ziegler-Natta 催化剂聚合时的立体控制模型有很多[1,53,61,68,240,290]。这些模型活性中心可分为两类：Ti(Ⅲ) 物种直接和 MgCl₂ 表面连接，Ti(Ⅲ) 物种通过 Lewis 碱和 MgCl₂ 表面连接。关于所有这些组分是如何参与到催化剂中形成等规定向活性中心的研究还在进行中，已有的结果显示，MgCl₂ 负载的催化剂中有离子物种[293]。Corradini 等提出的模型[1] 似乎太简单了。

根据 Corradini 等[1] 提出的模型，使用非均相 Ziegler-Natta 催化剂等规定向聚合 α-烯烃的机理是增长链在对映催化活性中心的手性取向，这也可以解释使用这些催化剂等规定向聚合外消旋 α-烯烃的立体选择行为[282]。使用非负载的[371-374] 和负载的[375] 非均相等规定向 Ziegler-Natta 催化剂聚合外消旋 α-烯烃也具有立体选择性，所产生的聚（α-烯烃）可以分为两部分，每一部分主要由相同的对映异构体组成（形成等规序列），两部分的光学活性信号相反。当手性碳原子在 C═C 键的 α-位或 β-位[376] 时，其立体选择性很高，如 3-甲基-1-戊烯 [CH₂═CH—C*H(CH₃)CH₂CH₃]，3,7-二甲基-1-辛烯 [CH₂═CH—C*H(CH₃)—(CH₂)₃—CH(CH₃)₂] 和 4-甲基-1-己烯 [CH₂═CH—CH₂—C*H(CH₃)—CH₂CH₃]，当手性碳在 γ-位时，则完全没有手性，如 5-甲基-1-庚烯 [CH₂═CH—(CH₂)₂—C*H(CH₃)—CH₂CH₃][1,2]。

非均相 Ziegler-Natta 催化剂的立体选择性源于催化剂活性中心的手性而不是增长链中的手性原子。Corradini 等提出的模型[282] 能够解释手性 α-烯烃起始向 Ti—CH₃ 键插入的实验结果[377,378]，也就是没有对映选择性（右手和左手插入的区别），却有很好的非对映选择性 [R(S) 对映异构体优先进行右手（左手）插入]。结果显示，单体的非对映面具有不同的反应性[379]。

在 α-烯烃如 3-甲基-1-戊烯的等规定向聚合中 [δ-TiCl₃-Al(¹³CH₃)₃ 为催化剂]，单体向 Ti—CH₃ 键第一步插入的非对映选择性数据显示，更具反应性的面是图 3.31 所示的前面的面，也即取代基和面的构型绝对相同的那个面 [对 (R)-3-甲基-1-戊烯的前面 (R,R) 和后面 (S,R) 进行攻击，在增长聚合物链中形成非对映异构的单体单元][377,379]。

单体的 R,R 和 S,S 非对映异构面比 R,S 和 S,R 面的反应性大两倍。即使在链增长步，也有类似的非对映选择性[2]。

因此，对于手性和前手性 α-烯烃，主链上立体中心叔碳原子的等规序列源于手性活性中心对单体前手性碳原子的对映选择性。立体选择性（即手性活性种对外消旋单体中对映异构体的选择根据 Pino 的定义）是两种因素共同影响的结果，这两种因素是对立体中心叔碳原子的对映选择性和单体非对映异构面本质上不同的反应性[379]。α-烯烃分子的侧基和活性中心配体的立体作用是立体选择现象的本质原因。关于这一点，外消旋 α-烯烃和乙烯的共聚结果能够给予有力证明：4-甲基-1-己烯和 3,7-二甲基-1-辛烯与乙烯共聚，乙烯单元无规插入（22%~44%），尽管增长链的最后一个手性碳原子至少位于催化活性中心钛原子的 δ 位，这也丝毫没有降低其立体选择性[376,380,381]。

立体选择性（对映对称性）聚合产生的聚合物没有光学活性，因为催化剂含有等量的相反手性的活性中心。在一个给定的催化活性中心上，一种对映异构体的聚合速率会比另一种快几倍，R 单体在优选 R 的中心上的聚合速率和 S 单体在优选 S 的中心上的聚合速率相同。如果在催化活性中心上再引入一个手性活性中心，这种状况就会改变。含有一个手性金属原

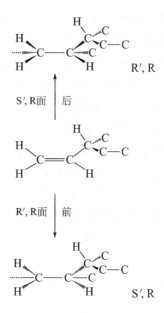

**图 3.31** 非对映异构体 3-甲基-1-戊烯单体向增长链插入形成的单体单元，其依赖于单体的非对映反应面：攻击（−）-（R）-3-甲基-1-戊烯的前面（下面）还是后面（上面）。对主链上取代碳原子构型的指定而言，在插入后，和活性中心金属原子连接的 C 原子排序最高。面的构型和主链上叔碳原子的构型最主要[379]。 1995 年 Springer-Verlag Berlin Heidelberg 版权

子和一个手性配体的非对映中心很可能具有不同的聚合速率。一种对映体会比另一种快，产生的聚合物具有光学活性，而相反手性的单体剩余下来[51]。因此，使用含有光学活性基团的活化剂[382,383]｛如双［(S)-2-甲基丁基］锌｝或者使用光学活性的 Lewis 碱[288,375,384,385]作为第三组分［如 (−)-孟基茴香酯］的 Ziegler-Natta 催化剂，聚合外消旋的 α-烯烃为立体可选性（对映非对称）聚合。该聚合产生光学活性聚合物，未反应的光学活性单体可以回收[2,51]。

关于立体选择性，当手性中心和 C═C 键距离太远时，立体选择度下降；手性碳原子在双键的 α-位和 β-位的 α-烯烃才可以进行立体选择性聚合。一般来说，立体可选性低于立体选择性。

## 3.5.3 使用可溶钒基 Ziegler-Natta 催化剂的间规链增长的立体控制

可溶 Ziegler-Natta 催化剂低温下催化丙烯间规聚合早在 20 世纪 60 年代初期就取得了成功，使用的催化剂由可溶钒化合物和二烷基氯化铝活化剂组成[10]（更早的时候，从非均相催化剂制备的主要为等规聚丙烯的产品中分离出了间规聚丙烯[91]）。然而，低温下丙烯间规聚合的立体调节问题很少研究。现在已经掌握了聚合机理的主要特征[1,2]。

$^{14}$C 标记的 AlEt$_2$Cl[74] 制备的催化剂的聚合实验和富含 1-($^{13}$C) 的丙烯的间规聚合物的 NMR 分析结果[386] 显示，单体向 V—C 键二级插入[317]，遵循 2,1-模型［式(3-40)］[387,388]。

使用可溶钒基 Ziegler-Natta 催化剂催化丙烯间规定向聚合不完全是区域专一性[389-392]，单体单元不全是头-尾连接。除了间规立体嵌段，聚合物还有空间不规则的立体嵌段。整个聚合过程可以认为是共聚，有四个头-尾和尾-尾阶段[2,379]。

$$\text{(3-63)}$$

$$\text{(3-64)}$$

$$\text{(3-65)}$$

$$\text{(3-66)}$$

式(3-65) 所描述的增长步中，丙烯向 V—CH(CH$_3$) 键二级插入，并且为间规定向，大多数单体以这种方式插入[379]。

丙烯偶尔的一级插入 [式(3-66)] 产生区域不规则，1,2-模式则受到烷基铝活化剂的烷基体积的强烈影响，当 AlR$_2$Cl 中烷基的体积位阻增大时，区域不规则性下降，间规度增加[74,393]。聚合温度降低，钒基催化剂催化丙烯聚合的间规度增高。正庚烷代替甲苯作为反应介质，聚合间规度也会增大[2]。

钒基间规聚合催化剂催化高级线型 α-烯烃（如 1-丁烯）聚合，反应难以进行，只能产生很少的低分子量的间规聚合物[394]。

均相钒基 Ziegler-Natta 催化剂催化丙烯聚合的数据显示，聚合的间规定向性源于[387,395] 增长链最后一个插入的单体单元和配位丙烯的甲基的空间排斥作用，也就是说，立体调节的主要机理为链端立体控制。

用钒基间规催化剂制备的乙丙共聚物的 IR[396] 和 NMR[389,395] 谱得出的结论和丙烯均聚的结论相同。丙烯插入的形式取决于最后一个插入的单体单元的类型：当最后一个单体单元为丙烯时，更易发生二级插入 [式(3-40)]，当最后一个单体单元为乙烯时，更易发生一级插入 [式(3-39)][2]。钒基 Ziegler-Natta 催化剂制备的乙丙共聚物的微观结构中，当丙烯单元序列被孤立的乙烯单元分开时，出现了 m 和 r 两种二元组，也就是说，在一个乙烯插入后，丙烯的插入完全没有立体定向性[327,390,397]。间规立体定向聚合中丙烯二级插入的速率比非立体定向聚合中的一级插入速率要小，这也证明配位单体分子和最后一个单体单元之间有空间作用[398]。

均相钒基 Ziegler-Natta 催化剂的一些活性中心模型可以解释丙烯间规定向聚合。根据大多数学者所接受的模型，丙烯间规聚合定向增长是由于图 3.32（a）所示的化合物比（b）的更加稳定，化合物（a）中，配位单体的甲基和最后一个插入的单体单元的甲基位于 V—C 键所确定的平面的两侧，而（b）的位于同一侧[395]。

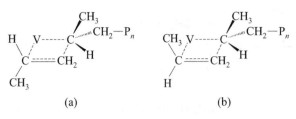

图 3.32 丙烯二级插入的四中心活性中心模型

对于图 3.32 中化合物（a），如果连接在中心金属原子的取代基的立体位阻区别不是很大，二级插入优先发生，配位单体和最后一个单体单元的甲基的反式排列将产生间规聚合物。这种情况下，间规定向性源于增长链的最后一个碳原子的手性控制。要产生高间规度聚丙烯，必需低温，一般要小于 $-50$℃，这说明不同过渡态之间的能量差别很小 [图 3.32（a）和（b）][1,2]。

在假设的模型中，丙烯间规定向聚合活性中心的 V(Ⅲ) 原子为五配位[327]。配体包括三个氯原子（其中两个和铝原子桥连）、增长链最后一个单体单元的手性碳原子和配位丙烯分子。在配位之前和插入之后，钒原子都是四配位。在类似的另一个模型中，两个氯原子被一个二齿二酮取代，氯原子桥接于 $AlRCl_2$ 二聚体的铝原子[2]。

还有一种假设认为，增长链最后一个碳原子的构型直接影响了催化剂中间体的手性，进而决定了前来配位的单体单元的构型[328]。在该模型中，V(Ⅲ) 原子为六配位。配体包含四个氯原子（和铝原子桥连）、增长链和配位单体（图 3.33）。

这种催化剂中心是手性的，但是在每一次插入步骤后，钒原子变为五配位，还会发生对映异构体之间的互相转换。对催化剂活性中心的非键作用的分析表明，最后一个单体单元左

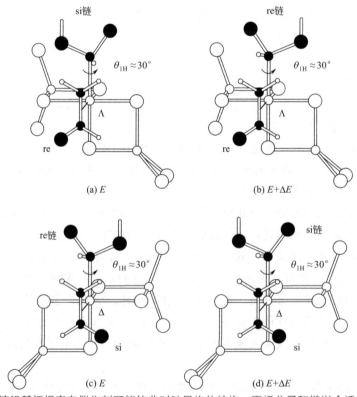

图 3.33 可溶钒基间规定向催化剂可能的非对映异构体结构，丙烯分子和链以合适的方式取向。分子结构下面给出了相应的最小能量。○—V 或 Al，○—Cl，●—C，○—H，●—$CH_3$ 或 $CH_2$ [328]。

1985 年美国化学学会版权。

手插入（产生的链称为左手链）易于形成 Λ 配合物。这种配合物利于右手配位和相继的插入，这就保证了丙烯的间规定向链增长。换句话说，增长链的手性（用最后一个插入的单体单元的构型表示）直接影响金属原子的手性，进而限定了配位单体的手性（也就限定了随后插入形成的单体单元的构型）[1]。

在现有实验数据的基础上，上述模型都不能排除。

## 3.5.4 使用单中心茂金属催化剂的链增长的立体控制

茂金属基催化剂只有一种或很少几种活性中心，可以用 NMR 和 X 射线技术来研究，这为阐明这些催化剂活性中心的结构和 α-烯烃聚合立体调节机理之间的关系奠定了基础。

这些催化剂活性中心为假四面体的第 4 族金属阳离子，带有 $\eta^5$ 配体、增长聚合物链和用于单体配位的空位。$[Cp'_2MtR]^+[X]^-$ 型阳离子金属配合物含有环戊二烯型配体和一个非配位阴离子，其合成工艺和结构表征都说明活性中心的本质为阳离子[33,109,111,164,166,169]。$Cp_2^* Zr(^{13}CH_3)_2$-MAO 体系的固体 CPMAS $^{13}$C NMR 研究表明，茂金属-MAO 型 Ziegler-Natta 催化剂活性中心的本质为阳离子[399]。

如前所述，茂金属催化 α-烯烃聚合的链插入机理为链迁移机理，也可能有偶尔的链回迁插入或者连续的链回迁插入机理（图 3.17），取决于催化剂的类型。

茂金属活性中心的对称性与聚合立体化学（表 3.3）和聚合物立构规整性（表 3.1 和表 3.2）的关系现在已经完全清楚[1,2,16,29,30,37,68,105,112,117,122-127,143,146,241]。有两个一般性的假设机理：非手性催化剂的链端立体控制和手性催化剂的对映点控制。对于前一种情况，立体控制源于增长链最后一个插入的单体单元的手性。对于后一种情况，立体控制源于催化剂的手性。手性或前手性（图 3.17）茂金属催化剂前体催化 α-烯烃聚合的链迁移插入机理的对映面选择一般可以用钥匙-锁形式来比拟：每一个活性中心有一个手性金属原子和两个可用于 α-烯烃插入的配位点（两把锁），两个配位点的形状和手性都不同。由于点的转换，单体（钥匙）必须交替插入到每一个点。结果，可以产生等规、间规、半等规和立体嵌段聚合物[68]。

### 3.5.4.1 使用非手性环境催化剂的等规定向链增长的立体控制

$C_{2v}$ 分子对称性（双螺旋）的非手性非桥连类型 I 茂金属，如 $Cp_2MtX_2$，产生的催化剂中配位单体和烷基配体的位置都不是手性环境，催化剂完全没有立体控制能力（表 3.1）[68]。

后来发现，$Cp_2TiPh_2$-MAO 催化剂催化丙烯聚合的温度越低，等规定向性越高[22]，所以提出了低温聚合的链端立体控制机理（表 3.3）。也提出过这种聚合的链迁移插入机理。非常特别，这是第一个所知的由最后一个插入的单体单元的手性支配等规链增长的实例。这种情况下，增长链最后的单体单元的手性碳原子和配位单体之间存在立体定向的非键作用；丙烯一级（1,2）插入形成的活性中心的手性决定了准备插入的配位丙烯分子的能量上最有利的对映面 [图 3.34（a）]；图 3.34（b）中的化合物的插入在低温下难以进行[23]。化合物（a）中，两个甲基反式排列形成等规聚丙烯。聚合需要在低温下进行（如 -45℃），说明不同过渡态之间的能量差别很小 [图 3.34（a）和（b）]。

使用非手性茂金属基催化剂聚合时，随着 α-烯烃双键上烷基取代基体积的增大，其立

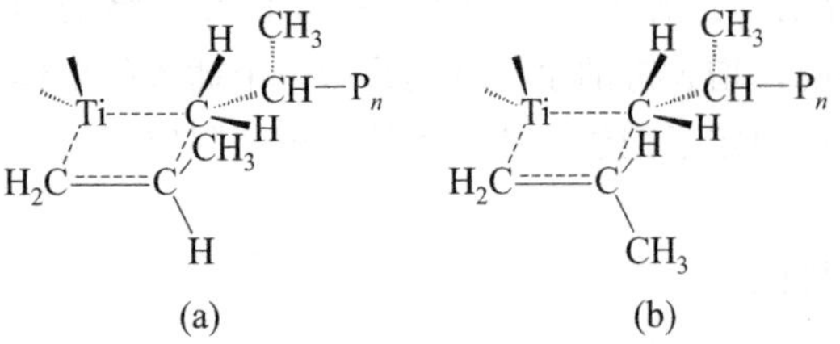

**图 3.34** 丙烯一级插入的四中心活性中心模型

体定向性急剧下降；这些催化剂制备的聚丙烯中 m 二元组含量大于 80%，聚（1-丁烯）的 m 二元组含量约 60%，而聚（4-甲基-1-戊烯）只有 50%（最后一种聚合物完全无规）。显然，大 α-烯烃分子，尤其是 4-甲基-1-戊烯配位时，催化剂不能"识别"出最后的以及插入的单体单元的叔碳原子的烷基取代基的空间构型，因为与增长链相比，这个取代基和其他取代基非常相似。实际上，单体的 $C_\alpha$ 和 $C_\beta$ 两个碳原子组成的烷基取代基$\left(-CH_2-CH\diagdown\right)$和聚合物链上倒数第二个单体单元的部分相同，因此，最后一个插入的单体单元的叔碳原子实际上没有了手性[400]：

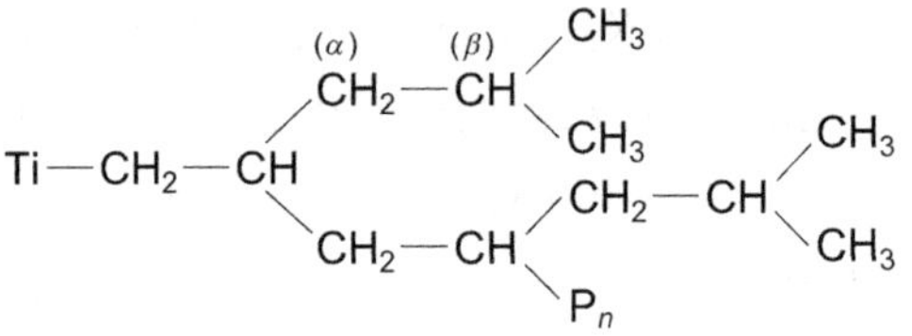

因此，4-甲基-1-戊烯分子无论是右手还是左手配位插入，都形成无规立构聚（4-甲基-1-戊烯）。

非手性立体刚性的 $C_s$ 分子对称的（非螺旋的）类型 II 茂金属，如桥连茂金属（称为柄型茂金属）的内消旋异构体 [如 $meso.-(IndCH_2)_2MtX_2$（表 3.1）和 $meso.-(THIndCH_2)_2MtX_2$]，其产生的催化剂和非手性非桥连茂金属基催化剂催化 α-烯烃聚合的行为类似，对丙烯聚合完全没有立体控制，在一般的聚合条件下，产生无规聚丙烯[22,41]。与非手性非桥连茂金属基催化剂类似，非手性桥连内消旋茂金属基催化剂随着温度的降低，丙烯聚合的等规定向性增加[22]；显然，这种情况也是链端立体控制机理（表 3.3）。

很有趣，与相应的外消旋茂金属 $[rac.-(THindCH_2)_2MtX_2]$ 相比[401]，用内消旋 $meso.-(THIndCH_2)_2MtX_2$ 制备的催化剂制备的无规聚丙烯中几乎没有 2,1-插入或 1,3-插入产生的区域不规则单体单元。对 $meso.-(THIndCH_2)_2MtX_2$ 基催化剂与丙烯配位后的模型进行分子力学分析结果显示，在单体插入后和配位前，聚合物链应该回迁到起始位置，也就是链固定插入机理[345]。与此相反，$Cp_2MtX_2$ 基催化剂催化丙烯聚合为链迁移机理（图 3.17）。

对于 $meso.-(THIndCH_2)_2MtX_2$ 催化剂前体的催化活性中心，单体和增长链的相对位置互相交换后，中心金属原子的构型反转，但前后两种情况为非对映体，如图 3.35 所示[345]。

增长链占据 $meso.-(THIndCH_2)_2MtX_2$ 配体的开放部分（外部的位阻较小的位置），而单体在两个六元环的边缘区域配位（内部的较大位阻的位置）。丙烯在内部配位 [图 3.35(a)]的情况能量最低，在外部配位 [图 3.35(b)]能量较高。就分子力学分析而言，丙烯在内部配位不仅在配位步能量低，在单体一级插入时分子取向能量也较低，这种情况非常不适合于二级插入所要求的分子取向。按照链固定机理，增长链应该从内部配位点回迁到外部配位点，如图 3.36 所示[345,402]，聚合物应该有高度区域选择性（比相应的外消旋催化剂高许多），而实际上正是如此[345]。很明显，该模型为非对映选择性，因为催化剂活性中心没有手性。在室温下产生无规聚丙烯。

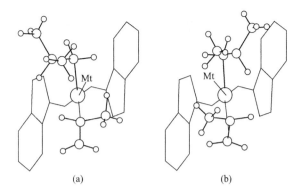

**图 3.35** *meso.*-(THIndCH$_2$)$_2$MtX$_2$ 催化剂前体聚合丙烯时，丙烯向增长链一级插入的模型。化合物 A 对应最小能量的情况，适合于一级插入；化合物 B 为化合物 A 的异构体，能量较高，不适合于插入。为了清楚，π 配体只画了 C—C 单键[345]。〇—Zr，○—C，o—H。
1995 年 Springer-Verlag Berlin Heidelberg 版权

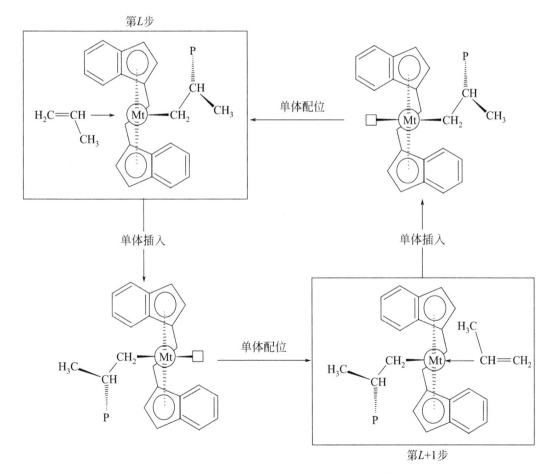

**图 3.36** (R,R)-*rac.*-(IndCH$_2$)$_2$ZrX$_2$ 基催化剂等规定向聚合丙烯时，丙烯向增长链一级插入的模型。增长烷基链占据配体框架的空旷区；丙烯进入反应配合物时，其甲基取代基远离链上最后一个单体单元的 C$_\beta$ 原子（单体甲基直接朝向配体框架的另一个空旷区）。为了表达更清楚，π 配体只画了 C—C 单键[30]。1995 年 Wiley-VCH Weinheim 版权

### 3.5.4.2 使用手性环境（同伦）催化剂的等规定向链增长的立体控制

手性立体刚性 $C_2$ 分子对称的（螺旋形的）类型Ⅲ茂金属，如柄型茂金属的外消旋异构体 $rac.$-$(THindCH_2)_2MtX_2$ 和 $rac.$-$(IndCH_2)_2MtX_2$（表 3.1），其制备的催化剂中单体和增长链的两个配位点为同伦，因此，链迁移插入后，也就是增长链迁移到先前配位单体占据的位置后，过渡金属原子的构型不变[22,23]。这种类型催化剂（表 3.3）链迁移插入机理的立体化学由对映点控制；因此，如果 $\alpha$-烯烃分子总是以同一个对映面配位，那么将产生等规聚合物[68]。

丙烯等规定向聚合手性茂金属于 20 世纪 80 年左右发现，这个发现几乎是偶然的。Wild 等[403,404] 使用亚乙基桥连的配体制备了亚乙基双（茚基）和亚乙基双（四氢茚基）钛配合物 $rac.$-$(THindCH_2)_2TiCl_2$ 和 $rac.$-$(IndCH_2)_2TiCl_2$，以及相应的锆配合物。这些化合物 $\pi$ 配体的构象被限定，具有手性结构，在聚合反应中这种手性还能够保持。

Ewen[22] 实验组以及 Kaminsky 和 Külper[101] 的实验组独立地研究了这些手性柄型茂金属-MAO 体系，其聚合丙烯和高级 $\alpha$-烯烃能产生高等规聚合物[30]。

图 3.37 的模型对应两个连续聚合步骤，配位丙烯和聚合物链互换了位置 [配体为 (R, R)-$rac.$-$(IndCH_2)_2$][30]。增长链占据着 $rac.$-$(IndCH_2)_2$ 配体的开放部分（外部的位阻较小的位置），聚合链的 $C_\alpha$—$C_\beta$ 链段似乎自取向以避免和其配位点的环戊二烯环的 $\beta$-取代基的作用（桥头 C 原子 $\beta$ 位置）。按照这种取向，最后一个插入的单体单元的 $C_\beta$ 原子就被放在了配体的开阔区，从能量角度讲，这是有利的（图 3.37）[1,30]。如前面非均相 Ziegler-Natta 催化剂中所讲的那样[1,280]，Guerra 等[402] 所讲的排斥作用迫使了 $\alpha$-烯烃以特定的对映面接近金属-烷基单元，使烯烃取代基（丙烯为甲基）和与金属连接的烷基链的 $C_\beta$ 原子呈反式(远离)。计算表明[345,402]，催化活性中心金属原子的手性环境迫使了增长链手性取向（图 3.38 中实线表示的取向是允许的，而虚线表示的取向是禁阻的）。链的手性取向，反过来也会优先选择丙烯分子两个面中的一个来配位 [对于具有 (R, R)-$rac.$-$(THIndCH_2)_2$ 配体的配合物，右手配位占优势][1]。

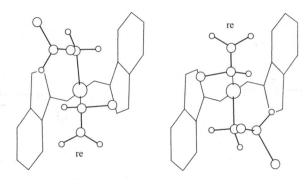

图 3.37　催化剂 (R, R)-$rac.$-$(IndCH_2)_2ZrX_2$ 催化丙烯等规定向聚合时，丙烯向增长链一级插入的模型。增长烷基链占据配体框架的空旷区；丙烯进入反应配合物时，其甲基取代基远离链上最后一个单体单元的 $C_\beta$ 原子（单体甲基直接朝向配体框架的另一个空旷区）。为了表达更清楚，$\pi$ 配体只画了 C—C 单键[30]。〇—Zr，○—C 或 $CH_3$，。—H。1995 年 Wiley-VCH Weinheim 版权

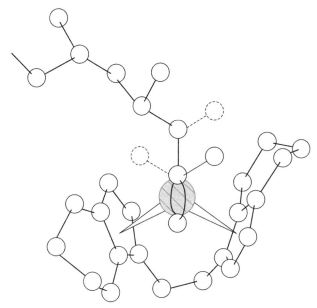

**图 3.38** 含有（R，R）-rac.-（IndCH$_2$）$_2$ 配体的催化剂等规定向聚合丙烯的模型。虚线表示增长链禁阻的构象，而这种构象有利于丙烯配位。为了表达更清楚，氢原子没有画[11]。

●—Zr，○—C、CH、CH$_2$、CH$_3$。 1989 年 Pergamon Press 版权

对于 $C_2$ 对称的手性茂金属催化剂，如 $^{13}$C 标记的 MAO 和乙基铝氧烷活化的 rac.-(IndCH$_2$)$_2$TiMe$_2$，用它制备的聚（α-烯烃）[如聚丙烯和聚（1-丁烯）]的端基结构，按模型分析的结果和实验发现的相一致[117,405,406]。前面所讨论的非均相催化剂的结果类似，在这个模型中，丙烯向起始的 Mt—CH$_3$ 键的插入没有对映选择性，对于 1-丁烯的插入具有部分选择性，而丙烯和 1-丁烯向 Mt—CH$_2$CH$_3$ 键的插入完全具有对映选择性。Pino 等[407] 在氢存在下测量了 rac.-(IndCH$_2$)$_2$TiMe$_2$-MAO 催化丙烯齐聚产生的饱和齐聚物的光学活性，结果也符合这个模型。

实验得到了所预期的具有绝对构型的手性丙烯氢三聚体和氢四聚体；R,R-手性的 rac.-(IndCH$_2$)$_2$ 配体有利于单体的右手插入。Kaminsky 等[408] 在没有氢的情况下制备了端基不饱和的不对称齐聚物，其结果也遵守以上规则。

聚合结果显示，尤其是第一个单体向活性中心金属-烷基键插入的对映选择性表明，手性催化剂要有效控制配位单体的对映面取向，金属烷基中至少含有两个碳原子。金属-烷基键似乎有一种杠杆作用，将 $C_5$ 配体环 β-取代基的影响传递给前手性 α-烯烃的取向[30]。

β-取代基对 $C_2$ 对称配合物两个等价配位点的影响相同，使 α-烯烃在两个点向 Mt 中心插入时对映面的选择性相同。注意，要产生立体选择性，每一个配位点只能被覆盖一侧，如果被两个 β-取代基覆盖，将产生无规聚丙烯。如外消旋-亚乙基双[1-(3-甲基茚基)]二氯化锆催化剂 [rac.-(MeIndCH$_2$)$_2$ZrCl$_2$] 制备的催化剂（图 3.39）[112]。

每一个配位点的两边分别被 CH 和 CH$_3$ 基团覆盖（都处于桥头 C 原子的 β-位），这使催化剂无法区别前来配位的 α-烯烃分子的对映面取向，因此产生无规聚（α-烯烃）[30]。

二元碳桥，如 rac.-(IndCH$_2$)$_2$ZrCl$_2$ 和 rac.-(THIndCH$_2$)$_2$ZrCl$_2$ 催化剂前体中的亚乙基桥，其大小为催化剂前体提供了中等的立体定向性。而一元硅桥可提供高的立体定向

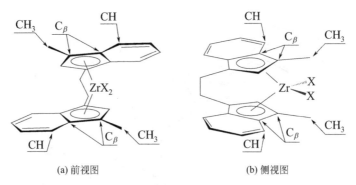

(a) 前视图　　　　　　　　　(b) 侧视图

**图 3.39**　有两个 β-取代基的环戊二烯基环形成的 $C_2$ 对称的手性催化剂前体，外消旋-亚乙基双［1-（3-甲基茚基）］二氯化锆［rac.-(MeIndCH$_2$)$_2$ZrCl$_2$］和 MAO 组成的催化剂产生无规聚丙烯

性[132]，如 rac.-Me$_2$Si（MeCp）$_2$ZrCl$_2$（表 3.1）。具有二甲基硅桥的外消旋茂锆催化剂即使在 70℃ 的高温下仍然能够保持高的等规定向性[118,125,139]，这是因为它的立体刚性比二元碳桥茂锆的高。

为了更详细地研究第一个单体向 Zr—CH$_3$ 键插入时单体-配体之间微妙的空间作用，设计了以下聚合[409]：以二甲基硅桥茂锆为催化剂前体，如 rac.-Me$_2$Si（Ind）$_2$ZrCl$_2$ 和它的 4,5-苯基或 2-甲基-4,5-苯基取代物，用 MAO/Al（$^{13}$CH$_3$）$_3$（摩尔比 5:1）为活化剂，聚合外消旋 α-烯烃（R,S）-3-甲基-1-戊烯。$^{13}$C NMR 数据显示，rac.-Me$_2$Si（Ind）$_2$ZrCl$_2$ 基催化剂具有中等对映选择性。对照非均相 TiCl$_3$ 基催化剂催化 α-烯烃聚合时，第一个单体插入完全没有立体定向性。出现的对映选择性归因于单体和配体框架直接的排斥作用。非立体选择性的原因和非均相 TiCl$_3$ 基催化剂的相同；单体的 R,R 和 S,S 非对映面比 R,S 和 S,R 面的反应性高两倍。因此，第一步中的对映选择性（在单体的两个对映面之间选择）和非对映选择性（在单体的四个非对映面之间选择）源于单体和配体框架之间不同的斥力作用，也就是说，对映选择性和非对映选择性为独立效果[409]。

前面已经提到，等规定向的 rac.-(IndCH$_2$)$_2$ZrX$_2$ 和 rac.-(THIndCH$_2$)$_2$ZrX$_2$ 基催化剂催化丙烯聚合的区域专一性没有相应的非立体定向的外消旋茂锆的高。已经确定，外消旋茂金属基催化剂催化丙烯聚合中，一级插入（占绝对优势）和二级插入趋向于使用相反的对映面；即使向二级增长链插入，也是一级插入比二级插入有利；无论是一级增长链还是二级增长链（最后一个丙烯单元是一级插入或二级插入，则称为一级链或二级链），一级插入优先发生在给定的同一个对映面上[345,402]。

对催化剂模型详细的分子力学分析也合理解释了外消旋茂金属均聚丙烯的等规定向行为[357]。很有趣，和丙烯一级插入对映选择性相反，丙烯二级插入的对映选择性源于配位单体的烷基取代基（丙烯为甲基）和外消旋柄型茂金属基催化剂中的 π 配体的直接作用。具有（R,R）-rac.-(IndCH$_2$)$_2$ 或（R,R）-rac.-(THIndCH$_2$)$_2$ 配体的模型活性中心如果对单体优先进行右手性配位，则适合于一级插入取向，如果优先进行左手性配位，则适合于偶尔发生的二级插入取向。左手配位是因为配位丙烯的甲基和环戊二烯型配体的斥力不够大（图 3.40）[402]。

均相外消旋柄型茂金属基催化剂催化丙烯聚合二级插入的程度比非均相 Ziegler-Natta

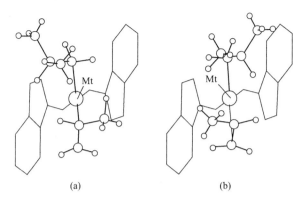

**图 3.40** (R，R)-rac.-(THIndCH$_2$)$_2$ZrCl$_2$ 催化剂前体催化丙烯聚合时，丙烯向增长链二级插入的模型。配合物（a）的单体以右手配位，为高能态，配合物（b）的单体以左手配位，为低能态，适合于二级插入。为了表达更清楚，π 配体只画了 C—C 单键。〇—Zr，○—C，。—H

催化剂的高，某些均相催化剂还有 1,3-误插入，这和二级增长链反应有关。依赖于茂金属的种类和聚合温度，聚合链中会形成头-头连接的单元（向二级链的一级插入）[式(3-67)(a)]或/和四个亚甲基单元（1,3-插入）[式(3-67)(b) 和式(3-67)(c)]。1,3-插入是由于下一个丙烯分子插入之前二级 Zr-烷基单元发生了异构化反应（包括 β-氢转移、旋转和插入）[式(3-67)][254,258,259,261]：

$$\text{Zr}-\text{CH}-\text{CH}_2-\text{CH}_2-\text{CH}-\text{P}_n$$
$$\quad\;\;|\qquad\qquad\qquad\;\;|$$
$$\;\;\text{CH}_3\qquad\qquad\quad\text{CH}_3$$

（a）CH$_2$=CH—CH$_3$ ↙     ↘ (b)

$$\text{Zr}-\text{CH}_2-\text{CH}_2-\text{CH}_2-\text{CH}_2-\text{CH}-\text{P}_n$$
$$\qquad\qquad\qquad\qquad\qquad\qquad\quad|$$
$$\qquad\qquad\qquad\qquad\qquad\qquad\text{CH}_3$$

(3-67)

$$\text{Zr}-\text{CH}_2-\text{CH}-\text{CH}_2-\text{CH}_2-\text{CH}-\text{P}_n$$
$$\qquad\qquad\;\;|\qquad\;\;|\qquad\qquad\qquad\;\;|$$
$$\qquad\quad\text{CH}_3\;\text{CH}_3\qquad\qquad\text{CH}_3$$

(c) ↓ CH$_2$=CH—CH$_3$

$$\text{Zr}-\text{CH}_2-\text{CH}-\text{CH}_2-\text{CH}-\text{CH}_2-\text{CH}-\text{P}_n$$
$$\qquad\qquad\quad|\qquad\qquad\;|\qquad\qquad\;\;|$$
$$\qquad\qquad\text{CH}_3\qquad\;\text{CH}_3\qquad\;\text{CH}_3$$

不同茂锆基催化剂的区域不规则程度不同。丙烯 1,3-误插入（约 1%）只在 rac.-(ThindCH$_2$)$_2$ZrCl$_2$-MAO 催化剂中出现，1,2-误插入（约 1.6%）只在 rac.-Me$_2$Si(Ind)$_2$ZrCl$_2$-MAO 中出现，这两种误插入在 rac.-(IndCH$_2$)$_2$ZrCl$_2$-MAO 催化剂中都出现（聚合温度 40℃）[30]。一般的规则为："快"催化剂一般是 2,1-误插入，"慢"催化剂主要是 1,3-误插入[131,256]。

最后我们讨论一下 MAO 活化的非桥连 C$_2$ 对称的类型 Ⅲ 茂金属形成的催化剂（表 3.2），用它催化丙烯等规定向聚合的立体调剂机理。

(MeFlu)$_2$ZrX$_2$ 前体产生的高等规定向聚合催化剂没有 2,1-误插入和 1,3-误插入 [rac.-(IndCH$_2$)$_2$ZrX$_2$] 型前体产生的等规聚丙烯中普遍存在这种误插入[257],这是由于芴环上(在 1 位)外露的甲基的非键斥力作用增加并维持了高的立体刚度[143]。甲基取代的芴配体为手性排列,具有足够的刚性而不能互相旋转,这使(MeFlu)$_2$ZrX$_2$ 基催化剂配合物的对映异构体在聚合中不能互相转化;催化剂点为外消旋 $C_2$ 对称异构体(表 3.2),产生等规聚丙烯。

非桥连茂金属 rac.-[Ph(Me)CHCp]$_2$ZrCl$_2$(表 3.2)中 $C_5$ 环取代基中含有手性碳,但是这并不足以限制 $C_5$ 环旋转,MAO 活化后,在约-50℃的低温可以产生等规聚丙烯。随着聚合温度的升高,活性点手性(如类型Ⅲ的桥连茂金属催化剂)和聚合链上最后一个插入的单体单元的构型(如类型Ⅱ的桥连茂金属)对丙烯配位插入的立体化学的部分控制将消失[119]。显然,在常温下,配体和取代基的旋转得不到充分的限制,聚合物增长链的构象灵活性会增加,这消除了立体控制机理[30]。

Waymouth 等[128,129,147] 报道了另一个非桥连茂金属(PhInd)$_2$ZrCl$_2$-MAO(表 3.2),它在链增长中可以异构化(取代茚基可以在手性和非手性配位几何位上进行受限的旋转,分别对应于类型Ⅲ和类型Ⅱ催化剂),在室温聚合时,产生等规-无规立体嵌段聚丙烯。这种催化剂可以在外消旋(手性的)和内消旋(非手性的)异构体之间(分别为 $C_2$ 和 $C_s$ 对称性)转化,这为控制聚丙烯等规和无规立体序列的分布提供了一种途径。

### 3.5.4.3 使用手性环境(对映异构)催化剂的间规定向链增长的立体控制

前手性立体刚性的 $C_s$ 分子对称的(非螺旋的)类型Ⅳ茂金属,如 Me$_2$C(Cp)(Flu)MtX$_2$(表 3.1)所得的催化剂中,增长链和单体配位的两个位置之间有一个局部对称面[23]。如果是链迁移插入机理,配合物阳离子的构型在每一个链增长步中都会反转,因此,如果有对映选择性,那么单体将以两个对映面交替配位[68]。图 3.41 的模型对应两个连续聚合步骤,配位丙烯和聚合物链互换了位置 [Me$_2$C(Cp)(Flu)MtCl$_2$ 基催化剂][30]。

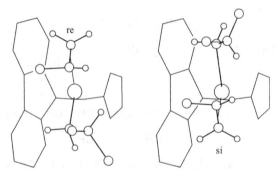

图 3.41 Me$_2$C(Cp)(Flu) MtX$_2$ 基催化剂进行丙烯间规定向聚合时,丙烯向增长链一级插入的模型。增长烷基链占据配体框架的空旷区;丙烯进入反应配合物时,其甲基取代基远离链上最后一个单体单元的 $C_\beta$ 原子(单体的甲基直接朝向两个 $C_6$ 环的"□")。为了表达更清楚,π 配体只画了 C—C 单键[30]。○—Zr,○—C,○—H。1995 年 Wiley-VCH Weinheim 版权

聚丙烯增长链和配位单体分子的位置是对映的,如果有对映选择,那么其模型应为间规定向性[23]。

催化剂活性中心前手性面选择性的原因是，立体刚性的 $Me_2C(Cp)(Flu)$ 配体其特定的空间排列包围了 Zr 原子和活性的配位点 [图 3.42（R=H）]。

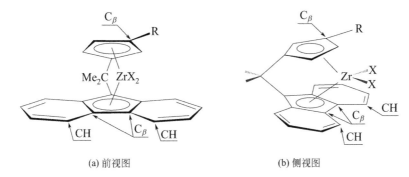

(a) 前视图  (b) 侧视图

**图 3.42** 亚异丙基 [1-（3-R-环戊二烯基）]（9-芴基）二氯化锆
$[Me_2C(Cp)(Flu)MtCl_2]$；R= H、Me、t-Bu

根据 Guerra 等提出的模型[402]，芴基六元环脊部的基团 [桥头碳原子 $\beta$-CH 基团，如图 3.42 所示（R=H）] 和最后插入的（一级插入）单体单元的原子的非键斥力迫使了该单元 $C_\beta$ 原子远离空间拥挤的芴基，进入 $C_5$ 环旁边的空旷区并手性取向，这最适合催化活性中心的手性环境并具有最少的空间作用。在这种构型下，每一个烷基化的具有手性取向增长链的催化剂对映异构体，由于增长链 $C_\beta$ 原子和丙烯甲基的斥力，将优先和丙烯前手性面（右手或左手）中的一个配位（图 3.41）。在链迁移插入机理假设下，对映面的取向在两个配位点之间交替出现，结果产生间规聚合物[23,143]。

$C_s$ 对称的类型Ⅳ催化剂，如 $Me_2C(Cp)(Flu)MtCl_2$ 基催化剂，如果要间规定向聚合 $\alpha$-烯烃，必须是链迁移插入机理。在链迁移插入机理中，如果有链固定插入机理出现，那么间规链中就会有等规序列（产生间规-等规嵌段聚丙烯）。其实 $Me_2C(Cp)(Flu)HfCl_2$ 基催化剂就有这种情况（表 3.1）[127,143]。

$C_s$ 对称的类型Ⅳ催化剂催化高级 $\alpha$-烯烃聚合也能产生高间规聚合物[117]，机理为对映活性中心控制。

### 3.5.4.4 使用手性环境（非对映异构）催化剂的等规、半等规、等规-非等规和间规定向链增长的立体控制

手性立体刚性的 $C_1$ 分子对称的（假螺旋，没有对称元素）类型Ⅴ茂金属，如 $Me_2C(t\text{-}BuCp)(Flu)MtX_2$ [表 3.1，图 3.42（R=$t$-Bu）] 产生的催化剂中，由于配位点之间没有对映性，不能通过链迁移插入机理形成等规聚合物。环戊二烯基末端（桥头碳的 $\beta$-位）大体积的叔丁基和增长链有强烈的非键排斥作用，阻碍了增长链向 $\beta$-取代基下方的配位点迁移，而这点只对丙烯配位有效[124,127,143,146]。要形成等规聚丙烯，增长链在每一个单体插入后必须回迁到起初的位阻较小的位置[68]，每一个活性中心只能有一个丙烯配位点，丙烯只以一个对映面配位[143]。

大体积的叔丁基和芴基的一个 $C_6$ 环将 $Me_2C(t\text{-}BuCp)(Flu)ZrCl_2$ 基催化剂的一个配位点完全阻碍，而另一个配位点被另一个 $C_6$ 环阻碍，所以聚合只能是链固定机理；增长链在较开阔的配位点上受芴环 $\beta$-CH 基团的作用而手性取向，对前来配位的单体的排斥作用强

制其以相应的对映面取向（适合于一级插入）配位，迫使单体的取代基（丙烯为甲基）远离增长链的 $C_\beta$ 原子。这种情况下，一系列的丙烯在相应的对映点都以右手或左手配位插入，从而产生等规聚丙烯。最近认为，对映活性中心模型只适用于类型Ⅲ催化剂（$C_2$ 分子对称的）的等规定向聚合；而类型Ⅴ催化剂（$C_1$ 分子对称）等规定向聚合丙烯的立体定向性一般为立体控制的"增长链取向机理"，该假设的基础是分子力学的计算结果[1,30,410]。

最近，有一种观点认为，"增长链取向机理"比对映活性中心模型更能合理地解释非均相等规定向 Ziegler-Natta 催化剂的立体调剂[411,412]。

$Me_2C(MeCp)(Flu)ZrCl_2$ 基催化剂 [表 3.1、图 3.42（R＝Me）] 和 $Me_2C(t\text{-}BuCp)(Flu)ZrCl_2$ 基催化剂的配位点类似。环戊二烯的 $\beta$-取代基为 H 时，$Me_2C(Cp)(Flu)ZrCl_2$ 基催化剂为间规定向，为叔丁基时，$Me_2C(t\text{-}BuCp)(Flu)ZrCl_2$ 基催化剂为等规定向，甲基大小介于叔丁基和 H 之间，$Me_2C(MeCp)(Flu)ZrCl_2$ 基催化剂产生半等规聚丙烯（图 3.7）。半等规聚丙烯形成的合理解释需要仔细考察聚合物的微观结构。详细的 $^{13}C$ NMR 研究表明，聚合物链中有长短不一的不重叠的等规和间规序列（图 3.6）[127]。

根据增长链螺旋的周期性[413]，Razavi 等[127,413] 认为链迁移插入机理和链固定插入机理交替进行，倒数第二个单体单元可能参与了反应。按照这个机理，产生的聚丙烯应该具有等规间规微观结构。

增长链和配体上的甲基的非键斥力会间歇性地阻碍链迁移插入而形成这种机理。在链迁移插入机理作用的时期，每一增长步后催化活性中心的构型进行交替，形成间规嵌段；当增长链和 $\beta$-甲基作用阻碍链迁移插入后，将在同一点进行多步链固定插入，形成等规嵌段[143]。

在非对映配位点的链迁移插入也能解释 $Me_2C(MeCp)(Flu)ZrCl_2$-MAO 形成半等规聚丙烯。$C_6$ 环 $\beta$-CH 基团单面遮挡催化活性中心使其保持对映选择性，丙烯配位和插入将优先选用其中的一个对映面（左手或者右手）。$C_6$ 环 $\beta$-CH 基团和甲基双面遮挡的催化活性中心（图 3.42）没有对映面选择性（非立体定向点），和丙烯配位不区分两个对映面（左手和右手）。因此，催化剂变为"半立体选择性"，形成半等规聚合物。聚合物占据立体定向点比占据非立体定向点的能量更有利，因此，链固定插入和链迁移插入在增长过程中竞争[121]。

$Me_2C(MeCp)(Flu)ZrCl_2$ 基催化剂催化 1-丁烯和 1-己烯聚合时，m 二元组的含量比丙烯聚合时的多。这说明当 $\alpha$-烯烃单体尺寸增大时，下一个单体插入前，催化活性中心更易异构化。

$Me_2C(RCp)(Flu)ZrCl_2$-MAO（R＝H、Me、t-Bu）催化丙烯聚合时，自由的、受限的和禁阻的链迁移机理分别产生间规的、半等规的和等规的聚丙烯。一般来说，这些机理都与端部取代基和活性配位点的空间关系有关，三种情况下，这种空间关系很类似[127,143]。$C_s$ 对称的类型Ⅳ催化剂 $Me_2C(Cp)(Flu)ZrCl_2$ 中环戊二烯环 $\beta$-取代基 H 较小，聚合主要是链迁移插入机理，几乎没有链固定插入（表 3.1）。$C_1$ 对称的类型Ⅴ催化剂 $Me_2C(MeCp)(Flu)ZrCl_2$ 中环戊二烯环 $\beta$-取代基 Me 为中等大小，链迁移插入被打断，聚合中链迁移插入和链固定插入交替出现，结果产生半等规的或间规等规嵌段聚丙烯。$C_1$ 对称的类型Ⅴ催化剂 $Me_2C(t\text{-}BuCp)(Flu)ZrCl_2$ 中，环戊二烯环 $\beta$-取代基 t-Bu 较大，链迁移插入被禁阻，只有链固定插入，产生等规聚丙烯。

rac.-MeCH(Me$_4$Cp)(Ind)TiCl$_2$ 基催化剂制备的聚丙烯链中等规嵌段和无规嵌段交替出现（表3.1），它有一个手性桥碳原子，聚合中能够使增长链和桥亚乙基中的甲基处于顺式或反式，将增长链置于四甲基环戊二烯基和茚基配体的不同环境中。因此，这两个位置不等价，有不同非键作用。综上所述，可以假设催化剂处于两个异构态的平衡中：一个具有较低的对称性（等规定向活性中心），另一个具有较高对称性（非常低的立体定向性或/和没有立体定向性）[116]。前一个活性中心在每一增长步中都以同样的对映面（全部为右手或左手）和单体配位，形成等规序列；后一个活性中心在连续增长步中和单体配位没有立体选择性（不区分单体的右手和左手对映面），形成无规序列[107]。在这个机理中，一个催化活性中心在增长过程中在两种状态之间转换。当配位点处于间歇式周期转换机理时，产生的聚丙烯将会有等规无规嵌段微结构[414]。如果某一个特定的嵌段的长度减少（两个点快速转换的情况下），特别是当无规链段减少到只有 r 二元组组成时，产生的聚丙烯为半等规（等规间规嵌段）；其实 Me$_2$C(RCp)(Flu)ZrCl$_2$ 基催化剂就是这种情况[107]。

t-BuCH(Cp)(Ind)ZrCl$_2$ 基催化剂制备的聚丙烯为间规结构（表3.1）。催化剂前体含有一个手性桥碳原子，但这个原子的手性不是聚合间规定向性的决定因素。理论研究表明，该类手性催化剂催化丙烯聚合的间规定向性不仅仅是受催化活性中心对映形态控制；在间规定向增长中，最后插入的单体单元（一级插入）的 C$_\beta$ 原子的构型从 R 转化为 S 时，优先选择的丙烯分子前手性面也会从右手变为左手。实际上，桥碳原子的手性不能改变单体的间规链接；只要增长链最后的单体单元的 C$_\beta$ 原子（R 或 S）和金属中心（R 或 S）同时具备，就会出现这种链接。分子力学计算证实，金属中心手性不是对映选择的唯一决定因素。增长链 C$_\beta$ 原子的手性对丙烯配位的对映面选择也有贡献。总而言之，单体插入的立体化学完全由过渡态的立体能量决定，即对映点的手性、最后插入的单体单元的 C$_\beta$ 原子的构型以及可能存在的 agostic 效应，这些因素共同作用的结果[107,137]。

### 3.5.4.5 聚合立体控制的一般特征——空间和电子效应

总而言之，丙烯立体定向聚合的均相单中心催化剂都具有立体选择性的取代环戊二烯配体，一般认为，金属原子周围的立体空间环境是插入取向的原因。金属环过渡态[136]中配体取代基、单体和增长链之间协同的互斥非键作用最终决定着插入立体化学和聚合物链最终的微观结构。单体向甲基茂金属阳离子 [H$_2$Si(Cp)$_2$ZrMe]$^+$ 的金属-碳键插入的能量和空间几何的计算显示，过渡态中插入反应的活化能比形成 π 配合物的能量高约 6kcal/mol[272]。然而，计算发现，乙烯和 [Cp$_2$TiMe]$^+$ 反应既没有 π 配合物也没有插入过渡态，是一个自发过程，合理的解释是 2+2 加成，没有单体配位或插入步[415,416]；乙烯的插入速度估计在非常短的时间内完成（约 $10^{-13}$ s）。无论配位单体插入反应有没有位垒，茂金属基催化剂过渡金属周围的配位球越紧，它对乙烯的聚合活性与丙烯比就越高。

对类型Ⅲ、Ⅳ和Ⅴ的手性催化剂的结构和聚合行为的分析结果显示，柄型茂金属环戊二烯型配体桥头 β-取代基对聚丙烯立体调节的作用非常重要。β-取代基和增长链、配位 α-烯烃分子的配位点很接近。这些茂金属配合物的空间关系可以从两方面描述，一是配位空隙孔径角，通过金属中心的两个平面旋转形成的最大可能角，金属中心已经接触到了 C$_5$ 环配体 β-取代基的范德华面；另一个是侧面延伸角，其受限于伸向配位孔隙的两个 α-取代基[417]（图3.43）[30]。

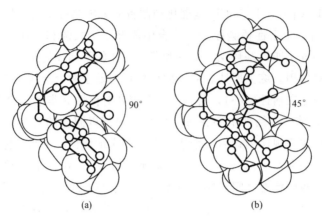

**图 3.43** 外消旋亚乙基双 ［1-（4,5,6,7-四氢茚基）］二氯化锆 ［rac.-(ThindCH$_2$)$_2$ZrCl$_2$］（a）和外消旋亚乙基双 ［1-（4,7-二甲基-4,5,6,7-四氢茚基）］二氯化锆 ［rac.-(Me$_2$ThindCH$_2$)$_2$ZrCl$_2$］（b）的配位空隙孔径角。为了表达更清楚，π 配体只画了 C—C 单键[30]。皆为侧视图。
1995 年 Wiley-VCH Weinheim 版权

所有开放结构的异亚丙基桥连茂金属与具有较小配位空隙孔径角的亚乙基桥连的茂金属相比，对乙烯的聚合活性小很多。手性茂金属基催化剂的相对立体定向性和链端取向控制的 α-烯烃 π 面的选择性一致，也和环戊二烯环 β-取代基迫使的链端取向一致（对映点立体控制）。环戊二烯环 β-取代基和丙烯甲基的直接作用会额外增强（等规定向催化剂）或减弱（间规定性催化剂）立体调节[22,112,138,143]。催化剂-单体的直接作用对立体定向性的影响程度取决于催化活性中心的配位空隙孔径角（和侧面延伸角）。

催化点的简单模型分析中，只考虑了阳离子型催化剂和单体的非键接触对特定点的对映选择性的影响，不足以解释所有的实验数据。只用空间效应来解释是不够的，试验数据显示，电子因素也需要考虑。除了空间因素，还有辅助配体取代基的大小，还要考虑过渡金属离子半径（Ti、Zr、Hf）和活性配位位置被配体遮盖的程度[30,112,127,418]。

茂金属基催化剂催化 α-烯烃聚合的立体调节机理中，电子效应是一个重要的因素。镧系收缩和相对论效应两种现象使第 4 族过渡金属系列中的铪和锆非常不同：铪的原子和离子半径更小，具有强的 σ 键，更难还原[418]。

铪阳离子半径更小，原子核对电子的效应更强，更容易形成紧密离子对。较小的铪阳离子的活性配位位置被配体覆盖的更多，空间更拥挤。由于静电和空间两方面的原因，相比于锆，聚合物增长链在铪的侧面的位移受到的阻力更大。这就意味着，对于间规定向催化剂前体 Me$_2$C（Cp）(Flu) MtCl$_2$，当 Mt 是铪时，制备的聚丙烯有更高的间规度。

另外，对于 rac.-Me$_2$C (Ind)$_2$MtCl$_2$ 或 rac.-(IndCH$_2$)$_2$MtCl$_2$ 基等规定向催化剂，对链迁移偶尔的限制一般对聚合物立体调节没有影响。当金属原子为 Hf 时，立体调节性会略有增强；这种情况下，一个不必要的链迁移只对等规度不利[418]。

对于没有螺旋对称的类型 V 间规定向催化剂，由亚乙基桥代替亚异丙基桥，催化剂的立体定向性能会下降。(CpCH$_2$)(FluCH$_2$)ZrCl$_2$ 桥连中的两个碳原子将环戊二烯环和芴环部分推得更远，使两者更加趋向平行。在这种情况下，配位点被配体覆盖的更多。配位空隙孔径角越小，Cp（质心）-Mt-Flu（质心）角越大；因此，(CpCH$_2$)(FluCH$_2$) ZrCl$_2$ 与 Me$_2$C (Cp)(Flu) MtCl$_2$ 相比，配位空隙孔径角更小，前者的 Cp（质心）-Mt-Flu（质心）角比后者的大。质心-Mt-质心角的变化同时伴随着前线轨道能量和杂化的变化。从空间和价轨道能量的角度看，对于 $(CpCH_2)(FluCH_2)ZrCl_2$ 基催化剂，链端氢原子的 σ 轨道和过渡金属轨道的接近与交叠形成适当的 agostic 效应不是很容易。亚乙基桥茂锆基催化剂的立体定向性较低，是因为其框架结构较大的弯曲性降低了形成 α-agostic 效应的可能性。

对于螺旋对称的类型Ⅲ等规定向催化剂，用亚异丙基桥代替亚乙基桥，一般会使催化剂的活性大大下降，立体定向性也会下降。$rac.\text{-}(IndCH_2)_2MtCl_2$ 与 $rac.\text{-}Me_2C(Ind)_2MtCl_2$ 催化剂前体相比，质心-Mt-质心角有相当大的区别，前者为 125.39°，比后者大 7°。催化剂的性能和这个参数有关[418]。分子背部的质心-Mt-质心角变小就要求配位空隙孔径角更大。

从亚乙基桥变为亚异丙基桥，活性中心从末端取代基的位阻中部分释放出来，立体和轨道能因素更适合于形成 agostic 效应。$rac.\text{-}Me_2C(Ind)_2ZrCl_2$ 与 $rac.\text{-}(IndCH_2)_2ZrCl_2$ 相比，金属原子前线轨道和氢的 σ 轨道有更充分的交叠，α-agostic 效应形成的机会更大。理论上讲，前一个催化剂前体的立体定向性更好。然而实际并不是这样，由于配体空间效应的减小，其对增长链和单体前手性面选择性的直接影响降低了，立体定向性似乎并没有增高[418]。α-agostic 效应被认为是手性柄型茂金属基催化剂立体选择性的本源。因此，α-agostic 模型中，增长链 $C_\beta$ 原子位于刚性三元环 $Zr\text{-}H_\alpha\text{-}C_\alpha$ 的两个可能的位置中更开阔的一个，这控制了 α-烯烃插入的右手或左手取向[30]。$Zr\text{-}C_\alpha H_2\text{-}C_\beta H(CH_3)$ 中两个不同 $H_\alpha$ 和金属键接会有两个取向，一种取向被空间禁阻，因为它会导致增长链和手性 π 配体 β-取代基的冲突；另一种取向在空间上没有阻碍，而这种取向实际上与只考虑范德华非键斥力所设想的取向[345,402] 无法区分（图 3.37 和图 3.41）[30]。

第 4 族茂金属催化剂在烯烃聚合中广泛存在 agostic 金属-氢键。高活性阳离子中心的电子不饱和，配位也不饱和，聚合物活性端部的 α-氢原子、γ-氢原子或 β-氢原子的 agostic 效应能够稳定它。这些 C—H 键相当于孤对电子配体；在三元环（$Mt\text{-}H_\alpha\text{-}C_\alpha$）、四元环（$Mt\text{-}H_\beta\text{-}C_\beta$）和五元环（$Mt\text{-}H_\gamma\text{-}C_\gamma$）中形成了两电子三中心的 Mt—H—C 键。α-(γ-)agostic 效应可以使活性中心在两次配位之间的时间里保持完整无损，但不会阻碍相继插入的单体，这是产生高分子量聚合物的决定性因素[418]。β-agostic 效应对形成高分子量聚合物有害，因为它会导致 β-氢消除反应，和式 (3-38) 所示的方程类似。

假螺旋对称的类型Ⅴ催化剂（不对称茂金属基催化剂）的聚合立体化学行为还需要更深入的研究。但现在可以断定，催化剂越不对称，间规聚丙烯中 m 二元组越多。间规定向催化剂前体 $t\text{-}BuCH(Cp)(Flu)ZrCl_2$ 中手性桥碳原子有两种排列：第一种主要和对映点作用，第二种主要与丙烯单体的甲基和最后插入的单体单元的 $C_\beta$ 原子有非键作用[137]。

最近，有些学者不再满足于催化剂立体定向性的对称模型，因为茂金属对称性的简单手性原则非常有限。现在已经发展了一个一般性的模型，它可以更精确地描述实验所得的聚(α-烯烃)的微观结构。该模型考虑了茂金属和丙烯分子配位后形成的四种最低能量构象（$R_{re}$、$S_{re}$、$S_{si}$、$R_{si}$），以及插入时聚合物链位置的改变。四个非对映异构体的相对能级可以由分子模拟计算出来，能量的差别决定了最终聚合物的微观结构[419]。

立体和电子因素对聚合立体控制的影响还要考虑茂金属和 MAO、全氟四苯基硼或其他阴离子形成的接触离子对的不同形式。前面已经讲过，第 4 族二氯或二烷基茂金属配合物要转化为活性烯烃聚合催化剂，必须在某些 Lewis 酸的作用下形成烷基茂金属离子[109,341,399]。

二烷基化合物 $Cp_2'MtR_2$ 及其与 Lewis 酸（LA）的加合物 $Cp_2'MtR_2 \cdot LA$（等效于接触离子对 $[Cp_2'MtR]^{\delta+}\cdots[R\text{-}LA]^{\delta-}$）之间的平衡，以及 $[Cp_2'MtR]^{\delta+}\cdots[R\text{-}LA]^{\delta-}$ 和溶剂或者烯烃分子分离开的离子对 $[Cp_2'MtR(溶剂)]^+[R\text{-}LA]^-$ 和 $[Cp_2'MtR(烯烃)]^+[R\text{-}LA]^-$ 之间的平衡很重要[341]。烯烃分子分开的离子对一般认为是单体向 Mt—R 键插入的中间体。烷基茂金属离子的聚合体系中可能含有双核阳离子$[(Cp_2'MtMe)\text{-}X\text{-}(Cp_2'MtMe)]$（X=F，Me）[165,420]。它们可能是链终止和催化剂失活的中间体。

孤立阳离子简单模型中并没有考虑紧密离子对立体效应、对立体调节的影响。然而，这种影响在某些情况下明显可见。例如，在丙烯间规定向聚合中会产生 m 二元组，这是由于在同一个对映点上出现了链回迁插入，链回迁插入的频率在很大程度上取决于环戊二烯型配体 $C_\beta$ 取代基和增长链的空间作用，以及茂金属活性中心的有效核电荷（阳离子更易与阴离子配位，而不是与单体和溶剂分子）。因此，增加 $\beta$-取代基的体积和/或增加金属中心的有效核电荷，会增加链阻碍的可能性，链固定插入更容易出现。将 $Me_2C(Cp)(Flu)ZrCl_2$ 中的 Zr 换为 Hf，Hf 阳离子尺寸更小，电荷更多，与 $\beta$-取代基的距离更短，与离子对结合更有效；链迁移插入受阻发生的会更有效更频繁，结果，形成的间规聚丙烯链中有更多的等规序列（表 3.1）[127]。

考虑上述情况，可以认为空间上不太拥挤的茂金属阳离子，如 $Me_2C(Cp)(Flu)MtX_2$ 催化剂前体产生的阳离子，对阴离子的配位效果更敏感，配位强度依下列顺序增加：$[Al_x(Me)_{x-1}O_xX_2]^- < [B(C_6F_5)_4]^- < [B(Me)(C_6F_5)_3]^-$。对于这种和配位空间更大的阳离子，阴离子配位增强会使活性、立体选择性（进而使聚合物的熔点）和聚合物分子量下降[113]。

对于等规定向 $rac.\text{-}(IndCH_2)_2ZrCl_2$ 基催化剂，无论其阴离子部分是什么类型，其活性都在同一个数量级[112]。

概括一下，手性茂金属催化剂催化 $\alpha$-烯烃聚合的空间和电子效应，可以看出，丙型茂金属基催化剂的立体刚性没有非均相催化剂的高；茂金属催化剂的构象不断变化，如 $\eta^5$-环戊二烯型配体不断扭转，和 MAO 有动态的解离/结合，还有单齿、双齿等不同的配位态；这些波动都会改变 $\alpha$-烯烃聚合增长步的立体定向和/或区域选择性中心。

反核离子对茂金属阳离子的反转有相当大的影响，当反核离子存在时，反转能会增加。计算发现[273]，在没有反核离子的条件下，$[rac.\text{-}(IndCH_2)_2ZrR]^+$ 的反转能为 4kcal/mol，而实验发现[111]，在反核离子 $[B(Me)(C_6F_5)_3]^-$ 存在下，其反转能为 18.3kcal/mol。

考察聚合溶剂和温度等条件对聚合的影响，同样可以看出，阴离子反核离子对茂金属阳离子立体定向性的影响。例如，$Me_2C(Cp)(Flu)ZrCl_2$ 基催化剂在极性溶剂中催化丙烯聚合没有立体定向性[142]，这可能源于溶剂分离的锆离子的构型反转，这种构型反转是增长聚合物链在下一个单体插入前迁移到开始的位置所造成的。非极性溶剂中锆配合物阳离子和反核离子的紧密接触会阻碍这种迁移。温度对立体定向性的影响源于温度对催化剂活性中心对映异构体之间平衡的影响，两个异构体对丙烯聚合有不同的立体调节能力。实际上，使用单原子桥连代替双原子桥连，并在环戊二烯型配体的 $\alpha$-位（相对于桥头原子）引入取代基，配体框架的刚性会增加，温度对聚合物立构规整性的影响减弱[68]。

## 3.5.5 立体定向链增长的空间缺陷和聚合物立构规整性的分析

没有一种 Ziegler-Natta 催化剂和相关的配位催化剂能够做到完全的区域专一性和立体定向性，在聚合中对化学和立体的控制总会有暂时的失控。在立构规整聚（α-烯烃）的分子链中，总存在一些"错误"。这些错误即有化学（头-头链接，单体的异构化）性质的，也有立体异构化点的立体性质的。每一种有规立构 α-烯烃聚合物都有一定程度的立构规整度。一般所说的立构规整性术语指真实聚合物分子的主要结构特征。例如，"等规"或"间规"对于真实的聚（α-烯烃）而言，应该指"主要是等规的"和"主要是间规的"。聚合物链上空间缺陷的分布可以说明聚合增长的立体控制类型。Bernoullian 统计分布是链端立体控制[12]，非 Bernoullian 统计分布源于对映点立体控制[411,412]或增长链取向立体控制[1,30,410]。

聚（α-烯烃）链的规整度主要由高分辨 $^1$H NMR 和 $^{13}$C NMR 核磁谱确定。这是确定聚合物微观结构最方便的方法[421]。

聚（α-烯烃）r 二元组有一个 $C_2$ 对称轴，因此，两个亚甲基质子处于等同的化学环境中：

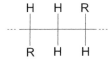

因此，在 $^1$H NMR 谱中具有相同的化学位移，呈现一个单共振峰。

m 二元组没有对称轴，两个亚甲基质子 $H_a$ 和 $H_b$ 不等价，在 $^1$H NMR 谱中一般有五个化学位移：

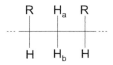

因此，$^1$H NMR 谱能够提供 α-烯烃聚合物链的立体化学信息[421]。

聚（α-烯烃）链的有规三元组有三种，等规（mm）、间规（rr）和杂规立体三元组（mr）：

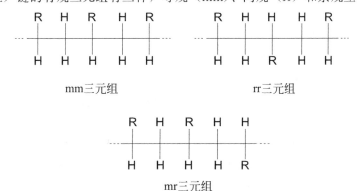

m 二元组形成的概率记为 $P_m$，r 二元组成的概率记为 $P_r$，$P_r=1-P_m$。形成一个三元组还需要两个单体插入，生成一个三元组的概率等于组成该三元组的两个二元组的概率乘积。聚（α-烯烃）链上等规（mm）、间规（rr）和杂规（mr）三元组形成的概率如下式所示（生成

mr 三元组的概率要乘以系数 2，因为该单元有两种形式，mr 和 rm)[421]：

$$[mm]=(P_m)^2$$
$$[rr]=(1-P_m)^2$$
$$[mr]=2\times P_m\times(1-P_m)$$

对于实际应用中重要而简单的聚（α-烯烃），至少可以用立体三元组的水平来定量表示链的立体结构[1]。更长的构型序列可以用核磁共振来分析，特别是用大频磁场的或 $^{13}$C NMR 谱或两者兼有。$CH_3$、$CH_2$ 和 CH 的碳位移分得很清晰。序列分析主要利用 $CH_3$ 基团的碳的化学位移。

$^{13}$C NMR 谱分析的起点是五个丙烯单元序列中间的 $CH_3$ 的位移。在丙烯中，$CH_3$ 基团的 $^{13}$C NMR 谱化学位移由两边邻近的重复单元的构型所决定，连续的四个或五个 m 或 r 二元组形成的序列构成了 $CH_3$ 基团周围环境，每一个 $CH_3$ 基团的信号反映着这一个特定的序列。五元组分布是聚丙烯立构规整性的指纹，含有大量的聚合机理信息；聚合链微观结构是链形成的最好的历史记录，为深入了解聚合立体控制类型提供了基础。可以预期，核磁共振仪器更进一步的发展将能分析更长的立体序列（六元组、七元组）分布[422,423]。

先来考察一下等规聚（α-烯烃）主链上的典型空间缺陷。等规聚合物链上有两种小的构型错误：一种为"立体"增长错误：

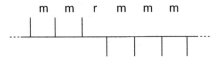

它的一个错误四元组的比例 mmr：mrm＝2：1。另一种是"模板"增长错误：

它有 rr 共振现象，错误四元组的比例 mmr：mrm＝1：1[424]。第一种结构说明链端本身就是立体本质的主要作用力，最后一个插入的单体单元的构型偶尔发生改变，其改变就会被保持来下。换句话说，一旦一个新的 m 二元组插入在 r 缺陷后，链就会继续按照 m 增长下去。第二种结构说明，链增长的立体控制为催化活性中心的对映形态，它可以通过恢复链和催化活性中心的绝对关系来纠正 r 增长；插入单体构型的偶尔改变对催化活性中心的手性没有影响，这种构型改变是孤立的[424]。

无规聚丙烯中无序构成的重复单元所有 10 种可能的五元组信号（等规：mmmm；间规：rrrr；杂规：mmmr、rmmr、mmrr、mmrm、rmrr、rmrm、rrrm 和 mrrm）（图 3.44）都可以在 $^{13}$C NMR 谱上看到（δ＝19.8～21.7）；其中 8 个信号可以很好地分开，两个以 mr 为中心的单元 mmrm 和 rmrr 的信号合并成了一个峰[425-427]。

理想的等规聚丙烯的 $^{13}$C NMR 谱应该只有一个五元组的单峰，即等规 mmmm 二元组（δ 大约为 21.7），因为它的重复单元都具有相同的构型[30]。非均相第三代 Ziegler-Natta 催化剂制备的等规聚丙烯的 [mmmm]＞0.95（mmmm 五元组积分和观察到的所有五元组积分的比）。在室温，典型的柄型茂金属-MAO 催化剂制备的聚丙烯的立构规整性 [mmmm]≈0.8～0.9，然而，在较高的温度下（如非均相 Ziegler-Natta 催化剂聚合丙烯的温度），与典型的非均相 Ziegler-Natta 催化剂相比，这些催化剂中的大多数立体定向性急剧下降[30]。

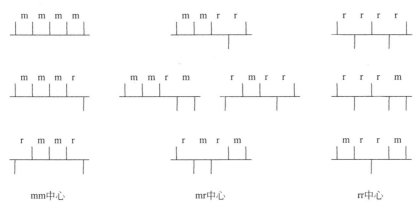

图 3.44 聚（α-烯烃）10 种可能的立体化学五元组

等规聚丙烯的立体缺陷，无论是孤立的 r 二元组还是成对的 r 二元组，都应该以五元组的形式来考虑［图 3.45（a）和（b）］。与手性茂金属基催化剂制备等规聚丙烯时偶尔发生的"立体错误"相关联的 $^{13}$C NMR 谱信号表明，聚合的立体化学受催化活性中心的对映形态控制；这些聚合物中错误的五元组比例为 mmmr：mmrr：mmrm：mrrm＝2：2：0：1 ［图 3.45（b）］。r 二元组成对出现的五元组形式是非均相 Ziegler-Natta 催化剂制备的等规聚丙烯的典型特征；α-烯烃偶尔误插入后，催化点固定的手性能够立即迫使其按照以前的优势对映面取向进行插入[1,30]。共聚有少量乙烯的等规聚丙烯链的 $^{13}$C NMR 谱分析结果也支持这一结论（图 3.46）[428]。

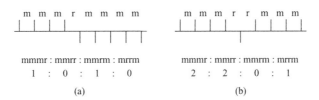

图 3.45 等规聚（α-烯烃）主链上典型的立体缺陷（立体错误的五元组分布）：
（a）孤立的 r 二元组，链端立体控制的典型错误；（b）一对 r 二元组，对映点立体控制的典型错误

图 3.46 一个非手性的乙烯单元插入后可能形成的聚（α-烯烃）的链增长：
（a）链端立体控制；（b）对映点立体控制

如果立体控制源于最后一个插入的单体单元的手性，那么在插入一个非手性乙烯单元后，丙烯单元的插入就变为非立体定向的［图 3.46（a）和（b）都有可能］，实际上，实验中发现这些非均相 Ziegler-Natta 催化剂有完全的立体定向性［图 3.46（b）][1,370,395]。

$Cp_2TiPh_2$-MAO 低温聚合丙烯为链端立体控制（形成立体嵌段聚丙烯），聚合物 $^{13}$C NMR 谱中的主要错误信号表明五元组有一次反转，mmrm 和 mmmr；错误五元组的分布为 mmmr：mmrr：mmrm：mrrm＝1：0：1：0 ［图 3.35（a）][1,30]。

典型的柄型茂金属-MAO 催化剂制备的间规聚丙烯具有高立体规整性，［rrrr］＞0.9

3 烯烃的配位聚合    105

(rrrr 五元组积分和总的五元组的积分的比例)；$^{13}$C NMR 谱中 rrrr 五元组为单峰，约为 20.3[30,418]。

图 3.47 给出了间规聚（α-烯烃）链上的主要立体缺陷。$^{1}$H 和 $^{13}$C NMR 谱对链微观结构分析的结果显示，可溶钒基 Ziegler-Natta 催化剂低温聚合产生的聚丙烯中长序列的 r 二元组被孤立的 m 二元组桥连 [图 3.47（a）][390,394]，这和 Bernoullian 统计模型一致[12]。最后一个插入的单体单元构型偶尔发生改变，其后的单体单元的构型也与其相同。

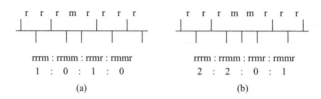

图 3.47 间规聚（α-烯烃）主链上典型的立体缺陷（立体错误的五元组分布）：
（a）孤立的 mr 二元组，链端立体控制的典型错误；（b）一对 m 二元组，对映点立体控制的典型错误

和这一发现相同，钒基催化剂进行乙丙共聚时，乙烯单元之后插入的丙烯完全没有立体定向性 [图 3.46 的（a）和（b）都有可能][1,390]。

$^{13}$C NMR 谱分析结果显示，$Me_2$C（Cp）（Flu）$ZrCl_2$-MAO 催化剂制备的聚丙烯中长序列的 r 二元组被成对的 m 二元组所分开 [图 3.47（b）]，说明聚合立体控制为催化剂对映点控制[23]。这种情况下，最后插入的单体单元构型偶尔发生改变，不会影响催化活性中心的手性，该单元的构型改变是孤立的。

总的说来，立体定向链增长反应中的空间缺陷，由单体对映面的误选择造成（左手构象代替了右手构象，或者相反）。影响插入机理改变的因素（催化剂活性中心手性的反转，异构化过程等）都可能影响空间缺陷，也会在聚合物微观结构上留下痕迹，这些都可以用核磁共振来研究。

## 3.6 高级α-烯烃的聚合

一般来讲，所有的α-烯烃，无论是线型的还是支化的，都可以被配位聚合催化剂以插入机理聚合为有规立构聚合物。使用 Ziegler-Natta 和相关的催化剂，大量的高级α-烯烃（$C_4$~$C_{18}$）的聚合反应已经被研究，然而，工业界对高级α-烯烃的兴趣远不如乙烯和丙烯。只有等规的聚（1-丁烯）和聚（4-甲基-1-戊烯）实现了工业化生产[43]。

从科学的角度讲，高级α-烯烃的聚合相当重要，因为要研究催化剂结构和聚合物结构之间的关系，需要考虑单体上烷基尺寸大小的影响。而且，手性α-烯烃的聚合反应可以研究聚合中的立体选择性和立体可选性。

NMR 谱是表征丙烯均聚物和乙丙共聚物的有力工具，但是对于高级聚（α-烯烃）其作用有限。主链原子和侧链基团的峰互相交叠，谱的解析和解释严重受限。因此，聚合物立构规整性的表征主要依赖于和结晶有关的现象，如 X 射线、IR 谱、溶解行为、溶剂分级和各种物理性质[43]。

## 3.6.1 Ziegler-Natta 催化剂的活性

大多数适合于丙烯聚合的 Ziegler-Natta 催化剂和相关的配位催化剂都可以有效地聚合高级 α-烯烃。在相同的条件下,高级 α-烯烃的聚合能力比丙烯的略低。因此,要获得高分子量、高结晶度(有规的)的聚合物,减少无规的副产物,有必要使用高立体定向的催化剂[43]。

Ziegler-Natta 催化剂制备的高级 α-烯烃聚合物既有等规的也有无规的。要产生高等规的聚合物,最好的催化体系是 $TiCl_3$ 和 $AlEt_2Cl$,或者负载催化剂如 $MgCl_2$/LB/$TiCl_4$-$AlEt_3$/LB;直接从 $TiCl_4$ 前体制备的催化剂的立体定向性较差,和丙烯的情况类似[43]。均相茂金属基催化剂也能制备高级 α-烯烃的等规聚合物。非均相催化剂和均相催化剂制备的等规聚合物有一些区别,后者的区域选择性要差一些。然而,由于其长的烷基链,高级 α-烯烃的聚合区域选择性要高于丙烯[37]。

均相茂金属基催化剂已经制备出了高级 α-烯烃的间规聚合物,如 1-丁烯和 4-甲基-1-戊烯[117,429,430]。与均相茂金属基催化剂相比,可溶钒基催化剂对高级 α-烯烃的聚合活性很低,聚合 1-丁烯只能产生痕量的低分子量间规聚合物[394]。

## 3.6.2 单体的聚合能力

α-烯烃配位插入聚合的活性一般和单体结构有关,电子和立体因素都会影响 α-烯烃立体定向聚合的活性,立体因素主要影响聚合速率,尤其是在非均相催化剂等规定向聚合中比较明显[46,250]。

烷基取代基尺寸增大或者烷基链的支化点向双键靠近都会降低烯烃双键的反应性;如果 3-位为叔碳原子,如 3,3-二甲基-1-丁烯,则单体不能聚合[2]。因此,对于线型 α-烯烃,随着链长的增加,其聚合速率下降;例如,1-丁烯的聚合速率是丙烯的 1/3[431]。对于支化 α-烯烃,聚合速率依赖于支化的位置、数目和类型,不同单体的聚合速率如下所示[47,241,432,433]:5-甲基-1-庚烯>4-甲基 1-己烯≫3-甲基-1-戊烯;1-丁烯≫3-甲基-1-丁烯>乙烯基环己烷>3,5,5-三甲基-1-己烯;4-甲基-1-戊烯≫4-苯基-1-己烯≫4,4,4-三苯基-1-丁烯。

如果 3-位和 4-位的碳都被取代,那么 α-烯烃的活性就会急剧下降。例如,3,4-二甲基-1-戊烯的活性是 3-甲基-1-戊烯的 1/5,而 3-甲基-1-戊烯的活性又是 4-甲基-1-戊烯的 1/3[37]。

使用非均相[282,372,384] 和均相等规定向催化剂[434] 聚合外消旋 α-烯烃如 4-甲基-1-戊烯,增长链中都是一种对映异构体优先插入,但是这两种 Ziegler-Natta 催化剂的立体选择性还有一些区别[435]。使用非均相催化剂聚合 3-甲基-1-戊烯也有类似的效果[379],但是使用间规定向柄型茂锆基催化剂聚合这些单体的活性较小[256]。

使用 $Me_2C$(Cp)(Flu)$ZrCl_2$-MAO 催化剂聚合外消旋 4-甲基-1-己烯明显地产生间规聚合物聚[(R,S)-4-甲基-1-己烯],这似乎是两个对映异构体的无规共聚物[436,437]。

## 3.7 丙二烯及其衍生物的聚合

最简单的累积双键烯烃丙二烯（1,2-丙二烯）的聚合很有趣，如果它聚合后产生的聚丙二烯的化学结构如下式所示，那么它将是一种多用途的聚合物"中间体"。

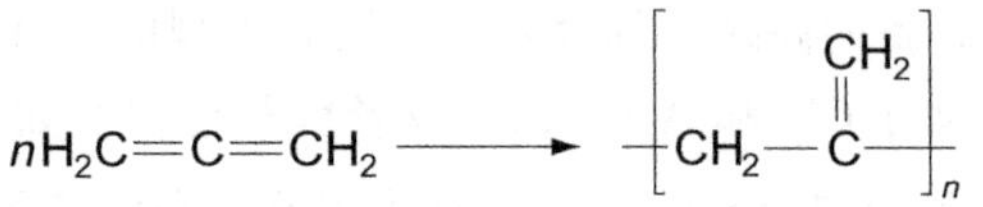

$$n H_2C=C=CH_2 \longrightarrow \left[ CH_2-\underset{\underset{CH_2}{\|}}{C} \right]_n \tag{3-68}$$

理论上讲，这种聚丙二烯在不对称氢化催化剂下可以转化为等规或间规聚丙烯[438]。

多种 Ziegler-Natta 催化剂都可以聚合丙二烯产生线型高分子量聚合物，如以 Ti、V、Cr、Mn、Fe、Co 和 Ni 配合物作为前体，烷基铝作为活化剂组成的催化体系[439-441]。每一种催化剂所制备的聚合物都有结晶的和无定形的，其比例不同。结晶聚合物中的单体单元主要为 1,2-链接（头-尾），如式(3-68)，也有一些 2,1-插入形成的头-头和尾-尾排列，有一定的区域不规则性：

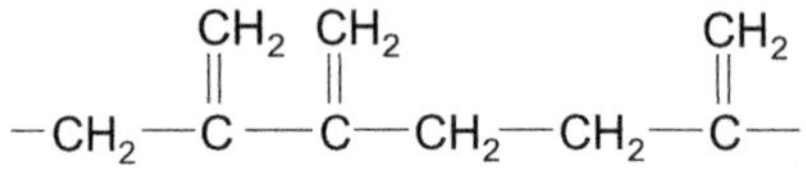

无定形丙二烯聚合物含有 1,1-链接的和反式-1,3-链接的单体单元[241]：

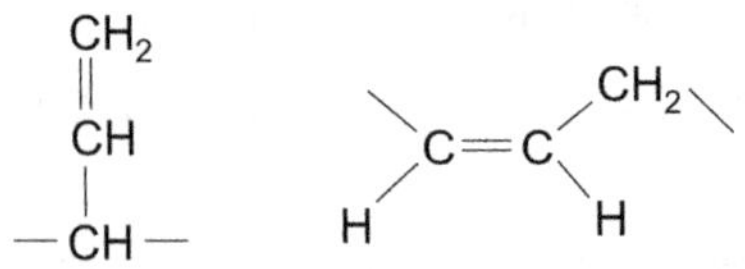

镍基 Ziegler-Natta 催化剂 Ni(Acac)$_2$-Al(i-Bu)$_3$ 制备的丙二烯聚合物非常规整，单体单元几乎全是头-尾链接（1,2-插入）[441]。

多种单组分镍催化剂，如 Ni(All)$_2$、Ni(All)Cl、Ni(All)OCOCF$_3$ 和 Ni(Cod)$_2$ 也可以催化丙二烯聚合，产生的聚合物有相当高的分子量和结晶度，但是结构规整性较低，单体单元有 1,2-链接也有 2,1-链接[438,441,442]。其他过渡金属配合物，特别是顺-Rh(CO)$_2$Cl·(PPh$_3$)、Co(All)$_3$、Co$_2$(CO)$_8$（在烃类溶液中）和 Pd 配合物（在醋酸溶液中）对丙二烯也有聚合活性[241]。

取代丙二烯也可以聚合为线型聚合物，可以使用 Ziegler-Natta 催化剂如 VOCl$_3$-Al(i-Bu)$_3$[440] 和单金属配合物如 Ni 配合物[442]。1,2-丁二烯（CH$_2$=C=CH—CH$_3$）聚合形成无定形聚合物，单体单元主要为 1,2-链接，也有 2,3-链接。

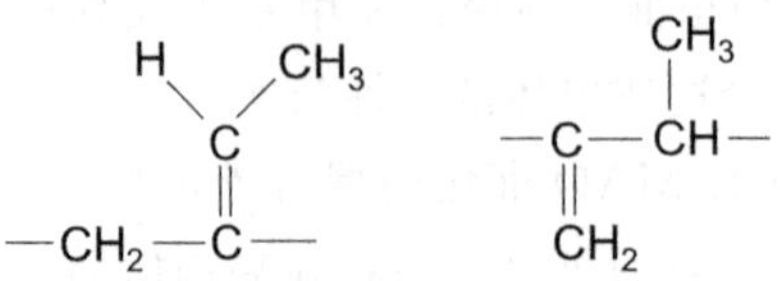

3-甲基-1,2-丁二烯［CH$_2$=C=CH—(CH$_3$)$_2$］可以聚合为结晶性聚合物，单体单元几乎全是 1,2-链接。

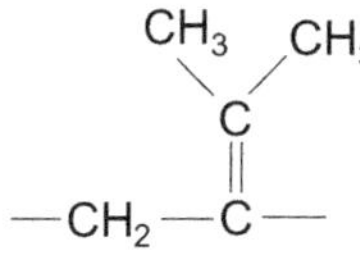

$$\begin{array}{c} CH_3\ CH_3 \\ \diagdown\ \diagup \\ -CH_2-C- \end{array}$$

外消旋 2,3-戊二烯 [(R,S)—$CH_3CH=C=CHCH_3$] 产生的无定形聚合物中的单体单元为 2,3-链接[443]：

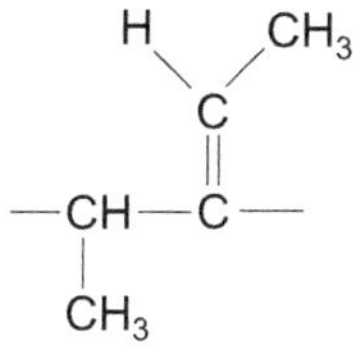

如果只有一种异构体进行了聚合，那么所形成的聚合物主链为等规结构，双键上 $CH_3$ 基团的构型都相同[443]：

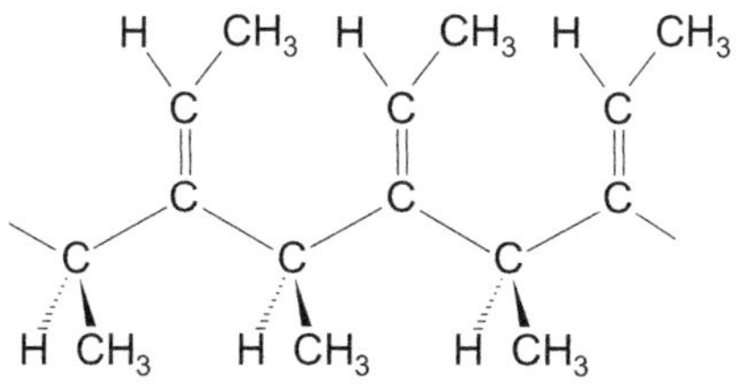

## 3.8 烯烃的异构化聚合

前面已经提到，使用大多数 Ziegler-Natta 催化剂和相关的配位催化剂聚合 α-烯烃都是 1,2-插入机理，产生的聚合物具有高的区域规整性和立构规整性。然而，一些镍基配位催化剂，在链增长过程中伴随着活性种的异构化，产生的聚合物中含有 2,ω-偶联的单体单元[183,191]。

一般认为 β-烯烃不能进行配位聚合（插入聚合）。然而，很多 β-烯烃在 Ziegler-Natta 催化剂作用下可以进行单体异构化聚合，聚合物中的单体单元为 1,2-链接，聚合活性、聚合物分子量和立构规整性都为中等程度。有趣的是，在聚合体系中加入第 8 族过渡金属化合物，尤其是镍化合物（作为 β-烯烃异构化催化剂前体），聚合物的产量、分子量和立构规整度（等规度）都会增加[192-195,444-446]。

### 3.8.1 α-烯烃的 2,ω-偶联聚合

α-烯烃的 2,ω-偶联聚合催化剂由 Ni(0) 和 Ni(Ⅱ) 如 $Ni(Cod)_2$ 或 $Ni(All)_2$ 化合物与氨基二（亚胺）磷如 $(Me_3Si)_2NP(=NSiMe_3)_2$ 制备，两者摩尔比最好相等；形成的催化剂中 Ni(Ⅱ) 物种如式(3-18)所示[182]。

当线型 α-烯烃聚合时，形成的聚合物只含有甲基支链，甲基规则地分布于主链上，间

距等于单体的烷基取代基尺寸。1-戊烯形成的聚［2,5-(1-戊烯)］的结构很有意思，它和乙丙交替共聚物的结构相同：

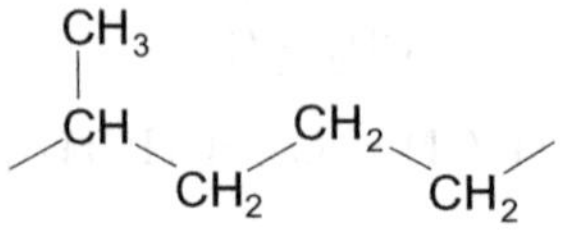

$$\text{CH}_3\text{–CH–CH}_2\text{–CH}_2\text{–CH}_2$$

Fink 等[183] 假设了一条 $2,\omega$-聚合的路径，以 1-丁烯的 2,4-增长为例：

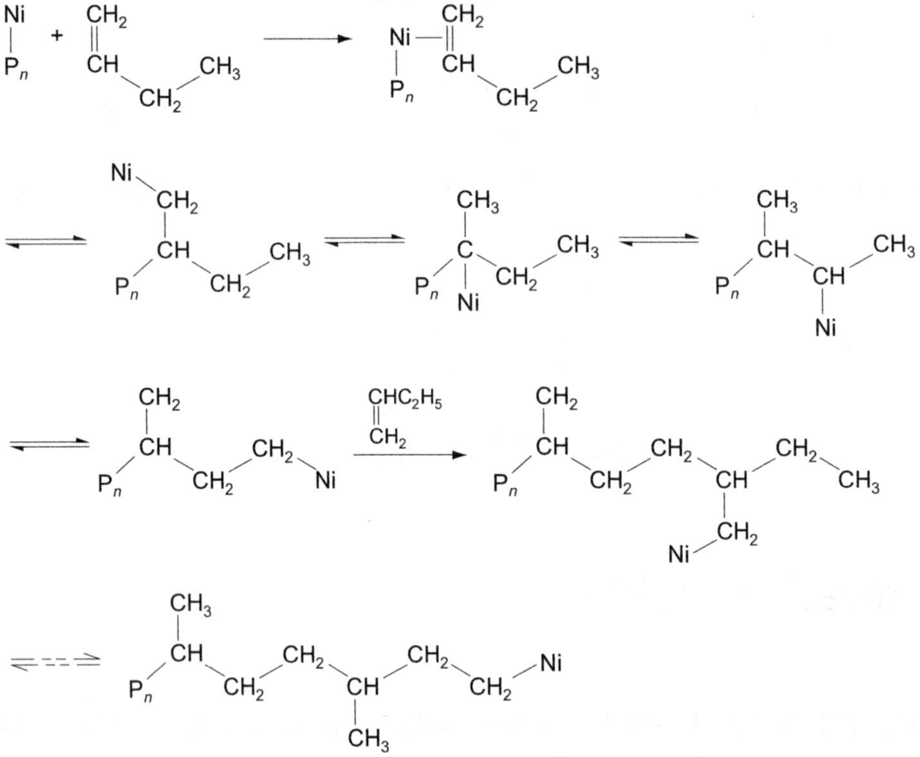

(3-69)

单体只能插入到增长链端的一级镍-烷基键中，插入具有区域选择性，增长链和下一个单体分子只发生 $C_\omega$-$C_2$ 偶联反应，在两次插入之间，镍物种沿聚合物主链"迁移"（异构化）。注意，在异构化过程中，可以发生转移反应，但不能发生插入反应。

用于 $2,\omega$-聚合的 $\alpha$-烯烃的每一个碳原子上至少有一个氢原子，异构化聚合的机理可以解释为 $\beta$-消除/加成机理，1-戊烯的聚合如下所示[183]。

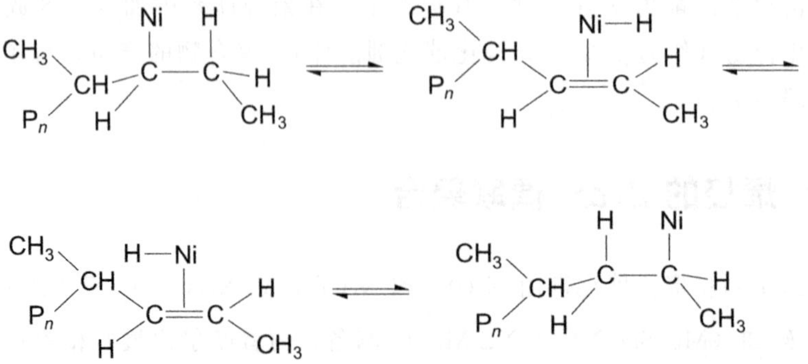

(3-70)

通过 $\beta$-消除形成的镍氢物种和链上的双键配位，配位化合物旋转加成后形成异构化链［式(3-70)］。一旦形成自由的镍氢物，它只能和 $\alpha$-烯烃反应并开始一个新的链（向单体的链转移）。

有趣的是，随着 α-烯烃链长的增加，2,ω-聚合的活化能会降低。这可以解释如下，随着 α-烯烃链的增长，放热的迁移（异构化）步骤数目会增加（插入为放热反应）[183]。

光学活性的 α-烯烃，如 4-甲基-1-己烯 [$CH_2 =CH-CH_2C^*H(CH_3)CH_2CH_3$]，其外消旋混合物很容易进行 2,6-聚合，而单纯的 R 和 S 对映异构体不能聚合。最后的聚合物没有光学活性，单体单元由 R 和 S 异构体交替连接。因此，4-甲基-1-己烯中的手性碳原子在异构化中没有外消旋化，也就是说，镍沿着链迁移时，手性中心的构型或者全部被保留，或者全部被逆转。这与式(3-70)的机理一致，这种机理能够保留立体化学构型[183]。

聚[2,ω-(α-烯烃)]的分子量都很低（$M_w \approx 6\times 10^3$），而分子量分布很小（$M_w/M_n \approx 1.6$）。提高分子量也有可能，如在 1400MPa 下制备的聚[2,6-(1-己烯)]分子量可达 $90\times 10^3$。分子量提高的原因可能是动力学压力效应，在这种情况下，1-己烯 2,ω-聚合的插入步为决速步，而不是异构化步[183]。

## 3.8.2 β-烯烃的 1,2-偶联聚合

单体单元 1,2-链接的 β-烯烃聚合物可以由 Ziegler-Natta 催化剂异构化聚合产生，如 $TiCl_3$-$AlR_3$（R=Et, i-Bu），聚合时最好加入 Ni(Ⅱ) 化合物，如 $NiCl_2$。使用 $TiCl_3$/$NiCl_2$-$AlEt_3$（1:1:3）催化剂在正庚烷中 80℃ 聚合顺-2-丁烯 24h，其转化率约为 72%，产生的聚合物具有相对高的分子量（$40\times 10^3 \sim 85\times 10^3$）和高含量的等规结构部分（大于 72%）[444]，也含有一定量的头-头（尾-尾）和 2,3-链接的单体单元[193]。

β-烯烃异构化聚合由两个反应组成，β-烯烃异构化为相应的 α-烯烃，α-烯烃再经过 1,2-插入机理进行聚合，两个反应的活性中心不同：

$$n \begin{array}{c} CH=CH \\ | \quad\quad | \\ CH_3 \quad R \end{array} \rightleftharpoons n \begin{array}{c} CH_2=CH \\ | \\ CH_2R \end{array} \longrightarrow \left[ \begin{array}{c} CH_2-CH \\ | \\ CH_2R \end{array} \right]_n \quad (3-71)$$

（顺式或反式）

β-烯烃不断异构化以补充容易聚合的 α-烯烃的消耗[447]。β-烯烃异构化聚合的动力学研究表明，在上述条件下，决速步是聚合，而不是异构化。除了所产生的聚合物的性能，β-烯烃异构化聚合工艺的另一个优点是用 β-烯烃一步合成 α-烯烃聚合物[444]。

使用 $TiCl_3$-$AlEt_3$、$NiCl_2$-$AlEt_3$ 和 $TiCl_3$/$NiCl_2$-$AlEt_3$ 聚合顺-2-丁烯和反-2-丁烯的结果显示，在后一种催化剂中形成了钛和镍的双金属化合物。Ni(Ⅱ) 物进行 β-烯烃异构化反应而 Ti(Ⅲ) 物进行 α-烯烃的聚合。异构化反应有 β-消除/加成机理。$NiCl_2$-$AlEt_3$ 催化剂的结果显示，异构化通过 σ-烷基镍化合物进行，先经过 β-消除形成了 Ni—H 物，而后和 β-烯烃加成，在经过 $H_α$ 原子的 β-消除形成异构化产品，这就是 α-烯烃。β-烯烃向 Ni—H 键插入很容易，因为镍化合物的 d 轨道很容易接近。和钛基催化剂相比，镍基催化剂的异构化更容易发生[444]。

# 3.9 共聚合

Ziegler-Natta 催化剂和菲利普斯催化剂在诞生之初，不仅用于烯烃均聚，还用于烯烃共

聚。使用 Ziegler-Natta 催化剂还可以催化烯烃与乙烯基芳烃、共轭二烯烃和环烯烃的共聚。其他配位催化剂，如第 8 族金属化合物，尤其是阳离子 Pd(Ⅱ) 配合物，能够催化烯烃与一氧化碳交替共聚[2,29,30,37,43,46,241,448-450]。

与均聚相比，共聚合能够更深入地研究催化剂的本质，也为合成更多可供选择的和性能有用的聚合物提供了广阔的途径。当然，共聚物和均聚物哪一个的商业和工业重要性更大还有待定论。配位共聚合将一些不能均聚的单体引入了聚合物，如一氧化碳和一些环烯烃（在特定的情况下），这些单体由于位阻太大而不能进行 1,2-插入均聚[448-450]。

共聚合中，每一种单体都在竞争可能的催化活性种，共聚物的组成、结构和分子量都能反映出这种竞争。从理论上讲，共聚合机理的特征和均聚的类似。共聚合中，最后一个插入的单体单元的类型和进行插入的共单体的类型（$M_1$ 和 $M_2$）都需要考虑，链增长有四种方式[448]：

$$Mt\text{—}M_1\text{—}P_n + M_1 \xrightarrow{k_{11}} Mt\text{—}M_1\text{—}M_1\text{—}P_n \tag{3-72}$$

$$Mt\text{—}M_1\text{—}P_n + M_2 \xrightarrow{k_{12}} Mt\text{—}M_2\text{—}M_1\text{—}P_n \tag{3-73}$$

$$Mt\text{—}M_2\text{—}P_n + M_1 \xrightarrow{k_{21}} Mt\text{—}M_1\text{—}M_2\text{—}P_n \tag{3-74}$$

$$Mt\text{—}M_2\text{—}P_n + M_2 \xrightarrow{k_{22}} Mt\text{—}M_2\text{—}M_2\text{—}P_n \tag{3-75}$$

如上式所示，$k_{11}$ 和 $k_{22}$ 是单体均聚的速率常数，$k_{12}$ 和 $k_{21}$ 是单体竞聚速率常数。共聚物组成用共单体加入浓度的表示式如下：

$$\frac{d[M_1]}{d[M_2]}=\frac{[M_1]}{[M_2]}\times\frac{r_1\times[M_1]+[M_2]}{r_2\times[M_2]+[M_1]}$$

$d[M_1]/d[M_2]$ 表示共聚物中 $M_1$ 和 $M_2$ 单体单元的比例，$[M_1]$ 和 $[M_2]$ 表示相应单体的加入溶度，$r_1=k_{11}/k_{12}$ 和 $r_2=k_{22}/k_{21}$ 表示单体的竞聚率。

如果单体竞聚率相乘等于 1（$r_1\times r_2=1$），最后一个插入的单体单元不影响下一个单体单元的插入，形成无规共聚物，符合 Bernoullian 统计分布。当这个乘积趋于零时（$r_1\times r_2=0$），最后一个插入的单体单元（一级 Markovian 统计分布），或者倒数第二个插入的单体单元（二级 Markovian 统计分布）会产生一些影响，倾向于形成交替共聚物。当 $r_1\times r_2>1$ 时，共单体倾向于形成长的链段，主要产生嵌段共聚物（甚至产生均聚物）[448]。

## 3.9.1 乙烯与α-烯烃共聚合

烯烃共聚物，尤其是乙烯与丙烯/其他 α-烯烃的共聚物具有重要的实用价值，其产量和烯烃均聚物相当[30]。

烯烃共聚催化剂形式多样。$TiCl_3$-$AlR_3$ 等非均相 Ziegler-Natta 催化剂制备的乙丙共聚物具有嵌段结构，竞聚率 $r_1\times r_2>1$，乙烯单元和丙烯单元等物质的量，嵌段结构共聚物还有结晶性[451]。非均相非负载催化剂（如 $TiCl_3$-$AlR_3$[451] 以及 $MgCl_2$ 负载的催化剂[452]）的活性中心不均一，具有不同的共聚合特性；不同催化活性中心对共单体的选择性不同。所以，不同的催化活性中心上有不同的单体竞聚率；使用非均相 Ziegler-Natta 催化剂体系测得 $r_1$ 和 $r_2$ 的平均值，从而以此推断相关共单体的活性是没有意义的[241]。

使用可溶钒基 Ziegler-Natta 催化剂，如 V(Acac)$_3$-AlEt$_2$Cl[453]、VOCl$_3$-AlEt$_2$Cl[72]、VOCl$_3$-Al(i-Bu)$_2$Cl、VCl$_3$-Al(n-Hx)$_3$[454] 和 VO(OEt)$_3$-Al(i-Bu)$_2$Cl[455]，制备的乙丙无规共聚物有着特殊的意义；大多数情况下的单体竞聚率 $r_1 \times r_2 < 1$[27,72,453,454]，乙醇氧钒基催化剂中 $r_1 \times r_2$ 略大于 1[455]。$r_1 \times r_2 \neq 1$ 说明其结构和真正的无规分布还稍有差别；不同催化剂可能出现一些交替的或嵌段的序列。可溶钒基催化剂中的活性中心仍然不均一（$M_w/M_n$ 一般在 3~10）。所有乙丙共聚体系中，乙烯的竞聚率都大于丙烯的。钒基催化剂的 $r_1$（乙烯）最小。可溶钒基催化剂的特点是没有立体定向性，区域选择性也很差；乙丙共聚物中丙烯单元除了有 1,2-插入，还有 2,1-插入。需要重点指出的是，在烯烃弹性体领域内，聚合物链中不希望有任何立构规整区域[37]。

乙丙无规共聚物为无定形态，是一类有趣的合成弹性体。将双键引入乙丙共聚物很有用，可以进行硫化。这只要用有一个双键参与聚合的非共轭二烯烃单体参与乙丙共聚就可以实现，最常用的单体有 1,4-己二烯、二环戊二烯和 5-亚乙基-2-降冰片烯（环外双键）[37,271]。

由于上述原因，钒基催化剂已经用于工业生产乙烯/丙烯和乙烯/丙烯/二烯烃无规共聚物[37]。

有趣的是，非均相超高活性 Ziegler-Natta 催化剂如 MgCl/TiCl$_4$/LB-AlEt$_3$ 也能制备无规乙丙共聚物。但是这些共聚物有嵌段和高等规丙烯序列（没有 2,1-插入的丙烯单元），并具有一定的结晶性，这是不希望产生的现象[68,456]。

当两个外消旋 α-烯烃的对映异构体共聚合时，非均相 Ziegler-Natta 催化剂的共单体选择性特别明显。在双键的 α-位或 β-位有手性碳原子的烯烃单体经过 TiCl$_3$-AlR$_2$Cl[374] 或 MgCl$_2$/TiCl$_4$-AlEt$_3$[375] 催化聚合后，产生的大分子只含有一种对映异构体。不同结构的手性单体的混合物聚合时，具有相同手性的对映异构体才能共聚[453]。外消旋 α-烯烃和另一种 α-烯烃的一个对映异构体共聚时，只有相同手性的异构体才能共聚；具有相反手性的对映异构体产生均聚物[241]。

少量的（4%~10%）α-烯烃，如 1-丁烯、1-己烯、1-辛烯和 4-甲基-1-戊烯，与乙烯的无规共聚物称为线型低密度聚乙烯，该类聚烯烃已经商品化。合成这类共聚物的催化剂基本上和制备高密度聚乙烯的相同[241]。少量的 α-烯烃插入到线型聚乙烯链上可以引入短的烷基支链，聚乙烯链段的结晶性将受到阻碍，聚合物的密度降低，呈现出很多用高压自由基聚合制备的低密度聚乙烯的性能（图 2.3）[448]。

非均相催化剂进行的共聚中，高级 α-烯烃更容易插入到产生短链的活性点上，所以共聚物中低分子量部分含有更多的高级 α-烯烃。这增加了聚合物的可抽提含量，也使聚合物变黏，这两个特点都是不希望出现的[30]。

研究人员期望使用等规定向 Ziegler-Natta 催化剂能够合成出乙丙嵌段共聚物（称为晶型塑料），为此已经作了大量的工作。然而，真正的嵌段共聚物很难合成。这是因为增长链的寿命很短[68,241]，只有在少数几种情况下产生真正的嵌段共聚物[457]。该工艺要求两种共单体相继加入，并非常精细地控制条件，以减少链转移反应。

为了产生比均聚物更宽广的性能，进行了丙烯[68,458-460]、1-丁烯[47]与高级 α-烯烃的共聚合。α-烯烃的共聚能力随其烷基取代基尺寸的增大而减小，这主要源于立体效应[458]。

烯烃的不同反应性对于共聚合很重要。共单体和乙烯共聚的竞聚率 $r_2$ 随着双键周围立体位阻的增加而减小，其顺序如下[250]：乙烯＞丙烯＞1-丁烯＞线型 α-烯烃＞支化 α-烯烃。

一般来说，丙烯的反应性是乙烯的 $1/5 \sim 1/100$，1-丁烯的反应性是丙烯的 $1/3 \sim 1/10$ 倍[37]。

表 3.4 列出了乙烯和高级 α-烯烃（$M_2$）相对于丙烯（$M_1$）的竞聚率（$r_2 = k_{22}/k_{21}$）[37,43]。

表 3.4 乙烯和高级 α-烯烃（$M_2$）相对于丙烯（$M_1$）的竞聚率（$r_2 = k_{22}/k_{21}$）

| 单体 | 单体竞聚率 $r_2$ | 单体 | 单体竞聚率 $r_2$ |
| --- | --- | --- | --- |
| 乙烯 | 8～20 | 1-十四烯 | 0.1～0.2 |
| 丙烯 | 1 | 1-十八烯 | 0.1～0.15 |
| 1-丁烯 | 0.2～0.6 | 4-甲基-1-戊烯 | 0.15 |
| 1-戊烯 | 0.2～0.5 | 3-甲基-1-丁烯 | 0.02～0.06 |
| 1-己烯 | 0.2～0.4 | 3-甲基-1-戊烯 | 0.05 |
| 1-癸烯 | 0.1～0.3 | | |

乙烯/丙烯与高级 α-烯烃的共聚物也可以使用茂金属催化剂制备。均相茂金属催化剂[如 $rac.$-(IndCH$_2$)$_2$ZrCl$_2$-MAO 和 $rac.$-(IndH$_4$CH$_2$)$_2$ZrCl$_2$-MAO][141,264,461,462] 和负载的催化剂[如 SiO$_2$/$rac.$-(IndCH$_2$)$_2$ZrCl$_2$-MAO 和 SiO$_2$/$rac.$-(IndH$_4$CH$_2$)$_2$ZrCl$_2$-Al($i$-Bu)$_3$][200,202,462] 都可以制备乙烯/丙烯和乙烯/丙烯/二烯烃共聚物。茂金属催化剂具有高的聚合活性。与可溶钒基催化剂相比，茂金属催化剂对丙烯和高级 α-烯烃的活性更高。使用茂金属催化剂制备的乙烯/丙烯与高级 α-烯烃的共聚物具有窄的分子量分布，2,1-插入的丙烯单元不多。茂金属催化剂，无论是手性的还是非手性的，也不管是均相的还是负载于 SiO$_2$ 或 MgCl$_2$ 上的，都是制备无规分布共聚物的最好催化剂[126]。

使用茂金属基催化剂制备的共聚物中共单体的分布与链长无关，在相同的条件下，茂金属比非均相 Ziegler-Natta 催化剂能够共聚更多的高级 α-烯烃[30]。

茂金属催化剂的共聚特性依赖于催化剂的类型。等规定向的手性柄型茂金属基催化剂比非桥连的更容易催化高级 α-烯烃共聚，而间规定向催化剂 Me$_2$CCpFluZrCl$_2$-MAO 也更容易催化高级 α-烯烃共聚[30]。

使用非均相和均相 Ziegler-Natta 催化剂共聚乙烯/丙烯的单体竞聚率见表 3.5[30,72,454]。

表 3.5 使用不同 Ziegler-Natta 催化剂共聚乙烯（$r_1$）/丙烯（$r_2$）的单体竞聚率①

| 催化剂 | $r_1$ | $r_2$ | $r_1 \times r_2$ |
| --- | --- | --- | --- |
| δ-TiCl$_3$-AlEt$_3$ | 7.3 | 0.76 | 5.5 |
| MgCl$_2$/TiCl$_4$-AlEt$_3$ | 4 | | |
| SiO$_2$/MgCl$_2$/TiCl$_4$-AlEt$_3$ | 5～10 | 0.2～0.34 | 1.9 |
| TiCl$_4$-Al($n$-Hx)$_3$ | 33.4 | 0.032 | 1.07 |
| VCl$_3$-Al($n$-Hx)$_3$ | 5.6 | 0.145 | 0.81 |

续表

| 催化剂 | $r_1$ | $r_2$ | $r_1 \times r_2$ |
|---|---|---|---|
| $VOCl_3$-$Al(i$-$Bu)_2Cl$ | 20.3 | 0.022 | 0.45 |
| $VOCl_3$-$AlEt_2Cl$ | 12.1 | 0.018 | 0.22 |
| $Cp_2ZrCl_2$-MAO | 48 | 0.015 | 0.72 |
| $(IndCH_2)_2ZrCl_2$-MAO | 2.57 | 0.39 | 1.0 |
| $(ThindCH_2)_2ZrCl_2$-MAO | 2.90 | 0.28 | 0.81 |
| $Me_2CCpFluZrCl_2$-MAO | 1.3 | 0.20 | 0.26 |
| $(ThindCH_2)_2ZrCl_2$-MAO | 59 | 0.012 | 0.71 |
| $Me_2Si(Ind)_2ZrCl_2$-MAO | 25 | 0.016 | 0.4 |

① 对于非均相催化剂，$r_1 \times r_2 > 1$，说明共聚单体形成了嵌段；对于可溶钒基催化剂和均相茂金属基催化剂，$r_1 \times r_2 \leqslant 1$，说明形成无规或交替序列[30]。

茂金属扩展了传统的可溶钒基催化剂和负载的钛基催化剂的应用领域。新的共聚物微观结构带来了新的物理机械性能。许多共聚物在不硫化的情况下就具有弹性体的性能（如含有60%乙烯单元和40%丙烯单元的共聚物，皆为质量分数）[126]。茂金属还可以"一釜"合成具有双峰分布的 LLDPE，这对于实际应用很重要。使用 $Cp_2ZrCl_2$-MAO 共聚乙烯/1-己烯的研究显示催化活性中心有两种形式，一种是四面体构型（对1-己烯的活性较小），另一种是八面体构型（对1-己烯的活性较高），因此可以产生双峰分布的共聚物[463]。

### 3.9.2 乙烯与 β-烯烃的合共聚

使用 Ziegler-Natta 催化剂可以共聚乙烯和 β-烯烃，因为乙烯将催化剂活性中心的立体作用减到了最少。β-烯烃因为位阻不能均聚，但 β-烯烃插入到连接有乙烯单元的 Mt—C 键中没有大位阻。另外，乙烯单元可以很容易地插入到 β-烯烃结尾的增长链。所以，乙烯/β-烯烃的共聚体系由于位阻因素而有交替共聚的倾向[448]。制备乙烯/2-丁烯共聚物的典型催化剂是钛基和钒基 Ziegler-Natta 催化剂（$AlR_2Cl$ 活化）[2]。由于乙烯的竞聚率比 2-丁烯的高，2-丁烯的用量要远远过量才能防止共聚物中形成乙烯序列。乙烯和 2-丁烯（顺式或反式异构体）交替共聚反应式如下：

$$\text{Mt—CH}_2\text{CH}_2\text{—P}_n \xrightarrow{CH_3CH=CHCH_3} \text{Mt—CH}(CH_3)CH(CH_3)\text{—CH}_2CH_2\text{—P}_n$$
$$\xrightarrow{CH_2=CH_2} \text{Mt—CH}_2CH_2\text{—CH}(CH_3)CH(CH_3)\text{—CH}_2CH_2\text{—P}_n \quad (3-76)$$

乙烯/2-丁烯共聚物具有立构规整性，乙烯/顺-2-丁烯共聚物为可结晶的赤型双全同立构结构。赤型双全同立构的聚[乙烯-交替-(顺-2-丁烯)]可以认为是等规的头-头和尾-尾结构的聚丙烯。反-2-丁烯与乙烯共聚产生无定形共聚物[2,82]。

某些含有 Ni(Ⅱ) 化合物的 Ziegler-Natta 催化剂可以将 β-烯烃异构化为相应的 α-烯烃，如将 2-丁烯变成 1-丁烯，而后再将 α-烯烃和乙烯共聚[464-466]。

### 3.9.3 乙烯与环烯烃的共聚

使用钛基或钒基 Ziegler-Natta 催化剂不能均聚多于四个碳原子的环烯烃。然而，这些环烯烃可以通过双键和乙烯共聚而保留环结构,在环烯烃 1,2-插入之前和之后,乙烯单元可以补偿增长链 $C_\alpha$ 原子的位阻[2]。

钒基 Ziegler-Natta 催化剂,如 V(Acac)$_3$-AlEt$_2$Cl 和 VCl$_4$-AlEt$_2$Cl,可以制备出乙烯和环烯烃(大大过量)的交替共聚物,结构如下:

$$\left[ CH_2 - CH_2 - CH - CH \atop (CH_2)_x \right]_n$$

只有当环烯烃含有奇数个碳原子时,如环戊烯($x=3$)和环庚烯($x=5$),产生的共聚物才能结晶,并具有赤型双全同立构构型。当环烯烃含有偶数个碳原子时,如环丁烯($x=2$)和环己烯($x=5$),产生的共聚物为无定形态[241]。

与乙烯共聚时,奇元环的环烯烃比偶元环的共聚速率快[467],这说明聚合动力学和共聚物空间构型都受立体因素的影响[2]。

乙烯(或 $\alpha$-烯烃)与环烯烃共聚的真正工艺中使用茂金属催化剂。在乙烯/环烯烃共聚反应中,茂金属催化剂比可溶钒基催化剂的活性约高 10 倍,双键打开而环保留下来。茂金属催化剂制备的乙烯与单环/双环烯烃的共聚物分子量高,环烯烃如环丁烯、环戊烯、环庚烯、环辛烯、2-降冰片烯、1,4,5,8-二亚甲基-1,2,3,4,4a,5,8,8a-八氢萘(Dmon)和 1,4,5,6,9,10-三亚甲基-1,2,3,4,4a,5,5a,6,9,9a,10,10a-十二氢萘(Tmdn)等[468]:

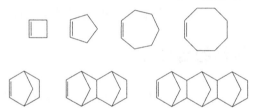

乙烯与环烯烃共聚物是一类透明的热塑性聚合物。使用茂金属催化剂,可以设计共聚工艺,从而在很宽的范围内调节共聚物的性能。当环烯烃的含量大于 10%~15%(摩尔分数)时,乙烯/环烯烃共聚物变为无定形态。这类共聚物是透明的,并且耐化学和热腐蚀,具有高的玻璃化转变温度和可观的弹性模量。因为这些性能,这类聚合物适合于用作光学材料[29,30,449,468]。

使用 (IndCH$_2$)$_2$ZrCl$_2$-MAO 催化剂体系,乙烯比环戊烯的反应性高很多(乙烯的竞聚率 $r_1=80\sim300$),降冰片烯比较容易插入,$r_1=1.5\sim3.2$($r_1=2$ 意味着乙烯比降冰片烯快两倍)[468-470]。降冰片烯/乙烯共聚物在技术应用中最引人注意,因为单体都易得。在某些情况下,使用二苯基亚甲基(环戊二烯基)(9-芴基)二氯化锆[Ph$_2$C(Cp)(Flu)ZrCl$_2$]-MAO 催化剂催化乙烯均聚的速率比共聚(乙烯/降冰片烯)中的还要小[471],这是非常有趣的。表 3.6 给出了茂锆-MAO 催化剂共聚乙烯/环烯烃的单体竞聚率 $r_1$ 和 $r_2$[468]。

表 3.6 茂锆-MAO 催化剂共聚乙烯/环烯烃的单体竞聚率 $r_1$(乙烯)和 $r_2$(环烯烃)

| 环烯烃 | 催化剂前体 | 温度/℃ | $r_1$ | $r_2$ | $r_1 \times r_2$ |
|---|---|---|---|---|---|
| 环戊烯 | (ThindCH$_2$)$_2$ZrCl$_2$ | 25 | 2.2 | <1 | ~1 |
| 降冰片烯 | Si(IndCH$_2$)$_2$ZrCl$_2$ | 30 | 2.6 | <2 | ~1 |
| 降冰片烯 | Me$_2$C(Cp)(Flu)ZrCl$_2$ | 30 | 3.4 | 0.06 | 0.2 |

续表

| 环烯烃 | 催化剂前体 | 温度/℃ | $r_1$ | $r_2$ | $r_1 \times r_2$ |
|---|---|---|---|---|---|
| 降冰片烯 | $Ph_2C(Cp)(Flu)ZrCl_2$ | 30 | 3.0 | 0.05 | 0.15 |
| 降冰片烯 | $Me_2C(t\text{-}BuCp)(Flu)ZrCl_2$ | 30 | 3.1 | 0 | 0 |
| Dmon① | $Ph_2C(Cp)(Flu)ZrCl_2$ | 50 | 7.0 | 0.02 | 0.14 |
| Dmon① | $Ph_2C(Cp)(Flu)ZrCl_2$ | 50 | 6.4 | 0.10 | 0.64 |
| Tmdn② | $Ph_2C(Cp)(Flu)ZrCl_2$ | 50 | 15.6 | 0.06 | 0.94 |

① 二亚甲基八氢萘；② 三亚甲基十二氢萘。

使用茂金属时的 $r_1$ 值较小，这允许大体积的环烯烃很容易地插入到增长链中。$(ThindCH_2)_2ZrCl_2$-MAO 基催化剂催化乙烯和环戊烯共聚的 $r_1=2.2$，使用 $C_s$ 和 $C_1$ 对称的催化剂催化冰片烯与乙烯共聚的 $r_1$ 分别为 3.4 和 3.1，都比乙烯/丙烯共聚中的 $r_1$（$r_1=6.6$，37℃）低。不同催化剂制备的共聚物的结构处于无规和交替之间[468]。

使用 $Me_2C(t\text{-}BuCp)(Flu)ZrCl_2$-MAO 催化剂能够高交替共聚乙烯/降冰片烯（降冰片烯过量）。这种交叉增长的倾向与催化剂环戊二烯环 $C_\beta$ 上的叔丁烯有关。乙烯/降冰片烯交替共聚物有结晶性，熔点为 295℃，玻璃化转变温度为 145℃，有好的耐热和耐非极性溶剂性能[468]。

使用 $C_s$ 和 $C_2$ 对称的茂锆催化剂也能共聚乙烯和取代多环烯烃，如 5-苯基-2-降冰片烯（内/外=2.3:1）和 2-苯基二亚甲基八氢萘（内/外=2.3:1）。$C_s$ 对称的催化剂，如 $Me_2C(Cp)(Flu)ZrCl_2$-MAO 和 $Ph_2C(Cp)(Flu)ZrCl_2$-MAO，非常适合于制备乙烯/苯基二亚甲基八氢萘的无定形共聚物（透明的），其玻璃化转变温度高达 230℃，环烯烃的含量可达 30%（摩尔分数，分子量大于 $100 \times 10^3$）。这个玻璃化转变温度是迄今为止乙烯/环烯烃共聚物中最高的，并且比现在用作聚合物纤维和盘式压碎机的材料还高[472]。

## 3.9.4 乙烯和 α-烯烃与一氧化碳的共聚

一氧化碳具有卡宾型结构，不能均聚，但在 Ni(Ⅱ)[473,474] 和 Pd(Ⅱ)[475,476] 基催化剂作用下，很容易和烯烃共聚[241]。

$$:C= \!\!= O: \longleftrightarrow :\overset{-}{C}\equiv \overset{+}{O}:$$

共聚物为严格的交替结构，并有高的分子量（平均分子量在 $10 \times 10^3 \sim 100 \times 10^3$）。随着催化剂进一步的发展，共聚条件趋于温和（25℃，约 20atm）。生成的共聚物[聚（乙烯-交替-一氧化碳）、聚（1-氧杂三亚甲基）]称为聚酮，具有高的熔点（约 260℃）和非常高的结晶度，不溶于一般的有机溶剂。由于原料非常廉价，尤其是一氧化碳（其占有共聚物一半的质量），共聚物是一种很有潜力的工程树脂，以及制备其他功能高分子的起始材料[241,250,477]。

最初用于乙烯/一氧化碳共聚的催化剂由 Ni(Ⅱ) 和 Pd(Ⅱ) 衍生物制备，例如 $K_2Ni(CN)_4$、$(n\text{-}Bu_4N)_2Ni(CN)_4$、$[(n\text{-}Bu_3P)PdCl_2]_2$、$Pd(CN)_2$ 和 $HPd(CN)_3$，其中助催化剂为醇或质子酸[241]。与钛、锆、铪基催化剂相比，镍和钯基催化剂耐极性功能基团（包括羟基、羧基和磺酸基），且不需要烷基铝活化剂。最近，很多研究工作都在努力提高催化剂的性能以制备出更好的乙烯/一氧化碳交替共聚物。改性的钯催化剂组成如下：合适的Pd(Ⅱ)配合物（具有磷和/或氮配体）、四氟硼酸或其他酸以及等物质的量的二齿膦配体，最好由1,3-双（二苯基膦）丙烷和Pd(Ⅱ)物形成，其反阴粒子为弱配位[107,478-481]。该类催化剂有如下实例：$[(R_3P)_n Pd(MeCN)_{4-n}]^{2+} [BF_4]^-$-MeOH[475]，反-$[(Chx_3P)_2 Pd(H)(H_2O)]^+ [BF_4]^-$-MeOH（在甲苯、$ClCH_2CH_2Cl$ 或 MeOH 中）[482]，$Pd(Acac)_2/PPh_3$-$p$-$MeC_6H_4SO_2OH$（在甲醇中）[483]，$(p$-$MeC_6H_4SO_2O)_2Pd(MeCN)_2/Ph_2P(CH_2)_3PPh_2$（在甲醇中）和 $Pd(OAc)_2/Ph_2P(CH_2)_3PPh_2$-$CF_3SO_2OH$（在甲醇中）[481]。

乙烯/一氧化碳交替共聚钯基催化剂的活性中心是四边形 $8d^0$ 电子结构的阳离子 Pd(Ⅱ) 物，$[L_2(M)Pd(Ⅱ)\text{-}P_n]^+$ 与反阴离子有微弱的配位作用[478-480,484]，乙烯插入到酰基 Pd—C(O) 键中，而一氧化碳插入到烷基 Pd—$CH_2$ 键中。

形成引发物种 $[Pd(Ⅱ)\text{-}OMe]^+$ 和 $[Pd(Ⅱ)\text{-}H]^+$ 的方程式如下[107]：

$$Pd^{2+} + CH_3OH \longrightarrow [Pd-OCH_3]^+ + H^+ \qquad (3-77)$$

$$[Pd-OCH_3]^+ \longrightarrow [Pd-H]^+ + O=CH_2 \qquad (3-78)$$

在没有甲醇的条件下，$Pd^{2+}$ 物种和与水煤气反应活化（反应介质中存在的痕量水）[107]：

$$2Pd^{2+} + CO + H_2O \longrightarrow 2[Pd-H]^+ + CO_2 \qquad (3-79)$$

$[Pd(Ⅱ)-H]^+$ 也可以由催化剂前体引入，如 $HPd(CN)_3$[241]。

钯基催化剂共聚乙烯/一氧化碳的引发反应如下式[107]：

$$[Pd-OCH_3]^+ + CO \longrightarrow [Pd-\overset{O}{\overset{\|}{C}}-OCH_3]^+ \qquad (3-80)$$

$$[Pd-H]^+ + CH_2=CH_2 \longrightarrow [Pd-CH_2CH_3]^+ \qquad (3-81)$$

增长反应（交叉增长）如下[107]：

$$[Pd-\overset{O}{\overset{\|}{C}}-P_n]^+ + CH_2=CH_2 \longrightarrow [Pd-CH_2CH_2-\overset{O}{\overset{\|}{C}}-P_n]^+ \qquad (3-82)$$

$$[Pd-CH_2CH_2-\overset{O}{\overset{\|}{C}}-P_n]^+ + CO \longrightarrow [Pd-\overset{O}{\overset{\|}{C}}-CH_2CH_2-\overset{O}{\overset{\|}{C}}-P_n]^+ \qquad (3-83)$$

更准确地说，乙烯和一氧化碳在引发步和增长步［式(3-80)～式(3-83)］中的插入之前分别存在乙烯（图2.1）和一氧化碳（图2.2）的配位。

$$\begin{array}{cccc} [Pd-H]^+ & [Pd-\overset{O}{\overset{\|}{C}}-P_n]^+ & [Pd-OCH_3]^+ & [Pd-CH_2CH_2-\overset{O}{\overset{\|}{C}}-P_n]^+ \\ \overset{\|}{\underset{CH_2}{CH_2}} & \overset{\|}{\underset{CH_2}{CH_2}} & \overset{\|}{\underset{O}{C}} & \overset{\|}{\underset{O}{C}} \end{array}$$

式(3-82)和式(3-83)中的乙烯/一氧化碳交替插入反应遵守链迁移机理[478-480]。最近才在实验中发现这些迁移反应[484]：酰基迁移到配位乙烯位［式(3-82)］、烷基迁移到配位一氧化碳位［式(3-83)］，[当乙烯相对于一氧化碳过量时类似于式(2-2)的乙烯配位。烷基烯烃迁移插入［类似于式(2-2)］的势垒高于烷基羰基迁移插入的势垒［式(3-83)］，并使一氧化碳比乙烯更容易插入 Pd—$CH_2$ 键中[478]，增强了乙烯/一氧化碳交叉链增长的趋势[484]。

链转移/链终止步骤波及与乙醇的反应［式(3-84)~式(3-86)］、协同转移［式(3-87)］或/和酸的反应［式(3-88)］[107]：

$$[Pd-\overset{O}{\underset{\|}{C}}-P_n]^+ + MeOH \longrightarrow [Pd-H]^+ + MeO-\overset{O}{\underset{\|}{C}}-P_n \quad (3\text{-}84)$$

$$[Pd-CH_2CH_2-\overset{O}{\underset{\|}{C}}-P_n]^+ + MeOH \longrightarrow [Pd-H]^+ \\ + MeO-CH_2CH_2-\overset{O}{\underset{\|}{C}}-P_n \quad (3\text{-}85)$$

$$[Pd-CH_2CH_2-\overset{O}{\underset{\|}{C}}-P_n]^+ + MeOH \longrightarrow [Pd-OMe]^+ \\ + CH_3CH_2-\overset{O}{\underset{\|}{C}}-P_n \quad (3\text{-}86)$$

$$[Pd-CH_2CH_2-\overset{O}{\underset{\|}{C}}-P_n]^+ \longrightarrow [Pd-H]^+ + CH_2=CH-\overset{O}{\underset{\|}{C}}-P_n \quad (3\text{-}87)$$

$$[Pd-CH_2CH_2-\overset{O}{\underset{\|}{C}}-P_n]^+ + H^+ \longrightarrow Pd^{2+} + CH_3CH_2-\overset{O}{\underset{\|}{C}}-P_n \quad (3\text{-}88)$$

使用钯基催化剂催化乙烯/一氧化碳共聚的效率非常高，聚合速率很高，每一个 Pd 催化点能够转化 $1\times10^6$ mol 乙烯和一氧化碳[481]。

乙烯、丙烯与一氧化碳三元共聚产生相应的烯烃/一氧化碳交替共聚物，丙烯单元无规代替乙烯单元。这种三元共聚物有高的熔点，但是比乙烯/一氧化碳共聚物的低 (257℃)，低的熔点直接和三元共聚物中丙烯单元的数量有关。例如，含有 6% 和 17%（质量分数）丙烯单元的共聚物的熔点分别为 220℃ 和 170℃[481]。

丙烯或其他 α-烯烃与一氧化碳的共聚物中，一个烯烃二元组有三种立体化学排列[485]。羰基两边的两个碳可以为两个一级碳（尾-尾）、一个一级碳和一个二级碳（头-尾）或两个二级碳（头-头）。这三种不同的立体化学排列很容易用 $^{13}$C NMR 谱上的羰基碳的峰来确定[485-488]。丙烯共聚物中，还有 1,3-链接的单体单元[481]。高效催化剂前体 $L_2PdX_2$ 或/和 $(L-L)PdX_2$ 对乙烯/一氧化碳共聚是高效的，但催化丙烯/一氧化碳共聚时几乎没有立体化学控制。实际上，含有 1,3-亚丙基双（二苯基膦）$Ph_2P(CH_2)_3PPh_2$ 配体的催化体系中，不同二元组的比例为 1∶2.6∶1[485]。然而，更基本的 1,3-亚丙基双（二烷基膦）配体可以产生交替的区域规则的（头-尾）丙烯/一氧化碳共聚物，即聚（1-氧杂-2-甲基三亚甲基）[489]：

$$\left[-\overset{O}{\underset{\|}{C}}-\overset{CH_3}{\underset{|}{CH}}-CH_2-\right]_n$$

使用钯基催化剂共聚丙烯/一氧化碳也可以产生等规共聚物，特别是带有光学活性配体的催化剂。丙烯/一氧化碳共聚的立体定向性源于丙烯对映面的选择[489]，这与丙烯均相聚合用的 Ziegler-Natta 催化剂很类似[385]。含有 (R)-(6,6'-二甲氧基-2,2'-二苯基)双（二环己基膦）配体的 Pd 基催化剂制备的聚（1-氧杂-2-甲基三亚甲基）中等规四重单元的含量大于 90%，这种催化剂的对映面选择度约为 98%[489]。

据文献报道，现在还没有一种催化剂能够制备间规的丙烯/一氧化碳共聚物。

在一定的催化剂和聚合条件下，丙烯/一氧化碳共聚物中会含有聚（螺酮缩醇）结构，但这种结构并没有引起人们的特别关注。第一个全聚（螺酮缩醇）结构的丙烯/一氧化碳共聚物聚［螺-2,5-(3-甲基四氢呋喃)］发现后[490]，共聚合的这一特性才真正引起人们的注意。

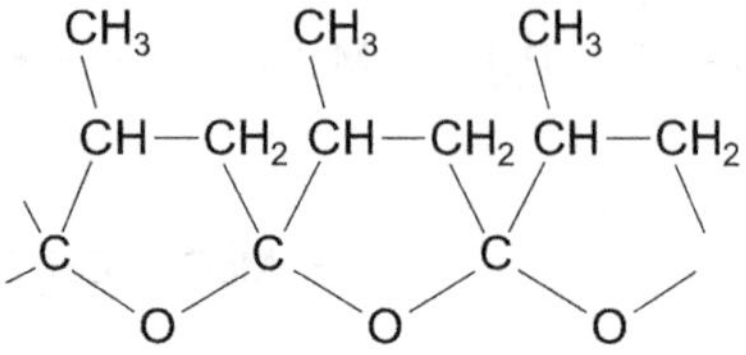

形成这种结构的机理有多种解释[107,478,480,481,489]，任何一个合理的假设都需要考虑共聚物链端基的本质。可是至今为止，共聚物链端基还很难研究，因为除了六氟异丙醇，共聚物在其他溶剂中的溶解度都很低，可是六氟异丙醇会将聚（螺酮缩醇）异构化为聚酮结构，这可能是由于溶剂的酸性[489]。分子内最少的熵损失[480,481]，以及聚酮结构的特定构象有利于形成环结构[491]。

在大多数情况下，丙烯/一氧化碳交替共聚物只形成简单聚（甲代亚乙基酮）结构。在阳离子钯和质子酸的作用下，聚酮也能异构化为聚（螺酮缩醇）。酮结构在低温下更容易形成[107]。超过一定的温度，聚（螺酮缩醇）会解聚为更柔软的、更高熵的聚酮[481]。

带有手性配体的钯基催化剂能催化一氧化碳和烯丙基苯[492]及其衍生物的立体定向共聚[493]，形成交替等规的共聚物。

## 3.10 非共轭 α,ω-二烯烃的环聚

20 世纪 50 年代发现非共轭 α,ω-二烯烃能够被 Ziegler-Natta 催化剂［如 TiCl$_4$-AlEt$_3$ 和 TiCl$_4$-Al(i-Bu)$_3$］催化聚合，聚合物含有环状重复单元[2,46,494]。例如，1,5-己二烯和 1,6-庚二烯被非均相钛基催化剂催化环聚合后得到结晶的溶于苯的聚合物：

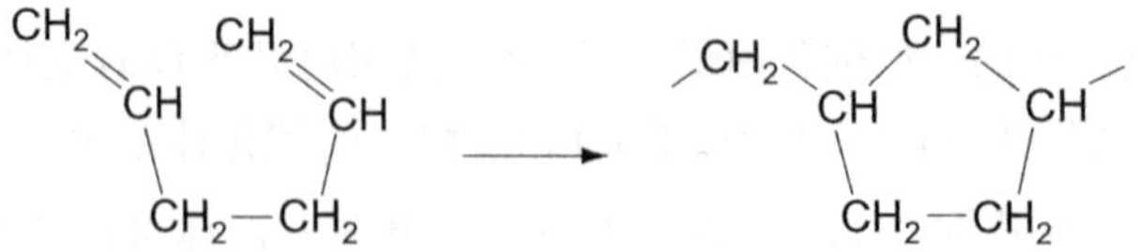

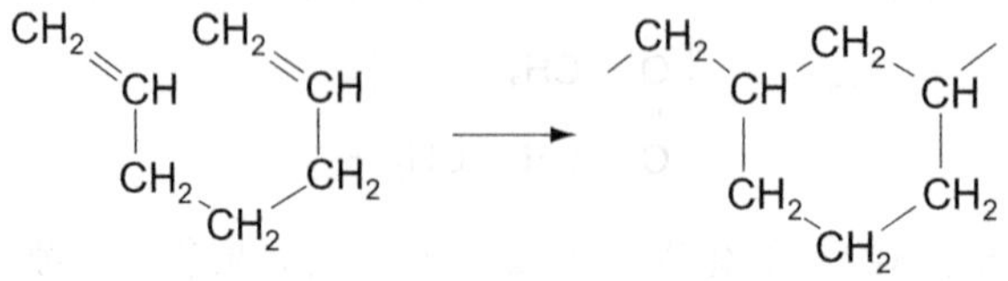

所有情况下，得到的线型聚合物主要含有的重复单元分别为 1-亚甲基-3-环戊基或 1-亚甲基-3-环己基，并具有平面锯齿构象[446,495,496]。

环聚合也能制备双环重复单元的聚合物。如 3-乙烯基-1,5-己二烯聚合的产物，它的重

复单元为 1-亚甲基-3-(2,5-亚甲基环己基)[494]：

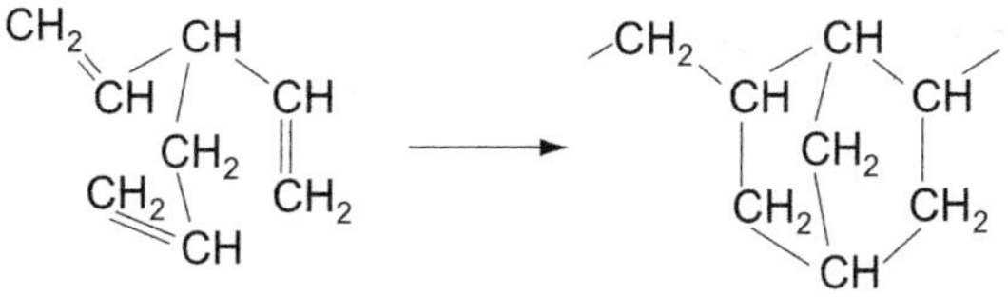

主链形成单环的环聚过程如下所示：第一步，配位的 $\alpha,\omega$-二烯烃通过一个双键进行 1,2-插入；第二步是关环反应，分子的另一个双键配位插入。式(3-89)给出了 1,5-己二烯环聚的步骤，生成了脂环族聚合物［带有聚（亚甲基-1,3-环戊烷）结构单元］的反应式[30,450,497]：

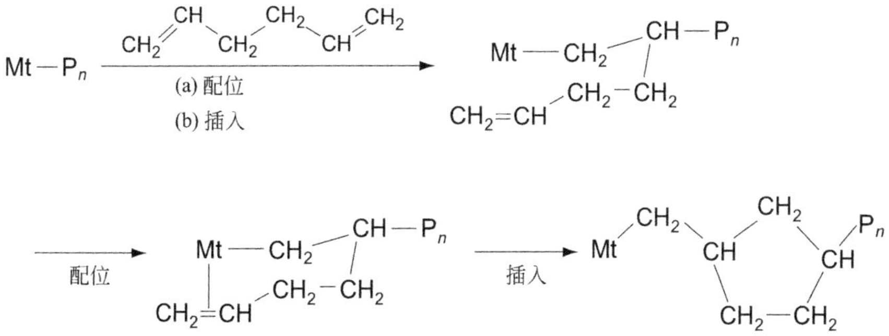

$$(3-89)$$

主链含有双环的脂环族聚合物，如由 3-乙烯基-1,5-己二烯产生的聚［亚甲基-1,3-(2,5-亚甲基环己烷)］，其形成的前两步和式(3-89)类似，第三步中取代乙烯键插入：

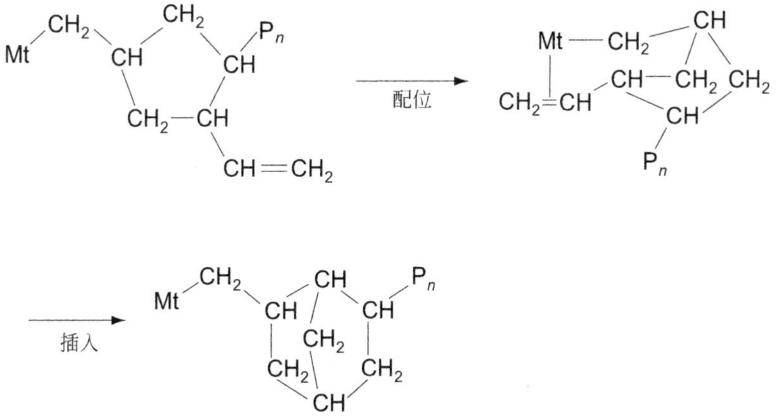

$$(3-90)$$

Ziegler-Natta 催化剂对 $\alpha,\alpha$-双取代烯烃没有聚合活性，而不饱和碳原子上有取代基的 $\alpha,\omega$-二烯烃可以进行环聚，如 2,5-二甲基-1,5-己二烯类似于未取代的母体单体[2,446]。其聚合路径和式(3-89)类似，这种过程有利于环聚插入。

在过去的几年里，Waymouth 等使用均相 Ziegler-Natta 催化剂和相关的茂金属催化剂成功进行了 $\alpha,\omega$-二烯烃的环聚，如 1,5-己二烯、2-甲基-1,5-己二烯、1,6-庚二烯和 1,7-辛二烯等[497-506]，这大大发展了脂环族聚合物。高分子量、高立构规整性的脂环族聚合物［聚（亚甲基-1,3-环烷烃）］的不同立体异构体都可以使用茂锆基催化剂制备。使用茂钛和茂铪，虽然活性较小，但也可以高效环聚。用于第 4 族茂金属环聚催化剂的活化剂有 MAO、$B(C_6F_5)_3$ 和 $[PhNHMe_2]^+[B(C_6F_5)_4]^{-[497]}$。

## 3.10.1 脂环族聚合物的立体异构

脂环族聚合物如聚（亚甲基-1,3-环烷烃）具有立体异构，因为单体单元中有两个 $C^*$ 原子，聚合物链从其中一个进入环，从另一个离开环。聚（亚甲基-1,3-环烷烃）有四种可能的有规立构。1,5-己二烯环聚物的立体异构体见图 3.48[497]。

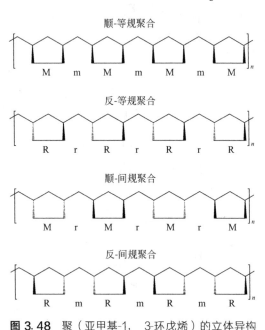

**图 3.48** 聚（亚甲基-1,3-环戊烯）的立体异构

脂环族聚合的微观结构涉及环的顺-反几何异构和环之间的相对立体化学。改进的 Bovey m-r 命名法[507]为描述聚（亚甲基-1,3-环烷烃）的微观结构提供了有力工具。大写字母（M 表示内消旋，R 表示外消旋）表示环的立体化学，小写字母（m，r）表示环之间的相对立体化学[503]。因此有顺-等规、反-等规、顺-间规和反-间规构型。与许多其他类型一样，$^{13}C$ NMR 谱能够提供聚合物规整性和环的顺反比例的信息。

高分子量的反-等规聚（亚甲基-1,3-环烷烃）很重要，它不含有镜面或滑移面对称元素，因此它的主链是手性的（具有光学活性）；与此相反，高分子量的聚丙烯和聚（α-烯烃），其分子中间有一个垂直于分子轴的对称面，为非手性的[30,497]。

## 3.10.2 立体调节机理

据报道[497]，茂金属环聚中，$\alpha,\omega$-二烯烃第一个双键插入的对映选择性决定着环之间的相对立体化学（m 或 r 二元组），也就是聚合物的规整性；第二个双键插入的非对映选择性决定着环内的相对立体化学（M 或 R 二元组），也就是环的顺反几何异构。

使用非均相 Ziegler-Natta 催化剂聚合 $\alpha,\omega$-二烯烃产生的聚合物主要含有顺-(1-亚甲基-3-环戊基) 单元[446,495,496]。催化剂的结构影响着顺-反非对映选择性，但是非均相催化剂很难控制这一点，只有均相催化剂环戊二烯基配体的取代基可以强烈地起影响作用[498]。$Cp_2MtX_2$-MAO(Mt=Ti, Zt, Hf；X=Cl, Me) 环聚 1,5-己二烯产生的无规聚合物主要含有反式环，更大位阻的催化剂 $Cp_2^*MtX_2$-MAO 产生的无规聚合物，主要含有顺式环[497]。配体对环化非对映选择性的构象模拟指出，在两个环戊二烯配体之间，环化的最低能量构象为椅式[504]。这种构象使处于假平衡位置的增长链产生反式环。增加配体的立体位阻，初始环和配体之间的非键作用限制了环的允许构象。五甲基环戊二烯环的大位阻不利于椅式构象，而利于船式构象；在假平衡位置的增长链将产生顺式环（图 3.49）[497]。

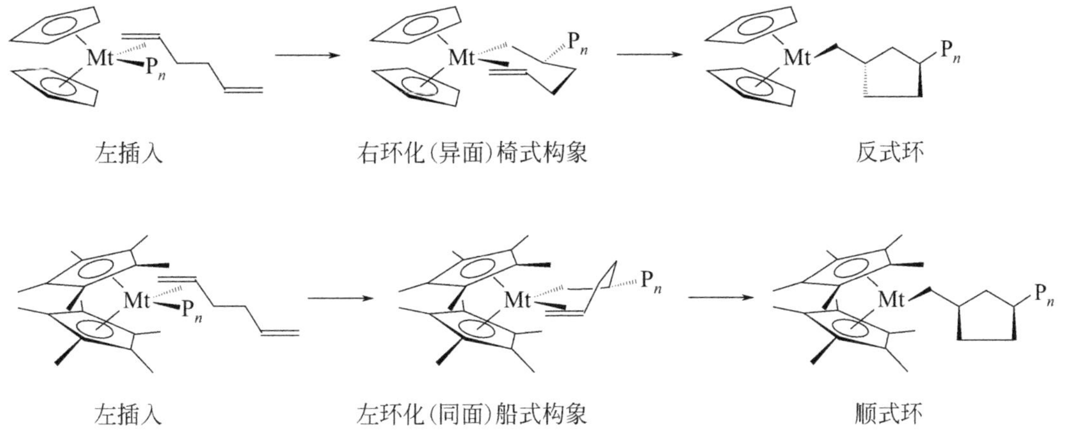

左插入　　　　　　　右环化(异面)椅式构象　　　　　　反式环

左插入　　　　　　　左环化(同面)船式构象　　　　　　顺式环

图 3.49　茂金属基催化剂环聚 1,5-己二烯环化步骤的非对映选择性

1,5-己二烯环聚中值得注意的是，带有完全取代的环戊二烯基配体的催化剂，无论催化剂前体是柄型的（手性的或非手性的）还是非桥连的，其环化反应都有高的选择性；活性中心周围的立体位阻越大，反式环的含量越小，而顺式环的含量增加。简单地说，非对映选择性完全不依赖于催化剂的手性[497]。

环的顺/反比例强烈影响环聚物的熔点，主要含有反式环的聚合物呈蜡状，熔点不超过 70℃，而含有大于 90% 顺式环的聚合物能结晶，熔点在 189℃[30]。

使用 $Cp_2^*ZrMe_2$-MAO、$[Cp_2^*ZrMe]^+$ $[B(C_6F_5)_4]^-$、$[Cp_2^*ZrMe]^+$ $[MeB(C_6F_5)_3]^-$ 聚合不对称 $\alpha,\omega$-二烯烃（如 2-甲基-1,5-己二烯）产生高区域规整性的环聚物[501]。聚[亚甲基-1,3-(1-甲基环戊烷)]中完美的头-尾链接单体单元是由于化学选择使位阻较小的单体端基先插入到活性 $Mt$—$P_n$ 键中，然后经双取代的烯烃键插入后环化（图 3.50）[497]。由于是分子内反应，双取代烯烃键的插入很容易。

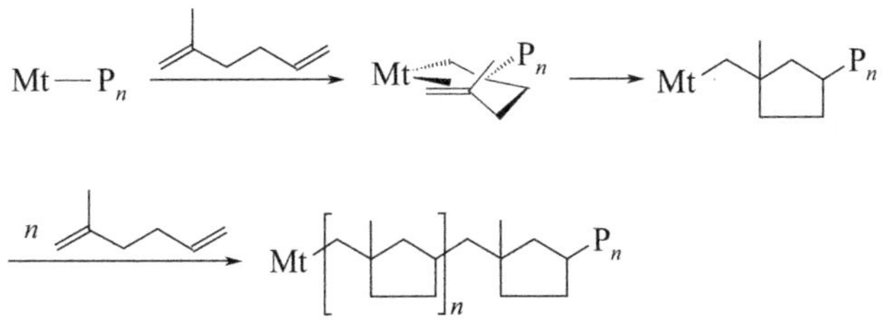

图 3.50　茂金属环聚 2-甲基-1,5-己二烯

使用同一个催化剂，1,5-己二烯环聚物的分子量远远高于 1-己烯均聚物的分子量[498]，毫无疑问，这是因为终止链的 $H_\beta$ 转移反应受到了一定的阻碍[30]。

脂环族聚合物的对称性质指含有特定微观结构的聚合物的手性，如反-等规聚（亚甲基-1,3-环戊烷）。$\alpha,\omega$-二烯烃的环聚为对映选择性聚合带来了新的机会。使用等规定向反式选择性的 $C_2$ 对称催化剂，如 (1R)-$(ThindCH_2)_2Zr(1,1'$-二-2-萘酚)，聚合 1,5-己二烯产生光学活性的反-等规聚（亚甲基-1,3-环戊烷）。而该催化剂的对映异构体 (1S) 的环聚产物为对映异构体聚合物[505]。$^{13}C$ NMR 谱分析结果显示，环聚中的对映面选择性大约为 91%[503,505]。

室温下使用 rac.-(ThindCH$_2$)$_2$Zr(1,1'-二-2-萘酚) 环聚 1,5-己二烯、1,6-庚二烯和 1,7-辛二烯产生的聚（亚甲基-1,3-环戊烷）中，分别含有 67%、50% 和 22% 的反式环结构，这说明有关环的非对映选择性相当于依赖烯烃的长度[506]。这种依赖性可以用环化步骤中对映点控制和构象控制之间的竞争来解释（图 3.51）[497]。

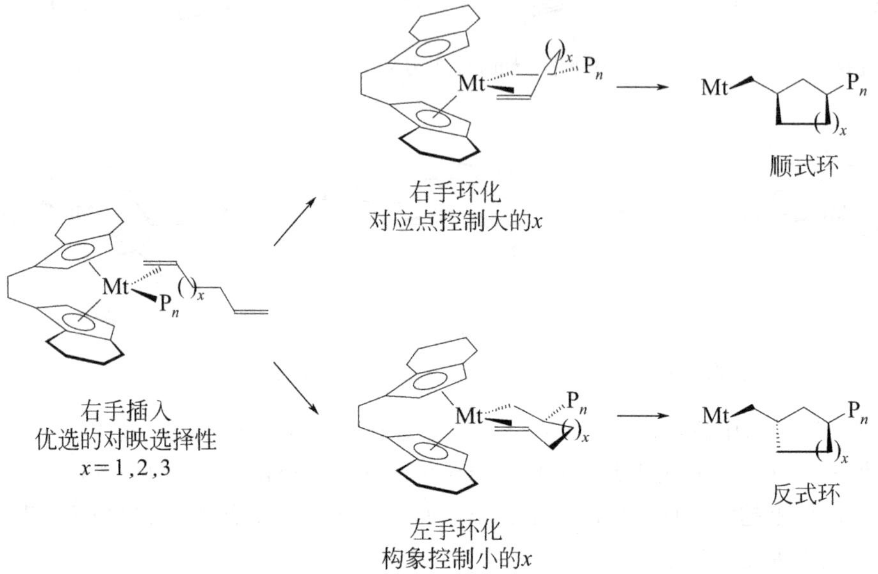

图 3.51 C$_2$ 对称的茂金属基催化剂聚环 α,ω-二烯烃环化步骤中的对应点控制和构象控制。1,5-己二烯（x=1）、1,6-庚二烯（x=2）和 1,7-辛二烯（x=3）。

在纯粹的对映点控制机理下，催化剂的对称性将维持单面插入而产生顺式环。另外，纯粹的构象控制机理下，初始环的优势构象决定非对映选择性。随着单体分子长度的增加，初始环的自由度增加，环的构象优势减少。在 x 的极限条件下，α,ω-二烯烃就像两个独立的烯烃分子，对于等规定向催化剂，将产生高顺式选择性，如 1,7-辛二烯的环聚[497]。

## 3.11 功能烯烃的聚合

众所周知，Ziegler-Natta 催化剂是乙烯和 α-烯烃均聚和共聚的独特催化剂[39-41]。尽管使用这些催化剂，尤其是新一代的茂金属催化剂，已经从技术上大大扩展了聚烯烃材料的范围和性能[43]，但是，极性乙烯基烯烃单体的均聚和共聚仍然很少被注意；其实，使用 Ziegler-Natta 催化剂和相关的配位催化剂是可以进行这种聚合的。

与聚（α-烯烃）一样，极性单体聚合物的性能高度依赖于聚合物主链的立构规整性。此外，极性单体和烯烃的共聚物与非极性聚烯烃相比有某些优点。由于缺乏反应性基团，聚烯烃的应用受到了很大的限制，尤其是在需要考虑它们的黏结性、印染性、印刷性和相容性的领域。

一般来说，有两种途径来实现聚烯烃功能化：直接将烯烃和极性单体共聚；对已经形成的聚合物进行化学改性[508-514]。

虽然烯烃和极性单体的共聚可行，但是鲜有好的结果。只有少数几个配位聚合体系能够以单体向金属-C键插入的方式产生极性单体共聚物。

Ziegler-Natta催化剂对烯烃/极性单体共聚以及极性单体均聚的活性都很低。在大多数情况下，所得极性单体均聚物的性能和自由基聚合制备的聚合物的性能很类似，这证明这些聚合有自由基机理[28]。

## 3.11.1 功能α-烯烃的配位均聚及其与乙烯和α-烯烃的配位共聚

长期以来，以插入机理聚合极性单体的配位催化剂的研究一直是一个挑战。大多数的钛基催化剂为强的Lewis酸，而极性单体为Lewis碱，极性单体比烯烃单体优先占据配位空位，在插入机理的配位聚合中，催化剂将严重中毒。并且，少量的酸性氢原子就足以断开过渡金属-烷基键而猝灭烯烃聚合[450]。尽管杂原子一般会阻碍C=C键向烯烃配位催化剂Mt—C键插入，还是有某些含有杂原子的单体可以被均相和非均相茂金属、Ziegler-Natta催化剂以插入机理均聚和/或共聚。这归功于通过各种方法减弱单体杂原子和催化剂的作用，以此来保持催化活性中心对插入反应的敏感性。这些方法包括：单体中的杂原子和C=C键之间至少隔一个亚甲基；杂原子和催化剂的Mt—C键被立体位阻所屏蔽；在单体的杂原子上连接特定的基团以减弱给电子能力；杂原子具有低的反应性；将杂原子与催化剂的活化剂配位，以及将羟基中的活泼氢与催化剂的活化剂或其他试剂反应[2,241]。

使用非均相或均相Ziegler-Natta催化剂共聚含有硼烷的烯烃单体是一个非常有趣的方法。共聚结束后，共聚物在后聚合工艺中可以转化为各种功能聚合物[515-518]。如式(3-9)所示，乙烯和α-烯烃（如1-丁烯或1-辛烯）与5-己烯基-9-硼双环[3.3.1]壬烷共聚后，转化的聚合物带有各种功能基团，如OH或I[518]：

(3-91)

在聚烯烃功能化方法中，使用含有硼烷的单体是一种一般有效的方法，它具有以下优点：硼烷部分对配位催化剂稳定，硼化合物在聚合介质烃类溶剂中可溶（如己烷和甲苯）；硼烷基团有多种反应，可以被转化为相当多的功能基团，并可以被转化为自由基引发"接枝出"聚合。功能化对聚合物表面能产生非常有效的改善作用，提高聚烯烃和底物之间的粘接性，增强其在聚烯烃共混合复合材料中的相容性[518]。

茂金属基催化剂，尤其是不含铝的阳离子茂金属催化剂，如$[Cp_2^*ZrMe]^+[B(C_6F_5)_4]^-$或$[Cp_2^*ZrMe]^+[MeB(C_6F_5)_3]^-$，向极性单体配位聚合的目标迈进了一大步。Waymouth 等[500]发现这些催化剂比非均相和均相 Ziegler-Natta 催化剂（烷基铝或 MAO 活化的催化剂）更耐极性基团。无论是非均相还是均相催化剂，功能烯烃单体必须仔细选择，以避免催化剂的失活[30]。

另一种制备功能化聚烯烃的方法是在聚烯烃的链端接上极性基团。从理论上讲，这种聚合物可以用活性聚合的方法制备。烯烃或$\alpha,\omega$-二烯烃与极性单体的两嵌段共聚物可以通过两步连续聚合来制备[30,497]。同时，研发了功能化聚烯烃接枝共聚物[519-521]。

能够被 Ziegler-Natta 催化剂以插入机理聚合的功能$\alpha$-烯烃，原则上具有如下特征，即杂原子（X）和聚合双键没有电子作用，两者分开，$CH_2=CH-(CH_2)_x-X$[326,384,518,522-528]。杂原子和双键直接相连的单体，即$CH_2=CH-X$，也能进行聚合，但是这种杂原子只能是 Si 和 Sn[522-526]。在 Ziegler-Natta 催化剂作用下，能够以插入机理进行均聚、与乙烯或$\alpha$-烯烃共聚的代表性功能$\alpha$-烯烃见表 3.7[2,241,326,384,518,522-528]。

含有氮的功能$\alpha$-烯烃中，只有叔胺能够聚合和共聚合（插入机理），但烯丙基胺不能聚合。氮原子上带有两个甲基或乙基取代基的不饱和胺，如 5-$N,N$-二甲基胺-1-戊烯，5-$N,N$-二乙基胺-1-戊烯，不能聚合为高分子，与 Lewis 酸如二乙基氯化铝配位后，才能用 Ziegler-Natta 催化剂聚合。活化剂中 Al 上的烷基和单体的类型都影响着功能$\alpha$-烯烃的聚合。Al 原子和氮原子都被大体积烷基覆盖的情况下，聚合较容易[523,526]。

表 3.7 在 Ziegler-Natta 催化剂作用下，能够以插入机理进行均聚、与乙烯或$\alpha$-烯烃共聚的代表性功能$\alpha$-烯烃

| 单体 | 催化剂 | 参考文献 |
| --- | --- | --- |
| $CH_2=CH-SiH_2Et$ | $VCl_3-AlEt_3$ | [522] |
| $CH_2=CH-SiH_2Me_3$① | $TiCl_4-AlEt_3$ | [523] |
| $CH_2=CH-CH_2-SiH_3$ | $TiCl_4-AlEt_3$ | [524,525] |
| $CH_2=CH-CH_2-SiMe_3$ | $TiCl_4-AlEt_3$ | [524,525] |
| $CH_2=CH-CH_2-SiMe_3$ | $TiCl_4-AlEt_3$ | [524,525] |
| $CH_2=CH-(CH_2)_x-N(i-Pr)_2 (x=2,3,5,9)$ | $\delta\text{-}TiCl_3 \cdot 1/3AlCl_3\text{-}Al(i-Bu)_2Cl$ | [526] |
| $CH_2=CH-(CH_2)_3-N(i-Pr)_2$ | $\delta\text{-}TiCl_3\text{-}Al(i-Hx)_2Cl$ | [326] |
| $CH_2=CH-(CH_2)_3-N(i-Bu)_2$ | $\delta\text{-}TiCl_3\text{-}Al(i-Hx)_2Cl$ | [384] |
| $CH_2=CH-(CH_2)_3-NMe_2$② | $\delta\text{-}TiCl_3\text{-}AlEt_2Cl$ | [526] |
| $CH_2=CH-(CH_2)_3-NEt_2$② | $\delta\text{-}TiCl_3\text{-}AlEt_2Cl$ | [526] |
| $CH_2=CH-(CH_2)_3-O-SiMe_3$③ | $\delta\text{-}TiCl_3 \cdot 1/3AlCl_3\text{-}Al(i-Bu)_2Cl$ | [526] |
| $CH_2=CH-(CH_2)_3-O-SiMe_3$③ | $\delta\text{-}TiCl_3\text{-}Al(i-Hx)_3$ | [523] |
| $CH_2=CH-(CH_2)_9-O-SiMe_3$③ | $\delta\text{-}TiCl_3\text{-}Al(i-Hx)_3$ | [523] |

续表

| 单体 | 催化剂 | 参考文献 |
|---|---|---|
| $CH_2=CH-(CH_2)_3-N(i-Pr)-SiMe_3$ ④ | $\delta\text{-}TiCl_3 \cdot 1/3AlCl_3\text{-}Al(i\text{-}Bu)_2Cl$ | [526] |
| $CH_2=CH-(CH_2)_9-I$ | $TiCl_4\text{-}AlEt_2Cl$ | [527] |
| $CH_2=CH-(CH_2)_4-B(C_8H_{15})/$<br>$CH_2=CH-R$ ⑤ | $TiCl_4\text{-}AlEt_2Cl$ | [518] |
| $CH_2=CH-(CH_2)_x-C_6H_2(O\text{-}t\text{-}Bu)_2$<br>$-OAlEt_2/CH_2=CH-CH_3$ ($x=2,5$) ⑥ | $MgCl_2/TiCl_4\text{-}AlEt_3$<br>$/Ph_2Si(OMe)_2$ | [528] |

① 产率非常低。
② 和化学计量的 $AlEt_2Cl$ 配位。
③ 产生的聚合物水解后产生聚醇。
④ 产生的聚合物水解后产生 5-N-异丙基胺-1-戊烯。
⑤ 共聚；R=H, Me, Et, Hx；$B(C_8H_{15})$=9-硼双环 [3.3.1] 壬烷；硼烷保护基经 $NaOH/H_2O_2$ 处理后产生 OH 功能基。
⑥ 共聚；功能 α-烯烃由 4-对烷基-2,6-二（叔丁烯）酚和三乙基铝反应产生；$AlEt_2$ 保护基经 HCl/乙醇处理恢复羟基。

含氧的功能 α-烯烃中，带有 $O-SiMe_3$ 基团的单体能够进行插入聚合。这类单体的 O 原子的配位能力较低，一方面是由于 $SiMe_3$ 基团的位阻，另一方面是由于 Si 和 O 之间的 d-π 作用。聚合物在乙醇中用无机酸水解后产生相应的聚醇[523,526]。含有羟基的单体可以转化为相应的硼取代或铝取代衍生物，再用 Ziegler-Natta 催化剂聚合，得到的聚合物的保护基团可以很容易去除而恢复羟基。

含有卤素的单体要进行插入聚合，只有当卤素原子和 C=C 键相距较远时才可以进行，一般使用 ω-卤-α-烯烃[527]。

使用硼烷和 MAO 活化的茂锆催化剂可以以插入机理聚合多种功能 α-烯烃[500,529]。MAO 活化的茂锆催化剂也能催化功能 α-烯烃与乙烯、丙烯、高级 α-烯烃的共聚[518,530,531]。而且，使用阳离子茂金属可以环聚功能 α,ω-二烯烃为功能化的聚（亚甲基环烷烃）[500]。表 3.8 给出了一些各自的例子[500,518,529-531]。

**表 3.8** 在均相茂金属催化剂作用下，能够以插入机理进行均聚、与乙烯或 α-烯烃共聚的代表性功能 α-烯烃

| 单体 | 催化剂 | 参考文献 |
|---|---|---|
| $CH_2=CH-(CH_2)_3-O-SiMe_3$ | $rac.\text{-}(IndCH_2)_2ZrMe_2\text{-}B(C_6F_5)_3$ | [529] |
| $CH_2=CH-(CH_2)_3-N(i\text{-}Pr)_2$ | $rac.\text{-}(IndCH_2)_2ZrMe_2\text{-}B(C_6F_5)_3$ | [529] |
| $CH_2=CH-CH_2-PPh_2$ | $rac.\text{-}(IndCH_2)_2ZrMe_2\text{-}B(C_6F_5)_3$ | [529] |
| $CH_2=CH-CH_2-CH(CH_3)-O-Si(t\text{-}Bu)Me_2$ | $[Cp_2^*ZrMe]^+[B(C_6F_5)_4]^-$ | [500] |
| $CH_2=CH-(CH_2)_3-N(i\text{-}Pr)_2$ | $[Cp_2^*ZrMe]^+[B(C_6F_5)_4]^-$ | [500] |
| $CH_2=CH-(CH_2)_4-B(C_8H_{15})/CH_2=CH-R$ ①② | $Cp_2ZrCl_2\text{-}MAO$ | [518] |
| $CH_2=CH-(CH_2)_4-B(C_8H_{15})/CH_2=CH-R$ ①② | $rac.\text{-}(IndCH_2)_2ZrCl_2\text{-}MAO$ | [518] |
| $CH_2=CH-(CH_2)_9-OAl</CH_2=CH-R$ ①③ | $(BuCp)_2ZrCl_2\text{-}MAO$ | [530] |

续表

| 单体 | 催化剂 | 参考文献 |
|---|---|---|
| $CH_2=CH-(CH_2)_9-OAl</CH_2=CH-R$[①③] | $rac.-(IndCH_2)_2ZrMe_2$-MAO | [530] |
| $CH_2=CH-(CH_2)_9-OAl</CH_2=CH-R$[①③] | $rac.-Me_2Si(Ind)_2ZrCl_2$-MAO | [531] |
| $(CH_2=CH-CH_2)_2CH-O-SiMe_3$[④] | $[Cp_2^*ZrMe]^+[B(C_6F_5)_4]^-$ | [500] |

① 共聚。
② $B(C_8H_{15})$=9-硼双环[3.3.1]壬烷。
③ $CH_2=CH-(CH_2)_9-OAl$←MAO 预处理的 $CH_2=CH-(CH_2)_9-OH$。
④ 共聚；用 HCl 处理产生的共聚物产生聚[亚甲基-3,5-(1-羟基)环己烷]。

相对于非均相 Ziegler-Natta 催化剂，茂金属催化剂为功能 α-烯烃的聚合提供了一个更好的方法。

然而，还有几个困难需要克服，其中最大的困难是极性单体加入体系后催化剂的活性大大下降[531]。

催化剂的结构对功能 α-烯烃的插入很重要。例如，桥连催化剂如 $rac.-Me_2Si(Ind)_2ZrCl_2$-MAO 比非桥连茂锆催化剂更适合于聚合 10-十一烯-1-醇[531]。$[rac.-(IndCH_2)_2ZrMe]^+[X]^-$ 对 5-N,N-二异丙基胺-1-戊烯聚合的活性较高，且具有等规定向性，而对 4-叔丁基二甲基硅氧-1-戊烯的活性不高[30]。

## 3.11.2 （甲基）丙烯酸脂肪酯的基团转移配位聚合

中性有机镧系茂金属[532-536]和阳离子茂锆有机衍生物[537]是极性乙烯基单体聚合的有效催化剂，这类极性乙烯基单体的杂原子与双键共轭，如丙烯酸酯 $CH_2=CH-C(OR)=O$ 和甲基丙烯酸酯 $CH_2=CH(Me)-C(OR)=O$。

非手性有机镧系配合物，如双（五甲基环戊二烯基）氢化钐二聚体 $(Cp_2^*XSmH)_2$，是甲基丙烯酸活性间规聚合的有效催化剂[532-536]。聚合机理有如下假设：催化剂和单体的羰基配位，Sm—H 和配位单体进行 1,4-加成产生金属-烯醇物。中间体是一个八元环，可以稳定烯醇链端也允许单体插入链接，链的端基和金属乙烯醇连接，而倒数第二个单元的羰基和金属配位[532]。

$$(3-92)$$

手性有机镧系柄型茂金属聚合甲基丙烯酸甲酯可以产生高立构规整聚合物，根据茂金属催化剂的不同类型，可以产生间规或等规聚合物[536]。

有机镧系茂金属催化剂还能制备乙烯和甲基丙烯酸甲酯的嵌段共聚物。镧-烷基键的长久稳定性可以用来制备带有极性聚甲基丙烯酸甲酯嵌段的乙烯共聚物。使用钐催化剂，先将乙烯通入聚合体系，再加入甲基丙烯酸甲酯，就可以产生嵌段共聚物[532-534]：

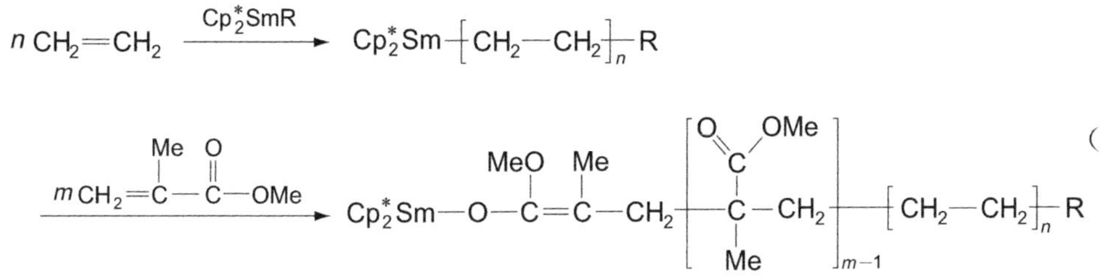

$$n\,CH_2=CH_2 \xrightarrow{Cp_2^*SmR} Cp_2^*Sm-[CH_2-CH_2]_n-R$$

$$m\,CH_2=C(Me)-C(O)-OMe \longrightarrow Cp_2^*Sm-O-C(OMe)=C(Me)-CH_2-[C(C(O)OMe)(Me)-CH_2]_{m-1}-[CH_2-CH_2]_n-R \quad (3\text{-}93)$$

使用非手性茂锆化合物，如 $[Cp_2^*ZrMe(THF)]^+\,[B(C_6F_5)_4]^-$ 和 $Cp_2^*ZrMe_2$ 的混合物，在二氯甲烷溶液中聚合甲基丙烯酸甲酯则产生间规聚合物。增长中心可能是双金属物种，含有阳离子的烯醇锆和中性的茂锆。增长反应可能通过配位单体和阳离子烯醇之间的 Michael 反应完成[537]：

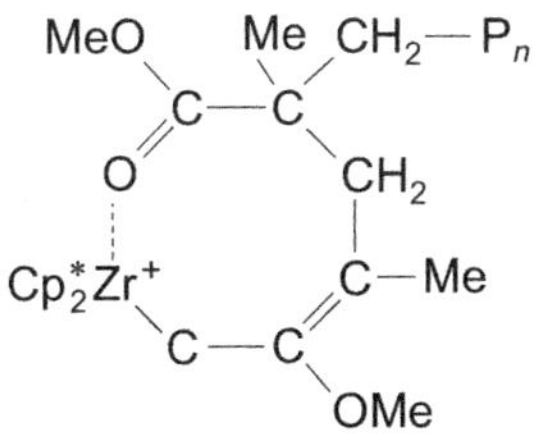

## 3.11.3 使用改性 Ziegler-Natta 催化剂催化极性单体的自由基均聚和与烯烃的共聚

对于杂原子和双键直接相连的极性单体（$CH_2=CH-X$），或杂原子和双键共轭的极性单体 [$CH_2=CH-C(Z)=X$，$CH_2=CH\equiv X$]，在 Ziegler-Natta 催化剂作用下也能聚合，但链增长不是插入机理。某些 Ziegler-Natta 催化剂在体系中形成的活性中心能够以自由基机理聚合，和/或共聚含有杂原子的烯烃单体，这依赖于单体和催化剂的种类。

使用改性的 Ziegler-Natta 催化剂可以以自由基机理聚合杂原子与双键碳原子直接相连的烯烃单体（$CH_2=CH-X$），如氯乙烯[538-542]。这时，脱氯化氢是个问题[543]，使用改性的活化剂，如二烷基烷氧基铝及取代的二烷基烷氧基铝（$Et_2AlOCH_2CH_2NR_2$）[538]，或在聚合物体系中加入 Lewis 碱（如四氢呋喃），都可以在一定程度上减少脱氯化氢，但不能完全消除[539-542]。不管怎么样，在 $VOCl_3$-$AlEt_3$ 或 $VOCl_3$-$AlEt_2Cl$ 等 Ziegler-Natta 催化剂催化氯乙烯聚合的体系中，加入的 Lewis 碱的主要作用是加速引发自由基的产生[542]。

$$VOCl_3 + THF \cdot AlEt_3 \longrightarrow VOCl_2 + THF \cdot AlEt_2Cl + Et^\bullet \quad (3\text{-}94)$$

Ziegler-Natta 催化体系中过渡金属化合物的还原反应 [式(3-7)] 产生的烷基自由基能够引发极性单体聚合，但不能引发烯烃自由基聚合。大多数改性的能催化聚合极性单体的 Ziegler-Natta 催化剂的活性低，没有立体定向性，产生的聚合物的性能相似于传统自由基聚合产生的聚合物的性能[28]。

当使用 Ziegler-Natta 催化剂引发时，杂原子和双键共轭的极性单体能够和烯烃进行自由基共聚[544,545]。在丙烯腈/$VOCl_3$-$AlEt_2Cl$ 体系中，形成引发自由基的一种可能反应

如下[546]:

$$VOCl_3 + CH_2=CH-C\equiv N \cdot AlEtCl_2 \longrightarrow VOCl_2 + CH_2=CH-C\equiv N \cdot AlCl_3 + Et^\cdot \quad (3-95)$$

在没有过渡金属化合物的情况下,单独使用有机铝化合物也可以进行极性乙烯基单体与烯烃的共聚合。有机铝化合物,如 $AlEtCl_2$,可以引发极性单体如丙烯腈与给电子单体如丙烯的自由基共聚[547-549]。极性单体和有机铝化合物形成的配合物(一种 Lewis 酸),使配位单体接受电子的能力增加,从而增强了与给电子体的烯烃的共聚能力;共聚倾向于产生交替共聚物。丙烯腈/丙烯-乙基二氯化铝的共聚反应如下所示[547-549]:

$$n\begin{matrix}CH_2=CH\\|\\C\\\|\\N\\\cdot\\EtAlCl_2\end{matrix} + n\begin{matrix}CH_2=CH\\|\\CH_3\end{matrix} \longrightarrow \left[\begin{matrix}CH_2-CH-CH_2-CH\\|\qquad\qquad|\\C\qquad\qquad CH_3\\\|\\N\\\cdot\\EtAlCl_2\end{matrix}\right]_n \quad (3-96)$$

有机铝化合物和极性单体的配合物中的 Al—C 键均裂也能产生自由基而引发共聚[549,550]:

$$CH_2=CH-C\equiv N \cdot AlEtCl_2 \longrightarrow CH_2=CH-C\equiv N \cdot AlCl_2 + Et^\cdot \quad (3-97)$$

无论是如式(3-96)所示的自发共聚还是如式(3-97)所示形成的自由基引发的共聚,加入过渡金属化合物都会加速反应(形成改性的 Ziegler-Natta 催化剂),因为以式(3-95)所示的方式更容易产生自由基。

# 3.12 工业聚合工艺

研究烯烃配位聚合一定要考虑聚烯烃生产的工业工艺。生产中遇到的问题影响着烯烃聚合催化剂领域的发展,所谓催化剂的发展就是指降低聚合物的生产成本或提高聚合物的性能。因此这里简要论述一下使用各种配位催化剂进行聚烯烃生产的主要类型。现代聚烯烃生产工艺能够制备很宽范围的聚合物,这里也简要介绍一下聚烯烃主要的商业适用性产物和它们典型的用途。

## 3.12.1 聚合方法

用于聚烯烃(均聚物和共聚物)的技术有浆液、溶液和气相聚合,丙烯在液相单体中的本体聚合可以看作是浆液聚合的一个特例。各种聚合工艺的基本区别反映着不同的聚合散热方法。聚合工艺可以是间歇或连续模式。在间歇工艺中,将试剂加入聚合釜,待聚合物形成后将釜清空再加入下一批料。在连续工艺中,催化剂前体、活化剂和其他必要的添加剂连续加入反应釜中,聚合物连续出釜。看来,不停工加料和出料连续使用釜比较经济[28,37,43,51,551,552]。

### 3.12.1.1 浆液聚合

浆液聚合法是最老的方法,但仍然广泛应用于乙烯、丙烯和高级 α-烯烃聚合物的生产。在这种工艺中,将单体溶于聚合介质中(烃类稀释剂),形成的固体聚合物悬浮于其中,聚合物的含量大约为40%（质量分数）；聚合温度小于聚合物的熔点。浆液聚合的温度在70～90℃，乙烯压力为7～30atm。聚合时间为1～4h，聚合物收率为95%～98%。产生的聚合物以粉粒分散于稀释剂中，过滤分离。加入醇（异丙醇、甲醇），将溶剂回收，再抽提聚合物可以去除残留催化剂。经过离心将聚合物从稀释剂中分离出再干燥。在聚丙烯生产中，无规部分留在了稀释剂中[28,37]。

在反应介质中加入氢气可以调控分子量，改变催化剂的设计或者在不同条件下多步聚合可以调节分子量分布。聚烯烃生产的最好反应器是搅拌釜或环管反应器[37]。

在某些工艺中，聚合在一系列的串联反应器中进行，在各个步骤中改变氢气的浓度以达到控制分子量分布的目的。

图3.52给出了聚丙烯浆液工艺聚合和催化剂去除的工艺流程[51]。

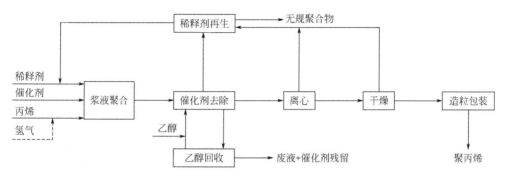

**图3.52** 聚丙烯浆液聚合生产工艺流程（以及催化剂残留的去除）

高效负载催化剂的应用可以省去昂贵的催化剂残留去除步骤。因此，在使用高活性催化剂的浆液聚合中，离心后回收的稀释剂可以循环使用而不需要再纯化（图3.53）[51]。

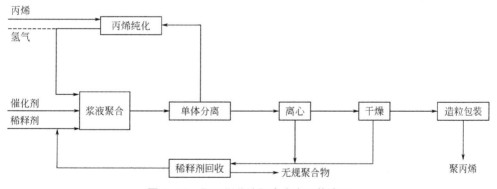

**图3.53** 聚丙烯浆液聚合生产工艺流程

### 3.12.1.2 本体聚合

本体聚合是浆液聚合的一个特例，是用溶解性较差的液体丙烯代替稀释剂。为了使单体保持液态，本体聚合的温度为55～80℃，压力为20～30atm。丙烯的气化带走大部分聚合放热。搅拌机械釜、蒸发冷却系统和循环反应器提供了良好的热传导条件。聚合物连续出釜，未反应的单体与聚合物分离后再去除低聚物（二聚体、三聚体等）和气体杂质，然后进入循环使用。加入烃类稀释剂和异丙醇到聚合物中以去除催化剂残留，无规部分被稀释剂抽提出，等规聚丙烯经过干燥再造粒[43,51]。丙烯本体聚合工艺流程见图 3.54[51]。

残留催化剂也可以溶解在极性配位试剂中，这些试剂可以用逆流液体丙烯抽提出（图 3.55）[51]。

浆液本体聚合比浆液稀释剂聚合的成本稍高一些，但是催化剂残留量少[43,51]。不去除无规聚合物将会简化本体聚合（图 3.56）[51]。

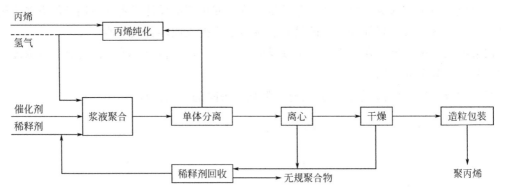

图 3.54　丙烯本体聚合生产工艺流程（以及催化剂残留的去除）

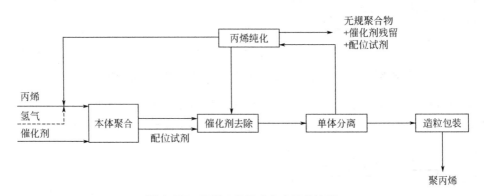

图 3.55　丙烯本体聚合生产工艺流程

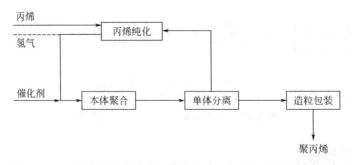

图 3.56　丙烯本体聚合生产工艺流程（不需要取出催化剂残留）

### 3.12.1.3　溶液聚合

溶液聚合工艺主要用于生产聚乙烯。"溶液"并不是字面上的意思，因为聚合温度很高以至于聚合物处于熔融态。溶液聚合中，在高达 100atm 的压力下将乙烯溶于溶剂中（如环己烷），加入催化剂后加热，乙烯以非常快的速度聚合。聚合温度保持在 130～300℃，用水间接地或加入冷的单体溶液冷却聚合釜；温度控制也可以用乙烯压力来调节，范围约在 7～100atm。溶液聚合允许在相对小的搅拌釜中以高的速度进行聚合。聚合一般为几分钟（2～10min），而浆液聚合需要 1～4h。一般溶液中含有 18%～25%（质量分数）的聚乙烯，聚合物溶液出釜后用失活剂处理，使用助滤剂氧化铝或氧化铝床将混合物过滤，失活的催化剂被吸附在氧化铝上。纯化后的聚乙烯溶液经过闪蒸罐蒸发掉大部分溶剂，溶剂可循环使用。聚合物中的剩余溶剂（约重量的 5%）在造粒挤出机中损失掉。最后剩余的溶剂量少于 0.05%（质量分数）[28,37,43,51,551]。

高温溶液聚合很少用于等规聚丙烯的生产，某些特殊用途的聚丙烯也可以用这种工艺生产（图 3.57）[51]。然而，溶液聚合制备的聚丙烯的杂质含量非常低，但总成本较高。溶液工艺已被用于无规聚丙烯的生产[43]。

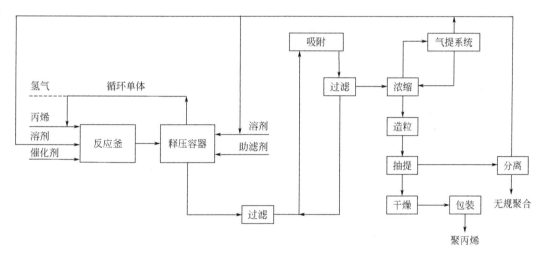

图 3.57 丙烯高温溶液聚合生产工艺流程

### 3.12.1.4 气相聚合

气相聚合是最新的聚烯烃生产工艺，开始出现于 20 世纪 60 年代后期，为第三代 Ziegler-Natta 催化剂聚合乙烯设计。气相聚合中，负载于聚合物床上的催化剂直接将单体转化为固体聚合物。由于所有的氯化钛分子都可以参与聚合，所以需要的量很少。因此，聚合物产率（每克钛产生的聚合物量）很高，不需要抽提过程。这为生产带来了显著的经济效益，也有利于环境，最终导致了聚烯烃在全球塑料市场中爆炸式的增长[49]。虽然这是一个创新的技术，但是对于高密度聚乙烯生产，气相聚合并不比浆液聚合经济多少。对于线型低密度聚乙烯，流化床工艺比溶液和高压工艺有竞争力，投资和生产成本都低。对于聚丙烯，工业生产中有两种方法，其散热方式不同。一种是和聚乙烯一样的流化床技术，另一种是机械振动的干粉床技术，在垂直或水平的机械釜中使用蒸发冷却；丙烯分离后再压缩从加料口进入循环[43]。蒸发冷却可以带出大部分的聚合热。搅拌床气相聚合制备聚丙烯的流程见图 3.58[51]。

第四代 Ziegler-Natta 催化剂不仅可以控制聚合物的分子结构（分子量分布、支化和立体纯度），制备无规和多相共聚物时可以控制共单体的插入，聚合物的结构重复性好，还可以控制聚合物的形态（合适的形状、粒子大小分布和堆密度），并且不需要造粒步骤[49]。

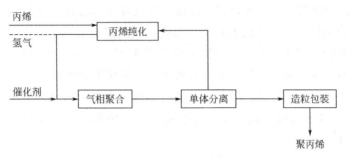

**图 3.58** 丙烯气相聚合生产工艺流程

制备烯烃均聚物和无规共聚物只需要一个反应釜。制备嵌段共聚物（抗冲共聚物）需要两个串联釜。用流化床制备抗冲共聚物时需要惰性气体（氮气）保护[43,51]。

气相技术代表了聚烯烃商业生产的巨大进步。气相技术避免了大规模浆液聚合和溶液聚合中的高成本步骤（如稀释剂的循环和聚合物的干燥）。

乙烯气相聚合的典型温度为 85～100℃，压力为 20～25atm。乙烯气态循环，带走聚合热并使催化剂床流化。为了保持温度小于 100℃，每一次气体循环中气体的转化率保持在 2%～3%[37]。丙烯气相聚合工艺中温度较低，一般在 50～85℃，压力为 15～40atm[553]。

## 3.12.2 聚合催化剂

生产烯烃聚合物的商用催化剂有 Ziegler-Natta 催化剂和菲利普斯催化剂。只有很少几种催化剂被用于烯烃工业聚合生产中。菲利普斯催化剂和 Ziegler-Natta 催化剂都可以用于生产高密度聚乙烯和线型低密度聚乙烯。菲利普斯催化剂开始使用于溶液工艺，随着催化剂性能的提高，开始用于浆液和气相工艺。高活性负载催化剂的应用大大简化了 Ziegler-Natta 催化剂浆液聚合工艺，因为它可以消除浆液聚合中最麻烦的一步，即残留催化剂的去除。负载催化剂现在也被用于气相工艺。自 20 世纪 60 年代开始，乙丙共聚物就使用钒基 Ziegler-Natta 催化剂进行溶液（浆液）聚合制备[241]。最近，工业生产开始使用高产率催化剂的流化床工艺，不需要溶剂也不需要去除催化剂残留[553]。

从 1991 年起，市场上出现了负载茂金属制备的聚乙烯，并宣布了使用单中心茂金属催化剂生产其他聚烯烃（聚丙烯、乙丙共聚物和乙烯/丙烯/非共轭二烯烃橡胶、环烯烃的烯烃共聚物）的计划[554]。

催化剂和聚合技术的发展使所有主要的聚烯烃和聚烯烃合金都可以商业化生产，其工艺既经济又环境友好。然而，$MgCl_2$ 负载的 Ziegler-Natta 催化剂在未来十年内可能仍然是聚烯烃生产的主要催化剂[555]。聚烯烃催化剂的生命周期以及预期值见图 3.59[38]。

包括茂金属基催化剂在内的 Ziegler-Natta 催化剂含有几种潜在的危险组分，它们大多数对氧和水汽敏感。例如，某些烷基铝可以起火（即自燃）。大多数烯烃聚合工艺都要消耗大量溶剂，排放有机废液。催化剂前体和活化剂都很贵。催化剂组分对很多物质敏感，存储和操作时都需要干燥的氮气来保护，完全和空气隔绝[555]。最新的 Ziegler-Natta 催化剂（第三、第四代和茂金属催化剂）效率很高，很少量就可使之产生大量的聚合物。

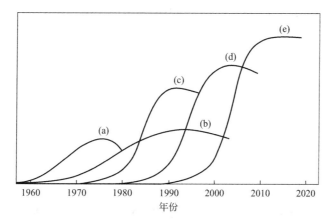

**图 3.59** 烯烃配位聚合催化剂的生命周期：(a) 早期聚合乙烯和丙烯用的 Ziegler-Natta 催化剂；(b) 聚合乙烯用的菲利普斯催化剂；(c) 聚合乙烯用的第四代 Ziegler-Natta 催化剂；(d) 聚合丙烯用的第四代 Ziegler-Natta 催化剂；(e) 制备各种立构规整性烯烃聚合物用的茂金属催化剂

## 3.12.3 聚合产品

配位聚合可以生产大量的烯烃聚合物，但是只有几种进行了大规模商业化生产：高密度聚乙烯（HDPE）、线型低密度聚乙烯（LLDPE）、等规聚丙烯（$i$-PP）、乙丙橡胶（EPR）和乙烯/丙烯/非共轭二烯烃橡胶（EPDM）。其他烯烃聚合物的生产量较小，如等规聚（1-丁烯）和等规聚（4-甲基-1-戊烯）[241]。

在 1956 年年底，Phillips 公司（使用铬基催化剂在中等压力下）和 Hoechst 公司（使用 Ziegler 催化剂在低压下）几乎同时开始生产高密度聚乙烯。1957 年 Montecatini 和 Hercules 公司开始生产聚丙烯。从 1965 年开始，聚（1-丁烯）和等规聚（4-甲基-1-戊烯）就有少量的商业化生产。乙丙橡胶从 1960 年开始生产[241]。

表 3.9 列出了配位聚合生产的商业烯烃均聚物和共聚物及其典型用途[556]。

**表 3.9** 配位聚合生产的商业烯烃均聚物和共聚物及其典型用途

| | 聚合物 | 典型用途 |
|---|---|---|
| 塑料 | 高密度聚乙烯 | 瓶、筒、管、导线管、板材、薄膜、电线和电缆的绝缘层 |
| | 线型低密度聚乙烯① | 和低密度聚乙烯共混、薄膜、包装、瓶 |
| | 等规聚丙烯 | 汽车和仪器部件、包装袋、绳、编织袋、地毯、薄膜 |
| | 等规聚(1-丁烯) | 薄膜、管 |
| | 等规聚(4-甲基-1-戊烯)② | 包装、医用容器、照明 |
| | 乙烯/等规丙烯嵌段(抗冲)共聚物(聚异分体) | 食品包装、汽车装饰、玩具、瓶、薄膜、热消毒容器 |

| 聚合物 | | 典型用途 |
|---|---|---|
| 橡胶 | 无规聚丙烯 | 沥青共混物、密封剂、胶黏剂、电缆包覆层 |
| | 乙烯/丙烯等规共聚物 | 等规聚丙烯的抗冲改性剂 |
| | 乙烯/丙烯/二烯烃共聚物[③] | 电线和电缆的绝缘层、雨刷器、轮胎侧壁、软管、密封件 |

① 乙烯和 1-丁烯、1-己烯、1-辛烯的共聚物。
② 一般是 4-甲基-1-戊烯和少量 1-戊烯的共聚物。
③ 非共轭二烯烃，如 1,4-己二烯、二环戊二烯、5-亚乙基-2-降冰片烯。

## 3.13 附录：主族金属基催化剂聚合的最近进展

最近发现某些阳离子铝配合物也能用于烯烃和功能烯烃的聚合，催化剂带有适当的单阴双齿大螯合环配体，如（N,N-二异丙基胺）环庚亚胺配体[557]。尽管这些催化剂不含过渡金属，但它们含有亲电子的铝中心和活性的 Al—C 键，这能够促进单体的配位和插入[558]。

Jordan 等[557] 发现，使用三齿烷基铝或氢化铝

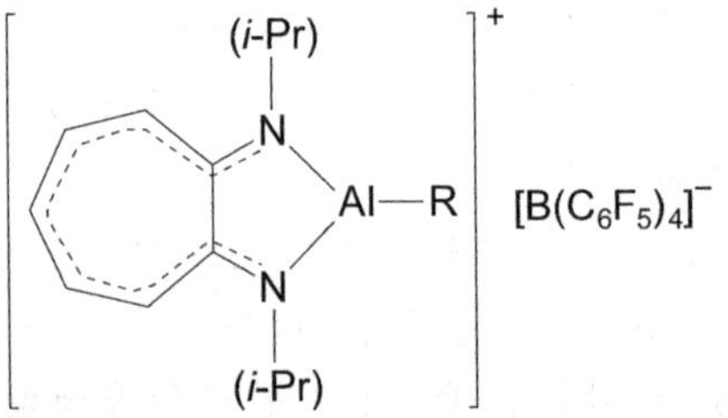

在甲苯中在温和的条件下（80～100℃，1～5atm）聚合乙烯能够产生高分子量的聚乙烯（$M_n=106500$，$M_w/M_n=2.4$；熔点为 137.8℃），活性约为 0.1kg 聚乙烯/gAl·h·atm。

双核氢阳离子

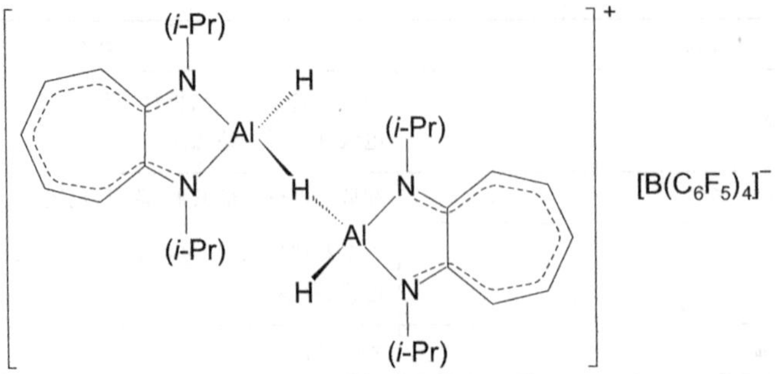

在甲苯或氯苯中在室温下催化聚合甲基丙烯酸甲酯可以产生高分子量的以间规为主的聚合物（$M_n=187000$～228000，$M_w/M_n=1.8$），转化率可达 80%～100%[557]。而双核阳离子茂锆配合物催化聚合甲基丙烯酸甲酯也有间规定向性[537,559]。

## 3.13.1 使用含有 Ni 或 Pd 和 α-二亚胺配体的催化剂对烯烃的均聚和共聚

最近，杜邦公司的 McLain 等[560] 和 Brookhart 等[561] 发明了 α-二亚胺配位的过渡金属催化剂和一些助催化剂。这些催化剂可以催化聚合乙烯、非环烯烃和/或选定的环烯烃、某些烯基酯或烯基羧酸，这些聚合物可以用作橡胶、模压树脂、胶黏剂等。因某些聚合有活性聚合的特性，所以也能制备嵌段共聚物。

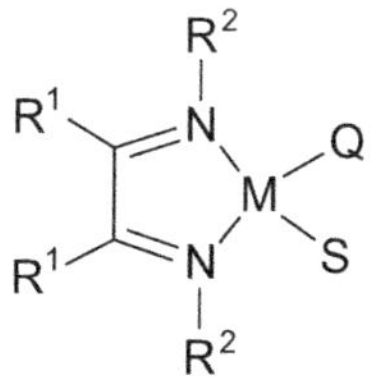

(I)

式(I) 所示的配位催化剂中 Q 为烷基，S 为卤素，$R^1$ 为 H 或者烷基（1-4 个碳原子），最好为甲基，$R^2$ 为烃基（1~4 个碳原子），最好为甲基，M 是 Pd 时，可以由相应的 1,5-环辛二烯（COD）Pd 配合物和合适的二亚胺反应制备。当 M 是 Ni 时，由二烷基醚或聚醚如 1,2-二甲氧基乙烷 Ni 和适合的二亚胺反应制备。

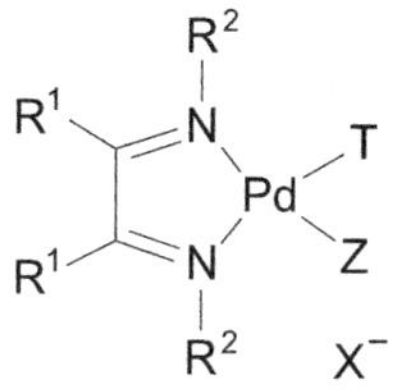

(II)

催化剂 (II) 中，T 为氢或者不含烯键或炔键的烃基、RC(=O)—或 ROC(=O)—（最好为甲基），Z 为中性 Lewis 碱，给电子原子为氮、硫或氧（最好为 $R_2O$ 或 RCN），X 为 BAF〔BAF=四［3,5-双（三氟甲基）苯］硼〕，(II) 可以由 (I) 和一等份的碱金属盐（特别是钠盐）、HBAF 和配体（特别是腈，如乙腈）反应制备。当 X 是 BAF、$SbF_6$ 或 $BF_4$ 时，同样的 Pd 化合物底物可以和银盐 AgX 反应。

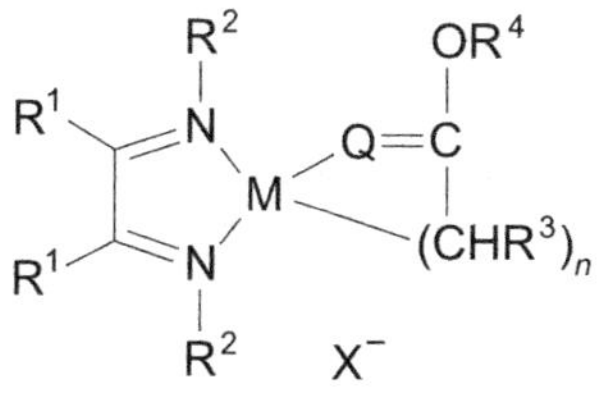

(III)

化合物 (III) 中，M 为 Ni(II) 或者 Pd(II)，可以由 (II) 和丙烯酸酯 $CH_2$=CHCOOR$^4$ 反应制备。反应在非配位溶剂如二氯甲烷中进行，丙烯酸酯过量 1~50 倍。Q 最好为甲基，$R^4$ 为含有 1~4 个碳的烃基，最好为甲基。

使用上述 Ni 和 Pd 化合物可以催化各种烯烃聚合，特别是催化烯烃与烯酯、烯羧酸和其他功能烯烃的共聚合。当 (I) 作为催化剂时，需要再加入中性的 Lewis 酸或带有弱配位反离子的阳离子 Lewis 酸或 Bronsted 酸。中性的 Lewis 酸没有电荷（不是离子），比较好的有 $SbF_5$、$Ar_3B$ 和 $BF_3$。阳离子 Lewis 酸指带有一个正电荷的阳离子，如 $Ag^+$、$H^+$ 和 $Na^+$。

当（Ⅰ）(和需要中性 Lewis 酸或阳离子 Lewis 或 Bronsted 酸存在的类似催化剂) 不含有和金属键合的烷基或氢时（Q 和 S 都不是烷基或氢），中性 Lewis 酸或阳离子 Lewis 或 Bronsted 酸会烷基化金属，或者转移一个氢给金属，在金属上键合一个烷基或氢。

最好的金属烷基化中性 Lewis 酸为特定的烷基铝化合物，如 $R_3Al$、$R_2AlCl$、$RAlCl_2$ 和烷基铝氧烷。合适的烷基铝包括甲基铝氧烷、$(C_2H_5)_2AlCl$、$C_2H_5AlCl_2$ 和 $[(CH_3)_2CHCH_2]_3Al$。金属氢化物如 $NaBH_4$ 可以用于金属 M 的氢化。

可以聚合的烯烃有乙烯、丙烯、1-丁烯、2-丁烯、1-己烯、1-辛烯、1-戊烯、1-十四烯、降冰片烯和环戊烯中的一种或多种，也可以使这些烯烃与乙烯、丙烯、环戊烯共聚。Pd（Ⅱ）催化剂还可以将这些烯烃及一定的环烯烃与其他单体［如一氧化碳和乙烯基酮 $CH_2$＝CHC(O)R］共聚。一氧化碳可以与各种烯烃以及环烯烃形成交替共聚物。

这些催化剂制备的聚丙烯的玻璃化转变温度为 $-30℃$ 或更低，每 1000 个亚甲基中至少含有 50 个支链。制备的某些聚乙烯的密度非常低，小于 $0.86g/mL$。

配位聚合中，$\alpha$-烯烃 $CH_2$＝$CH(CH_2)_nH$ 链增长的插入方式是 1,2 或 2,1。一般来说，产生 1,2-链接或 2,1-链接的单体单元形成一$(CH_2)_nH$ 支链。然而，使用某些催化剂时，最初形成的 1,2-单体可以重排，在下一个单体插入前，配位金属迁移到最后一个插入的单体单元的末端，类似于式(3-69) 和式(3-70)，形成 $\omega$,2-链接和甲基支链：

polymer-M ＋ $CH_2$＝$CH(CH_2)_nH$ $\xrightarrow{1,2-插入}$

$$\underset{1,2-链接}{\text{polymer}-\overset{\overset{M}{|}}{\underset{\underset{(CH_2)_nH}{|}}{CH_2}-CH}} \xrightarrow{重排} \underset{\omega,2-链接}{\text{polymer}-\overset{\overset{CH_3}{|}}{\underset{\underset{(CH_2)_n-M}{|}}{CH}}}$$

类似的，使用某些催化剂会在 2,1-插入的单体上迁移。形成 $\omega$,1-链接而没有甲基支链：

polymer-M ＋ $CH_2$＝$CH(CH_2)_nH$ $\xrightarrow{1,2-插入}$

$$\underset{2,1-链接}{\text{polymer-}CH_2-\overset{\overset{M}{|}}{\underset{\underset{(CH_2)_nH}{|}}{CH}}} \xrightarrow{重排} \underset{\omega,1-链接}{\text{polymer-}CH_2-\overset{\overset{CH_2}{|}}{\underset{\underset{(CH_2)_n-M}{|}}{CH}}}$$

这类催化剂中的某些可以产生相当量的 $\omega$,1-链接，形成新的聚合物，包括均聚聚丙烯（PP）。在某些生成的 PP 中，存在—CH(—)$CH_2CH_2CH_2(CH_2)_nCH_2CH_2CH$(—)—结构。

$\alpha$-烯烃均聚物（如丙烯均聚物）的性能和它们"一般"的均聚物的性能非常不同。一般的均聚聚丙烯每 1000 个亚甲基中含有 1000 个甲基。而这类催化剂产生的聚丙烯的甲基数目少了一半,还有一些长的支链。使用这些催化剂聚合其他 α-烯烃时形成的聚合物的微观结构和上述聚丙烯的类似。

另外,这些催化剂也可以带有一个双齿配体,通过两个不同的氮原子或一个氮原子一个磷原子来配位,氮原子是双齿配体的一部分。这些化合物中的一些应该具有有效的或部分有效的聚合活性,因为双齿配体为配位面(平行四边形配合物)的两边都提供了足够的立体位阻,使用具有适当立体位阻的双齿配体的配合物应该可以聚合乙烯,聚合度至少在 10 以上。

这些催化剂是有效的,因为未聚合的烯烃单体能够慢慢取代连在过渡金属上的由于增长链 β-氢消除而产生的配体烯烃。取代的方式为协同交换。增加配体的立体位阻可以减慢协同交换的速度而促进链增长。

## 3.13.2 线型 α-烯烃的制备

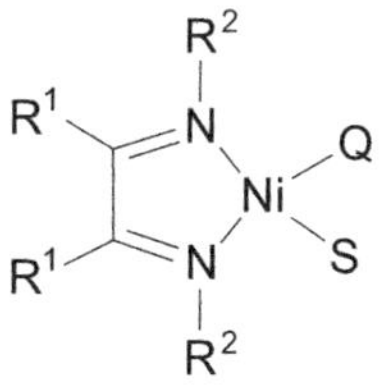

上述催化剂中,$R^2$ 为烃基或者取代烃基。这个基团决定着催化剂是产生 α-烯烃还是伴随产生聚合物(含有大于 25 个乙烯单元的聚合物)。如果 $R^2$ 对 Ni 原子的立体位阻大,倾向于生成高聚物。例如,当两个 $R^2$ 都为 2,6-二异丙基苯时,大多产生聚合物。当两个 $R^2$ 都为苯基时,聚合产物大多为 α-烯烃。

α-烯烃也可以使用以下两种催化剂通过乙烯来制备:

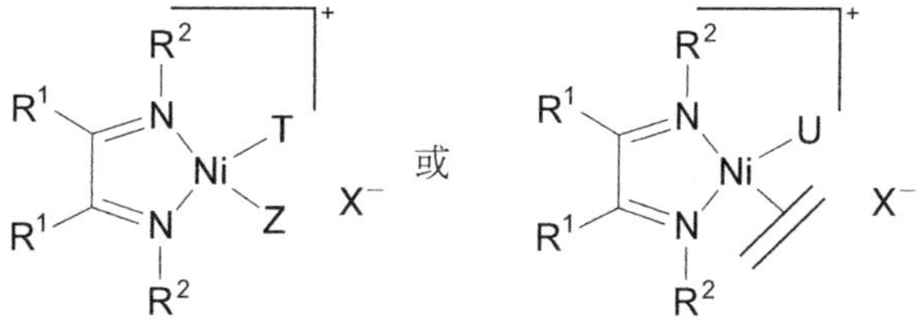

U 为含有大于 38 个碳原子的正烷基,X 为非配位阴离子。合适的 Z 为二烷基醚和烷基腈,如乙醚和乙腈。

一般的,α-烯烃可以用 α-二亚胺配位的 Ni(Ⅱ) 配合物制备,该催化剂用 Ni(0)、Ni(Ⅰ) 和 Ni(Ⅱ) 前体制备。

## 3.13.3 使用二齿膦配位的 Pd 催化剂催化一氧化碳和 α-烯烃共聚制备聚酮

BP 化学公司的 Dossett[562] 发明了一种催化剂,用至少含有两个磷原子的桥连双齿膦配体[桥连基为—(N)$_x$—(P)$_y$—N—($x$ 和 $y$ 为 0 或者 1)]与第 8 族金属(如 Pd)反应的产物和促进剂组成。促进剂为弱的或非配位的阴离子,也可以使用烃基硼或者铝氧烷。这类催化剂可以催化一种或多种烯烃与一氧化碳共聚。典型的例子有 $\{Pd[Ph_2PN(Me)N(Me)PPh_2]Cl_2\}$ 和 $\{Pd[Ph_2PN(Me)N(Me)PPh_2](PhCN)_2\}[BF_4]_2$。

BP 化学公司的 Stewart 等[563] 发明了类似结构的催化剂,只是桥连基团为 $-NR^2C(X)NR^2-$,X=O、S 或 Se,$R^2$ 为氢或者烷基,两个 $R^2$ 相同或者不同。例如 $Ph_2PN(Me)CO(Ph)NPPh_2$。

促进剂为非配位或弱配位阴离子的来源。这样的阴离子适合为强酸的共轭碱,此处酸的 $pK_a$ 要小于 6,最好小于 2(如 $HBF_4$、$HPF_6$、$HSbF_6$ 和对甲苯磺酸)。促进剂也可以是烃基硼,如烷基硼或芳基硼,以及铝氧烷。

### 参考文献

1. Corradini, P., Busico, V. and Guerra, G., 'Monoalkene Polymerization: Stereospecificity', in *Comprehensive Polymer Science*, Pergamon Press, Oxford, 1989, Vol. 4, pp. 29–50.
2. Pasquon, I., Porri, L. and Giannini, U., 'Stereoregular linear polymers', in *Encyclopedia of Polymer Science and Engineering*, Wiley-Interscience, John Wiley & Sons, New York, 1989, Vol. 15, pp. 632–733.
3. Randall, J. C., 'Microstructure', in *Encyclopedia of Polymer Science and Engineering*, Wiley-Interscience, John Wiley & Sons, New York, 1987, Vol. 15, pp. 795–824.
4. Natta, G., *Experientia Suppl.*, **7**, 21 (1957).
5. Natta, G. and Corradini, P., *Nuovo Cimento Suppl.*, **15**(10), 9 (1960).
6. Danusso, F., Moraglio, G., Ghiglia, W., Motta, L. and Talamini, G., *Chim. Ind. (Milan)*, **41**, 748 (1959).
7. Natta, G., Pasquon, I., Zambelli, A. and Gatti, G., *J. Polym. Sci.*, **51**, 387 (1961).
8. Ciardelli, F., 'Optical Activity', in *Comprehensive Polymer Science*, Pergamon Press, Oxford, 1989, Vol. 1, pp. 561–571.
9. Natta, G., Pasquon, I., Corradini, P., Peraldo, M., Pegoraro, M. and Zambelli, A., *Atti Accad. Naz. Lincei. Cl. Sci. Fis. Mat. Nat. Rend.*, **28**(8), 539 (1960).
10. Natta, G., Pasquon, I. and Zambelli, A., *J. Am. Chem. Soc.*, **84**, 1488 (1962).
11. Natta, G., Peraldo, M. and Allegra, G., *Makromol. Chem.*, **75**, 215 (1964).
12. Bovey, F. A. and Tiers, G. V. D., *J. Polym. Sci.*, **44**, 173 (1960).
13. Bovey, F. A., 'Isomerism in Polymer Chains', in *High Resolution NMR of Macromolecules*, Academic Press, New York, 1972, pp. 53–64.
14. Bovey, F. A., 'The Study of Conformations of Vinyl Polymer Chains and Model compounds by NMR', in *High Resolution NMR of Macromolecules*, Academic Press, New York, 1972, pp. 182–204.
15. Brandrup, J., 'Stereochemical Definitions and Notations Relating to Polymers', *Polymer Handbook*, Wiley-Interscience, John Wiley & Sons, New York, 1989, pp. I/43–61.
16. Farina, M., *Macromol. Symp.*, **89**, 489 (1995).
17. Natta, G., Pino, P. and Mazzanti, G., *Gazz. Chim. Ital.*, **87**, 528 (1957).
18. Farina, M., Peraldo, M. and Natta, G., *Angew. Chem., Int. Ed. Engl.*, **4**, 107 (1965).
19. Mislow, K. and Bickart, P., *Israel J. Chem.*, **15**, 1 (1976/1977).
20. Wolfsgruber, C., Zannoni, G., Rigamonti, E. and Zambelli, A., *Makromol. Chem.*, **176**, 2765 (1975).
21. Doi, Y., Suzuki, E. and Keii, T., *Makromol. Chem., Rapid Commun.*, **2**, 293 (1981).
22. Ewen, J. A., *J. Am. Chem. Soc.*, **106**, 6355 (1984).
23. Ewen, J. A., Jones, R. L., Razavi, A. and Ferrara, J. D., *J. Am. Chem. Soc.*, **110**, 6255 (1988).
24. Farina, M., Di Silvestro, G., Sozzani, P. and Savaré, B., *Macromolecules*, **18**, 923 (1985).

25. Liberman, R. B. and Barbé, P. C., 'Propylene Polymers', in *Encyclopedia of Polymer Science and Engineering*, Wiley-Interscience, John Wiley & Sons, New York, 1988, Vol. 13, pp. 464–531.
26. Natta, G., Farina, M. and Peraldo, M., *Chim. Ind. (Milan)*, **42**, 255 (1960).
27. Zambelli, A., Giongo, M. G. and Natta, G., *Makromol. Chem.*, **112**, 183 (1968).
28. Tait, P. J. T., 'Monoalkene Polymerization: Ziegler–Natta and Transition Metal Catalysts', in *Comprehensive Polymer Science*, Pergamon Press, Oxford, 1989, Vol. 4, pp. 1–25.
29. Kaminsky, W., *Catal. Today*, **20**, 257 (1994).
30. Brintzinger, H. H., Fischer, D., Mülhaupt, R., Rieger, B. and Waymouth, R. M., *Angew. Chem., Int. Ed. Engl.*, **34**, 1143 (1995).
31. Coughlin, E. B. and Bercaw, J. E., *J. Am. Chem. Soc.*, **114**, 7606 (1992).
32. Turner, H. W., Eur. Pat. Appl. 277 004 (to Exxon Chem. Inc.) (1988); *Chem. Abstr.*, **110**, 58290a (1988).
33. Hlatky, G. G., Turner, H. W. and Eckmann, R. R., *J. Am. Chem. Soc.*, **111**, 2728 (1989).
34. Herfert, N. and Fink, G., *Makromol. Chem., Rapid Commun.*, **14**, 91 (1993).
35. Chien, J. C. W., Tsai, W. M. and Rausch, M. D., *J. Am. Chem. Soc.*, **113**, 8570 (1991).
36. Richardson, K., *Chem. in Britain*, **30**, 87 (1994).
37. Kaminsky, W., 'Polyolefins', in *Handbook of Polymer Synthesis*, M. Dekker, New York, 1992, Part A, pp. 1–76.
38. Galli, P., *Macromol. Symp.*, **89**, 13 (1995).
39. Ziegler, K., Holzkamp, E., Breil, H. and Martin, H., *Angew. Chem.*, **67**, 541 (1955).
40. Natta, G., *J. Polym. Sci.*, **34**, 21 (1959).
41. Natta, G., Pino, P., Corradini, P., Danusso, F., Mantica, E., Mazzanti, G. and Moraglio, G., *J. Am. Chem. Soc.*, **77**, 1708 (1955).
42. Natta, G., Corradini, P. and Allegra, G., *J. Polym. Sci.*, **51**, 399 (1961).
43. Whiteley, K. S., Heggs, T. G., Koch, H., Mawer, R. L., Goldbach, G. and Immel, W., 'Polyolefins', in *Ullman's Encyclopedia of Industrial Chemistry*, VCH Publishers, Inc., Weinheim, 1992, Vol. A21, pp. 487–577.
44. Tornqvist, E. G. M., Richardson, J. T., Wilchinsky, Z. W. and Looney, R. W., *J. Catal.*, **8**, 189 (1967).
45. Wilchinsky, Z. W., Looney, R. W. and Tornqvist, E. G. M., *J. Catal.*, **28**, 352 (1973).
46. Kissin, Y. V. and Bleach, D. L., 'Olefin Polymers', in *Encyclopedia of Polymer Science and Engineering*, Wiley-Interscience, John Wiley & Sons, New York, 1987, Vol. 10, pp. 395–408.
47. Endo, K., Fujii, K. and Otsu, T., *J. Polym. Sci., A, Polym. Chem.*, **29**, 1991 (1991).
48. Kollar, R., Schnecko, H. and Kern, W., *Makromol. Chem.*, **142**, 21 (1971).
49. Galli, P. and Haylock, J. C., *Makromol. Chem., Macromol. Symp.*, **63**, 19 (1992).
50. Diedrich, B., *Appl. Polym. Symp.*, **26**, 1 (1975).
51. Gavens, P. D., Bottrill, M., Kelland, J. W. and McMeeking, J., 'Ziegler–Natta Catalysis', *Comprehensive Organometallic Chemistry*, Pergamon Press, Oxford, 1982, Vol. 3, pp. 475–547.
52. Karol, F. J., *Catal. Rev.–Sci. Eng.*, **26**, 557 (1984).
53. Chien, J. C. W., 'Most Advanced Magnesium Chloride Supported Ziegler–Natta Catalyst', in *Catalysis in Polymer Synthesis*, ACS Symp. Ser. 496, Washington, DC, 1992, pp. 25–55.
54. Sobota, P., *Macromol. Symp.*, **89**, 63 (1995).
55. Baulin, A. A., Novikova, Ye. E., Mal'kova, G. Ya., Maksinov, V. L., Vyshinskaya, L. I. and Ivanchev, S. S., *Polym. Sci. USSR, Engl. Transl.*, **22**, 205 (1980).
56. Kabanov, V. A., Smetanyuk, V. I., Popov, V. G., Martynova, M. A. and Ulyanova, M. V., *Polym. Sci. USSR, Engl. Transl.*, **22**, 372 (1980).
57. Kabanov, V. A., Ivanchev, S. S., Smetanyuk, V. I., Baulin, A. A., Martynova, M. A. and Kopylov, V. M., *Polym. Sci. USSR, Engl. Transl.*, **22**, 382 (1980).
58. Barbé, P. C., Cecchin, G. and Noristi, L., *Adv. Polym. Sci.*, **81**, 1 (1987).
59. Galli, P., Barbé, P. C., Guidetti, G., Zannetti, R., Martorana, A., Marigo, A., Bergozza, M. and Fichera, A., *Eur. Polym. J.*, **19**, 19 (1983).
60. Kashiwa, N., *Polym. J.*, **12**, 603 (1980).

61. Dusseault, J. J. A. and Hsu, C. C., *J. Macromol. Sci. – Rev. Macromol. Chem. Phys. C*, **33**, 103 (1993).
62. Busico, V., Corradini, P., De Martino, L., Proto, A., Savino, V. and Albizzati, E., *Makromol. Chem.*, **186**, 1279 (1985).
63. Sergeev, S. A., Bukatov, G. D. and Zakharov, V. A., *Makromol. Chem.*, **184**, 2421 (1983).
64. Galli, P., Barbé, P. C. and Noristi, L., *Angew. Makromol. Chem.*, **120**, 73 (1984).
65. Mackie, P., Berger, M. N., Grieveson, B. M. and Lawson, D., *J. Polym. Sci., B*, **5**, 493 (1967).
66. Galli, P. and Haylock, J. C., *Prog. Polym. Sci.*, **16**, 443 (1991).
67. Albizzati, E., Giannini, U., Morini, G., Galimberti, M., Berino, L. and Scordamaglia, R., *Macromol. Symp.*, **89**, 73 (1995).
68. Albizzati, E., Giannini, U., Collina, G., Noristi, L. and Resconi, L., 'Catalysts and Polymerizations', in *Polypropylene Handbook*, Hanser Publishers, Munich, 1996, pp. 11–111.
69. Shiono, T., Uchino, H. and Soga, K., *Polym. Bull.*, **21**, 19 (1989).
70. Soga, K. and Park, J. R., in *Catalytic Olefin Polymerization*, Elsevier, New York, 1990, Vol. 56, pp. 131–138.
71. Zucchini, U., Cuffiani, I. and Pennini, G., *Makromol. Chem.*, **5**, 567 (1984).
72. Cozewith, C. and Ver Strate, G., *Macromolecules*, **4**, 482 (1971).
73. Makino, K., Tsuda, K. and Takai, M., *Polym. Bull.*, **27**, 41 (1991).
74. Zambelli, A., Natta, G., Pasquon, I. and Signorini, I., *J. Polym. Sci., C*, **16**, 2485 (1967).
75. Doi, Y., Ueki, S. and Keii, T., *Macromolecules*, **12**, 814 (1979).
76. Doi, Y., Ueki, S. and Keii, T., *Makromol. Chem.*, **180**, 1359 (1979).
77. Dall'Asta, G., Mazzanti, G., Natta, G. and Porri, L., *Makromol. Chem.*, **56**, 224 (1962).
78. Natta, G., Dall'Asta, G., Mazzanti, G. and Motroni, G., *Makromol. Chem.*, **69**, 163 (1963).
79. Natta, G., Porri, L. and Mazzei, A., *Chim. Ind. (Milan)*, **41**, 116 (1959).
80. Natta, G., Porri, L. and Carbonaro, A., *Atti Accad. Naz. Lincei, Cl. Sci. Fis. Mat. Nat. Rend.*, **31**(8), 189 (1961).
81. Natta, G., Zambelli, A., Pasquon, I. and Ciampelli, F., *Makromol. Chem.*, **79**, 161 (1964).
82. Natta, G., Dall'Asta, G., Mazzanti, G., Pasquon, I., Valvassori, A. and Zambelli, A., *J. Am. Chem. Soc.*, **83**, 3343 (1961).
83. Natta, G., Dall'Asta, G., Mazzanti, G. and Ciampelli, F., *Kolloid Z.*, **182**, 50 (1962).
84. Furukawa, J., Hirai, R. and Nakariva, N., *J. Polym. Sci., B*, **7**, 671 (1969).
85. Furukawa, J., Tsuruki, S. and Keiji, J., *J. Polym. Sci., A-1*, **11**, 2999 (1973).
86. Wieder, W. and Witte, J., *J. Appl. Polym. Sci.*, **26**, 2503 (1981).
87. Natta, G., *J. Am. Chem. Soc.*, **77**, 1708 (1955).
88. Natta, G., Pino, P., Mazzanti, G. and Lanzo, R., *Chim. Ind. (Milan).*, **39**, 1032 (1957).
89. Breslow, D. S. and Newburg, N. R., *J. Am. Chem. Soc.*, **79**, 5072 (1957).
90. Andersen, A., Cordes, H.-G., Herwig, J., Kaminsky, W., Merck, A., Mottweiler, R., Pein, J., Sinn, H. and Vollmer, H.-J., *Angew. Chem., Int. Ed. Engl.*, **15**, 630 (1976).
91. Sinn, H., Kaminsky, W., Vollmer, H.-J. and Woldt, R., *Angew. Chem.*, **92**, 396 (1980).
92. Reichert, K. H. and Meyer, K. R., *Makromol. Chem.*, **169**, 163 (1973).
93. Long, W. P. and Breslow, D. S., *Liebigs Ann. Chem.*, **1975**, 463 (1975).
94. Sinn, H. and Kaminsky, W., *Adv. Organomet. Chem.*, **18**, 99 (1980).
95. Kaminsky, W., Miri, M., Sinn, H. and Woldt, R., *Makromol. Chem., Rapid Commun.*, **4**, 417 (1983).
96. Sinn, H., *Macromol. Symp.*, **97**, 27 (1995).
97. Mason, M. R., Smith, J. M., Bott S. G. and Barron, A. R., *J. Am. Chem. Soc.*, **115**, 4971 (1993).
98. Barron, A. R., *Macromol. Symp.*, **97**, 15 (1993).
99. Belov, G. P. and Korneev, N. N., *Macromol. Symp.*, **97**, 63 (1995).
100. Kaminsky, W., *Angew. Makromol. Chem.*, **145/146**, 149 (1986).

101. Kaminsky, W., Külper, K., Brintzinger, H. H. and Wild, F. R. W. P., *Angew. Chem., Int. Ed. Engl.*, **24**, 507 (1985).
102. Herfert, N. and Fink. G., *Makromol. Chem.*, **193**, 1359 (1992).
103. Herwig, J. and Kaminsky, W., *Polym. Bull.*, **9**, 464 (1983).
104. De Boer, H. J. R. and Royan, B. W., *J. Mol. Catal.*, **90**, 171 (1994).
105. Horton, A. D., *Trends Polym. Sci.*, **2**, 158 (1994).
106. Chien, J. C. W. and Sugimoto, R., *J. Polym. Sci., A, Polym. Chem.*, **29**, 459 (1991).
107. Chien, J. C. W., 'Advances in Ziegler Catalysts', in *Ziegler Catalysts*, Springer-Verlag, Berlin, 1995, pp. 199–216.
108. Koga, N., Yoshida, T. and Morokuma, K., 'Theoretical Studies on Olefin Polymerisation using Group IV Metallocene Catalysts', in *Ziegler Catalysts*, Springer-Verlag, Berlin, 1995, pp. 275–289.
109. Jordan, R. F., *Adv. Organomet. Chem.*, **32**, 325 (1991).
110. Yang, X., Stern, C. L. and Marks, T. J., *Organometallics*, **10**, 840 (1991).
111. Yang, X., Stern, C. L. and Marks, T. J., *J. Am. Chem. Soc.*, **113**, 3623 (1991).
112. Ewen, J. A., Elder, M. J., Jones, R. L., Haspeslagh, L., Atwood, J. L., Bott, S. G. and Robinson, K., *Makromol. Chem., Macromol. Symp.*, **48/49**, 253 (1991).
113. Ewen, J. A. and Elder, M. J., *Makromol. Chem., Macromol. Symp.*, **66**, 179 (1993).
114. Corradini, P., Busico, V. and Cipullo, R., *Makromol. Chem., Rapid Commun.*, **13**, 21 (1992).
115. Cam, D. and Giannini, U., *Makromol. Chem.*, **193**, 1049 (1992).
116. Mallin, D. T., Rausch, M. D., Lin, Y.-G., Dong, S. and Chien, J. C. W., *J. Am. Chem. Soc.*, **112**, 2030 (1990).
117. Zambelli, A., Pellecchia, C. and Oliva, L., *Makromol. Chem., Macromol. Symp.*, **48/49**, 297 (1991).
118. Antberg, M., Dolle, V., Haftka, S., Rohrmann J., Spaleck, W., Winter, A. and Zimmermann, H. J., *Makromol. Chem., Macromol. Symp.*, **48/49**, 333 (1991).
119. Erker, G., Nolte, R., Aul, R., Wilker, S., Krüger, C. and Noe, R., *J. Am. Chem. Soc.*, **113**, 7594 (1991).
120. Chien, J. C. W., *Makromol. Chem., Macromol. Symp.*, **63**, 209 (1992).
121. Herfert, N. and Fink, G., *Makromol. Chem., Macromol. Symp.*, **66**, 157 (1993).
122. Farina, M., *Trends Polym. Sci.*, **2**, 85 (1994).
123. D'yachkovskii, F. S. and Tsvetkova, V. I., *Kinetics Catal.*, **35**, 487 (1994).
124. Ewen, J. A., *Macromol. Symp.*, **89**, 181 (1995).
125. Spaleck, W., Aulbach, M., Bachmann, B., Küber, F. and Winter, A., *Macromol. Symp.*, **89**, 237 (1995).
126. Galimberti, M., Martini, E., Piemontesi, F., Sartori, F., Camurati, I. and Albizzati, E., *Macromol. Symp.*, **89**, 259 (1995).
127. Razavi, A., Peters, L., Nafpliotis, L., Vereecke, D., Den Dauw, K., Atwood, J. L. and Thewald U., *Macromol. Symp.*, **89**, 345 (1995).
128. Coates, G. W. and Waymouth, R. M., *Science*, **267**, 217 (1995).
129. Hauptman, E., Waymouth, R. M. and Ziller, J. W., *J. Am. Chem. Soc.*, **117**, 11586 (1995).
130. Hoveyda, A. H. and Morken, J. P., *Angew. Chem., Int. Ed. Engl.*, **35**, 1262 (1996).
131. Herrmann, W. A., Rohrmann, J., Herdtweck, E., Spaleck, W. and Winter, A., *Angew. Chem., Int. Ed. Engl.*, **28**, 1511 (1989).
132. Mise, T., Miya, S. and Yamazaki, H., *Chem. Lett.*, **1989**, 1853 (1989).
133. Cheng, H. N. and Ewen, J. A., *Makromol. Chem.*, **190**, 1931 (1989).
134. Spaleck, W., Antberg, M., Dolle, V., Klein, R., Rohrmann J. and Winter, A., *New J. Chem.*, **14**, 499 (1990).
135. Kaminsky, W. and Buschermöhle, M., in *Recent Advances in Mechanistic and Synthetic Aspects of Polymerization*, D. Reidel, Dordrecht, 1987, p. 503.
136. Jolly, C. A. and Marynick, D. S., *J. Am. Chem. Soc.*, **111**, 7968 (1989).
137. Yu, Z. and Chien, J. C. W., *J. Polym. Sci., A, Polym. Chem.*, **33**, 1085 (1997).
138. Röll, W., Brintzinger, H. H., Rieger, B. and Zolk, R., *Angew. Chem., Int. Ed. Engl.*, **29**, 279 (1990).
139. Spaleck, W., Antberg, M., Aulbach, M., Bachmann, B., Dolle, V., Haftka, S., Küber, F., Rohrmann, J. and Winter, A., 'New Isotactic Polypropylenes via Metallocene Catalysts', in *Ziegler Catalysts*, Springer-Verlag, Berlin, 1995, pp. 83–97.

140. Ewen, J. A., Haspeslagh, L., Atwood, J. L. and Zhang, H., *J. Am. Chem. Soc.*, **109**, 6544 (1987).
141. Chien, J. C. W. and He, D., *J. Polym. Sci., A, Polym. Chem.*, **29**, 1585 (1991).
142. Herfert, N. and Fink, G., *Makromol. Chem.*, **193**, 773 (1992).
143. Razavi, A., Vereecke, D., Peters, L., Den Dauw, K., Nafpliotis, L. and Atwood, J. L., 'Manipulation of the Ligand Structure as an Effective and Versatile Tool for Modification of Active Site Properties in Homogeneous Ziegler–Natta Catalyst Systems', in *Ziegler Catalysts*, Springer-Verlag, Berlin, 1995, pp. 111–147.
144. Schnutenhaus, H. and Brintzinger H. H., *Angew. Chem.*, **91**, 837 (1979).
145. Katz, T. J. and Pesti, J., *J. Am. Chem. Soc.*, **104**, 346 (1982).
146. Ewen, J. A. and Elder, M. J., 'Isospecific Pseudo-helical Zirconocenium Catalysts', in *Ziegler Catalysts*, Springer-Verlag, Berlin, 1995, pp. 99–109.
147. Kravchenko, R. L., Waymouth, R. M. and Masood, Md. A., *Polym. Prepr. Am. Chem. Soc., Div. Polym. Chem.*, **37**(2), 475 (1996).
148. Stevens, J. C., Timmers, F. J., Wilson, D. R., Schmidt, D. F., Nickias, P. N., Rosen, R. K., Knight, G. W. and Lay, S. Y., Eur. Pat. Appl. 0416 815 A2, US Pat Appl. 0401 345 (to Dow Chemical Co.) (1990); *Chem. Abstr.*, **115**, 93163 m (1990).
149. Canich, J. A. M., Eur. Pat. Appl. 0420 436 (to Exxon Chem. Inc.) (1990).
150. Shapiro, P. J., Bunel, E., Schaefer, W. P. and Bercaw, J. E., *Organometallics*, **9**, 867 (1990).
151. Shapiro, P. J., Cotter, W. D., Schaefer, W. P., Labinger, J. A. and Bercaw, J. E., *J. Am. Chem. Soc.*, **116**, 4623 (1994).
152. Flores, J. C., Chien, J. C. W. and Rausch, M. D., *Organometallics*, **13**, 4140 (1994).
153. Canich, J. A. M., US Pat. 5 026 798 (to Exxon Chem. Inc.) (1991); *Chem. Abstr.*, **118**, 60284 (1994).
154. Turner, H. W., Hlatky, G. G. and Canich, J. A. M., PCT Int. Appl. WO 93 19 103 (to Exxon Chem. Inc.) (1993); *Chem. Abstr.*, **120**, 271442 (1994).
155. McKnight, A. L., Straus, D. A., Masood, Md. A. and Waymouth, R. M., *Polym. Prepr. Am. Chem. Soc., Div. Polym. Chem.*, **37**(2), 474 (1996).
156. Canich, J. A. M. and Turner, H. W., PCT Int. Appl. WO 92 12 612 (to Exxon Chem. Inc.) (1992).
157. Kempe, R., Oberthür, M., Hillebrand, G., Spannenberg, A. and Fuhrmann, H., *Polimery*, **42**, (1997).
158. Tjaden, E. B. and Jordan, R. F., *Macromol. Symp.*, **89**, 231 (1995).
159. Van der Linden, A., Schaverien, C. J., Meijboom, N., Ganter, C. and Orpen, A. G., *J. Am. Chem. Soc.*, **117**, 3008 (1995).
160. Kuran, W. and Sobota, P., unpublished data.
161. Oliva, L., Longo, P. and Pellecchia, C., *Makromol. Chem., Rapid Commun.*, **9**, 51 (1988).
162. Pellecchia C., Pappalardo, D. and van Beek, J. A. M., *Macromol. Symp.*, **89**, 335 (1995).
163. Bochmann, M. and Wilson, L. M., *J. Chem. Soc., Chem. Commun.*, **1986**, 1610 (1986).
164. Bochmann, M. and Jaggar, A. J., *J. Organomet. Chem.*, **424**, C5 (1992).
165. Bochmann, M. and Lancaster, S. J., *J. Organomet. Chem.*, **434**, C1 (1992).
166. Exhuis, J. J. W., Tan, Y. Y. and Teuben, J. H., *J. Mol. Catal.*, **62**, 277 (1990).
167. Exhuis, J. J. W., Tan, Y. Y., Meetsma, A., Teuben, J. H., Renkema, J. and Evens, G. G., *Organometallics*, **11**, 362 (1992).
168. Taube, J. and Krukowka, L., *J. Organomet. Chem.*, **347**, C9 (1988).
169. Hlatky, G. G., Eckman, R. R. and Turner, H. W., *Organometallics*, **11**, 1413 (1992).
170. Pellecchia, C., Proto, A., Longo, P. and Zambelli, A., *Makromol. Chem., Rapid Commun.*, **13**, 277 (1992).
171. Herfert, N. and Fink, G., *Makromol. Chem., Rapid Commun.*, **14**, 91 (1993).
172. Jordan, R. F., Dasher, W. E. and Echols, S. F., *J. Am. Chem. Soc.*, **108**, 1718 (1986).
173. Jordan, R. F., Bradley, P., Baenziger, N. C. and La Pointe, R. E., *J. Am. Chem. Soc.*, **112**, 1289 (1990).
174. Crowther, D. J., Borkowsky, S. L., Swenson, D., Meyer, T. Y. and Jordan, R. F., *Organometallics*, **12**, 2897 (1993).
175. Ballard, D. G. H., Courtis, A., Holton, J., McMeeking, J. and Pearce, R., *J.*

*Chem. Soc., Chem. Commun.*, **1978**, 994 (1978).
176. Watson, P. L., *J. Am. Chem. Soc.*, **104**, 337 (1982).
177. Watson, P. L. and Roe, D. C., *J. Am. Chem. Soc.*, **104**, 6471 (1982).
178. Parkin, G., Bunel, E., Burger, B. J., Trimmer, M. S., van Asselt, A. and Bercaw, J. E., *J. Mol. Catal.*, **41**, 21 (1987).
179. Burger, B. J., Thompson, M. E., Cotter, W. D. and Bercaw, J. E., *J. Am. Chem. Soc.*, **112**, 1566 (1990).
180. Jeske, G., Lauke, H., Mauermann, H., Sweptson, P. N., Schumann, H. and Marks, T. J., *J. Am. Chem. Soc.*, **107**, 8091 (1985).
181. Keim, W., Kowaldt, F. H., Goddard, R. and Krüger, C., *Angew. Chem.*, **90**, 493 (1978).
182. Keim, W., Appel, R., Storeck, A., Krüger, C. and Goddard, R., *Angew. Chem. Int. Ed. Engl.*, **20**, 116 (1981).
183. Fink, G., Möhring, V., Heinrichs, A. and Denger, Ch., 'Migratory Nickel(0)–Phosphorane Catalyst', in *Catalysis in Polymer Synthesis*, ACS Symp. Ser. 496, Washington, DC, 1992, pp. 87–103.
184. Siedle, A. R., Newmark, R. A., Lamanna, W. M. and Schroepfer, J. N., *Polyhedron*, **9**, 301 (1990).
185. Horton, A. D. and Frijns, J. H. G., *Angew. Chem., Int. Ed. Engl.*, **30**, 1152 (1991).
186. Hlatky, G. G., Upton, D. J. and Turner, H. W., US Pat. Appl. 459 921 (1990); *Chem. Abstr.*, **115**, 256897v (1991).
187. Burger, B. J., Cotter, W. D., Coughlin, E. B., Chacon, S. T., Hajela, S., Herzog, T. A., Köhn, R., Mitchell, J., Piers, W. E., Shapiro, P. J. and Bercaw, J. E., 'Olefin Polymerisation with Single Component Organoscandium and Organoyttrium Catalysts', in *Ziegler Catalysts*, Springer-Verlag, Berlin, 1995, pp. 317–331.
188. Giannini, U., Zucchini, U. and Albizzati, E., *J. Polym. Sci., Polym. Lett. Ed.*, **8**, 405 (1970).
189. Pellecchia, C., Grassi, A. and Immirzi, A., *J. Am. Chem. Soc.*, **115**, 1160 (1993).
190. Pellecchia, C., Grassi, A. and Zambelli, A., *J. Mol. Catal.*, **82**, 57 (1993).
191. Möhring, V. M. and Fink, G., *Angew. Chem., Int. Ed. Engl.*, **24**, 1001 (1985).
192. Endo, K., Ueda, R. and Otsu, T., *J. Polym. Sci., A, Polym. Chem.*, **29**, 807 (1991).
193. Endo, K., Ueda, R. and Otsu, T., *J. Polym. Sci., A, Polym. Chem.*, **29**, 843 (1991).
194. Endo, K., Ueda, R. and Otsu, T., *Makromol. Chem.*, **193**, 539 (1992).
195. Endo, K. and Otsu, T., *J. Polym. Sci., A, Polym. Chem.*, **33**, 79 (1995).
196. Kaminaka, M. and Soga, K., *Makromol. Chem., Rapid Commun.*, **12**, 367 (1991).
197. Kaminaka, M. and Soga, K., *Polym. Commun.*, **33**, 1105 (1992).
198. Soga, K. and Kaminaka, M., *Makromol. Chem., Rapid Commun.*, **13**, 221 (1992).
199. Soga, K. and Kaminaka, M., *Makromol. Chem., Rapid Commun.*, **15**, 593 (1994).
200. Soga, K. and Kaminaka, M., *Macromol. Chem. Phys.*, **195**, 1369 (1994).
201. Soga, K. and Kaminaka, M., *Makromol. Chem.*, **194**, 1745 (1993).
202. Chien, J. C. W. and He, D., *J. Polym. Sci., A, Polym. Chem.*, **29**, 1603 (1991).
203. Collins, S., Kelly, W. M. and Holden, D. A., *Macromolecules*, **25**, 1780 (1992).
204. Kaminsky, W. and Renner, F., *Makromol. Chem., Rapid Commun.*, **14**, 239 (1993).
205. Kaminsky, W., *Macromol. Symp.*, **89**, 203 (1995).
206. Soga, K., Kim, H. J. and Shiono, T., *Macromol. Rapid Commun.*, **15**, 139 (1994).
207. Soga, K., *Macromol. Symp.*, **89**, 249 (1995).
208. Soga, K., Arai, T., Nozawa, H. and Uozumi, T., *Macromol. Symp.*, **97**, 53 (1995).
209. Soga, K., Kaminaka, M., Kim, H. J. and Shiono, T., 'Heterogeneous Metallocene Catalysts', in *Ziegler Catalysts*, Springer-Verlag, Berlin, 1995, pp. 333–342.
210. Soga, K., Kim, H. J. and Shiono, T., *Makromol. Chem., Rapid Commun.*, **14**, 765 (1993).
211. Otto, E., *Kunststoffe*, **83**, 188 (1993).
212. Kaminsky, W., in *Transition Metal Catalyzed Polymerization: Alkenes and Dienes*, Harwood Academic Publishers, New York, 1981, p. 225.
213. Lee, D.-H., Yoon, K.-B. and Huh, W.-S., *Macromol. Symp.*, **97**, 185 (1995).
214. Karol, F. J., Karapkina, G. L., Wu, C., Dow, A. W., Johnson, R. L. and Carrick, W. L., *J. Polym. Sci., A*, **10**, 2621 (1972).
215. Karol, F. J., Wu, C., Beichle, W. T. and Marschin, N. J., *J. Catal.*, **60**, 68 (1979).
216. Ballard, D. G. H., *Adv. Catal.*, **23**, 263 (1973).
217. Ballard, D. G. H., Jones, E., Wyatt, J. R., Murray, R. T. and Robinson, P. A., *Polymer*, **15**, 169 (1974).

218. Yermakov, Yu, I., *Catal. Rev.*, **13**, 77 (1976).
219. Yermakov, Yu. I. and Zakharov, V. A., *Adv. Catal.*, **24**, 173 (1975).
220. Hogan, J. P. and Banks, R. L., US Pat. 2 825 721 (to Phillips Petroleum Co.) (1954); *Chem. Abstr.*, **52**, 8621i (1958).
221. Clark, A., Hogan, J. P., Banks, R. L. and Lanning, W. C., *Ind. Eng. Chem.*, **48**, 1152 (1956).
222. McDaniel, M. P. and Welch, M. B., *J. Catal.*, **82**, 98 (1987).
223. Hogan, J. P., *J. Polym. Sci., A-1*, **8**, 2637 (1970).
224. McDaniel, M. P., *Adv. Catal.*, **33**, 47 (1985).
225. Groeneveld, C., Wittgen, P. M., Swinnen, H. D. M., Wernsen, A. and Schuit, G. C. A., *J. Catal.*, **83**, 346 (1983).
226. Baker, L. M. and Carrick, W. L., *J. Org. Chem.*, **35**, 774 (1970).
227. Rebenstorf, B., *Z. Anorg. Allg. Chem.*, **513**, 103 (1984).
228. Myers, D. L. and Lunsford, J. H., *J. Catal.*, **92**, 260 (1985).
229. Rebenstorf, B., *J. Mol. Catal.*, **38**, 355 (1986).
230. Lunsford, J. H., Fu, S.-L. and Myers, D. L., *J. Catal.*, **111**, 231 (1988).
231. Rebenstorf, B., *Z. Anorg. Allg. Chem.*, **571**, 148 (1989).
232. Rebenstorf, B., *J. Polym. Sci., A, Polym. Chem.*, **29**, 1949 (1991).
233. Krauss, H. I. and Hums, E. Z., *Z. Naturforsch., B Anorg. Chem., Org. Chem.*, **34B**, 1628 (1979).
234. Krauss, H. I. and Hums, E. Z., *Z. Naturforsch., B Anorg. Chem., Org. Chem.*, **35B**, 848 (1980).
235. Krauss, H. I. and Hums, E. Z., *Z. Naturforsch., B Anorg. Chem., Org. Chem.*, **38B**, 1412 (1983).
236. Natta, G., *Chim. Ind. (Milan).*, **37**, 888 (1955).
237. Hogan, J. P. and Witt, R. R., *Prepr. Am. Chem. Soc., Div. Petrol. Chem.*, **24**(2), 377 (1979).
238. Carrick, W. C., *J. Polym. Sci., A*, **10**, 2609 (1972).
239. Zletz, A., US Pat. 2 692 257 (to Standard Oil of Indiana) (1951); *Chem. Abstr.*, **49**, 2777d (1955).
240. Tait, P. J. T. and Watkins, N. D., 'Monoalkene Polymerisation: Mechanisms', in *Comprehensive Polymer Science*, Pergamon Press, Oxford, 1989, Vol. 4, pp. 533–573.
241. Pino, P., Giannini, U. and Porri, L., 'Insertion Polymerisation', in *Encyclopedia of Polymer Science and Engineering*, Wiley-Interscience, John Wiley & Sons, New York, 1987, Vol. 8, pp. 147–220.
242. Burfield, D. R., *Polymer*, **25**, 1645 (1984).
243. Fink, G., Herfert, P. and Montag, P., 'The Relationship Between Kinetics and Mechanism', in *Ziegler Catalysts*, Springer-Verlag, Berlin, 1995, pp. 159–179.
244. Hungenberg, K. D., Kerth, J., Langhauser, F., Marczinke, B. and Schlund, R., 'Gas Phase Polymerization of α-Olefins with Ziegler–Natta and Metallocene Catalysts: a Comparison', in *Ziegler Catalysts*, Springer-Verlag, Berlin, 1995, pp. 363–386.
245. Kashiwa, N. and Yoshitake, J., *Makromol. Chem.*, **183**, 1133 (1984).
246. Goodall, J., *J. Chem. Educ.*, **63**, 191 (1986).
247. Simonazzi, T., Cecchin, G. and Mazzullo, S., *Prog. Polym. Sci.*, **16**, 303 (1991).
248. Pino, P. and Rotzinger, B., *Makromol. Chem. Suppl.*, **7**, 41 (1984).
249. Boor Jr, J., *J. Polym. Sci., C*, **1**, 237 (1963).
250. Kissin, Y. V., *Adv. Polym. Sci.*, **15**, 91 (1974).
251. Burfield, D. R., McKenzie, I. D. and Tait, P. J. T., *Polymer*, **13**, 302 (1972).
252. Zakharov, V. A., Bukatov, G. D., Chumaevskii, N. B. and Yermakov, Yu, I., *Makromol. Chem.*, **178**, 967 (1977).
253. Busico, V., Cipullo, R. and Corradini, P., *Makromol. Chem. Rapid Commun.*, **14**, 97 (1993).
254. Rieger, B. and Chien, J. C. W., *Polym. Bull.*, **21**, 159 (1989).
255. Chen, Y. X., Rausch, M. D. and Chien, J. C. W., *Organometallics*, **13**, 748 (1994).
256. Stehling, U., Diebold, J., Kirsten, R., Röll, W., Brintzinger, H. H., Jüngling, S., Mülhaupt, R. and Langhauser, F., *Organometallics*, **13**, 964 (1994).
257. Soga, K., Shiono, T., Takemura, S., Takedi, S. and Kaminsky, W., *Makromol. Chem., Rapid Commun.*, **8**, 305 (1987).
258. Grassi, A., Zambelli, A., Resconi, L., Albizzati, E. and Mazzocchi, R., *Macromolecules*, **21**, 617 (1988).

259. Tsutsui, T., Mizuno, A. and Kashiwa, N., *Makromol. Chem.*, **190**, 1177 (1989).
260. Tsutsui, T., Kashiwa, N. and Mizuno, A., *Makromol. Chem., Rapid Commun.*, **11**, 565 (1990).
261. Asakara, T., Nakayama, N., Demura, M. and Asano, A., *Macromolecules*, **25**, 4876 (1992).
262. Tsutsui, T., Mizuno, A. and Kashiwa, N., *Polymer*, **30**, 428 (1989).
263. Spaleck, W., Küber, F., Winter, A., Rohrmann, J., Bachmann, B., Antberg, M., Dolle, V. and Paulus, E. F., *Organometallics*, **13**, 954 (1994).
264. Chien, J. C. W. and He, D., *J. Polym. Sci., A, Polym. Chem.*, **29**, 1595 (1991).
265. Aladyshev, A. M., Tsvetkova, V. L. and D'yachkovskii, F. S., *Vysokomol. Soed., Ser. A*, **33**, 865 (1991).
266. Toyota, A., Tsutsui, T. and Kashiwa, N., *J. Mol. Catal.*, **56**, 237 (1989).
267. Kaminsky, W. and Lücker, H., *Makromol. Chem., Rapid Commun.*, **5**, 225 (1989).
268. Cossee, P., *J. Catal.*, **3**, 80 (1964).
269. Mülhaupt, R., Klabunde, U. and Ittel, S., *J. Chem. Soc., Chem. Commun.*, **1985**, 1745 (1985).
270. Keii, T., Suzuki, E., Tamura, M., Murata, M. and Doi, Y., *Makromol. Chem.*, **183**, 2285 (1982).
271. Zakharov, V. A., Chumaevskii, N. B., Bukatov, G. D. and Yermakov, Y. I., *Makromol. Chem.*, **177**, 763 (1976).
272. Kawamura-Kuribayashi, H., Koga, N. and Morokuma, K., *J. Am. Chem. Soc.*, **114**, 8687 (1992).
273. Castonguay, L. A. and Rappé, A. K., *J. Am. Chem. Soc.*, **114**, 5832 (1992).
274. Prosenc, M.-H., Janiak, C. and Brintzinger, H. H., *Organometallics*, **11**, 4036 (1992).
275. Miyazawa, T. and Ideguchi, T., *J. Polym. Sci., B*, **1**, 389 (1963).
276. Cossee, P., *Tetrahedron Lett.*, **17**, 12 (1960).
277. Arlman, E. J. and Cossee, P., *J. Catal.*, **3**, 99 (1964).
278. Arlman, E. J., *J. Catal.*, **3**, 89 (1964).
279. Corradini, P., Barone, V., Fusco, R. and Guerra, G., *Eur. Polym. J.*, **15**, 133 (1979).
280. Corradini, P., Barone, V., Fusco, R. and Guerra, G., *J. Catal.*, **77**, 32 (1982).
281. Corradini, P., Barone, V. and Guerra, G., *Macromolecules*, **15**, 1242 (1982).
282. Corradini, P., Guerra, G. and Villani, V., *Macromolecules*, **18**, 1401 (1985).
283. Corradini, P., Barone, V., Fusco, R. and Guerra, G., *Gazz. Chim. Ital.*, **113**, 601 (1983).
284. Ystenes, M., *J. Catal.*, **129**, 383 (1991).
285. Rodriguez, L. A. M. and Van Looy, H. M., *J. Polym. Sci., A-1*, **4**, 1951 (1966).
286. Rodriguez, L. A. M. and Van Looy, H. M., *J. Polym. Sci., A-1*, **4**, 1971 (1966).
287. Doi, Y., Suzuki, E. and Keii, T., 'Alkenes and Dienes', in *Transition Metal Catalyzed Polymerizations, M.M.I. Press Symp.*, Harwood, New York, 1983, Ser. 4, Part A, pp. 47–82.
288. Pino, P., Guastalla, G., Rotzinger, B. and Mülhaupt, R., in *Proc. M.M.I. Int. Symp. on Transition Metal Catalyzed Polymerization*, Harwood, New York, 1981, part A, p. 435.
289. Doi, Y., *Makromol. Chem., Rapid Commun.*, **3**, 635 (1982).
290. Albizzati, E., Giannini, U., Morini, G., Smith, C. A. and Zeigler, R. C., 'Advances in Propylene Polymerization with $MgCl_2$-supported Catalysts', in *Ziegler Catalysts*, Springer-Verlag, Berlin, 1995, pp. 413–425.
291. Corradini, P., Guerra, G., Fusco, R. and Barone, V., *Eur. Polym. J.*, **16**, 835 (1980).
292. Sobota, P. and Utko, J., *Polym. Commun.*, **29**, 144 (1988).
293. Sobota, P. and Szafert, S., *Inorg. Chem.*, **1996**, 1778 (1996).
294. Zefirova, A. K. and Shilov, A. E., *Dokl. Akad. Nauk SSSR*, **136**, 599 (1961).
295. Shilov, A. E., Shilova, A. K. and Bobkov, B. N., *Vysokomol. Soed.*, **4**, 1688 (1962).
296. Shilov, A. E. and D'yachkovskii, F. S., *Zh. Fiz. Khim.*, **41**, 2515 (1967).
297. D'yachkovskii, F. S., Shilova, A. K. and Shilov, A. E., *J. Polym. Sci., C*, **16**, 2333 (1967).
298. Farina, M. and Puppi, C., *J. Mol. Catal.*, **82**, 3 (1993).
299. L'vovskii, V. E., Fushman, E. A. and D'yachkovskii, F. S., *J. Mol. Catal.*, **10**, 43 (1981).

300. Locatelli, P., *Trends Polym. Sci.*, **2**, 87 (1994).
301. Soga, K., Shiono, T. and Doi, Y., *Makromol. Chem.*, **189**, 1531 (1988).
302. Kashiwa, N., Yoshitake, J. and Toyota, A., *Polym. Bull.*, **19**, 333 (1988).
303. Corradini, P. and Guerra, G., *Prog. Polym. Sci.*, **16**, 239 (1991).
304. Ludlum, D. B., Anderson, A. W. and Ashby, C. E., *J. Am. Chem. Soc.*, **80**, 1380 (1959).
305. Spencer, M. D., Morse, A. M., Wilson, S. R. and Girolami, G. S., *J. Am. Chem. Soc.*, **115**, 2057 (1993).
306. Eisch, J. J., Pombrik, S. I., Shi, X. and Wu, S.-C., *Macromol. Symp.*, **89**, 221 (1995).
307. Fellman, J. D., Rupprecht, G. A. and Schrock, R. R., *J. Am. Chem. Soc.*, **101**, 5099 (1979).
308. Turner, H. W., Schrock, R. R., Fellman, J. D. and Holmes, S. J., *J. Am. Chem. Soc.*, **105**, 4942 (1983).
309. McKinney, R. J., *J. Chem. Soc., Chem. Commun.*, **1980**, 490 (1980).
310. Ivin, K. J., Rooney, J. J. and Stewart, C. D., *J. Chem. Soc., Chem. Commun.*, **1978**, 603 (1978).
311. Ivin, K. J., Rooney, J. J., Stewart, C. D. and Green, M. L. H., *J. Chem. Soc., Chem. Commun.*, **1978**, 604 (1978).
312. Green, M. L. H., *Pure Appl. Chem.*, **30**, 27 (1978).
313. Krauss, H. I. and Xing, Q., 'Organochromium Species in Phillips Catalysis', in *Proc. 2nd International School on Molecular Catalysis 'Organometallics and Catalysis'*, Poznan-Kiekrz, Poland, 1995, Abstracts, p. L-9.
314. Zambelli, A., Natta, G. and Pasquon, I., *J. Polym. Sci., C*, **4**, 411 (1963).
315. Zambelli, A., Pasquon, I., Signorini, R. and Natta, G., *Makromol. Chem.*, **112**, 160 (1968).
316. Natta, G., Mazzanti, G., Crespi, G. and Moraglio, G., *Chim. Ind. (Milan)*, **39**, 275 (1957).
317. Boor Jr, J. and Youngman, E. A., *J. Polym. Sci., A-1*, **4**, 1861 (1966).
318. Youngman, E. A. and Boor Jr, I., *Macromol. Rev.*, **2**, 33 (1967).
319. Lehr, M. H., *Macromolecules*, **1**, 178 (1968).
320. Lehr, M. H. and Corman, C. J., *Macromolecules*, **2**, 217 (1969).
321. Porri, L., Di Corato, A. and Natta, G., *Eur. Polym. J.*, **5**, 1 (1969).
322. Racanelli, P. and Porri, L., *Eur. Polym. J.*, **6**, 751 (1970).
323. Doi, Y., Kinoshiia, J., Morinaga, A. and Keii, T., *J. Polym. Sci., A-1*, **13**, 249 (1975).
324. Natta, G., Zambelli, A., Lanzi, S., Pasquon, I., Mognaschi, E. R., Segre, A. L. and Centola, P., *Makromol. Chem.*, **81**, 161 (1965).
325. Emde, H., *Angew. Makromol. Chem.*, **60**, 1 (1977).
326. Gumboldt, A., Helberg, J. and Schleitzer, G., *Makromol. Chem.*, **101**, 229 (1967).
327. Zambelli, A. and Allegra, G., *Macromolecules*, **13**, 42 (1980).
328. Corradini, P., Guerra, G. and Pucciariello, R., *Macromolecules*, **18**, 2030 (1985).
329. Tolman, C. A., *Chem. Soc. Rev.*, **1**, 337 (1972).
330. Reichert, K. H., Berthold, J. and Dornow, V., *Makromol. Chem.*, **121**, 258 (1969).
331. Reichert, K. H. and Schubert, E., *Makromol. Chem.*, **123**, 58 (1969).
332. Meyer, K. and Reichert, K. H., *Angew. Makromol. Chem.*, **12**, 175 (1970).
333. Reichert, K. H., *Angew. Makromol. Chem.*, **13**, 177 (1970).
334. Schnell, D. and Fink, G., *Angew. Makromol. Chem.*, **39**, 131 (1974).
335. Fink, G., Rottler, R. and Kreiter, C. G., *Angew. Makromol. Chem.*, **96**, 1 (1981).
336. Fink, G., Fenzl, W. and Mynott, R., *Z. Naturforsch. B*, **40**, 158 (1985).
337. Mynott, R., Fink, G. and Fenzl, W., *Angew. Makromol. Chem.*, **154**, 1 (1987).
338. Eisch, J. J., Piotrowski, A. M., Brownstein, S. K., Gabe, E. J. and Lee, F. L., *J. Am. Chem. Soc.*, **107**, 7219 (1985).
339. Eisch, J. J. and Boleslawski, M. P., *J. Organomet. Chem.*, **334**, C1 (1987).
340. Eisch, J. J., Caldwell, K. R., Werner, S. and Krüger, C., *Organometallics*, **10**, 3417 (1991).
341. Eisch, J. J., Pombrik, S. I. and Zheng, G. X., *Organometallics*, **12**, 3856 (1993).
342. D'yachkovskii, F. S., Grigoryan, E. A. and Babkina, O. N., *Int. J. Chem. Kinet.*, **13**, 603 (1981).
343. Laverty, D. T. and Rooney, J. J., *J. Chem. Soc., Faraday Trans.*, **79**, 89 (1983).
344. Brookhart, M. and Green, M. L. H., *J. Organomet. Chem.*, **250**, 395 (1983).

345. Corradini, P., Guerra, G., Cavallo, L., Moscardi, G. and Vacatello, M., 'Models for the Explanation of the Stereospecific Behaviour of Ziegler–Natta Catalysts', in *Ziegler Catalysts*, Springer-Verlag, Berlin, 1995, pp. 237–249.
346. Clawson, L., Soto, J., Buchwald, S. L. and Steigerwald, M. R., *J. Am. Chem. Soc.*, **107**, 3377 (1985).
347. Brookhart, M., Green, M. L. H. and Wong, L., *Prog. Inorg. Chem.*, **36**, 1 (1988).
348. Burger, B. J., Thompson, M. E., Cotter, W. D. and Bercaw, J. E., *J. Am. Chem. Soc.*, **112**, 1566 (1990).
349. Piers, W. E. and Bercaw, J. E., *J. Am. Chem. Soc.*, **112**, 9406 (1990).
350. Krauledat, H. and Brintzinger, H. H., *Angew. Chem., Int. Ed. Engl.*, **29**, 1412 (1990).
351. Woo, T. K., Fan, L. and Ziegler, T., *Organometallics*, **13**, 432 (1994).
352. Fan, L., Harrison, D., Woo, T. K. and Ziegler, T., *Organometallics*, **14**, 2018 (1995).
353. Obara, S., Koga, N. and Morokuma, K., *J. Organomet. Chem.*, **270**, C33 (1984).
354. Koga, N., Obara, S. and Morokuma, K., *J. Am. Chem. Soc.*, **106**, 4625 (1984).
355. Eisenstein, O. and Jean, Y., *J. Am. Chem. Soc.*, **107**, 1177 (1985).
356. Guo, Z., Svenson, D. C. and Jordan, R. F., *Organometallics*, **13**, 1424 (1994).
357. Guerra, G., Cavallo, L., Moscardi, G., Vacatello, M. and Corradini, P., *J. Am. Chem. Soc.*, **116**, 2988 (1994).
358. Woo, T. K., Fan, L. and Ziegler, T., 'A Combined Density Functional and Molecular Mechanics Study on Olefin Polymerisation by Metallocene Catalysts', in *Ziegler Catalysts*, Springer-Verlag, Berlin, 1995, pp. 291–315.
359. Harlan, C. J., Bott, S. G. and Barron, A. R., *J. Am. Chem. Soc.*, **117**, 6465 (1995).
360. Tritto, I., Sacchi, M. C., Locatelli, P. and Li, S. X., *Macromol. Symp.*, **97**, 101 (1995).
361. Brookhart, M., Volpe Jr, A. F. and Lincoln, D. M., *J. Am. Chem. Soc.*, **112**, 5634 (1990).
362. Corradini, P., Paiaro, G. and Panunzi, A., *J. Polym. Sci., C*, **16**, 2905 (1967).
363. Hanson, K. R., *J. Am. Chem. Soc.*, **88**, 2731 (1966).
364. Allegra, G., *Makromol. Chem.*, **145**, 235 (1971).
365. Corradini, P., Guerra, G., Vacatello, M. and Villani, V., *Gazz. Chim. Ital.*, **118**, 173 (1988).
366. Natta, G., *J. Inorg. Nucl. Chem.*, **8**, 589 (1958).
367. Locatelli, P., Tritto, I. and Sacchi, M. C., *Makromol. Chem., Rapid Commun.*, **5**, 495 (1984).
368. Zambelli, A., Sacchi, M. C., Locatelli, P. and Zannoni, G., *Macromolecules*, **15**, 211 (1982).
369. Locatelli, P., Sacchi, M. C., Tritto, I., Zannoni, G., Zambelli, A. and Piscitelli, V., *Macromolecules*, **18**, 627 (1985).
370. Crain Jr, W. O., Zambelli, A. and Roberts, J. D., *Macromolecules*, **4**, 330 (1971).
371. Pino, P., Lorenzi, G. P. and Lardicci, L., *Chim. Ind. (Milan)*, **42**, 712 (1960).
372. Pino, P., Ciardelli, F., Lorenzi, G. P. and Natta, G., *J. Am. Chem. Soc.*, **84**, 1487 (1962).
373. Pino, P., Ciardelli, F. and Lorenzi, G. P., *J. Polym. Sci., C*, **4**, 21 (1963).
374. Pino, P., *Adv. Polym. Sci.*, **4**, 393 (1965).
375. Pino, P., Fochi, G., Piccolo, O. and Giannini, U., *J. Am. Chem. Soc.*, **104**, 7381 (1982).
376. Chiellini, E. and Marchetti, M., *Makromol. Chem.*, **169**, 59 (1973).
377. Zambelli, A., Ammendola, P., Sacchi, M. C., Locatelli, P. and Zannoni, G., *Macromolecules*, **16**, 341 (1983).
378. Zambelli, A., Ammendola, P., Longo, P. and Grassi, A., *Gazz. Chim. Ital.*, **117**, 579 (1987).
379. Zambelli, A., Proto, A. and Longo, P., 'Stereochemistry of Polymerisation of Some α-olefins in the Presence of Ziegler-type Catalysts', in *Ziegler Catalysts*, Springer-Verlag, Berlin, 1995, pp. 217–235.
380. Ciardelli, F., Locatelli, P., Marchetti, M. and Zambelli, A., *Makromol. Chem.*, **175**, 923 (1974).
381. Pierono, O., Stigliani, G. and Ciardelli, F., *Chim. Ind. (Milan)*, **52**, 289 (1970).
382. Ciardelli, F., Carlini, C., Montagnoli, G., Lardicci, L. and Pino, P., *Chim. Ind. (Milan)*, **50**, 860 (1968).
383. Lazzaroni, L., Salvadori, P. and Pino, P., *J. Chem. Soc., Chem. Commun*, **18**, 1164 (1970).

384. Carlini, C., Nocci, R. and Ciardelli, F., *J. Polym. Sci., Polym. Chem. Ed.*, **15**, 767 (1977).
385. Pino, P. and Mülhaupt, R., *Angew. Chem., Int. Ed. Engl.*, **19**, 857 (1980).
386. Zambelli, A., Sacchi, M. C. and Locatelli, P., *Macromolecules*, **12**, 1051 (1979).
387. Takegami, Y. and Suzuki, T., *Bull. Chem. Soc. Jpn.*, **42**, 848 (1969).
388. Doi, Y., *Macromolecules*, **12**, 248 (1979).
389. Zambelli, A., Wolfsgrubber, C., Zannoni, G. and Bovey, F. A., *Macromolecules*, **7**, 750 (1974).
390. Zambelli, A., Bajo, G. and Rigamonti, E., *Makromol. Chem.*, **179**, 1249 (1978).
391. Asakura, T., Ando, I., Nishioka, A., Doi, Y. and Keii, T., *Makromol. Chem.*, **178**, 791 (1977).
392. Bovey, F. A., Sacchi, M. C. and Zambelli, A., *Macromolecules*, **7**, 752 (1974).
393. Doi, Y., Nozawa, F. and Soga, K., *Makromol. Chem.*, **186**, 2529 (1985).
394. Zambelli, A., Lety, A., Tosi, A. and Pasquon, I., *Makromol. Chem.*, **115**, 73 (1968).
395. Zambelli, A. and Tosi, C., *Adv. Polym. Sci.*, **15**, 31 (1974).
396. Zambelli, A., Tosi, C. and Sacchi, M. C., *Macromolecules*, **5**, 649 (1972).
397. Locatelli, P., Immirzi, A. and Zambelli, A., *Makromol. Chem.*, **176**, 1121 (1975).
398. Sacchi, M. C., Rigamonti, E. and Locatelli, P., *Makromol. Chem.*, **182**, 2881 (1981).
399. Shista, C., Hatorn, M. R. and Marks, T. J., *J. Am. Chem. Soc.*, **114**, 1112 (1992).
400. Ammendola, P., Pellecchia, C., Longo, P. and Zambelli, A., *Gazz. Chim. Ital.*, **117**, 65 (1987).
401. Collins, S., Gauthier, W. J., Holden, D. A., Kuntz, B. A., Taylor, N. J. and Ward, D. G., *Organometallics*, **10**, 2061 (1991).
402. Guerra, G., Corradini, P., Cavallo, L. and Vacatello, M., *Macromol. Symp.*, **89**, 307 (1995).
403. Wild, F. R. W. P., Zsolnai, L., Huttner, G. and Brintzinger, H. H., *J. Organomet. Chem.*, **232**, 233 (1982).
404. Wild, F. R. W. P., Wasiucionek, M., Huttner, G. and Brintzinger, H. H., *J. Organomet. Chem.*, **288**, 63 (1985).
405. Longo, P., Grassi, A., Pellecchia, L. and Zambelli, A., *Macromolecules*, **20**, 1015 (1987).
406. Cavallo, L., Guerra, G., Oliva, L., Vacatello, M. and Corradini, P., *Polym. Commun.*, **30**, 16 (1989).
407. Pino, P., Cioni, P. and Wei, J., *J. Am. Chem. Soc.*, **109**, 6189 (1987).
408. Kaminsky, W., Ahlers, A. and Möller-Lindenhof, N., *Angew. Chem., Int. Ed. Engl.*, **28**, 1216 (1989).
409. Sacchi, M. C., Barsties, E., Tritto, I., Locatelli, P., Brintzinger, H. H. and Stehling, U., *Macromolecules*, **30**, 1267 (1997).
410. Busico, V., Cipullo, R., Talarico, G., Segre, A. L. and Chadwick, J. C., *Macromolecules*, **30**, 4786 (1997).
411. Shelden, R. A., Fueno, T., Tsunetsugu, T. and Furukawa, J., *J. Polym. Sci., B*, **3**, 23 (1965).
412. Doi, Y. and Asakura, T., *Makromol. Chem.*, **176**, 507 (1975).
413. Angermund, K., Hanuschik, A. and Nolte, M., 'Forcefield Calculations on Zirconocene Compounds', in *Ziegler Catalysts*, Springer-Verlag, Berlin, 1995, pp. 251–274.
414. Babu, G. N., Newmark, R. A., Cheng, H. N., Llinas, G. H. and Chien, J. C. W., *Macromolecules*, **25**, 7400 (1992).
415. Weiss, H., Ehrig, M. and Ahlrichs, R., *J. Am. Chem. Soc.*, **116**, 4919 (1994).
416. Meier, R. J., van Doremaele, G. H. J., Iarlori, S. and Buda, F., *J. Am. Chem. Soc.*, **116**, 7274 (1994).
417. Hortmann, K. and Brintzinger, H. H., *New J. Chem.*, **16**, 51 (1992).
418. Razavi, A., Peters, L. and Nafpliotis, L., *J. Mol. Catal. A: Chem.*, **115**, 129 (1997).
419. Van der Leek, Y., Angermund, K., Reffke, M., Kleinschmidt, R., Goretzki, R. and Fink, G., *Chem. Eur. J.*, **3**, 585 (1997).
420. Haselwander, T., Beck, S. and Brintzinger H. H., 'Binuclear Titanocene and Zirconocene Cations with $\mu$-Cl and $\mu - CH_3$ Bridges in Metallocene-based Ziegler–Natta Catalyst Systems – solution-NMR studies', in *Ziegler Catalysts*, Springer-Verlag, Berlin, 1995, pp. 181–197.

421. Bowey, F. A. and Kwei, T. K., 'Microstructure and Chain Conformation of Macromolecules', in *Macromolecules: an Introduction to Polymer Science*, Academic Press, New York, 1979, pp. 207–271.
422. Tonelli, A. E., *Macromolecules*, **11**, 565 (1978).
423. Schilling, F. C and Tonelli, A. E., *Macromolecules*, **13**, 270 (1980).
424. Bowey, F. A., 'NMR Investigations on the Mechanism of Propagation in Vinyl Polymerisation', in *High Resolution NMR of Macromolecules*, Academic Press, New York, 1972, pp. 146–181.
425. Stehling, F. C. and Knox, J. R., *Macromolecules*, **8**, 595 (1975).
426. Zambelli, A., Locatelli, P., Bajo, G. and Bovey, F. A., *Macromolecules*, **8**, 687 (1975).
427. Tonelli, A. E. and Schilling, F. C., *Acc. Chem. Res.*, **14**, 233 (1981).
428. Tonelli, A. E., *Macromolecules*, **11**, 634 (1978).
429. Asanuma, T., Nishimori, Y., Ito, N., Uchikawa, M. and Shiomura, T., *Polym. Bull.*, **25**, 567 (1991).
430. Zambelli, A., Ammendola, P. and Proto, A., *Macromolecules*, **22**, 2126 (1989).
431. Oliva, L., Di Serio, M., Peduto, N. and Santacesaria, E., *Macromol. Chem. Phys.*, **195**, 217 (1994).
432. Campbell, T. W. and Haven, A. C., *J. Appl. Polym. Sci.*, **1**, 73 (1959).
433. Endo, K. and Otsu, T., *J. Polym. Sci., Polym. Chem. Ed.*, **17**, 1453 (1979).
434. De Boer, H. J. R. and Royan, B. W., *J. Mol. Catal.*, **90**, 171 (1994).
435. Chien, J. C. W., Vizzini, J. C. and Kaminsky, W., *Makromol. Chem., Rapid Commun.*, **13**, 479 (1992).
436. Zambelli, A., Grassi, A., Galimberti, M. and Perego, G., *Makromol. Chem., Rapid Commun.*, **13**, 269 (1992).
437. Zambelli, A., Grassi, A., Galimberti, M. and Perego, G., *Makromol. Chem. Rapid Commun.*, **13**, 467 (1992).
438. Nakano, M. and Novak, M. B., *Polym. Prepr. Am. Chem. Soc. Div. Polym. Chem.*, **37**(2), 200 (1996).
439. Baker Jr, W. P., *J. Polym. Sci., A*, **1**, 655 (1963).
440. Havinga, R. and Schors, A., *J. Macromol. Sci. – Chem. A*, **2**, 1 (1968).
441. Van den Enk, J. E. and van der Ploeg, H. J., *J. Polym. Sci., A-1*, **9**, 2403 (1971).
442. Otsuka, S., Mori, K., Siminoe, T. and Imaizumi, F., *Eur. Polym. J.*, **3**, 73 (1967).
443. Porri, L., Rossi, R. and Ingrosso, G., *Tetrahedron Lett.*, **1971**, 1083 (1971).
444. Endo, K., Ueda, R. and Otsu, T., *Macromolecules*, **24**, 6849 (1991).
445. Endo, K., Okayama, S. and Otsu, T., *Eur. Polym. J.*, **28**, 153 (1992).
446. Marvel, C. S. and Stille, J. K., *J. Am. Chem. Soc.*, **80**, 1740 (1958).
447. Kennedy, J. P. and Otsu, T., *Adv. Polym. Sci.*, **7**, 369 (1970).
448. Tait, P. J. T. and Berry, I. G., 'Monoalkene Polymerisation: Copolymerisation', in *Comprehensive Polymer Science*, Pergamon Press, Oxford, 1989, Vol. 4, pp. 575–584.
449. Cherdron, H. and Brekner, M., *Macromol. Symp.*, **89**, 543 (1995).
450. Mülhaupt, R., 'Novel Polyolefin Materials and Processes: Overview and Prospects', in *Ziegler Catalysts*, Springer-Verlag, Berlin, 1995, pp. 35–55.
451. Natta, G., Valvassori, A., Mazzanti, G., and Sartori, G., *Chim. Ind. (Milan)*, **40**, 896 (1958).
452. Kissin, Y. V., *Macromol. Symp.*, **89**, 113 (1995).
453. Valvassori, A. and Sartori, G., *Adv. Polym. Sci.*, **5**, 24 (1967).
454. Natta, G., Mazzanti, G., Valvassori, A., Sartori, G. and Barbagallo, A., *J. Polym. Sci.*, **51**, 429 (1961).
455. Natta, G., Mazzanti, G., Valvassori, A., Sartori, G. and Fiumani, O., *J. Polym. Sci.*, **50**, 911 (1960).
456. Corbelli, L., Milani, F. and Fabbri, R., *Kunststoffe*, **34**, 11 (1981).
457. Busico, V., Corradini, P., Fontana, P. and Savino, V., *Makromol. Chem., Rapid Commun.*, **6**, 743 (1985).
458. Yang, S.-L., Xu, Z.-K. and Feng, L.-X., *Makromol. Chem., Macromol. Symp.*, **63**, 233 (1992).
459. Wang, J.-G., Chen, H. and Huang, B.-T., *Makromol. Chem.*, **194**, 1807 (1993).
460. Sugano, T., Gotoh, Y., Fujita, T., Uozumi, T. and Soga, K., *Makromol. Chem.*, **193**, 43 (1992).
461. Zambelli, A., Grassi, A., Galimberti, M., Mazzocchi, R. and Piemontesi, F.,

*Makromol. Chem., Rapid Commun.*, **12**, 523 (1991).
462. Chien, J. C. W. and He, D., *J. Polym. Sci., A, Polym. Chem.*, **29**, 1609 (1991).
463. Katayama, H., Shiraishi, H., Hino, T., Ogane, T. and Imai, A., *Macromol. Symp.*, **97**, 109 (1995).
464. Endo, K. and Otsu, T., *J. Polym. Sci., Polym. Chem. Ed.*, **17**, 1453 (1979).
465. Endo, K. and Otsu, T., *J. Polym. Sci., Polym. Chem. Ed.*, **24**, 1505 (1986).
466. Endo, K., Fujii, K. and Otsu, T., *Makromol. Chem., Rapid Commun.*, **12**, 409 (1991).
467. Dall'Asta, G. and Mazzanti, G., *Makromol. Chem.*, **61**, 178 (1963).
468. Kaminsky, W., *Macromol. Chem. Phys.*, **197**, 3907 (1996).
469. Kaminsky, W., Bark, A. and Arndt, M., *Makromol. Chem., Macromol. Symp.*, **47**, 83 (1991).
470. Kaminsky, W. and Spiehl, R., *Makromol. Chem.*, **190**, 515 (1989).
471. Kaminsky, W., Engehausen, R. and Kopf, J., *Angew. Chem., Int. Ed. Engl.*, **34**, 2273 (1995).
472. Kaminsky, W. and Noll, A., 'Polymerization of Phenyl Substituted Cyclic Olefins with Metallocene/Aluminoxane Catalysts', in *Ziegler Catalysts*, Springer-Verlag, Berlin, 1995, pp. 149–158.
473. Klabunde, U., Tulip, T. H., Roe, D. C. and Ittel, S. D., *J. Organomet. Chem.*, **334**, 141 (1987).
474. Klabunde, U. and Ittel, S. D., *J. Mol. Catal.*, **41**, 123 (1987).
475. Sen, A. and Lai, T.-W., *J. Am. Chem. Soc.*, **104**, 3520 (1982).
476. Drent, E., van Broekhoven, J. A. M. and Doyle, M. J., *J. Organomet. Chem.*, **417**, 235 (1991).
477. Starkweather, H., 'Olefin–Carbon Monoxide Copolymers', in *Encyclopedia of Polymer Science and Engineering*, Wile-Interscience, John Wiley & Sons, New York, 1987, Vol. 10, pp. 369–373.
478. Sen, A., *Acc. Chem. Res.*, **26**, 303 (1993).
479. Sen, A., *Adv. Polym. Sci.*, **73/74**, 125 (1986).
480. Wong, P. K., van Doorn, J. A., Drent, E., Sudmeijer, O. and Stil, H. A., *Ind. Eng. Chem. Res.*, **32**, 986 (1993).
481. Drent, E., van Broekhoven, J. A. M., Doyle, M. J. and Wong, P. K., 'Palladium Catalyzed Copolymerization of Carbon Monoxide with Olefins to Alternating Polyketones and Polyspiroketals', in *Ziegler Catalysts*, Springer-Verlag, Berlin, 1995, pp. 481–496.
482. Valli, V. L. K. and Alper, H., *J. Polym. Sci., A, Polym. Chem.*, **33**, 1715 (1995).
483. Belov, G. P., Golodkov, O. N. and Dzhabieva, Z. M., *Macromol. Symp.*, **89**, 455 (1995).
484. Rix, F. C. and Brookhart, M., *J. Am. Chem. Soc.*, **117**, 1137 (1995).
485. Batistini, A., Consiglio, G. and Suter, U. W., *Angew. Chem., Int. Ed. Engl.*, **31**, 303 (1992).
486. Jiang, Z., Dahlen, G. M., Houseknecht, K. and Sen, A., *Macromolecules*, **25**, 2999 (1992).
487. Jiang, Z., Sanganeria, S. and Sen, A., *J. Polym. Sci., A, Polym. Chem.*, **32**, 841 (1994).
488. Xu, F. Y., Zhao, A. X. and Chien, J. C. W., *Makromol. Chem.*, **194**, 2579 (1993).
489. Amevor, E., Bronco, S., Consiglio, G. and Di Benedetto, S., *Macromol. Symp.*, **89**, 443 (1995).
490. Batistini, A. and Consiglio, G., *Organometallics*, **11**, 3604 (1992).
491. Bronco, G., Consiglio, G., Hutter, R., Batistini, A. and Suter, U. W., *Macromolecules*, **27**, 4436 (1994).
492. Jiang, Z. and Sen, A., *J. Am. Chem. Soc.*, **117**, 4455 (1995).
493. Sen, A. and Murtuza, S., *Polym. Prepr. Am. Chem. Soc., Div. Polym. Chem.*, **37**(2), 194 (1996).
494. Butler, G. B., 'Cyclopolymerisation', in *Encyclopedia of Polymer Science and Engineering*, Wile-Interscience, John Wiley & Sons, New York, 1986, Vol. 6, pp. 523–583.
495. Makowski, H. S., Shim, B. K. C. and Wilchinsky, Z. W., *J. Polym. Sci., A*, **2**, 1549 (1964).
496. Cheng, H. N. and Khasat, N. P., *J. Appl. Polym. Sci.*, **35**, 825 (1988).

497. Miller, S. A. and Waymouth, R. M., 'Stereo- and Enantioselective Polymerisation of Olefins with Homogeneous Ziegler–Natta catalysts', in *Ziegler Catalysts*, Springer-Verlag, Berlin, 1995, pp. 441–454.
498. Resconi, L. and Waymouth, R. M., *J. Am. Chem. Soc.*, **112**, 4953 (1990).
499. Coates, G. W. and Waymouth, R. M., *J. Am. Chem. Soc.*, **113**, 6270 (1991).
500. Kesti, M. R., Coates, G. W. and Waymouth, R. M., *J. Am. Chem. Soc.*, **114**, 9679 (1992).
501. Kesti, M. R. and Waymouth, R. M., *J. Am. Chem. Soc.*, **114**, 3565 (1992).
502. Coates, G. W. and Waymouth, R. M., *Polym. Mater. Sci. Eng.*, **67**, 92 (1991).
503. Coates, G. W. and Waymouth, R. M., *J. Am. Chem. Soc.*, **115**, 91 (1993).
504. Cavallo, L., Guerra, G., Corradini, P., Resconi, L. and Waymouth, R. M., *Macromolecules*, **26**, 260 (1993).
505. Resconi, L., Coates, G. W., Mogstad, A. and Waymouth, R. M., *J. Macromol. Sci.–Chem. A*, **28**, 1225 (1991).
506. Coates, G. W. and Waymouth, M. R., *J. Mol. Catal.*, **76**, 189 (1992).
507. Frisch, H. L., Mallows, C. L. and Bovey, F. A., *J. Chem. Phys.*, **45**, 1565 (1966).
508. Deng, H., Shiono, T. and Soga, K., *Macromolecules*, **28**, 3067 (1995).
509. Mülhaupt, R., Duschek, T. and Rieger, B., *Makromol. Chem., Macromol. Symp.*, **48/49**, 317 (1991).
510. Shiono, T., Kurosawa, H., Ishida, O. and Soga, K., *Macromolecules*, **26**, 2085 (1993).
511. Mogstad, A. and Waymouth, R. M., *Macromolecules*, **27**, 2313 (1994).
512. Shiono, T., Kurosawa, H. and Soga, K., *Macromolecules*, **27**, 2635 (1994).
513. Chung, T. C., Raate, M., Berluche, E. and Schulz, D. N., *Macromolecules*, **21**, 1903 (1988).
514. Chung, T. C. and Rhubright, D., *J. Polym. Sci., A*, **31**, 2759 (1993).
515. Chung, T. C., *Macromolecules*, **21**, 865 (1988).
516. Ramakrishnan, S., Berluche, E. and Chung, T. C., *Macromolecules*, **23**, 378 (1990).
517. Chung, T. C., Lu, H. L. and Li, C. L., *Macromolecules*, **27**, 7533 (1994).
518. Chung, T. C., *Macromol. Symp.*, **89**, 151 (1995).
519. Chung, T. C. and Jiang, G. J., *Macromolecules*, **25**, 4816 (1992).
520. Chung, T. C., Jiang, G. J. and Rhubright, D., *Macromolecules*, **26**, 3467 (1993).
521. Chung, T. C. and Rhubright, D., *Macromolecules*, **27**, 1313 (1994).
522. Carbonaro, A., Greco, A. and Bassi, I. W., *Eur. Polym. J.*, **4**, 445 (1968).
523. Giannini, U., Brückner, G., Pellino, E. and Cassata, A., *J. Polym. Sci., B*, **5**, 527 (1967).
524. Natta, G., Mazzanti, G., Longi, P. and Bernardini, F., *J. Polym. Sci.*, **31**, 181 (1958).
525. Natta, G., Mazzanti, G., Longi, P. and Bernardini, F., *Chim. Ind. (Milan)*, **40**, 813 (1958).
526. Giannini, U., Brückner, G., Pellino, E. and Cassata, A., *J. Polym. Sci., C*, **22**, 157 (1968).
527. Clark, K. J. and Powell T., *Polymer*, **6**, 531 (1965).
528. Wilén, C.-E., Auer, M. and Näsman, J. H., *Polymer*, **33**, 5049 (1992).
529. Mogstad, A., Kesti, M. R., Coates, G. W. and Waymouth, M. R., *Polym. Prepr. Am. Chem. Soc., Div. Polym. Chem.*, **94**(1), 211 (1993).
530. Aaltonen, P. and Löfgren, B., *Macromolecules*, **28**, 5353 (1995).
531. Aaltonen, P., Fink, G., Löfgren, B. and Seppälä, J., *Macromolecules*, **29**, 5255 (1996).
532. Yasuda, H., Yamamoto, H., Yokota, K., Miyake, S. and Nakamura, A., *J. Am. Chem. Soc.*, **114**, 4908 (1992).
533. Yasuda, H., Furo, M., Yamamoto, H., Nakamura, A., Miyake, S. and Kibino, N., *Macromolecules*, **25**, 5115 (1992).
534. Yasuda, H., Yamamoto, H., Yamashita, M., Yokota, K., Nakamura, A., Miyake, S., Kai, Y. and Tanehisa, N., *Macromolecules*, **26**, 7134 (1993).
535. Jiang, T., Shen, Q., Lin, Y. and Lin S., *J. Organomet. Chem.*, **450**, 121 (1993).
536. Giardello, M. A., Yamamoto, Y., Brard, L. and Marks, T. J., *Macromolecules*, **26**, 3276 (1993).
537. Collins, S. and Ward, D. G., *J. Am. Chem. Soc.*, **114**, 5460 (1992).
538. Higashi, H., Watabe, K. and Namikawa, S., *J. Polym. Sci., B*, **5**, 1125 (1967).

539. Mazurek, V. V., Nesterchuk, G. T. and Merkureva, A. V., *Vysokomol. Soed., Ser. A*, **11**, 611 (1969); *Chem. Abstr.*, **70**, 115602k (1969).
540. Suzuki, Y. and Saito, M., *J. Polym. Sci., A-1*, **9**, 3639 (1971).
541. Chesworth, A. G., Haszeldine, R. L. and Tait, P. J. T., *J. Polym. Sci., A-1*, **12**, 1703 (1974).
542. Florjanczyk, Z., Kuran, W., Sitkowska, J. and Ziólkowski, A., *J. Polym. Sci., A.*, **25**, 343 (1987).
543. Pasynkiewicz, S. and Kuran, W., *J. Organometal. Chem.*, 1968, **15**, 307 (1968).
544. Florjanczyk, Z., Kuran, W., Pasynkiewicz, S. and Langwald, N., *Makromol. Chem.*, **179**, 287 (1978).
545. Florjanczyk, Z., Kuran, W., Langwald, N. and Sitkowska, J., *Makromol. Chem.*, **184**, 2457 (1983).
546. Florjanczyk, Z., Kuran, W., Pasynkiewicz, S. and Kasprzak, E., *Makromol. Chem.*, **178**, 1915 (1977).
547. Hirooka, M., Yabuuchi, H., Iseki, J. and Nakai, Y., *J. Polym. Sci., A-1*, **6**, 1381 (1968).
548. Pasynkiewicz, S., Kuran, W. and Diem, T., *J. Polym. Sci., A-1*, **7**, 2411 (1969).
549. Kuran, W., Pasynkiewicz, S., Florjanczyk, Z. and Kowalski, A., *Makromol. Chem.*, **175**, 3411 (1974).
550. Kuran, W., Pasynkiewicz, S. and Florjanczyk, Z., *Makromol. Chem.*, **174**, 73 (1973).
551. Schiers, J. and Evens, G., 'Polyethylene', in *The Polymeric Materials Encyclopedia*, CRC Press, Inc., Boca Raton, 1996, Vol. 8, pp. 5965–5977.
552. Moore Jr, E. P., 'Polypropylene', in *The Polymeric Materials Encyclopedia*, CRC Press, Inc., Boca Raton, 1996, Vol. 9, pp. 6578–6588.
553. Karol, F. J., *Macromol. Symp.*, **89**, 563 (1995).
554. Thayer, A. M., *Chem. Eng. News*, **1995**, 104 (1995).
555. Brockmeier, N. F. and Arzoumanidis, G. G., *Chem. Eng.*, **90**, 230 (1996).
556. Stevens, M. P., *Polymer Chemistry – an Introduction*, Oxford University Press, New York–Oxford, 1990, pp. 271–295.
557. Ihara, E., Young, Jr, V. G. and Jordan, R. F., *J. Am. Chem. Soc.*, **120**, 8277 (1998).
558. Coles, M. P. and Jordan, R. F., *J. Am. Chem. Soc.*, **119**, 8125 (1997).
559. Li, Y., Ward, D. G., Reddy, S. S. and Collins, S., *Macromolecules*, **30**, 1875 (1997).
560. McLain, St. J. and Feldman, J., US Pat. 5 852 145 (to du Pont de Nemours and Co.) (1998).
561. Brookhart, M. S., Johnson, L. K., Killian, Ch. M., McCord, E. F., McLain, St. J., Kreutzer, K. A., Ittel, St. D. and Tempel, D. J., US Pat. 5 880 241 (to du Pont de Nemours and Co.) (1999); Brookhart, M. S., Johnson, L. K., Killian, Ch. M., Arthur, S. D., Feldman, J., McCord, E. F., McLain, St. J., Kreutzer, K. A., Bennett, A. M. A., Coughlin, E. B., Ittel, St. D., Parthasarathy, A., Wang, L. and Yang, Z.-Y., US Pat. 5 866 663 (to du Pont de Nemours and Co.) (1999); Brookhart, M. S., Johnson, L. K., Arthur, S. D., Feldman, J., Kreutzer, K. A., Bennett, A. M. A., Coughlin, E. B., Ittel, St. D., Parthasarathy, A. and Tempel, D. J., US Pat. 5 886 224 (to du Pont de Nemours and Co.) (1999); Brookhart, M. S., Johnson, L. K., Killian, Ch. M., Arthur, S. D., McCord, E. F. and McLain, St. J. US Pat. 5 891 963 (to du Pont de Nemours and Co.) (1999); Brookhart, M. S., Johnson, L. K., Killian, Ch. M., McCord, E. F. and McLain, St. J., US Pat. 5 916 989 (to du Pont de Nemours and Co.) (1999); McLain, S. J., and Feldman, J., US Pat. 6 002 034 (to du Pont de Nemours and Co.) (1999); Brookhart, M. S., Johnson, L. K., Killian, Ch. M., Arthur, S. D., Feldman, J., McLain, St. J., Kreutzer, K. A., Bennett, A. M. A., Coughlin, E. B., Ittel, S. D., Parthasarathy, A. and Tempel, D. J., US Pat. 6 034 259 (to du Pont de Nemours and Co.) (2000); Brookhart, M. S., Johnson, L. K., Killian, Ch. M. and McLain, St. J., US Pat. 6 140 439 (to du Pont de Nemours and Co.) (2000); Brookhart, M. S., and Small, B. L., US Pat. 6 150 482 (to du Pont de Nemours and Co.) (2000).
562. Dossett, St. J., US Pat. 6 018 016 (to BP Chemicals Ltd) (2000); Dossett, St. J. US Pat. 6 140 460 (to BP Chemicals Ltd) (2000).
563. Stewart, N. J., Dossett, St. J. (1998) US Pat. 5 770 684 (to BP Chemicals Ltd.).

## 拓展阅读

Jenkins, A. D. and Loening, K. L., 'Nomenclature', in *Comprehensive Polymer Science*, Pergamon Press, Oxford, 1989, Vol. 1, pp. 13–54.

Bovey, F. A., 'Structure of Chains by Solution NMR Spectroscopy', in *Comprehensive Polymer Science*, Pergamon Press, Oxford, 1989, Vol. 1, pp. 339–375.

Fueno, T., Shelden, R. A. and Furukawa, J., 'Probabilistic Considerations of the Tacticity of Optically Active Polymers', in *J. Polym. Sci., A*, **3**, 1279–1288 (1965).

Keii, T., Doi, Y. and Soga, K., 'Living Polymer Systems – Ziegler–Natta polymerisation', in *Encyclopedia of Polymer Science and Engineering*, Wiley-Interscience, John Wiley & Sons, New York, 1989, Vol. 18, pp. 437–445.

Soga, K., Uozumi, T., Park, J. R. and Shiono, T., 'Recent Development in Stereochemical Control of Heterogeneous Ziegler–Natta Catalysts', in *Makromol. Chem., Macromol. Symp.*, **63**, 219–231 (1992).

Fan, Z.-Q., Feng, L.-X. and Yang, S.-L., 'Distribution of Active Centers on $TiCl_4/MgCl_2$ Catalyst for Olefin Polymerization', in *J. Polym. Sci., A, Polym. Chem.*, **34**, 3329–3335 (1996).

Czaja, K. and Bialek, M., 'Vanadium-based Ziegler–Natta Catalyst Supported on $MgCl_2(THF)_2$ for Ethylene Polymerisation', *Macromol. Rapid Commun.*, **17**, 253–260 (1996).

Wang, J.-G., Zhang, W.-B. and Huang, B.-T., 'Some Newer Concepts in Ethylene/α-Olefin Copolymerisation on Heterogeneous Ziegler–Natta Catalysts', *Makromol. Chem., Macromol. Symp.*, **63**, 245–258 (1992).

Tian, J. and Huang, B., 'Soluble Olefin Polymerization Catalysts', in *The Polymeric Materials Encyclopedia*, CRC Press, Inc., Boca Raton, 1996, Vol. 6, pp. 4740–4749.

Tritto, I., Li, S. X., Sacchi, M. C. and Locatelli, P., 'Metallocene/Aluminoxane Catalysts', in *The Polymeric Materials Encyclopedia*, CRC Press, Inc., Boca Raton, 1996, Vol. 6, pp. 4160–4169.

Tait, P. J. T., 'Metallocene Catalysts', in *The Polymeric Materials Encyclopedia*, CRC Press, Inc., Boca Raton, 1996, Vol. 6, pp. 4169–4177.

Bochmann, M., 'Metallocene Catalysts', in *The Polymeric Materials Encyclopedia*, CRC Press, Inc., Boca Raton, 1996, Vol. 6, pp. 4177–4191.

Huang, B. and Tian, J., 'Metallocene Catalysts', in *The Polymeric Materials Encyclopedia*, CRC Press, Inc., Boca Raton, 1996, Vol. 6, pp. 4191–4201.

Kaminsky, W., Niedoba, S., Möller-Lindenhof, N. and Rabe, O., 'Isotactic Olefin Polymeriation with Optically Active Catalysts', *Catalysis in Polymer Synthesis*, ACS Symp. Ser. 496, Washington, DC, 1992, pp. 63–71.

Grubbs, R. H. and Coates, G. W., 'α-Agostic Interactions and Olefin Insertion in Metallocene Polymerisation Catalysts', *Acc. Chem. Res.*, **29**, 85–93 (1996).

Michelotti, M., Altomare, A. and Ciardelli, F., 'Ethylene/α-Olefins Cooligomerization versus Copolymerization by Zirconocene Catalysts', *Polymer*, **37**, 5011–5016 (1996).

Kravchenko, R., Masood, A. and Waymouth, R. M., 'Propylene Polymerization with Chiral and Achiral Unbridged 2-Arylindene Metallocenes', *Organometallics*, **16**, 3635–3639 (1997).

Kurokawa, H. and Sugano, T., 'α-Olefin Polymerization by Various Alumoxanes Containing Isobutyl Group and Metallocene', *Macromol. Symp.*, **97**, 143–149.

Yu, Z. and Chien, J. C. W., 'Molecular Mechanics Study of Zirconium Catalyzed Isospecific Polymerization of Propylene', *J. Polym. Sci., A, Polym. Chem.*, **33**, 125–135 (1995).

Pieters, P. J. J., van Beek, J. A. M. and van Tol, M. F. H., 'A Method for the Prediction of Metallocene-type Catalyst Activity in Olefin (Co)Polymerization Reactions', *Macromol. Rapid Commun.*, **16**, 463–467.

Resconi, L., Piemontesi, F., Franciscono, G., Abis, L. and Fiorani, T., 'Olefin Polymerization at Bis(pentamethylcyclopentadienyl)zirconium and -hafnium Centers: Chain-transfer Mechanisms', *J. Am. Chem. Soc.*, **114**, 1025–1032 (1992).

Jüngling, S., Mülhaupt, R., Stehling, U., Brintzinger, H.-H., Fischer, D. and Langhauser, F., 'The Role of Dormant Sites in Propene Polymerization using Methylalumoxane Activated Metallocene Catalysts', *Macromol. Symp.*, **97**, 205–216 (1995).

Kaminsky, W., 'How to Reduce the Ratio Methylaluminoxane/Metallocene', *Macromol. Symp.*, **97**, 79–89 (1995).

Tritto, I., Sacchi, M. C., Locatelli, P. and Li, S. X., 'Metallocene Ion Pairs', *Macromol. Symp.*, **89**, 289–298 (1995).

Siedle, A. R., Hanggi, B., Newmark, R. A., Mann, K. R. and Wilson, T., 'How Coordinating are Non-coordinating Anions', *Macromol. Symp.*, **89**, 299–305 (1995).

Jin, J., Uozumi, T. and Soga, K., 'Ethylene Polymerization Initiated by $SiO_2$-supported Neodymocene Catalysts', *Macromol. Rapid Commun.*, **16**, 317–322 (1995).

Damiani, D. E., Juan, A. and Ferreira, M. L., 'Olefin Polymerization Catalysts', *The Polymeric Materials Encyclopedia*, CRC Press, Inc., Boca Raton, 1996, Vol. 6, pp. 4727–4734.

Lee, D.-H., 'Olefin Polymerization Catalysts', in *The Polymeric Materials Encyclopedia*, CRC Press, Inc., Boca Raton, 1996, Vol. 6, pp. 4734–4740.

Soga, K. and Shiono, T., 'Ziegler–Natta Catalysts for Olefin Polymerizations', *Prog. Polym. Sci.*, **22**, 1503–1546 (1997).

Kuran, W., 'Stereoregulation Mechanism in Coordination Polymerization of Hydrocarbon Monomers. Part I: Polymerization of $\alpha$-Olefins', *Polimery*, **39**, 570–578 (1997).

Brockmeier, N. F., 'Gas-phase Polymerization', in *Encyclopedia of Polymer Science and Engineering*, Wiley-Interscience, John Wiley & Sons, New York, 1987, Vol. 7, pp. 480–488.

McMillan, F. M., 'Polyolefins', in *The Polymeric Materials Encyclopedia*, CRC Press, Inc., Boca Raton, 1996, Vol. 8, pp. 6424–6428.

Ross, J. F. and Mac Adams, J. L., 'Polyethylene (Commercial)', in *The Polymeric Materials Encyclopedia*, CRC Press, Inc., Boca Raton, 1996, Vol. 8, pp. 5953–5965.

Doak, K. W., 'Ethylene polymers', in *Encyclopedia of Polymer Science and Engineering*, Wiley-Interscience, John Wiley & Sons, New York, 1986, Vol. 6, pp. 383–386.

James, D. E., 'Linear Low Density Polyethylene', in *Encyclopedia of Polymer Science and Engineering*, Wiley-Interscience, John Wiley & Sons, New York, 1986, Vol. 6, pp. 429–454.

Beach, D. L. and Kissin, Y. V., 'High Density Polyethylene', in *Encyclopedia of Polymer Science and Engineering*, Wiley-Interscience, John Wiley & Sons, New York, 1986, Vol. 6, pp. 454–490.

Coughlan, J. J. and Hug, D. P., 'Ultrahigh Molecular Weight Polyethylene', in *Encyclopedia of Polymer Science and Engineering*, Wiley-Interscience, John Wiley & Sons, New York, 1986, Vol. 6, pp. 490–494.

Ver Strate, G., 'Ethylene–Propylene Elastomers', in *Encyclopedia of Polymer Science and Engineering*, Wiley-Interscience, John Wiley & Sons, New York, 1986, Vol. 6, pp. 523–564.

Cecchin, G., 'In Situ Polyolefin Alloys', *Macromol. Symp.*, **78**, 213–228 (1994).

Covezzi, M., 'The Spherilene Process: Linear Polyethylenes', *Macromol. Symp.*, **89**, 577–586 (1995).

Rangwala, H. A., Dalla Lana, I. G., Szymura, J. A. and Fiedorow, R. M., 'Copolymerization of Ethylene and 1-Butene Using a Cr–Silica Catalyst in a Slurry Reactor', *J. Polym. Sci., A, Polym. Chem.*, **34**, 3379–3387 (1996).

Kuran, W., 'Polar Vinyl Monomer Polymerization and Copolymerization with Olefins Promoted by Organometallic Catalysts', *Polimery*, **42**, 604–609 (1997).

Endo, K., 'Monomer-isomerization polymerization', in *The Polymeric Materials Encyclopedia*, CRC Press, Inc., Boca Raton, 1996, Vol. 6, pp. 4532–4536.

Fink, G., Möhrirg, V. M., Heinrichs, A., Denger, C., Schubbe, R. H. and Mühlenbrock, P. H., 'Olefin Polymerization by 2,$\omega$-Linkage', in *The Polymeric Materials Encyclopedia*, CRC Press, Inc., Boca Raton, 1996, Vol. 6, pp. 4720–4727.

Endo, T. and Tomita, I., 'Allene Polymerization', in *The Polymeric Materials Encyclopedia*, CRC Press, Inc., Boca Raton, 1996, Vol. 1, pp. 161–166.

Garbassi, F. and Sommazzi, A., 'Olefin–Carbon Monoxide Copolymers', in *The Polymeric Materials Encyclopedia*, CRC Press, Inc., Boca Raton, 1996, Vol. 6, pp. 4701–4714.

Belov, G. P., 'Alternating Olefin–Carbon Monoxide Copolymers', in *The Polymeric Materials Encyclopedia*, CRC Press, Inc., Boca Raton, 1996, Vol. 6, pp. 4714–4720.

Koide, Y., Bott, S. G. and Barron, A. R., 'Alumoxanes as Cocatalysts in the Palladium-catalyzed Copolymerization of Carbon Monoxide and Ethylene: Genesis of a Structure–Activity Relationship', *Organometallics*, **15**, 2213–2226 (1996).

## 思考题

1. 乙烯和α-烯烃聚合的配位催化剂有哪些，它们的特点是什么？
2. 只有配位催化剂能够聚合α-烯烃，请解释其原因。
3. 烯烃和过渡金属形成的π络合物的键的特性是什么？
4. 画出α-烯烃向金属-碳键一级插入和二级插入的反应式，解释聚合区域选择性。
5. Ziegler-Natta 催化剂制备的高密度聚乙烯中存在长短不一的支链，请解释其原因。为什么短支链比长支链多？
6. Ziegler-Natta 催化剂制备的聚烯烃多分散性高，而均相催化剂制备的聚烯烃的多分散性低，请解释其原因。
7. Ziegler-Natta 催化剂聚合烯烃时氢气能够调节聚合物的分子量，请解释其原因。
8. 乙烯/丙烯/非共轭二烯烃可硫化三元共聚物中使用的二烯烃为 1,4-己二烯，而不是 1,5-己二烯，请解释其原因。
9. 茂金属-三烷基铝体系中加入少量水会促进烯烃聚合，请解释其原因。
10. 比较第 4 族和第 3 族茂金属烯烃聚合催化剂的电子结构。
11. α-烯烃配位聚合立体调节机理的决定性因素是什么？
12. 给出立体定向聚合能够（理论上的）产生的所有聚（α-烯烃）的结构和立体化学命名。是否所有这些聚合物都能制备出来（非均相和均相 Ziegler-Natta 催化剂）？
13. $\delta$-TiCl$_3$-AlEt$_3$、Cp$_2$ZrCl$_2$-MAO、rac.-Me$_2$Si(Ind)$_2$ZrCl$_2$-MAO、Me$_2$C(Cp)(Flu)ZrCl$_2$-MAO 这些催化剂制备的 4-甲基-1-戊烯的聚合物结构是什么？并说明原因。
14. 画出下列每一个单体所有立构规整（双规）聚合物的结构图和 Fishcer 投影。

    CH$_2$=CH($^2$H)　　　　　　　CH$_2$=CHCH$_3$

    CH$_2$=C($^2$H)$_2$　　　　　　　CH$_2$=C(CH$_3$)$_2$

    顺,反-CH($^2$H)=CH($^2$H)　　　CH(CH$_3$)=C(CH$_3$)

    CH$_2$=CHCH$_2$($^2$H)　　　　　CH$_2$=C(CH$_3$)CH$_2$CH$_3$

    顺,反-CH($^2$H)=CHCH$_2$($^2$H)　CH$_2$=CHCH(CH$_3$)CH$_3$

    CH$_2$=C($^2$H)=CH$_3$　　　　　CH$_2$=CHCH$_2$CH(CH$_3$)CH$_3$

    顺,反-CH($^2$H)=CHCH$_3$　　　CH(CH$_3$)=CHCH$_2$CH$_3$

15. 给出均相手性环境催化剂的例子。
16. 给出均相手性环境非内消旋形式的催化剂的例子。
17. $\delta$-TiCl$_3$-Zn[CH(CH$_3$)CH$_2$CH$_3$] 催化剂聚合 3-甲基-1-戊烯形成的聚合物的结构是什么？
18. 三类（等规、间规、半等规）聚丙烯中的哪一类包含间规等立体嵌段聚丙烯？
19. 等规聚（α-烯烃）中存在立体缺陷，如何解释？
20. 判定聚（α-烯烃）链微结构的最方便的方法是高分辨核磁共振，请解释其原因。$^1$H 和 $^{13}$C NMR 谱如何提供α-烯烃聚合物链上二元组（m, r）和三元组（mm, rr, mr）的立体化学信息？
21. 不经过异构化，β-烯烃不能被 Ziegler-Natta 催化剂均聚，但是可以和乙烯共聚，请解释其原因。
22. 乙烯和α-烯烃可以和一氧化碳进行配位共聚，请解释其原因。
23. 1,5-己二烯、1,6-庚二烯和 1,7-辛二烯能进行环聚，而 1,4-戊二烯不能，请解释其原因。
24. 利用配位共聚制备α-烯烃和极性乙烯基单体共聚物的方法有哪些？

# 4 乙烯基芳香烃单体的配位聚合

聚苯乙烯是最典型的多用途树脂之一,为无规非晶聚合物,没有熔点(软化温度约100℃,玻璃化转变温度约70~100℃)。Ziegler-Natta 催化剂发现以后,有大量的工作用来研究立构规整聚苯乙烯的制备,成果层出不穷。

苯乙烯是一种多用途单体,使用各种 Ziegler-Natta 催化剂以及相关的配位催化剂催化聚合该单体都可以得到高分子量的高等规[1-4] 或者高间规[5-10] 聚合物。

等规聚苯乙烯是部分结晶聚合物(含有大约 30%的结晶区域),晶区的熔点约 230~240℃(玻璃化转变温度约 87~97℃)。结晶的等规聚苯乙烯的链构象是螺旋结构,每一个螺旋含有三个单体单元。与无规聚苯乙烯相比较,等规聚苯乙烯具有良好的抗热变形能力,因此等规聚苯乙烯最初就被设想用作技术材料,主要作为无规聚苯乙烯的共混剂。20 世纪 60 年代末期市场上就出现了用于测试的等规聚苯乙烯料[11]。等规聚苯乙烯的结晶速率非常低,因该性能而没有得到工业开发[12-14]。然而,由于高的热性能和优异的介电性能,等规聚苯乙烯还是一种潜在的有价值的材料。低结晶度、低结晶速率和高脆性是等规聚苯乙烯商品化进程中最主要的障碍[15]。

与等规聚苯乙烯相比,间规聚苯乙烯的有高的结晶度(含有 72%的结晶区域),其结晶速率和聚(对苯二甲酸乙二醇酯)相近。

结晶间规聚苯乙烯的链构象是平面锯齿状,其熔点非常高,约 270~275℃(玻璃化转变温度约 93~96℃),这使该材料的加工成为难题,尽管如此,还是发展了一套加工方法——精密模塑法。间规聚苯乙烯有非常高的结晶度、结晶速率、卓越的抗化学和溶剂腐蚀能力,与等规聚苯乙烯相比,尤其是在高温时,具有增强的机械性能,是一种潜在的多用途廉价工程塑料(如高抗纤维、薄膜、包装材料、线路板)[14,15]。

大量环取代苯乙烯(烷基或者吸电子取代基)已经被多相 Ziegler-Natta 催化剂催化聚合,得到了等规聚合物[16-20],其中一些被均相 Ziegler-Natta 催化剂催化聚合得到了间规定向聚合物[21]。

## 4.1 乙烯基芳香烃单体的等规定向配位聚合

Natta 等首次报道了苯乙烯的等规定向性聚合[1,2],使用的多相催化剂由四氯化钛和一种烷基铝化合物组成。

后来的研究从原理上表明,苯乙烯在多相 Ziegler-Natta 催化剂作用下是等规定向聚合。虽然均相镍基配位催化剂也能制备等规聚苯乙烯,但是分子量比较低[22,23]。

## 4.1.1 多相 Ziegler-Natta 催化剂催化的聚合

那些能催化 α-烯烃等规定向聚合的多相 Ziegler-Natta 催化剂也能催化乙烯基芳香烃单体等规定向聚合[2,18-20,24-29]。这些聚合物的分子量一般很高,甚至可以达到七百万的量级。最常用于苯乙烯等规定向性聚合的催化剂有 $TiCl_4$-$AlEt_3$、α-$TiCl_3$-$AlEt_3$、δ-$TiCl_3$-$AlEt_3$、$VCl_3$-$AlEt_3$,以及负载的催化剂 $MgCl_2$/苯甲酸乙酯/$TiCl_4$-$AlEt_3$、$MgCl_2$/$TiCl_4$-$AlEt_3$、$Mg(OH)Cl$/$Ti(OBu)_4$-$AlMe_3$ 和 $TiCl_3$-$Cp_2TiMe_2$[1,30-32]。聚合温度一般为 40~80℃,使用本体或者溶液聚合,常用的溶剂有脂肪烃(己烷)、脂环烃(环己烷)和芳香烃(苯、甲苯)。

乙烯基芳香烃单体比 α-烯烃的等规定向聚合要简单,这是一个很有趣的现象。例如 $TiCl_4$-$AlEt_3$ 催化剂催化丙烯聚合的立体定向性比紫色 $TiCl_3$-$AlEt_3$ 催化剂要差很多,但是在苯乙烯聚合中没有这个差别,两种催化剂都能得到高等规聚苯乙烯。这表明,苯乙烯(以及其环取代衍生物)和 α-烯烃等规定向聚合对催化剂的要求不完全相同。

与 α-烯烃相比,苯乙烯类单体等规定向性聚合对 Ziegler-Natta 催化剂的立体要求低很多,但是它的聚合增长速率常数也要低很多,如苯乙烯的活性是丙烯的 1/100[30,33],甚至比乙烯基环己烷还要慢[20,31,34-36]。

使用多相 Ziegler-Natta 催化剂等规定向聚合苯乙烯及其环取代同系物的机理和 α-烯烃的相同。单体插入模式是一级插入 (1,2)[37,38]。立体控制源于催化剂粒子表面的手性中心[39]。

$$Mt\text{—}P_n + \overset{(1)}{CH_2}=\overset{(2)}{\underset{Ph}{CH}} \longrightarrow Mt\text{—}\overset{(1)}{CH_2}\text{—}\overset{(2)}{\underset{Ph}{CH}}\text{—}P_n \qquad (4-1)$$

环取代苯乙烯的反应性取决于取代基的类型和位置[18,19,27,40]。使用多相 Ziegler-Natta 催化剂,不同乙烯基芳香烃单体配位聚合的相对活性列于表 4.1[41]。

表 4.1 各种乙烯基芳香烃单体在多相 Ziegler-Natta 催化剂作用下配位聚合的相对活性[①②]

| 单体 | 相对活性[③] | 单体 | 相对活性[③] |
|---|---|---|---|
| 苯乙烯 | 1 | 间氟苯乙烯 | 0.50 |
| 邻甲基苯乙烯 | 0.10 | 对氟苯乙烯 | 0.74 |
| 间甲基苯乙烯 | 0.43 | 2-甲基-4-氟苯乙烯 | 0.10 |
| 对甲基苯乙烯 | 1.20 | 邻氯苯乙烯 | 0 |
| 2,4-二甲基苯乙烯 | 0.10 | 间氯苯乙烯 | 0.40 |
| 2,5-二甲基苯乙烯 | 0.04 | 对氯苯乙烯 | 0.47 |
| 3,4-二甲基苯乙烯 | 0.48 | 对溴苯乙烯 | 0.45 |
| 3,5-二甲基苯乙烯 | 0.23 | 1-乙烯基萘 | 0.22 |
| 2,4,6-三甲基苯乙烯 | 0 | 2-乙烯基萘 | 0.67 |
| 对乙基苯乙烯 | 1.10 | 1-乙烯基-4-氯萘 | 0.20 |
| 对异丙基苯乙烯 | 0.49 | 4-乙烯基联苯 | 0.73 |
| 对环己基苯乙烯 | 0.50 | 9-乙烯基菲 | 0 |
| 邻氟苯乙烯 | 0.20 | 9-乙烯基蒽 | 0 |

① 催化剂 $TiCl_4$-$AlEt_3$(摩尔比 Al/Ti=3)60℃的聚合结果。
② 见参考文献 [18] 和 [24]。
③ 以苯乙烯的反应性=1 为基础。
注:本表由参考文献 [41] 复制,转载经过 John Wiley & Sons 允许。版权归 1989 Wiley New York 所有。

一般来说，环取代苯乙烯的相对活性遵守 Hammett 方程，有一个向下的弯曲[19,27]，但也有极少数的情况是由于立体因素（如邻位取代苯乙烯）。单体的聚合能力随着双键上电子密度的增加而增加。这暗示单体和过渡金属的配位是聚合决速步。

使用烷基铝活化的多相 Ziegler-Natta 催化剂聚合苯乙烯一般得到等规和无规混合物。例如，$\alpha$-$TiCl_3$-$AlEt_3$ 得到的聚苯乙烯含有大约 70% 的高等规结晶组分（不溶于沸腾的甲苯，等规三元组含量高于 95%），10% 中等等规组分（不溶于酮）和 20% 的无定形无规组分（溶于沸腾的甲乙酮）[30]。无规聚苯乙烯好像是由催化剂酸性物种的阳离子聚合产生的。无规聚苯乙烯的产量随着 Al/Ti 比降低到一定水平（对于 $TiCl_4$-$AlEt_3$ 催化剂为 2.25~2.50）[25] 而增加。仅用 $TiCl_4$ 引发苯乙烯阳离子聚合得到的产物和上述无规聚苯乙烯的性质相同。与此相关，那些双键上带有大取代基的乙烯基芳香烃，如苊乙烯，用 $TiCl_4$ 基 Ziegler-Natta 催化剂［如 $TiCl_4$-$Al(i\text{-}Bu)_2H$］聚合和单用 $TiCl_4$ 聚合得到的产物的结构相同[42]。

## 4.1.2 均相镍配合物催化的聚合

$\eta^3$-甲代烯丙基（$\eta^4$-环辛-1,5-二烯）六氟化磷镍 $\{[(MeAll)(Cod)Ni]^+[PF_6]^-\}$ 与三环己基膦原位复合产生的阳离子有机镍（Ⅱ）配合物也可以催化苯乙烯聚合，得到的产物为苯乙烯的齐聚物，数均分子量（$M_n$）为 1900，等规度为 98%[22,23]。有趣的是，不加入 P(Chx)$_3$，单独的 $[(MeAll)(Cod)Ni]^+[PF_6]^-$ 配合物对苯乙烯的齐聚活性很高，但不是立体定向的[23]。均相有机镍配合物也可以制备出高分子量聚苯乙烯，例如使用甲基铝氧烷活化的双乙酰丙酮镍/三乙胺复合物 $Ni(Acac)_2$/$NEt_3$-MAO 作为催化剂制备的聚苯乙烯在沸腾的酮类溶剂中有不同程度的溶解性[43]。丙酮溶解的和不溶解的聚合物组分都有中等的等规结构。不溶部分的数均分子量随着聚合温度变化，在 80℃，$M_n=5.4\times 10^3$；在 -50℃，$M_n=4.1\times 10^4$。与多相 Ziegler-Natta 催化剂得到的聚苯乙烯相比，分子量分散性较小。

无论是使用等规定向还是非立体定向均相催化剂，其聚合苯乙烯都有高的区域选择性，单体二级插入（2,1）：

$$Mt-P_n + \overset{(2)}{C}H=\overset{(1)}{C}H_2 \longrightarrow Mt-\overset{(2)}{C}H-\overset{(1)}{C}H_2-P_n \quad (4\text{-}2)$$
$$\qquad\qquad\quad\; |\qquad\qquad\qquad\quad\; |$$
$$\qquad\qquad\quad Ph\qquad\qquad\qquad\quad Ph$$

$[(MeAll)(Cod)Ni]^+[PF_6]^-$ 和 P(Chx)$_3$ 组成的催化剂的引发步是苯乙烯向原位形成的阳离子镍氢化物 Ni—H 键的二级插入：

$$[(MeAll)Ni(Cod)]^+ \xrightarrow[P(Chx)_3]{CH_2=CHPh} [H-Ni-P(Chx)_3]^+ \longrightarrow [CH_3-CH-Ni-P(Chx)_3]^+$$
$$\qquad\qquad\qquad\qquad\qquad\qquad\quad CH_2=CHPh \qquad\qquad\qquad\qquad\quad\; |$$
$$\qquad\qquad\qquad\qquad\qquad\qquad\qquad\qquad\qquad\qquad\qquad\qquad Ph$$

(4-3)

链增长过程通过单体向镍-碳键二级插入进行：

$$[CH_3CH-Ni-P(Chx)_3]^+ + n\,CH_2=CHPh \longrightarrow [CH_3CH-(CH_2-CH)_n-Ni-P(Chx)_3]^+$$
$$\qquad |\qquad\qquad\qquad\qquad\qquad\qquad\qquad\qquad\qquad\qquad\quad |\qquad\qquad\; |$$
$$\qquad Ph\qquad\qquad\qquad\qquad\qquad\qquad\qquad\qquad\qquad\qquad Ph\qquad\qquad Ph$$

(4-4)

在苯乙烯二级插入中，过渡金属和最后插入的单体单元的芳环之间会产生相互作用[44]，这种作用能导致 $\eta^3$-苄基键形成[45,46]：

$$\left[\begin{array}{c} \text{P}_n-\text{CH}_2-\text{CH} \\ \text{（环）---Ni} \end{array}\right]^+$$

$\eta^3$-苄基键能够阻止链终止反应，只有当一级插入后发生 $\beta$-氢消除才能产生链终止反应[43]：

$$[\text{P}_n-\text{CH}_2-\underset{\underset{\text{Ph}}{|}}{\text{CH}}-\text{Ni}-\text{P}(\text{Chx})_3]^+ \ + \ \text{CH}_2=\text{CHPh}$$

$$\longrightarrow [\text{P}_n-\text{CH}_2-\underset{\underset{\text{Ph}}{|}}{\text{CH}}-\underset{\underset{\text{Ph}}{|}}{\text{CH}}-\text{CH}_2-\text{Ni}-\text{P}(\text{Chx})_3]^+ \qquad (4-5)$$

$$\longrightarrow [\text{H}-\text{Ni}-\text{P}(\text{Chx})_3]^+ \ + \ \text{P}_n-\text{CH}_2-\underset{\underset{\text{Ph}}{|}}{\text{CH}}-\underset{\underset{\text{Ph}}{|}}{\text{C}}=\text{CH}_2$$

使用均相镍基催化剂 $\{[(\text{MeAll})(\text{Cod})\text{Ni}]^+[\text{PF}_6]^-\}/\text{P}(\text{Chx})_3$ 等规定向聚合苯乙烯的立体控制机理还不完全清楚，但是很明显，π-苄基镍物种对苯乙烯插入模式起重要作用。

活性中心增长链的 π-苄基锚定作用和碱性的大体积的 $\text{P}(\text{Chx})_3$ 的存在，使镍的周围形成了一个非常拥挤的配位球，相信这就是该均相催化剂具有等规定向性聚合能力的原因。$\text{NEt}_3$ 加入 $\text{Ni}(\text{Acac})_2$-MAO 催化剂后将提高聚苯乙烯中立构规整部分的含量[47]，这也可以作类似解释。$^{13}\text{C}$ NMR 研究表明，聚苯乙烯中丁酮不溶部分的结构是插入了单个或两个 r 二元组的嵌段 m 二元组。这种微观结构说明立体控制源于催化剂镍配合物的手性中心，而不是在增长反应中使这些中心的构型发生变化。

## 4.2 乙烯基芳香烃单体的间规定向配位聚合

间规聚苯乙烯由 Ishihara 等首次在甲苯中聚合制备出来[5]，催化剂由均相过渡金属配合物产生，如单环戊二烯三氯化钛和甲基铝氧烷。此后又报道了多个苯乙烯间规聚合体系，各种催化剂都基于烃基金属，包括苄基化合物、半夹心结构的茂金属（如单环戊二烯基、单五甲基环戊二烯基和单茚基金属衍生物）、烃氧基金属、茂金属和其他一些化合物。这些催化剂由 Ti 或 Zr 化合物衍生而来，活化剂可以是 MAO，也可以是三（五氟苯基）硼等不含铝的化合物，使用它们可以间规定向聚合苯乙烯和取代苯乙烯[5-10,21,48-70]。

使用各种钛化合物和甲基铝氧烷组成的催化剂间规定向聚合苯乙烯的典型实例列于表 4.2[6,52,53,56,58]。

现在看来，几乎所有基于 Ti(Ⅲ)、Ti(Ⅳ) 化合物和甲基铝氧烷组成的可溶于芳香烃溶剂的催化剂，都可以用来聚合苯乙烯得到高间规的聚合物。$^{13}$C NMR 谱测定的间规度可以高达 98%。使用均相催化剂间规定向聚合苯乙烯的分子量分布也很窄（可以达到 2）。

MAO 活化的二价 $TiPh_2$ 也可以催化苯乙烯间规定向聚合[71]。甚至 MAO 活化的 $TiCl_3$、$(Acac)_3TiCl_3$ 都能得到等规和间规聚苯乙烯的混合物。另外，稀土配位催化剂等其他一些催化剂在制备高间规聚苯乙烯方面也取得了成功[72]。

**表 4.2** 各种钛化合物和甲基铝氧烷组成的均相催化剂间规定向聚合苯乙烯[①]

| 化合物 | MAO/Ti(摩尔比) | 苯乙烯转化率/% | 参考文献 |
|---|---|---|---|
| $CpTiCl_2$ | 600 | 44.1 | [6] |
| $CpTiCl_3$ | 600 | 99.2 | [6] |
| $Cp^*TiCl_3$ | 900 | 100 | [6] |
| $Me_4CpTi(O-i-Pr)_3$ | 500 | 3:3[②] | [52] |
| $IndTiCl_3$ | 4000 | 9.8 | [53] |
| $Cp_2TiCl_2$ | 600 | 1.0 | [6] |
| $Cp_2^*TiCl_2$ | 600 | 2.0 | [6] |
| $TiCl_4$ | 800 | 4.1 | [6] |
| $TiBr_4$ | 800 | 2.1 | [6] |
| $Ti(OMe)_4$ | 800 | 3.8 | [6] |
| $Ti(OEt)_4$ | 800 | 9.5 | [6] |
| $Ti(OEt)_4$ | 290 | 4.0 | [58] |
| $(Acac)_2TiCl_2$ | 800 | 0.4 | [6] |
| $TiBz_4$ | 100 | 7.9[③] | [56] |

① 聚合条件：Ti 复合 $5×10^{-5}$ mol，苯乙烯 $2×10^{-1}$ mol，甲苯 100mL，温度 50℃，时间 2h。
② 聚合温度 75℃。
③ 聚合间规度（丙酮不溶部分）93%。

单环戊二烯基钛衍生物是催化苯乙烯和环取代苯乙烯高间规定向聚合的最活泼的催化剂前体。MAO 活化的二环戊二烯基钛化合物的聚合活性比其他可溶钛基催化剂的活性要低[73]。

在制备间规聚苯乙烯中，锆基催化剂比相应的钛基催化剂的活性一般要低。锆催化剂聚合体系的产量较低，并要求高的聚合温度、长的聚合时间和高的 MAO/Zr。在为数不多的被测试过的锆化合物中，MAO 活化的四苄基锆具有相对高的间规定向聚合活性[10,48,56]。

对于环取代苯乙烯的聚合，带有单环戊二烯基配体的钛基催化剂可以间规定向聚合不活泼的单体，如对氯苯乙烯，而不带此配体的催化剂则不能[55,73]。然而两类催化剂都可以催化聚合对甲基苯乙烯等活泼单体[74]。单体间规定向聚合反应性和每一个取代基的 Hammett 参数之间有某种关系。单体芳环上的给电子取代基能够增强单体的反应性，例如对甲基苯乙烯比对氯苯乙烯聚合的快[6,75]。因此，苯乙烯的聚合插入可以称为"亲电性的"，而催化剂可以称为"亲电试剂"[55]。

## 4.2.1 聚合的区域选择性和立体定向性

无论是带有还是不带有单环戊二烯基型配体的均相催化剂，其间规定向聚合苯乙烯时，苯乙烯都是通过顺式插入的[76,77]。这已经为单氘代苯乙烯和反式-1-D-苯乙烯共聚物的 $^1$H

NMR谱所证实。据报道，苯乙烯是二级插入（2，1）[式(4-2)][9,10,78]。

$^{13}$C NMR谱分析表明，端基—CH(Ph)CH$_3$和PhCH=CH—在间规聚苯乙烯中的含量相等[10]。使用富含$^{13}$C的三乙基铝[Al($^{13}$CH$_2$CH$_3$)$_3$]活化催化剂，催化苯乙烯间规定向聚合时，得到的聚合物端基部分是—CH(Ph)CH$_2$$^{13}$CH$_2$CH$_3$[9]。

所观察到的端基结构暗示，绝大多数的聚合物链由Mt—H引发[式(4-6)]，终止于 β-氢消除[式(4-7)][57]：

$$\text{Mt—H} + \text{PhCH=CH}_2 \longrightarrow \text{Mt—CH(Ph)—CH}_3 \quad (4\text{-}6)$$

$$\text{Mt—CH(Ph)—CH}_2\text{—P}_n \longrightarrow \text{Mt—H} + \text{CH(Ph)=CH—P}_n \quad (4\text{-}7)$$

苯乙烯间规定向聚合的立体控制机理是链端机理。$^{13}$C NMR谱研究聚苯乙烯微观结构显示，聚苯乙烯中长序列的r单元被孤立的m单元桥接[7]，这说明前来配位的单体的立体序列是由增长链最后一个单体单元的构型所决定的。增长链端配位单体苯环的π电子对钛原子的给予作用被认为是影响苯乙烯间规定向聚合的重要因素[55]。

## 4.2.2 催化剂、活性中心模型和聚合机理

现在，还没有直接的证据能够明确指出苯乙烯间规定向聚合活性种的真实结构，也没有一般性的机理可以解释使用均相催化剂间规定向聚合苯乙烯的所有试验数据，但是，某些活性中心的结构已经被研究过，苯乙烯间规定向聚合机理的某些特征也可以解释多种聚合体系。

### 4.2.2.1 使用烃基金属催化的聚合

烷基钛化合物可以催化苯乙烯无规聚合[79]。第四族金属的苄基衍生物如四苄基锆也可以催化聚合苯乙烯得到无规产物[80]。甲基铝氧烷活化的四苄基锆（钛）苯乙烯间规定向聚合有中等活性[10,49]。

TiBz$_4$和三（五氟苯基）硼[B(C$_6$F$_5$)$_3$]产生的阳离子化合物对苯乙烯的聚合活性很低，立构规整性也很差。在同样的条件下，用四（五氟苯基）硼N,N-二甲基苯胺盐[Me$_2$N(Ph)H]$^+$[B(C$_6$F$_5$)$_4$]$^-$代替B(C$_6$F$_5$)$_3$不能活化催化剂，只能得到很少一些间规聚苯乙烯[70]。

活性种的钛的确切氧化价到底是Ti(Ⅲ)还是Ti(Ⅳ)还有很大的争议，但是，从ESR的测试结果来看，苯乙烯间规定向聚合催化剂TiBz$_4$-MAO中的高活性中心是由Ti(Ⅲ)活性种形成的。相对低的催化活性归因于苄基过渡金属衍生物的稳定性，其不利于还原反应。

与相应的Ti基催化剂相比，ZrBz$_4$-MAO催化剂催化苯乙烯聚合的立体定向性很低（聚合物中热丙酮不溶组分只有约58%[56]）。这可能是因为锆原子比钛原子的半径大，链端的立体控制不够充分。

由ZrBz$_4$和B(C$_6$F$_5$)$_3$或[Me$_2$N(Ph)H]$^+$[B(C$_6$F$_5$)$_4$]$^-$形成的锆基阳离子配合物对苯乙烯间规定向聚合没有活性[70]。

### 4.2.2.2 半夹心茂金属催化的聚合

带有一个环戊二烯基配体的过渡金属前体（半夹心茂金属）常用于制备间规聚苯乙烯。几种 MAO 活化的第四族金属单环戊二烯衍生物 $CpMtX_3$（$Mt=Ti$，$Zr$；$X=Cl$，R，Ar，OR），是高活性均相间规定向聚合催化剂前体。与 $MtBz_4$-MAO 相比，$CpMtX_3$-MAO 催化苯乙烯间规定向聚合有非常高的活性，这完全是由于两种体系中非立体定向和间规定向活性种的数目不同。实际上，其实它们各自的催化活性种本质上具有相同的活性。应该还记得，$CpTiCl_3$-MAO 催化丙烯聚合时得到的是无规聚合物。

MAO 活化的烷氧基环戊二烯基钛对各种聚合条件都很敏感，如催化剂浓度、Al/Ti 比、单体浓度、反应介质的介电常数和聚合温度。

以 MAO 活化的苯乙烯间规定向聚合均相钛基催化剂的亲电性能相比较，半夹心茂钛基催化剂比非戊二烯二烯钛基催化剂的亲电能力更强，聚合活性也更高[55]。

最好的苯乙烯间规定向聚合催化剂之一是 $CpTiCl_3$-MAO，该体系的聚合速率随着聚合时间而下降，这与其他的 Ziegler-Natta 催化剂很相似，在 50℃ 达到最大聚合速率[6]。使用 $CpTi(OBu)_3$-MAO 催化聚合苯乙烯也有高的活性和间规定向性[50,51]。

在苯乙烯间规定向聚合中，以 MAO 为活化剂，取代的 $CpTiCl_3$ 的催化活性比 $CpTiCl_3$ 还要高[52,53]，其活性顺序为：$CpTi(OMe)_3 \ll Me_4(Me_3Si)CpTi(OMe)_3 < Cp^*Ti(OMe)_3$。环戊二烯配体上的给电子取代基可以增大催化剂的活性、稳定性、立体定向性和聚合物的 $M_w$。

$Cp^*Ti(OR)_3$-MAO 体系也是最好的催化剂之一[52]。钛上的辅助配体（Cl 或 OR）主要影响活性种的产生速率，而很少影响活性中心对增长链的立体控制[81]。

温度对链转移和 $\beta$-氢消除速率的影响很大，是控制分子量的一个工艺手段。带有给电子甲基的 $Cp^*$ 配体具有大的立体位阻，可以有效抑制 $\beta$-氢消除而稳定活性中心，保证了高分子量间规聚苯乙烯的制备。$Cp^*Ti(OR)_3$-MAO 的最佳聚合温度是 65～70℃，能够兼顾高活性和适当的分子量。与浆液聚合相比，苯乙烯本体聚合具有更高的催化效率和分子量[81]。

$Cp^*TiX_3$-MAO 和 $CpTiX_3$-MAO 催化剂的 ESR 研究表明，两种催化剂中的 Ti(Ⅳ) 分别有 85% 和 40% 被还原为 Ti(Ⅲ)[81-84]。

在取代环戊二烯基半夹心茂钛催化剂中，$IndTiCl_3$-MAO 催化剂很特别，它具有极高的活性和立体定向能力，对聚合条件也相对更敏感。至少需要 50mmol MAO 才会有所期望的活性，活性随着 MAO 浓度的增加而增大，当 Al/Ti 摩尔比等于 4000 时达到最大。例如，在最佳的聚合条件下（$[IndTiCl_3]=5\times10^{-5}$ mol/L，Al/Ti=4000，$T_p=50℃$），其活性可以达到 37000kg PS/gTi·h（98.2% 的聚合物不溶于热的甲乙酮）[53]。

高活性的苯乙烯间规定向聚合催化剂前体还有 MAO 活化的含氟半夹心茂钛，如 $CpTiF_3$、$MeCpTiF_3$ 和 $Cp^*TiF_3$。$CpTiF_3$-MAO 的活性可以达到 3000 kg PS/gTi·h（$M_w=100\times10^3$，$M_w/M_n=2.0$，聚合条件为：$[CpTiF_3]=6.3\times10^{-4}$ mol/L，Al/Ti=300，$T_p=50℃$）。$Cp^*TiF_3$-MAO 催化苯乙烯聚合有高的活性，在高温下（70℃）稳定，得到的间规聚苯乙烯有高的分子量（$M_w=660\times10^3$）、窄的分子量分布（$M_w/M_n=2.0$）和高的

熔点（$T_m = 275$℃）[59]。相比之下，相同结构的氯代催化剂的活性就非常低，分子量也小。

三硅氧烷桥联的双核钛催化剂［六甲基三硅氧烷桥基双（环戊二烯基三氯化钛）］［$Cl_3TiCpSi(Me)_2OSi(Me)_2OSi(Me)_2CpTiCl_3$］既可以催化苯乙烯间规定向聚合[85]，也可以催化乙烯聚合。

苯乙烯间规定向聚合中，MAO 活化的催化剂比不含铝的催化剂的活性高。与茂金属催化聚合 $\alpha$-烯烃一样，在半夹心茂钛催化苯乙烯聚合的体系中，MAO 的作用也是非配位负离子，起到维持催化剂中阳离子活性种的作用[86]。除此之外，MAO 还有烷基化过渡金属形成 Mt—C 键的作用，它用烷基取代一个氯原子或烷氧基并从过渡金属移开第二个配体，形成配位不饱和阳离子活性中心。MAO 一般都大大过量，是为了推动反应平衡向形成阳离子催化剂活性中心方向进行。当然，MAO 也常常有除杂作用。

不同的 $CpTiX_3$ 催化剂具有不同的链增长速率常数，这可能是因为活性中心上不同的辅助配体影响了活性中心的亲电性和紧密离子对$\rightleftharpoons$自由粒子对之间的平衡[87]，而根据假设，只有自由的阳离子才可以有效促进链增长。

苯乙烯间规定向聚合的立体定向性源于链端立体化学控制[52,70]。该立体调节机理的典型特征是增长链端的立体刚性 $\eta^7$ 配位，苯乙烯单体的非立体选择 $\eta^2$ 配位，通过和金属上的辅助配体的相互作用，扭曲的手性假四面体 Ti(Ⅲ) 或 Zr(Ⅲ) 阳离子的构型在每一次间规插入后发生反转[87]。使用半夹心茂钛催化剂间规定向聚合苯乙烯活性物种的可能结构如图 4.1 所示[88-90]。

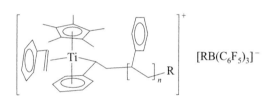

**图 4.1** 使用 $Cp^*TiR_3$-B($C_6F_5$)$_3$ 间规定向聚合苯乙烯活性种的可能结构

$\eta^2$ 配位的苯乙烯通过顺式加成插入，将会逐步导致最后一个插入的单体单元的 $\eta^7$ 键的形成和倒数第二个单体单元的苯环的解离，这为下一个苯乙烯分子的对映选择性 $\eta^2$ 配位提供了可能，并得到一个与之镜像的活性种（图 4.2）[87]。

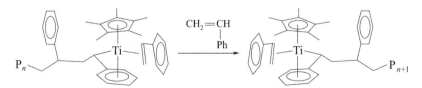

**图 4.2** 配位苯乙烯单体插入后活性中心构型发生反转，聚合物链端以 $\eta^7$ 配位，另一个单体以 $\eta^2$ 配位

通过增长链最后一个单体单元的离去和单体的苯基插入完成了单体的结合及链的增长，其实在阳离子金属中心上的链迁移插入和亲核取代是同时进行的。每一步单体间规插入都涉及了金属中心构型的反转。苯乙烯间规定向聚合的立体化学机理表明，单体插入的立体控制取决于金属的手性，也和增长链的最后一个单体单元的构象和构型有关（链端立体控制）[87]。

当构象满足顺式配体迁移和二级插入（2,1-插入）的要求，苯乙烯和 $Cp^*$ 配体之间会发生超强的相互作用，这几乎不可能使具有镜像关系的苯乙烯对映面配位形成非对映异构体。

如果辅助配体 Cp 替换 Cp$^*$，同样会发生大量的非键作用[87]。

考虑以上苯乙烯间规定向聚合的立体化学模型，可以得出一个合理的结论，即单体在活性中心不可能是 $\eta^4$ 配位，而更可能是 $\eta^2$ 配位[87]。而早先的苯乙烯间规定向聚合立体调节机理的基本概念是苯乙烯单体只能以 $\eta^4$ 配位于钛中心，增长链通过苄基键 $\eta^3$ 配位于钛[44,55,70]。

苯乙烯间规定向聚合均相催化剂已经扩展到了不使用 MAO 的孤立阳离子体系，这样的系统为苯乙烯间规定向聚合活性种的阳离子性质提供了直接的证据。$B(C_6F_5)_3$、$[Ph_3C]^+$ $[B(C_6F_5)_4]^-$ 或 $[Et_3NH]^+[B(C_6F_5)_4]^-$ 活化的单环戊二烯基钛衍生物催化苯乙烯聚合具有非常高的活性[70,91]，比如 $Cp^*TiMe_3$ 或 $Cp^*TiBz_3$ 与 $B(C_6F_5)_3$ 按 1:1 混合得到的催化剂。显然，强的 Lewis 酸可以从有机金属化合物中夺取一个阴离子配体产生阳离子。阳离子物种与抗衡粒子相互作用而具有稳定性，这正如前述的茂锆化合物那样[92]。

使用 $Cp^*TiBz_3$-$B(C_6F_5)_3$[式(4-8)] 和 $Cp^*TiBz_3$-$[Ph_3C]^+[B(C_6F_5)_4]^-$ [式(4-9)] 间规定向聚合苯乙烯表现出了相对高的活性，Ti 似乎看起来具有高的氧化态[70]：

$$Cp^*TiBz_3 + B(C_6F_5)_3 \rightleftharpoons [Cp^*TiBz_2]^+[BzB(C_6H_5)_3]^- \quad (4-8)$$

$$Cp^*TiMe_3 + [Ph_3C]^+[B(C_6F_5)_4]^- \rightleftharpoons [Cp^*TiMe_2]^+[B(C_6F_5)_4]^- + Ph_3CMe \quad (4-9)$$

但 NMR 和 ESR 检测结果发现，开始形成的 Ti(Ⅳ)[根据式(4-8) 或式(4-9)] 阳离子会逐步分解，被还原成 Ti(Ⅲ) 阳离子[87]，当苯乙烯加入体系中以后，还原速率增大 [式(4-10)][83,90,93]。

$$[Cp^*TiR_2]^+ \longrightarrow [Cp^*TiR]^+ + R\cdot \quad (4-10)$$

活性中心到底是 Ti(Ⅳ) 还是其分解产物 Ti(Ⅲ) 还未有定论。有些证据表明，活性中心 Ti 的氧化价是+3[50,87,94]。同样发现，$Cp^*TiCl_3$-MAO 催化剂在它的老化期发生变化，它们只对苯乙烯间规定向聚合有活性，而对乙烯失去活性。这表明，刚开始形成的 $[Cp^*TiMe_2]^+$ 阳离子只能乙烯聚合，而苯乙烯间规定向聚合是通过 $[Cp^*TiMe]^+$ 阳离子进行的[87,90]。

已经证明，使用 Ti(Ⅳ) 催化剂如 $Cp^*Ti(OMe)_3$-MAO、$Cp^*Ti(OMe)_3$-$[Me_2NPhH]^+[B(C_6F_5)_4]^-$ 和 Ti(Ⅲ) 催化剂如 $Cp^*Ti(OMe)_2$-MAO、$Cp^*Ti(OMe)_2$-$[Me_2NPhH]^+[B(C_6F_5)_4]^-$，催化苯乙烯聚合的真正催化活性中心是 Ti(Ⅲ) 阳离子活性中心种[95]。$Cp^*Ti(OMe)_3$ 中的 Ti(Ⅳ) 很容易用 $Al(i\text{-}Bu)_3$ 还原。

半夹心锆茂催化剂（如 $CpZrCl_3$ 的衍生物）比相应结构的钛催化剂的活性低很多，这可能是由于其低的亲电性和低的催化活性中心浓度，也可能是部分因为 Zr(Ⅳ) 的稳定性大于 Ti(Ⅳ) 的缘故[55,57]。

烷基铝氧烷活化的第三族茂金属，如 $CpYCl_2 \cdot THF$，也能用于苯乙烯聚合，但聚合物是无规的[96]。

### 4.2.2.3 使用烷氧基金属催化的聚合

与 $CpTi(OR)_3$-MAO 型催化剂相比，$Ti(OR)_4$-MAO 型催化剂催化聚合苯乙烯的活性和间规定向性都很差[54,70]。其活性和间规定向性随着聚合体系中 Al/Ti 比的增加而增加，在 Al/Ti 为 100 时达到最大值[54,55]。在相同的聚合条件下，其制备的间规聚苯乙烯的分子量比 $CpTiCl_3$-MAO 制备的高[71]。

烷氧基氯化钛和 MAO 也能够催化苯乙烯聚合[58]。

### 4.2.2.4 使用茂金属催化的聚合

茂金属，如 $Cp_2TiCl_2$ 和 $Cp_2ZrCl_2$，可以单独催化苯乙烯聚合得到无规产物（自由基机理）[97]。MAO 活化后，用其聚合苯乙烯的活性和间规度不是很高；用烷基铝活化时，对苯乙烯聚合没有活性[98,99]。

茂金属配体的立体因素强烈地影响着活性。如前所述，苯乙烯均相间规定向聚合的立体定向性源于链端立体化学控制机理[52,70]，苯乙烯亲电 2,1-插入到 Ti—C 键要求大的空间，具有两个 Cp 环配位的茂金属比较拥挤，活性较小。使用 $Cp_2^*TiCl_2$-MAO 催化剂间规定向聚合苯乙烯时，配体的立体因素主要影响活性和选择性，大的孔隙角（小的质心-Ti-质心角）具有高的活性和选择性，其效率如下：$Cp_2TiCl_2 < Cp_2^*TiCl_2 < (Cp^*CH_2)_2TiCl_2 < Me_2C(Cp)_2TiCl_2 < Me_2Si(Cp)_2TiCl_2 < H_2C(Cp)_2TiCl_2$。

机理研究表明，柄型茂钛-MAO 催化体系有如下的中间体存在[60,61]：

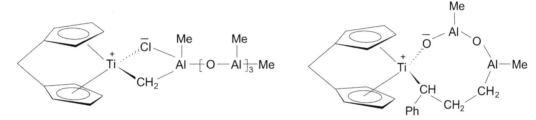

这些化合物对苯乙烯间规定向聚合有高的活性。

值得一提的是，$rac.$-柄型茂钛-MAO 催化剂 $rac.$-$Ph_2C(Cp)(Ind)TiCl_2$-MAO，不仅可以制备 $s$-PS，也可以制备 $i$-PP[73,100]，这是用同一种催化剂，分别将两种单体催化聚合为两种不同立构规整性（等规和间规）聚合物的第一例子。

### 4.2.2.5 使用多相催化剂催化的聚合

成功用于苯乙烯间规定向聚合的多相负载和不负载催化剂列于表 4.3 和表 4.4[62,63,66-69,101-103]。

**表 4.3 使用 MAO 活化的各种多相钛基催化剂聚合苯乙烯①**

| 催化剂 | | | 苯乙烯转化率/% | 聚苯乙烯 |
|---|---|---|---|---|
| 前驱体 | 使用量/mmol | Al/Ti 摩尔比 | | |
| $TiCl_4$ | 40.0 | 10 | 72.0 | 等规 |
| $TiCl_4$ | 5.0 | 40 | 0.4 | 等规+间规 |
| $TiCl_4$ | 0.2 | 500 | 0.7 | 间规 |
| $\delta$-$TiCl_3$② | 1.0 | 100 | 8.2 | 等规+间规 |
| $\delta$-$TiCl_3$② | 0.2 | 1000 | 2.0 | 等规+间规 |
| $Mg(OEt)_2$/EB③/$TiCl_4$ | 2.0 | 50 | 2.9 | 等规+间规(84%,16%) |
| $Mg(OEt)_2$/EB③/$TiCl_4$ | 0.2 | 500 | 1.1 | 等规+间规(12%,88%) |
| $Mg(OEt)_2$/EB③/$TiCl_4$ | 0.2 | 1000 | 1.4 | 等规+间规(10%,90%) |

① 聚合条件：苯乙烯 0.43mol，甲苯 100mL，温度 50℃，时间 2h。
② 金属铝还原 $TiCl_4$ 得到。
③ 苯甲酸乙酯。

表 4.4 使用各种多相钛基催化剂聚合苯乙烯

| 催化剂 | | 聚苯乙烯 | 参考文献 |
| --- | --- | --- | --- |
| 前驱体 | 活化剂 | | |
| δ-TiCl$_3$ | MAO | 等规＋间规 | [62,101] |
| Mg(OH)$_2$/Ti(OBu)$_4$ | MAO | 间规 | [68] |
| Mg(OH)Cl/Ti(OBu)$_4$ | MAO | 等规＋间规 | [68] |
| MgCl$_2$/Ti(OEt)$_4$ | MAO | 等规＋间规 | [66] |
| MgCl$_2$/Ti(OBu)$_4$ | MAO | 等规＋间规 | [68] |
| SiO$_2$/Ti(OBu)$_4$ | MAO | 间规 | [67] |
| Al$_2$O$_3$/CpTiCl$_3$ | Al(i-Bu)$_3$ | 等规＋间规 | [69,102] |
| Al$_2$O$_3$/MeCpTiCl$_3$ | Al(i-Bu)$_3$ | 等规＋间规 | [69] |
| Al$_2$O$_3$/Cp*TiCl$_3$ | Al(i-Bu)$_3$ | 等规＋间规 | [69] |
| CD①/Cp*TiCl$_3$ | MAO | 间规 | [103] |

① α-环糊精。

MAO 活化不溶于烃类溶剂的 TiCl$_3$，催化苯乙烯聚合得到的是高等规和高间规聚合物的混合物。负载于含氯镁盐载体上的催化剂也是这样，但是都不含无规聚苯乙烯，这是一个很有趣的现象。一般条件下，间规聚苯乙烯随着 Al/Ti 的增大而增多[79]。为了给出一个合理的解释，进行了如下实验：将负载有 TiCl$_3$ 和 TiCl$_4$ 的 Mg(OH)$_2$ 放入甲苯并和 MAO 作用，结果发现，有部分 Ti 化合物溶解，且溶解部分能够间规定向聚合苯乙烯，不溶部分能够等规定向聚合苯乙烯[62,63,73]。随着 MAO 用量增大，可溶 Ti 化合物增多。MAO 活化 TiCl$_3$·THF 络合物也能间规定向聚合苯乙烯[63]。

综上所述，含有氯原子的多相 Ti 基催化剂或其载体催化剂催化聚合苯乙烯时，间规聚苯乙烯和等规聚苯乙烯分别由体系中的均相催化剂和多相催化剂形成的。

使用不含氯原子的多相催化剂，如 Mg(OH)$_2$/Ti(OBu)$_4$-MAO 和 SiO$_2$/Ti(OBu)$_4$-MAO，可以间规定向聚合苯乙烯。使用后一个催化剂时，先用 MAO 处理载体再负载 Ti(OBu)$_4$，可以得到最好的结果（不再需要 MAO 活化）。Al/Ti 摩尔比为 20 时，活性达到最大值，比不负载的均相催化剂体系所需的 MAO 要少很多[54]。

负载于 Al$_2$O$_3$ 的半夹心茂金属，如 CpTiCl$_3$ 和 Cp*TiCl$_3$，用 Al(i-Bu)$_3$ 活化后也是合适的立体定向催化剂，然而得到的却是间规聚苯乙烯和等规聚苯乙烯的混合物（均相时得到的是间规聚苯乙烯）。Al$_2$O$_3$ 的表面有相当数量的酸性中心，苯乙烯插入到阳离子 Ti—C 键的聚合产生间规聚苯乙烯，而铝表面的非阳离子 Ti—C 键促使等规聚苯乙烯的产生。

MAO 活化 α-环糊精负载的 Cp*TiCl$_3$ 是适合的苯乙烯立体定向聚合催化剂（间规度为 93%）；当用 AlMe$_3$ 活化时，即使 α-环糊精事先用 MAO 处理过[103]，活性仍很低。

## 4.3 共聚合

正如前文所述，用于苯乙烯等规定向聚合的多相 Ziegler-Natta 催化剂同样可以催化聚合乙烯和 α-烯烃[2]，以及环取代苯乙烯[16-20] 和共轭二烯烃[104]，并能够使这些单体彼此共聚合。苯乙烯和环取代苯乙烯在等规催化剂作用下共聚，形成共等规的无规共聚物[28,105]

环取代苯乙烯与苯乙烯的反应性依赖于环取代苯的电子效应（遵循负斜率的 Hammett 方程，向下斜[19,27]），增加双键的电子密度能增强共聚能力，如表 4.1 所示[18,41]。

用于苯乙烯间规定向聚合的多相 Ziegler-Natta 催化剂也可以催化聚合乙烯、α-烯烃[106,107]、环取代苯乙烯[6]和共轭二烯烃[44,74,108-110]，并能够使这些单体彼此共聚合[111-114]。取代苯乙烯和苯乙烯间规定向共聚的反应速率随着共单体亲核性的增强和增大，形成的无规共聚物具有共间规特性[6,111,112]。

类似于乙烯和 α-烯烃，苯乙烯和取代苯乙烯也可以与一氧化碳共聚，苯乙烯/一氧化碳共聚物具有交替的高区域规则的头-尾结构，并具有不同立构规整性（等规和间规）[115-117]。

## 4.3.1 与烯烃的共聚

苯乙烯可以看作一个 3-位取代 α-烯烃，能够和乙烯、α-烯烃共聚，也能够和 β-烯烃进行异构化共聚。多相 Ziegler-Natta 催化剂和均相单中心茂金属催化剂都可用于共聚。

### 4.3.1.1 使用多相 Ziegler-Natta 催化剂催化的共聚

使用 Ziegler-Natta 催化剂催化苯乙烯和乙烯、各种 α-烯烃共聚时，苯乙烯的共聚反应性很低。但苯乙烯与乙烯基环己烷共聚时有相当高的反应性。各种共聚单体竞聚率见表 4.5[118]。苯乙烯与少量 α-烯烃（如 1-辛烯、1-癸烯）共聚后，共聚物的结晶性和透明性都比聚苯乙烯的低。

使用多相 Ziegler-Natta 催化剂（如 $TiCl_3$-$AlEt_3$）进行苯乙烯/β-烯烃（如顺-2-丁烯）异构化共聚很容易得到主要含苯乙烯单元的苯乙烯/α-烯烃共聚物，聚合中 β-烯烃会异构化为 α-烯烃，而苯乙烯不会（与烯烃相比）[119]。在 $TiCl_3$-$AlEt_3$ 共聚体系中加入 $NiCl_2$（Ni/Ti/Al=1:1:3），与不加入 $NiCl_2$ 的体系相比，在加入共单体量相同的情况下，会增加 1-丁烯在共聚物中的含量。但是和苯乙烯/1-丁烯共聚[119]相比，这种异构化共聚物中的 1-丁烯含量还是很低。

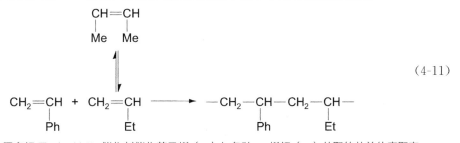

(4-11)

**表 4.5** 使用多相 Ziegler-Natta 催化剂催化苯乙烯（$r_1$）与各种 α-烯烃（$r_2$）共聚的共单体竞聚率

| α-烯烃($M_2$) | $r_1=k_{11}/k_{12}$ | $r_2=k_{22}/k_{21}$ |
|---|---|---|
| 乙烯 | 0.012 | 81 |
| 丙烯 | 0.12~0.20 | 8~20 |
| 1-己烯 | 0.19 | 9.8 |
| 1-戊烯 | 0.61 | 5.7 |
| 4-甲基-1-戊烯 | 0.98 | 3.9 |
| 4-甲基-1-己烯 | 1.80 | 1.3 |
| 5-甲基-1-庚烯 | 0.59 | 4.0 |
| 乙烯基环己烷 | 2.10 | 0.18 |

#### 4.3.1.2 使用单中心催化剂催化的共聚

单中心催化剂卓越的聚合性能为制备高分子量苯乙烯/乙烯共聚物开辟了新的途径，这些共聚物很难由 Ziegler-Natta 催化剂制备出，由单体单元无规连接而成，称为"假无规"共聚物。它们不是苯乙烯单元至少被一个乙烯单元隔开。这种共聚物还可以成为弹性体，以期能够和其他弹性体相比。

使用半夹心茂金属催化剂，如限定几何构型取代环戊二烯基氨基钛 $[Me_4CpSi(Me)_2N(t-Bu)]TiCl_2$[120,121] 或 $Me_3CpTiBz_3-B(C_6F_5)_3$ 催化剂等[122]，进行苯乙烯/乙烯共聚，得到的共聚物中苯乙烯含量可以高达 45%（摩尔分数，或 75%，质量分数），共聚物中没有头-尾连接的苯乙烯单元，苯乙烯/乙烯交替共聚链段没有立构规整性。

苯乙烯/乙烯交替共聚物也可以由非环戊二烯基钛的催化剂（硫代双酚基钛）制备，如 2,2'-硫代双（4-甲基-6-叔丁基酚）双异丙氧基钛$[(Tbp)Ti(O-i-Pr)_2-MAO]$，2,2'-硫代双（4-甲基-6-叔丁基酚）二氯化钛$[(Tbp)TiCl_2-MAO]$，可以得到头-尾结构的苯乙烯/乙烯交替共聚物和间规聚苯乙烯均聚物，令人惊讶的是该共聚物竟然是等规的[123]。

某些柄型茂锆催化剂如 $rac.-(IndCH_2)_2ZrCl_2-MAO(C_2$ 对称） 也可以制备出苯乙烯/乙烯等规交替共聚物。而 $Ph_2C(Cp)(Flu)ZrCl_2$（$C_s$ 对称）、$Me_2C(Cp)_2ZrCl_2$（$C_{2v}$ 对称）和 $rac.-Me_2C(MeCp)_2ZrCl_2$（$C_2$ 对称）得到的共聚物的主要部分为无规链段。这表明 $C_2$ 对称的带有芳环和稠环取代基（非脂肪族取代基）的环戊二烯配体是造成苯乙烯/乙烯交替共聚物立构规整性的原因[124]。

### 4.3.2 与一氧化碳的共聚

#### 4.3.2.1 苯乙烯/一氧化碳交替共聚物的立体异构

前手性单体苯乙烯和一氧化碳共聚可以得到区域规则的头-尾结构的交替共聚物。共聚物主链上的叔碳原子是手性点 $[—CH_2C(O)—C^*HPh—CH_2C(O)—]$，因此聚合物链中等规二元组和间规二元组组成相应的三元组和更长的立体序列。区域规则头-尾结构的苯乙烯/一氧化碳交替共聚物聚（1-氧-2-苯基三亚甲基）$\{C(O)—CH_2—CH(Ph)\}_n$具有等规和间规立体异构体，其结构如图 4.3 所示。

在等规共聚物分子中（采取 Fischer 投影，叔碳原子构型相同），连续的苯基取代基交替地出现在平面锯齿投影中伸展的聚合物链骨架面的前边和后边。在间规共聚物分子中（采取 Fischer 投影，相邻叔碳原子构型相反），连续的苯基取代苯出现在平面锯齿投影中伸展的聚合物链骨架面的前边或后边。等规和间规聚（1-氧-2-苯基三亚甲基）伸展链的平面锯齿投影中，苯基的这种空间排列方式是含有奇数主链原子的单体单元组成的有规聚合物的典型特征。与此相反，在含有偶数主链原子的单体单元组成的等规和间规聚（α-烯烃）中，取代基与此排列方式不同。

#### 4.3.2.2 苯乙烯/一氧化碳立体定向交替共聚

具有螯合配体的钯催化剂可以进行苯乙烯、环取代苯乙烯和一氧化碳的交替共聚。共聚物是等

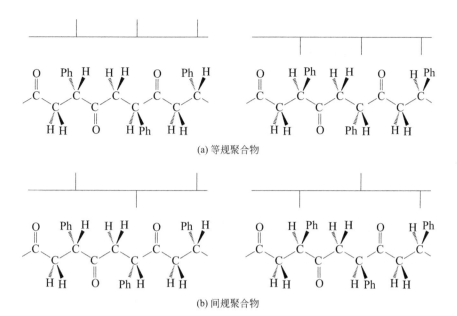

(a) 等规聚合物

(b) 间规聚合物

**图 4.3** 聚（1-氧-2-苯基三亚甲基）$\text{\textlbrackdbl}\text{C(O)}-\text{CH}_2-\text{CH(Ph)}\text{\textrbrackdbl}_n$ 的立体异构化

规的还是间规的取决于催化剂配体的类型和共聚单体的类型。在分子中含有一个芳环的单体的共聚合中，其增长链更完全的立体控制可以与脂肪族单体（α-烯烃）共聚时的立体控制相比拟[125]。

含有二齿氮配体（如 2,2′-二吡啶或 1,10-菲咯啉）的钯阳离子体系得到的主要是间规共聚物[115,126,127]。共聚物的分子量相对较低，最大分子量由以下预制的催化剂得到，即带有 1,10-菲咯啉配体和一个阴离子，阴离子由非常强的酸（三氟甲磺酸）、中等水平的醇和共聚中的苯醌渐进加成产生[128-130]，分子量为 $M_w=170\times10^3$，主要为间规二元组，是高结晶性聚合物[131]。聚合物中缺少等规二元组对（即等规三元组），说明共聚是链端立体控制机理[116,132]，4-硝基-1,10-菲咯啉作为配体可以略微增加间规度[133]。使用含有手性中心和不含有手性中心取代双吡啶或菲咯啉配体所形成的催化剂制备的共聚物的间规度相同。

$(S,S)$-3,3′-(2,3-丁二醇)-2,2′-双吡啶或 $(R)$-3,3′-(1,2-丙二醇)-2,2′-双吡啶作为配体[125] 得到的共聚物有高含量的等规二元组。使用甲基钯阳离子催化[117] 环取代苯乙烯（如对叔丁基苯乙烯）和一氧化碳共聚，能够有效控制共聚物的等规度（＜98%）：

分别使用 2-吡啶甲醛-N-1-苯基乙缩醛亚胺的 R 和 S 异构体配位的钯催化剂催化苯乙烯和一氧化碳共聚，得到的共聚物具有高的光学活性[117,134]。

$C_2$ 对称的$(4S,4'S)$-(−)-4,4′,5,5′-四氢-4,4′-双(1-甲基乙基)-2,2′-二噁唑[135] 配位的 Pa(Ⅱ) 阳离子对苯乙烯、对甲基苯乙烯/一氧化碳交替等规共聚有优异的表现[135]，在室温、低一氧化碳压力（1~4 大气压）条件下就可以得到高等规的具有光学活性的共聚物。

$$\left[\begin{array}{c}\phantom{..}\text{CHMe}_2\\ \text{O}\diagdown\phantom{xx}\diagup\\ \phantom{xx}\text{N}\diagdown\phantom{x}\diagup\text{NCMe}\\ \phantom{xxx}\text{Pd}\\ \phantom{xx}\text{N}\diagup\phantom{x}\diagdown\text{Me}\\ \text{O}\diagup\phantom{xx}\diagdown\\ \phantom{..}\text{CHMe}_2\end{array}\right]^{+} \text{B}[3,5\text{-}(CF_3)_2C_6H_3]_4^{-}$$

## 参考文献

1. Natta, G., Pino, P., Corradini, P., Danusso, F., Mantica, E., Mazzanti, G. and Moraglio, G., *J. Am. Chem. Soc.*, **77**, 1708 (1955).
2. Natta, G. and Corradini, P., *Makromol. Chem.*, **16**, 77 (1955).
3. Overberger, C. and Mark, H., *J. Polym. Sci.*, **35**, 381 (1959).
4. Kern, R. J., Hurst, H. G. and Richard, W. J., *J. Polym. Sci.*, **45**, 195 (1960).
5. Ishihara, N., Seimiya, T., Kuramoto, M. and Uoi, M., *Macromolecules*, **19**, 2464 (1986).
6. Ishihara, N., Kuramoto, M. and Uoi, M., *Macromolecules*, **21**, 3356 (1988).
7. Ammendola, P., Pellecchia, C., Longo, P. and Zambelli, A., *Gazz. Chim. Ital.*, **117**, 65 (1987).
8. Grassi, A., Pellecchia, C., Longo, P. and Zambelli, A., *Gazz. Chim. Ital.*, **117**, 249 (1987).
9. Pellecchia, C., Longo, P., Grassi, A., Ammendola, P. and Zambelli, A., *Makromol. Chem., Rapid Commun.*, **8**, 277 (1987).
10. Zambelli, A., Longo, P., Pellecchia, C. and Grassi, A., *Macromolecules*, **20**, 2035 (1987).
11. Curie, J. A. and Dole, M. J., *J. Phys. Chem.*, **73**, 3384 (1969).
12. Overbergh, N., *J. Polym. Sci., Polym. Phys. Ed.*, **14**, 1177 (1976).
13. Usmani, A. M. and Sayler, I. O., *J. Elast. Plast.*, **12**, 90 (1980).
14. Cimmino, S., Di Pace, E., Martuscelli, E. and Silvestre, C., *Polymer*, **32**, 1080 (1991).
15. Silvestre, C. and Cimmino, S., 'Stereoregular Polystyrene', in *The Polymeric Materials Encyclopedia*, CRC Press, Inc., Boca Raton, 1996, Vol. 9, pp. 6820–6828.
16. Sianesi, D., Rampichini, M. and Danusso, F., *Chim. Ind. (Milan)*, **41**, 287 (1959).
17. Natta, G., *J. Polym. Sci.*, **16**, 143 (1955).
18. Natta, G., Danusso, F. and Sianesi, D., *Makromol. Chem.*, **28**, 253 (1958).
19. Danusso, F. and Sianesi, D., *Makromol. Chem.*, **30**, 238 (1959).
20. Heller, J. and Miller, D. B., *J. Polym. Sci., A-1*, **5**, 2323 (1967).
21. Abis, L., Albizzati, E., Conti, G., Giannini, U., Resconi, L. and Spera, S., *Makromol. Chem., Rapid Commun.*, **9**, 209 (1988).
22. Ascenso, J. R., Dias, A. R., Gomes, P. T., Ramao, C. C., Pham, Q., Neibecker, D. and Tkatchenko, I., *Macromolecules*, **22**, 1000 (1989).
23. Ascenso, J. R., Dias, A. R., Gomes, P. T., Ramao, C. C., Neibecker, D., Tkatchenko, I. and Revillon, A., *Makromol. Chem.*, **190**, 2773 (1989).
24. Natta, G., and Danusso, F., *Chim. Ind. (Milan)*, **40**, 445 (1958).
25. Danusso, F. and Sianesi, D., *Chim. Ind. (Milan)*, **40**, 450 (1958).
26. Danusso, F., Sianesi, D. and Calcagno, B., *Chim. Ind. (Milan)*, **40**, 628 (1958).
27. Danusso, F. and Sianesi, D., *Chim. Ind. (Milan)*, **44**, 493 (1962).
28. Natta, G., *Makromol. Chem.*, **35**, 93 (1960).
29. Ciardelli, F., Pieroni, O., Carlini, C. and Menicagli, C., *J. Polym. Sci., A-1*, **10**, 809 (1972).
30. Kissin, Y. V., in *Isospecific Polymerization of Olefins with Heterogeneous Ziegler–Natta Catalysts*, Springer-Verlag, New York, 1985.
31. Soga, K. and Yanagihara, H., *Makromol. Chem., Rapid Commun.*, **9**, 23 (1988).
32. Soga, K., Uozumi, T., Yanagihara, H. and Shiono, T., *Makromol. Chem., Rapid Commun.*, **11**, 229 (1990).
33. Natta, G., Danusso, F. and Pasquon, I., *Collect. Czech. Chem. Commun.*, **22**, 191 (1957).

34. Danusso, F., *Chim. Ind. (Milan)*, **44**, 611 (1962).
35. Sianesi, D., Machi, A. and Danusso, F., *Chim. Ind. (Milan)*, **41**, 964 (1959).
36. Tanikawa, K., Kusabayashi, S., Kirata, H. and Mikawa, H., *J. Polym. Sci., B*, **6**, 275 (1968).
37. Benaboura, A., Deffieux, A. and Sigwalt, P., *Makromol. Chem.*, **188**, 21 (1987).
38. Ammendola, P., Tancredi, P. and Zambelli, A., *Macromolecules*, **19**, 307 (1986).
39. Aubert, J. H., *Polym. Prepr. Am. Chem. Soc., Div. Polym. Chem.*, **28**, 147 (1987).
40. Gunesin, B. Z. and Murray J. G., US Pat. 4 749 763 (to Mobil Oil Corp.) (1988); *Chem. Abstr.*, **109**, 150251r (1988).
41. Pasquon, I., Porri, L. and Giannini, U., 'Stereoregular Linear Polymers,' in *Encyclopedia of Polymer Science and Engineering*, Wiley-Interscience, John Wiley & Sons, New York, 1989, Vol. 15, pp. 632–733.
42. Kuran, W., *Roczn. Chem. (Ann. Soc. Chim. Polonorum)*, **41**, 221 (1967); *Chem. Abstr.*, **67**, 32992z (1967).
43. Longo, P., Grassi, A., Oliva, L. and Ammendola, P., *Makromol. Chem.*, **191**, 237 (1990).
44. Porri, L., Giarrusso, A. and Ricci, G., *Makromol. Chem., Macromol. Symp.*, **48/49**, 239 (1991).
45. Cotton, F. A. and La Prade, M. D., *J. Am. Chem. Soc.*, **25**, 5418 (1968).
46. Carmona, E., Marin, J. M. and Poveda, M. L., *Organometallics*, **6**, 1757 (1987).
47. Dias, M. L. and Giarrusso, A., 'Stereospecific Polymerisation of Styrene Monomers with Ni Catalysts,' in Proceedings of International Symposium on *Synthetic, Structural and Industrial Aspects of Stereospecific Polymerisation*, Milan, Italy, 1994, Abstracts, P-71.
48. Soga, K., Yu, C. H. and Shino, T., *Makromol. Chem., Rapid Commun.*, **9**, 354 (1988).
49. Chien, J. C. W. and Salajka, Z., *J. Polym. Sci., A, Polym. Chem.*, **29**, 1243 (1991).
50. Chien, J. C. W., Salajka, Z. and Dong, S., *Macromolecules*, **25**, 3199 (1992).
51. Chien, J. C. W. and Salajka, Z., *J. Polym. Sci., A, Polym. Chem.*, **29**, 1253 (1991).
52. Kucht, A., Kucht, H., Barry, S., Chien, J. C. W. and Rausch, M. D., *Organometallics*, **12**, 3075 (1993).
53. Ready, T. E., Day, R. O., Chien, J. C. W. and Rausch, M. D., *Macromolecules*, **26**, 5822 (1993).
54. Oliva, L., Pellecchia, C., Cinquina, P. and Zambelli, A., *Macromolecules*, **22**, 1642 (1989).
55. Zambelli, A., Pellecchia, C., Oliva, L., Longo, P. and Grassi, A., *Makromol. Chem.*, **192**, 223 (1991).
56. Longo, P., Proto, A. and Oliva, L., *Macromol. Rapid Commun.*, **15**, 151 (1994).
57. Zambelli, A., Pellecchia, C. and Oliva, L., *Makromol. Chem., Macromol. Symp.*, **48/49**, 297 (1991).
58. Kaminsky, W. and Lenk, S., *Macromol. Chem. Phys.*, **195**, 2093 (1994).
59. Kaminsky, W., *Polimery*, **42**, 587 (1997).
60. Miyashita, A., Nabika, M. and Susuki, T., *Polym. Prepr. Jpn*, **43**, 1967 (1994).
61. Miyashita, A., Nabika, M. and Susuki, T., 'Mechanistic Study on Syndiotactic Polymerisation of Styrene Catalysed by Titanocene–Methylalumoxane Complexes,' in Proceedings of International Symposium on *Synthetic, Structural and Industrial Aspects of Stereospecific Polymerisation*, Milan, Italy, 1994, Abstracts, III-18.
62. Mani, R. and Burns, M., *Macromolecules*, **24**, 5476 (1991).
63. Dias, M. L., Giarrusso, A. and Porri, L., *Macromolecules*, **26**, 6664 (1993).
64. Contreras, J. M., Ayal, H. A. and Rabagliati, F. M., *Polym. Bull.*, **32**, 367 (1994).
65. Quyoum, R., Wang, Q., Tudoret, M. -J., Baird, M. C. and Gillis, D. J., *J. Am. Chem. Soc.*, **116**, 6435 (1994).
66. Dall'Occo, T., Sartori, F., Vecellio, G., Zucchini, U. and Maldotti, A., *Makromol. Chem.*, **194**, 151 (1993).
67. Soga, K. and Nakatani, H., *Macromolecules*, **23**, 957 (1990).
68. Soga, K. and Monoi, T., *Macromolecules*, **23**, 1558 (1990).
69. Soga, K., Koide, R. and Uozumi, T., *Makromol. Chem., Rapid Commun.*, **14**, 511 (1993).
70. Pellecchia, C., Longo, P., Proto, A. and Zambelli, A., *Makromol. Chem., Rapid Commun.*, **13**, 265 (1992).
71. Zambelli, A., Oliva, L. and Pellecchia, C., *Macromolecules*, **22**, 2129 (1989).

72. Yang, M., Cha, C. and Shen, Z., *Polym. J.*, **22**, 919 (1990).
73. Ishihara, N., *Macromol. Symp.*, **89**, 553 (1995).
74. Zambelli, A., Ammendola, P. and Proto, A., *Macromolecules*, **22**, 2126 (1989).
75. Soga, K. and Monoi, T., *Macromolecules*, **22**, 3823 (1989).
76. Longo, P., Grassi, A., Proto, A. and Ammendola, P., *Macromolecules*, **21**, 24 (1988).
77. Mitani, N., Ishihara, N., Seimiya, T., Ijitsu, T. and Takyu, T., *Polym. Prepr. Jpn.*, **37**, 24 (1988).
78. Mitani, N. and Ishihara, N., *Polym. Prepr. Jpn.*, **41**, 1800 (1992).
79. Chien, J. C. W., Wu, J. C. and Rausch, M. D., *J. Am. Chem. Soc.*, **103**, 1180 (1981).
80. Ballard, D. G. H., Dawkins, J. V., Key, J. M. and van Linden, P. W., *Makromol. Chem.*, **165**, 173 (1973).
81. Campbell Jr, R. E., Newman, T. H. and Malanga, M. T., *Macromol. Symp.*, **97**, 151 (1995).
82. Gillis, D. J., Tudoret, M. -J. and Baird, C., *J. Am. Chem. Soc.*, **115**, 2543 (1993).
83. Grassi, A., Pellecchia, C., Oliva, L. and Laschi, F., *Macromol. Chem. Phys.*, **196**, 1093 (1995).
84. Tomotsu, N., Kuramoto, M., Takeuchi, M. and Maezawa, H., *Metallocenes '96*, **1996**, 179 (1996).
85. Lee, D.-H., Yoon, K.-B., Lee, E.-H., Noh, S.-K., Byun, G.-G. and Lee, C.-S., *Macromol. Rapid. Commun.*, **16**, 265 (1995).
86. Garbassi, F., Gila, L. and Proto, A., *Polymer News*, **19**, 367 (1994).
87. Zambelli, A., Pellecchia, C. and Proto, A., *Macromol. Symp.*, **89**, 373 (1995).
88. Pellecchia, C., Grassi, A. and Zambelli, A., *J. Chem. Soc., Chem. Commun.*, **1993**, 947 (1993).
89. Pellecchia, C., Grassi, A. and Zambelli, A., *Organometallics*, **13**, 298 (1994).
90. Grassi, A. and Zambelli, A., *Polym. Prepr. Am. Chem. Soc., Div. Polym. Chem.*, **37**, (2), 533 (1996).
91. Pellecchia, C., Pappalardo, D., Oliva, L. and Zambelli, A., *J. Am. Chem. Soc.*, **117**, 6593 (1995).
92. Yang, X., Stern, C. L. and Marks, T. J., *J. Am. Chem. Soc.*, **113**, 3623 (1991).
93. Grassi, A., Zambelli, A. and Laschi, F., *Organometallics*, **15**, 480 (1996).
94. Bueschges, U. and Chien, J. C. W., *J. Polym. Sci., Polym. Chem. Ed.*, **27**, 1529 (1989).
95. Newman, T. H. and Malanga, M. T., *Polym. Prepr. Am. Chem. Soc., Div. Polym. Chem.*, **37**(2), 534 (1996).
96. Ito, H., Shirahama, H. and Yasuda, H., *Polym. Prepr. Jpn.*, **43**, 1730 (1994).
97. Kaeriyama, K., *Polymer*, **12**, 422 (1971).
98. Reichert, K. H., Berthold, J. and Dornow, V., *Makromol. Chem.*, **121**, 258 (1969).
99. Reichert, K. H. and Berthold, J., *Makromol. Chem.*, **124**, 103 (1969).
100. Green, M. L. H. and Ishihara, N., *J. Chem. Soc., Dalton Trans.*, **1994**, 657 (1994).
101. Zambelli, A. and Ammendola, P., *Prog. Polym. Sci.*, **16**, 203 (1991).
102. Yim, J.-H., Chu, K.-J., Choi, K.-W. and Ihm, S.-K., *Eur. Polym. J.*, **32**, 1381 (1996).
103. Lee, D.-H., Yoon, K.-B. and Huh, W.-S., *Macromol. Symp.*, **97**, 185 (1995).
104. Porri, L. and Giarrusso, A., 'Conjugated Diene Polymerisation', in *Comprehensive Polymer Science*, Pergamon Press, Oxford, Vol. 4, pp. 53–108.
105. Allegra, G. and Bassi, I. W., *Adv. Polym. Sci.*, **15**, 91 (1969).
106. Giannetti, E., Nicoletti, G. M. and Mazzocchi, R., *J. Polym. Sci., Polym. Chem. Ed.*, **23**, 2117 (1985).
107. Oliva, L., Longo, P. and Pellecchia, C., *Makromol. Chem., Rapid Commun.*, **9**, 51 (1988).
108. Oliva, L., Longo, P., Grassi, A. and Pellecchia, C., *Makromol. Chem., Rapid Commun.*, **11**, 519 (1990).
109. Ricci, G., Italia, S., Giarrusso, A. and Porri, L., *J. Organomet. Chem.*, **451**, 67 (1993).
110. Ricci, G., Italia, S. and Porri, L., *Macromolecules*, **27**, 868 (1994).
111. Grassi, A., Lomgo, P., Proto, A. and Zambelli, A., *Macromolecules*, **22**, 104 (1989).
112. Soga, K., Nakatani, H. and Monoi, T., *Macromolecules*, **23**, 953 (1990).
113. Pellecchia, C., Proto, A. and Zambelli, A., *Macromolecules*, **25**, 4450 (1992).

114. Zambelli, A., Proto, A., Longo, P. and Oliva, L., *Macromol. Chem. Phys.*, **195**, 2623 (1994).
115. Corradini, P., De Rosa, C., Panunzi, A., Petrucci, G. and Pino, P., *Chimia*, **44**, 52 (1990).
116. Barasacchi, M., Consiglio, G., Medici, L., Petrucci, G. and Suter, U. W., *Angew. Chem., Int. Ed. Engl.*, **30**, 989 (1991).
117. Brookhart, M., Wagner, M. I., Bolavoine, G. G. A. and Haddou, H. A., *J. Am. Chem. Soc.*, **116**, 3641 (1994).
118. Kissin, Y. V., *Adv. Polym. Sci.*, **15**, 91 (1974).
119. Endo, K. and Otsu, T., *J. Polym. Sci., A, Polym. Chem.*, **33**, 79 (1995).
120. Stevens, J. C., Timmers, F. J., Wilson, D. R., Schmidt, G. F., Nickias, P. N., Rosen, R. K., Knight, G. W. and Lai, S.-Y., Eur. Pat. Appl. 0 416 815 (1990); Jpn Pat. Appl. 7 053 618 (to Dow Chemical Company) (1990).
121. Arai, T., Ohtsu, T. and Suzuki, S., *Polym. Prepr. Am. Chem. Soc., Div. Polym. Chem.*, **38**(2), 349 (1997).
122. Pellecchia, C., Papplardo, D., D'Arco, M. and Zambelli, A., *Macromolecules*, **29**, 1158 (1996).
123. Kakugo, M., Miyatake, M. and Mizunuma, K., *Stud. Surf. Sci. Catal.*, **56**, 517 (1990).
124. Inoue, N. and Shiomura, T., *Polym. Prepr. Jpn.*, **42**, 2292 (1993).
125. Amevor, E., Bronco, S., Consiglio, G. and Di Benedetto, S., *Macromol. Symp.*, **89**, 443 (1995).
126. De Rosa, C. and Corradini, P., *Eur. Polym. J.*, **29**, 163 (1993).
127. Brookhart, M., Rix, F. C., DeSimone, J. M. and Barborak, J. C., *J. Am. Chem. Soc.*, **114**, 5894 (1992).
128. Drent, E., US Pat. 4 786 714 (to Koninklijke/Shell) (1988).
129. Klingensmith, G. B., US Pat. 4 916 208 (to Koninklijke/Shell) (1990).
130. Koster, R. A. and Birk, R. H., *Polym. Prepr. Am. Chem. Soc., Div. Polym. Chem.*, **37**(2), 525 (1996).
131. Sen, A., *Acc. Chem. Res.*, **26**, 303 (1993).
132. Busico, V., Corradini, P., Landriani, L. and Trifuoggi, M., *Makromol. Chem. Rapid Commun.*, **44**, 52 (1990).
133. Sen, A. and Jiang, Z., *Macromolecules*, **26**, 911 (1993).
134. Jiang, Z., Adams, S.E. and Sen, A., *Macromolecules*, **27**, 2694 (1994).
135. Bartolini, S., Carfagna, C. and Musco, A., *Macromol. Rapid Commun.*, **16**, 9 (1995).

## 拓展阅读

Dias, M. L., 'Styrene Stereospecific Polymerisation', in *The Polymeric Materials Encyclopedia*, CRC Press, Inc., Boca Raton, 1996, Vol. 10, pp. 8014–8024.

Kuramoto, M., 'Syndiotactic polystyrene', in *The Polymeric Materials Encyclopedia*, CRC Press, Inc., Boca Raton, 1996, Vol. 9, pp. 6828–6838.

Kissin, Y. V., 'Stereoregular Styrene Polymers', in *Encyclopedia of Polymer Science and Engineering*, Wiley-Interscience, John Wiley & Sons, New York, 1989, Vol. 15, pp. 763–770.

Chien, J. C. W., 'Advances in Ziegler Catalysts. Syndiotactic Styrene Polymerisation', in *Ziegler Catalysts*, Springer-Verlag, Berlin, 1995, pp. 209–210.

Huang, B. and Tian, J., 'Metallocene Catalysts (Group 4 Elements). Homopolymerisation of Styrene and Styrene/Ethylene Copolymerisation', in *The Polymeric Materials Encyclopedia*, CRC Press, Inc., Boca Raton, 1996, Vol. 6 pp. 4191–4201.

Soga, K., Arai, T., Nozawa, H. and Uozumi, T., 'Recent Development in Heterogeneous Metallocene Catalysts', *Macromol. Symp.*, **97**, 53–62 (1995).

Brintzinger, H.-H., Fischer, D., Mlhaupt, R., Rieger, B. and Waymouth, R. M., 'Stereospecific Olefin Polymerisation with Chiral Metallocene Catalysts. Activities of *ansa*-Zirconocene Catalysts', *Angew. Chem., Int. Ed. Engl.*, **34**, 1156–1157 (1995).

Horton, A. D., 'Metallocene Catalysis: Polymers by Design?' *Trends Polym. Sci.*, **2**, 158–166 (1994).

Wünsch, J. R., 'Syndiotaktisches Polystyrol', in *Polystyrol*, Carl Hanser Publishers, Munich, 1996, pp. 82–104.

**思考题**

1. 列举苯乙烯等规定向和间规定向聚合催化剂，并指出其特点。
2. 指出聚苯乙烯增长链和各种催化剂中的过渡金属的连接方式及其特点。
3. 解释 MAO 活化剂对苯乙烯聚合体系催化剂前体的作用。
4. 讨论苯乙烯等规定向和间规定向聚合的机理。
5. 环取代苯乙烯的聚合能力随着聚合双键上电子密度的增加而增加，请解释其原因。
6. 如何从多相 Ziegler-Natta 催化剂制备富含苯乙烯的苯乙烯/α-烯烃共聚物？举出一个实例。
7. 在苯乙烯聚合中，板夹心茂金属基催化剂相比于多相 Ziegler-Natta 催化剂有哪些优点？对工业工艺的发展有什么可能的结果？
8. 指出苯乙烯和一氧化碳交替头-尾共聚物。画出该共聚物两种立体异构体的平面锯齿投影和适合的 Fischer 投影。

# 5 共轭双烯烃的配位聚合

共轭双烯烃，即 1,3-丁二烯和异戊二烯，一直以来都是作为生产合成橡胶的标准材料。共轭双烯烃的聚合方法很早以前就为人所知。丁二烯橡胶于 20 世纪 30 年代由金属钠聚合制备，是第一种通用合成橡胶。然而，由于聚合物链中存在各种异构化的单体单元，其耐低温性能很差。随着乳液聚合法制备苯乙烯/丁二烯橡胶工艺的发展，20 世纪 30 年代后期，在波兰发展了丁二烯乳液均聚工艺。虽然乳液聚丁二烯的性能不如溶液工艺［使用烷基锂或醇（碱金属）烯催化剂引发的阴离子聚合］制备的其他类型丁基橡胶好，但它的成本较低[1]。

早在 20 世纪 40 年代，就有人使用醇（碱金属）烯催化剂制备了丁二烯的聚合物。醇（碱金属）烯催化体系由三组分组成（通过氯代烷、金属钠、醇和烯烃生成）：二级醇钠盐（如异丙醇钠）、烯烃基钠（如烯丙基钠）和分散良好的氯化钠（醇烯这个词源于醇+烯烃）[2,3]。醇（钠）烯催化剂制备的聚丁二烯分子量非常高（可达几百万），常在聚合体系中加入 1,4-二氢萘调节分子量[1]。

烷基金属化合物，尤其是烷基碱金属如烷基锂，能高效催化异戊二烯聚合[4-6]。

但是，1954 年以前还没有一种方法能够将普通的共轭二烯烃聚合为高规整度的聚合物。采用过渡金属配位聚催化剂立体定向聚合是共轭二烯烃橡胶发展史上的一个重大突破。20 世纪 50 年代后期，Ziegler-Natta 催化剂溶液聚合工艺促进聚丁二烯工业生产的快速发展。

与其他方法相比，共轭双烯烃的配位聚合工艺有两个非常显著的特征。首先具有高度化学选择性，也就是说其制备的聚合物几乎只有一种单体单元（1,4-结构单元、1,2-结构单元或 3,4-结构单元）。另外，它具有高度立体选择性，也就是说当单体单元含有立体异构点（内双键和叔碳原子）时，其制备的聚合物具有高的构型规整性。

值得一提的是，在已知的聚合方法中还没有其他方法能够像配位聚合这样具有高的化学和立体选择性。自由基引发的聚合反应中其单体单元类型有多种且比例可变，室温下 X 射线测试表明，所制备的是无规聚合物。阳离子引发制备的聚合物为结构规整的交联聚合物，其不饱和度较低。碱金属催化剂具有较高的化学和立体选择性。醇（钠）烯催化剂制备的聚丁二烯含 70% 反-1,4-单体单元，由于每条分子链中有相当长的反-1,4-单元序列，聚合物在室温下表现出结晶性。烷基锂催化体系有好的化学选择性。在醚类溶剂中制备的聚丁二烯含有大于 90% 的 1,2-结构单元，在烃类溶剂中制备的聚合物约含 93% 的 1,4-结构单元。但是，这些聚合物都是无规的，前者叔碳原子构型缺乏有序性，而后者所含顺（反）-1,4-单体单元的分布无规。烷基锂催化异戊二烯聚合却表现出好的化学和立体选择性，制备的聚异戊二含有约 93% 顺式-1,4-结构[7]。然而,所有这些聚合物的性能都不能与过渡金属催化剂制备的共轭二烯烃聚合物性能相媲美。

## 5.1 共轭双烯烃聚合物的立体异构

与 α-烯烃聚合物相比,共轭二烯烃聚合物的立体异构相当复杂。

1,3-丁二烯和对称的内部双取代丁二烯($CH_2=CR-CR=CH_2$ 型)能制备出含 1,4-单元或 1,2-单元的聚合物,无论是哪种聚合物,每个单体单元都独立于其结构都有一个立体异构点。因此,这些聚合物存在四种可能的立体异构体:顺(反)-1,4-聚(1,2-二烷基-顺-1-丁烯){$\ce{+C(R)=C(R)-CH_2-CH_2+_n}$}、顺(反)-1,4-聚(1,2-二烷基-反-1-丁烯){$\ce{+CH_2-C(R)=C(R)-CH_2+_n}$}、1,2-等规聚合物和 1,2-间规聚合物。异戊二烯和其他非对称的内部单取代丁二烯,即 $CH_2=CR-CH=CH_2$ 型单体,也能通过 3,4-单体链接方式聚合形成两种聚合物异构体,即 3,4-等规和间规聚合物。

1,3-戊二烯和其他不对称端单取代丁二烯($CH_2=CH-CH=CHR$)的立体异构更复杂。这些单体通过 1,4-链接、1,2-链接或 3,4-链接都可以形成有规立构聚合物,每一种聚合物的单体单元都含有两个立体异构点:

$$
\begin{matrix}
(1) & & (4) \\
-CH_2-CH=CH-CH- \\
& & | \\
& & R
\end{matrix}
\quad,\quad
\begin{matrix}
(1) & (2) \\
-CH_2-CH- \\
& | \\
& CH \\
& \| \\
& CH \\
& | \\
& R
\end{matrix}
\quad,\quad
\begin{matrix}
(3) & (4) \\
-CH-CH- \\
| & | \\
CH & R \\
\| \\
CH_2
\end{matrix}
$$

在 $CH_2=CH-CH=CHR$ 型单体 1,4-聚合物的单体单元中,双键和叔碳原子都有立体异构,双键有顺-反异构,叔碳原子也有两种相反的构型。因此,制备的聚合物有顺-1,4-等规、顺-1,4-间规、反-1,4-等规和反-1,4-间规异构体。这种情况下,聚合物链上形成了手性叔碳原子,虽然聚合单体没有手性,只有前手性。等规聚合物有两种对映体,使用光学活性催化剂聚合 1,3-戊二烯可以制备出主要含一种对映体的等规聚合物[8,9]。$CH_2=CH-CH=CHR$ 型单体 1,2-聚合物的单体单元的侧基上含有双键,因此有两种等规和两种间规聚合物,每一种类型的不同在于双键的顺-反异构。$CH_2=CH-CH=CHR$ 型单体 3,4-聚合物的单体单元含有两个叔碳原子,它们具有三种可能的立体异构体:赤式-双等规、苏式-双等规和双间规。总而言之,$CH_2=CH-CH=CHR$ 型单体可以形成十一种有规立构聚合物。

不对称的内部和端基双取代丁二烯 $CH_2=C(R)-CH=CHR$ 和 $CH_2=CH-C(R)=CHR$ 也同样有复杂的立体异构现象。

2,4-己二烯和其他对称端双取代丁二烯 $RCH=CH-CH=CHR$ 形成的有规立构聚合物也同样有着复杂的立体异构,因为每一个单体单元有三个立体异构点。它们可以进行 1,2-聚合或 1,4-聚合。其中,1,2-聚合物的立体异构类型和 $CH_2=CH-CH=CHR$ 型单体 3,4-聚合物的相同。但是,由于侧基双键上有 R 取代基,所以赤式-双等规、苏式-双等规和双间规两种类型聚合物中的每一种又有双键顺反构型,如同 $CH_2=CH-CH=CHR$ 型单体 1,2-聚合物。因此，RCH═CH—CH═CHR 型单体 1,2-聚合物具有六种可能的异构体。RCH═CH—CH═CHR 型单体 1,4-聚合物的单体单元含有一个双键（或顺式或反式）和两个叔碳原子，因此还具有两种对映体——赤式和苏式：

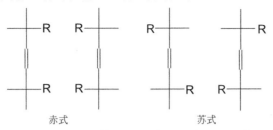

因此，RCH═CH—CH═CHR 型单体 1,4-聚合物具有八种可能的立体异构体。顺（或反）-1,4-赤式双等规、顺（反）-1,4-苏式双等规、顺（反）-1,4-赤式双间规和顺（反）-1,4-苏式双间规。RCH═CH—CH═CHR 型单体的反-1,4-和顺-1,4-聚合物的立体异构见图 5.1 和 5.2。

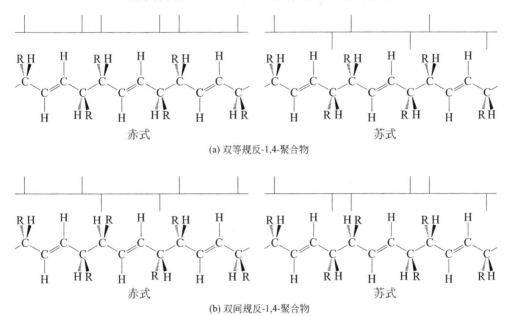

**图 5.1** 1,4-双取代丁二烯反-1,4-聚合物聚（3,4-二烷基反-1-丁烯）{─CH═CH—CH(R)—CH(R)─}ₙ 或 ─CH(R)—CH═CH—CH(R)─}ₙ 的立体异构。只给出了聚合物的一种对映异构体

需要强调的是，这种情况下出现了两种双间规聚合物——赤式和苏式。双间规氘代聚（α-烯烃）的微观结构（赤式和苏式）之间是没有区别的，例如 β-单氘代 α-烯烃的聚合物 ─CH(R)—CH($^2$H)─}ₙ（此处忽略了链端基的差异）。

这种情况下，聚合单体没有手性，是前手性的，聚合后在主链上形成了手性叔碳原子。总而言之，RCH═CH—CH═CHR 型单体原则上可以形成 14 种有规立构聚合物[10]。

将理论预言的可能性和实际的结果相比较，就可以看出在共轭二烯烃领域立体定向聚合的进展，也就是看是否能制备出上述每一种类型的聚合物。使用配位催化剂，可以制备 1,3-丁二烯所有四种可能的有规立构聚合物。实际上，已经制备出了所有这些类型的高纯度的聚合物，它们都是高结晶的或可结晶的。而且还制备了只有两种单体单元以 1∶1 交替组成的聚合物，如顺-1,4/反-1,4-聚合物和顺-1,4/1,2-聚合物。这些聚合物标记为等二元聚合物

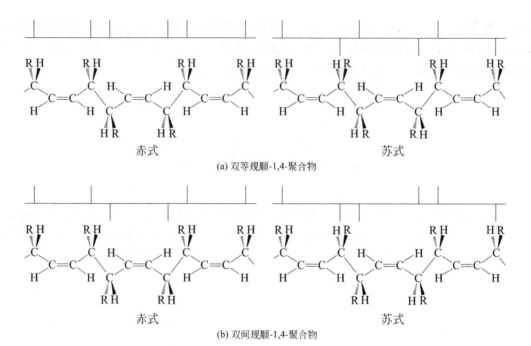

**图 5.2** 1,4-双取代丁二烯顺-1,4-聚合物聚（3,4-二烷基顺-1-丁烯）{-[CH=CH—CH(R)—CH(R)-]$_n$ 或 -[CH(R)—CH=CH—CH(R)-]$_n$} 的立体异构。只给出了聚合物的一种对映异构体（eb）：eb-顺-1,4/反-1,4-聚丁二烯和 eb-顺 1,4/1,2-聚丁二烯[7]。

过渡金属基配位催化剂制备的某些聚丁二烯在实际应用中很重要：最重要的是顺-1,4-聚丁二烯，它具有优异的弹性体性能。异戊二烯配位聚合制备了两种高立构规整性聚异戊二烯，顺-1,4-聚合物（和天然橡胶非常类似）和反-1,4-聚合物（和古塔胶或巴拉塔树胶的结构相同）。也制备了各种混有 3,4-结构的无定形聚合物[7]。

1,3-戊二烯的配位聚合受到了特别关注，因为它的聚合物有复杂的立体异构现象。$CH_2=CH—CH=CHR$ 型单体有两种异构体——entgegen（$E$）和 zusammen（$Z$）：

$$(E) \qquad (Z)$$

某些催化剂可以聚合两种异构体，而其他催化剂只能聚合（$E$）异构体。现在只制备了五种有规立构的聚（1,3-戊二烯）：顺-1,4-等规[11,12]、反-1,4-等规[13]、顺-1,4-间规[14,15]、1,2-顺-间规[16] 和 1,2-反-间规[17]聚合物。除了这些有规立构聚合物，也制备了各种无定形的聚合物，由不同单体单元以不同比例组成[7]。

2,4-己二烯和 1,4-氘代-1,3-丁二烯的聚合物由于其立体异构现象也受到了特别关注。$CHR=CH—CH=CHR$ 型单体有三种异构体——$(E,E)$、$(Z,Z)$ 和 $(E,Z)$：

$$(E,E) \qquad (Z,Z) \qquad (E,Z)$$

已经制备出了（$E,E$）-2,4-己二烯的反-1,4-苏式双等规结晶聚合物[18,19]，而（$E,Z$）异构体得到的是无定形聚合物。（$Z,Z$）异构体不能被任何一种配位催化剂聚合。有趣的是，能制备反式结构聚（2,4-己二烯）的催化剂催化聚合丁二烯、异戊二烯和其他简单共轭二烯时得到的却主要是顺-1,4-聚合物。

使用不同催化剂，（$Z,Z$）-1,4-氘代-1,3-丁二烯既可以产生顺-1,4-结构也可以产生反-1,4-立构规整聚合物[20]。使用不同催化剂，两种氘代1,3-戊二烯（$E,E$）—CH($^2$H)=CH—CH=CHCH$_3$ 和（$E,Z$）—CH($^2$H)=CH—CH=CHCH$_3$，也能产生几种1,4-结构的立构规整聚合物，前一种单体得到了反-1,4-苏式双等规、顺-1,4-苏式双间规、顺-1,4-赤式双等规聚合物，后一个单体得到了反-1,4-赤式双等规聚合物[21,22]。

对于其他共轭二烯烃（高级烷基1,4-双取代的1,3-丁二烯）的聚合物，也已经制备了这些聚合物的几种异构体[7]。

## 5.2 聚合催化剂

共轭二烯烃的配位聚合开始于1954年，在丙烯聚合成功后不久，Goodrich-Gulf 公司和 Montecatini SpA 实验室聚合了共轭二烯烃，使用的催化剂是乙烯和丙烯聚合用的催化剂，由 TiCl$_4$ 和 TiCl$_3$ [或 Ri(OR)$_4$] 与烷基铝组成，首次制备了有规立构的该类聚合物：顺（反）-1,4-聚异戊二烯[23] 以及1,3-丁二烯和1,3-戊二烯的顺（反）-1,4-聚合物和1,2-间（等）规聚合物[23-26]。

20世纪60年代初，人们发现一些简单的过渡金属衍生物 RhCl$_3$·3H$_2$O 和 Rh(NO$_3$)$_3$·2H$_2$O 在质子溶剂（如水和醇）中也能催化聚合丁二烯，产生反-1,4-聚丁二烯[27,28]。其他一些过渡金属盐（单金属或多金属）组成的催化剂，以及不预含金属-碳键的催化剂，在非极性烃类溶剂中也能催化聚合丁二烯，产生顺（或反）-1,4-聚合物和1,2-聚合物[29-35]。

此后还有一些新的发现，烯丙基镍催化聚合丁二烯产生的聚合物含有顺(反)-1,4-单元[36]，三烯丙基铬催化聚合它主要产生1,2-聚丁二烯，而使用二烯丙基碘化钴主要产生顺-1,4-聚丁二烯[37]。

20世纪80年代后期到90年代，共轭二烯烃的聚合催化剂扩展到了均相茂金属基 Ziegler-Natta 催化剂和相关的不含铝的催化剂，以及其他一些非茂均相单中心催化剂[16,38-43]，这些催化剂对苯乙烯的间规聚合都有活性。

最近十几年至今，经过大量的研究工作发现了大量的催化剂，制备了立构规整共轭二烯烃聚合物。共轭二烯烃聚合最常用的催化剂为第4～8族、镧系和锕系过渡金属化合物和烷基（氢化）铝组成的催化剂，这些催化剂可以统称为 Ziegler-Natta 催化剂。这些催化剂有的能溶于聚合介质烃类溶剂中，有的不能。共轭二烯烃可以被多类 Ziegler-Natta 催化剂聚合，无论是非均相的还是均相的（烷基铝或氢化铝活化的可溶过渡金属催化剂，MAO 活化的茂基和相关非茂基单中心催化剂）。从活性和立体定向性两方面讲，Ti、Co、Ni 和 Nb 基催化剂前体与有机金属或氢化金属活化剂衍生的 Ziegler-Natta 催化剂是现在最重要的催化剂，也是唯一用于共轭二烯烃（丁二烯和异戊二烯）工业生产的催化剂（烃类溶剂中可溶的与不可溶的)[7]。

单中心均相 Ziegler-Natta 催化剂以及它们不含铝的同系物［如用三（五氟苯基）硼或 $N,N$-二甲基苯胺四（五氟苯基）硼活化的催化剂］最受关注，其原因有二：①它们不仅能催化聚合像丁二烯和异戊二烯这样简单的二烯烃（制备相应的顺-1,4-聚合物[39]），也能催化聚合其他可溶催化剂不能使其聚合的单体，如（Z）-1,3-戊二烯和 4-甲基-1,3-戊二烯[38-42]；因此，研究这类聚合体系还能提供单体结构对立体定向性影响的额外信息。②将同一种催化剂催化聚合共轭二烯烃和苯乙烯的结果相比较，能给出立构规整性机理的更多有关信息[43]。均相单中心催化剂的研究主要集中在 $\alpha$-烯烃和苯乙烯聚合上，对共轭二烯烃催化聚合的研究不如前两者。

尽管 Ziegler-Natta 催化剂是催化共轭二烯烃聚合最有利的催化剂，但人们还是发展了烯丙基过渡金属衍生物催化剂。这类催化剂由过渡金属烯丙基衍生物和 Lewis 酸或 Lewis 碱组成，是共轭二烯烃聚合活性中心结构非常好的模型，对于弄清楚聚合机理能够提供有用的信息。一些该类催化剂中的产率和立体定向性能可以与 Ziegler-Natta 催化剂相媲美[7]。

对于不预含金属-碳键的催化剂，其理论意义大于实际意义，如在水乳液或质子溶剂中能够聚合丁二烯的铑盐和其他一些用于非极性烃类介质中的催化剂。一部分该类催化剂的产率和立体定向性能可以与 Ziegler-Natta 催化剂相媲美[27-35]。

## 5.2.1 Ziegler-Natta 催化剂

### 5.2.1.1 烃基铝或氢化铝活化的催化剂

由过渡金属化合物与烷基铝或氢化铝衍生的催化剂非常多，其中一些溶于聚合介质（芳烃或脂肪烃）中，其他不溶。例如三烷基铝活化的 $TiCl_4$—、$TiCl_3$—、$VCl_4$—和 $VCl_3$ 基 Ziegler-Natta 催化剂在聚合稀释剂中不溶，而三烷基铝活化的 $Ti(OR)_4$—、$V(Acac)_4$—和 $Cr(Acac)_3$—基催化剂是可溶的。各种过渡金属，尤其是 Ti、V、Cr、Mo、Co、Ni、Ce、Pr、Nd、Gd、Yb（镧系）和 U（锕系），其衍生物都可以作为催化剂。过渡金属的各种衍生物都可以用于催化剂制备，最常用的有卤化物、醇合物、乙酰丙酮化物和羧酸盐。有些情况下，金属卤化物和 Lewis 碱合用为催化剂前体。$AlR_3$、$AlR_2Cl$ 和 $AlRCl_2$（最常用的有 R=Et、$i$-Bu）是最好的烷基铝活化剂；氢化铝，其一般和醚或胺络合，如 $AlHCl_2 \cdot OEt_2$、$AlHCl_2 \cdot NMe_3$、$AlH_2Cl \cdot NMe_3$、$AlH_2NMe_2$、$AlH_2Cl \cdot NMe_3$，以及齐聚（氨基铝烷）$[Al(H)N(R)]_x$ 也是有效的活化剂，其他一些烷基金属，如 LiR、$MgR_2$、$CaR_2$ 和 $ZnR_2$ 在某些情况下也会使用，但是较少[7]。

共轭二烯烃配位聚合用的 Ti 基 Ziegler-Natta 催化剂的前体一般为 $TiCl_4$、$TiCl_3$、$TiI_4$ 或 $Ti(OR)_4$。在 $TiCl_4$—基催化剂中，只有含 $\beta$-$TiCl_3$ 的那些受到关注，即 $TiCl_4$-$AlR_3$（1∶1）和 $TiCl_4$-$AlH_xCl_{3-x}$（0.9～1.5∶1），因为这些催化剂已经成功用于顺-1,4-聚异戊二烯的合成[23]。在催化剂制备条件下，这些催化剂在 $\beta$-$TiCl_3$ 的表面上形成了含有 Ti—C 或 Ti—H 键的活性种。对于不含惰性载体的非均相 Ziegler-Natta 催化剂，体系中大约只有 1% 的 Ti 形成了活性中心[44,45]。单独制备的 $\beta$-$TiCl_3$ 被 $AlR_3$、$AlR_2Cl$ 活化后也是有效的催化剂[46,47]。与 $TiCl_4$-$AlR_3$ 相比，$TiI_4$-$AlR_3$ 制备的聚丁二烯含有更多的顺-1,4-单元，但是很难聚合异戊二烯[48]。

与 TiCl$_4$ 相反,TiI$_4$ 在烃类溶剂中的溶解性很小,因此又发展了含有碘的催化剂前体如 TiCl$_2$I$_2$ 和活化剂如 AlEt$_2$I[49-52]。这些催化剂制备的聚丁二烯中顺式单元的含量和 TiI$_4$-AlR$_3$ 的相同。上述催化剂的立体定向性等价,因为碘始终与 Ti 原子相连形成活性种。有趣的是,TiCl$_2$I$_2$ 中大概有 5% 的 Ti 形成了聚合活性中心[44]。尽管制备含有碘的催化剂的反应会产生沉淀,但聚合还是在均相中进行的[48,51]。

Ti(OR)$_4$-AlR$_3$ 型催化剂溶于烃类溶剂,丁二烯和异戊二烯聚合产生的聚合物分别主要含有 1,2-结构和 3,4-结构。催化剂形成的反应中有 Ti(OR)$_4$ 的烷基化和低氧化态钛的形成。催化剂活性随着 Ti(Ⅲ) 浓度的增加而增加[53]。Ti(OBu)$_4$-Al(i-Bu)$_3$ 催化剂中少于 1% 的 Ti 具有聚合活性[54]。使用烷基氯化铝(AlEt$_2$Cl、AlEt$_{1.5}$Cl$_{1.5}$ 或 AlEtCl$_2$)作为 Ti(OR)$_4$ 活化剂,当 Al/Ti 比超过 4 时,Cl 和 OR 将发生交换,产生 β-TiCl$_3$ 沉淀;这种催化剂的立体定向性和 TiCl$_4$-AlR$_3$(1:1) 的相同,产生顺-1,4-聚异戊二烯[55,56]。

VCl$_3$、VOCl$_3$、VCl$_4$ 和 AlR$_3$、AlR$_2$Cl 制备的非均相钒基催化剂催化聚合共轭二烯烃产生的聚合物主要含有反-1,4-单体单元[57,58]。VCl$_3$ 不溶于烃类溶剂,似乎也不与 AlR$_3$、AlR$_2$Cl 反应,制备的催化剂表面上有 V—R 键,具有相对高的立体定向性,聚合产率低。将 VCl$_3$ 负载于高岭石或黏土等惰性载体上可以提高催化效率[59]。VOCl$_3$ 和 VCl$_4$ 溶于烃类溶剂,与 AlR$_3$、AlR$_2$Cl 反应后产生沉淀。这种非均相催化剂中的 V 是低氧化态的 V(Ⅲ),和 VCl$_3$ 基催化剂一样[58]。

也有可溶的钒基催化剂。钒化合物 V(Acac)$_3$ 或 VO(OR)$_3$ 和 AlR$_3$ 组成的催化剂催化聚合丁二烯产生 1,2-间规聚合物。可溶钒前体和烷基氯化铝组成的催化剂也能溶于烃类溶剂,但立体定向性不同,制备的聚丁二烯主要含有反-1,4-单体单元[60]。在可溶的 V(Acac)$_3$ 或 VO(OR)$_3$ 基催化剂中,当 Al/V 摩尔比高于 5 时,铝会连接到钒上,催化剂为烷基铝配位的 VRCl$_2$[61]。所以,VCl$_3$·3THF-AlR$_2$Cl 实际上和 V(Acac)$_3$-AlR$_2$Cl 等价。V—C 键在室温下相当不稳定,会均裂形成没有活性的 V(Ⅱ) 物种,所以这种催化剂最好在低温下使用。然而,如果存在可再氧化 V(Ⅱ) 为 V(Ⅲ) 的物质如 Cl$_3$CCOOH,聚合可以在较高的温度下进行[7]。

钴化合物和烷基氯化铝(AlEt$_2$Cl、AlEt$_{1.5}$Cl$_{1.5}$ 或 AlEtCl$_2$)组成的催化剂易溶于烃类溶剂,对丁二烯顺-1,4-聚合很有效。用于催化剂前体的 Co 化合物有多种,如 Lewis 碱(如吡啶)配位的氯化钴、乙酰丙酮钴、羧酸钴、四氯化铝钴 [Co(AlCl$_4$)$_2$],以及 Co(Ⅰ) 和 Co(0) 的配合物[62-67]。水通常会加入钴化合物和烷基铝组成的均相催化聚合体系中[68]。R$_2$AlCl 和 H$_2$O 反应后产生的烷基铝氧烷是丁二烯顺-1,4-聚合的有效活化剂。负载于无机或有机载体上的钴基催化剂对丁二烯聚合有高的活性,聚合物有高含量的顺-1,4-单体单元[69,70]。

在制备顺-1,4-聚丁二烯工艺中,Ni(Acac)$_2$、Ni(OCOR)$_2$ 或 NiCl$_2$·2Py 等镍化合物和烷基氯化铝组成的可溶催化剂和钴基催化剂同等有效。然而 Ni 基催化剂的立体定向性差,制备的聚合物分子量低[71]。高分子量高顺-1,4-单元含量的聚丁二烯可以由含氟的催化剂制备,如 Ni(OCOR)$_2$-AlR$_3$-BF$_3$·OEt$_2$ 和 Ni(OCOR)$_2$-AlR$_3$-HF[72]。

铬基和钼基催化剂制备的主要是 1,2-聚丁二烯。AlR$_3$ 活化的 Cr(Acac)$_3$ 等几种铬化合物可溶于烃类溶剂。在乙酸乙酯或硫化物存在下，$Mo(Acac)_3$ 或 $MoO_2(Acac)_2$ 等钼化合物和 $AlEt_3$ 反应也可以制备可溶催化剂。ESR 研究 $Mo(OR)_xCl_{4-x}$ 基催化剂发现，催化剂中含有 Mo(Ⅲ) 物种。值得一提的是第 6 族金属催化剂的研究还较少[7]。

锕系和镧系金属具有空的 f 轨道，其化合物衍生的催化剂也被用于共轭二烯烃的聚合，产生的聚合物具有高顺-1,4-单元含量。铈、钕和铀衍生的催化剂对共轭二烯烃聚合特别有效[73-75]。早在 20 世纪 60 年代初期就发展了铀催化剂。例如均相催化剂 $U(All)_4$-$AlEt_2Cl$ 和 $U(OR)_4$-$AlEtCl_2$ 对丁二烯聚合有高的活性，聚丁二烯中顺-1,4-单元含量不少于 99%[74-76]。尽管如此，铀基催化剂并没有被工业界看好，因为聚合物中有放射性残留。铈基催化剂是锕系和镧系中的第一个催化剂，也有其缺点，铈的残留物会催化聚合物的氧化。因此，在 20 世纪 70 年代后半期钕基催化剂受到关注，它没有 U 基和 Ce 基催化剂的缺点，并且比该系列中其他的金属（Pr、Gd、Tb 等）催化剂具有更高的活性[77-79]。最初的 Nd 基催化剂是二元体系，现在广泛使用的是三元体系[80]。三元催化剂由羧基（环烷酸基、辛酸基）和高级醇基等的可溶 Nd 化合物，烷基氯化铝和 $Al(i-Bu)_3$、$Al(i-Bu)_2H$ 这样的支化烷基铝组成，溶于烃类溶剂。例如，制备 $Nd(OCOR)_3$-$AlEt_2Cl$-$Al(i-Bu)_3$（1:2.7~3:20~30）催化剂，首先在烃类溶剂中将羧酸钕和 $AlEt_2Cl$ 反应得到沉淀，再加入 $Al(i-Bu)_3$ 到沉淀中即可。三元催化剂还有 $Nd(OCOR)_3$-$t$-$BuAlCl_2$-$Al(i-Bu)_2H$[81-83]。二元催化剂由配位 Lewis 碱的 Nd 化合物和 $Al(i-Bu)_3$ 在烃介质中反应制备。$NdCl_3$ 制备的催化剂几乎不溶于烃类溶剂。$Nd(OCOR)_xCl_{3-x}$ 和 $Nd(OR)_xCl_{3-x}$（R = 高级烷基）可以制备溶解性更好的催化剂。催化剂中含有氯是制备共轭二烯烃顺-1,4-聚合物的决定性因素。$Nd(OCOR)_3$ 或 $Nd(OR)_x$ 和 $AlR_3$ 产生的催化剂制备的聚丁二烯为反 1,4-单体单元[84]。在室温下，催化剂 $NdCl_3 \cdot EtOH$-$AlR_3$ 和 $Nd(OCOR)_3$-$AlEt_2Cl$-$Al(i-Bu)_3$ 中有 5%~7% 的 Nd 对聚合有活性[78]。催化剂的效力取决于钕化合物的烷基化程度（这是由所用的烷基铝活化剂的性质所决定的）、Al/Nd 比和温度决定的 Nd—C 键的稳定性[78,81,85]。Nd 基催化剂催化聚合共轭二烯烃使用饱和脂肪烃作为聚合介质更有利，因为当芳香烃溶剂作为聚合介质时，芳香环电子和二烯烃单体两者会与活性中心竞争配位[86,87]。Nd 基催化剂最大的优点是聚合温度范围很宽，从 −70~130℃[88]。随着聚合温度的升高，聚丁二烯中顺-1,4-单体单元的含量会减少[89]，但是 1,2-单元一直保持在很低的水平（<1%）。即使在较高的温度下（20~50℃），Nd 基催化剂制备的聚丁二烯中顺-1,4-单体单元的含量仍然很高（>98%），这个优点很适合于工业应用，而 Ti 基、Co 基和 Ni 基 Ziegler-Natta 催化剂聚合需要低温。

由各种烷基铝或氢化铝活化的 Ziegler-Natta 催化剂制备的共轭二烯烃的代表性聚合物的微观结构见表 5.1[7,12,26,41,49,57,58,62,73,77,81,83,89-106] 和表 5.2[7,12,13,17-19,41,57,77,81,83,91,92,100,104,105,107-113]。

表 5.1　由烷基铝或氢化铝活化的 Ziegler-Natta 催化剂催化聚合 1,3-丁二烯

| 催化剂（组分比） | 聚合物微结构 | | | 参考文献 |
|---|---|---|---|---|
| | 顺-1,4 /% | 反-1,4 /% | 1,2[①] /% | |
| $TiCl_4$-$AlR_3$（1:1） | 65~70 | | | [90] |
| $TiCl_4$-$AlEt_3$（1:1.2） | 50 | 45 | | [7] |
| $TiCl_4$-$AlEt_3$（1:0.5） | | 91 | | [12,91] |

续表

| 催化剂(组分比) | 聚合物微结构 | | | 参考文献 |
|---|---|---|---|---|
| | 顺-1,4 /% | 反-1,4 /% | 1,2[①] /% | |
| β-TiCl$_3$-AlR$_2$Cl(1:1) | 65~70 | | | [92] |
| γ-TiCl$_3$-AlEt$_3$(1:1) | | 92~95 | | [92] |
| TiI$_4$-Al(i-Bu)$_3$(1:4) | 95 | 2 | 3 | [49,93,94] |
| TiI$_4$-LiAlH$_4$(1:3) | 85 | | | [7] |
| TiCl$_4$-AlI$_3$-AlHCl$_2$·OEt$_2$(1:1.3:5.5) | 93 | 2.5 | 4.5 | [95] |
| Ti(OBu)$_4$-AlEtCl$_2$(1:10) | | 93~94 | | [7] |
| Ti(OR)$_4$-AlR$_3$(1:7) | | | 95 | [91] |
| Ti(OBu)$_4$-AlR$_3$ | | | 90~100 | [96] |
| VCl$_3$-AlEt$_3$ | | 98~99 | | [57,97] |
| VCl$_3$·3THF-AlEt$_2$Cl(1:50) | | 99~100 | | [98] |
| VOCl$_3$-AlR$_3$ | | 高 | | [57,58,97] |
| V(Acac)$_3$-AlEt$_3$ | | | 90~95 | [26] |
| Cr(Acac)$_3$-AlEt$_3$(1:3) | | | 高 | [26] |
| Cr(Acac)$_3$-AlEt$_3$(1:10) | | | 高[②] | [26] |
| Cr(PhCN)$_6$-AlEt$_3$(1:2.5) | | | 100 | [12,26,91] |
| Cr(PhCN)$_6$-AlEt$_3$(1:5) | | | 100[②] | [12,26,91] |
| Cr(CO)$_5$-Py-AlEt$_3$(1:5) | | | 高[②] | [26] |
| Mo(Acac)$_3$-AlR$_3$(1:5) | | | 80 | [7] |
| Mo(OR)$_2$Cl$_2$-AlR$_3$(1:10) | >49 | <1 | >49 | [7] |
| CoCl$_2$·2Py-AlEt$_2$Cl-H$_2$O | 98 | 1 | 1 | [99] |
| CoCl$_2$·2Py-AlR$_3$ | | | 高 | [100] |
| CoCl$_2$·2Py-AlR$_3$-H$_2$O | | | 高 | [101] |
| Co(Acac)$_2$-CS$_2$-AlR$_3$(1:3:60) | | | 99~100 | [41] |
| Co(Acac)$_3$-AlEt$_3$ | | | 90~95 | [92] |
| Co(Acac)$_3$-CS$_2$-AlR$_3$ | | | 高 | [102,103] |
| Ni(Acac)$_2$-AlEt$_2$Cl | 90 | | | [62] |
| Ni(OCOR)$_2$-BF$_3$·OEt$_2$-AlEt$_3$(1:17:15) | 97 | | | [104,105] |
| Rh(Acac)$_3$-AlR$_3$ | | 98 | | [106] |
| Ce(OCOR)$_3$-AlEt$_{1.5}$-Cl$_{1.5}$-AlR$_3$ | 97 | | | [73] |
| Pr(OCOCCl$_3$)$_3$AlEt$_2$Cl-Al(i-Bu)$_3$(1:2:25) | 98 | | | [83] |
| NdCl$_3$·xPy-Al(i-Bu)$_3$(1:30) | 97 | 2.7 | 0.3 | [89] |
| Nd(OCOCCl$_3$)$_3$-AlEt$_2$Cl-Al(i-Bu)$_3$(1:2:25) | 97~99 | | | [77,81,83] |
| Nd(OCOR)$_3$-t-BuCl-Al(i-Bu)$_2$H(1:3:20) | >98 | | | [83] |
| U(OR)$_4$-AlEtCl$_2$ | 99 | | | [92] |

① Cr(Acac)$_3$-AlEt$_3$(1:10)、Cr(PhCN)$_6$-AlEt$_3$(1:5) 和 Cr(CO)$_5$·Py-AlEt$_3$(1:5) 制备的 1,2-聚合物主要是间规结构,得到的等规聚合物具有混合结构;一般来说,结构可变,高纯结晶性聚合物通过分级分离。

② 等规聚合物。

5 共轭双烯烃的配位聚合

表 5.2  由烷基铝活化的 Ziegler-Natta 催化剂催化聚合戊二烯、1,3-戊二烯和 2,4-己二烯

| 催化剂(组分比) | 聚合物微结构 | | | 参考文献 |
|---|---|---|---|---|
| | 顺-1,4 /% | 反-1,4 /% | 1,2[①] /% | |
| $TiCl_4$-$AlR_3$(1:1) | 96~98 | | | [92] |
| $TiCl_4$-$AlR_3$(Al/Ti<1) | | 95[②] | | [12,91] |
| $TiCl_4$-$AlR_3$-$NR_3$ | 100[②] | | | [107] |
| $TiCl_4$-$AlR_3$(1:1) | 65~70[③] | | | [92] |
| α-$TiCl_3$-$AlR_3$ | | 91[②] | | [108] |
| β-$TiCl_3$-$AlR_3$(1:1) | 95[②] | | | [92] |
| γ-$TiCl_3$-$AlR_3$ | | | 高[③④] | [41] |
| $Ti(OR)_4$-$AlR_3$(1:7) | 85~90[③④] | | <90[②] | [12,91] |
| $Ti(OR)_4$-$AlR_2Cl$ | 96~97[②] | | | [109] |
| $VCl_3$-$AlEt_3$ | | 99[②] | | [92,110] |
| $VCl_3$-$AlR_3$ | | 80~90[③④] | | [13,41,57] |
| $VCl_4$-Al($i$-Bu)$_3$ | | 98[②] | | [57] |
| $Fe(OCOR)_3$-BuNCS-$AlEt_3$ | | 高[③⑤] | | [105] |
| $CoCl_2$·2Py-$AlR_2Cl$ | 95[②] | | | [111] |
| $Co(Acac)_3$-$AlEt_2Cl$(1:600) | | | 90[③⑤] | [17,105] |
| $Co(Acac)_2$-$AlEt_2Cl$-$H_2O$(1:600:300) | 98[③⑤] | | | [41,105] |
| $Co(Acac)_2$-$AlEt_2Cl$ | | 高[⑥⑦] | | [18,19,41] |
| $Ni(OCOR)_2$-$BF_3$·PhOH-$AlEt_3$(1:1.5:10) | 高[③⑤] | | | [41,105] |
| $Ni(OCOR)_2$-$BF_3$·$OEt_2$-$AlEt_3$ | 高[③⑤] | | | [104,105] |
| $NdCl_3$·$x$Py-Al($i$-Bu)$_3$(1:30) | | | 95~96[②] | [7] |
| $NdCl_3$·$x$Py-Al($i$-Bu)$_3$ | 96~97[②] | | | [100] |
| $Nd(OCOR)_3$-$AlEt_2Cl$-Al($i$-Bu)$_3$ | 95[②],95[③④] | 高[⑥⑦] | | [18,19,41,77,81,83,112,113] |
| $Nd(OCOR)_3$-$AlEt_2Cl$-THF | 97[②] | | | [110] |

① 聚异戊二烯,主要为 3,4-结构,含有少量的 1,2-结构。
② 聚异戊二烯。
③ 聚[($E$)-1,3-戊二烯]。
④ 等规聚合物。
⑤ 间规聚合物。
⑥ 聚[($E,E$)-2,4-己二烯]。
⑦ 苏式双等规聚合物。

Ziegler-Natta 催化剂聚合对催化共轭二烯烃有很强的立体调节能力,这依赖于过渡金属及其配体的类型、活化剂的类型以及聚合单体的类型。可以看出,共轭二烯烃可以被多种 Ziegler-Natta 催化剂聚合,其在聚合介质中或可溶或不溶[7,114]。非均相 Ziegler-Natta 催化剂聚合的立体定向能力主要取决于催化剂的结构,一般来讲,单体类型对其影响很小。例如,使用 $VCl_3$-$AlEt_3$ 催化剂聚合所有最常见的共轭二烯烃产生的都是反-1,4-结构,而使用 $TiCl_4$-$AlEt_3$(1:1) 制备的聚合物主要是顺-1,4-结构[7]。相反,可溶 Ziegler-Natta 催化剂的聚合立体定向能力强烈地依赖于单体的类型。例如,使用 $Ti(OR)_4$-$AlEt_3$ 聚合丁二烯产生 1,2-间规聚合物,聚合 ($E$)-1,3-戊二烯产生顺-1,4-等规聚合物[12,91];使用 Co($OCOR)_2$-$AlEt_2Cl$-$H_2O$ 聚合丁二烯产生顺-1,4-聚合物,聚合 2,4-己二烯产生的是反-1,4-聚合物[7,18]。

## 5.2.1.2 均相单中心催化剂

均相单中心 Ziegler-Natta 催化剂对共轭二烯烃聚合有活性[16,38-43,115,116]，如半夹心茂金属和四烷氧基钛与 MAO 组成的催化剂 [CpMtX$_n$-MAO 和 Ti(OBu)$_4$-MAO]，其中半夹心茂金属有 CpTiCl$_3$、CpTi(OR)$_3$、CpTiCl$_2$·2THF、[CpTiCl$_2$]$_x$ 和 CpVCl$_2$·2PEt$_3$。这些催化剂可以更好地提供单体结构与聚合过程中的化学和立体选择性之间关系的信息。

CpTiCl$_3$ 和 CpTi(OR)$_3$ 基催化剂催化聚合 1,3-丁二烯、2,3-二甲基-1,3-丁二烯、(E)-2-甲基-1,3-戊二烯和 (Z)-1,3-戊二烯产生顺-1,4-等规聚合物，催化聚合 (E)-1,3-戊二烯产生混合（等二元）顺-1,4/1,2-聚合物，催化聚合 4-甲基-1,3-戊二烯产生 1,2-间规聚合物，催化聚合 (E,E)-2,4-己二烯产生混合 1,2/反-1,4-聚合物。CpTiCl$_2$·2THF、[CpTiCl$_2$]$_x$-MAO 比 CpTiCl$_3$-MAO 催化剂的活性低，但制备的聚合物的类型相同。CpTiCl$_3$ 和 CpTi(OR)$_3$ 基催化剂催化聚合 (Z)-1,3-戊二烯的立体定向性随温度变化，在 20℃制备的聚合物主要含顺-1,4-等规单元，以及少量的 1,2-单元，但是在-30℃制备的却是 1,2-间规聚合物。与 CpTi(OBu)$_3$-MAO 相比，Ti(OBu)$_4$-MAO 催化剂的活性较低，但是用它催化聚合丁二烯和 4-甲基-1,3-戊二烯的立体定向性相同。Ti(OBu)$_4$-MAO 催化聚合 (Z)-1,3-戊二烯时，无论聚合温度如何，产生的都是无规聚合物，顺-1,4-单元、反-1,4-单元和 1,2-单元都存在，顺-1,4-单元占比最大。而 Ti(OBu)$_4$-MAO 聚合 (E,E)-2,4-己二烯几乎可以产生 100%的反-1,4-结构高立构规整聚合物。表 5.3 列出了均相催化剂聚合共轭二烯烃的数据[43]。

上述均相催化剂对 4-甲基-1,3-戊二烯的聚合活性特别高，是丁二烯的 50~100 倍[38,39,43,117]。

如第 4 章所述，半夹心茂金属，无论是以 MAO 为活化剂还是以不含铝的三（五氟苯基）硼等为活化剂，都能间规聚合苯乙烯。

表 5.3 由均相催化剂催化聚合共轭二烯烃①②

| 共轭二烯烃单体 | 催化剂 | 聚合物微结构 | | |
|---|---|---|---|---|
| | | 顺-1,4 /% | 反-1,4 /% | 1,2 /% |
| 1,3-丁二烯 | CpTiCl$_3$-MAO | 80 | 2 | 18 |
| 1,3-丁二烯 | CpTi(OBu)$_3$-MAO | 82 | 2 | 16 |
| 1,3-丁二烯 | Ti(OBu)$_4$-MAO | 81 | 4 | 15 |
| (E)-1,3-戊二烯 | CpTiCl$_3$-MAO | 43 | | 57 |
| (E)-1,3-戊二烯 | CpTi(OBu)$_3$-MAO | 55 | | 45 |
| (E)-1,3-戊二烯 | Ti(OBu)$_4$-MAO | 59 | 28 | 13 |
| (Z)-1,3-戊二烯 | CpTiCl$_3$-MAO | >99 | | |
| (Z)-1,3-戊二烯 | CpTi(OBu)$_3$-MAO | 74 | | 26 |
| (Z)-1,3-戊二烯 | CpTi(OBu)$_3$-MAO | | | >99③ |
| 2,3-二甲基-1,3-丁二烯 | CpTiCl$_3$-MAO | >99 | | |
| (E)-2-甲基-1,3-戊二烯 | CpTiCl$_3$-MAO | >99 | | |
| (E)-2-甲基-1,3-戊二烯 | CpTi(OBu)$_3$-MAO | >99 | | |
| (E)-2-甲基-1,3-戊二烯 | Ti(OBu)$_4$-MAO | | >90 | |
| 4-甲基-1,3-戊二烯 | CpTiCl$_3$-MAO | | | 99 |
| 4-甲基-1,3-戊二烯 | CpTi(OBu)$_3$-MAO | | | >99 |
| 4-甲基-1,3-戊二烯 | Ti(OBu)$_4$-MAO | | | 100 |
| (E,E)-2,4-己二烯 | CpTiCl$_3$-MAO | | 30 | 70 |
| (E,E)-2,4-己二烯 | Ti(OBu)$_4$-MAO | | >99 | |

① 聚合条件：单体 2mL；溶剂（甲苯）16mL；CpTiCl$_3$ 1×10$^{-5}$ mol；MAO/Ti=1000；温度 20℃。
② 源自参考文献 [43]。
③ 聚合温度-30℃。

## 5.2.2 负载半夹心茂金属催化剂

负载的半夹心茂金属催化剂也能催化聚合共轭二烯烃。例如将 $CpTiCl_3$ 负载于氧化铝-硅胶上产生的-O-$TiCpCl_2$ 物种,不需要外加活化剂就能聚合异戊二烯。依赖于氧化铝-硅胶的组成、聚合介质和温度,这些催化剂显示出不同的活性和选择性,制备的聚异戊二烯主要为 3,4-结构和混合 1,2/反-1,4 结构[118,119]。

有趣的是,氧化铝-硅胶载体就足以活化钛茂聚合,如同 MAO-均相钛茂催化剂中的 MAO 一样;而 $CpTiCl_3$ 单独并不能催化聚合共轭二烯烃。

## 5.2.3 $\eta^3$-烯丙基型过渡金属催化剂

π-烯丙基型共轭二烯烃聚合催化剂主要基于以下金属:Ti、Zr、Nb、Cr、Mo、W、Co、Ni、Ru、Rh、Nd 和 U。一般是 Nb、Cr、Mo、W、Ni、Co 和 Rh 的简单 π-烯丙基配合物,也有 π-烯丙基配合物与 Lewis 碱或酸以及其他电子给体或受体反应的衍生物。简单 π-烯丙基型催化剂都溶于聚合稀释剂烃类溶剂中,如 Ni(All)X 和 Cr(All)$_3$,X=Cl、Br、I、$OCOCF_3$。Ni(All)Cl-$TiCl_4$ 等双金属催化剂不溶于烃类溶剂,但是也有聚合活性。虽然某些 π-烯丙基型催化剂的活性和立体定向性可以与 Ziegler-Natta 催化剂媲美,但是它们还没有应用到制备二烯烃聚合物的工业生产中。$\eta^3$-烯丙基过渡金属催化剂是研究共轭二烯烃聚合机理的有效模型。

表 5.4 和表 5.5 给出了一些代表性的用 π-烯丙基型($\eta^3$-烯丙基、$\eta^3$-丁烯基、$\eta^3$-甲基烯丙基和高级 $\eta^3$-烃基的过渡金属衍生物)催化剂制备的 1,3-丁二烯聚合物的微观结构。

大多数的 π-烯丙基型催化剂含有 $\eta^3$-烯丙基、$\eta^3$-丁烯基、$\eta^3$-甲基烯丙基配体:

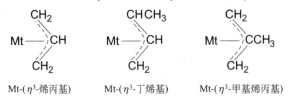

Mt-($\eta^3$-烯丙基)    Mt-($\eta^3$-丁烯基)    Mt-($\eta^3$-甲基烯丙基)

表 5.4 使用 π-烯丙基镍催化剂聚合 1,3-丁二烯

| 催化剂[①②] | 聚合物微观结构 | | | 参考文献 |
|---|---|---|---|---|
| | 顺-1,4 /% | 反-1,4 /% | 1,2 /% | |
| Ni($\eta^3$-$C_4H_7$)Cl | 92 | 6 | 2 | [36,120,121] |
| Ni($\eta^3$-$C_4H_7$)I | <4 | 93~99 | <3 | [36,116,121,122] |
| Ni($\eta^3$-$C_3H_5$)$OCOCCl_3$ | 94 | 4 | 2 | [122] |
| Ni($\eta^3$-$C_3H_5$)$OCOCF_3$ | 96~97 | <2 | 1~2 | [120,123,124] |
| Ni($\eta^3$-$C_{12}H_{19}$)$OCOCF_3$ | 98 | 2 | | [120] |
| Ni($\eta^3$-$C_3H_5$)$OC_6H_2(NO_2)_3$ | 94~97 | 3~4 | <2 | [120,125] |
| Ni($\eta^3$-$C_3H_5$)$OC_6H_2Br_3$ | | 96~97 | 3~4 | [122,126] |
| Ni($\eta^3$-$C_3H_5$)$OSO_2C_6H_4CH_3$ | 96 | | 4 | [33,125] |

续表

| 催化剂[①][②] | 聚合物微观结构 | | | 参考文献 |
|---|---|---|---|---|
| | 顺-1,4 /% | 反-1,4 /% | 1,2 /% | |
| [Ni($\eta^3$-C$_3$H$_5$)P(OPh)$_3$]PF$_6$ | 5 | 94 | 1 | [127] |
| [Ni($\eta^3$-C$_3$H$_5$)SbPPh$_3$]PF$_6$ | 88 | 9 | 3 | [127] |
| Ni($\eta^3$-C$_3$H$_5$)$_2$-Cl$_3$CCOOH | 95 | 4 | 1 | [126] |
| Ni($\eta^3$-C$_4$H$_7$)OCOCF$_3$-F$_3$CCOOH | 50 | 49 | 1 | [128] |
| Ni($\eta^3$-C$_3$H$_5$)OCOCF$_3$-EtOH | | 96 | 4 | [128] |
| Ni($\eta^3$-C$_{12}$H$_{19}$)OCOCF$_3$-EtOH | | 96 | 4 | [128] |
| Ni($\eta^3$-C$_3$H$_5$)OCOCF$_3$-PhNO$_2$ | 50 | 50 | | [124] |
| Ni($\eta^3$-C$_3$H$_5$)OCOCF$_3$-P(OPh)$_3$ | | 99 | | [124] |
| Ni($\eta^3$-C$_3$H$_5$)OCOCF$_3$-芳烃(C$_6$H$_6$) | 49 | 49 | 2 | [124,128] |
| Ni($\eta^3$-C$_4$H$_7$)Cl-Cl$_3$CCHO | 95 | 4 | 1 | [122] |
| Ni($\eta^3$-C$_4$H$_7$)Cl-THF | 54 | 41 | 5 | [120,126] |
| Ni($\eta^3$-C$_4$H$_7$)I-p-氯醌 | 97 | 2 | 1 | [122] |
| Ni($\eta^3$-C$_4$H$_7$)$_2$-p-氯醌[③] | 94 | 3 | 3 | [129] |
| Ni($\eta^3$-C$_4$H$_7$)$_2$-NiI$_2$ | | 95 | 5 | [126] |
| Ni($\eta^3$-C$_3$H$_5$)$_2$-SnCl$_2$ | 52 | 46 | 2 | [130] |
| Ni($\eta^3$-C$_3$H$_5$)$_2$-SnI$_4$ | | 95 | 5 | [126,130] |
| Ni(C$_8$H$_{12}$)-HI[④] | | 高 | | [131,132] |
| Ni(C$_8$H$_{12}$)-F$_3$CCOOH[④] | 高 | | | [129,132] |
| Ni(C$_{12}$H$_{18}$)-HI[⑤] | 100 | | | [37,131,133] |
| Ni(C$_{12}$H$_{18}$)-F$_3$CCOOH[⑤] | 92 | 4 | 4 | [37,131,133] |
| Ni(C$_{12}$H$_{18}$)-ClF$_2$CCOOH[⑤] | 50 | 50 | | [37,129,134] |

[①] 可能存在的催化剂缔合没有表示出来。
[②] $\eta^3$-C$_3$H$_5$=π-烯丙基；$\eta^3$-C$_4$H$_7$=π-丁烯基；$\eta^3$-C$_8$H$_{13}$=π-(辛-2,6-二烯-1-基)；$\eta^3$-C$_{12}$H$_{19}$=π-(十二-2,6,10-三烯-1-基)。
[③] $\eta^3$-C$_4$H$_7$=π-甲基烯丙基。
[④] 单(π-烯丙基)$\eta^3$-C$_8$H$_{13}$镍由双(π-烯丙基)镍Ni(C$_8$H$_{12}$)在聚合体系中产生[132]。
[⑤] 单(π-烯丙基)$\eta^3$-C$_{12}$H$_{19}$镍由双(π-烯丙基)镍Ni(C$_{12}$H$_{18}$)在聚合体系中产生[37]。

表5.5 使用π-烯丙基过渡金属催化剂聚合1,3-丁二烯

| 催化剂[①][②] | 聚合物微观结构 | | | 参考文献 |
|---|---|---|---|---|
| | 顺-1,4 /% | 反-1,4 /% | 1,2 /% | |
| Nb($\eta^3$-C$_3$H$_5$)$_3$ | 1 | 2 | 97 | [135] |
| Nb($\eta^3$-C$_4$H$_7$)$_3$ | | | 100 | [122,136] |
| Nb($\eta^3$-C$_4$H$_7$)$_2$Cl | 91 | 5~5.5 | 3.5~4 | [122,136] |
| Cr($\eta^3$-C$_3$H$_5$)$_3$ | | 10 | 90 | [137] |
| Cr($\eta^3$-C$_3$H$_5$)$_2$Cl | 90 | 5 | 5 | [120] |
| Cr($\eta^3$-C$_3$H$_5$)$_2$OCOCCl$_3$ | 93 | 4 | 3 | [136,138,139] |
| Cr($\eta^3$-C$_4$H$_7$)$_2$OCOCCl$_3$ | 93 | 4 | 3 | [122] |
| Cr($\eta^3$-C$_3$H$_5$)$_3$-Cl$_3$CCOOH | 93 | | | [137] |
| Cr($\eta^3$-C$_3$H$_5$)$_3$-0:5O$_2$ | | 92.5~93 | <7.5 | [137,140] |
| Cr($\eta^3$-C$_3$H$_5$)$_3$-TiI$_4$ | 90 | 6 | 4 | [126,137] |
| Cr($\eta^3$-C$_4$H$_7$)$_3$-NiBr$_2$ | | 95 | 5 | [126] |
| Mo($\eta^3$-C$_4$H$_7$)$_4$ | | 2 | 98 | [141] |
| Mo($\eta^3$-C$_3$H$_7$)$_3$Cl | | | 90 | [142] |
| Mo($\eta^3$-C$_4$H$_7$)$_4$-I$_2$ | | 2 | 98 | [141] |

续表

| 催化剂[①][②] | 聚合物微观结构 | | | 参考文献 |
|---|---|---|---|---|
| | 顺-1,4 /% | 反-1,4 /% | 1,2 /% | |
| $Mo(\eta^3\text{-}C_4H_7)_4\text{-}CH_2=CHCH_2I$ | | 0.5 | 99.5 | [122] |
| $Mo(\eta^3\text{-}C_4H_7)_4\text{-}Cl_3CCOCl$ | | 0.5 | 99.5 | [143,144] |
| $Co(\eta^3\text{-}C_8H_{13})(C_4H_6)$ | 1 | 1 | 98 | [7] |
| $Co(\eta^3\text{-}C_8H_{13})(C_4H_6)\text{-}CS_2$ | | | 100[③] | [103] |
| $Co(\eta^3\text{-}C_3H_5)_2I$ | 高 | | | [37] |
| $Co(\eta^3\text{-}C_4H_7)_3\text{-}2HCl$ | 91.5 | 1.5 | 7 | [122] |
| $Co(\eta^3\text{-}C_4H_7)_3\text{-}I_2$ | 45 | 12 | 43 | [137,145] |
| $Rh(\eta^3\text{-}C_4H_7)_3$ | | 94 | 6 | [122,137] |
| $Nd(\eta^3\text{-}C_3H_5)_3 \cdot DOX$ | 3 | 93 | 4 | [146] |
| $Nd(\eta^3\text{-}C_3H_5)_3 \cdot DOX\text{-}AlEtCl_2$[④] | 94 | 5 | 1 | [146] |
| $Li[Nd(\eta^3\text{-}C_4H_7)_4] \cdot DOX$ | 2.6 | 92.8 | 4.6 | [81] |
| $U(\eta^3\text{-}C_3H_5)_3Cl$ | 99 | 0.7 | 0.3 | [74,147] |
| $U(\eta^3\text{-}C_3H_5)_3Br$ | 98.5 | 1.0 | 0.5 | [147] |
| $U(\eta^3\text{-}C_3H_5)_3I$ | 98.5 | 1.2 | 0.3 | [147] |

① 可能存在的催化剂缔合没有表示出来。
② $\eta^3\text{-}C_3H_5=\pi\text{-}烯丙基$；$\eta^3\text{-}C_4H_7=\pi\text{-}丁烯基$；$\eta^3\text{-}C_8H_{13}=\pi\text{-}(辛\text{-}2,6\text{-}二烯\text{-}1\text{-}基)$。
③ 间规聚合物。
④ 根据定义为 Ziegler-Natta 催化剂。

高级 $\eta^3$-烃基过渡金属衍生物是由以下反应得到双（π-烯丙基）金属化合物经过部分的质子传递作用形成的，在低温（如 $-40℃$）极性溶剂中，将环辛-1,5-二烯金属化合物和1,3-丁二烯在适量配体存在下与一当量的 Brønsted 酸反应。例如，$Ni(C_8H_{12})_2[Ni(Cod)_2]$ 和 1,3-丁二烯 $C_4H_6$ 反应，再用 Brønsted 酸处理，可以制备得到 $Ni(\eta^3\text{-}C_8H_{13})$ 和 $Ni(\eta^3\text{-}C_{12}H_{19})$，如式(5-1)[132] 和式(5-2)[37] 所示：

$$(5\text{-}1)$$

$$(5\text{-}2)$$

π-烯丙基催化剂催化聚合共轭二烯烃的活性和立体定向性取决于金属的类型和配体的性质。例如 Cr(All)$_3$[137] 和 Co($\eta^3$-C$_8$H$_{13}$)(C$_4$H$_6$)-CS$_2$[103] 产生 1,2-聚丁二烯，Cr(All)$_2$Cl[120]、Cr(All)$_2$I[134] 和 U(All)$_2$Cl[147] 产生顺-1,4-聚丁二烯，Nd(All)$_3$·DOX 产生反-1,4-聚丁二烯[146]，而 Co($\eta^3$-C$_4$H$_7$)$_3$-I$_2$ 产生 eb-顺-1,4/1,2-聚丁二烯[137,145]（表 5.5）。

Ni(All)X 型催化剂的聚合活性以及制备的 1,4-聚丁二烯的微观结构强烈地依赖于 X 的性质。带有吸电子 Cl[120,121] 或阴离子 F$_3$CCOO$^-$、Cl$_3$CCOO$^-$[120-124] 的 π-烯丙基配合物制备的聚合物有高含量的顺-1,4-单元。然而，甚至连吸电子基团或阴离子配体的性质也会引起聚合物的微观结构的变化。例如，$\eta^3$-烯丙基氯化镍[36,120,121] 和 $\eta^3$-烯丙基苦味酸镍[36,120,125] 产生的是顺-1,4-聚丁二烯，而 $\eta^3$-丁烯基碘化镍[36,116,121,122] 和 $\eta^3$-烯丙基-2,4,6-三溴苯酚镍[122,126] 产生的却是反-1,4-聚丁二烯。很有趣，在 $\eta^3$-丁烯基碘化镍中加入电子受体（对氟苯胺）会改变催化剂的立体定向性，产生顺-1,4-聚丁二烯[122]。在 $\eta^3$-烯丙基卤化镍或 $\eta^3$-烯丙基三卤乙酸镍中加入电子给体或 Lewis 碱会降低聚丁二烯中顺-1,4-单元的含量，增加反-1,4-单元的含量。例如，$\eta^3$-烯丙基三氟乙酸镍制备的聚丁二烯主要含有顺-1,4-单元[123,124]，加入电子给体苯后，产生的聚合物为 eb-顺-1,4/反-1,4-聚丁二烯[124,128]，加入 P(OPh)$_3$ 会产生反-1,4-聚丁二烯[124]。$\eta^3$-烯丙基三氟乙酸镍和 $\eta^3$-丁基卤化镍在烃类溶剂中产生顺-1,4-聚丁二烯[36,120-124]，在 EtOH 或 THF 中却产生 eb-顺-1,4-/反-1,4[120,126] 或反-1,4-聚丁二烯[128]。在双($\eta^3$-烯丙基)金属催化剂中加入 Lewis 酸会增加催化剂的活性，这种催化剂易于形成反-1,4-结构聚合物，也可以形成顺-1,4-结构，有赖于过渡金属上的配体以及 Lewis 酸金属上的取代基[126,130]（表 5.4）。

π-烯丙基过渡金属衍生物形成的催化剂负载于氧化铝、硅胶或氧化铝-硅胶后其活性将增加，而立体定向性取决于催化剂载体的性质。例如，Cr(All)$_3$ 主要产生 1,2-聚丁二烯[137]，当它负载于硅胶或硅胶-氧化铝上后变成了立体定向催化剂，产生反-1,4-聚丁二烯，负载于氧化铝上产生顺-1,4-聚丁二烯[148]。增加 π-烯丙基镍-硅胶-氧化铝中硅胶的含量会增加顺-1,4-单体单元的含量[149]。

## 5.2.4 不需有机金属或金属氢化物活化的过渡金属盐催化剂

催化共轭二烯烃聚合还有另外一类催化剂，它们是不预含金属-碳键的过渡金属基催化剂[27-35,150-158]。这些催化剂包括单金属前体（如 Rh、Co 和 Ni 盐）和双金属前体（如 CoCl$_2$-AlCl$_3$）。有些溶于聚合介质中，如 Rh(NO$_3$)$_3$ 溶于质子溶剂（ROH、H$_2$O）中[27,150-154]，CoCl$_2$-AlCl$_3$ 溶于非质子溶剂中[155-157]，其他的一些不溶于聚合介质，如 TiCl$_4$-Ni(PCl$_3$)$_4$[158]。

铑盐如 Rh(NO$_3$)$_3$·2H$_2$O 和 RhCl$_3$·3H$_2$O 在质子溶剂中或水乳液中对丁二烯聚合有活性，产生反-1,4-聚丁二烯（≥99%）[27,28,150-154]。已经证明，该体系形成的增长活性种具有铑-氢键，存在于水溶液中或铑盐的其他相关溶剂中，丁二烯向铑-氢键插入。

几种双金属催化剂能制备顺-1,4-聚丁二烯，如 TiCl$_4$-Ni(PCl$_3$)$_4$[158]、CoCl$_2$-AlCl$_3$ 和 CoCl$_2$-AlCl$_3$-Al[155-157]。这些体系中的活性金属-碳键由二烯单体向高氧化态过渡金属-氯键插入形成，或者由二烯单体和低氧化态金属氧化加成产生。

某些基于过渡金属羰基化合物和金属卤化物的双金属催化剂具有各种立体定向性，例如

$Ni(CO)_4$-$VCl_4$ 和 $Ni(CO)_4$-$WCl_6$ 催化剂产生顺-1,4-聚丁二烯，$Co_2(CO)_8$-$MoCl_5$ 催化剂产生 1,2-聚丁二烯[35]。

## 5.3 聚合机理和立体化学

使用过渡金属基催化剂聚合共轭二烯烃是插入机理，增长链端的金属或连有 $\eta^3$-烯丙基配体（配位单体插入后）或连有 $\eta^1$-烯丙基配体（配位单体插入前）。单体重复插入到金属-碳键进行链增长，每一增长步中，活性中心的配体在 π-烯丙基和 σ-烯丙基之间交替［式(2-3)］[7]。

共轭二烯烃和单烯烃聚合具有某些共性。已经制备了几种单烯烃/1,3-二烯烃的共聚物，如使用氯化或氯氧化过渡金属（V，Ti）和三异丁基铝组成的 Ziegler-Natta 催化剂可以制备出乙烯/丁二烯[159] 和丙烯/丁二烯[160] 的交替共聚物。

但是，共轭二烯烃和单烯烃的共聚没有仅仅涉及二烯烃的共聚那样容易。因为共轭二烯烃聚合中有 π-烯丙基键，它比相应的 σ 键稳定得多，乙烯或 α-烯烃向金属-碳 π 键插入比向金属-碳 σ 键插入困难。共轭二烯烃聚合最显著的特征是具有 π-烯丙基型活性种，这使得共轭二烯烃的高活性催化剂对乙烯和 α-烯烃的活性很低（如可溶的 Ziegler-Natta 催化剂 $CoCl_2 \cdot 2Py$-$AlEt_2Cl$-$H_2O$[99] 和 $Ni(OCOR)_2$-$BF_3 \cdot OEt_2$-$AlEt_3$[105]）。另外，对乙烯和 α-烯烃聚合有高活性的非均相 Ziegler-Natta 催化剂对共轭二烯烃聚合[7]（以及苯乙烯的等规定向聚合[161]）也有显著的活性，如 $TiCl_4$-$AlEt_3$、$TiCl_3$-$AlEt_3$ 和 $VCl_3$-$AlEt_3$。

与非均相 Ziegler-Natta 催化剂相反，第 4 族过渡金属的双环戊二烯衍生物，具有 $14d^0$ 电子结构的阳离子茂金属很难促进共轭二烯烃的聚合，这是因为共轭二烯烃是四电子给体，而单烯烃是两电子给体（对共轭二烯烃具有活性的催化剂是半夹心茂金属基催化剂）。然而有报道[162] 称，$Cp_2ZrCl_2$-MAO 可以催化乙烯和丁二烯无规共聚。

### 5.3.1 聚合机理和动力学

通过 $^1$H NMR 研究简单的 π-烯丙基镍衍生物 $[Ni(\eta^3$-丁基$)I]_2$ 和 1,3-丁二烯体系，人们弄清楚了共轭二烯烃聚合的引发步骤。使用非氘代催化剂 $[Ni(\eta^3$-$C_4H_7)I]_2$ 和全氘代单体（$C_4D_6$），以及全氘代催化剂 $[Ni(\eta^3$-$C_4D_7)I]_2$ 和非氘代单体（$C_4H_6$），已经证明第一个单体是向镍-丁基插入[163]。共轭二烯烃向 π-烯丙基型金属-碳键插入的详细信息已经得到，1,3-丁二烯向 $[Pd(\eta^3$-$C_4H_7)Cl]_2$ 插入的速率相当慢，可以用 $^1$H NMR 谱跟踪监测。第一步是丁二烯和钯配位，形成 $\eta^1$-烯丙基物种，它和 $\eta^3$-烯丙基物种之间存在平衡：

$$\frac{1}{2}\left[\begin{array}{c}Cl\quad CHCH_3\\ \diagdown\;\diagup\\ Pd—CH\\ \diagup\quad\diagdown\\ \quad\;CH_2\end{array}\right]_2 + C_4H_6 \rightleftharpoons \begin{array}{c}Cl\quad CHCH_3\\ \diagdown\;\diagup\\ Pd\quad CH\\ \diagup\quad\diagdown\\ C_4H_6\quad CH_2\end{array} \quad (5\text{-}3)$$

第二步，配位丁二烯向 Pd-($\eta^1$-$C_4H_7$) 键插入，烯丙基向配位单体迁移。插入后形成

$\eta^3$-丁烯基[164,165]。

氘代丁二烯（$CD_2=CH-CH-CD_2$）和简单 π-丁烯基镍衍生物 $[Ni(\eta^3-C_4D_6H)I]_2$ 反应的 $^1H$ NMR 谱分析表明，共轭二烯烃的增长反应和引发插入与上述的类似[166]。

链终止反应有多种，对这个过程研究最多的是使用 Ziegler-Natta 催化剂聚合丁二烯和异戊二烯体系，其制备的顺-1,4-聚合物有重要的商业价值。根据催化剂和聚合条件的不同，链终止反应可能有向单体和/或烷基铝活化剂的链转移，向聚合体系中加入的链转移剂的转移以及自发链终止[7]。

在不同的聚合体系中，向单体链转移的程度或大或小。对于 $Co(Acac)_2$-$AlEt_2Cl$-$H_2O$[167]、$Ti(OR)_4$-$AlEt_3$[168]、$TiCl_4$-$AlR_3$[169,170]、$Ni(OCOR)_2$-$AlEt_2Cl$[71] 等 Ziegler-Natta 催化剂，以及不需要烷基铝的单金属 Rh 催化剂[171]，其催化聚合丁二烯和异戊二烯的链终止反应主要是向单体的链转移，这也是调剂分子量的主要方法。

在几种类型的聚合中也观察到了增长链向活化剂烷基铝的链转移反应。使用 $Nd(OCOR)_3$-$AlEt_2Cl$-$Al(i-Bu)_3$[71,89] 和 $TiI_4$-$Al(i-Bu)_3$-$O(i-Pr)_2$[48] 聚合丁二烯，以及使用 $VCl_3$-$AlR_3$ 聚合异戊二烯[172] 的主要链终止反应就是这种类型。在 Nd 基催化剂中，随着 $Al(i-Bu)_3$/$Nd(OCOR)_2$ 摩尔比增大，产物（顺-1,4-丁二烯）的分子量下降。对于 Nd 催化剂而言，向烷基铝的链转移是调节分子量的最实用方法。其反应如下所示[7]：

$$Nd-\overset{CH_2}{\underset{CHCH_2-P_n}{CH}} + AlR_3 \longrightarrow Nd-R + R_2Al-CH_2-CH=CH-CH_2-P_n \qquad (5-4)$$

为了调节聚合物产物的分子量，可以在聚合体系中引入各种链转移剂。链转移剂的性质是多样性的，如累积二烯烃（丙二烯衍生物，如 1,2-丁二烯），即使在低浓度时也特别有效，而乙烯、α-烯烃（如丙烯）以及氢气是用作降低聚合物分子量[173,174]。累积二烯烃的链转移作用机理还不清楚。使用 $CoCl_2 \cdot 2Py$-$AlEt_2Cl$ 聚合丁二烯的体系中，向乙烯的链转移反应如式(5-5) 所示，乙烯是烯烃中最有效的链转移剂：

$$Co-\overset{CH_2}{\underset{CHCH_2-P_n}{CH}} \xrightarrow{CH_2=CH_2} Co-CH_2-CH_2-CH_2-CH=CH-CH_2-P_n \qquad (5-5)$$

$$\longrightarrow Co-H + CH_2=CH-CH_2-CH=CH-CH_2-P_n$$

与氢反应后产生终止的聚合物链和 Mt—H 物种，Mt—H 和单体反应后再形成 $\eta^3$-烯丙基[7]：

$$Mt-H + C_4H_6 \longrightarrow Mt-\overset{CH_2}{\underset{CHCH_3}{CH}} \qquad (5-6)$$

共轭二烯烃的自发链转移反应比单烯烃的复杂很多，原则上有两种类型的反应。第一种为单核终止，金属从聚合物链上提取一个氢原子产生 Mt—H 键［式(5-7)］，Mt—H 键和单体反应后再生为 Mt—[$\eta^3$-(All)]：

$$\text{Mt} \overset{\text{CH}_2}{\underset{\text{CHCH}_2-\text{P}_n}{\diagdown\text{CH}\diagup}} \longrightarrow \text{Mt}-\text{H} + \text{CH}_2=\text{CH}-\text{CH}=\text{CH}-\text{P}_n \tag{5-7}$$

第二种为双分子终止，Mt—[$\eta^3$-(All)] 键均裂，形成带有自由基的聚合物链和低氧化态的金属：

$$\text{Mt} \overset{\text{CH}_2}{\underset{\text{CHCH}_2-\text{P}_n}{\diagdown\text{CH}\diagup}} \longrightarrow \text{Mt} + \cdot\text{CH}_2-\text{CH}=\text{CH}-\text{CH}_2-\text{P}_n \tag{5-8}$$

自由基链形成封端聚合物，它可能通过与另一个自由基链偶联，或者歧化，或者从聚合稀释剂中提取一个氢。按照式(5-7)，单核终止产生 Mt—H 物种，并没有终止聚合动力学链，$\pi$-烯丙基 Co 和 Ni 基催化剂就是这种链终止方式[40,85,175,176]。双分子终止还原了金属物种，终止了聚合动力学链，常发生在 V-基非均相 Ziegler-Natta 催化剂[172] 和 Ti-基可溶 Ziegler-Natta 催化剂中[48]，可观察到这些聚合体系的催化剂活性会快速下降[7]。

共轭二烯烃聚合动力学研究表明，大多数情况下，单体和催化剂浓度对聚合速率都是一级的。例如，$TiCl_4$-$AlEt_3$（1：1）催化聚合异戊二烯形成顺-1,4-聚合物的聚合速率可表示为[177]：

$$R_p = k_p \times [M]^1 \times [MtX_n]^1 \times [A]^1$$

$Co(Acac)_3$-$AlEt_2Cl$-$H_2O$ 催化聚合丁二烯形成顺-1,4-聚合物的聚合速率如下所示[167]：

$$R_p = k_p \times [M]^1 \times [MtX_n]^1$$

只要 Co 前体的浓度较低，$H_2O$ 的浓度保持不变，则聚合速率和活化剂 $AlEt_2Cl$ 的浓度无关（$R_p \approx [A]^0$）。

对于丁二烯和异戊二烯形成反-1,4-聚合物的聚合而言，报道的动力学数据相当缺乏；$VOCl_3$-Al（$i$-Bu）$_3$ 催化体系的聚合速率对单体呈一级关系[178]。

各种 Ziegler-Natta 催化剂［如 Ti（OBu）$_4$-$AlEt_3$］[168] 催化聚合丁二烯为 1,2-聚合物的动力学研究表明，聚合速率对单体和催化剂都是一级的。

各种 $\pi$-烯丙基催化剂催化聚合共轭二烯烃的聚合速率对单体浓度呈一级关系。聚合速率对催化剂的级数表明，$\pi$-烯丙基过渡金属配合物在聚合条件下有不同程度的缔合；[Ni($\eta^3$-All)OCOCF$_3$] 和 Ni($\eta^3$-All)X·LA 为一级依赖关系[126,176,179]，而 [Pd($\eta^3$-C$_4$H$_7$)Cl]$_2$ 和 [Ni($\eta^3$-All)X]$_2$ 的级数为 0.5[124,126,180]。

## 5.3.2 链增长反应的区域专一性和化学选择性

丁二烯配位聚合中最后一个插入的单体单元成为丁烯基，以 $\eta^3$-烯丙基形式和金属配位相连，它有两种形式，反式(anti) 和顺式(syn)：

反式　　　　　　　　顺式

不对称取代1,3-丁二烯的最典型的代表是异戊二烯和1,3-戊二烯，其聚合时产生两种不同的位置异构体。异戊二烯在插入到金属-碳键后形成两种异构化的$\eta^3$-烯丙基，每一种异构体还有顺反两种形式（此处只给出了顺式形式）：

顺式　　　　　　　　顺式

对于1,3-戊二烯，从理论上讲，有下列$\eta^3$-烯丙基存在（此处只给出了顺式形式）：

顺式　　　　　　　　顺式

$^1$H NMR 研究表明，大多数定向聚合催化剂催化聚合异戊二烯主要形成$\eta^3$-[$CH_2C(Me)CHCH_2$-$P_n$]基团，而1,3-戊二烯主要形成$\eta^3$-[$CH_2CHCHCH(Me)$-$P_n$]基团[7]。因此，这种高区域专一性插入方式将形成高区域规则的聚合物。

聚合的化学选择性，也就是共轭二烯烃以1,4-方式还是1,2-方式链接到聚合物中，取决于最后插入的单体是$C_1$还是$C_3$链接。通过Mt—$C_1$键（反式和顺式）链接产生1,4-单体单元（分别形成顺式和反式双键），通过Mt—$C_3$键（反式和顺式）链接产生1,2-单体单元，丁二烯聚合的例子如下所示：

(5-9)

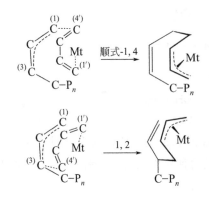

**图 5.3** 共轭二烯烃聚合物形成顺-1,4（端单取代二烯烃时形成等规结构）二元组和 1,2（间规）二元组的示意图。最后插入的单体单元（作为 $\eta^3$-烯丙基配位）位于平面之下，前来配位的单体位于平面之上，金属位于平面。

各种催化剂与 $\eta^3$-丁基的连接方式是 $C_1$ [式(5-9)(a)] 还是 $C_3$ [式(5-9)(b)]，这既有立体因素，也有电子因素，但现在还没有彻底解释。各种 Ziegler-Natta 催化剂催化聚合 4-甲基-1,3-戊二烯等不对称取代 1,3-丁二烯可以解释为空间效应[181]。很显然，不对称取代丁二烯聚合中，由 $C_3$ 连接形成的单体单元的类型将取决于 π-烯丙基配体的类型。$\eta^3$-[$CH_2C(Me)CHCH_2$-$P_n$] 产生 3,4-异戊二烯单元，$\eta^3$-[$CH_2CHC(Me)CH_2$-$P_n$] 产生 1,2-异戊二烯单元。$\eta^3$-[$CH(Me)CHCHCH_2$-$P_n$] 产生 1,2-戊二烯单元，$\eta^3$-[$CH_2CHCHCH(Me)$-$P_n$] 产生 3,4-戊二烯单元。已经证实，几种 Ziegler-Natta 催化剂催化聚合 4-甲基-1,3-戊二烯只能产生 1,2-聚合物，不能产生 1,4-单体单元，即使使用了丁二烯和异戊二烯的 1,4-聚合催化剂（如 $TiCl_4$-$AlR_3$ 和 α-$TiCl_3$-$AlR_3$）同样如此[46,181,182]。丁二烯和异戊二烯形成的丁基配体 $\eta^3$-[$CH_2CHCHCH_2$-$P_n$]、$\eta^3$-[$CH_2C(Me)CHCH_2$-$P_n$] 和 $\eta^3$-[$CH_2CHC(Me)CH_2$-$P_n$] 的 $C_1$ 原子取代较少，比 $C_3$ 更具反应性，因此 1,4-聚合物比 1,2-聚合物或 3,4-聚合物更容易形成。然而 4-甲基-1,3-戊二烯形成的丁基配体 $\eta^3$-[$C(Me)_2CHCHCH_2$-$P_n$] 的 $C_3$ 原子取代较少，比 $C_1$ 更具反应性，因此形成了 1,2-聚合物。

综上所述，不能将聚丁二烯中的 1,2-结构单元仅仅归因于丁基基团 $C_1$ 和 $C_3$ 原子的立体位阻，该基团的 $C_3$ 比 $C_1$ 的取代基更多。1,2-聚丁二烯的形成有其他的解释（图 5.3）[181]，该解释基于 Ti、V、Cr、Mo、Co 基前体与三烷基铝组成的可溶 Ziegler-Natta 催化剂的聚合结果。这些聚合结果表明：聚丁二烯中非 1,2-单体单元主要是顺-1,4-结构；某些催化剂制备的聚丁二烯有高含量的顺-1,4-单元，或者混合顺-1,4/1,2-结构；Mo 和 Co 基催化剂能形成 eb-顺-1,4/1,2-结构的聚丁二烯。

根据图 5.3 所示，顺-1,4-单元或 1,2-单元的形成取决于前来配位的单体分子中的 $C_4$ 原子与丁基基团中的 $C_1$ 还是 $C_3$ 反应。金属取代基或单体的性质都可能引起前来配位的单体和最后插入的单体单元的相对位置的微小变化，这将导致产生两种不同的单体单元。例如 $Ti(OR)_4$-$AlEt_3$ 催化剂体系[183-185] 产生等二元顺-1,4/1,2-聚丁二烯；图 5.3 所示的两种反应模式在该体系中发生的概率可能相等[7,41]。图 5.3 也能解释同一种催化剂能产生 1,2-聚丁二烯[9] 和顺-1,4-聚戊二烯[12] 的现象。然而，图 5.3 给出的解释并不普遍有效。还有其他一些因素影响着 1,2-单元的形成，现在还未完全清楚[7]。

Ziegler-Natta 催化剂[186] 和 π-烯丙基镍[187] 催化剂催化聚合 1,3-环己二烯是共轭二烯烃配位聚合的非常有趣的实例，它具有高的化学选择性，形成的聚合物主要含有 1,4-单体单元。

## 5.3.3　1,4-链增长反应的顺-反异构化

单体 1,4-插入的链接模式，即聚合物中反-1,4-单体单元和顺-1,4-单体单元的形成，取

决于增长链最后插入的单体单元的顺式或反式结构。1,3-丁二烯聚合形成顺-1,4-单元和反-1,4-单元的可能机理如下所示[7]：

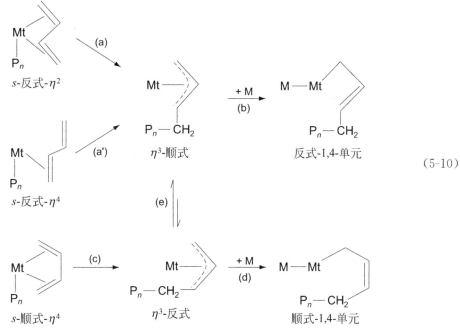

(5-10)

反式 $\eta^3$-丁基形成顺-1,4-单元，而顺式形成反-1,4-单元，$\eta^3$-丁基的顺反形式与单体和催化剂金属的配位模式有关。

共轭二烯烃分子可以通过一个双键和金属配位，形成 s-反式-$\eta^2$ 配体，或者以两个双键配位，形成 s-顺式-$\eta^4$ 或 s-反式-$\eta^4$ 配体[188]。反型配位单体（作为 s-反式-$\eta^2$ 或 s-反式-$\eta^4$ 配体）插入到金属-碳键后，增长链端成为顺-$\eta^3$-烯丙基结构。而顺型配位单体（作为 s-顺式-$\eta^4$ 配体）形成反-$\eta^3$-烯丙基结构。

$\pi$-烯丙基配体的顺反形式处于平衡中。如果丁基基团的 $C_2$ 原子上有大的取代基，则室温下平衡将完全移向顺式结构，它在热力学上比反式结构稳定许多[148,189]。因此，如果反→顺异构化［式(5-10) 路径（e）］的速率比插入速率快，那么无论配位的单体是反型［式(5-10) 路径（a）→(b) 和（a'）→(b)］还是顺型［式(5-10) 路径（c）→(e)→(b)］都将形成反-1,4-单体单元，当异构化速率小于插入速率时，顺型配位单体就可以形成顺-1,4-单体单元［式(5-10) 路径（c）→(d)］。

已经在多个聚合体系中发现了反→顺异构化，如 $Co(Acac)_2$-$AlEt_2Cl$，$Nd(OCOR)_3$-$AlEt_2Cl$-$Al(i$-$Bu)_3$ 催化聚合丁二烯产生的是顺-1,4-聚合物，而催化聚合 2,4-己二烯产生的却是反-1,4-聚合物[19]。2,4-己二烯的聚合速率比 1,3-丁二烯的低，这可能是由于甲基取代基的空间位阻造成的。由于插入速率较慢，反-$\eta^3$-烯丙基配体在单体插入前有足够的时间异构化为顺式。Co 和 Nd 基催化剂催化共聚 1,3-丁二烯/2,4-己二烯的结果也可以如此解释[190]。共聚物中丁二烯的含量很高（>90%，摩尔分数），顺-1,4-结构的己二烯单元被丁二烯单元分隔开。丁二烯向链接有己二烯单元的活性种 Mt—[$\eta^3$-$CH(Me)CHCHCH(Me)$—$P_n$] 的插入比己二烯快，这种活性种在插入反应前不能由反式异构化为顺式。因此，己二烯的反-1,4-含量在共聚物中下降[7]。

在非常低的单体浓度下，几种 Ti、Co 和 Ni 基催化剂催化聚合丁二烯的顺-1,4-结构含量下降，反-1,4-结构含量上升，这也可以用反→顺异构化解释。相比于高单体浓度，低单体浓度下增长速率下降，而异构化速率相对增加[191,192]。

多种催化剂，尤其是可溶的，都可以通过反→顺异构化［式(5-10) 路径（c）→(e)→(b)］产生反-1,4-聚合物。非均相催化剂催化聚合共轭二烯烃（Z）—$CH_2$=CH—CH=CHR 形成反-1,4-结构聚合物，路径为（a）→(b) 和（a'）→(b)［式(5-10)］，因为它优先以 $s$-反式-$\eta^2$ 或 $s$-反式-$\eta^4$ 形式配位[13,193]。

式(5-10) 中的反应也能解释聚合体系外加 Lewis 碱或酸（或其他电子给体和受体）对聚合物微观结构的影响。如表 5.4 和表 5.5 所示，一些产生顺-1,4-聚丁二烯的高立体定向催化剂体系在加入 Lewis 碱或其他电子给体后将产生反-1,4-聚丁二烯（或 eb-顺-1,4/反-1,4-聚丁二烯）。这种现象可如下解释，外加组分占据了过渡金属的一个配位点，迫使前来配位的单体形成 $s$-反式-$\eta^2$ 配体。当外加组分的碱性和单体相当时，单体将和 Lewis 碱（电子给体）竞争配位[7]：

$$\text{Mt}\underset{CHCH_2-P_n}{\overset{CH_2}{-}}CH + LB \rightleftharpoons \text{Mt}\underset{CHCH_2-P_n}{\overset{CH_2}{-}}CH \atop LB \tag{5-11}$$

催化剂和 Lewis 碱或其他电子给体配位后对聚合物微观结构的影响有不同方式。如果外加组分占据一个配位点，单体只能以一个双键在另一点配位，也就是形成 $s$-反式-$\eta^2$ 配体，将按照路径（a）→(b)［式(5-10)］形成反-1,4-单体单元。根据催化剂和单体的配合物以及与电子给体的配合物的寿命的长短，可以形成混合顺-1,4/反-1,4-聚丁二烯或 eb-顺-1,4/反-1,4-聚丁二烯。其实，有些催化体系不加 Lewis 碱或其他电子给体也能形成 eb-顺-1,4/反-1,4-聚丁二烯，这些体系中的反-顺异构化平衡不移动，顺型和反型配体反应路径进行的概率相等[7]。

式(5-10) 中的反应也能解释聚合体系外加 Lewis 酸或其他电子受体对 π-烯丙基催化剂的影响。离子或电荷转移配合物的形成利于共轭二烯烃以 $s$-顺式-$\eta^4$ 形式配位，如果反-$\eta^3$-烯丙基结构不异构化为顺式，则形成顺-1,4-单体单元[7]。π-烯丙基氯化镍和三氯化铝形成离子配合物的反应如下所示[194]：

$$[\text{Ni-}(\eta^3\text{-All})\text{Cl}]_2 + \text{Al}_2\text{Cl}_6 \longrightarrow 2[\text{Ni-}(\eta^3\text{-All})]^+ \text{AlCl}_4^- \tag{5-12}$$

## 5.3.4 增长反应的等规定向和间规定向

只有氘原子取代的端双取代 1,3-丁二烯和端单氘代的 1,3-戊二烯作为聚合单体时，能够形成等规和间规立构 1,4-聚合物，这是共轭二烯烃聚合的一个显著特征。前面已经提到，(Z,Z)-1,4-(D)$_2$-1,3-丁二烯和 (E,E)-1-D-1,3-戊二烯可以形成反-1,4-苏式双等规聚合物（$\text{VCl}_3$-$\text{AlEt}_3$）、顺-1,4-苏式双间规聚合物［$\text{Co(Acac)}_2$-$\text{AlEt}_2\text{Cl}$-$\text{H}_2\text{O}$］和顺-1,4-赤式双等规聚合物［$\text{Nd(OCOR)}_3$-$\text{AlEt}_2\text{Cl}$-$\text{Al}(i\text{-Bu})_3$］[20-22]。而 (E,Z)-1-D-1,3-戊二烯形成反-1,4-赤式双等规聚合物（$\text{VCl}_3$-$\text{AlEt}_3$）。

需要强调的是，氘代乙烯（$CH_2$=CHD、CHD=CHD）现在还没有制备出有规立构聚合物，这主要是因为氖原子没有空间效应。因此，共轭二烯烃的立体调节一定有不同于α-烯烃聚合的其他缘由，α-烯烃聚合的立体调节源于前来配位单体（α-烯烃）双键上的取代基和与过渡金属键合的增长链的单体单元的相互作用。

Porri 等[7,41]首先揭示了共轭二烯烃聚合的立体调节机理，并建立了各种过渡金属催化剂等规和间规定向聚合的模型。

Mt-($\eta^3$-烯丙基)物种，无论是反式还是顺式，也不管有没有取代基，都有一个手性中心。该物种的手性和丁基的两个不对称碳原子 $C_2$ 和 $C_3$ 有关。1,3-丁二烯聚合中 Mt-($\eta^3$-丁基)活性种反式和顺式的对映体如下所示：

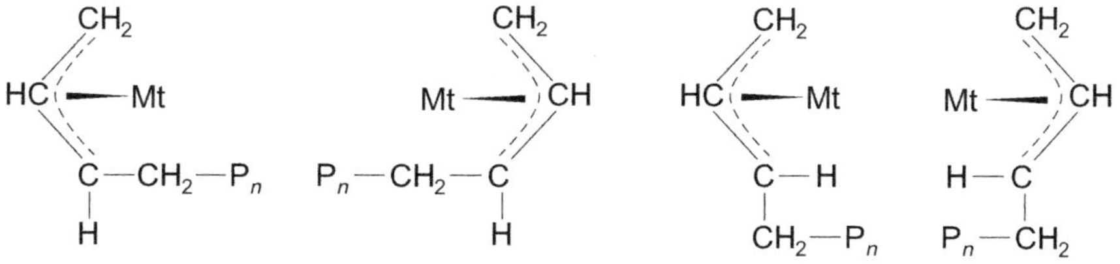

反式         顺式

根据手性 Mt—($\eta^3$-丁基)活性种的结构和前来配位的单体的取向，新产生的 Mt—($\eta^3$-丁基)物种可以和以前的具有相同的手性（形成等规二元组）或相反的手性（形成间规二元组）。显然，立构规整性概念只适用于非取代的或取代的丁二烯的 1,2-聚合物以及端单取代和对称双取代的丁二烯的 1,4-聚合物。1,3-丁二烯插入前后丁基基团手性的变化如图 5.4 所示[7]。

图 5.4(a) 所示，单体插入后新的丁基基团的手性和以前的相同，图 5.4(b) 所示的却相反。需要注意的是，无论是单体还是丁基基团都不带有任何取代基，因为手性源于丁基基团的不对称碳原子 $C_2$ 和 $C_3$。

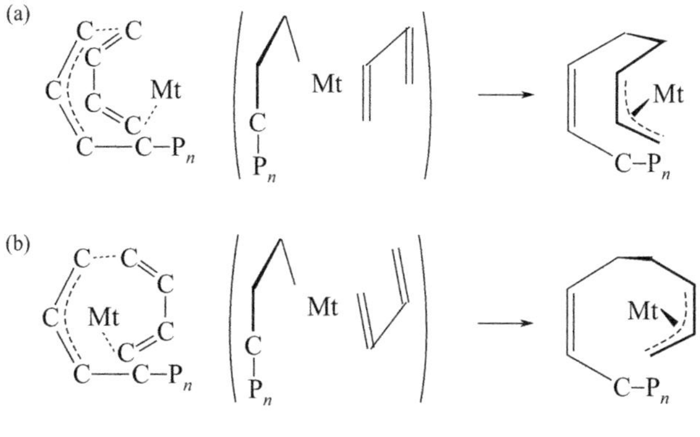

**图 5.4** Mt—($\eta^3$-丁基)形成的示意图：(a)相同手性和(b)相反手性(反式)，取决于前来配位的单体（丁二烯）的取向。单体在平面之上，$\eta^3$-丁基在平面之下，Mt 处于平面。从垂直于 $\eta^3$-丁基平面的轴自左向右的视图见括号中

### 5.3.4.1 等规和间规顺-1,4-聚二烯的形成

共轭二烯烃等规和间规顺-1,4-聚合物的代表实例是端取代丁二烯的聚合物，如 1,3-戊二烯的两类聚合物可分别由 Ti、Nd 和 Co、Ni 前体制备的 Ziegler-Natta 催化剂制备[22,195]。等规和间规顺-1,4-聚戊二烯形成过程的假设如图 5.4 所示[7,41,43]。产生顺-1,4-聚合物的反

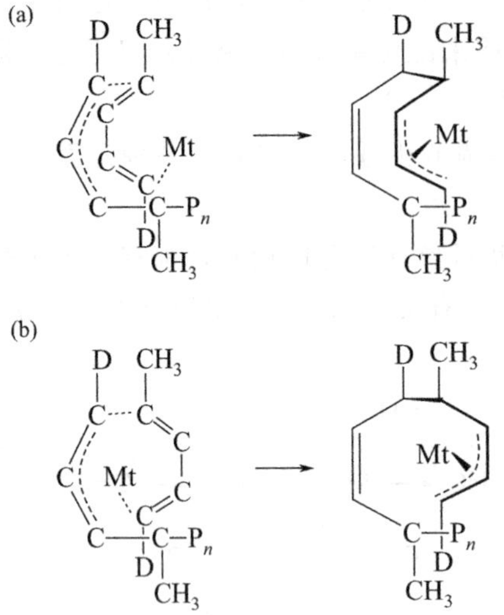

**图 5.5** 端双取代取代丁二烯形成顺-1,4-聚合物的示意图:(a)赤式双等规和(b)苏式双间规,依赖于前来配位的单体的取向。单体在平面之上,$\eta^3$-丁基在平面之下,Mt 处于平面

应中,丁基处于反式,单体以 $s$-顺式-$\eta^4$ 形式配位。图 5.4(a)所示的排列将产生等规聚合物,而图 5.4(b)所示的排列将产生间规聚合物。

Nd(OCOR)$_3$-AlEt$_2$Cl-Al($i$-Bu)$_3$ 和 Co(Acac)$_2$-AlEt$_2$Cl-H$_2$O 催化聚合($E,E$)-1-D-1,3-戊二烯证明了上述假设[20-22,195]。Nd 基催化剂产生顺-1,4-赤式双等规聚合物,而 Co 基催化剂产生顺-1,4-苏式双间规聚合物。聚合物的形成过程如图 5.5 所示[7,41]。

单体在 Ziegler-Natta 催化剂上的取向由催化剂的配体决定[41],等规定向催化剂(Ti 和 Nd 基催化剂)过渡金属具有阴离子配体,间规定向催化剂(Co 和 Ni 基催化剂)没有阴离子配体。在过渡金属配体的迫使下,前来配位的配体由于空间因素将被迫如图 5.4(a)进行排列,而不是图 5.4(b)。如果没有阴离子配体,也就是只有阳离子金属,那么前来配位的单体的排列主要由其与最后一个插入的单体单元的相互作用决定,图 5.4(b)所示的取向将使这种相互作用能量最小。

上述立体调节机理暗示,端对称双取代丁二烯只能产生某些类型的顺-1,4-立构规整聚合物。考虑到如图 5.4 和图 5.5 所示的共轭二烯烃聚合的立体调节机理,显然,($E,E$)—CHR=CH—CH=CHR 单体只能形成赤式双等规和苏式双间规顺-1,4-聚合物,而不能形成赤式双间规和苏式双等规聚合物;$s$-顺式-$\eta^4$ 配合物产生 $\eta^3$-丁基基团最后形成顺-1,4-苏式单体单元的反应如图 5.6 所示[7]。

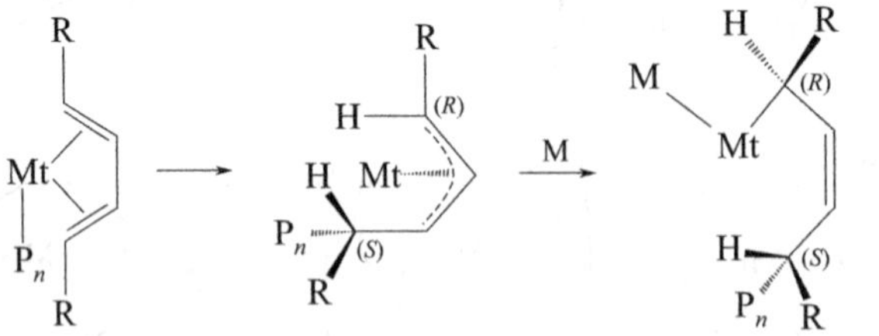

**图 5.6** 对称端双取代单体($E,E$)—CHR=CH—CH=CHR 形成顺-1,4-苏式单体单元的示意图

### 5.3.4.2 等规和间规顺-1,2-聚二烯的形成

从图 5.3 可以看出,形成顺-1,4-单元的丁基和以前的手性相同,并产生等规顺-1,4-聚合物。如果形成 1,2-单元,则丁基的手性发生反转,产生间规聚合物。

含有阴离子配体的催化剂[Ti(OR)$_4$-AlR$_3$]适合于制备间规 1,2-聚丁二烯[91,96](和等规顺-1,4-聚戊二烯[12,91])。这可以用图 5.4(a)所示的单体配位模型解释;如果 $\eta^3$-丁基通

过 $C_1$ 原子和配体单体反应,则形成顺-1,4-等规聚合物,通过 $C_3$ 反应将形成 1,2-间规聚合物(图 5.3)。

直到现在,等规 1,2-聚丁二烯只能由可溶 Cr 基催化剂前体制备,以 $AlEt_3$ 为活化剂,且 Al/Cr 摩尔比要 $\geqslant 5^{[12,26,91]}$。有趣的是,当 Al/Cr 摩尔比较低时,Cr 基催化剂产生间规 1,2-聚丁二烯[26]。Cr 原子上是否带有阴离子配体是这种现象是否产生的原因[41]。在低的 Al/Cr 摩尔比下,还有部分阴离子配体键接在 Cr 原子上,这种环境适合于单体按照图 5.4(a) 方式配位,形成 1,2-间规聚丁二烯。在高的 Al/Cr 摩尔比下,所有阴离子配体都从 Cr 原子上除去,配位单体将按照图 5.4(b) 所示排列。图 5.4(b) 所示的配位单体和 $\eta^3$-丁基的 $C_3$ 原子反应将产生 1,2-等规聚合物(和 $C_1$ 原子反应将产生顺-1,4-间规聚合物)。

无论使用何种催化剂,不对称端双取代丁二烯如 4-甲基-1,3-戊二烯制备的聚合物只含有 1,2-单体单元,这是由于该单体 $C_4$ 原子上带有两个甲基所致。现在已经制备了 4-甲基-1,3-戊二烯的两种有规立构聚合物,1,2-等规和 1,2-间规聚合物。非均相 Ziegler-Natta 催化剂可以制备出等规聚合物,如 $TiCl_4$-$AlEt_3$ 和 α-$TiCl_3$-$AlEt_3$[182]。这种情况下配位单体取向的决定因素还不完全清楚[41]。

均相催化剂可以制备出间规聚合物,如 $TiBz_4$-MAO 和 $CpTiCl_3$-MAO[41,43]。聚合中单体可能以 $s$-反式-$\eta^2$ 形式和 Ti 原子配位,而不是 $s$-顺式-$\eta^4$。空间因素不利于 4-甲基-1,3-戊二烯的 $s$-顺式-$\eta^4$ 配位。形成 1,2-间规聚合物的可能机理如图 5.7 所示[41,43]。

配位单体和最后一个插入的单体单元的空间作用决定单体的取向。图 5.7 所示的取向配位单体插入后将给出 $\eta^3$-丁基的手性反转,从而形成 1,2-间规聚合物。

有趣的是,4-甲基-1,3-戊二烯在 $-20$℃ 的聚合速率比 20℃ 的快。这可能是由于在低于 0℃ 下该单体以 $s$-反式-$\eta^2$ 形式配位。而在较高的温度下,其既可以以 $s$-反式-$\eta^2$ 也可以以 $s$-顺式-$\eta^4$ 形式配位,而聚合中的单体单元主要来源于 $s$-反式-$\eta^2$ 配位单体,因为这种配位方式比 $s$-顺式-$\eta^4$ 配位方式链

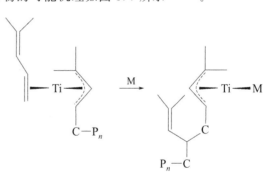

图 5.7 1,2-间规聚(4-甲基-1,3-戊二烯)形成的示意图

接得快。偶尔插入一个 $s$-顺式-$\eta^4$ 配位单体将引起空间缺陷,降低在高于 20℃ 下产生的 1,2-聚合物的结晶度。

与传统过渡金属催化剂相比,$CpTiCl_3$-MAO 等半夹心茂金属催化剂制备的共轭二烯烃聚合物的立构规整度较低。然而,研究茂金属催化剂催化聚合共轭二烯烃是非常有前景的,有希望解决一些挑战性的问题,能够得到完美的聚合立体调节[42,115]。这些催化剂具有明确的分子结构,也很容易修饰,应该可以制备出完美的共轭二烯烃有规立构聚合物。

### 5.3.4.3 等规和间规反-1,4-聚二烯的形成

如前所述,端取代丁二烯可以形成多种有规立构的反-1,4-聚合物[20-22]。端双取代($E$, $E$)—CHR=CH—CH=CHR 单体配位聚合只能形成赤式双间规和苏式双等规反-1,4-聚合

物，而不能形成赤式双等规和苏式双间规聚合物[7]。由于这些单体聚合时的立体调节机理的立体化学限制，只能形成某些类型的有规立构聚合物。例如，单体 $s$-反式-$\eta^2$ 配位，产生顺式 $\eta^3$-丁基，最后形成反-1,4-赤式单体单元，该过程的立体化学如图 5.8 所示[7]。

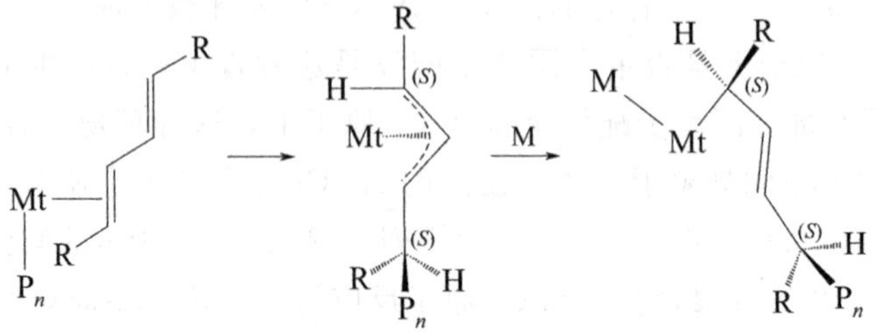

**图 5.8** 对称端双取代（$E,E$）—CHR ═CH—CH ═CHR 单体形成反-1,4-赤式单体单元的示意图

顺式 $\eta^3$-丁基也可以由反→顺异构化形成[式(5-10)]。异构化的立体化学如图 5.9 所示[7]。

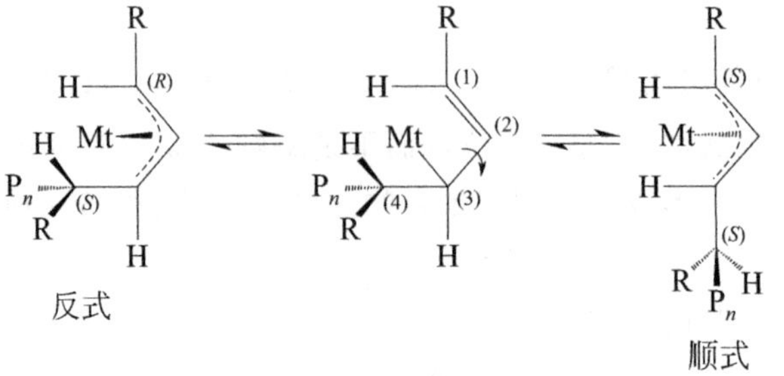

**图 5.9** 对称端双取代共轭二烯烃聚合中 $\eta^3$-丁基反→顺异构化的立体化学

反式 $\eta^3$-丁基重排为顺式有两步，$\eta^1$-烯丙基绕 $C_2$—$C_3$ 键旋转，双键用另一面再次和金属连接；$C_3$ 原子的构型由反到顺的同时，$C_1$ 原子的手性也发生反转。

通过最后一个单体单元反→顺异构化形成反-1,4-苏式双等规聚（2,4-己二烯）的反应见图 5.10[41]，所用的催化剂为 Nd（OCOR）$_3$-AlEt$_2$Cl-Al（$i$-Bu）$_3$ 或 Co（Acac）$_2$-AlEt$_2$Cl[18,19]。

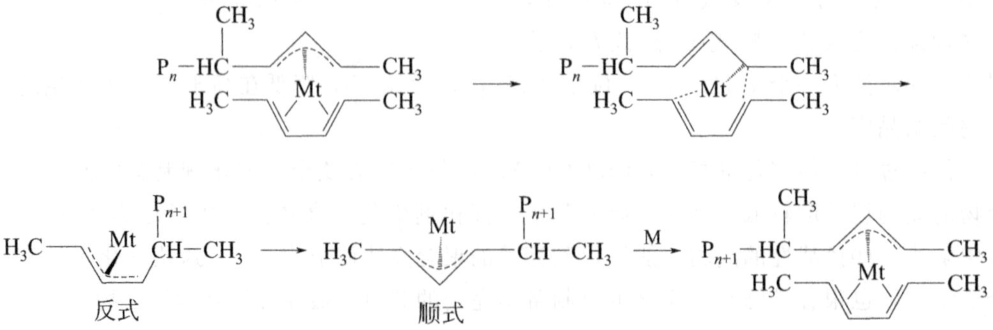

**图 5.10** 反→顺异构化形成反-1,4-苏式双等规聚（2,4-己二烯）的示意图

2,4-己二烯单体以 $s$-顺式-$\eta^4$ 形式配位，这与丁二烯或异戊二烯一样，插入后形成反式 $\eta^3$-丁基。配位单体的取向由其本身与最后一个聚合单元的空间作用所决定。如前所述，由于甲基的空间效应，2,4-己二烯的插入较慢。因此，在下一个单体插入前，最后一个聚合单

元可以由反式重排为更稳定的顺式，形成反-1,4-苏式单体单元。

## 5.4 共聚

一般而言，共轭二烯烃的配位共聚比较困难，因为催化剂往往对特定的单体具有强的选择性。选用合适的催化剂也可以制备共轭二烯烃和各种单体的共聚物。所制备的共聚物有无规或交替结构，取决于所用单体和催化剂的类型。

### 5.4.1 1,3-丁二烯和高级共轭二烯烃的共聚

丁二烯和其他共轭二烯烃的配位共聚物都是无规的[7]。

在 Ti 基催化剂制备的丁二烯/异戊二烯共聚物中，两种单体单元基本都是顺-1,4-结构，共聚物的微观结构和均聚物的没有太大差别[196-198]。Nd 基催化剂催化共聚丁二烯/异戊二烯的顺-1,4-单体单元含量超过 95%[89,199,200]。使用 Co 基催化剂制备的共聚物的单体单元结构强烈地依赖于共聚物的组成[19,201,202]。类似的，使用 Co 基催化剂制备的丁二烯/2,3-二甲基丁二烯共聚物的单体单元结构也依赖于共聚物的组成[201,203]。

在 V 基催化剂催化共聚丁二烯和 1,3-戊二烯的共聚物中，丁二烯单元为反-1,4-结构，戊二烯单元是混合反-1,4/1,2-结构（比例分别为 0.60~0.65/0.35~0.40）[61,204,205]。

$Nd(OCOR)_3$-$AlEt_2Cl$-$Al(i-Bu)_3$ 和 $Co(Acac)_2$-$AlEt_2Cl$ 催化剂催化共聚丁二烯和 2,4-己二烯可以很好地说明单体单元结构对共聚物组成的依赖关系[190]。如果己二烯单元被丁二烯单元分隔开来（共聚物中丁二烯单元摩尔分数超过 90%），则为顺-1,4-结构，而在自己的均聚嵌段中是反-1,4-结构。这是由于 2,4-己二烯向丁二烯封端的增长链的插入速率（相对较小的位阻）比己二烯封端的增长链快得多，$\eta^3$-烯丙基物种的反→顺异构化（形成反-1,4-结构）不能发生。

### 5.4.2 共轭二烯烃与乙烯和 α-烯烃的共聚

根据共聚催化剂和聚合条件的不同，共轭二烯烃和烯烃共聚可以形成无规和交替共聚物[7]。

使用各种催化剂，主要是基于 Ti 和 V 化合物的催化剂，都可以无规共聚丁二烯、异戊二烯和/或戊二烯与乙烯和/或丙烯[206,207]。无规丁二烯/乙烯共聚物也可以由茂锆催化剂制备[162]。

共轭二烯烃（主要是丁二烯和异戊二烯）和烯烃（主要是乙烯和丙烯）的交替共聚最受关注[159,160,208-220]。适于交替共聚的催化剂有 Ti 和 V 的衍生物。丁二烯在共聚物中主要为反-1,4-结构，但反式结构含量一般不超过约 85%。在使用双（2,2-二甲基丙氧基）氧氯化钒-三异丁基铝催化剂 $VO(ONp)_2Cl$-$Al(i-Bu)_3$ 制备的高立构规整的严格交替共聚物中，反式 1,4-丁二烯单元超过 98%[210,211]。

使用 V 基 Ziegler-Natta 催化剂交替共聚异戊二烯/丙烯的反应如下所示[209]:

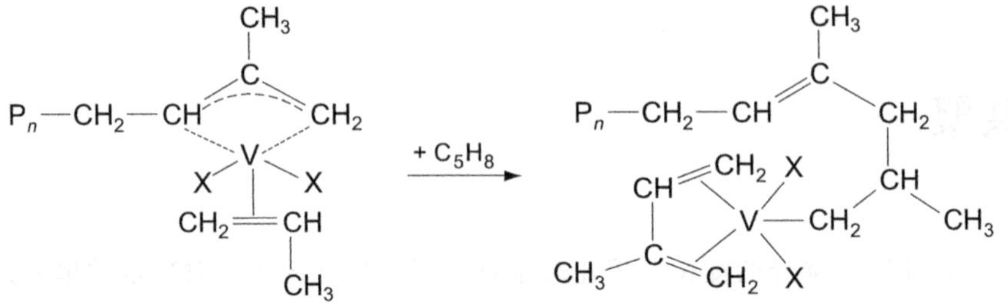

$$
\begin{array}{c}
\text{(结构式)}
\end{array} \quad (5\text{-}13)
$$

配位二烯烃单体通过 $\eta^3$-烯丙基插入。$\eta^3$-烯丙基封端的共聚物链和金属配位占据了两个配位点,那么下一个配位单体就只能是 $\alpha$-烯烃。当 $\alpha$-烯烃插入后金属原子上又空出两个配位点,其更易于和共轭二烯烃配位。

第一个结晶的高交替丁二烯/乙烯共聚物中 1,4-丁二烯单元主要为反式。这种共聚物由可溶 Ziegler-Natta 催化剂低温 (—25℃) 聚合的粗产物中分离出来,催化剂含有弱的 Lewis 碱,如 $VCl_4$-Al($i$-Bu)$_2$Cl-Al($i$-Bu)$_3$-PhOMe (1:2:2:2)[159]。后来,在 25℃用 $TiCl_4$-AlR$_3$ (1:2) 催化剂制备了高交替的丁二烯/乙烯共聚物。在聚合体系中加入胺等 Lewis 碱会增加共聚物的交替度,但是会降低催化剂的活性。这种交替丁二烯/乙烯共聚物中 1,4-丁二烯单元主要为顺式[208]。

丁二烯/丙烯或高级 $\alpha$-烯烃 (1-丁烯、1-戊烯、3-甲基-1-丁烯、4-甲基-1-戊烯、1-十二烯) 的交替共聚物也制备了出来,催化剂为钒基 Ziegler-Natta 催化剂,如 $VOCl_3$、$VO(ONp)_2Cl$、$VCl_4$、$VO(Acac)_2$ 与 $AlR_3$ 或 $AlR_2Cl$ 组成的催化剂,聚合介质为己烷或甲苯,温度范围为 —30～—50℃[160,210-218]。值得注意的是,催化剂中的氯原子(源于前体或活化剂)对催化剂的活性至关重要。V 基催化剂制备的共聚物中主要是反-1,4-丁二烯结构。Ti 基催化剂制备的共聚物中顺-1,4-丁二烯的含量也很少。

丁二烯和丙烯的交替共聚物具有很好的弹性体性能[213,221]。

## 5.4.3  1,3-丁二烯和苯乙烯的共聚

丁二烯/苯乙烯共聚物(由自由基聚合工艺生产)是很重要的弹性体,但是其配位共聚很少受到关注。最近一段时间才有人开始研究[222-224],所用的 Ziegler-Natta 催化剂由三氯乙酸镧前体和有机铝衍生而来,如 Ln(OCOCCl$_3$)$_3$-AlEt$_2$Cl-Al($i$-Bu)$_3$ (1:2:25)。有趣的是,共聚可以在 50℃的己烷中进行。丁二烯/苯乙烯等物质的量投料,可以制备高分子量的共聚物,其丁二烯含量在 50%～80%(摩尔分数)之间。丁二烯和苯乙烯的竞聚率分别为 $r_1=3.1$,$r_2=0.3$(Gd 基催化剂)[223]。

共聚物中丁二烯单元有顺-1,4-结构(73%～79%)、反-1,4-结构(8%～18%)和 1,2-结构(7%～14%)。相同条件下,使用 Ln(OCOCCl$_3$)$_3$-AlEt$_2$Cl-Al($i$-Bu)$_3$ 催化剂制备的共聚物中的顺-1,4-丁二烯单元的含量比丁二烯均聚物的低。使用 Nd 基催化剂聚合丁二烯/苯乙烯的共聚物(含有大约 78%的丁二烯单元)的二元组 $^{13}$C NMR 谱分析显示,在丁二烯顺-1,4-苯乙烯-丁二烯二元组中较低(顺-1,4/反-1,4/1,2-结构比为 0.28:0.44:0.28),而在丁二烯-丁二烯二元组中较高(顺-1,4/反-1,4/1,2-结构比为 0.83:0.15:0.02)。因此,插

入的丁二烯单元的微观结构可能受到倒数第二个单体单元的影响，丁二烯顺-1,4-链接可能受到了回击配位的影响。可能的回击配位模型如图 5.11 所示[223]。可以看出，倒数第二个丁二烯单元会促使顺-1,4-丁二烯单元的产生，而导数第二个苯乙烯单元会阻碍顺式结构形成，更利于反-1,4-丁二烯单元的产生。

更进一步说，使用镧基催化剂制备的共聚物中，丁二烯单元的微观结构不仅受到倒数第二个单元的影响，还有可能受到倒数第三个单元的影响，而使用过渡金属基催化剂制备的共聚物只受到倒数第二个单体单元的影响。使用 Ni 基和 Gd 基催化剂的共聚中，倒数第二个和第三个单元对丁二烯单元微结构形成的影响见图 5.12[223]。

顺式-1,4-结构　　反式-1,4-结构

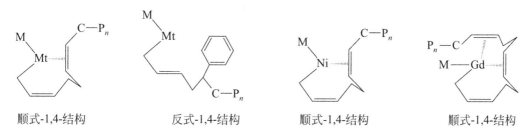

**图 5.11** 使用镧系催化剂共聚丁二烯/苯乙烯中，倒数第二个单体单元对顺-1,4-丁二烯单元和反-1,4-丁二烯单元形成的影响

顺式-1,4-结构　　顺式-1,4-结构

**图 5.12** 使用过渡金属和稀土金属基催化剂共聚丁二烯/苯乙烯中，倒数第二个和倒数第三个顺-顺-1,4-丁二烯单元的回击配位

具有 4f 和 5d 轨道的稀土金属基催化剂具有多齿型配位[225]。

$Ln(OCOCCl_3)_3$-$AlEt_2Cl$-$Al(i\text{-}Bu)_3$ 催化剂催化丁二烯/苯乙烯共聚的活性顺序为 Nd＞Gd＞Pr＞Dy≈Yb，和均聚丁二烯的活性相当（Nd＞Pr＞Gd＞＞Dy≈Yb）。

因此可以说，是稀土金属的类型而不是配体的类型影响着丁二烯均聚和共聚的反应性[224]。

注意，使用只有三氯乙酸配位的稀土金属 $Ln(OCOCCl_3)_3$ 才对丁二烯的聚合以及它与苯乙烯的共聚合有高的产率（共聚条件下达到 67%），而其他乙酸配体（$F_3CCOO$、$Cl_2CHCOO$、$ClCH_2COO$ 和 $CH_3COO$）的活性低，也很难催化丁二烯和苯乙烯共聚。

因此可以说，是配体的类型而不是镧系金属的类型影响着苯乙烯的共聚反应性[223,224]；稀土金属上最好的配体是 $Cl_3CCOO$，它具有中等的能量水平，可以使共聚中苯乙烯和稀土金属之间的电子给予和反给予平衡达到最佳。

## 5.5 工业聚合工艺

商品化的高分子量顺-1,4-聚丁二烯由烷基铝活化的 Ziegler-Natta 催化剂溶液聚合丁二烯工艺生产，催化剂前体为 Ti、Co 和 Ni 化合物，最近也开始使用镧系金属[226]。Nd 基催化剂活性最高，备受关注。与过渡金属相比，Nd 和其他镧系金属具有更大的离子半径和更强的配位能力，不仅能高产率地制备高分子量的立构规整均聚物，也能制备丁二烯/其他共轭二烯烃的立构规整共聚物[89]。

使用烷基铝活化的 Ti、Co 和 Ni 基 Ziegler-Natta 催化剂工业生产顺-1,4-聚丁二烯为均相聚合，聚合介质为干燥的低沸点芳烃溶剂，或者芳烃和脂肪烃的共混物，如甲苯、正庚烷和环己烷。先将丁二烯单体和溶剂以适当的比例混合，再经过干燥塔和分子筛干燥。加入烷基铝活化剂，混合物在激烈搅拌下加入过渡金属前体。混合物要经过一系列的串联反应釜反应，聚合中放出大量的热，因此反应釜需要冷却到稍低于室温。

在 $CoCl_2$-$Al(i\text{-}Bu)_3$ 或 $CoCl_2$-$AlEt_2Cl$ 催化聚合体系中，反应温度要低到约 10℃，丁二烯的压力约为 3atm。反应 5h 后单体转化率达到 80%。在某些工艺中，需要加入氢气或其他试剂来调节聚合物分子量；使用系列反应器，通过操作步骤来变化氢气的浓度，可以达到控制分子量分布的目的。

图 5.13 给出了 Co 基 Ziegler-Natta 催化剂溶液法生产顺-1,4-聚丁二烯和催化剂去除的工艺流程[227]。

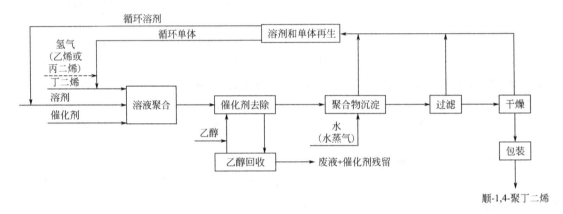

**图 5.13** 低温溶液法生产聚丁二烯的工艺流程

聚合完成后排出反应釜的混合物中有大约 15% 的橡胶固体溶解在溶剂中。混合物用醇处理以停止催化反应，并在大的滞留槽中混合均匀。如果需要还要加入加工助剂，这可以使最终产品能够像天然橡胶一样易于加工。从滞留槽来的混合物经过另一个槽去除催化剂残余。在一系列的搅拌釜中，加入水和水蒸气沉淀出橡胶，将未反应的单体和溶剂脱出进入循环再利用。将制备的顺-1,4-聚丁二烯橡胶团粒在筛网上脱水并重新制浆。这一步制浆应尽可能地去除所有烃类溶剂，以保证橡胶团粒干燥时的安全。

对于顺-1,4-聚异戊二烯的工业生产，其工艺和上述工艺类似。

使用 Nd 基催化剂制备顺-1,4-聚丁二烯的工业生产温度可以在 20~50℃ 内调节。聚合较快，单体的平均滞留时间为 0.5~4h，丁二烯的转化率可以达到 90%。

使用 Nd 基 Ziegler-Natta 催化剂制备的聚丁二烯具有非常高的顺-1,4-单体单元含量，可以提高橡胶的抗撕裂能力。由于高顺-1,4-聚丁二烯具有应变诱导结晶的能力，这是一种增强机理，能够增强橡胶的抗疲劳性能。与 Ti、Co、Ni 基催化剂相比，使用 Nd 基 Ziegler-Natta 催化剂制备的聚合物具有更优越的物理和加工性能。

高顺-1,4-聚丁二烯有大规模的工业生产，占有大份额的橡胶市场。聚丁二烯主要用于轮胎工业，使用时需要和天然橡胶和/或苯乙烯-丁二烯橡胶共混，用于轮胎的侧壁、帘线和轮圈。值得注意的是，相对于其合成对应物，天然橡胶的某些物理性能更适合于制造载重机械的轮胎。这是因为天然橡胶中含有少量的非烃类物质（如多肽），它能保护大尺寸的轮胎在硫化工艺之前不塌陷，从而可以保证高质量的产品。

顺-1,4-聚异戊二烯的生产量很有限，因为其成本比天然橡胶还要高（异戊二烯单体的生产成本较高）。同样，反-1,4-聚异戊二烯的生成成本也高于其天然对应物——古塔胶和巴拉塔树胶。

反-1,4-聚丁二烯的应用很少，大多用于和天然橡胶共混。间规 1,2-聚丁二烯是很独特的材料，它同时具有塑料和橡胶的性质，既可以作为热塑性树脂，也可以作为橡胶使用。等规 1,2-聚丁二烯的性能没有引起工业界的兴趣。

上述共轭二烯烃聚合物最重要的应用列于表 5.6[228]。

表 5.6　配位聚合生产的商品化的丁二烯和异戊二烯聚合物及其典型用途

| 聚合物 | 典型用途 |
|---|---|
| 顺-1,4-聚丁二烯 | 轮胎、输送带、水管、电线和电缆绝缘层、鞋、密封材料、底座 |
| 顺-1,4-聚异戊二烯 | 轮胎、鞋、黏合剂、织物涂层、水管、底座 |
| 反-1,4-聚丁二烯 | 轮胎（和天然橡胶共混） |
| 反-1,4-聚异戊二烯 | 保护涂层、黏合剂 |
| 间规 1,2-聚丁二烯 | 膜、鞋、水管、管、海绵、手套 |

**参考文献**

1. Meissner, B., Schätz, M. and Brajko, V., 'Synthetic Rubbers', in *Elastomers and Rubber Compounding Materials*, Elsevier Science, Amsterdam, 1989, pp. 76–299.
2. Morton, A. A., *Ind. Eng. Chem., Prod. Res. Dev.*, **42**, 1488 (1950).
3. Morton, A. A., Nelidow, I. and Schoenberg, E., *Rubber Chem. Technol.*, **30**, 426 (1957).
4. Adams, H. E., Bebb, R. L., Foreman, L. E. and Wakefield, L. B., *Rubber Chem. Technol.*, **45**, 1252 (1972).
5. Patterson, D. B. and Halasa, A. F., *Macromolecules*, **24**, 4489 (1991).
6. Arest-Yakubovich, A. A., *Macromol. Symp.*, **85**, 279 (1994).
7. Porri, L. and Giarrusso, A., 'Conjugated Diene Polymerisation', in *Comprehensive Polymer Science*, Pergamon Press, Oxford, 1989, Vol. 4, pp. 53–108.
8. Natta, G., Porri, L. and Valenti, S., *Makromol. Chem.*, **67**, 225 (1963).
9. Costa, G., Locatelli, P. and Zambelli, A., *Macromolecules*, **6**, 653 (1973).
10. Farina, M., *Top. Stereochem.*, **17**, 1 (1987).
11. Natta, G., Porri, L., Stoppa, G., Allegra, G. and Ciampelli, F., *J. Polym. Sci., B*, **1**, 67 (1963).
12. Natta, G., Porri, L., Carbonaro, A. and Stoppa, G., *Makromol. Chem.*, **77**, 114 (1964).
13. Natta, G., Porri, L., Corradini, P., Zanini, G. and Ciampelli, F., *J. Polym. Sci.*, **51**, 463 (1961).
14. Porri, L. and Carbonaro, A., *Makromol. Chem.*, **60**, 236 (1963).
15. Natta, G., Porri, L., Carbonaro, A., Ciampelli, F. and Allegra, G., *Makromol. Chem.*, **51**, 229 (1962).
16. Ricci, G., Italia, S. and Porri, L., *Macromolecules*, **27**, 868 (1994).
17. Porri, L., Di Corato, A. and Natta, G., *Eur. Polym. J.*, **5**, 1 (1969).
18. Destri, S., Gallazzi, M. C., Giarrusso, A. and Porri, L., *Makromol. Chem., Rapid Commun.*, **1**, 293 (1980).
19. Wang, F., Bolognesi, A., Immirzi, A. and Porri, L., *Makromol. Chem.*, **182**, 3617 (1981).
20. Porri, L. and Aglietto, M., *Makromol. Chem.*, **177**, 1465 (1976).

21. Destri, S., Gatti, G. and Porri, L., *Makromol. Chem., Rapid Commun.*, **2**, 605 (1981).
22. Destri, S., Bolognesi, A., Porri, L. and Wang, F., *Makromol. Chem., Rapid Commun.*, **3**, 187 (1982).
23. Horne Jr, S. E., Kiehl, J. P., Shipman, J. J., Folt, V. L., Gibbs, C. F., Wilson, E. A., Newton, E. B. and Reinhart, M. A., *Ind. Eng. Chem., Prod. Res. Dev.*, **48**, 784 (1956).
24. Natta, G., Corradini, P. and Porri, L., *Rend. Accad. Naz. Lincei*, **8**, 728 (1956).
25. Natta, G. and Porri, L., Ital. Pat. 538 453 (to Montecatini SpA) (1956); *Chem. Abstr.*, **52**, 5032 (1958).
26. Natta, G., Porri, L., Zanini, G. and Palvarini, A., *Chim. Ind. (Milan)*, **41**, 1163 (1959).
27. Rinehart, R. E., Smith, H. P., Witt, H. and Romeyn Jr, H., *J. Am. Chem. Soc.*, **83**, 4864 (1961).
28. Rinehart, R. E., Smith, H. P., Witt, H. and Romeyn Jr. H., *J. Am. Chem. Soc.*, **84**, 4145 (1962).
29. Porri, L., Gallazzi, M. C. and Vitulli, G., *J. Polym. Sci., B*, **5**, 629 (1967).
30. Dawans, F. and Teyssié, P., *J. Polym. Sci., B*, **3**, 1045 (1965).
31. Otsu, T. and Yamaguchi, M., *J. Polym. Sci., A-1*, **7**, 387 (1969).
32. Tinyakova, N. I., Alferov, A. V., Golenko, T. G., Dolgoplosk, B. A., Oreshkin, I. A., Sharaev, O. K., Chernenko, G. N. and Yakovlev, V. A., *J. Polym. Sci., C*, **16**, 2625 (1967).
33. Anderson, W. S., *J. Polym. Sci., A-1*, **5**, 429 (1967).
34. Wen, T. C., Chang, C. C., Chuang, Y. D., Chin, J. P. and Chang, C. T., *J. Am. Chem. Soc.*, **103**, 4576 (1981).
35. Babitskii, B. D., Kormer, V. A., Lapuk, I. M. and Skoblikova, V. I., *J. Polym. Sci., C*, **16**, 3219 (1968).
36. Porri, L., Natta, G. and Gallazzi, M. C., *Chim. Ind. (Milan)*, **46**, 428 (1964).
37. Wilke, G., Bogdanovic, B., Hardt, P., Heimbach, P., Keim, W., Kromer M., Oberkirch, W., Tanaka, K., Steinrucke, E., Walter, D. and Zimmermann, H., *Angew. Chem., Int. Ed. Engl.*, **5**, 151 (1966).
38. Zambelli, A., Ammendola, P. and Proto, A., *Macromolecules*, **22**, 2125 (1989).
39. Oliva, L., Longo, P., Grassi, A. and Zambelli, A., *Makromol. Chem., Rapid Commun.*, **11**, 519 (1990).
40. Ricci, G., Italia, S., Comitani, C. and Porri, L., *Polym. Commun.*, **17**, 514 (1991).
41. Porri, L., Giarrusso, A. and Ricci, G., *Makromol. Chem., Macromol. Symp.*, **48/49**, 239 (1991).
42. Ricci, G., Italia, S., Giarrusso, A. and Porri, L., *J. Organomet. Chem.*, **451**, 67 (1993).
43. Ricci, G., Porri, L. and Giarrusso, A., *Macromol. Symp.*, **89**, 383 (1995).
44. Rafikov, S. R., Monakov, Yu. B., Tolstikov, G. A., Marina, N. G., Minchenkova, N. Kh. and Sevel'eva, I. G., *J. Polym. Sci., Polym. Chem. Ed.*, **21**, 2697 (1983).
45. Minsker, K. S., Karpasa, M. M., Monakov, Yu. B. and Zaikov, G. E., *Eur. Polym. J.*, **21**, 973 (1985).
46. Natta, G., Porri, L. and Fiore, L., *Gazz. Chim. Ital.*, **89**, 761 (1959).
47. Smith, G. H. and Perry, D. C., *J. Polym. Sci., A-1*, **7**, 707 (1969).
48. Henderson, J. F., *J. Polym. Sci., C*, **4**, 233 (1963).
49. Mayer, P. H., *J. Polym. Sci., A*, **3**, 209 (1965).
50. Mayer, P. H. and Lehr, M. H., *J. Polym. Sci., A*, **3**, 217 (1965).
51. Bresler, S. L., Grechanovskii, G. A., Muzhai, A. and Poddubnyi, I. Ya., *Makromol. Chem.*, **133**, 111 (1970).
52. Marconi, W., Araldi, M., Beranger, A. and De Maldé, M., *Chim. Ind. (Milan)*, **45**, 522 (1963).
53. Ivanova, A. M., Lukmanova, R. Z. and Grechishnikov, Yu. G., *Khim. Vysokomol. Soed., Neftkhim.*, **1975**, 65 (1975); *Chem. Abstr.*, **85**, 63423 (1976).
54. Monakov, Yu. B., Marina, N. G., Savel'eva, I. G. and Rafikov, S. R., *Vysokomol. Soed., Ser. A*, **23**, 50 (1981); *Chem. Abstr.*, **94**, 140246 (1981).
55. Cucinella, S., Mazzei, A., Marconi, W. and Busetto, C., *J. Macromol. Sci. – Chem. A*, **4**, 1549 (1970).
56. Nakatomi, S., *Nippon Kagaku Kaishi*, **1976**, 29 (1976); *Chem. Abstr.*, **85**, 6105 (1976).
57. Natta, G., Porri, L., Corradini, P. and Morero, D., *Chim. Ind. (Milan)*, **40**, 362 (1958).

58. Natta, G., Porri, L. and Mazzei, A., *Chim. Ind. (Milan)*, **41**, 116 (1959).
59. Lasky, J. S., Garner, H. K. and Ewart, E. H., *Ind. Eng. Chem., Prod. Res. Dev.*, **1**, 82 (1962).
60. Froehlich, H. O. and Kaholdt, H., *Z. Chem.*, **15**, 365 (1975).
61. Porri, L., Carbonaro, A. and Ciampelli, F., *Makromol. Chem.*, **61**, 90 (1963).
62. Longiave, C., Castelli, R. and Croce, G. F., *Chim. Ind. (Milan)*, **43**, 625 (1961).
63. Dolgoplosk, B. A., Erussalimskii, B. L., Kropatcheva, E. N. and Tinyakova, E. I., *J. Polym. Sci.*, **58**, 1333 (1962).
64. Gippin, M., *Ind. Eng. Chem., Prod. Res. Dev.*, **4**, 160 (1965).
65. Byrikhin, V. S., Tverskoi, V. A., Potapov, S. S., Luzina, N. N. and Fedorov, N. P., *Polym. Sci. USSR*, **16**, 1222 (1974).
66. Volkov, L. A., Chernova, I. D., Radushnova, I. L., Robysheva, V. T. and Lysova, V. I., *Polym. Sci. USSR*, **18**, 1701 (1976).
67. Takahashi, A. and Kambara, S., *J. Polym. Sci., B*, **3**, 279 (1965).
68. Storr, A., Jones, K. and Laubengayer, A. W., *J. Am. Chem. Soc.*, **90**, 3173 (1978).
69. Golubeva, N. D., Pomagailo, A. D., Kuzaev, A. I., Ponomarev, A. I. and Dyachkovskii, F. S., *J. Polym. Sci., Polym. Symp.*, **68**, 33 (1980).
70. Soga, K. and Yamamoto, K., *Polym. Bull.*, **6**, 263 (1982).
71. Lee, D. H. and Hsu, C. C., *J. Appl. Polym. Sci.*, **25**, 2373 (1980).
72. Throckmorton, M. C. and Farson, M. S., *Rubber Chem. Technol.*, **45**, 268 (1972).
73. Throckmorton, M. C., *Kautsch. Gummi Kunstst.*, **22**, 293 (1969).
74. Lugli, G., Mazzei, A. and Poggio, S., *Makromol. Chem.*, **175**, 2021 (1974).
75. Bruzzone, M., Mazzei, A. and Giuliani, G., *Rubber Chem. Technol.*, **47**, 1175 (1974).
76. De Chirico, A., Lanzani, P. C., Poggi, E. and Bruzzone, M., *Makromol. Chem.*, **175**, 2029 (1974).
77. Shen, Z., Quyang, J., Wang, F., Hu, Z., Yu, F. and Qian, B., *J. Polym. Sci., Polym. Chem. Ed.*, **18**, 3345 (1980).
78. Monakov, Yu. B., Marina, N. G., Savel'eva, I. G., Zhiber, L. E., Kozlov, V. G. and Rafikov, R. S., *Dokl. Akad. Nauk SSSR*, **265**, 1431 (1982); *Chem. Abstr.*, **98**, 54523 (1983).
79. Kaita, S., Kobayashi, E., Sakakibara, S., Aoshima, S. and Furukawa, J., *J. Polym. Sci., A, Polym. Chem.*, **34**, 3431 (1996).
80. Marina, N. G., Monakov, Yu. B., Rafikov, S. R. and Gadeleva, K. H., *Polym. Sci. USSR*, **26**, 1251 (1984).
81. Mazzei, A., *Makromol. Chem., Suppl.*, **4**, 61 (1981).
82. Nickaf, J. B., Burford, R. P. and Chaplin, R. P., *J. Polym. Sci., A, Polym. Chem.*, **33**, 1125 (1995).
83. Wilson, D. J. and Jenkins, D. K. *Polym. Bull.*, **27**, 407 (1992).
84. Chigir, N. N., Sharaev, O. K., Tinyakova, E. I. and Dolgoplosk, B. A., *Vysokomol. Soed., Ser. B*, **25**, 47 (1983); *Chem. Abstr.*, **98**, 126695 (1983).
85. Ricci, G., Italia, S., Cabassi, F. and Porri, L., *Polym. Commun.*, **28**, 223 (1987).
86. Ricci, G., Boffa, G. and Porri, L., *Makromol. Chem., Rapid Commun.*, **7**, 355 (1986).
87. Li, Y. L. and Quyang, J., *Acta Polym. Sinica*, **1**, 39 (1988).
88. Li, X., Sun, Y. and Jin, Y., *Acta Chim. Sinica*, **44**, 1163 (1986).
89. Hsieh, H. and Yeh. H., *Rubber Chem. Technol.*, **58**, 117 (1985).
90. Natta, G., Porri, L. and Mazzei, A., *Chim. Ind. (Milan)*, **41**, 398 (1959).
91. Natta, G., Porri, L. and Carbonaro, A., *Makromol. Chem.*, **77**, 126 (1964).
92. Cooper, W. and Vaughan, G., *Prog. Polym. Sci.*, **1**, 128 (1967).
93. Saltman, W. M. and Link, T. H., *Ind. Eng. Chem., Prod. Res. Dev.*, **3**, 199 (1964).
94. Kraus, G., Short, J. and Thornton, V., *Rubber Plast. Age*, **38**, 880 (1957).
95. Marconi, W., Mazzei, A., Araldi, A. and De Maldé, M., *J. Polym. Sci., A*, **3**, 735 (1965).
96. Wilke, G., *J. Polym. Sci.*, **38**, 45 (1959).
97. Natta, G., Porri, L., Fiore, L. and Zanini, G., *Chim. Ind. (Milan)*, **40**, 116 (1958).
98. Natta, G., Porri, L. and Carbonaro, A., *Atti Accad. Naz. Lincei, Cl. Sci. Fis. Mat. Nat. Rend.*, **31**(8), 189 (1961).
99. Gippin, M., *Ind. Eng. Chem., Prod. Res. Dev.*, **1**, 32 (1962).
100. Longiave, C. and Castelli, R., *J. Polym. Sci., C*, **4**, 387 (1963).
101. Susa, E., *J. Polym. Sci., C*, **4**, 399 (1963).
102. Ashitaka, H., Ishikawa, H., Ueno, H. and Nagasaka, A., *J. Polym. Sci., Polym. Chem. Ed.*, **21**, 1853 (1983).

103. Ashitaka, H., Jinda, K. and Ueno, H., *J. Polym. Sci., Polym. Chem. Ed.*, **21**, 1989 (1983).
104. Sakata, R., Hosono, J., Onishi, A. and Ueda, K., *Makromol. Chem.*, **139**, 73 (1970).
105. Beebe, D. H., Gordon, C. E., Thudium, R. N., Throckmorton, M. C. and Hanlon, T. L., *J. Polym. Sci., Polym. Chem. Ed.*, **16**, 2285 (1978).
106. Zachoval, J. and Vernovic, B., *J. Polym. Sci., B*, **4**, 965 (1966).
107. Razuvaev, G. A., Minsker, K. S., Fedoseeva, G. T. and Savel'ev I. A., *Vysokomol. Soed.*, **1**, 1691 (1959); *Chem. Abstr.*, **54**, 19015g (1960).
108. Bawn, C. E. H., North, A. M. and Walker, J. S., *Polymer*, **5**, 419 (1964).
109. Cucinella, S., *Chim. Ind. (Milan)*, **59**, 696 (1977).
110. Brock, M. J. and Hackathorn, M. J., *Rubber Chem. Technol.*, **45**, 1303 (1972).
111. Dolgoplosk, B. A., Kropacheva, E. N., Khremnikova, E. K., Kuznetzova, E. I. and Golodova, K. G., *Dokl. Akad. Nauk SSSR*, **135**, 847 (1960); *Chem. Abstr.*, **55**, 13292f (1960).
112. Yoshimoto, T., Kamatsuki, K., Sakata, R., Yamamoto, K., Takeuchi, Y., Onishi, A. and Ueda, K., *Makromol. Chem.*, **139**, 61 (1970).
113. Panasenko, A. A., Odinakov, V. N., Monakov, Yu. B., Khalilov, L. M., Bezgina, A. S., Ignatyuk, V. K. and Rafikov, S. R., *Vysokomol. Soed., Ser. B*, **19**, 656 (1977).
114. Porri, L., Giarrusso, A. and Ricci, G., *Prog. Polym. Sci.*, **16**, 405 (1991).
115. Porri, L., Giarrusso, A. and Ricci, G., *Makromol. Chem., Macromol. Symp.*, **66**, 231 (1993).
116. Ricci, G. and Porri, L., *Polymer*, **38**, 4499 (1997).
117. Zambelli, A., Pellecchia, C. and Proto, A., *Macromol. Symp.*, **89**, 373 (1995).
118. Skupinski, W. and Walczuk, P., *Polimery*, **31**, 393 (1986).
119. Skupinski, W., Cieslowska-Glinska, I. and Wasilewski, A., *J. Mol. Catal.*, **33**, 129 (1985).
120. Dawans, F. and Teyssié, P., *Ind. Eng. Chem., Prod. Res. Develop.*, **10**, 261 (1971).
121. Matsumoto, T. and Furukawa, J., *J. Polym. Sci., B*, **5**, 935 (1967).
122. Dolgoplosk, B. A., *Polym. Sci. USSR*, **13**, 367 (1971).
123. Bourdauducq, B. P. and Dawans, F., *J. Polym. Sci., A-1*, **10**, 2527 (1972).
124. Maréchal, J. C., Dawans, F. and Teyssié, P., *J. Polym. Sci., A-1*, **8**, 1993 (1970).
125. Dawans, F., Durand, J. P. and Teyssié, P., *J. Polym. Sci., B*, **10**, 493 (1972).
126. Yakovlev, V. A., Dolgoplosk, B. A., Tinyakowa, E. I. and Yakovleva, O. N., *Vysokomol. Soed., Ser. A*, **11**, 1645 (1969); *Chem. Abstr.*, **71**, 102236q (1969).
127. Taube, R., Gehrke, J. P. and Schmidt, U., *J. Organomet. Chem.*, **292**, 287 (1985).
128. Durand, J. P., Dawans, F. and Teyssié, P., *J. Polym. Sci., A-1*, **8**, 979 (1970).
129. Durand, J. P. and Teyssié, P., *J. Polym. Sci., B*, **6**, 229 (1968).
130. Golenko, T. G., *Izv. Akad. Nauk., Ser. Khim.* **1968**, 2271.
131. Durand, J. P., Dawans, F. and Teyssié, P., *J. Polym. Sci., B*, **5**, 785 (1967).
132. Taube, R., Wache, S. and Sieler, J., *J. Organomet. Chem.*, **459**, 335 (1993).
133. Dawans, F. and Teyssié, P., *Compt. Rend. Acad. Sci. (Paris)*, **263**C, 1512 (1966).
134. Yakovlev, V. A., Dolgoplosk, B. A., Makovetskii, K. L. and Tinyakova, E. I., *Dokl. Akad. Nauk SSSR*, **187**, 354 (1969).
135. Witte, J., in *Houben Weyl Methoden der Organischen Chemie: Makromolekulare Stoffe*, Georg Thieme Verlag, Stuttgart, 1986, Vol. E 20/1, p. 94.
136. Oreshkin, I. A., Ostrovskaya, I. Ya., Yakovlev, V. A., Tinyakova, E. I. and Dolgoplosk, B. A., *Dokl. Akad. Nauk SSSR*, **173**, 1349 (1967).
137. Dolgoplosk, B. A. and Tinyakova, E. I., *Izv. Akad. Nauk SSSR, Ser. Khim.*, **1970**, 344 (1970).
138. Oreshkin, I. A., Chernenko, G. M., Tinyakova, E. I. and Dolgoplosk, B. A., *Dokl. Akad. Nauk SSSR*, **169**, 1102 (1966).
139. Dolgoplosk, B. A., Oreshkin, I. A., Tinyakova, E. I. and Yakovlev, V. A., *Izv. Akad. Nauk SSSR, Ser. Khim.*, **1967**, 2130 (1967).
140. Oreshkin, I. A., Tinyakova, E. I. and Dolgoplosk, B. A., *Polym. Sci. USSR*, **11**, 2096 (1969).
141. Dolgoplosk, B. A. and Tinyakova, E. I., *Polym. Sci. USSR*, **19**, 2805 (1977).
142. Jolly, P. W., Krueger, C., Romao, C. C. and Romao, M. J., *Organometallics*, **3**, 936 (1984).
143. Ter-Minasyan, R. I., Parenago, O. P., Frolov, V. M. and Dolgoplosk, B. A., *Dokl. Akad. Nauk SSSR*, **214**, 824 (1974).
144. Ter-Minasyan, R. I., Parenago, O. P., Chirkova, V. G., Frolov, V. M. and Dolgoplosk, B. A., *Kinet. Katal.*, **17**, 935 (1976).

145. Wilke, G., *Angew. Chem., Int. Ed. Engl.*, **2**, 105 (1963).
146. Taube, R., Windisch, H. and Maiwald, S., *Macromol. Symp.*, **89**, 393 (1995).
147. Witte, J., *Angew. Makromol. Chem.*, **94**, 119 (1981).
148. Dolgoplosk, B. A., Tinyakova, E. I., Sefanovskaya, N. N., Oreshkin, I. A. and Shmonina, V. L., *Eur. Polym. J.*, **10**, 605 (1974).
149. Skupinski, W., Zawartke, M. and Malinowski, S., *React. Kinet. Catal. Lett.*, **13**, 319 (1980).
150. Dauby, R., Dawans, F. and Teyssié, P., *J. Polym. Sci., C*, **16**, 1989 (1967).
151. Ochiai, E., Hirai, R. and Makishima, S., *J. Polym. Sci., B*, **4**, 1003 (1966).
152. Morton, M. and Das, B., *J. Polym. Sci., C*, **27**, 1 (1969).
153. Sokolov, V. N., Babitskii, B. D., Kormer, V. A. and Poddubnyi, I. Ya., *J. Polym. Sci., C*, **16**, 4351 (1967).
154. Kormer, V. A., Babitskii, B. D., Lobach, M. I. and Chesnokova, N. N., *J. Polym. Sci., C*, **16**, 4351 (1967).
155. Scott, H., Frost, R. E., Belt, R. F. and O'Reilly, D. E., *J. Polym. Sci., A*, **2**, 3233 (1964).
156. Scott, H., *J. Polym. Sci., B*, **4**, 105 (1966); *J. Polym. Sci., A*, **2**, 3233 (1964).
157. O'Reilly, D. E., Poole Jr, C. D., Belt, R. F. and Scott, H., *J. Polym. Sci., A*, **2**, 3257 (1964).
158. Jenkins, D. K., Timms, D. G. and Duck, W. E., *Polymer*, **7**, 419 (1966).
159. Natta, G., Zambelli, A., Pasquon, I. and Ciampelli, F., *Makromol. Chem.*, **79**, 161 (1964).
160. Kawasaki, A., Maryuma, I., Taniguchi, M., Hirai, R. and Furukawa, J., *J. Polym. Sci., Polym. Lett. Ed.*, **7**, 613 (1969).
161. Natta, G. and Danusso, F., *Chim. Ind. (Milan)*, **40**, 445 (1958).
162. Kaminsky, W. and Schlobom, M., *Makromol. Chem., Macromol. Symp.*, **4**, 103 (1986).
163. Lobach, M. I., Kormer, V. A., Tsereteli, I. Yu., Kondratenkov, G. A., Babitskii, B. D. and Klepikova, V. I., *J. Polym. Sci., Polym. Lett. Ed.*, **9**, 71 (1971).
164. Sokolov, V. N., Khvostik, G. M., Poddubnyi, I. Ya. and Kondratenkov, G. A., *J. Organomet. Chem.*, **29**, 313 (1971).
165. Hughes, R. P., Jack, T. and Powell, J., *J. Am. Chem. Soc.*, **94**, 7723 (1972).
166. Klepikova, V. I., Erussalimskii, G. B., Lobach, M. I., Churlaeva, L. A. and Kormer, V. A., *Macromolecules*, **9**, 217 (1976).
167. Bawn, C. E. H., *Rubber Plast. Age*, **46**, 510 (1965).
168. Dawes, D. H. and Winkler, C. A., *J. Polym. Sci., A*, **2**, 3029 (1964).
169. Gibbs, C. F., Horne Jr, S. E., Macey, J. H. and Tucker, H., *Rubber World*, **144**, 69 (1961).
170. Yamazaki, N., Suminoe, T. and Kambara, S., *Makromol. Chem.*, **65**, 157 (1963).
171. Zachoval, J., Mikes, F., Krepelka, J., Prouzova, O. and Pradova, O., *Eur. Polym. J.*, **8**, 397 (1972).
172. Cooper, W., Eaves, D. E., Owen, G. D. T. and Vaughan, G., *J. Polym. Sci., C*, **4**, 211 (1964).
173. Longiave, C., Castelli, R. and Ferraris, M., *Chim. Ind. (Milan)*, **44**, 725 (1962).
174. Dubini, M., Longiave, C. and Castelli, R., *Chim. Ind. (Milan)*, **45**, 923 (1963).
175. Thomassin, J. M., Walkiers, E., Warrin, R. and Teyssié, P., *J. Polym. Sci., Polym. Chem. Ed.*, **13**, 1147 (1975).
176. Harrod, J. T. and Wallace, L. R., *Macromolecules*, **5**, 686 (1972).
177. Saltman, W. M., Gibbs, W. E. and Lal, J., *J. Am. Chem. Soc.*, **80**, 5615 (1958).
178. Pantukh, B. I., Rozentsvet, V. A., Monakov, Yu. B. and Rafikov, S. R., *Acta Polym.*, **34**, 732 (1983).
179. Medvedev, S. S., *Russ. Chem. Rev.*, **37**, 834 (1968).
180. Pakuro, N. I., Zabolotskaya, E. V. and Medvedev, S. S., *Vysokomol. Soed., Ser. B*, **10**, 3 (1968); *Chem. Abstr.*, **68**, 69914x (1968).
181. Gallazzi, M. C., Giarrusso, A. and Porri, L., *Makromol. Chem., Rapid Commun.*, **2**, 59 (1981).
182. Porri, L. and Gallazzi, M. C., *Eur. Polym. J.*, **2**, 189 (1966).
183. Furukawa, J., Haga, K., Kobayashi, E., Iseda, Y., Yashimoto, T. and Sakamoto, K., *Polym. J.*, **3**, 371 (1971).
184. Furukawa, J., Kobayashi, E. and Kawagoe, T., *Polym. J.*, **5**, 231 (1973).
185. Zhang, Z. Y., Zhang, H. J., Ha, H. M. and Wu, Y., *J. Mol. Catal.*, **17**, 65 (1982).
186. Freg, D. A., Hasegawa, G. E. and Marvel, C. S., *J. Polym. Sci., A*, **1**, 2057 (1963).

187. Dolgoplosk, B. A., Beilin, S. I., Korshak, Y. V., Chernenko, G. M., Vardanyan, L. M. and Teterina, M. P., *Eur. Polym. J.*, **9**, 895 (1973).
188. Yasuda, H. and Nakamura, A., *Angew. Chem., Int. Ed. Engl.*, **26**, 723 (1987).
189. Lucas, J., van Leeuwen, P. W. N. M., Volger, H. C. and Kouwenhoven, A. P., *J. Organomet. Chem.*, **47**, 153 (1973).
190. Bolognesi, A., Destri, S., Zinam, Z. and Porri, L., *Makromol. Chem., Rapid Commun*, **5**, 679 (1984).
191. Dolgoplosk, B. A., Makovetskii, K. E., Red'kina, L. I., Soboleva, T. V., Tinyakova, E. I. and Yakovlev, V. A., *Dokl. Akad. Nauk SSSR*, **205**, 387 (1972); *Chem. Abstr.*, **77**, 140604 (1972).
192. Makovetskii, K. E. and Red'kina, L. I., *Dokl. Akad. Nauk SSSR*, **215**, 1380 (1974); *Chem. Abstr.*, **83**, 61116 (1975).
193. Natta, G., Porri, L. and Gallazzi, M. C., *Chim. Ind. (Milan)*, **46**, 1158 (1964).
194. Cooper, W., *Ind. Eng. Chem., Prod. Res. Dev.*, **9**, 457 (1970).
195. Porri, L., Gallazzi, M. C., Destri, S. and Bolognesi, A., *Makromol. Chem., Rapid Commun.*, **4**, 485 (1983).
196. Furukawa, J., Saegusa, T., Irako, K., Hirooka, N. and Narumiya, T., *Kogyo Kagaku Zasshi*, **65**, 2074 (1962); *Chem. Abstr.*, **58**, 11553 (1963).
197. Bresler, L. S., Dolgoplosk, B. A., Kolechkova, M. F. and Kropacheva, E. N., *Rubber Chem. Technol.*, **37**, 121 (1964).
198. Suminoe, T., Sasaki, K., Yamazaki, N. and Kambara, S., *Kobunshi Kagaku*, **21**, 9 (1964); *Chem. Abstr.*, **61**, 801 (1964).
199. Monakov, Yu. B., Marina, N. G., Duvakina, N. V. and Rafikov, S. R., *Dokl. Akad. Nauk SSSR*, **236**, 617 (1977); *Chem. Abstr.*, **87**, 185045 (1977).
200. Shen, Z., Song, X., Xiao, S., Yang, J. and Kan, X., *J. Appl. Polym. Sci.*, **28**, 1585 (1983).
201. Pasquon, I., Porri, L., Zambelli, A. and Ciampelli, F., *Chim. Ind. (Milan)*, **43**, 509 (1961).
202. Weber, H., Schleimer, B. and Winter, H., *Makromol. Chem.*, **101**, 320 (1967).
203. Cabassi, F., Italia, S., Giarrusso, A. and Porri, L., *Makromol. Chem.*, **187**, 913 (1986).
204. Natta, G., Porri, L., Carbonaro, A. and Lugli, G., *Makromol. Chem.*, **53**, 52 (1962).
205. Carbonaro, A., Zamboni, V., Novajra, G. and Dall'Asta, G., *Rubber Chem. Technol.*, **46**, 1274 (1973).
206. Furukawa, J., Kobayashi, E. and Haga, K., *J. Polym. Sci., Polym. Chem. Ed.*, **11**, 629 (1973).
207. Bruzzone, M., Carbonaro, A. and Corno, C., *Makromol. Chem.*, **179**, 2173 (1978).
208. Furukawa, J. and Hirai, R., *J. Polym. Sci., A-1*, **10**, 3027 (1972).
209. Furukawa, J. and Kobayashi, E., *Rubber Chem. Technol.*, **51**, 600 (1978).
210. Wieder, W., Krömer, H. and Witte, J., *J. Appl. Polym. Sci.*, **27**, 3639 (1982).
211. Jiao, S., Su, D., Yu, D. and Hu, L., *Chinese J. Polym. Sci.*, **6**, 135 (1988).
212. Furukawa, J., Hirai, R. and Nakaniwa, N., *J. Polym. Sci., Polym. Lett. Ed.*, **7**, 671 (1969).
213. Furukawa, J., *Angew. Makromol. Chem.*, **23**, 189 (1972).
214. Furukawa, J., Amano, H. and Hirai, R., *J. Polym. Sci., A-1*, **10**, 681 (1972).
215. Wieder, W. and Witte, J., *J. Appl. Polym. Sci.*, **26**, 2503 (1981).
216. Furukawa, J., Tsuruki, S. and Kiji, J., *J. Polym. Sci., A-1*, **11**, 2999 (1973).
217. Furukawa, J., *Pure Appl. Chem.*, **42**, 495 (1975).
218. Furukawa, J. and Hirai, R., *J. Polym. Sci., A-1*, **10**, 2139 (1972).
219. Khurshio, A., Toppare, L. and Akbulut, U., *Polym. Commun.*, **28**, 269 (1987).
220. Kuntz, J., Powers, K. W., Hsu, C. S. and Rose, K. D., *Makromol. Chem., Macromol. Symp.*, **13/14**, 337 (1988).
221. Furukawa, J., *J. Polym. Sci., Polym. Symp.*, **9**, 895 (1974).
222. Kobayashi, E., Kaita, S., Aoshima, S. and Furukawa, J., *J. Polym. Sci., A, Polym. Chem.*, **32**, 1195 (1994).
223. Kobayashi, E., Kaita, S., Aoshima, S. and Furukawa, J., *J. Polym. Sci., A, Polym. Chem.*, **33**, 2175 (1995).
224. Kaita, S., Kobayashi, E., Sakakibara, S., Aoshima, S. and Furukawa, J., *J. Polym. Sci., A, Polym. Chem.*, **34**, 3431 (1996).
225. Sabirov, Z. M. and Monakov, Yu. B., *Inorg. Chim. Acta*, **169**, 221 (1990).
226. Brydson, J. A., in *Rubbery Materials*, Elsevier, London, 1988, p. 127.

227. Price, F. C., *Chem. Eng.*, **1963**, 84 (1963).
228. Dreyfuss, P., 'Polybutadienes', in *The Polymeric Materials Encyclopedia*, CRC Press, Inc., Boca Raton, 1996, Vol. 8, pp. 5657–5663.

**拓展阅读**

Yu, G. and Li, Y., 'Butadiene Polymerization', in *The Polymeric Materials Encyclopedia*, CRC Press, Inc., Boca Raton, 1996, Vol. 1, pp. 871–882.
Natta, G. and Porri, L., 'Elastomers by Coordinated Anionic Mechanism', in *Polymer Chemistry of Synthetic Elastomers; Diene Elastomers*, Wiley-Interscience, John Wiley & Sons, New York, 1969, Part II, pp. 597–678.
Pino, P., Giannini, U. and Porri, L., 'Insertion Polymerization', in *Encyclopedia of Polymer Science and Engineering*, Wiley-Interscience, John Wiley & Sons, New York, 1987, Vol. 8, pp. 147–220.
Pasquon, I., Porri, L. and Giannini, U., 'Stereoregular Linear Polymers', in *Encyclopedia of Polymer Science and Engineering*, Wiley-Interscience, John Wiley & Sons, New York, 1989, Vol. 15, pp. 632–763.
Kaminsky, W., 'Polymeric Dienes', in *Handbook of Polymer Synthesis*, M. Dekker, New York, 1992, Part A, pp. 385–431.
Watanabe, H. and Masuda, T. 'Diene Polymerisation', in *Catalysis in Precision Polymerisation*, John Wiley & Sons, Chichester–New York, 1997, pp. 55–66.
Gavens, P. D., Bottrill, M., Kelland, J. W. and McMeeking J., 'Ziegler–Natta catalysis', in *Comprehensive Organometallic Chemistry*, Pergamon Press, Oxford, 1982, Vol. 3, pp. 475–549.
Henderson, J. E., 'Polymeric Butadiene Derivatives', in *Encyclopedia of Polymer Science and Engineering*, Wiley-Interscience, John Wiley & Sons, New York, 1985, Vol. 2, pp. 515–536.
Tate, B. T. and Bethea, T. W., 'Butadiene Polymers', in *Encyclopedia of Polymer Science and Engineering*, Wiley-Interscience, John Wiley & Sons, New York, 1985, Vol. 2, pp. 537–590.
Burford, R. P., Nickaf, J. B. and Chaplin, R. P., 'Neodymium-catalyzed Butadiene Polymerization', in *The Polymeric Materials Encyclopedia*, CRC Press, Inc., Boca Raton, 1996, Vol. 1, pp. 882–888.
Halasa, A. F. and Hsu, W. L., 'Crystalline 3,4-Polyisoprene', in *The Polymeric Materials Encyclopedia*, CRC Press, Inc., Boca Raton, 1996, Vol. 8, pp. 6337–6340.
Furukawa, J., 'Alternating Copolymers', in *Encyclopedia of Polymer Science and Engineering*, Wiley-Interscience, John Wiley & Sons, New York, 1986, Vol. 4, pp. 233–261.
Gowie, J. M. G., 'Alternation in the Presence of Ziegler–Natta Catalysts', in *Comprehensive Polymer Science*, Pergamon Press, Oxford, 1989, Vol. 4, pp. 409–412.
Franta, I., 'Brief History of Rubber. Some General Properties of Rubber', in *Elastomers and Rubber Compounding Materials*, Elsevier Science, Amsterdam, 1989, pp. 19–30.
Franta, I. and Duchácek, V., 'Natural Rubber', in *Elastomers and Rubber Compounding Materials*, Elsevier Science, Amsterdam, 1989, pp. 31–64.
Zachoval, J. and Brajko, V., 'Synthetic Rubbers Production Methods', in *Elastomers and Rubber Compounding Materials*, Elsevier Science, Amsterdam, 1989, pp. 65–75.

**思考题**

1. 共轭二烯烃配位聚合催化剂有哪些类型，指出其特点并举出代表性实例。
2. 共轭二烯烃聚合中聚合物增长链和催化剂键接的键有哪些类型，指出其特点。
3. 画出下列每一个单体所有立构规整聚合物的结构图和 Fishcer 投影。

    $CH_2=CH-CH=CH_2$

    $CH_2=CH-CH=CH-CH_3$

    $CH_2=C(CH_3)-CH=CH_2$

    $CH_2=C(CH_3)-C(CH_3)=CH_2$

4. Ziegler-Natta 催化剂聚合丁二烯时乙烯能够调节聚合物的分子量，请解释其原因。

5. 某些 Ziegler-Natta 催化剂共聚乙烯和丁二烯能形成交替共聚物，请解释其原因。
6. 讨论共轭二烯烃 1,2-聚合物和 1,4-聚合物的形成。Ti（OR）$_4$-AlR$_3$ 催化剂制备的丁二烯和戊二烯聚合物中主要是顺-1,4-结构，没有 1,2-单体单元，请解释其原因。
7. 讨论共轭二烯烃单体配位模式对顺-1,4-聚合物和反-1,4-聚合物形成的作用。
8. s-顺式-$\eta^4$ 配位的丁二烯会形成反-1,4-聚合物，请解释其原因。
9. 讨论 2,4-己二烯/1,3-丁二烯共聚物组成（共单体在共聚物链上的分布）对 2,4-己二烯单体单元（顺-1,4 或反-1,4）微结构的影响。
10. 共轭二烯烃配位聚合立体调节机理的决定性因素是什么？请和 $\alpha$-烯烃配位聚合立体调节机理的决定性因素作比较。
11. 只有氘原子取代的对称端双取代 1,3-丁二烯就能产生双等规和双间规 1,4-聚合物，请解释其原因。
12. 给出对称端双取代丁二烯立体定向聚合能够产生的所有（理论上的）1,4-聚合物的结构和立体化学命名。是否所有这些立构规整聚合物都能合成出来？请给出原因。
13. 与过渡金属基催化剂相比，稀土金属基催化剂制备的聚丁二烯的立构规整度（顺-1,4-单体单元含量）更高，请解释其原因。
14. 在丁二烯橡胶（顺-1,4-聚丁二烯）生产中，与 Ti、Co 或 Ni 基 Ziegler-Natta 催化剂相比，Nd 基 Ziegler-Natta 催化剂的优点是什么？

# 6 环烯烃的配位聚合

内环烯烃可以通过多种途径进行均聚，根据聚合单体和催化剂的类型，有持环和开环两种反应。环烯烃持环聚合产生1,2-聚合物和1,3-聚合物（1,2-和1,3-聚环烯烃-聚亚环烷），这种聚合物具有立体异构现象（立构规整度），因为主链上环结构形成时产生了手性环境中的叔碳原子。环烯烃开环易位聚合（romp）产生的聚合物（聚亚烯烃基-聚链烯）主链上有双键，因而具有顺反异构体。双环或多环烯烃易位聚合产生的聚合物主链上既有环也有双键，有立构规整度也有顺反异构。关环聚合（rcp）或者环状非共轭二烯（环聚）形成的聚合物主链上具有多环重复单元。

环外烯烃，最具代表性的是外亚甲基环烷烃，能够开环均聚。

## 6.1 持环聚合

非环内烯烃（$\beta$-烯烃，如2-丁烯）不能进行配位均聚（除非异构化为相应的$\alpha$-烯烃），只能和乙烯进行交叉增长［式(3-76)］得到交替共聚物[1]。另外，根据单体和所用催化剂的类型，含有内双键的环烯烃能够均聚为1,2-聚环烯烃、聚（1,2-亚环烷）或1,3-聚环烯烃、聚（1,3-亚环烷）。第一个聚环烯烃是使用Ziegler-Natta催化剂以1,2-插入聚合产生的，适用的环烯烃都具有高的张力，如环丁烷[2-4]和降冰片烯（双环［2.2.1］-庚-2-烯）[5-7]，后一种单体形成的聚合物的分子量非常低。环烯烃聚合真正的进展是在使用Pd基催化剂[8-11]和茂金属催化剂之后[12-17]；降冰片烯进行1,2-插入聚合得到了高分子量的聚（2,3-双环［2.2.1］-庚-2-烯）[8-17]，而环戊烯却以1,3-插入异构化聚合得到了高分子量的聚（1,3-亚环戊烷）[12,15,18-20]。

### 6.1.1 1,2-插入聚合

#### 6.1.1.1 聚（1,2-亚环烷）的立体异构

环烯烃1,2-插入聚合形成的聚（1,2-亚环烷）的单体单元中有两个手性中心：一个是聚合物链进入单元的碳原子，另一个是离开单元的碳原子。这种聚合物有四种可能的立体异构

体：赤式双等规、赤式双间规、苏式双等规和苏式双间规。一般环烯烃双键的取代基都是顺式的，而单体聚合也是以顺式方式插入到金属-碳键中，所以聚（1,2-亚环烷）[如聚（1,2-环丁烯）]只有赤式双等规、赤式双间规两种异构体（图6.1）[4]。

聚（1,2-亚环烷）赤式结构指聚合物主链进入和离开每一个环的构型都是顺式的，而苏式结构正相反。含有对称环的聚（1,2-亚环烷）如聚（1,2-环丁烯），环的赤式和苏式立体化学也可以称为内消旋（M）和外销环（R）结构；环之间的相对立体化学记为内消旋（m）和外消旋（r）构型，分别对应双等规和双间规结构[21,22]。

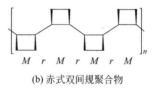

图6.1 聚（1,2-亚环烷）的立体异构，赤式双等规和赤式双间规聚合物

#### 6.1.1.2 聚合催化剂和立体化学

环烯烃和非环内双键烯烃不同，因为环的张力而能够进行配位聚合。而环张力的释放正是聚合的重要驱动力。

张力最大的环烯烃是取代环丙烯，如 3,3-二甲基环丙烯或 3-甲基-3-乙基环丙烯，在带有非常大而且稳定的配体的 Pd 基催化剂作用下可以很容易地聚合为取代聚（1,2-环丙烯）。这类催化剂的低活性防止了环丙烯单体的开环[23]。

赤式双等规聚（1,2-环丁烯）可以使用 Cr 和 V 基 Ziegler-Natta 催化剂制备，如 $CrO_2Cl_2$-$AlEt_2Cl$ 和 $Cr(Acac)_3$-$AlEt_2Cl$（甲苯中）[4]、$VCl_4$-$AlEt_3$（庚烷中，低温）[3,4]、$V(Acac)Cl_2$-$AlEt_2Cl$（甲苯中）[4]，也可以使用其他配位催化剂如 Ni(All)Br-EtOH[24] 和 $RhCl_3$-$H_2O$ [25]。赤式双间规聚（1,2-环丁烯）可以使用其他 V 基 Ziegler-Natta 催化剂制备，如 $V(OBu)_3$-$AlEt_2Cl$（甲苯中）[4] 和 $V(Acac)_3$-$AlEt_2Cl$（甲苯中）[3,4]。

能够打开降冰片烯双键而将其聚合为高分子量聚合物的催化剂有亲电 Pd(Ⅱ) 配合物，如阳离子 Pd 配合物 $[Pd(MeCN)_4][BF_4]_2$ [8-10]，以及 MAO 活化的茂金属，如 $Cp_2ZrCl_2$、rac.-$(IndCH_2)_2ZrCl_2$、rac.-$Me_2Si(Ind)_2ZrCl_2$、$Ph_2C(Flu)(Cp)ZrCl_2$ [15]。$C_2$ 和 $C_s$ 对称的 MAO 活化的茂锆催化剂有非常高的聚合活性[18]，其产生的降冰片烯聚合物主要是相应的赤式双等规和赤式双间规结构[15]。rac.-$Me_2Si(Ind)_2ZrCl_2$-MAO 催化剂形成的活性种对前来配位的单体具有同伦配位点，具有纯粹的对映点立体控制，形成的是赤式双等规聚合物。$Ph_2C(Flu)(Cp)ZrCl_2$ 形成的活性种对前来配位的单体具有互变配位点，其链迁移对映点控制形成赤式双间规聚合物。$C_{2v}$ 对称的 $Cp_2ZrCl_2$-MAO 催化剂没有手性，仅有聚合物链端控制[15]。

和茂金属催化剂相比，Pd 基催化剂制备的降冰片烯是无规的。

使用 $[Pd(MeCN)_4][BF_4]_2$ 聚合降冰片烯具有活性聚合的特征。使用硝基苯和氯苯的混合溶剂，在 0℃ 下，可以制备出高分子量（约 $10×10^3 \sim 100×10^3$）窄分布（$M_w/M_n$ = 1.10）的聚（2,3-双环 [2.2.1] -庚-2-烯），其玻璃化转变温度相当高（$T_g$ = 300℃）。

值得注意的是，使用简单 Co 盐基催化剂也能有效聚合降冰片烯，产生的聚合物具有非常高的分子量（$M_w$ > $1600×10^3$）和玻璃化转变温度（$T_g$ = 380℃），并且很容易溶解在简单的烃类溶剂中，如环己烷[26]。

使用具有弱亲核配体的阳离子 Pd(Ⅱ) 配合物聚合降冰片烯时，单体主要是以外面进行顺式插入（非对映的内面的反应能力很小）[10]：

MAO 活化的茂锆催化剂聚合降冰片烯全都是顺式-外面插入[15]。

通过 $\beta$-氢消除而使 Pd—M—Pn 键离解的可能较小，因为两个 $\beta$-氢 $H_3$ 和 $H_1$ 都不容易接近 Pd 形成 Pd—H 键。对 $\beta$-氢提取的抑制是降冰片烯顺式插入聚合的先决条件[10]。

在降冰片烯类单体的插入聚合中，Pd 催化其他双环烯烃的聚合，如外-8,9-二氢二环戊二烯（三环[5∶2∶1∶$0^{2.6}$]癸-8-烯），也能得到高分子量窄分布（$M_w/M_n=1.3$）的聚合物，且具有活性聚合特征[10]。

$$\quad\quad\quad\quad\quad\quad\quad\quad\quad\quad\quad\quad\quad\quad (6-1)$$

相反，内、外-1,4,5,8-亚二甲基-1,2,3,4,4a,5,8,8a-八氢萘很难聚合为高分子量的聚合物（非活性的）[10]：

外双环戊二烯和内双环戊二烯（三环[5∶2∶1∶$0^{2.6}$]癸-3,8-二烯）也具有类似的行为[10]：

外　　　　　　　内

有趣的是，无论是外单体还是内单体，五元环较小张力的双键都没有参与聚合。

### 6.1.1.3　环烯烃和一氧化碳的共聚合

与乙烯/一氧化碳共聚物类似，使用膦配体修饰的阳离子 Pd(Ⅱ) 配合物，如[Pd(MeCN)$_n$(PPh)$_{4-n}$][BF$_4$]$_2$($n=1,2,3$)，能够交替共聚环烯烃如降冰片烯和一氧化碳[27]。一般要求催化剂和阴离子有弱的配位。阳离子 $16d^0$ 电子 Pd 催化剂的活性中心是 Pd—C 键。

这种催化物种具有平面四边形几何构型。单体要插入到 Pd—C 键中，则配位单体和聚合物链在 Pd 中心原子上必须是顺式构型，Pd 上的配体也必须是顺式构型[28]，不能是反式构型：

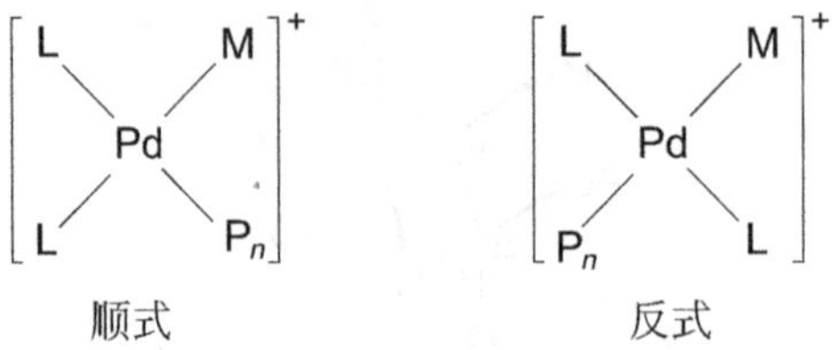

$$\begin{bmatrix} L\diagdown\diagup M \\ Pd \\ L\diagup\diagdown P_n \end{bmatrix}^+ \quad \begin{bmatrix} L\diagdown\diagup M \\ Pd \\ P_n\diagup\diagdown L \end{bmatrix}^+$$

顺式　　　　　　反式

和均聚的情况一样，降冰片烯和一氧化碳的共聚反应中也没有增长物的异构化问题，交替共聚物中降冰片烯单体单元只有一种，即 2,3-双环［2.2.1］庚-2-烯[27]：

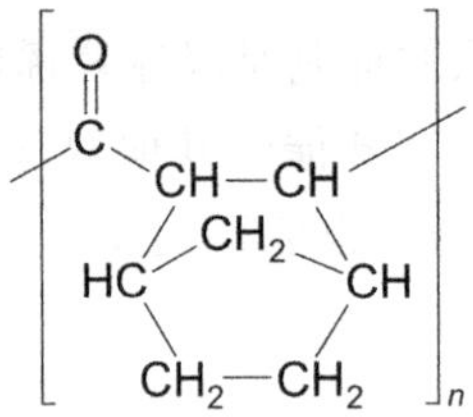

形成这种结构是因为连接在 Pd 上的降冰片烯单体单元没有发生 $\beta$-氢提取反应。

环戊烯和一氧化碳的交替共聚物亦可以制备出，所用的催化剂是阳离子的 Pd(II) 配合物，修饰配体为非手性的 1,3-双（二苯基膦）丙烷或手性的 2,4-(双二苯基膦）戊烷。

虽然一氧化碳向 Pd—C 键快速插入能抑制 $\beta$-氢提取，但是共聚物环戊烯单元还是有两种连接方式，1,2-插入和 1,3-插入[29]：

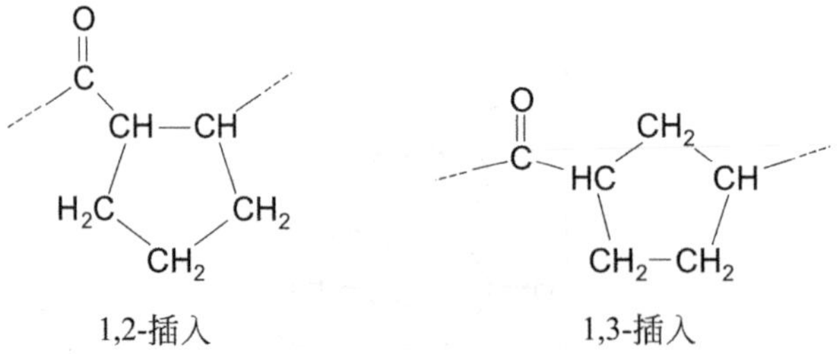

1,2-插入　　　　　　1,3-插入

环戊二烯 1,3-连接源于 $\beta$-氢提取引起的异构化[20]。

根据所用配体的不同，1,2-连接和 1,3-连接的比例在 0.5∶0.5～0.05∶0.95 之间。1,2-连接和 1,3-连接的竞争受配体和阴离子的影响。共聚物主要是等规结构[29,30]。

## 6.1.2　非共轭环二烯烃的环聚

单环非共轭二烯烃聚合时，双键打开的同时进行跨环迁移形成环聚物，其主链上有双环重复单元。典型的例子就是 1,5-环辛二烯的环聚[31,32]：

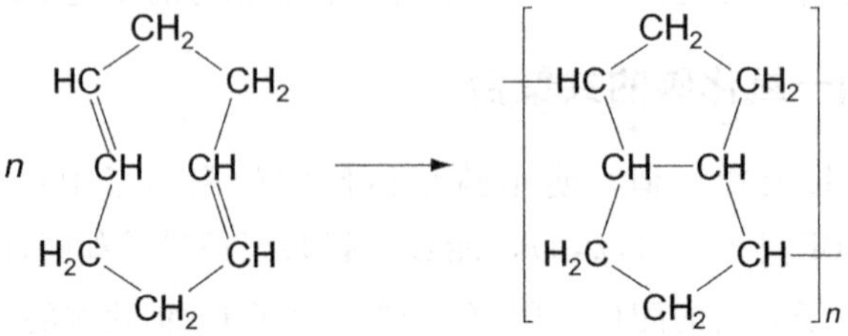

(6-2)

Ziegler-Natta 催化剂如 TiCl$_4$-AlR$_3$[31] 和 Cp$_2$MtCl$_2$-AlEt$_3$（Mt＝Ti、Zr、Hf）[32] 都是环聚的有效催化剂。顺，顺-1-甲基-1,5-环辛二烯也可以被 Ziegler-Natta 催化剂环聚，其聚合机理和式(6-2)类似[33]。

也有人假设这种聚合体系是阳离子机理[32]。

### 6.1.3　1,3-插入异构化聚合

#### 6.1.3.1　聚（1,3-亚环烷）的立体异构

聚（1,3-亚环烷）中的环通过 1,3-原子连接在主链上。和聚（1,2-亚环烷）类似，主链进入和离开环的每一个碳原子都是手性中心。所以主链上每一个单体单元中都有两个手性中心。聚（1,3-亚环烷）的微观结构中有环的顺-反几何异构和环之间的相对立体化学，记为内消旋（m）和外消旋（r）排列。因此，聚（1,3-亚环烷）可能有四种有规立构结构：顺式等规、反式等规、顺式间规和反式间规。

然而，一般的环烯烃如环戊烯产生的聚合物主要是顺式结构，环烷烯如环戊烯 1,3-插入异构化聚合很少得到反式结构（含量一般小于 3%）[15,19,20]。图 6.2 给出了聚（1,3-亚环戊烷）的顺式异构体。

(a) 顺式等规　　　　　　　　　　　(b) 顺式间规

**图 6.2**　聚（1,3-亚环戊烷）的立体异构

聚（1,3-亚环戊烷）的顺式和反式标记和其他脂环族聚合物的相同，如环己-1,5-二烯环的聚合产物聚（1-亚甲基-3-亚环戊烷）。赤式和苏式命名法一般来标记聚合物主链上连续两个碳原子的相对构型，但不能用于聚（1,3-亚环烷烷）主链碳原子，因为它们不连续[22]。

#### 6.1.3.2　聚合机理

MAO 活化非桥连立体刚性均相柄型茂锆 Ziegler-Natta 催化剂催化聚合环戊烯产生的主要是聚（1,3-亚环戊烷），催化剂如茂锆 Cp$_2$ZrCl$_2$、rac.-(IndCH$_2$)$_2$ZrCl$_2$、rac.-Me$_2$Si(Ind)$_2$ZrCl$_2$ 和 Ph$_2$C(Flu)(Cp)ZrCl$_2$[12,15,18-20]。

环戊烯 1,3-连接形成顺式和反式聚（1,3-亚环戊烷）的可能机理如式（6-3）所示[15,19,20]。第一步，环戊烯顺式 1,2-插入产生很大位阻的聚合中间体，下一个单体难以插入，要插入则必须进行异构化。只有 $\beta$-氢才能稳定活性种（$\beta$-agostic 作用），所以产生氢转移、单体旋转或迁移，再插入一系列反应，形成 1,3-连接的聚合物链。沿着 Zr-烯烃 π 键旋转将形成顺-1,3-聚（亚环戊烷）[式(6-3)(a)][20]，而烯烃的 π 面穿过双键波节面迁移将形成反式-1,3-聚（亚环戊烷）[式(6-3)(b)][19]。

这个机理类似于茂金属催化丙烯 1,3-聚合的机理［式(6-67)][34-39]。

$$(6\text{-}3)$$

顺式　　　　　　反式

均相茂金属可以进行 1,3-均聚，而多相 Ziegler-Natta 催化剂却不能，因为它不能进行如式(6-3)所示的异构化反应。

降冰片烯不能进行如环戊烯那样的 1,3-插入异构化聚合，因为降冰片烯单元的刚性较大，$\beta$-氢无法和金属作用来稳定初形成的 1,2-插入产物[15]。

茂金属催化剂制备的聚（1,3-亚环戊烷）其微观结构依赖于茂金属前体和聚合条件。使用 MAO 活化的 $Cp_2ZrCl_2$、$rac.\text{-}(IndCH_2)_2ZrCl_2$、$rac.\text{-}Me_2Si(Ind)_2ZrCl_2$ 和 $Ph_2C(Flu)(Cp)ZrCl_2$ 的聚合产物主要是顺式-1,3-结构。$Ph_2C(Flu)(Cp)ZrCl_2$-MAO 催化剂不仅具有高的立体定向性，也利于形成顺式间规聚合物[15]。而 $rac.\text{-}(IndCH_2)_2ZrCl_2$-MAO 和 $rac.\text{-}Me_2Si(Ind)_2ZrCl_2$-MAO 主要形成顺式等规结构聚合物[15,20]。环戊烯聚合的链端立体控制机理类似于降冰片烯，不同的是环戊烯增长链的手性中心位于 $\alpha$ 位和 $\gamma$ 位[15]。

## 6.2 开环易位聚合

第一个环烯烃开环聚合是在 Ziegler-Natta 催化剂发现后不久报道的，Anderson 和 Merckling[40] 报道了 $TiCl_4$-MgEtBr 催化降冰片烯的聚合，聚合物的结构在当时并没有被确认，现在已经知道是聚（1-亚乙烯-3-亚环戊烷）：

$$(6\text{-}4)$$

随后，Eleuterio[41] 申请了环戊烯开环聚合物聚（1-戊烯）的专利：

$$nCH_2\underset{CH_2}{\overset{CH=CH}{\diagdown\!\diagup}}CH_2 \longrightarrow -\!\!\left[CH=CH-CH_2-CH_2-CH_2\right]_n\!\!- \qquad (6\text{-}5)$$

后来，Calderon[42,43]等意识到，环烯烃开环聚合仅仅是更一般性的烯烃易位反应的特例，以丙烯为例：

$$2CH_3-CH=CH_2 \rightleftharpoons CH_3-CH=CH-CH_3 + CH_2=CH_2 \qquad (6\text{-}6)$$

很快，Dall'Asta 和 Motroni 就确认环烯烃开环聚合中也有 C═C 键的完全切断（烯基交换反应）[44]。

这些早期结果和其他大量数据[45]一起建立了链增长反应中的开环易位聚合机理［式 (6-4)］，Hérisson 和 Chauvin[46] 首次提出其活性种在亚烷基（卡宾）金属和金属四元环（金属化丁烷）之间变化。

大量环烯烃都可以进行开环易位聚合，包括大张力的（环丁烯及其同系物、降冰片烯及其同系物）、小张力的（环戊烯）和没有张力的（环庚烯、环辛烯）[45]。

与 Ziegler-Natta 催化剂催化聚合非环烯烃（α-烯烃）一样，使用烷基金属活化的过渡金属催化剂开环易位聚合单环和双环烯烃，也只有很少一部分过渡金属原子转化为聚合活性中性。与 Phillips 催化剂催化聚合乙烯一样，使用氧化铝和硅胶负载的过渡金属氧化物也能易位聚合环烯烃。几种结构明确的金属-卡宾配合物和相关的金属环丁烷也能催化环烯烃的开环易位聚合，而且是活性的[45,47]。α-烯烃聚合催化剂前体过渡金属氯化物需要烷基金属或氢化金属活化，而有几种过渡金属氯化物不需要这样的活化就能够催化聚合环烯烃。

与 α-烯烃聚合相反，环烯烃聚合体系不全要求干燥和无氧条件，例如，Ir 基催化剂在水溶液中或乙醇介质中就可以有效地催化聚合外-双环［2.2.1］庚-5-烯-2-羧酸[48]。

## 6.2.1 聚亚烯的立体异构

环烯烃开环聚合产物具有多种立体异构体。首先是聚合物主链上双键的顺反异构，这对所有的环烯烃单体都适用。还有其他因素引起的立体异构现象，如双环烯烃降冰片烯中两个叔碳原子具有相反的手性。如果主链上亚乙烯两边的碳原子具有相反的手性，那么形成的二重单元就是内消旋的（m）；如果相同，则是外消旋的（r）。因此，形成等规、间规和无规聚合物（参考环之间的相对立体化学的 m 和 r 标记）。图 6.3 给出了降冰片烯聚合物聚（1-亚乙烯-3-亚环戊烷）四种可能的立构规整链结构[49]。

不幸的是，$^1$H 和 $^{13}$C NMR 谱上看不出任何聚（1-亚乙烯-3-亚环戊烷）的 m-r 峰，所以无法度量该聚合物的规整度[50,51]。要解决这一问题需要用 1-取代或 5-取代降冰片烯，如 1-甲基双环［2.2.1］庚-2-烯、5-甲基双环［2.2.1］庚-2-烯和 5,5-二甲基双环［2.2.1］庚-2-烯。这些单体开环易位聚合不仅有双键和环烷烃环位置的异构化，还有单体单元的头-尾（h-t）、头-头（h-h）、尾-尾（t-t）连接方式的变化。这些非对称取代降冰片烯是手性的，因此一种对映体单体 h-t 连接聚合将产生等规聚合物，h-h 和 t-t 排列将产生间规聚合物[52]。以 5,5-二甲基双环［2.2.1］庚-2-烯的聚合为例：

图 6.3 聚（1-亚乙烯-3-亚环戊烷）的立体异构

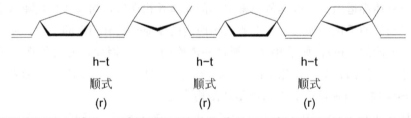

因此，不对称取代降冰片烯聚合物的规整性问题就等价于区域选择性问题，这可以通过 $^{13}$C NMR 谱来检测。这种方法也能够判定聚合物链中单体单元顺反结构和规整性的关系。例如外消旋（±）-外-5-甲基双环 [2.2.1] 庚-2-烯全顺式聚合物具有间规结构（单体单元为 h-t 连接），而全反式聚合物是无规结构，只有少量的 m 单元（单体单元为 h-h、t-t 和 h-t 连接）[50,53]。然而，外消旋（±）-1-甲基双环 [2.2.1] 庚-2-烯产生的聚合物具有全顺式间规 h-t 结构，由两种对映体交替链接而成[54]：

上述例子从原理上说明，环烯烃甚至简单取代的双环烯烃开环易位聚合产生的聚合物具有很宽范围的可调微观结构，亚乙烯单元的顺反结构，m 和 r 二元组，脂环族单元的 h-h、t-t、h-t 排列的分布和频率都可以调节。

## 6.2.2 聚合催化剂和活性中心

可用于环烯烃开环易位聚合的催化剂或前催化剂范围很广，从第 4 族（Ti）到第 8 族金属（Ir）的过渡金属化合物都可以。然而，最常用的是 W、Mo、Re 和 Ru 化合物，其中钨基催化剂是最有效的。其他 Nb 和 Ta 化合物也可以作为催化剂，特别适合于机理研究[45]。

开环易位聚合的有效催化剂可以是均相的也可以是多相的（包括负载催化剂）。传统的催化剂由钨或钼的卤化物和第 1A 到 4A 族的有机金属化合物（烷基、烯丙基或芳基金属衍生物）反应制备，反应一般在有机溶剂中（或者单体本体中）进行。在聚合体系中加入第三种组分，如 $H_2O$、ROH、PhOH、$O_2$，往往会使催化剂活性显著增加。对于 Ziegler-Natta 催化剂，其活性种既可以是可溶的，也可以是作为固相而分离的。典型的可溶催化剂有 $WCl_6$-$AlEtCl_2$、$WCl_6$-$AlEtCl_2$-EtOH、$WCl_6$-$AlEtCl_2$-PhOH、$WCl_6$-$SnMe_4$、$WOCl_4$-$SnMe_4$[55-57]，$MoCl_5$-$AlEt_3$ 和 $Mo(NO)_2Cl_2(PPh_3)_2$-$AlEtCl_2$[2,58,59]。一般来说，多组分催化剂经常用于工业生产，因为它们的活性更高，总的生产成本更低。然而，由于体系中有 Lewis 酸活化剂，会有一些副反应和易位聚合反应竞争。负载催化剂一般的制备过程如下：将活性金属氧化物或羰基配合物沉积于惰性载体上，如三氧化铝或硅胶，再经过几步热和化学处理；典型的催化剂有 $MoO_3$/$Al_2O_3$、$Re_2O_7$/$Al_2O_3$、$WO_3$/$SiO_2$ 和 $W(CO)_6$/$SiO_2$（再用烷基金属或者金属氢化物处理，如 $LiAlH_4$）[41,60]。但是，负载多相催化剂在环烯烃的开环易位聚合中并没有被广泛应用，均相催化剂更重要。

人们制备了结构明确的亚烷基金属（金属卡宾）配合物和金属环丁烷催化剂，但是它们的合成产率很难提高，而且比烷基金属活化的过渡金属卤化物传统催化的活性低得多。含有烷基金属（金属卡宾）或者金属环丁烷的均相催化剂一般来源于 W、Mo、Ru、Nb、Ta 和 Ti 化合物。这些催化剂的活性种结构明确，催化易位聚合具有专一性，不存在传统催化剂中的副反应[61]，因为它们不需要用 Lewis 酸活化剂进行易位活化。这些催化剂的另一个特色是用其制备的聚亚烯具有高比例的顺式结构[62-64]。这些催化剂催化环烯烃聚合有中等活性，加入 Lewis 酸如 $GaBr_3$ 可以提高其活性[65]。

还有一类催化剂，其表面上不含有金属-碳键。这种催化剂包括上述的氧化铝或硅胶负载的过渡金属氧化物（原则上不需要任何有机金属化合物活化）和几种第 6~8 族过渡金属氯化物（溶于烃类溶剂或卤代烃中），最典型的就是 $RuCl_3$。某些过渡金属氯化物需要 Lewis 酸助催化剂来活化（如 $AlCl_3$、$GaBr_3$、$TiCl_4$）[66,67]。贵金属氯化物可用于醇溶液或水乳液中[68]。

现在对环烯烃开环易位聚合机理的一般解释是，上述三组分体系催化剂的活性中心结构在金属卡宾和金属环丁烷之间交替变换。

## 6.2.2.1 预含过渡金属-碳键的催化剂

各种相对稳定的含有金属卡宾和金属环丁烷的催化剂催化环烯烃开环易位聚合具有活性聚合所要求的基本特征。这些结构明确的均相体系聚合机理中含有金属卡宾和金属环丁烷的互变，两者都是稳定的链增长物[47]。

过渡金属卡宾配合物可以分为两类：亲电卡宾（Fischer 卡宾[69-71]、Casey 卡宾[72,73]）和亲核卡宾（Osborn 卡宾[74,75]、Schrock 卡宾[76-79]）：

$(CO)_5Cr=C\begin{smallmatrix}Ph\\OMe\end{smallmatrix}$   $(CO)_5W=C\begin{smallmatrix}Ph\\OMe\end{smallmatrix}$   $(CO)_5W=C\begin{smallmatrix}Ph\\Ph\end{smallmatrix}$

Fischer 卡宾    Fischer 卡宾    Casey 卡宾

亲电卡宾

$(Me_3CO)_2\underset{Br}{\overset{Br}{W}}=C\begin{smallmatrix}CMe_3\\H\end{smallmatrix}$   $(Me_3CCH_2)_3Ta=C\begin{smallmatrix}CMe_3\\H\end{smallmatrix}$   $(Me_3CCH_2O)_2\overset{N-Ar}{W}=C\begin{smallmatrix}CMe_3\\H\end{smallmatrix}$

Osborn 卡宾    Schrock 卡宾    Schrock 卡宾

亲核卡宾

Fischer 和 Casey 配合物含有与电子受体键合的低价过渡金属，卡宾碳的性质一般和亲电中心类似。前一种配合物的稳定性是由于邻近氧的电子对部分补偿了卡宾碳（该碳原子是 $sp^2$ 杂化并具有一个空 p 轨道）的缺电子性。后一种配合物的稳定性是由于苯环的 π 电子和卡宾碳的自由 p 轨道有部分的共轭。亲电配合物（其卡宾碳原子可以和有机碳基化合物中的碳相比）特别容易和烯烃形成环丙烷，与 Lewis 碱加成。另外，Osborn 和 Schrock 型配合物中含有强给电子配位的高价过渡金属；这种配合物［相当于过渡金属改性的叶利德式（Ylides）］中的卡宾碳相当于亲核中心。亲核配合物特别易于和 Lewis 酸加成，进行 Wittig 型烷基化（碳基烯化反应）和烯烃易位反应[80]。

亲电金属卡宾配合物被二价碳上的杂原子或苯环稳定，而亲核配合物是被氢或者烷基所稳定。因此，涉及前后两种卡宾配体时有"卡宾型"和"亚烷基型"的区别。

这两种金属卡宾配合物的性质差别很大，说明两种金属-碳键有本质上的区别。单线态卡宾（Fischer 和 Casey 配合物）形成了给体-受体金属卡宾键，具有 σ 给体键和 π 受体键。而三线态卡宾（Osborn 和 Schrock 配合物）形成亚烷基金属共价双键（σπ），分别是由碳的 $sp^2$ 杂化和金属的 σ 电子、碳的 pπ 和金属的 dπ 电子自旋耦合形成的。金属卡宾和亚烷基金属配合物中的键如图 6.4 所示[80]。

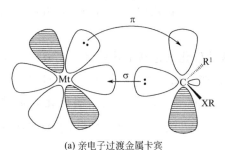

(a) 亲电子过渡金属卡宾

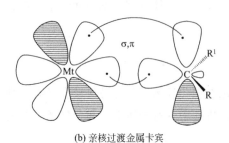

(b) 亲核过渡金属卡宾

图 6.4 (a) 亲电子过渡金属卡宾和 (b) 亲核过渡金属卡宾中金属-碳键的示意图

虽然这个图是过渡简化的，"边界线"金属卡宾配合物也被分离开了，但是，这个方法对于讨论金属卡宾开环易位聚合环烯烃的活性还是很有用的。计算[81,82]和最近得到的结果[83]表明，某些体系中"亚烷基金属"的反应性和"金属卡宾"的反应性相当，也就是说烯烃易位和烯烃环丙烷化反应的能力相当。

亲电金属卡宾配合物如 $(CO)_5W=C(Ph)Ome$ 用于易位聚合的活性一般很差，聚合大张力环烯烃降冰片烯和环丁烯需要在较高的温度下进行[84,85]。

在聚合体系中加入 Lewis 酸如 $TiCl_4$ 可以增加其活性[86]。亲电配合物如 $(CO)_5W=CPh_2$ 用于易位聚合的活性一般也很差，但是比 $(CO)_5W=C(Ph)OMe$ 高得多，可以催化聚合各种环烯烃[87,88]。

在环烯烃易位聚合中，亲核亚烷基金属配合物比亲电金属卡宾使用得更多。例如，$Br_2(Me_3CCH_2O)_2W=CHCMe_3$ 是中等活性的催化剂[75,89]，加入 Lewis 酸如 $GaBr_3$ 进一步活化后可以形成相对高活性的四配位阳离子易位催化剂[65]：

$$\begin{array}{c}RO\\RO\end{array}\!\!\!\!\!\!\!\!\!\!\!\!\!\!\!\!\!\!\!\!\!\begin{array}{c}Br\\W=C\\Br\end{array}\!\!\!\!\!\!\!\!\!\!\!\!\!\!\!\begin{array}{c}CMe_3\\H\end{array} \underset{-(GaBr_3)_2}{\overset{+(GaBr_3)_2}{\rightleftharpoons}} \left[\begin{array}{c}RO\\RO\end{array}\!\!\!\!\!\!\!\!\!\!\!\!\!\!\!\begin{array}{c}W=C\\Br\end{array}\!\!\!\!\!\!\!\!\!\!\!\!\!\!\!\begin{array}{c}CMe_3\\H\end{array}\right]^{+}[Ga_2Br_7]^{-} \quad (6\text{-}7)$$

其离子型化合物 $[Br(Me_3CCH_2O)_2W=CHCMe_3]^+[Ga_2Br_7]^-$ 的催化活性比中性配合物高约 3400 倍。

环烯烃易位聚合最常用的亚烷基金属催化剂是 Schrock 型亲核的 W 和 Mo 配合物[90]。该类配合物中表征最清楚的是四配位的含有大体积新亚戊基（$=CHCMe_3$）或苯代新亚戊基（$=CHCMe_2Ph$）配体的钨[79,91] 和钼[62] 化合物；过渡金属配位球还包括两个大体积的烷氧基和一个大体积的亚胺配体，最常用的胺配体是 2,6-二异丙基苯基亚胺。四配位过渡金属允许相对小的底物分子攻击亚烷基金属配合物，形成五配位的金属环丁烷中间体。大体积的烷氧基和亚胺配体能够抑制分解反应[49]。

亲核亚烷基钌配合物 $Cl_2(PPh_3)_2Ru=CHCH=CPh_2$ 也能催化降冰片烯聚合，并且具有活性特征[63]。该催化剂也能活性聚合其他大张力的单体，如双环 [3.2.0] 庚-6-烯[92]：

$$n\,\,\text{[双环戊烯]} \xrightarrow[40^\circ C, CH_2Cl_2]{Ph_3P\,\,\,\,Cl\,\,\,\,\,\,\,\,\,\,\,\,\,\,\,\,Ph\atop\underset{Cl}{Ru}=CH-CH=C\!\!\begin{array}{c}\\Ph\end{array}} \text{[聚合物]}_n \quad (6\text{-}8)$$

如果将三苯基膦配体换为更强给电子作用的大体积三环己基膦，亚烷基钌配合物的活性将会大大提高，可以催化聚合很小张力的环戊烯[93,94]。

有趣的是，金属碳炔配合物也能促使环烯烃的开环易位聚合，聚合时碳炔重排为真正的金属碳烯配合物 [式(6-9)] 而引发聚合[95]：

$$Br(CO)_4W\equiv C-Ph \longrightarrow (CO)_4W=C\!\!\begin{array}{c}Ph\\Br\end{array} \quad (6\text{-}9)$$

值得注意的是，单体和金属碳炔直接作用也能形成带有卡宾的链，而配合物中的三键并没有完全断裂[96]：

$$L_xW\equiv C-Ph \,+\, \text{[环戊烯]} \longrightarrow \text{[环加合物]}\!\!\begin{array}{c}\\L_xW\\Ph\end{array} \longrightarrow \text{[开环产物]}\!\!\begin{array}{c}\\L_xW\\Ph\end{array} \quad (6\text{-}10)$$

稳定的环烯烃聚合用的金属环催化剂有 Ti（钛环丁烷）和 Ta（钽环丁烷）基催化剂[47,49]。降冰片烯的第一个活性可控聚合体系中使用的催化剂就是取代的双环戊二烯钛环丁烷，其四配位的钛具有 16d$^0$ 电子结构[97,98]。起始钛环和降冰片烯在 20℃反应产生的是三取代的金属环丁烷：

$$\text{Cp}_2\text{Ti}\square + \bigtriangleup \xrightarrow{20℃} \text{Cp}_2\text{Ti—环}\qquad(6\text{-}11)$$

加热到 65℃，在过量单体存在下，所形成的金属环可以促使开环易位聚合：

$$n\bigtriangleup \xrightarrow{\text{Cp}_2\text{Ti 环}} \text{[—环—]}_n \qquad(6\text{-}12)$$

式(6-11)中形成的金属环化物会与很小一部分（不可观测的）钛环的开环产物亚烷基钛配合物形成平衡，亚烷基钛再次被降冰片烯捕捉而形成新的钛环化物，从而进行链增长[49]：

(6-13)

钛环化物也能有效促进小张力环烯烃的聚合，如环戊烯、环庚烯和环辛烯。聚合产物聚（1-亚烯）的分子量分布较宽（典型的 $M_w/M_n = 1.2 \sim 1.8$），而其聚合降冰片烯产物的分子量分布窄（典型的 $M_w/M_n = 1.08 \sim 1.2$）[99]。

亚烷基钽和降冰片烯反应也能形成类似于钛环化物的三取代的钽环丁烷[100-102]：

$$(\text{ArO})_3\text{Ta}=\text{C}\begin{subarray}{l}\text{CMe}_3\\\text{H}\end{subarray} + \bigtriangleup \xrightarrow{-30℃,\ \text{THF}} (\text{ArO})_3\text{Ta—环}\qquad(6\text{-}14)$$

铊环化物催化剂（其中 Ar＝2,6-二异丙基苯酚）在 50℃催化降冰片烯聚合的机理类似于式(6-13)中的三取代钛环丁烷[102]。

亚烷基（卡宾）金属配合物以及相应的金属环化物的稳定性依赖于各种因素，最重要的几个是金属的类型、金属的氧化态和金属的配体。稳定的金属卡宾配合物一般由 W 和 Mo 配合物制备，而金属环化物由 Ti 配合物制备，NMR 谱在低温下已经发现了亚烷基金属及其前体金属环丁烷[45]。

### 6.2.2.2 烃基金属或金属氢化物活化的催化剂

尽管环烯烃易位聚合多组分催化剂中金属卡宾配合物的形成机理还不完全清楚，但是催化剂中两种主要组分开始的反应和典型 Ziegler-Natta 催化剂的相同，形成具有过渡金属-碳 σ 键的有机金属中间体。钨基催化剂烷基钨中间体含有 W—C 键，其非常活泼，足以进行某些非环烯烃（乙烯、丙烯）的常规加成聚合，能得到低分子量的蜡状产物。然而烷基钨化合物不像一般 Ziegler-Natta 催化剂中的金属-碳 σ 键那样稳定，它倾向于 α-氢消除产生高活性的金属卡宾物[103]。$WCl_6$-$AlEtCl_2$ 催化剂形成这种能够进行环烯烃易位聚合物种的方程式如下：

$$WCl_6 + AlEtCl_2 \xrightarrow{-AlCl_3} Cl_5W-CH_2CH_3 \xrightarrow{-HCl} Cl_4W=CHCH_3 \quad (6\text{-}15)$$

$WCl_6$-$SnMe_4$ 催化剂中金属卡宾的形成类似于此，甲基化的钨衍生物会发生歧化反应[104]：

$$2WCl_6 + 2SnMe_4 \xrightarrow{-2SnMe_3Cl} 2Cl_5W-CH_3 \longrightarrow Cl_4W=CH_2 + WCl_6 + CH_4 \quad (6\text{-}16)$$

$WCl_6$-$SnPh_4$ 催化剂显然不会发生歧化反应。最初形成的 $Cl_5W$-Ph 必须通过其他反应形成金属卡宾，如 W—C 键和单体反应[105]。$WCl_6$-$Sn(All)_4$ [式(6-17)] 产生金属卡宾的机理如下[106]：

$$WCl_6 + 2Si(CH_2CH=CH_2)_4 \xrightarrow{-2Si(CH_2CH=CH_2)_3Cl} Cl_4W(CH_2CH=CH_2)_2$$
$$\longrightarrow Cl_4W=CHCH=CH_2 + CH_3CH=CH_2 \quad (6\text{-}17)$$

原则上讲，烃基金属或金属氢化物活化的催化剂与微量水和其他质子化合物反应后很容易失活，可是，在体系中加入第三组分质子化合物后可溶催化剂的活性会增大[107]。值得注意的是，可溶催化剂前体被有机金属化合物活化后最终产生的催化剂可能是可溶的也可能是不溶的。

### 6.2.2.3 不需烃基金属或金属氢化物活化的催化剂

还有一类环烯烃开环易位环聚合催化剂，其不含金属-碳键，也不需要有机金属（或金属氢化物）活化，它们大多为负载的多相催化剂，和许多的由可溶前体制备的催化剂（可溶前体如 $WCl_6$、$MoCl_5$、$ReCl_5$ 和 $RuCl_3$ 等）的前体中的 Mt—Cl 键和配位单体作用就可以形成活性中心[103,108]。然而，过渡金属卡宾型活性中心最常用的制备路径还是涉及金属氢化物和金属环化物[109]。

氢化金属插入一个烯烃分子后形成烷基金属化合物，再经过一步 α-氢消除反应就可以得到所需的金属卡宾[110-112]：

$$\underset{X}{Mt}-H + RCH=CHR \rightleftharpoons \underset{X}{Mt}-\underset{H}{\overset{R}{C}}-\underset{H}{\overset{H}{C}}-R \rightleftharpoons Mt=\underset{H}{\overset{R}{C}}\underset{R}{\overset{H}{C}} + HX \quad (6\text{-}18)$$

各种聚合体系中都存在着很多的原始氢源[113,114]。负载催化剂载体表面羟基可以充当氢源。其他情况下，如果需要加入活化剂，氢可以来自水、醇或酚[115]。

负载催化剂聚合体系中，金属环丁烷（进而产生卡宾引发物）可以通过催化剂和单体反应，经由 π-烯丙基金属和氢化金属而形成，如下式所示，其中烯烃是 2,8-癸二烯 [R＝$H_3CCH=CH-(CH_2)_4-$][116]：

$$-Mt-Mt- + RCH=CH-CH_3 \rightleftharpoons \cdots \quad (6\text{-}19)$$

含有低价过渡金属的多相催化剂聚合体系中，通过外加环丙烷也可以产生金属环丁烷[117]：

$$-Mo- + \triangle \longrightarrow \square_{Mo} \longrightarrow \cdots \quad (6\text{-}20)$$

含有高价金属的催化剂能够和烯烃单体进行还原反应而产生金属卡宾配合物和醛[118]：

$$L_xMt=O + CH_2=CH-R \longrightarrow \cdots \longrightarrow L_xMt=CH_2 + R-CHO \quad (6\text{-}21)$$

### 6.2.3 聚合机械动力学和热力学

一般来讲，环烯烃开环易位聚合的机理如式（6-22）所示，单体分子在配位空位配位，而后卡宾碳攻击配位单体[46]：

$$Mt=CH-P_n + \cdots \longrightarrow \cdots \longrightarrow Mt=CH-P_{n+1} \quad (6\text{-}22)$$

如果配位单体和卡宾呈顺式关系，则卡宾攻击单体会形成金属环化物；如果是反式，配合物没有活性[119]。金属环化物键断裂，或者退化为起始物，或者产生增长链形成新的亚烷基金属键和碳-碳双键。增长链中新形成的双键退配位，释放出一个空位给下一个前来配位的环烯烃分子。对易位聚合更仔细的研究发现，链内双键和活性中心的配位和退配位有两种途径：一种是单个链内双键配位 [如式（6-22）]，另一种是两个链内双键配位 [分别为式（6-23）和（6-24）][120]：

$$\cdots \quad (6\text{-}23)$$

$$\text{(6-24)}$$

易位聚合中的活性中心，无论是亚烷基金属还是金属环丁烷，都可能是催化剂的休眠态，这取决于所用催化剂的类型[99]。

增长反应中环烯烃双键和亚烷基金属的作用相同，只是反应速率不同。增长速率应该和单体浓度呈一级关系。然而，环烯烃聚合的动力学很复杂，因为聚合体系中任何一个催化活性点不仅和单体的双键配位，而且和聚合物链上的C=C双键配位。如果分子内C=C双键配位并消去一个环齐聚分子，则产生新的亚烷基金属增长活性种[121]：

$$\text{(6-25)}$$

这种分子内次级易位反应（回击反应）的发生会导致所得聚合物分子量的降低。因此，易位聚合中的回击反应的一般结果是存在环齐聚物，"污染"高分子量的聚（1-亚烯）。

链内C=C双键在活性中心上的分子间配位引起的次级易位反应按下式进行[121]：

$$\text{(6-26)}$$

这种链转移反应将产生聚合物链内双键的顺反异构，这些顺式或反式双键结构对回击反应的发生并没有本质的影响。分子间次级易位反应的一个重要影响是最终的分子量分布趋于平衡 $M_w/M_n = 2$ [122]。

无论是分子内还是分子间次级易位反应都会影响到聚合动力学，降低聚合速率，因为进行次级易位反应的那部分活性中心对增长没有贡献。某些情况下，烷基金属活化的催化剂以及相关的催化剂其聚合动力学表现出减速现象，原因是催化剂逐步失活[123]。还有其他一些特殊的反应影响着聚合，其中需要特别注意的是卡宾物种和烯烃双键的加成反应，该反应导致环丙烷衍生物的行程[108]和经过还原消除环丙烷而使金属环化物分解[109]。

次级易位反应形成的齐聚物的摩尔分数随着聚合度增加而持续下降，符合Jacobson-Stockmayer理论[124]。很明显，平衡条件下环齐聚物的总分数依赖于聚合热力学参数，主要的影响因素有单体和聚合物的结构、浓度以及聚合温度和压力。然而，短的聚合时间内环齐聚物和线型聚合物分数比是一个动力学问题[125]。

环烯烃聚合要考虑的首要因素是环的张力[126,127]。环断裂形成线型分子的易位聚合中，环的张力能将释放出来。环烯烃开环易位聚合的增长-解聚平衡可以用下式表达：

$$\text{Mt}-[\text{CH}(\text{CH}_2)_x\text{CH}]_n + \begin{pmatrix}\text{CH}=\text{CH}\\(\text{CH}_2)_x\end{pmatrix} \underset{k_{-p}}{\overset{k_p}{\rightleftharpoons}} \text{Mt}-[\text{CH}(\text{CH}_2)_x\text{CH}]_{n+1} \quad (6\text{-}27)$$

根据热力学和动力学平衡原理，上述体系中存在下列关系[121]：

$$K_p = k_p/k_{-p}, \quad k_p \times [M]_{eq} = k_{-p}, \quad K_p = 1/[M]_{eq}$$
$$\Delta G = \Delta H - T\Delta S = -RT\ln K_p = RT\ln[M]_{eq}$$

由于热力学和动力学两方面的原因，高张力的环在聚合中会释放出碳-碳双键周围的空间位阻，容易得到高分子量的线型聚合物，几乎没有环齐聚物生成[125]。因此，许多聚合体系，尤其是活性聚合体系选择降冰片烯作为单体并不是巧合。降冰片烯很特别，它的双键具有非常高的反应活性，但聚合后主链上形成的双键位阻很大，几乎没有活性。该单体的环张力（27.2kcal/mol）是聚合向前进行的重要因素，它可以通过增长链倒数第二个 C=C 键的回击反应抑制解聚反应。在形成的聚合物链中，可能是回击反应影响到主链上无环 C=C 键而引起的链转移和异构化反应，由于临近大体积环戊烷环的存在而受到抑制[99]。

## 6.2.4 共聚合

共聚反应不仅可以改变聚合物性能，也是更好理解聚合引发和/或增长活性种本质的一种途径。环烯烃共聚反应很容易发生。这些单体开环易位聚合可以在各种体系间进行，高张力和低张力的环烯烃都可以。根据单体、催化剂聚合条件和共聚模式的不同，可以得到无规或嵌段共聚物。共聚的一个重要目标是制备非常窄分子量分布的共聚物[45,49,125]。

使用结构明确的均相催化剂共聚，易位聚合可以受到更好地控制，这些催化剂的活性特征可以用于制备嵌段共聚物。某些特定的易位催化剂产生的活性种很稳定，足以充当制备嵌段共聚物的活性种[75,97]。为了得到好的活性体系，聚合中的次级易位反应不应该引起严重的复杂性。降冰片烯和相关的双环烯烃为这一目标提供了最好的可能[45]。通过改变聚合增长物种的本质，可以实现两种不同反应性环烯烃的开环易位嵌段共聚。最简便的方法就是利用两种高张力环烯烃顺序加料法。例如，以 $Cl_2(PPh_3)_2Ru=CHCH=CPh_2$ 为催化剂，顺序加入降冰片烯和双环［3.2.0］庚-6-烯可以得到两嵌段的和三嵌段的共聚物[92]。后一种单体比前一种单体具有更高的反应性。实验中发现，使用 Ru 配合物共聚这两种单体的等物质的量混合物时，直到双环［3.2.0］庚-6-烯聚合完成后降冰片烯才开始聚合，结果形成这两种单体的嵌段共聚物[128]。

使用催化剂 $WCl_6\text{-}SnPh_4$[129] 和 $(p\text{-Me-}C_6H_4\text{-}SO_3)_2Ru(H_2O)_6$[128] 共聚高张力的环烯烃（如降冰片烯）和相对低张力的环烯烃（如环戊烯）将形成无规共聚物。使用后一种催化剂均聚环戊烯是相当困难的，因此提出假设[128]，引发步是 Ru 配合物先和降冰片烯反应，产生高活性的催化剂，再无区别地共聚两种单体，得到无规共聚物。已经证明，一旦引发，高活性的增长中心对两种不同反应性单体的共聚没有区别。

## 6.2.5 聚合的立体化学

环烯烃开环聚合具有高度立体定向性。环烯烃易位聚合产生的许多聚（1-亚烯）都是立构规整聚合物，其 C=C 双键大多是顺式或反式构型。环烯烃开环易位聚合中双键构型的控制机理还不完全清楚，一般认为其主要控制因素是环烯烃和金属卡宾之间的空间作用以及金属环丁烷中间体内的空间作用[109]。

如上所述，易位聚合有两种不同路径[120]，即链内碳-碳双键的配位方式不同。最一般的路径［式(6-23)］其立体选择性很低，形成平衡产物，第二种路径［式(6-24)］具有高顺式选择性。顺式选择性是由于中间体具有高的配位数，其空间要求C=C双键顺式配位［式(6-24)］。值得注意的是，$WF_6$-$AlEtCl_2$聚合小张力环烯烃如环戊烯产生的聚（1-亚烯）具有高含量顺式结构（约98%）[120]。能够制备顺式聚（1-亚戊烯）的催化剂也能聚合其他环烯烃得到满意的高顺式聚合物[84]。使用许多其他催化剂，最多只有一个链内C=C键和活性金属配位。缺少螯合将放松对双键的立体化学要求，非螯合链内C=C键将和可聚合的（潜在的可螯合物）环烯烃单体竞争，这将导致次级易位反应[109]。

一般认为，聚合物结构的改变源于催化剂结构的改变。过渡金属种类、氧化态和配体环境是增长步立体化学的决定因素[121]。

为了更进一步了解环烯烃开环易位聚合的立体调节机理，首先研究一下不对称取代双环烯烃的链增长物种结构，它最适合于机理研究。1-甲基降冰片烯是最简单的例子，聚合时有两种增长活性种，取决于1-甲基取代基连接的位置不同：一种近邻卡宾碳原子（$P_h$），而另一种远离卡宾（$P_t$）：

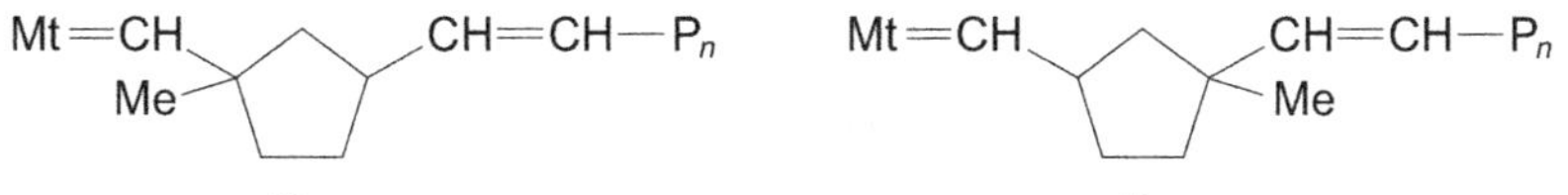

假设金属中心是手性的，则每一个增长中心$P_h$和$P_t$都有两个对映异构体，$\Delta$和$\Lambda$（假设中，活性中心$P_{h(\Delta)}$、$P_{h(\Lambda)}$或$P_{t(\Delta)}$、$P_{t(\Lambda)}$在连续增长中其构型保持不变，也就是说配体不迁移也不绕Mt=C键旋转）[121]：

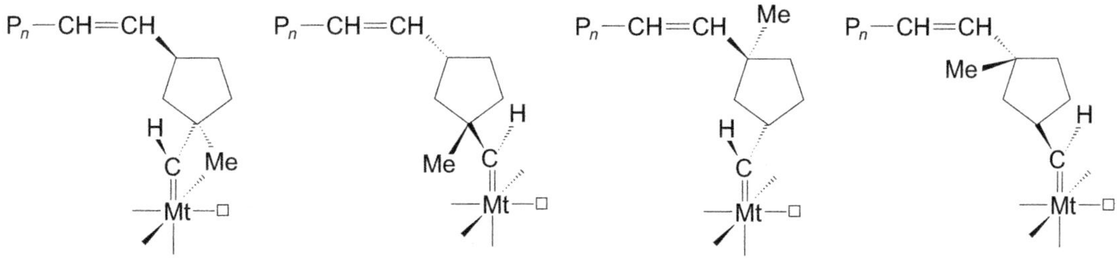

1-甲基降冰片烯的两个对映异构体R和S如下：

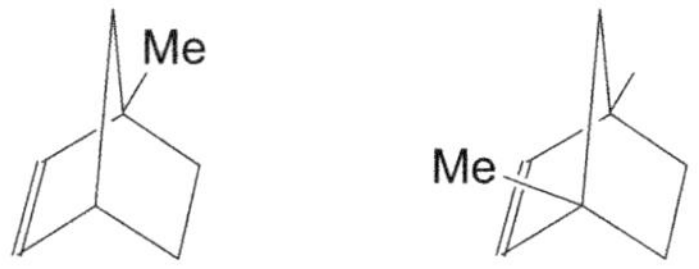

开环易位聚合形成环烯烃聚合物的立体异构化可以解释为过渡金属周围八面体对称性的对映形态。对映的取代双环烯烃在对映点配位有两种途径，在增长步中形成顺式或反式双键；如果金属环丁烷中的增长聚合物链顺式加成到单体上，那么在聚合物链上就形成顺式C=C键，而如果是反式加成，则形成反式双键。形成顺式C=C双键导致增长物种手性反转，形成反式C=C双键则增长物种的手性不变。因此，头-尾全顺式聚合物应该是间规的［式(6-28)和式(6-29)］，头-尾全反式聚合物应该是等规的［式(6-28)和式(6-29)］[45,121]：

式(6-28) 和式(6-29) 的机理表明，形成头-尾全顺式聚合物的聚合中两种对映体都存在。先前曾经假设过"同类和同类反应"，而增长物种必须在 Δ 和 Λ 构型之间交替出现，因此很明显，两种对映体都必须参与到增长反应中。实验已经发现，能够将外消旋 1-甲基降冰片烯聚合为高顺式头-尾间规聚合物的催化剂不能聚合一种纯的对映体[54]。可以想象，某些催化剂活性中心（具有相同手性）需要和它们的共轭对映体反应来保持增长，可是另一种对映体不存在，所以增长反应被终止。另外，如果增长物种 $P_h$ 的任何一种形式欲通过头-尾反应形成反式 C=C，那么它必须与不易反应的非共轭对映体反应，也就是说，$P_{h(\Delta)}$ 中心必须与 (S)-M 反应，$P_{h(\Lambda)}$ 中心必须与 (R)-M 反应，才能形成反式双键。这种反应形成全反式等规聚合，而催化剂的构型保持不变 [式(6-30) 和式(6-31)]。然而，活性种-单体对与"同类"对映体的反应在增长反应中占优势，这说明聚合物中的反式 C=C 双键可能主要是由其他反应造成的，如单体单元的头-头和尾-尾连接，而不是活性中心构型保持不变的头-尾连接。实验数据表明，带有反式双键的 h-h 链接比 h-t 优先形成 [式(6-32) 和式(6-33)]，紧接着会立即发生 t-t 反应，它既可以是顺式的 [式(6-34) 和式(6-35)]，也可以是反式的 [式(6-36) 和式(6-37)][45,121]。

$$(6\text{-}35)$$

$$(6\text{-}36)$$

$$(6\text{-}37)$$

对于产生顺/反聚合的易位聚合，很明显，顺式连接必定产生 r 单元而反式连接必定产生 m 单元[130]。产生无规聚合物的聚合中，活性中心可以是手性的或非手性的。产生中等规整度聚合物的聚合体系中，增长步中会发生部分差向异构[131]。

### 6.2.6 环多烯的聚合

环多烯家族中，环二烯、环三烯和环四烯都可以开环易位聚合。最常用于聚合的具有代表性的环二烯有 1,5-环辛烯、降冰片二烯（双环 [2.2.1]-庚-2,5-二烯）和双环戊二烯，它们分别是单、双和三环的二烯烃。环辛-1,5-二烯易位聚合是制备 1,4-聚丁二烯的另一种方法。

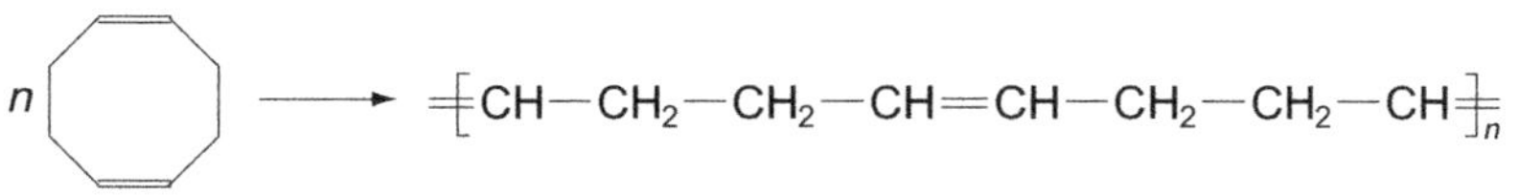

$$n \; \text{[cycloocta-1,5-diene]} \longrightarrow \text{{[CH-CH}_2\text{-CH}_2\text{-CH=CH-CH}_2\text{-CH}_2\text{-CH]}}_n \tag{6-38}$$

1,5-环辛二烯顺-顺异构体和顺-反异构体的聚合可以使用一般的可溶钨基催化剂，如 $WCl_6$-$AlEtCl_2$、$WCl_6$-$Si(All)_4$ 和 $WCl_6$-$SnMe_4$[106,132,133]，或者负载催化剂如 $Re_2O_7$ = $Al_2O_3$[134]。几种取代的顺式-1,5-环辛二烯可以使用易位催化剂聚合[135-137]。例如，钨基催化剂聚合 1-甲基环辛 1,5-二烯产生的聚合物的结构为丁二烯和异戊烯的交替共聚物；聚合中不饱和碳碳双键打开[137]。值得注意的是，使用易位催化剂 $WCl_6$-$AlEtCl_2$-EtOH 聚合 1,5-环癸烯产生的聚合物的结构对应于乙烯/丁二烯（1∶2，摩尔比）的共聚物[138]。

降冰片二烯和降冰片烯一样，可以被众多易位催化剂开环聚合，但是聚合中很难避免交联，这是由单体单元中环戊烯环的双键引起的[139]：

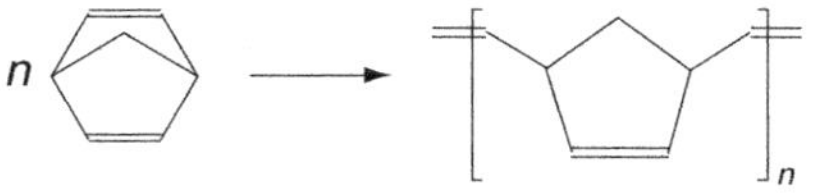

$$n \; \text{[norbornadiene]} \longrightarrow \text{[cyclopentene unit]}_n \tag{6-39}$$

然而，在特定的条件下，催化剂 $WCl_6$-$SnMe_4$ 可以将降冰片二烯聚合为线型的非交联聚合物[140]。如果降冰片二烯的一个双键上有取代基，聚合可以有选择性地发生在非取代的双键上，不会有交联形成[141]。

在稀甲苯溶液中，使用单组分金属环丁烷或亚烷基金属均相催化剂，双环戊二烯（内、外）可以聚合为线型聚合物[142,143]。

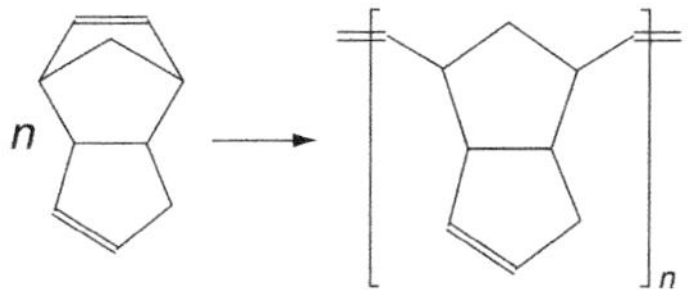

$$n \; \text{[dicyclopentadiene]} \longrightarrow \text{[linear polymer]}_n \tag{6-40}$$

聚合物具有窄的分子量分布，这是活性聚合的特征。能够进行如式(6-40) 所示的可控聚合的代表性催化剂有环烷基 Ti、亚烷基 Mo 和 W[142,143]：

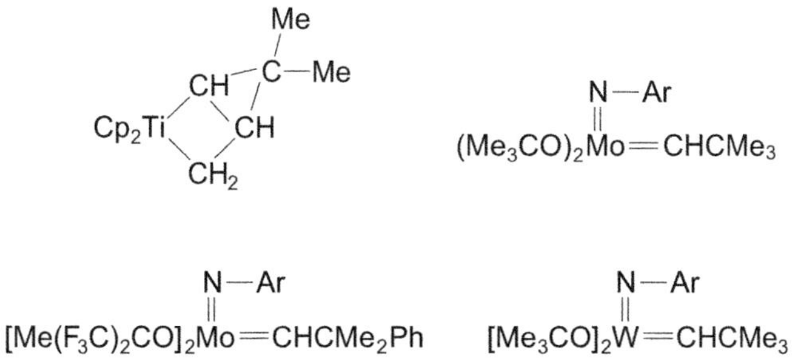

$$Cp_2Ti\begin{pmatrix}CH\\CH\\CH_2\end{pmatrix}C\begin{pmatrix}Me\\Me\end{pmatrix} \qquad (Me_3CO)_2Mo(=N-Ar)=CHCMe_3$$

$$[Me(F_3C)_2CO]_2Mo(=N-Ar)=CHCMe_2Ph \qquad [Me_3CO]_2W(=N-Ar)=CHCMe_3$$

Ar = 2,6-二异丙基苯基

与降冰片二烯聚合中的问题一样，双环戊二烯聚合也存在交联。使用上述结构明确的均相催化剂进行聚合，溶液浓度决定着所得聚合物是否可溶。聚合物不溶是因为交联，开始形成的线型聚合物上的环戊烯侧基，既可以通过开环易位机理产生交联［式(6-41)］[142]，也可以（至少部分）因易位聚合放出的热引起持环烯烃加成反应而产生交联［式(6-42)］[143]：

6 环烯烃的配位聚合     235

$$(6\text{-}41)$$

$$(6\text{-}42)$$

如果聚合体系中的热通过稀释或者冷却溶液而撤去,那么最终可以得到可溶的线型双环戊二烯聚合物[143]。

使用传统易位催化剂,如 $WCl_6$、$MoCl_5$、$ReCl_5$、$NbCl_5\text{-}SnMe_4$、$WCl_6\text{-}SnMe_4$、$WCl_6\text{-}AlEtCl_2\text{-}EtOH$、$(2,4,6\text{-}Me_3C_6H_3)W(CO)_5\text{-}AlEtCl_2$、$(PhO)_xWOCl_{4-x}\text{-}SnR_3H$($x=1,2,3,4$),在烃、氯代烃或者本体中聚合双环戊二烯将得到不溶的交联聚合物[144-147]。从商业应用的角度看,这种工艺很有吸引力,其实该工艺已经用于工业生产。聚(双环戊二烯)无论是交联的橡胶还是热固性的树脂,都是当今易位聚合的最重要产品[125]。

[2.2]对环苯-1,9-二烯是一个很有趣的环二烯单体,它的环张力非常大,使用卡宾钨配合物可以很容易地将它聚合为低分子量的聚(对亚苯亚乙烯)[148]:

$$(6\text{-}43)$$

至于环三烯易位聚合的研究,试图能够提供另一种途径来制备可溶和可熔的聚乙炔前体[149,150]。几种取代、非取代三环或其他多环三烯都可以很容易地被易位催化剂聚合,如催化剂 $WCl_6\text{-}SnMe_4$[151-154] 和新亚戊基钨配合物 $[Me(F_3C)_2CO]_2W(=NAr)(=CHC\text{-}Me_3)$[155]。一个成功的例子如下所示[125,150]:

$$(6\text{-}44)$$

$R^1 = R^2 = CF_3$, COOMe; $R^1\text{-}R^2 = -CH=CH-CH=CH-$; $R^3 = R^4 = H$

多环三烯单体在温和的条件下（甲苯溶液20℃）易位聚合时，只有环丁烯的双键参与反应，可以得到可溶的聚乙炔前体。这种聚乙炔前体经过纯化后在高温下处理，通过热引发的对称消除（反 Diels-Alder 反应）可以得到聚乙炔（热处理也能将顺式形式异构化为更稳定的反式形式）[150]。

以双（环戊二烯）环丁烷钛衍生物为催化剂，共轭二烯 3,4-二亚异丙基环丁烷的环三烯开环易位聚合是很有趣的一个例子，可以得到线型交叉共轭聚合物[156]：

$$\text{(结构式)} \tag{6-45}$$

1,3,5,7-环辛四烯开环易位聚合是制备聚乙炔的另一种方法，可以使用的催化剂有 $WCl_6\text{-}AlEt_2Cl\text{-}$环氧氯丙烷（$Cl_4W[OCH(CH_2Cl)_2]\text{-}AlEt_2Cl$）[157-163]：

$$\text{(结构式)} \tag{6-46}$$

虽然产生的聚乙炔经过热处理后具有反式结构，但是它仍然可以进行可逆的光诱导顺-反异构化，这是由于在聚合中有次级易位（回击）反应产生的环齐聚物[164]。环辛四烯在稀溶液中聚合，会因为回击次级易位反应产生苯，而本体聚合中形成苯的反应可以忽略[159]。

三甲基硅取代环辛四烯聚合可以得到可溶的聚乙炔，每八个碳原子上就有一个三甲基硅取代基[162]。这种材料已经用于制造太阳能电池[165]。

## 6.3 环外烯烃的开环聚合

环外烯烃聚合的一个有趣例子是外亚甲基环烷烃的开环聚合，如外亚甲基环丁烷（环戊烯的异构体）在双（1,2-二甲基环戊二烯基）二甲基锆 $[(Me_2Cp)_2ZrMe_2]$-$B(C_6F_5)_3$ 催化下的聚合[166]。与环内烯烃如环戊烯的开环和持环聚合不同，该单体插入异构化聚合产生的聚合物的单体单元是 2-亚甲基-1-丁-4-烯基，而不是 1-亚甲基环丁-1-烷基。单体插入到 Zr—C 键（阳离子物种$[(Me_2Cp)_2ZrMe]^+$-$[B(Me)(C_6F_5)_3]^-$）中，形成的后一个单体单元会通过 $\beta$-烷基转移快速重排为前一种单体单元。

$$\text{(反应式)} \tag{6-47}$$

显然，$\beta,\beta$-双取代烯烃（外亚甲基环丁烷）向具有季 $C_\beta$ 原子的 Zr-烷基键插入是相当慢的，所以式(6-47)所示的重排反应是一个合理的过程。

6 环烯烃的配位聚合

外亚甲基环丁烷的聚合可以用来解释 $\beta,\beta$-双取代非环烯烃（如异丁烯）为何不能进行配位插入聚合。这种情况下，1,2-插入形成的物种可能进行着快速的 $\beta$-甲基转移［式(6-48)］，其速度甚至比下一个单体插入还要快：

$$Zr-CH_3 + CH_2=C(CH_3)_2 \rightleftharpoons Zr-CH_2-C(CH_3)_2-CH_3 \tag{6-48}$$

如果这种情况［式(6-48)］发生，将减少异丁烯的链增长机会。

## 6.4 工业聚合工艺

无论是环烯烃持环聚合还是开环聚合，其产生的树脂或橡胶都极具应用潜力。环烯烃持环均聚产生的聚合物很难加工，因为它们的熔点太高，在一般的有机溶剂中也很难溶解。当环烯烃和乙烯共聚后，其相转变温度会降低。这种共聚物的熔融加工较容易。含有少量乙烯的环烯烃共聚物是一类新型热塑性无定形材料。它们具有高的耐热温度到大约200℃，高的刚度和韧性，以及环境稳定性，低的吸水性和优异的光学性能。这种无定形透明脂环族聚合物已经成功用于光纤、光学镜头和光盘涂层。改进的高变形温度聚烯烃和它们的共混物是一种具有吸引力的潜在的工程树脂[167-171]。

某些环烯烃开环易位聚合产物有重要的工业应用，如聚（1-亚烯）（Huggins[172] 将其命名为聚链烯）。聚链烯是一种重要的高性能材料。由单环烯烃制备的材料通常是结晶的，其熔点相当低，并依赖于双键的构型（顺式或反式）[173-176]。环戊烯和环辛烯易位聚合物已经商业化。商品化的聚亚戊烯和聚亚辛烯中的双键主要是反式的。聚亚戊烯早在20世纪70年代就合成出来并用于轮胎生产，但是由于技术原因并没有大规模发展起来，因其生产成本比传统确认的聚异丁烯和聚异戊烯材料要高得多。然而，聚亚辛烯的制造就成功取得了工业化[150,177,178]。

双环烯烃开环易位聚合的产物具有高的模量和刚度。降冰片烯聚合物聚（1-亚乙烯-3-环戊烯）的反式双键含量和分子量都很高（超过 $10^6$），是高韧性热塑性材料，吸油以后（大于自身重量的5倍）会变为弹性材料[150,177]。

双环戊二烯是廉价的单体（商品环戊二烯二聚体由 Diels-Alder 反应制备，含有约95%的内式和约5%的外式），其易位聚合产物可以转化为橡胶[144-146,179] 和热固性树脂[180,181]。其聚合特征适合于反应性注射模塑工艺[182]。该工艺的主要特点是聚合直接在最终所需制品的模具中进行。分离的催化剂前体（钨基）组分和活化剂（铝基）组分混合后形成活性易位催化剂。含有各自组分的单体流在进入模具前直接混合，聚合在模具中进行，形成部分交联材料（图 6.5）[147,168,183-186]。

这种工艺生产的聚双环戊二烯的玻璃化转变温度高于100℃，具有高硬度、高冲击强度、低吸水性和低介电常数。最近，使用单体可溶的烷基铝活化的三烷基铵化钼催化剂改进了该工艺。由于催化剂在双环戊二烯单体中的溶解性提高了，就不再需要加入甲苯来溶解催化剂，结果单体的转化率以及产品的热和机械性能都得到了提高[183]。

环烯烃持环和开环易位聚合的商品化聚合物以及它们的典型用途列于表 6.1[12,14,144-147,150,167-171,177-186]。

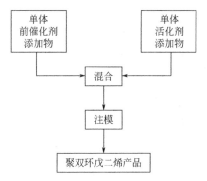

图 6.5 反应性注射模塑工艺中双环戊二烯开环易位聚合的流程图

表 6.1 配位聚合生产的商品化环烯烃聚合物及其典型用途

| 聚合物 | 典型用途 |
|---|---|
| 环烯烃/乙烯共聚物① | 工程塑料，特别用于光学(光碟、光纤和光学镜头) |
| 聚双环戊二烯② | 特殊用途的橡胶 |
| 聚双环戊二烯③ | 结构塑料 |
| 聚(1-亚辛烯)④ | 和其他一般橡胶共混 |
| 聚(1-亚乙烯-3-亚环戊烷)⑤ | 模塑、发动机支架、汽车保险杠、噪声和振动阻尼材料 |

① 环戊二烯和降冰片烯与乙烯的持环无规共聚物[12,14,169-171]。
② 开环易位聚合制备的聚双环戊二烯（橡胶）[144-146,179]。
③ 开环易位聚合制备的聚双环戊二烯（热固性树脂）[180-186]。
④ 开环易位聚合制备的反式结构的环辛烯聚合物（聚亚辛烯）[150,177,178]。
⑤ 开环易位聚合制备的反式结构的降冰片烯聚合物聚（亚降冰片烯）[150,177]。

**参考文献**

1. Natta, G., Dall'Asta, G., Mazzanti, G., Pasquon, I., Valvassori, A. and Zambelli, A., *J. Am. Chem. Soc.*, **83**, 3343 (1961).
2. Natta, G., Dall'Asta, G. and Mazzanti, G., *Angew. Chem., Int. Ed. Engl.*, **3**, 723 (1964).
3. Dall'Asta, G., Mazzanti, G., Natta, G. and Porri, L., *Makromol. Chem.*, **56**, 224 (1962).
4. Natta, G., Dall'Asta, G., Mazzanti, G. and Motroni, G., *Makromol. Chem.*, **69**, 163 (1963).
5. Truett, W. L., Johnson, D. R., Robinson, I. M. and Montague, B. A., *J. Am. Chem. Soc.*, **82**, 2337 (1960).
6. Sartori, G., Ciampelli, F. and Cameli, F., *Chim. Ind. (Milan)*, **45**, 1479 (1963).
7. Tsujino, T., Saegusa, T. and Furukawa, J., *Makromol. Chem.*, **85**, 71 (1965).
8. Mehler, C. and Risse, W., *Makromol. Chem., Rapid Commun.*, **12**, 255 (1991).
9. Mehler, C. and Risse, W., *Macromolecules*, **25**, 4226 (1992).
10. Melia, J., Connor, E., Rush, S., Breunig, S., Mehler, C. and Risse, W., *Macromol. Symp.*, **89**, 433 (1995).
11. Seehof, N., Mehler, C., Breunig, S. and Risse, W., *J. Mol. Catal.*, **76**, 219 (1992).
12. Kaminsky, W., Bark, A. and Arndt, M., *Makromol. Chem., Macromol. Symp.*, **47**, 83 (1991).
13. Kaminsky, W. and Bark, A., *Polym. Int.*, **28**, 251 (1992).
14. Kaminsky, W. and Noll, A., *Polym. Bull.*, **31**, 175 (1993).
15. Arndt, M. and Kaminsky, W., *Macromol. Symp.*, **97**, 225 (1995).

16. Arndt, M. and Kaminsky, W., *Macromol. Symp.*, **95**, 167 (1995).
17. Arndt, M., Engehausen, R., Kaminsky, W. and Zoumis, K., *J. Mol. Catal., A, Chem.*, **101**, 171 (1995).
18. Kaminsky, W. and Spiehl, R., *Makromol. Chem.*, **190**, 515 (1989).
19. Kelly, W. M., Taylor, N. J. and Collins, S., *Macromolecules*, **27**, 4477 (1994).
20. Collins, S. and Kelly, W. M., *Macromolecules*, **25**, 233 (1992).
21. Frisch, H. L., Mallows, C. L. and Bovey, F. A., *J. Chem. Phys.*, **45**, 1565 (1966).
22. Brandrup, J., 'Stereochemical Definitions and Notations Relating to Polymers', in *Polymer Handbook*, Wiley-Interscience, John Wiley & Sons, New York, 1989, pp. I/43–61.
23. Rush, S., Reinmuth, A. and Risse, W., in proceeding of International Symposium on *Olefin Metathesis and Related Chemistry*, Durham, UK, Abstracts, P50.
24. Porri, L., Natta, G. and Gallazzi, M. C., *Chim. Ind. (Milan)*, **46**, 428 (1964).
25. Natta, G., Dall'Asta, G. and Motroni, G., *J. Polym. Sci., B*, **2**, 349 (1964).
26. Goodall, B. L., McIntosh III, L. H. and Rhodes, L. F., *Macromol. Symp.*, **89**, 421 (1995).
27. Sen, A. and Lai, T. W., *J. Am. Chem. Soc.*, **104**, 3520 (1982).
28. Drent, E., van Broeckhoven, J. A. M. and Doyle, M. J., *J. Organomet. Chem.*, **417**, 235 (1991).
29. Amevor, E., Bronco, S., Consiglio, G. and Di Benedetto, S., *Macromol. Symp.*, **89**, 443 (1995).
30. Amevor, E. and Consiglio, G., *Chimia*, **47**, 283 (1993).
31. Reichel, B., Marvel, C. S. and Greenley, R. Z., *J. Polym. Sci., A*, **1**, 2935 (1963).
32. Bokaris, E. P., Siskos, M. G. and Zarkadis, A. K., *Eur. Polym. J.*, **12**, 1441 (1992).
33. Valvassori, A., Sartori, G., Turba, V. and Lachi, M. P., *J. Polym. Sci., C*, **16**, 23 (1967).
34. Soga, K., Shiono, T., Takemura, S. and Kaminsky, W., *Makromol. Chem., Rapid Commun.*, **8**, 305 (1987).
35. Grassi, A., Zambelli, A., Resconi, L., Albizzati, E. and Mazzochi, R., *Macromolecules*, **21**, 617 (1988).
36. Tsutsui, T., Mizuno, A., and Kashiwa, N., *Makromol. Chem.*, **190**, 1177 (1989).
37. Rieger, B. and Chien, J. C. W., *Polym. Bull.*, **21**, 159 (1989).
38. Rieger, B., Mu, X., Mallin, D. T., Rausch, M. D. and Chien, J. C. W., *Macromolecules*, **23**, 3559 (1990).
39. Asakara, T., Nakayama, N., Demura, M. and Asano, A., *Macromolecules*, **25**, 4876 (1992).
40. Anderson, A. W. and Merckling, N. G., US Pat. 2 721 189 (to Du Pont de Nemours) (1955); *Chem. Abstr.*, **50**, 3008 (1956).
41. Eleuterio, H. S., US Pat. 3 074 918 (to Du Pont de Nemours) (1957); *Chem. Abstr.*, **55**, 16005 (1961).
42. Calderon, N., Chen, N. Y. and Scott, K. W., *Tetrahedron Lett.*, **1967**, 3327 (1967).
43. Calderon, N., Ofstead, E. A., Ward, J. P., Judy, W. A. and Scott, K. W., *J. Am. Chem. Soc.*, **90**, 4133 (1968).
44. Dall'Asta, G. and Motroni, G., *Eur. Polym. J.*, **7**, 707 (1971).
45. Ivin, K. J., 'Metathesis Polymerisation,' in *Encyclopedia of Polymer Science and Engineering*, Wiley-Interscience, John Wiley & Sons, New York, 1987, Vol. 9, pp. 634–669.
46. Hérisson, J. L. and Chauvin, T., *Makromol. Chem.*, **141**, 161 (1970).
47. Grubbs, R. and Novak, B. M., 'Living Polymer Systems – Olefin Metathesis', in *Encyclopedia of Polymer Science and Engineering*, Wiley-Interscience, John Wiley & Sons, New York, 1989, Supplement Vol., pp. 420–429.
48. Feast, W. J., Gibson, V. C., Kosravi, E., Mashall, E. L. and Wilson, B., 'Recent Developments in the Synthesis of Functionalised Polymers via Living Ring-opening Metathesis Polymerisation', in *Ziegler Catalysts*, Springer-Verlag, Berlin, 1995, pp. 469–480.
49. Schrock, R. R., 'Ring-opening Metathesis Polymerisation', in *Ring-opening Polymerisation*, Hanser Publishers, Munich, 1993, pp. 129–156.
50. Ivin, K. J., Laverty, D. T. and Rooney, J. J., *Makromol. Chem.*, **178**, 1545 (1977).
51. Ivin, K. J., Lapienis, G. and Rooney, J. J., *J. Chem. Soc., Chem. Commun.*, **1979**, 1068 (1979).
52. Ivin, K. J., Laverty, D. T., Rooney, J. J. and Watt, P., *Recl. Trav. Chim. Pays-Bas*, **96**, M54 (1977).

53. Ivin, K. J., *Pure Appl. Chem.*, **52**, 1907 (1980).
54. Hamilton, J. G., Ivin, K. J., Rooney, J. J. and Waring, L. C., *J. Chem. Soc., Chem. Commun.*, **1983**, 159 (1983).
55. Dall'Asta, G. and Manetti, R., *Eur. Polym. J.*, **4**, 145 (1968).
56. Höcker, H., Reimann, W., Reif, L. and Riebel, K., *J. Mol. Catal.*, **8**, 191 (1980).
57. Denisova, T. T., Syatkovskii, A. I. and Skuratova, T. B., *Polym. Sci. USSR, A*, **25**, 798 (1983).
58. Natta, G., Dall'Asta, G., Bassi, I. W. and Carella, G., *Makromol. Chem.*, **91**, 87 (1966).
59. Laroche, C., Laval, J. P., Lattes, A., Leconte, M., Quignard, F. and Basset, J. M., *J. Chem. Soc., Chem. Commun.*, **1983**, 220 (1983).
60. Turner, L. and Bradshaw, C. P. C., Brit. Pat. 1 105 565 (to British Petroleum Co.) (1965); *Chem. Abstr.*, **68**, 87758 (1968).
61. Lindmark-Hamberg, M. and Wagener, K. B., *Macromolecules*, **20**, 2949 (1987).
62. Schrock, R. R., Murdzek, J. S., Bazan, G. C., Robbins, J., Dimare, M. and O'Regan, M., *J. Am. Chem. Soc.*, **112**, 3875 (1990).
63. Nguyen, S. T., Johnson, L. K. and Grubbs, R. H., *J. Am. Chem. Soc.*, **114**, 3975 (1992).
64. Novak, B. M. and Grubbs, R. H., *J. Am. Chem. Soc.*, **110**, 7542 (1988).
65. Kress, J. and Osborn, J. A., *J. Am. Chem. Soc.*, **105**, 6346 (1983).
66. Natta, G., Dall'Asta, G. and Porri, L., *Makromol. Chem.*, **81**, 253 (1965).
67. Michelotti, F. W. and Keaveney, W. P., *J. Polym. Sci., A*, **3**, 895 (1965).
68. Rinehart, R. E. and Smith, H. R., *J. Polym. Sci., B*, **3**, 1049 (1965).
69. Fischer, E. O. and Maasbol, A., *Angew. Chem., Int. Ed. Engl.*, **3**, 580 (1964).
70. Fischer, E. O. and Dotz, K. H., *Chem. Ber.*, **105**, 3966 (1972).
71. Fischer, E. O., *J. Organomet. Chem.*, **14**, 1 (1976).
72. Casey, C. P. and Burkhardt, T. J., *J. Am. Chem. Soc.*, **95**, 5833 (1973).
73. Casey, C. P. and Burkhardt, T. J., *J. Am. Chem. Soc.*, **96**, 7808 (1974).
74. Kress, J., Wesolek, M. and Osborn, J. A., *J. Chem. Soc., Chem. Commun.*, **1982**, 514 (1982).
75. Kress, J., Osborn, J. A., Greene, R. M. E., Ivin, K. J. and Rooney, J. J., *J. Chem. Soc., Chem. Commun.*, **1985**, 874 (1985).
76. Wengrovius, J., Schrock, R. R., Churchill, M. R., Missert, J. R. and Young, W. J., *J. Am. Chem. Soc.*, **102**, 4515 (1980).
77. Schaverien, C. J., Dewan, J. C. and Schrock, R. R., *J. Am. Chem. Soc.*, **108**, 2771 (1986).
78. Schrock, R. R., Feldman, J., Cannizzo, L. F. and Grubbs, R. H., *Macromolecules*, **20**, 1169 (1987).
79. Schrock, R. R., DePue, R. T., Feldman, J., Schaverien, C. J., Dewan, J. C. and Liu, A. H., *J. Am. Chem. Soc.*, **110**, 1423 (1988).
80. Demonceau, A. and Noels, A. F., *Education Adv. Chem.*, **1**, 25 (1993).
81. Carter, E. A. and Goddard III, W. A., *J. Am. Chem. Soc.*, **108**, 2180 (1986).
82. Carter, E. A. and Goddard III, W. A., *J. Am. Chem. Soc.*, **108**, 4746 (1986).
83. Noels, A. F., Demonceau, A., Carlier, E., Hubert, A. J., Márquez-Silva, R.-L. and Sánchez-Delgado, R. A., *J. Chem. Soc., Chem. Commun.*, **1988**, 783 (1988).
84. Katz, T. J. and Acton, L., *Tetrahedron Lett.*, **1976**, 4251 (1976).
85. Katz, T. J., *Adv. Organomet. Chem.*, **16**, 283 (1986).
86. Chauvin, Y., Commereuc, D. and Zaborowski, G., *Makromol. Chem.*, **179**, 1285 (1978).
87. Katz, T. J., McGinnis, J. and Altus, C., *J. Am. Chem. Soc.*, **91**, 606 (1976).
88. Katz, T. J., Lee, S. J. and Shippey, M. A., *J. Mol. Catal.*, **8**, 219 (1980).
89. Novak, B. M. and Grubbs, R. H., *J. Am. Chem. Soc.*, **110**, 960 (1988).
90. Feldman, J. and Schrock, R. R., *Prog. Inorg. Chem.*, **39**, 1 (1991).
91. Schrock, R. R., DePue, R. T., Feldman, J., Yap, K. B., Yang, D. C., Davis, W. M., Park, L. Y., DiMare, M., Schofield, M., Anhaus, J., Walborsky, E., Evitt, E., Krüger, C. and Betz, P., *Organometallics*, **9**, 2262 (1990).
92. Wu, Z., Benedicto, A. D. and Grubbs, R. H., *Macromolecules*, **26**, 4975 (1993).
93. Nguyen, S. T., Grubbs, R. H. and Ziller, J. W., *J. Am. Chem. Soc.*, **115**, 9858 (1993).
94. Lynn, D. M., Kanaoka, S. and Grubbs, R. H., *J. Am. Chem. Soc.*, **118**, 784 (1996).
95. Katz, T. J., Ho, T. H., Shih, N.-Y., Ying, Y.-C. and Stuart, V. I. W., *J. Am. Chem. Soc.*, **106**, 2659 (1984).

96. Fischer, E. O. and Wagner, W. R., *J. Organomet. Chem.*, **116**, C21 (1976).
97. Gilliom, L. R. and Grubbs, R. H., *J. Am. Chem. Soc.*, **108**, 733 (1986).
98. Gilliom, L. R. and Grubbs, R. H., *Organometallics*, **5**, 721 (1986).
99. Novak, B. M. and Perrott, M. G., 'Ring-opening Metathesis Polymerisation', *Catalysis in Precision Polymerisation*, John Wiley & Sons, Chichester, 1997, pp. 100–112.
100. Wallace, K. C., Dewan, J. C. and Schrock, R. R., *Organometallics*, **5**, 2162 (1986).
101. Wallace, K. C. and Schrock, R. R., *Macromolecules*, **20**, 448 (1987).
102. Wallace, K. C., Liu, A. H., Dewan, J. C. and Schrock, R. R., *J. Am. Chem. Soc.*, **110**, 4964 (1988).
103. Dolgoplosk, B. A., Oreshkin, I. A. and Makovetsky, K. L., Tinyakova, E. I., Ostrovskaya, I. Ya., Kershenbaum, I. L. and Chernenko, G. M., *J. Organomet. Chem.*, **128**, 339 (1977).
104. Grubbs, R. H. and Hoppin, C. R., *J. Chem. Soc., Chem. Commun.*, **1977**, 634 (1977).
105. Bencze, L., Marko, L., Optiz, R. and Thiele, K. H., *Hung. J. Ind. Chem.*, **4**, 15 (1976).
106. Oreshkin, I. A., Red'kina, L. I., Kershenbaum, J. L., Chernenko, G. M., Makovetsky, K. L., Tinyakova, E. I. and Dolgoplosk, B. A., *Eur. Polym. J.*, **13**, 447 (1977).
107. Kupper, F. W. and Streck, R., *Makromol. Chem.*, **175**, 2055 (1974).
108. Amass, A. J. and Zurimendi, J. A., *J. Mol. Catal.*, **8**, 243 (1980).
109. Grubbs, R. H., 'Alkene and Alkyne Metathesis Reactions', in *Comprehensive Organometallic Chemistry*, Pergamon Press, Oxford, 1982, Vol. 8, pp. 499–551.
110. Calderon, N., Lawrence, J. P. and Ofstead, E. A., *Adv. Organomet. Chem.*, **17**, 449 (1979).
111. Banks, R. L., *Chem. Tech.*, **1979**, 494 (1979).
112. Grubbs, R. H., *Prog. Inorg. Chem.*, **24**, 1 (1978).
113. Laverty, D. T., McKervey, M. A., Rooney, J. J. and Stewart, A., *J. Chem. Soc., Chem. Commun.*, **1976**, 193 (1976).
114. Laverty, D. T., Rooney, J. J. and Stewart, A., *J. Catal.*, **45**, 110 (1976).
115. Muetterties, E. L. and Band, E., *J. Am. Chem. Soc.*, **102**, 6572 (1980).
116. Grubbs, R. H. and Swetnick, S. J., *J. Mol. Catal.*, **8**, 25 (1980).
117. Lombardo, E. A., Jacano, M. L. and Hall, W. K., *J. Catal.*, **51**, 243 (1978).
118. Rappe, A. K. and Goddard III, W. A., *J. Am. Chem. Soc.*, **102**, 5114 (1980).
119. Doherty, M., Siove, A., Parlier, A., Rudler, H. and Fontanille, M., *Makromol. Chem., Macromol. Symp.*, **6**, 33 (1986).
120. Ofstead, E. A., Lawrence, J. P., Senyek, M. L. and Calderon, N., *J. Mol. Catal.*, **8**, 227 (1980).
121. Amass, A. J., 'Metathesis Polymerisation: Chemistry', in *Comprehensive Polymer Science*, Pergamon Press, Oxford, 1989, Vol. 4, pp. 109–134.
122. Amass, A. J. and Zurimendi, J. A., *Polymer*, **23**, 211 (1982).
123. Amass, A. J. and Tuck, C. N., *Eur. Polym. J.*, **14**, 817 (1978).
124. Jacobson, H. and Stockmayer, W. H., *J. Chem. Phys.*, **18**, 1600 (1950).
125. Kricheldorf, H. R., 'Metathesis Polymerisation of Cycloolefins', in *Handbook of Polymer Synthesis*, M. Dekker, New York, 1992, Part A, pp. 433–479.
126. Dainton, F. S. and Ivin, K. J., *Q. Rev., Chem. Soc.*, **12**, 61 (1958).
127. Lebedev, B. and Smirnova, N., *Macromol. Chem. Phys.*, **195**, 35 (1994).
128. Hillmyer, M. A., Benedicto, A. D., Nguyen, S. T., Wu, Z. and Grubbs, R. H., *Macromol. Symp.*, **89**, 411 (1995).
129. Ivin, K. J., O'Donnell, J. H., Rooney, J. J. and Stewart, C. D., *Makromol. Chem.*, **180**, 1975 (1979).
130. Devine, G. I., Ho, H. T., Ivin, K. J., Mohamed, M. A. and Rooney, J. J., *J. Chem. Soc., Chem. Commun.*, **1982**, 1229 (1982).
131. Ho, H. T., Ivin, K. J. and Rooney, J. J., *J. Mol. Catal.*, **15**, 245 (1982).
132. Ivin, K. J., Rooney, J. J., Bencze, L., Hamilton, J. G., Lam, L. M., Lapienis, G., Reddy, B. S. R. and Ho, T. H., *Pure Appl. Chem.*, **54**, 447 (1982).
133. Zerpner, D., Holtrup, W. and Streck, R., *J. Mol. Catal.*, **36**, 115 (1986).
134. Sato, H., Tanaka, Y. and Taketami, T., *Makromol. Chem.*, **178**, 1993 (1977).
135. Syatkovskii, A. I., Denisova, T. T., Abramenko, Y. L., Khatchaturov, A. S. and Babitsky, B. D., *Polymer*, **22**, 1554 (1981).
136. Tlenkopachev, M. A., Avdeikina, E. G., Korshak, Y. V., Bondarenko, G. N., Dolgoplosk, B. A. and Kutepov, D. L., *Dokl. Akad. Nauk SSSR*, **268**, 133 (1983).

137. Khatchaturov, A. S., Abramenko Y. L. and Syatkovskii, A. I., *Polym. Sci. USSR*, **24**, 775 (1982).
138. Furukawa, J. and Mizoe, Y., *J. Polym. Sci., Polym. Lett. Ed.*, **11**, 263 (1973).
139. Ivin, K. J., Laverty, T. and Rooney, J. J., *Makromol. Chem.*, **179**, 253 (1978).
140. Reif, L. and Höcker, H., *Makromol. Chem., Rapid Commun.*, **2**, 745 (1981).
141. Feast, W. J. and Wilson, B., *J. Mol. Catal.*, **8**, 277 (1980).
142. Fisher, R. A. and Grubbs, R. H., *Makromol. Chem., Macromol. Symp.*, **63**, 271 (1992).
143. Davidson, T. A. and Wagener, K. B., *J. Mol. Catal. A, Chem.*, **133**, 67.
144. Marshall, P. R. and Ridgewell, B. J., *Eur. Polym. J.*, **5**, 29 (1969).
145. Rinehart, R. E., *J. Polym. Sci., A*, **7**, 27 (1969).
146. Hamilton. J. G., Ivin, K. J. and Rooney, J. J., *J. Mol. Catal.*, **36**, 115 (1986).
147. Bell, A., 'Dicyclopentadiene Polymerisation using Well-characterized Tungsten Phenoxide Complexes', in *Catalysis in Polymer Synthesis*, ACS Symp. Ser. 496, Washington, DC, 1992, pp. 121–133.
148. Grubbs, R. H. and Johnson, L. K., *J. Am. Chem. Soc.*, **112**, 5384 (1990).
149. Thorn-Csányi, E. and Höhnk, H.-D., *J. Mol. Catal.*, **76**, 101 (1992).
150. Feast, W. J., 'Metathesis Polymerization: Applications', in *Comprehensive Polymer Science*, Pergamon Press, Oxford, 1989, Vol. 4, pp. 135–142.
151. Edwards, J. H., Feast, W. J. and Bott, D. C., *Polymer*, **25**, 359 (1984).
152. Edwards, J. H. and Feast, W. J., *Polym. Commun.*, **21**, 595 (1980).
153. Bott, D. C., Chai, C. K., Edwards, J. H., Feast, W. J., Friend, R. H. and Horton, M. E., *J. Phys., C*, **3**, 143 (1983).
154. Bott, D. C., *Synth. Met.*, **14**, 245 (1986).
155. Schrock, R. R., *Polym. Mater. Sci. Eng.*, **58**, 92 (1988); *Chem. Abstr.*, **109**, 170958e (1988).
156. Swager, T. M. and Grubbs, R. H., *J. Am. Chem. Soc.*, **108**, 2771 (1986).
157. Korshak, Yu. V., Korshak, V. V., Kanischka, G. and Höcker, H., *Makromol. Chem., Rapid Commun.*, **6**, 685 (1985).
158. Tlenkopachev, M. A., Korshak, V. V., Orlov, V. A. and Korshak, V. V., *Dokl. Akad. Nauk SSSR*, **291**, 409 (1986).
159. Klavetter, F. L. and Grubbs, R. H., *J. Am. Chem. Soc.*, **110**, 7807 (1988).
160. Klavetter, F. L. and Grubbs, R. H., *Polym. Mater. Sci. Eng.*, **58**, 855 (1988).
161. Klavetter, F. L. and Grubbs, R. H., *Polym. Mater. Sci. Eng.*, **59**, 586 (1988).
162. Ginsburg, E. J., Gorman, C. B., Marder, S. R. and Grubbs, R. H., *J. Am. Chem. Soc.*, **111**, 7621 (1989).
163. Klavetter, F. L. and Grubbs, R. H., *Synth. Met.*, **28**, D99 (1989).
164. Berdyugin, V. V., Burshtein, K. Ya., Shorygin, P. P., Korshak, Yu. V., Orlov, A. V. and Tlenkopachev, M. A., *Dokl. Akad. Nauk SSSR*, **312**, 410 (1990).
165. Sailor, M. J., Ginsburg, E. J., Gorman, C. B., Kumar, A., Grubbs, R. H. and Lewis, N. S., *Science*, **249**, 1146 (1990).
166. Yang, X., Jia, L. and Marks, T. J., *J. Am. Chem. Soc.*, **115**, 3392 (1993).
167. Moriya, A., Ishimoto, A. and Takahashi, M., Eur. Pat. Appl. 486 365 (to Mitsui Petrochemicals) (1991).
168. Benedict, G. M., Goodall, B. L., Marchant, N. S. and Rhodes, L. F., *New J. Chem.*, **18**, 105 (1994).
169. Kashiwa, H. and Toyota, A., *Chem. Econ. Engng*, **18**, 14 (1986).
170. Cherdron, H., Brekner, M.-J. and Osan, F., *Angew. Makromol. Chem.*, **223**, 121 (1994).
171. Cherdron, H. and Brekner, M.-J., *Macromol. Symp.*, **89**, 543 (1995).
172. Huggins, M. L., *J. Polym. Sci.*, **8**, 257 (1952).
173. Haas, F, Nützel, K., Pampus, G. and Theisen, D., *Rubber Chem. Technol.*, **43**, 1116 (1970).
174. Natta, G., Dall'Asta, G., Bassi, J. W. and Carella, G., *Makromol. Chem.*, **91**, 87 (1966).
175. Minchak, R. J. and Tucker, H., *Polym. Prepr. Am. Chem. Soc., Div. Polym. Chem.*, **13**, 885 (1972).
176. Dall'Asta, G., *Rubber Chem. Technol.*, **47**, 511 (1974).
177. Streck, R., *Chemtech.*, **13**, 758 (1983).
178. Streck, R., *J. Mol. Catal.*, **4**, 305 (1988).
179. Matejka, L., Houtman, C. and Macosko, C. W., *J. Appl. Polym. Sci.*, **30**, 2787 (1985).

180. Breslow, D. S., *Prog. Polym. Sci.*, **18**, 1141 (1993).
181. Fitzer, E., *Angew. Chem., Int. Ed. Engl.*, **19**, 375 (1980).
182. Macosko, C. W., in *RIM – Fundamentals of Reaction Injection Molding*, Hanser Publishers, New York, 1989.
183. Goodall, B. L., Kroenke, W. J., Minchak, R. J. and Rhodes, L. F., *J. Appl. Polym. Sci.*, **47**, 607 (1993).
184. Breslow, D. S., *Chemtech.*, **20**, 540 (1990).
185. Klosiewicz, D. W., US Pat. 4 400 340 (to Hercules) (1983).
186. Minchak, R. J. US Pat. 4 002 815 (to Goodrich) (1977).

## 拓展阅读

Kaminsky, W., 'Zirconocene Catalysts for Olefin Polymerisation', *Catal. Today*, **20**, 257–271 (1994).
Kaminsky, W. and Noll. A., 'Polymerization of Phenyl Substituted Cyclic Olefins with Metallocene/Aluminoxane Catalysts', in *Ziegler Catalysts*, Springer-Verlag, Berlin, 1995, pp. 149–158.
Kaminsky, W., 'New Polymers by Metallocene Catalysis', *Macromol. Chem. Phys.*, **197**, 3907–3945 (1996).
Huang, B. and Tian, J., 'Metallocene Catalysts', in *The Polymeric Materials Encyclopedia*, CRC Press, Inc., Boca Raton, 1996, Vol. 6, pp. 4191–4201.
Kaminsky, W. and Arndt, M., 'Metallocenes for Polymer Catalysis', *Adv. Polym. Sci.*, **127**, 143–187 (1997).
Arndt, M., 'New Polyolefins', in *Handbook of Thermoplastics*, M. Dekker, Inc., New York, 1997, pp. 39–56.
Kaminsky, W., 'Highly Active Metallocene Catalysts for Olefin Polymerisation', *J. Chem. Soc., Dalton Trans.*, **1998**, 1413–1418 (1998).
Höcker, H., 'Ring-opening Polymerisation of Cycloolefins by Means of Metathesis Catalysts: Kinetic and Thermodynamic Effects on the Product Distribution', *Makromol. Chem. Macromol. Symp.*, **6**, 47–52 (1986).
Eleuterio, H. S., 'Scientific Discovery and Technological Innovation: an Electic Odyssey into Olefin Metathesis Chemistry', *J. Macromol. Sci. – Chem. A*, **28**, 907–915 (1991).
Korshak, Yu. V., 'Metathesis Polymerization of Cycloolefins', in *The Polymeric Materials Encyclopedia*, CRC Press, Inc., Boca Raton, 1996, Vol. 6, pp. 4250–4263.
Karlen, T., Ludi, A., Mühlebach, A., Bernhard, P. and Pharisa, C., 'Photoinduced Ring-opening Metathesis Polymerisation of Strained Bicyclic Olefins with Ruthenium Complexes', *J. Polym. Sci., A, Polym. Chem.*, **33**, 1665–1674 (1995).
Thorn-Csányi, E. and Kraxner, P., 'Metathesis Preparation of *p*-Phenylene Vinylene Oligomers, Homo- and Copolymers', in *The Polymeric Materials Encyclopedia*, CRC Press, Inc., Boca Raton, 1996, Vol. 7, pp. 5055–5067.
Stelzer, F., Schimetta, M. and Leising, G., 'Poly(cyclopentadienylene-vinylene)', in *The Polymeric Materials Encyclopedia*, CRC Press, Inc., Boca Raton, 1996, Vol. 8, pp. 5715–5725.

## 思考题

1. 指出环烯烃配位聚合的主要类型及其特点，并给出代表性催化剂的实例。
2. 指出环烯烃聚合物增长链和各种催化剂中的过渡金属的连接方式及其特点。
3. 给出环烯烃立体定向持环聚合产生的所有可能聚合物的结构和立体化学命名。
4. 茂锆催化剂持环聚合环戊烯得到的是聚（1,3-亚环戊烷）而不是聚（1,2-亚环戊烷），请解释其原因。
5. 茂锆催化剂持环聚合降冰片烯通过 1,2-插入形成聚（2,3-降冰片烯），请解释其原因，并与第 4 题比较。
6. 给出环烯烃立体定向开环易位聚合产生的所有可能聚合物的结构和立体化学命名。
7. 画出下列每一个环烯烃所有立构规整聚合物的结构图。

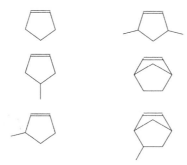

8. 下列催化剂制备的降冰片烯聚合物的结构是什么？ $TiCl_4$-MgEtBr、$WCl_6$-$AlEt_2Cl$、rac.-$Me_2Si(Ind)_2ZrCl_2$-MAO、$ReCl_5$、$[Pd(MeCN)_4][BF_4]_2$、$(ArO)_3Ta=CHCMe_3$。

9. 根据其易位聚合能力排列下列单体：环丁烯、环戊烯、环辛烯、降冰片烯、双环戊二烯。

10. 哪一种环烯烃（单环、双环或多环）能够在开环易位聚合中进行二级易位反应？给出原因。

11. 环烯烃开环易位聚合伴随发生的产生环齐聚物的回击反应在稀溶液中比本体中更易发生，请解释。

12. 指出哪一种环烯烃单体易位聚合产物的结构和下列聚合物的结构相同，聚丁二烯、乙烯/丁二烯交替共聚物、丁二烯/异戊二烯交替共聚物和聚乙炔。

# 7 炔烃的配位聚合

Ziegler 首次将乙炔聚合为聚乙炔并获取了专利[1]，所用的新型催化剂由过渡金属盐和烷基金属组成，聚合方程式如下：

$$n\ CH{\equiv}CH \longrightarrow {-\!\!\!-}[CH{=\!\!=}CH]_n{-\!\!\!-} \tag{7-1}$$

此后，Natta 等[2,3] 使用可溶催化剂 $Ti(OBu)_4\text{-}AlEt_3$ 聚合乙炔产生了可结晶的聚乙炔，其碳碳双键主要是共轭反式结构。后来又发现了许多其他可溶的和不可溶的 Ziegler-Natta 催化剂可以催化乙炔聚合并能产生高分子量聚乙炔[4-9]，其中 $Ti(OBu)_4\text{-}AlEt_3$（1∶4）最有效[10]。用 Ziegler-Natta 催化剂聚合乙炔，聚合温度越低，分子链中共轭双键序列的顺式含量越多，聚合温度越高，反式越多[2,3,10]。考察聚乙炔的构象，可以看到每一个聚乙炔异构体有两种构象，共轭顺式构象（两个共轭双键在单键的同侧）和共轭反式构象（两个共轭双键在单键的异侧）：

顺式-共轭顺式　　　　　顺式-共轭反式

反式-共轭顺式　　　　　反式-共轭反式

多种带有小取代基（不表示小位阻）的单取代乙炔（端基炔烃），如 $R\text{—}C{\equiv}CH$，也可以被 Ziegler-Natta 催化剂聚合[11-15]。

使用传统烯烃易位聚合催化剂也能聚合乙炔类单体，如单取代高支化的烷基炔烃、芳基炔烃以及双取代炔烃（内炔烃）[16-18]。乙炔本身可以用烯烃易位聚合催化剂进行这种聚合[19-20]。炔烃易位聚合反应［式(2-5)］机理［式(7-2)］类似于环烯烃的反应机理[21]：

$$\begin{array}{c} R\phantom{xxxx}H \\ C\phantom{xx}C \\ \|\|\phantom{x}+\phantom{x}\|\| \\ C\phantom{xx}C \\ H\phantom{xxxx}R \end{array} \longrightarrow \begin{array}{c} R\phantom{xx}H \\ C{=}C \\ \phantom{xx}\| \\ C{=}C \\ H\phantom{xx}R \end{array} \tag{7-2}$$

炔烃易位聚合时原来的三键变成了单键［式(2-5)］，而使用 Ziegler-Natta 催化剂聚合炔烃时，三键变成了双键［式(7-1)］。环烯烃易位聚合机理表明，孤立金属卡宾能促进环烯烃聚合？那么，孤立金属卡宾是否也可以促进炔烃聚合？正如所发现的，数种金属卡宾能聚合炔烃[22-24]，这说明该假设是正确的。

到底是易位聚合机理还是插入机理，这取决于炔烃的种类和所用的催化剂。各种单取代乙炔，烃类的、含有杂原子的、没有空间位阻的、大位阻的，都可以被适当的催化剂聚合。小空间位阻炔烃，如正烷基乙炔，可以被 Ziegler-Natta 催化剂聚合，大取代基乙炔，如叔丁基乙炔和邻位取代的苯乙炔可以进行易位聚合。使用 Rh 基催化剂聚合非取代基苯乙炔可以产生立构规整聚合物。大量双取代乙炔单体可以进行聚合，有效的催化剂只限于第 5、6 族过渡金属易位聚合催化剂。位阻较小的双取代乙炔，如双正烷基取代乙炔，适用于 Mo 和 W 基催化剂聚合，而那些具有大位阻的双取代乙炔，如 1-三甲基硅-1-丙炔和二苯基乙炔，只能用 Nb 和 Ta 基催化剂聚合[25]。

除了上述的单炔烃，$\alpha,\omega$-二炔烃也可以聚合产生高分子量线型聚合物。该类单体经过环均聚可以产生可溶的、长共轭的、闭环结构的聚合物，与杂累积烯（如二氧化碳或异氰酸酯）进行环共聚，可以产生主链含有杂环的可溶性聚合物[25]。

聚乙炔是一种导电材料[26-31]。乙炔聚合是制备聚乙炔最简单的方法，另一种有效的方法是环多烯易位聚合。

已有的溶解试验表明，聚乙炔不溶于任何一种溶剂[10,32]。然而，用接枝或嵌段共聚的方法可以制备出可溶的聚乙炔单元，比如将聚乙炔接枝到可溶性聚合物上[33-37]，或将可溶性聚合物接枝到聚乙炔主链上[38]，以及进行两嵌段共聚[39-42]。与聚乙炔不同，取代乙炔的聚合物可以溶解在一般的溶剂中。

## 7.1 插入聚合

### 7.1.1 单炔烃的聚合

乙炔聚合最常用的可溶 Ziegler-Natta 催化剂是 $Ti(OBu)_4$-$AlEt_3$（Shriakawa 催化剂）[10,11]；典型的聚合条件为：$Ti(OBu)_4$=0.25mol/L，$AlEt_3$=1.0mol/L，介质为甲苯，温度为 $-78°C$，乙炔压力为 600Torr（1Torr=133.322Pa，注意：催化剂浓度相当高）。乙炔和乙炔类化合物的聚合也可以使用其他可溶的、不可溶的 Ziegler-Natta 催化剂[4-19,12-15,43-54]。有趣的是，$Cp_2TiCl_2$-$AlMe_2Cl$[52,53] 和 $Cp_2HfCl_2$-$AlR_xCl_{3-x}$[54] 等茂金属催化体系能聚合苯乙炔，单体插入到第 4 族茂金属阳离子的金属-碳活性键中。镧系配位催化剂在乙炔聚合中也取得了成功；在 30°C，使用三烷基铝[$AlEt_3$，$Al(i$-$Bu)_3$]活化的稀土金属化合物（如 2-乙基己基膦酸和环烷酸镧系金属）聚合乙炔可以产生富含顺式结构（87%~95%）的结晶性聚乙炔[55-58]。使用镧系金属（环烷酸）$_3$-$AlEt_3$ 和镧系金属（环烷酸）$_3$-$AlEt_3$-EtOH 催化剂也可以聚合苯乙炔[59] 和端炔烃，如 3-甲基-1-丁炔、1-戊炔、3-甲基-1-戊炔、4-甲基-1-戊炔、1-己炔，产生高顺式构型含量的聚炔烃[60,61]。

使用铑基催化剂聚合炔烃有一些有趣的特点：这类催化剂可使用烷基金属或氢化物活化，如 $RhCl_3$-$LiBH_4$[49] 和 $[(Cod)Rh]^+[BPh_4]^-$-$SiEt_3H$[62]，或者不使用活化剂，如 $[(Cod)RhCl]_2$[63-66]，$[(Ph_3P)_2Rh(C≡CPh)(Nbd)]$（Nbd=2,5-降冰片二烯）[67] 和 $[(Nbd)_2RhCl]_2$[68-73]。使用 $(Ph_3P)_2Rh(C≡CPh)(Nbd)$ 聚合苯乙炔有活性聚合的全部特征，产物为全顺式立构规整聚合物[67]。铑催化的聚合可以在多种溶剂中进行，如苯、四氢呋喃、乙醇和三乙胺[69,73]。使用铑催化剂聚合的单体只限于乙炔和没有位阻的或中等位阻的端炔烃，如苯乙炔和丙炔酸烷基酯。使用[(Nbd)$_2$RhCl]$_2$-NEt$_3$ 聚合苯乙炔产生的聚合物分子量可达 $1\times10^6$[69]，而钼和钨基易位聚合催化剂得不到如此高分子量的聚苯乙炔。上述铑基催化剂产生的聚合物是顺式-共轭反式构象。

乙炔聚合最初使用的催化剂是双[叶利德（Ylide）]镍（Ⅱ），其具有高活性的镍-苯基键[74,75]：

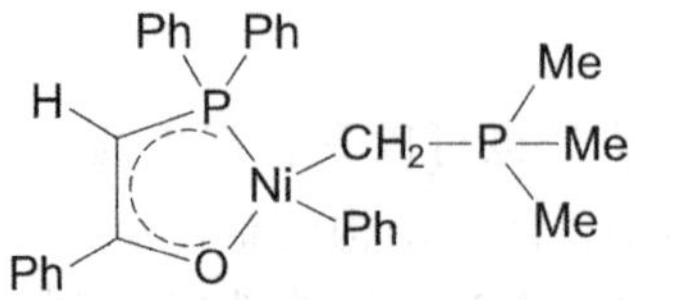

配位催化剂制备的聚乙炔的顺式-反式含量由聚合温度决定，温度越高反式越多，这是因为热诱导的顺-反异构化反应在链段结晶前发生[10,76-78]。

Ziegler-Natta 催化剂 Ti(OBu)$_4$-AlEt$_3$ 形成的活性物可能含有 Ti(Ⅲ)—Et 键，由 AlEt$_3$ 烷基化还原 Ti(OBu)$_4$ 产生[79]。在低温聚合时，单体以顺式加成插入到 Ti—C 键，产生的聚合物具有顺式-共轭反式结构[78]，使用 Cp$_2$TiCl$_2$-AlMe$_2$Cl 聚合苯乙炔证实了上述假设[52,53]。使用 Ti 基 Ziegler-Natta 催化剂聚合乙炔的插入机理如下图所示[78,80-82]：

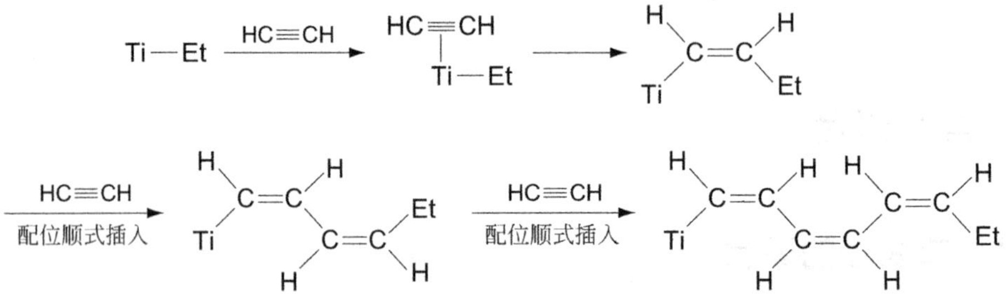

$$(7-3)$$

Ziegler-Natta 催化剂聚合炔烃的链转移和链终止机理与聚合烯烃的相同[25]。可能的链转移机理是增长链端发生 $\beta$-氢消除产生 Ti—H 化合物：

$$\text{Ti—CH=CH—P}_n \longrightarrow \text{Ti—H} + \text{CH=C—P}_n \tag{7-4}$$

使用某些催化剂产生线型聚合物的选择性很差，这是由于环齐聚（形成芳环）反应和其他次级反应；如果增长链端采取顺式-共轭顺式构象，将会发生回击环化副反应，如产生苯的环三聚反应[80,83]。

值得注意的是，在炔烃的易位聚合中，加入适当的烯烃有链转移作用，如使用 WCl$_6$-SnPh$_4$ 聚合苯乙炔时，三甲基乙烯基硅是有效的链转移剂[84]。

## 7.1.2 $\alpha,\omega$-二炔烃的环聚

### 7.1.2.1 均聚

使用 Ziegler-Natta 催化剂催化炔烃插入聚合的代表实例是用 Shirakawa 催化剂[85]及相关催化剂[86]环均聚 1,6-庚二炔：

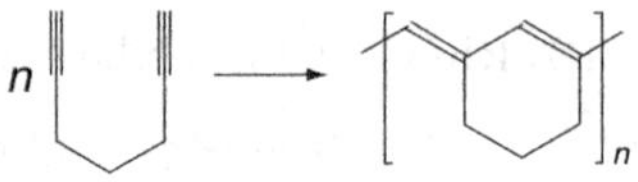

$$(7-5)$$

这种聚合的一个显著特点是，单体的一个三键插入后另一个三键接着插入，而不是另一个单体的三键插入，这就产生了关环反应。

使用钯基催化剂还能环聚 1,6-庚二炔的衍生物[87-89]。

### 7.1.2.2 和杂累积烯的共聚

$\alpha,\omega$-二炔烃环聚的一个非常有趣的延伸是新型镍（0）催化的二炔烃环加成共聚反应，共聚单体有杂累积烯（$O=C=O$、$N=C=O$、$N=C=NR$），不饱和化合物（$RC\equiv N$）和卡宾型化合物（$C=O$、$C=NR$）[90]。使用 $(R_3P)_2Ni(Cod)_2$（$R = n\text{-}C_8H_{17}$）化合物，内二炔烃 $R-C\equiv C-(CH_2)_x-C\equiv C-R$（$R=Et$；$x>6$，$x<2$）（如 3,11-十四烷二炔）与二氧化碳进行 1∶1 环加成共聚合，产生高分子量的聚（2-吡喃酮）[91]：

$$(7\text{-}6)$$

二炔分子内与分子间环化的相对速率控制着二炔/二氧化碳的环聚反应。当单体 $R-C\equiv C-(CH_2)_x-C\equiv C-R$ 中亚甲基的数目是 3、4、5 时（$x=3\sim 5$），分子内环化反应易发生；当 $x$ 是其他数目时，二炔和二氧化碳的 1∶1 环加成共聚 [产生聚（2-吡喃酮）] 易受到分子间环化反应的影响[91-96]。

使用催化剂 $(R_3P)_2Ni(Cod)_2$（$R = n\text{-}C_8H_{17}$）1∶1 环加成共聚内二炔 $R-C\equiv C-(CH_2)_x-C\equiv C-R$（$R=Me, Et$；$x=2,4,6$），如 3,11-十四烷二炔、3,9-十二烷二炔、2,6-辛二炔和异氰酸酯 $R^1N=C=O$（$R^1=Chx$、$n\text{-}C_8H_{17}$、$Ph$），可以产生高分子量的聚（2-吡啶酮）[97]：

$$n R-\!\!\!=\!\!\!-(CH_2)_x-\!\!\!=\!\!\!-R \; + \; nO=C-NR^1 \longrightarrow \quad (7\text{-}7)$$

类似的，使用端二炔或者内二炔，如 1,4-二乙炔苯[98] 和 1,4-双（苯基乙炔基）苯[99]，与异氰酸酯进行 1∶1 环加成共聚，可以产生带有芳香环的高分子量的聚（吡啶酮）。

用 Ni(0) 化合物催化环二炔和杂累积烯（如二氧化碳和异氰酸酯）环加成共聚，将产生相应的梯状聚（2-吡喃酮）和聚（2-吡啶酮）[100]。例如，1,7-环十三烷二炔、1,7-环十四烷二炔、1,8-环十五烷二炔与二氧化碳或者异氰酸酯反应，可以产生相应的梯状聚（2-吡喃酮）[91,101] 和聚（2-吡啶酮）[102]。使用催化剂 $(R_3P)_2Ni(Cod)_2$（$R=n\text{-}C_8H_{17}$）1∶1 环加成共聚 1,8-环十五烷二炔和正十八烷基异氰酸酯，$R^1N=C=O$（$R^1 = n\text{-}C_8H_{17}$），可以产生高分子量的可溶聚合物，反应方程式如下所示：

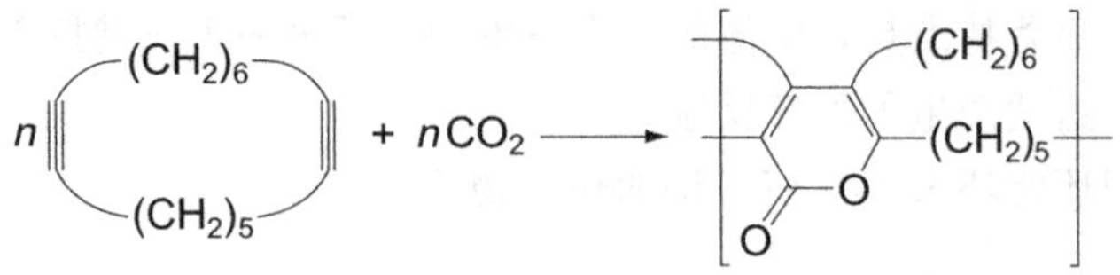

$$n \begin{pmatrix} (CH_2)_6 \\ (CH_2)_5 \end{pmatrix} + nCO_2 \longrightarrow \left[ \begin{array}{c} (CH_2)_6 \\ (CH_2)_5 \\ O \end{array} \right]_n \quad (7\text{-}8)$$

$$n \begin{pmatrix} (CH_2)_6 \\ (CH_2)_5 \end{pmatrix} + nO=C-NR^1 \longrightarrow \left[ \begin{array}{c} (CH_2)_6 \\ (CH_2)_5 \\ N \\ R^1 \end{array} \right]_n \quad (7\text{-}9)$$

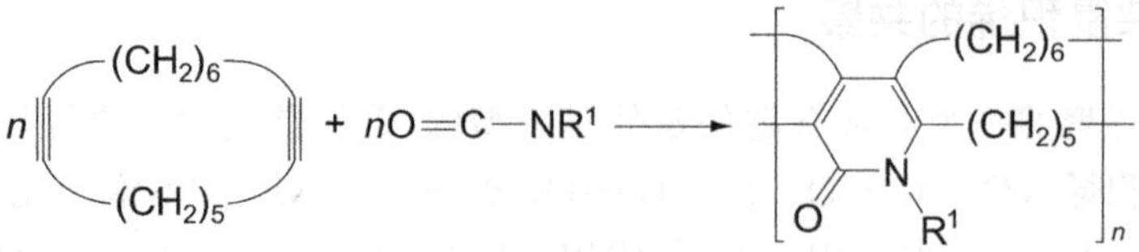

梯形聚合物（通过分子间作用）优先形成，因为大位阻阻碍了由分子内环化引起的三元杂环的形成[100]。

在 Ni(0) 催化剂 $L_xNi(0)$ 作用下，单炔烃和杂累积烯可以成环，其机理可能包含一步环加成反应，式(7-10)[103] 和式(7-11)[104,105] 给出了炔烃分别和二氧化碳、异氰酸酯形成 2-吡喃酮和 2-吡啶酮的反应方程式。应该注意到，在这个催化环化的反应过程中金属 Ni 的氧化态发生了变化。

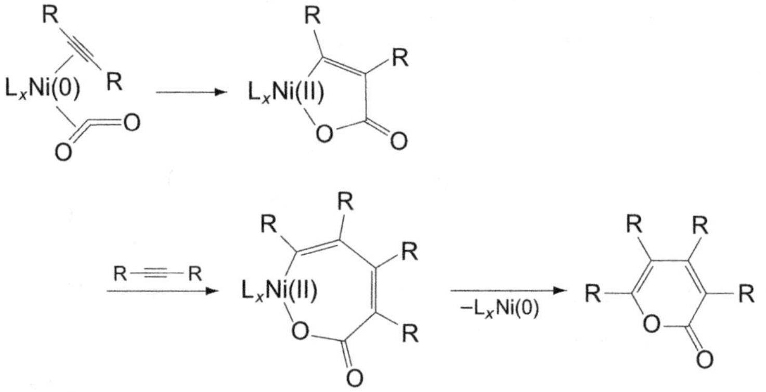

(7-10)

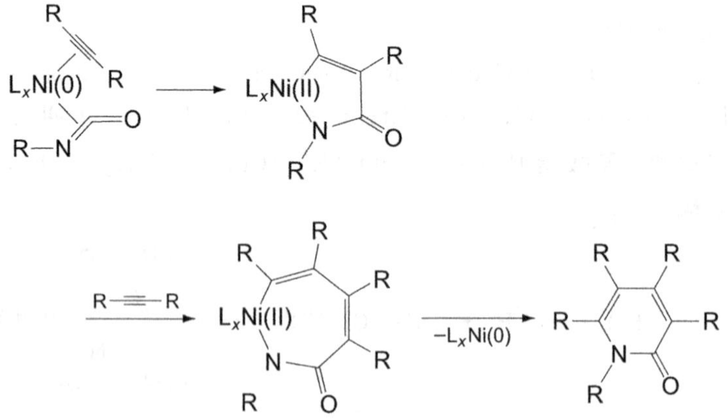

(7-11)

## 7.2 易位聚合

### 7.2.1 单炔烃的聚合

用于炔烃易位聚合的烯烃易位聚合催化剂包括传统的化合物（如 $TaCl_5$、$TaCl_5\text{-}SnBu_4$、

$MoCl_5$、$MoCl_5$-$SnPh_4$、$MoCl_5$-LiBu、Mo(CO)$_6$-PhOH、$WCl_6$、$WCl_6$-$AlEtCl_2$、$WCl_6$-$SnPh_4$) 和结构明确的金属卡宾化合物 [如 Fischer 卡宾 (CO)$_5$W=C(OMe)Ph、Casey 卡宾 (CO)$_5$W=CPh$_2$ 和 Rudler 卡宾 (CO)$_4$W=C(OMe)CH$_2$CH$_2$=CH$_2$][15-20,22-24,106-134]。

对于金属碳炔,如三(叔丁氧基)新戊碳炔钨 (Me$_3$CO)$_3$W≡CCMe$_3$ (Schrock 碳炔[135-137]),并不能催化炔烃易位聚合,而是催化炔烃烷基转移反应。同样,使用其他非均相烯烃易位催化剂如 $WO_3$/$SiO_2$[138] 和 $MoO_3$/$SiO_2$[139],产生的也是 1-炔烃的烷基转移产物。然而,大多数的端炔烃在这些催化剂的作用下进行的是三聚反应,产生芳香烃。

相反,Fischer 碳炔,如反式-四(一氧化碳)苯甲基碳炔溴化钨 Br(CO)$_4$W≡CPh[140-142] 可以易位聚合[143] 单取代的乙炔,而不发生烷基转移反应。单取代炔烃可以用多种催化剂易位聚合[108,109,118,120-125,128-134],其中 Fischer 碳炔和相应的碳炔是有效的催化剂;即使以前很少有一点催化剂或者说没有催化剂可以易位聚合的炔烃,如双取代炔烃[112-115,126,127,144-148] 和没有取代基的炔烃[19,20,42,119],Fischer 碳炔也可以催化其易位聚合。

已经证明,金属碳炔是金属卡宾的来源 [如式(6-9)],而金属卡宾促进了炔烃单体的聚合。因此,相应的金属碳炔和卡宾催化炔烃聚合是相同的机理,其产物,尤其是产物的立体化学相同。对于端炔烃和内炔烃,Fischer 碳炔和 Casey、Fischer 金属卡宾非常类似。Fischer 碳炔可以催化乙炔聚合,但是 Fischer 卡宾却不能,Casey 卡宾催化乙炔聚合的能力很差[22,143]。

Schrock 碳炔 (Me$_3$CO)$_3$W≡CCMe$_3$ 对炔烃是烷基转移反应,而 Fischer 碳炔 Br(CO)$_4$W≡CPh 却能聚合炔烃,这可能是因为前者为不饱和配位而后者为饱和配位。如果反应要求不饱和配位的钨,那么 Schrock 碳炔可以立即反应,而 Fisher 碳炔必须从金属上失去一个配体后才可以;如果转移的是溴原子,溴原子会重排到邻近的碳原子上 [式(6-9)],钨变为配位不饱和,于是钨碳炔转变成了钨卡宾。与 Schrock 碳炔形成对照,Fischer 碳炔可以进行原来只有使用金属卡宾才能进行聚合,而不是发生需要金属碳炔的烷基转移反应[143]。

炔烃和环烯烃嵌段共聚和无规共聚的实验结果显示,炔烃聚合机理是通过卡宾物种进行的。如 $WCl_6$-$AlEtCl_2$ 催化乙炔和环戊烯嵌段共聚[41],(Me$_3$CO)$_2$W=(NAr)=CHMe$_3$ 催化乙炔和降冰片烯嵌段共聚[42],以及 $WCl_6$ 催化苯乙炔和降冰片烯无规共聚[149,150]。

因为 Schrock 碳炔是活泼的烷基转移反应催化剂,因此可以设想,反应催化剂(金属烷基碳炔配合物)可以使环炔烃开环聚合[151]。虽然环辛炔是少数几个稳定的难以打开的环炔烃之一,但它还是可以选择性地被这类催化剂催化聚合,反应式如下:

$$n \; \text{[环辛炔]} \longrightarrow \text{[聚合物]}_n \tag{7-12}$$

恰如环烯烃开环易位聚合,制备具有精确结构的聚炔烃很重要。活性聚合是实际可行的合成单分散聚合物的一种重要方法,可以制备带功能端基的聚合物和嵌段共聚物。能够催化乙炔[42] 和炔烃单体进行活性易位聚合的催化剂有 $MoOCl_4$-$SnBu_4$-EtOH,$NbCl_5$ 和 Ta、Mo、W 的烷基卡宾[84,133,152,153]。

## 7.2.2 α,ω-二炔烃的环聚

可以被易位聚合催化剂环聚的 α,ω-二炔烃有 1,6-庚二炔及其 4,4-双取代衍生物[87,106,154-163] 和 1,7-辛二炔[164]。

使用 Schrock 卡宾 [Me(CF$_3$)$_2$CO]$_2$Mo=NAr=CHMe$_3$ 活性易位聚合 1,6-庚二炔的衍生物，如二丙炔基丙二酸乙酯，产生含有五元环和六元环的共轭聚合物，如式(7-13) 所示[154,155]。单体炔键对烷基卡宾金属 2,1-加成和 1,2-加成的比例决定着环的大小。两种假设模型分别给出了五元环［式(7-13)(a)］和六元环[式(7-13)(b)] 的产生机理。

$$Ar = 2,6\text{-}(i\text{-}Pr)_2C_6H_3;\quad R = Me(CF_3)_2C;\quad R^1 = CH\equiv CCH_2C(COOEt)_2CH_2$$

(7-13)

可以看出，聚合物链序列中的尾-尾结构含有五元环（1-乙亚乙烯-2-环戊-1-烯基单元），而头-尾结构含有六元环（3-亚甲基-1-环己-1-烯基单元）。使用传统的易位催化剂和一定的金属烷基卡宾催化剂可以产生五元环比六元环占优势的聚合物[155]。

2,3-二碳甲氧基降冰片二烯和1,6-庚二炔衍生物嵌段共聚的合成证明，Schrock 卡宾聚合 1,6-庚二炔衍生物是活性的[25]。

$Mo(CO)_6$-$m$-Cl-$C_6H_4$-OH 催化 1,7-辛二炔环均聚以及与 1-己炔环共聚[164] 是很有趣的例子，产生的环状聚合物主链上含有七元环：

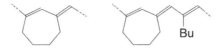

### 参考文献

1. Ziegler, K., *Angew. Chem.*, **67**, 541 (1955).
2. Natta, G., Mazzanti, G. and Pino, P., *Angew. Chem.*, **69**, 686 (1957).
3. Natta, G., Mazzanti, G. and Corradini, P., *Atti Accad. Naz. Lincei, Cl Sci. Fis. Mat. Nat. Rend*, **25**(8), 3 (1958).
4. Luttinger, L. B., *Chem. Ind. (Lond.)*, **1960**, 1135 (1960).
5. Korshak, V. V., *Dokl. Akad. Nauk SSSR*, **136**, 1342 (1961).
6. Matkovskii, P. E. and Zavorkhin, N. D., *Izv. Akad. Nauk Kaz. SSR, Ser. Khim.*, **15**, 70 (1965).
7. Nasirov, T. M., Krentsel, B. A. and Davydov, B. E., *Izv. Akad. Nauk SSSR, Ser. Khim.*, **1965**, 1009 (1965).
8. Nicolescu, I. V. and Angelescu, E., *J. Polym. Sci., A*, **3**, 1227 (1965).
9. Higashimura, K. and Oiwa, M., *Bull. Chem. Soc. Jpn.*, **69**, 109 (1966).
10. Ito, T., Shirakawa, K. and Ikeda, S., *J. Polym. Sci., Polym. Chem. Ed.*, **12**, 11 (1974).
11. Shirakawa, H. and Ikeda, S., *Polym. J.*, **2**, 231 (1971).
12. Meriwether, L. S., Colthup, E. C., Kennerly, G. W. and Reusch, R. N., *J. Org. Chem.*, **26**, 5155 (1961).
13. Trepka, W. J. and Sonnenfeld, R. J., *J. Polym. Sci., A-1*, **8**, 2721 (1970).
14. Ciardelli, F., Lanzillo, S. and Pieroni, O., *Macromolecules*, **7**, 174 (1974).
15. Masuda, T., Kawasaki, M., Okano, Y. and Higashimura, T., *Polym. J.*, **14**, 371 (1982).
16. Masuda, T., Hasegawa, K. and Higashimura, T., *Macromolecules*, **7**, 728 (1974).
17. Woon, P. S. and Farona, M. F., *J. Polym. Sci., Polym. Chem. Ed.*, **12**, 1749 (1974).
18. Navarro, F. R. and Farona, M. F., *J. Polym. Sci., Polym. Chem. Ed.*, **14**, 2335 (1976).
19. Shimamura, K., Karasz, F. E., Hirsch, J. A. and Chien, J. C. W., *Makromol. Chem., Rapid Commun.*, **2**, 473 (1981).
20. Aldissi, M., Linaya, C., Sledz, J., Schue, F., Giral, L., Fabre, J. M. and Rolland, M., *Polymer*, **23**, 243 (1982).
21. Masuda, T., Sasaki, N. and Higashimura, T., *Macromolecules*, **8**, 717 (1975).
22. Katz, T. J. and Lee, S. J., *J. Am. Chem. Soc.*, **102**, 422 (1980).
23. Katz, T. J. and Lee, S. J., *J. Am. Chem. Soc.*, **102**, 7940 (1980).
24. Katz, T. J., Lee, S. J. and Shippey, M. A., *J. Mol. Catal.*, **8**, 219 (1980).
25. Masuda, T., 'Acetylene Polymerization', in *Catalysis in Precision Polymerisation*, John Wiley & Sons, Chichester–New York, 1997, pp. 67–97.
26. Frommer, J. E. and Chance, R. R., 'Electrically Conductive Polymers', in *Encyclopedia of Polymer Science and Engineering*, Wiley-Interscience, John Wiley & Sons, New York, 1986, Vol. 5, pp. 462–507.
27. Etemad, S., Pron, A., Heeger, A. J., MacDiarmid, A. G., Mele, E. J. and Rice, M. J., *Phys. Rev. B*, **23**, 5137 (1981).
28. Ikehata, S., Kaufer, J., Woerner, T., Pron, A., Druy, M. A., Sivak, A., Heeger, A. J. and MacDiarmid, A. G., *Phys. Rev. Lett.*, **45**, 1123 (1980).

29. Kletter, M. J., Woerner, T., Pron, A., MacDiarmid, A. G., Heeger, A. J. and Park, Y. W., *J. Chem. Soc., Chem. Commun.*, **1980**, 426 (1980).
30. Weinberger, B. R., Ehrenfreund, E., Pron, A., Heeger, A. J. and MacDiarmid, A. G., *J. Chem. Phys.*, **72**, 4749 (1980).
31. Weinberger, B. R., Kaufer, J., Heeger, A. J., Pron, A. and MacDiarmid, A. G., *Phys. Rev. B*, **20**, 223 (1979).
32. Pez, G. P., *J. Am. Chem. Soc.*, **98**, 8072 (1976).
33. Bates, F. S. and Baker, G. L., *Macromolecules*, **16**, 704 (1983).
34. Baker, G. L. and Bates, F. S., *Macromolecules*, **17**, 2169 (1984).
35. Bates, F. S. and Baker, G. L., *Macromolecules*, **16**, 1013 (1983).
36. Destri, S., Catellani, M. and Bolognesi, A., *Makromol. Chem., Rapid Commun.*, **5**, 353 (1984).
37. Bolognesi, A., Catellani, M., Porzio, W. and Destri, S., *Polymer*, **27**, 1128 (1986).
38. Kminek, I. and Trekoval, J., *Makromol. Chem., Rapid Commun.*, **14**, 479 (1984).
39. Galvin, M. E. and Wnek, G. E., *Mol. Cryst. Liq. Cryst.*, **117**, 33 (1985).
40. Aldissi, M., *Synth. Met.*, **13**, 87 (1986).
41. Farren, T. R., Amass, A. J., Beevers, M. S. and Stowell, J. A., *Makromol. Chem.*, **188**, 2535 (1987).
42. Schlund, R., Schrock, R. R. and Crowe, W. E., *J. Am. Chem. Soc.*, **111**, 8004 (1989).
43. Luttinger, L. B., *J. Org. Chem.*, **27**, 1591 (1962).
44. Luttinger, L. B. and Colthup, E. C., *J. Org. Chem.*, **27**, 3752 (1962).
45. Naarmann, H. and Theophilou, N., *Synth. Met.*, **22**, 1 (1987).
46. Naarmann, H., *Synth. Met.*, **17**, 223 (1987).
47. Oh, S. Y., Akagi, K. and Shirakawa, H., *Synth. Met.*, **32**, 245 (1989).
48. Terlemezyan, L. and Mikhailov, M., *Makromol. Chem., Rapid Commun.*, **3**, 613 (1982).
49. Kern, R. J., *J. Polym. Sci., A-1*, **7**, 621 (1969).
50. Yokota, K., Ohtubo, M., Hirabayashi, T. and Imai, Y., *Polym. J.*, **25**, 1079 (1993).
51. Biyani, B., Campagna, A. J., Daruwalla, D., Srivastava, C. M. and Ehrlich, P., *J. Macromol. Sci. – Chem. A*, **9**, 327 (1975).
52. D'yachkovskii, F. S., Yarovitskii, P. A. and Bystrov, V. F., *Vysokomolek. Soed.*, **6**, 659 (1964).
53. Katz, T. J., Hacker, S. M., Kendrik, R. D. and Yannoni, C. S., *J. Am. Chem. Soc.*, **107**, 2182 (1985).
54. Siskos, M. G., Bokaris, E. P., Zardakis, A. K. and Kyriakakou, G., *Eur. Polym. J.*, **12**, 1127 (1992).
55. Shen, Z., Yang, M., Shi, M. and Cao, Y., *J. Polym. Sci., Polym. Chem. Ed.*, **20**, 411 (1982).
56. Cao, Y., Qian, R., Wang, F. and Zhao, X., *Makromol. Chem., Rapid Commun.*, **3**, 687 (1982).
57. Shen, Z., Wang, F. and Cao, Y., *Inorg. Chim. Acta*, **110**, 55 (1985).
58. Hu, X., Wang, F., Zhao, X. and Yan, D., *Chin. J. Polym. Sci.*, **5**, 221 (1987).
59. Shen, Z. and Farona, M. F., *J. Polym. Sci., Polym. Chem. Ed.*, **22**, 1009 (1984).
60. Shen, Z. and Farona, M. F., *Polym. Bull.*, **10**, 298 (1983).
61. Mullagaliev, I. R. and Mudarisova, R. K., *Izv. Akad. Nauk SSSR, Ser. Khim.*, **7**, 1687 (1988).
62. Goldberg, Y. and Alper, H., *J. Chem. Soc., Chem. Commun.*, **1994**, 1209 (1994).
63. Furlani, A., Napoletano, S., Russo, M. V. and Feast, W. J., *Polym. Bull.*, **16**, 311 (1986).
64. Furlani, A., Licoccia, S. and Russo, M. V., *J. Polym. Sci., A*, **24**, 991 (1986).
65. Furlani, A., Napoletano, S., Russo, M. V., Camus, A. and Marish, N., *J. Polym. Sci., A*, **27**, 75 (1989).
66. Haupt, H. J. and Ortmann, U., *Z. Anorg. Allg. Chem.*, **619**, 1209 (1993).
67. Kishimoto, Y., Eckerle, P., Miyatake, T., Ikariya, T. and Noyori, R., *J. Am. Chem. Soc.*, **116**, 12131 (1994).
68. Tabata, M., Yang, W. and Yokota, K., *Polym. J.*, **22**, 1105 (1990).
69. Yang, W., Tabata, M., Kobayashi, S., Yokota, K. and Shimizu, A., *Polym. J.*, **23**, 1135 (1991).
70. Lindgren, M., Lee, H. S., Yang, W., Tabata, M. and Yokota, K., *Polymer*, **32**, 1531 (1991).
71. Tabata, M., Yang, W. and Yokota, K., *J. Polym. Sci., A*, **32**, 1113 (1994).

72. Tabata, M., Tamura, H., Yokota, K., Nozaki, Y., Hoshina, T., Minakawa, H. and Kodaira, K., *Macromolecules*, **27**, 6234 (1994).
73. Tabata, M., Inaba, Y., Yokota, K. and Nozaki, Y., *J. Macromol. Sci. – Pure Appl. Chem. A*, **31**, 465 (1994).
74. Ostoja-Starzewski, K. A. and Witte, J., *Angew. Chem., Int. Ed. Engl.*, **24**, 599 (1985).
75. Ostoja-Starzewski, K. A. and Witte, J., *Angew. Chem.*, **100**, 861 (1988).
76. Fukui, K. and Inagaki, S., *J. Am. Chem. Soc.*, **97**, 4445 (1975).
77. Ito, T., Shirakawa, H. and Ikeda, S., *J. Polym. Sci., Polym. Chem. Ed.*, **13**, 1943 (1975).
78. Shen, M. A., Karasz, F. A. and Chien, J. C. W., *J. Polym. Sci., Polym. Chem. Ed.*, **21**, 2787 (1983).
79. Chien, J. C. W., Karasz, F. E., Wnek, G. E., MacDiarmid, A. G. and Heeger, A. J., *J. Polym. Sci., Polym. Chem. Ed.*, **18**, 45 (1980).
80. Shirakawa, H. and Ikeda, S., *J. Polym. Sci., Polym. Chem. Ed.*, **12**, 929 (1974).
81. Berlin, D. A. and Cherkashin, M. I., *Vysokomol. Soed., Ser. A*, **13**, 2298 (1971).
82. Simionescu, C., Dumitrescu, S., Negulescu, I., Percec, V., Grigoras, M., Diaconu, I., Leanca, L. and Gorash, L., *Vysokomol. Soed., Ser. A*, **16**, 790 (1974).
83. Ikeda, S. and Tamaki, A., *J. Polym. Sci., B*, **4**, 605 (1966).
84. Kouzai, H., Masuda, T. and Higashimura, T., *Macromolecules*, **25**, 7096 (1992).
85. Gibson, H. W., Bailey, F. C., Epstein, A. J., Rommelmann, H., Kaplan, S., Harbour, J., Yang, X.-Q., Tanner, D. B. and Pochan, J. M., *J. Am. Chem. Soc.*, **105**, 4417 (1983).
86. Stille, J. K. and Frey, D. A., *J. Am. Chem. Soc.*, **83**, 1697 (1961).
87. Jin, S. H., Kang, S. W., Park, J. G., Lee, J. C. and Choi, K. S., *J. Macromol. Sci. – Pure Appl. Chem. A*, **32**, 455 (1995).
88. Akopyan, L. A., Ambartsumyan, G. V., Ovakimyan, E. V. and Matsoyan, S. G., *Vysokomol. Soed., Ser. A*, **19**, 271 (1977).
89. Akopyan, L. A., Ambartsumyan, G. V., Grigoryan, S. G. and Matsoyan, S. G., *Vysokomol. Soed., Ser. A*, **19**, 1068 (1977).
90. Tsuda, T., 'Transition Metal Catalyzed Diyne Cycloaddition Copolymerization', in *The Polymeric Materials Encyclopedia*, CRC Press, Boca Raton, Vol. 3, pp. 1905–1915.
91. Tsuda, T., Maruta, K. and Kitaike, Y., *J. Am. Chem. Soc.*, **114**, 1498 (1992).
92. Tsuda, T. and Maruta, K., *Macromolecules*, **25**, 6102 (1992).
93. Tsuda, T., Ooi, O. and Maruta, K., *Macromolecules*, **26**, 4840 (1993).
94. Tsuda, T., Kitaike, Y. and Ooi, O., *Macromolecules*, **26**, 4956 (1993).
95. Tsuda, T. and Hokazono, H., Y., *Macromolecules*, **27**, 1289 (1994).
96. Tsuda, T., *Gazz. Chim. Ital.*, **125**, 101 (1995).
97. Tsuda, T. and Hokazono, H., Y., *Macromolecules*, **26**, 1796 (1993).
98. Tsuda, T. and Tobisawa, A., *Macromolecules*, **28**, 1360 (1995).
99. Tsuda, T. and Tobisawa, A., *Macromolecules*, **27**, 5943 (1994).
100. Tsuda, T., 'Cycloaddition Copolymerization of Cyclic Diynes – Ladder Polymers', in *The Polymeric Materials Encyclopedia*, CRC Press, Inc., Boca Raton, 1996, Vol. 5, pp. 3525–3530.
101. Tsuda, T., *Macromolecules*, **28**, 1312 (1995).
102. Tsuda, T. and Hokazono, H. Y., *Macromolecules*, **26**, 5528 (1993).
103. Hoberg, H., *J. Organomet. Chem.*, **266**, 203 (1984).
104. Hoberg, H. and Oster, B. N., *Synthesis*, **1982**, 324 (1982).
105. Hoberg, H. and Oster, B. N., *J. Organomet. Chem.*, **252**, 359 (1983).
106. Schrock, R. R., Lour, S. F., Zanetti, N. C. and Fox, H. H., *Organometallics*, **13**, 3396 (1994).
107. Krouse, S. A. and Schrock, R. R., *Macromolecules*, **21**, 1885 (1988).
108. Masuda, T., Okano, Y., Kuwane, Y. and Higashimura, T., *Polym. J.*, **12**, 907 (1980).
109. Okano, Y., Masuda, T. and Higashimura, T., *Polym. J.*, **14**, 477 (1982).
110. Ho, H. T., Ivin, K. J. and Rooney, J. J., *J. Chem. Soc., Faraday Trans. 1*, **78**, 2227 (1982).
111. Masuda, T. and Higashimura, T., *Macromolecules*, **12**, 9 (1979).
112. Higashimura, T., Deng, Y.-X. and Masuda, T., *Macromolecules*, **15**, 234 (1982).
113. Masuda, T., Takahashi, A. and Higashimura, T., *J. Chem. Soc., Chem. Commun.*, **1982**, 1297 (1982).

114. Masuda, T., Isobe, E., Higashimura, T. and Takada, K., *J. Am. Chem. Soc.*, **105**, 7473 (1983).
115. Masuda, T., Ohtori, T. and Higashimura, T., *Am. Chem. Soc. Polym. Prepr., Div. Polym. Chem.*, **20**, 1043 (1979).
116. Hasegawa, K., Masuda, T. and Higashimura, T., *Macromolecules*, **8**, 255 (1975).
117. Amass, A. J., Beevers, M. S., Farona, T. R. and Stowell, J. A., *Makromol. Chem., Rapid Commun.*, **8**, 119 (1987).
118. Gal, Y.-S., Jung, B., Kim, J.-H., Lee, W.-C. and Choi, S.-K., *J. Polym. Sci., A, Polym. Chem.*, **33**, 307 (1995).
119. Theophilou, N., Munardi, A., Aznar, R., Sledz, G., Schue, F. and Naarmann H., *Eur. Polym. J.*, **23**, 15 (1987).
120. Ofstead, E. A., Lawrence, J. R., Senyek, M. L. and Calderon, N., *J. Mol. Catal.*, **8**, 227 (1980).
121. Oreshkin, I. A., Redkina, L. I., Kershenbaum, I. L., Chernenko, G. M., Makovetskii, K. L., Tinyakova, E. I. and Dolgoplosk, B. A., *Eur. Polym. J.*, **13**, 447 (1977).
122. Liaw, D.-J. and Lin, C.-L., *Polym. Int.*, **36**, 29 (1995).
123. Liaw, D.-J. and Lin, C.-L., *J. Polym. Sci., Polym. Chem. Ed.*, **31**, 3151 (1993).
124. Liaw, D.-J., Leu, S.-D., Lin, C.-L. and Lin, C.-F., *Polym. J.*, **24**, 889 (1992).
125. Liaw, D.-J., Soum, A., Fontanille, M., Parlier, A. and Rudler, H., *Makromol. Chem., Rapid Commun.*, **6**, 309 (1985).
126. Masuda, T., Niki, A., Isobe, E. and Higashimura, T., *Macromolecules*, **18**, 2109 (1985).
127. Niki, A., Masuda, T. and Higashimura, T., *J. Polym. Sci., A*, **25**, 1553 (1987).
128. Vosloo, H. C. M. and Du Plessis, J. A. K., *Polym. Bull.*, **30**, 273 (1993).
129. Tamura, K., Masuda, T. and Higashimura, T., *Polym. Bull.*, **30**, 537 (1993).
130. Tamura, K., Masuda, T. and Higashimura, T., *Polym. Bull.*, **32**, 289 (1995).
131. Ganesamoorthy, S. and Sundararajan, G., *Macromolecules*, **25**, 2060 (1992).
132. Kiyashina, Z. S., Pomagailo, A. D., Kuzaev, A. I., Lagodsinskaya, G. V. and D'yachkovskii, F. S., *Vysokomol. Soed., Ser. A*, **21**, 1796 (1979).
133. Nakano, M., Masuda, T. and Higashimura, T., *Macromolecules*, **27**, 1344 (1994).
134. Nakayama, Y., Mashima, K. and Nakamura, A., *Macromolecules*, **26**, 6267 (1993).
135. Wengrovius, J. H., Sancho, J. and Schrock, R. R., *J. Am. Chem. Soc.*, **103**, 3932 (1981).
136. Sancho, J. and Schrock, R. R., *J. Mol. Catal.*, **15**, 75 (1982).
137. Leigh, G. F., Rahman, M. T. and Wilson, E. R., *J. Chem. Soc., Chem. Commun.*, **1982**, 541 (1982).
138. Moulijn, J. A., Reitsma, H. J. and Boelhouwer, C., *J. Catal.*, **25**, 434 (1972).
139. Mortreux, A. and Blanchard, M., *Bull. Soc. Chim. France*, **1972**, 1641 (1972).
140. Fischer, E. O., Kreis, G., Kreiter, C. G., Muller, J., Huttner, G. and Lorenz, H., *Angew. Chem., Int. Ed. Engl.*, **12**, 564 (1973).
141. Fischer, E. O. and Kreis, G., *Chem. Ber.*, **109**, 1673 (1976).
142. Fischer, E. O., Schubert, U. and Fischer, H., *Inorg. Synth.*, **19**, 172 (1979).
143. Katz, T. J., Ho, T. H., Shih, N.-Y., Ying, Y.-C. and Van Stuart, I. W., *J. Aqm. Chem. Soc.*, **106**, 2659 (1984).
144. Masuda, T., Kawai, H. and Higashimura, T., *Polym. J.*, **11**, 813 (1979).
145. Masuda, T., Kuwane, Y. and Higashimura, T., *Polym. J.*, **13**, 301 (1981).
146. Masuda, T., Kawasaki, K., Okano, Y. and Higashimura, T., *Polym. J.*, **14**, 371 (1982).
147. Masuda, T. and Higashimura, T., *Adv. Polym. Sci.*, **81**, 121 (1987).
148. Cotton, F. A., Hall, W. T., Cann, K. J. and Karol, F. J., *Macromolecules*, **14**, 233 (1981).
149. Makio, H., Masuda, T. and Higashimura, T., *Polymer*, **34**, 1490 (1993).
150. Makio, H., Masuda, T. and Higashimura, T., *Polymer*, **34**, 2218 (1993).
151. Krouse, S. A. and Schrock, R. R., *Macromolecules*, **22**, 2569 (1989).
152. Masuda, T., Fujimori, J., Rahman, M. Z. A. and Higashimura, T., *Macromol. Chem. Phys.*, **196**, 1769 (1995).
153. Wallace, K. C., Leu, A. H., Davis, W. M. and Schrock, R. R., *Organometallics*, **8**, 644 (1989).
154. Fox, H. H. and Schrock, R. R., *Organometallics*, **11**, 2763 (1992).

155. Fox, H. H., Wolf, M. O., O'Dell, R., Lin, B. L., Schrock, R. R. and Wrghton, M. S., *J. Am. Chem. Soc.*, **116**, 2827 (1994).
156. Saunders, R. S., Cohen, R. E. and Schrock, R. R., *Macromolecules*, **24**, 5599 (1991).
157. Ahn, H. K., Kim, Y. H., Jin, S. H. and Choi, S. K., *Polym. Bull.*, **29**, 625 (1992).
158. Park, J. W., Lee, J. H., Cho, H. N. and Choi, S. K., *Macromolecules*, **26**, 1191 (1993).
159. Koo, K. M., Han, S. H., Kang, Y. S., Kim, U. Y. and Choi, S. K., *Macromolecules*, **26**, 2485 (1993).
160. Kim, Y. H., Kwon, S. K. and Choi, S. K., *Bull. Korean Chem. Soc.*, **13**, 459 (1992).
161. Choi, S. K., *Makromol. Chem., Macromol. Symp.*, **33**, 145 (1990).
162. Gal, Y. S. and Choi, S. K., *J. Polym. Sci., A, Polym. Chem.*, **31**, 345 (1993).
163. Kim, Y. H., Kwon, S. K., Gal. Y. S. and Choi, S. K., *J. Macromol. Sci. – Pure Appl. Chem. A*, **29**, 589 (1992).
164. Vosloo, H. C. M. and Du Plessis, J. A. K., *J. Appl. Polym. Sci., Appl. Polym. Symp.*, **48**, 561 (1991).

## 拓展阅读

Grubbs, R. H., 'Alkene and Alkyne Metathesis Reactions', in *Comprehensive Organometallic Chemistry*, Pergamon Press, Oxford, 1982, Vol. 8, pp. 499–550.

Gibson, H. W. and Pochan, J. M., 'Acetylenic Polymers', in *Encyclopedia of Polymer Science and Engineering*, Wiley-Interscience, John Wiley & Sons, New York, 1985, Vol. 1. pp. 87–130.

Bolognesi, A., Catellani, M. and Destri, S., 'Polymerization of Acetylene', in *Comprehensive Polymer Science*, Pergamon Press, Oxford, 1989, Vol. 4, pp. 143–153.

Costa, G., 'Polymerisation of Mono- and Di-substituted Acetylenes', in *Comprehensive Polymer Science*, Pergamon Press, Oxford, 1989, Vol. 4, pp. 155–161.

Amass, A. J., 'Metathesis Polymerization: Chemistry', in *Comprehensive Polymer Science*, Pergamon Press, Oxford, 1989, Vol. 4, pp. 109–134.

Furlani, A. and Russo, M. V., 'Polyphenylacetylene', in *The Polymeric Materials Encyclopedia*, CRC Press, Inc., Boca Raton, 1996, Vol. 8, pp. 6481–6492.

Kishimoto, Y., Noyori, R., Eckerle, P., Miyatake, P. and Ikariya, T., 'Stereospecific Living Polymerisation of Phenylacetylene with Rh Complexes', in *The Polymeric Materials Encyclopedia*, CRC Press, Inc., Boca Raton, 1996, Vol. 7, pp. 5051–5055.

## 思考题

1. 指出炔烃配位聚合的主要类型及其特点，给出每一种聚合类型的代表性催化剂实例。
2. 画出端炔烃R—C≡CH 立构规整聚合物的结构图，给出每一种立体异构体的各种链构象。
3. 早期的各类配位催化剂在低温下产生的聚乙炔都是顺式构型，请说明原因。
4. 给出一个炔烃和环烯烃共聚的实例，并解释为什么这种反应能发生。
5. α,ω-二炔烃如 1,6-庚二炔环聚中有五元和六元闭环，解释其原因。
6. 为什么当环炔作单体时，金属卡宾介导的烷基转移反应会导致聚合物链的扩展，解释其原因。

# 8 配位缩聚

使用过渡金属基配位催化剂能以逐步增长反应的形式均相缩聚和非均相缩聚各种双功能不饱和单体,这是一种合成主链含有不饱和键的高和低分子量高聚物的有效方法。通过碳-碳和碳-杂原子偶联反应,可分别制备不饱和烃类和非烃类聚合物。

主要有两类双功能不饱和化合物非共轭非环二烯烃和卤代芳香烃衍生物,可以通过过渡金属催化的碳-碳偶联反应被高产率地缩聚,聚合形成所需高分子量的聚合物,同时释放出一个小分子。

非环二烯烃在 W、Mo 和 Ru 的亚烷基配合物催化下进行易位缩聚(非环二烯烃易位——admet)产生聚亚烯[1]:

$$n\text{CH}_2=\text{CH}-\text{R}-\text{CH}=\text{CH}_2 \rightleftharpoons \text{CH}_2+\text{CH}-\text{R}-\text{CH}+_n\text{CH}_2 + (n-1)\text{CH}_2=\text{CH}_2 \tag{8-1}$$

非环二烯烃易位聚合有一个特点,通过单体设计能够制备出新主链结构的聚合物[1]。

进行配位缩聚的卤代芳香烃衍生物主要有卤代苯乙烯和卤代苯乙炔,它们自耦合分别产生聚(亚乙烯基亚芳基)[式(8-2)] 和聚(亚乙炔基亚芳基)[式(8-3)],还有二卤代芳香烃,它和烯烃、二乙烯基芳香烃与炔烃、二炔烃交叉耦合分别产生聚(亚乙烯基亚芳基)[式(8-4) 和式(8-5)] 和聚(亚乙炔基亚芳基)[式(8-6) 和式(8-7)][2]:

$$n\text{X}-\text{Ar}-\text{CH}=\text{CH}_2 \longrightarrow \text{X}+\text{Ar}-\text{CH}=\text{CH}+_n\text{H}+(n-1)\text{HX} \tag{8-2}$$

$$n\text{X}-\text{Ar}-\text{C}\equiv\text{CH} \longrightarrow \text{X}+\text{Ar}-\text{C}\equiv\text{C}+_n\text{H}+(n-1)\text{HX} \tag{8-3}$$

$$n\text{X}-\text{Ar}-\text{X}+n\text{CH}_2=\text{CH}_2 \longrightarrow \text{X}+\text{Ar}-\text{CH}=\text{CH}+_n\text{H}+(2n-1)\text{HX} \tag{8-4}$$

$$n\text{X}-\text{Ar}^1-\text{X}+n\text{CH}_2=\text{CH}-\text{Ar}^2-\text{CH}=\text{CH}_2 \longrightarrow \text{X}+\text{Ar}^1-\text{CH}=\text{CH}-\text{Ar}^2-\text{CH}=\text{CH}+_n\text{H}+(2n-1)\text{HX} \tag{8-5}$$

$$n\text{X}-\text{Ar}-\text{X}+n\text{CH}\equiv\text{CH} \longrightarrow \text{X}+\text{Ar}-\text{C}\equiv\text{C}+_n\text{H}+(2n-1)\text{HX} \tag{8-6}$$

$$n\text{X}-\text{Ar}^1-\text{X}+n\text{CH}\equiv\text{C}-\text{Ar}^2-\text{C}\equiv\text{CH} \longrightarrow \text{X}+\text{Ar}^1-\text{C}\equiv\text{C}-\text{Ar}^2-\text{C}\equiv\text{C}+_n\text{H}+(2n-1)\text{HX} \tag{8-7}$$

卤代芳香烃衍生物也能与有机金属化合物进行自耦联和交叉偶联。这些化合物中,硼取代的 9-硼双环 [3.3.1]-壬烷(Bbn) 基衍生物值得关注,该化合物可以由烯烃经硼氢化反应制备。例如,在过渡金属催化剂作用下,含有卤素和硼烷功能基的芳香烃单体可以进行自耦合缩聚,分别含有这两种功能基团的双功能单体可以进行交叉耦合,产生的聚合物都是聚(亚烯基亚芳基),如式(8-8) 和式(8-9) 所示[3]:

$$nX-Ar-CH=CH_2 + nBbn-H \longrightarrow nX-Ar-CH_2-CH_2-Bbn \longrightarrow X\text{-}[Ar-CH_2-CH_2]_n\text{-}Bbn + (n-1)Bbn-X \tag{8-8}$$

$$nCH_2=CH-(CH_2)_4-CH=CH_2 + 2nBbn-H \longrightarrow nBbn-(CH_2)_8-Bbn$$

$$\xrightarrow{nX-Ar-X} X\text{-}[Ar-(CH_2)_8]_n\text{-}Bbn + (2n-1)Bbn-X \tag{8-9}$$

$$Bbn = -B\!\!\begin{pmatrix}\end{pmatrix}$$

端基含硼的聚合物链在 $H_2O_2/NaOH$ 或 $I_2/NaOH$ 的氧化下可以进行功能化。

另外，含有一个硼酸和一个卤素功能基的芳香单体，如硼酸卤代芳香烃在过渡金属基催化剂作用下进行均相缩聚可以产生聚（亚芳基）[2]：

$$nX-Ar-B(OH)_2 \longrightarrow X\text{-}[Ar]_n\text{-}B(OH)_2 + (n-1)X-B(OH)_2 \tag{8-10}$$

过渡金属催化二硼酸芳香烃和二卤芳香烃交叉耦合也能产生聚（亚芳基）[2]：

$$nX-Ar^1-X + n(OH)_2B-Ar^2-B(OH)_2 \longrightarrow X\text{-}[Ar^1-Ar^2]_n\text{-}B(OH)_2 + (2n-1)X-B(OH)_2 \tag{8-11}$$

硼酸芳香烃和二硼酸芳香烃都由相应的卤代和二卤代芳香烃合成。

二卤代芳香烃和二（烷基金属）芳香烃，特别是二（三丁基锡）芳香烃，进行配位非均相缩聚也能制备聚（亚芳基）[2]：

$$nX-Ar^1-X + nBu_3Sn-Ar^2-SnBu_3 \longrightarrow X\text{-}[Ar^1-Ar^2]_n\text{-}SnBu_3 + (2n-1)X-SnBu_3 \tag{8-12}$$

金属化的卤代芳香烃进行配位均相缩聚也能产生聚（亚芳基）[2]：

$$nX-Ar-X + nZn \longrightarrow nX-Ar-ZnX \longrightarrow X\text{-}[Ar]_n\text{-}ZnX + (n-1)ZnX_2 \tag{8-13}$$

单卤代芳香烃衍生物配位缩聚的催化剂一般都是 Pd 配合物，某些情况下也用 Ni 配合物。

二卤代芳香烃的配位缩聚是在过渡金属配合物催化下进行的，经与金属或金属配合物还原耦合，产生聚（亚芳基）[2,3]：

$$nX-Ar-X + nZn \longrightarrow [Ar]_n + nZnX_2 \tag{8-14}$$

过渡金属催化形成碳-碳键的缩聚现在是高分子化学研究的一个重要方向，因为它制备的材料具有独特的热、电和光性能[2]。

过渡金属催化的碳-杂原子偶联反应主要有二溴代芳香烃与芳香族二胺、二酚在一氧化碳作用下的羰基缩聚反应，分别形成聚酰胺［式(8-15)］和聚酯［式(8-16)］[4]：

$$nX-Ar^1-X + nH_2N-Ar^2-NH_2 + 2nCO \longrightarrow$$

$$\left[Ar^1-\overset{O}{\underset{\parallel}{C}}-NH-Ar^2-NH-\overset{O}{\underset{\parallel}{C}}\right]_n + 2nHX \tag{8-15}$$

$$nX-Ar^1-X + nHO-Ar^2-OH + 2nCO \longrightarrow$$

$$\left[Ar^1-\overset{O}{\underset{\parallel}{C}}-O-Ar^2-O-\overset{O}{\underset{\parallel}{C}}\right]_n + 2nHX \tag{8-16}$$

在二氧化碳作用下，过渡金属催化二溴代烷烃与二乙炔基芳香烃缩聚形成聚酯［式(8-17)］，该反应中碳-杂原子键通过羧化偶联形成[5]：

$$n\text{Br}-\text{R}-\text{Br} + n\text{CH}\equiv\text{C}-\text{Ar}-\text{C}\equiv\text{CH} + 2n\text{CO}_2 \longrightarrow$$

$$\left[-\text{C}\equiv\text{C}-\text{Ar}-\text{C}\equiv\text{C}-\text{O}-\overset{\overset{\text{O}}{\|}}{\text{C}}-\text{R}-\overset{\overset{\text{O}}{\|}}{\text{C}}-\text{O}-\right]_n + 2n\text{HBr}$$

(8-17)

过渡金属催化的碳-杂原子羰基偶联和羧基偶联缩聚反应是制备各种新型缩聚聚合物的一种有前景的路线。

过渡金属催化 2,2-双（4-羟基苯基）丙烷进行羰基氧化缩聚产生芳香聚碳酸酯，该聚合物很具吸引力[6]：

$$n\text{HO}-\text{Ar}-\text{OH} + n\text{CO} + n/2\text{O}_2 \longrightarrow \left[-\text{Ar}-\text{O}-\overset{\overset{\text{O}}{\|}}{\text{C}}-\text{O}-\right]_n + n\text{H}_2\text{O}$$

(8-18)

同样，2,6-二取代酚在钯配合物催化下氧化缩聚产生的聚醚也很有趣[2]。

## 8.1 非环二烯烃的易位缩聚

无论是从熵的角度还是空间的角度看，端二烯烃（$\alpha,\omega$-二烯烃）$\text{CH}_2=\text{CH}-(\text{CH}_2)_x-\text{CH}=\text{CH}_2$（$x=1\sim7$）都是优选的易位缩聚单体。尽管非环二烯烃易位反应能有效地进行，但是在反应平衡中除了熵增却没有其他明显的驱动力。将小分子副产物从反应中除去也是易位平衡向形成高分子量聚（1-亚烯）方向移动的一个原因。端二烯烃易位聚合产生的小分子乙烯，开始以气体形式溢出，后来在减压下完全除去[1]。

强调一下，非环二烯烃逐步易位缩聚的驱动力是释放和除去缩合小分子。缩聚最好在本体中进行，因为非环二烯烃易位聚合放热较少，不需要散热，这一点和环烯烃开环易位聚合相反。

内二烯烃 $\text{RCH}=\text{CH}-(\text{CH}_2)_x-\text{CH}=\text{CH}_\text{R}$ 也能易位缩聚形成聚（1-亚烯）和适当的烯烃小分子［式(8-19)］，但活性和速率较低[1]：

$$n\text{RCH}=\text{CH}-(\text{CH}_2)_x-\text{CH}=\text{CHR}$$

$$\rightleftharpoons \text{RCH}\left[=\text{CH}-(\text{CH}_2)_x-\text{CH}=\right]_n\text{CHR} + (n-1)\,\text{RCH}=\text{CHR}$$

(8-19)

内部不饱和碳原子上带有取代基 R（如甲基）的端二烯烃［$\text{CH}_2=\text{CMe}-(\text{CH}_2)_x-\text{CMe}=\text{CH}_2$］不能进行易位反应[7,8]。单体双键 $\alpha$ 位 R 取代基带来的空间效应也相当重要，该位置的空间位阻能够阻碍聚合物形成[9]。

二乙烯基芳香烃如 1,4-二乙烯基苯也能如式(8-1) 所示进行易位缩聚[10-12]。

与环烯烃开环易位聚合一样[13-15]，非环 $\alpha,\omega$-二烯烃易位聚合也是合成聚（1-亚烯）的一种方法。

用于环烯烃开环易位聚合的传统催化剂不能用于非环烯烃的易位缩聚，因为催化剂中往往含有 Lewis 酸组分，它会产生有害的副反应[13,16,17]。只有不含 Lewis 酸的结构明确的催化剂才能成功催化非环二烯烃易位缩聚；成功的关键是在选择催化剂时，避用不涉及易位机理路径的其他催化剂[18-20]。Wagener 等[16,21] 首次将非环 $\alpha,\omega$-二烯烃（1,9-癸二烯）聚合为数均分子量高达 50000 的聚（1-辛亚烯），使用的催化剂为不含酸的亚烷基金属。聚合在本体中进行，以使平衡反应中单体浓度最大，单体和催化剂的比为 1000∶1，经过几个小时的转化，最终聚合物的分散度达到 2.0[14]。

$WCl_6$ 能催化不饱和酮进行易位缩聚[22,23]：

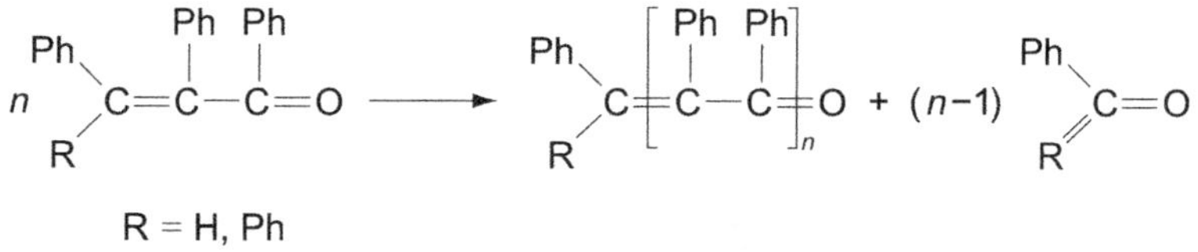

$$n \underset{R}{\overset{Ph}{C}}=\underset{}{\overset{Ph\ Ph}{C-C}}=O \longrightarrow \underset{R}{\overset{Ph}{C}}=\left[\overset{Ph\ Ph}{C-C}\right]_n=O + (n-1)\underset{R}{\overset{Ph}{C}}=O \tag{8-20}$$

R = H, Ph

但产生的聚（1,2-二苯乙炔）分子量低。

## 8.1.1 缩聚催化剂

不含 Lewis 酸的催化剂在非环二烯烃易位中不会引入碳阳离子，可以避免其他副反应，特别是 1-烯键的阳离子齐聚副反应。因此，易位缩聚可以定量地转化为带有乙烯基端基的高分子量的聚（1-亚烯）和乙烯副产物。

易位缩聚的有效催化剂有钨、钼和钌配合物[1]。目前为止，其中聚合速率最快的是 Schrock 亚烷基钨配合物[14,18-21,24,25]：

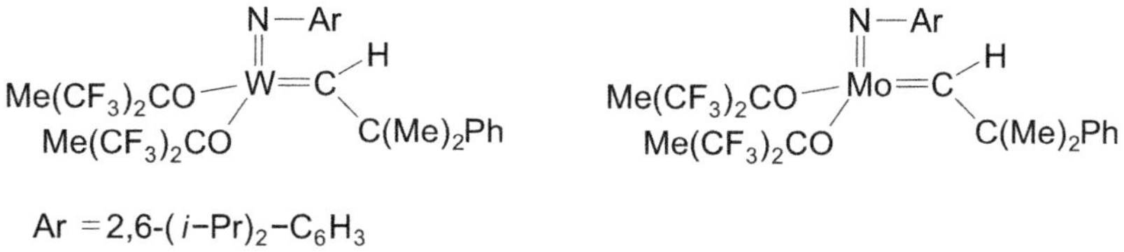

$$\begin{array}{c}
N-Ar \\
\parallel \\
Me(CF_3)_2CO-W=C \overset{H}{\underset{C(Me)_2Ph}{}}\\
Me(CF_3)_2CO
\end{array} \qquad
\begin{array}{c}
N-Ar \\
\parallel \\
Me(CF_3)_2CO-Mo=C \overset{H}{\underset{C(Me)_2Ph}{}}\\
Me(CF_3)_2CO
\end{array}$$

Ar = 2,6-($i$-Pr)$_2$-C$_6$H$_3$

这种催化剂可以快速转化任何可以易位缩聚的单体，甚至是含有杂原子的（功能化的）$\alpha,\omega$-二烯烃[1]。

Grubbs[19] 等发明的钌基催化剂能易位缩聚非环二烯烃，但是要得到可接受的聚合速率需要很高的催化剂浓度[24,25]：

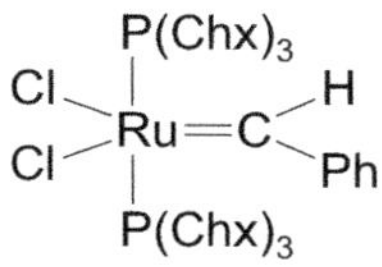

$$\begin{array}{c}
P(Chx)_3 \\
| \\
Cl-Ru=C\overset{H}{\underset{Ph}{}}\\
Cl\ | \\
P(Chx)_3
\end{array}$$

钌基催化剂相对容易合成，并且耐非环二烯烃单体中的醇功能基[26]。

最近发现，四甲基锡、四丁基锡或三丁基氢化锡活化的烷氧基钨基前体也能促进非环二烯烃易位缩聚[27]：

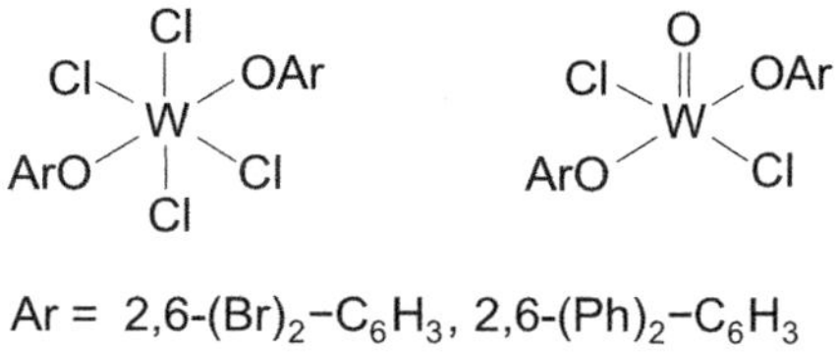

$$\begin{array}{c}
Cl \\
| \\
Cl-W-OAr \\
| \\
ArO\ Cl \\
Cl
\end{array} \qquad
\begin{array}{c}
O \\
\parallel \\
Cl-W-OAr \\
| \\
ArO\ Cl
\end{array}$$

Ar = 2,6-(Br)$_2$-C$_6$H$_3$, 2,6-(Ph)$_2$-C$_6$H$_3$

钨基前体烷基化后，再经过 α-氢消除可以产生亚烷基钨衍生物[28]。可用作缩聚单体的非环二烯烃经过恰当地功能化也能充当传统钨基前体的活化剂[29]。例如，$W(OAr)_2Cl_4$ 或 $W(O)(OAr)_2Cl_2$ 催化双（4-戊烯基）二丁基锡 $[CH_2=CH-(CH_2)_3]_2SnBu_2$ 易位缩聚就不需要外加助催化剂[30]，产生的聚合物为 $+CH-(CH_2)_3-Sn(Bu)_2-(CH_2)_3-CH+_n$。

## 8.1.2 缩聚机理

非环二烯烃易位具有典型的缩聚平衡，在平衡机理中含有金属卡宾和金属环丁烷，这些金属物种在环烯烃的开环易位聚合和非环二烯烃的关环易位反应中也存在[31,32]。已经证实[14]，非环二烯烃易位聚合中有金属环丁烷产生。如果催化剂是亚烷基金属 $L_xMt=CHR^1$，那么反应起始步骤中二烯烃的一个双键和金属配位形成 π 配合物，随后形成相应的金属环丁烷。在易位步骤中，环分裂，金属中心转移到单体的一端[1]：

(8-21)

新的亚烷基金属 $L_xMt=CHRCH=CH_2$ 将引发缩聚循环，如图 8.1 所示[1]。

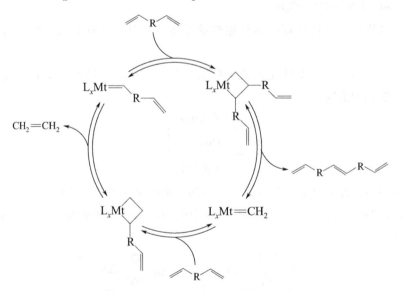

图 8.1 非环二烯烃易位缩聚机理示意图

缩聚循环开始的路径同式(8-21)，二烯烃或聚合物链端的一个双键和金属形成 π 配合物，产生另一个金属环丁烷。环分裂后形成聚合物链中的一个内烯烃，并产生真正的易位缩聚催化剂——亚甲基金属 $L_xMt=CH_2$。催化剂再通过 π 配合物形成金属环丁烷，缩聚循环得以继续。后一个金属环丁烷分裂放出乙烯，重复一个循环，并在每一个循环中聚合物逐步增长[1]。

上边已经提到，具有空间位阻的非环二烯烃单体难以聚合[7-9]，其原因正是易位缩聚中有金属环丁烷参与；单体特定位置上的空间影响将妨碍形成必须的金属环丁烷，进而阻碍聚合物的形成[1]。

非环二烯烃易位反应［式(8-22)］和关环易位反应［式(8-23)］是同一机理的不同表现，一个是分子间的，一个是分子内的[1]：

$$\text{CH}_2=\text{CHR-CH}=\text{CH}_2 + L_xMt=CHR^1 \xrightleftharpoons{\text{非环二烯烃易位}} [\text{CH}=\text{CHR}]_n + CH_2=CH_2 \quad (8\text{-}22)$$

$$\text{CH}_2=\text{CHR-CH}=\text{CH}_2 + L_xMt=CHR^1 \xrightleftharpoons{\text{关环易位}} \text{(环)}_R + CH_2=CH_2 \quad (8\text{-}23)$$

在关环易位（rcm）反应中，分子内易位关环形成一个小环分子，同时释放出一个小分子（乙烯）。相反，非环二烯烃易位聚合（admet）反应中，两个烯烃分子通过分子间的连续缩合形成大分子[1]。

使用钼和钌基催化剂聚合 1,5-己二烯烃的反应机理不同。Schrock 型钼催化剂主要产生线型的聚（1-亚丁烯）[式(8-24)][33]，而 Grubbs 型钌催化剂主要产生环化二聚体 1,5-环辛二烯烃［式(8-25)][25,33]：

$$\text{CH}_2=\text{CH-CH}_2\text{-CH}_2\text{-CH}=\text{CH}_2 \xrightleftharpoons{[Mo]} [\text{CH}=\text{CH-CH}_2\text{-CH}_2]_n + CH_2=CH_2 \quad (8\text{-}24)$$

$$\text{CH}_2=\text{CH-CH}_2\text{-CH}_2\text{-CH}=\text{CH}_2 \xrightleftharpoons{[Ru]} \text{(环辛二烯)} + CH_2=CH_2 \quad (8\text{-}25)$$

机理的改变是由于二烯烃的第二个双键和 Ru 原子进行了 π 配位，Ru 原子更倾向于分子内的关环反应而不是分子间的缩聚[1]。

值得注意的是，烃类单体的缩聚是完全可逆的[34]。不饱和聚合物如 1,4-聚（丁二烯烃）通过和乙烯的解聚反应可以转化为二烯烃单体[35-37]：

$$[\text{CH}=\text{CH-CH}_2\text{-CH}_2]_n \xrightleftharpoons{CH_2=CH_2} [\text{CH}=\text{CH-CH}_2\text{-CH}_2]_m$$

$$\xrightleftharpoons{CH_2=CH_2} CH_2=CH\text{-}CH_2\text{-}CH_2\text{-}CH=CH_2 \quad (8\text{-}26)$$

这个反应不仅可以将聚丁二烯高产率地转化为 1,5-己二烯，还可以生成遥爪齐聚物[38-40]。该反应选择催化剂很重要，要将高分子量不饱和聚合物完全转化为遥爪齐聚物，钌基催化剂是最好的[1]。

## 8.1.3 剪裁的烃类和功能化聚合物

非环二烯烃易位研究中催化剂和单体的发展都是引人注意的课题，其目标是以简单的方式和较低的成本产生主链结构和构造明确的高分子。经过适当地单体设计和精心地催化剂选择，各种非功能化的和功能化的二烯烃通过易位缩聚已制备了高分子量的聚合物。

非环二烯烃易位缩聚已经可以制备出共轭的[41]和饱和的[42]烃类聚合物（如严格线型的聚乙烯[42]）。将初始产生的不饱和聚合物在各种还原试剂作用下加氢可以形成饱和聚合物。为了扩大易位缩聚的应用，Wagener等[43]发明了一种新的钌基氢化催化剂，它可以直接将易位缩聚产生的不饱和聚合物转化为饱和聚合物；而均相钌基催化剂在本质上是能促进易位缩聚的。因此，可以在聚合釜中直接加入硅胶将均相钌催化剂转化为非均相的氢化催化剂，开始形成的聚（1-亚烯）将完全氢化为饱和聚合物。非环二烯烃易位形成的纯粹的烃类聚合物的典型例子有聚（亚乙烯基-1,4-亚苯）[12]、1,4-聚丁二烯烃[44]和聚（1-亚辛烯）[45]。另一个例子是在聚合时适当地选择三烯单体，产生的聚合物的结构类同于完美的丁二烯烃/异戊烯交替共聚物[46]：

$$\tag{8-27}$$

另外，非环二烯烃易位缩聚已经合成了一系列结构明确的聚烯烃，包括完美的支化聚乙烯和乙烯/α-烯烃共聚物［式(8-28)］[47]，这些聚烯烃被设计为聚乙烯和烯烃共聚物结晶的模型。

$$\tag{8-28}$$

式(8-28)代表的技术可以控制支化点之间的亚甲基数目以及支链的长度和类型[1]。

带有功能基团的非环二烯烃单体易位缩聚可以产生各种功能化的饱和和不饱和聚合物。催化剂的类型以及功能基团在单体上的位置对缩聚速率和聚合物分子量都有重要影响。功能基团的最佳位置是位于单体单元的中间，距离易位双键至少有两个亚甲基。如果功能基团更近一些，则功能基团的孤对电子将和金属形成分子内配位[15,33]：

$$\tag{8-29}$$

这种配合物相当稳定，不能发生进一步的反应，缩聚将被终止。如上所述，使用设计的受控的单体，可以合成各种功能化的高分子（典型的分子量 $M_n = 10000 \sim 30000$，$M_w/M_n = 2.0$）：聚醚[15,48-50]、聚硫醚[48]、聚酯[51,52]、聚碳酸酯[53]、聚酮[54]、聚硅氧烷[55-58]、聚（碳硅氧烷）[59]、聚（碳硅烷）[60]、聚（碳二氯硅烷）[61]和具有共轭π体系的聚合物[62]。

使用α,ω-二烯烃基遥爪齐聚物，通过易位缩聚可以设计出一系列片段功能的共聚物

（带有聚醚或聚硅氧烷片段）[63]。

用于易位缩聚的并带有功能基团（如醇、酯、羧酸和亚胺中具有的功能基）的遥爪二烯烃可以由非环二烯烃易位解聚产生[64,65]，它们可以用于进一步的反应以制备亲水的聚氨酯和其他特殊用途的聚合物[1]。

## 8.2 卤代芳烃衍生物的碳-碳偶联缩聚

### 8.2.1 芳基-乙烯基偶联

过渡金属催化的芳基卤代物和烯烃的偶联反应（芳香卤代物的烯烃化）称为 Heck 反应[66-75]。Heitz 等[76-82]首次将 Heck 反应用于合成高分子量的聚（亚乙烯基亚芳基），如溴代苯乙烯的自耦合[式(8-2)]、二溴代芳烃与乙烯[式(8-4)]或二乙烯基芳烃[式(8-5)]的交叉耦合。

用于 Heck 型逐步缩聚的催化剂主要是 Pa 基催化剂，Ni 基催化剂也是有效的。缩聚要求金属（如 Pd）的氧化态[式(8-30) 和式(8-31)]改变[71]，而乙烯/一氧化碳交替共聚的链增长反应[式(3-82) 和式(3-83)]中 Pd 基催化剂的氧化态[Pd(Ⅱ)]保持不变[83-85]：

$$L_2Pd(0) + X-Ar-CH=CH_2 \longrightarrow L_2Pd(II)\begin{matrix}X\\Ar-CH=CH_2\end{matrix} \xrightarrow{XArCH=CH_2}$$

$$L_2Pd(II)\begin{matrix}X\\|\\CH-CH_2-Ar-CH=CH_2\\|\\X-Ar\end{matrix} \longrightarrow L_2Pd(II)\begin{matrix}X\\|\\H\end{matrix} + X-Ar-CH=CH-Ar-CH=CH_2$$

(8-30)

$$L_2Pd(II)\begin{matrix}X\\|\\H\end{matrix} \xrightarrow{Base} L_2Pd(0) + Base\cdot HX \qquad (8-31)$$

Heck 型催化反应的第一步是有机卤化物向 Pd(0) 物种氧化加成，形成有机卤化钯 Pd(Ⅱ) 中间体。接着烯烃双键插入并产生 β-氢消除[式(8-30)]。Pd(Ⅱ)-氢和碱反应后被还原[式(8-31)]进入再循环。值得注意的是，$L_2(X)Pd-ArCH=CH_2$ 不能通过单体的烯键进行 $CH_2=CHArX$ 单体的链增长聚合。

Pd(0) 催化卤代芳烃和烯烃偶联，在含有 $sp^2$ 杂化碳原子的不饱和物种之间形成碳-碳键，其机理和上述机理类似。如上所述，催化循环由烯烃的氧化加成、插入还原消除序列组成。亲电试剂向零价金属的氧化加成引发反应[86]。使用最广泛的催化剂是各种 Pd(0) 配合物，一般含有弱给电子配体，如叔膦。已经证明，配位不饱和的具有 $14d^0$ 电子结构的 Pd(0) 配合物是催化活性种。该配合物一般原位产生[87-91]。

最常用的是四（三苯基膦）钯（0）$Pd(PPh_3)_4$，在溶液中它会和三（三苯基膦）钯（0）

Pd(PPh₃)₃、游离的三苯基膦形成平衡。失去一个膦配体将产生具有催化活性的双（三苯基膦）钯（0）Pd(PPh₃)₂[92,93]。有很多具有空间位阻的二膦钯（0）配合物[94-96]，但 Pd(PPh₃)₂ 是最突出的。然而，最常用的催化剂前体是 Pd(II) 配合物［如双（三苯基膦）二氯化钯 Pd(PPh₃)₂Cl₂］，因为它们在空气中稳定，操作方便，在反应介质中很容易还原。Pd(PPh₃)₂Cl₂ 和适当的还原剂作用后产生的活性种 Pd(PPh₃)₂ 构成活性中心[97-99]。

如果催化剂是 Pd(II) 配合物（PdX₂），则反应的第一步是烯烃还原 Pd(II) 为 Pd(0)（PdL₂）[100]：

$$\text{PdX}_2 + \underset{Z}{\overset{H}{>}}C=C\underset{H}{\overset{H}{<}} \longrightarrow \cdots \longrightarrow \text{Pd} \xrightarrow[\text{Base}]{+2L} \text{PdL}_2 + \text{HX·Base} \tag{8-32}$$

一般的 Heck 型缩聚催化循环如图 8.2 所示，由卤代芳烃氧化加成、烯烃插入和还原消除组成[100-104]。

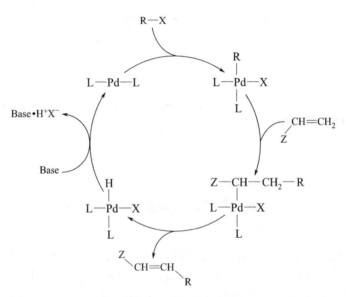

图 8.2 Heck 反应机理示意图

零价钯亲电氧化加成是关键步骤，反应中有双协同作用：

$$\underset{X}{>}C=C< + \text{PdL}_2 \longrightarrow \cdots \longrightarrow \cdots \longrightarrow \tag{8-33}$$

Pd(0) π 络合物会同时和碳-卤键发生协同作用，构型保持不变[102-105]。接着，烯烃键插入 Pd—C 键。在 β-氢消除之前，需要绕着双键进行内旋转［式(8-34)］，因为至少要求有

一个 $\beta$-氢和 Pd—Cl 键同面取向[105]：

$$\underset{H}{\overset{R}{\diagup}}C-C\underset{Z}{\overset{PdL_2}{\diagup}} \longrightarrow \underset{R}{\overset{H}{\diagup}}C-C\underset{Z}{\overset{PdL_2}{\diagup}} \quad (8-34)$$

接下来的顺式消除产生 1,2-取代烯烃和氢化卤代钯，然而消除反应是可逆的，因此，当偶联反应使用的是端烯烃，一般产生热动力学更稳定的 (E)-烯烃 [(E)—RCH=CHZ]。值得注意的是，产生 1,2-双取代烯烃的同时也会生成 1,1-双取代烯烃 [CH$_2$=C(Z)R]，其产生的量依赖于催化剂的类型和反应条件，在较低的温度下，1,1-双取代和 1,2-双取代的比例小，也就是说 Heck-型缩聚的区域选择性较高[101]。最后，在碱的作用下，氢化卤代钯还原消除 HX，重新产生活性催化中心，完成催化循环。

一般认为氧化加成步骤是 Heck 偶联反应的决速步，但是还没有被完全证明。

Heck 偶联缩聚不仅可以用于简单的单体体系，通过卤代芳烃的链烯基化合成聚（亚乙烯基亚芳基），也可以用于带有各种功能基团的多种单体的自偶联和交叉偶联反应。例如，Pd(OOCCH$_3$)$_2$—P(o-C$_6$H$_4$—CH$_3$)$_3$ 催化二碘代烯烃和双（烯丙基酰胺）芳烃缩聚，产生高分子量的芳香聚肉桂酰胺 [式(8-35)][106]：

$$nI-Ar^1-I + nCH_2=CH-\overset{O}{\overset{\|}{C}}-NH-Ar^2-NH-\overset{O}{\overset{\|}{C}}-CH=CH_2$$

$$\longrightarrow \left[ Ar^1-CH=CH-\overset{O}{\overset{\|}{C}}-NH-Ar^2-NH-\overset{O}{\overset{\|}{C}}-CH=CH \right]_n \quad (8-35)$$

$$Ar^1 = -\!\!\!\bigcirc\!\!\!-O-\!\!\!\bigcirc\!\!\!- , \quad Ar^2 = -\!\!\!\bigcirc\!\!\!\!\!\!{}^{CH_3}\!\!\!-O-\!\!\!\bigcirc\!\!\!\!\!\!{}^{CH_3}\!\!\!-$$

但是，在式(8-35) 的反应中，相应的二溴代芳烃 BrC$_6$H$_4$OC$_6$H$_4$Br 代替二碘代芳烃，只能产生低分子量的聚肉桂酰胺。具有肉桂基主链的聚合物也可以由二卤代芳烃和丙烯酸酯的 Heck 偶联反应制备[107]。

功能化的聚（亚乙烯基亚芳基）还可以具有其他功能基团，如氟代烷烃、硝基、烷氧基、卟啉和金属卟啉[100]。

## 8.2.2 芳基-炔基偶联

过渡金属催化的芳基卤代物与炔烃的偶联反应（芳香卤代物的炔基化）一般也称为 Heck 反应[68,108-111]。通过乙炔基卤代芳烃自耦联 [式(8-3)]，二卤代芳烃与乙炔 [式(8-6)] 或二乙炔基苯 [式(8-7)] 交叉偶联，制备出的聚合物主链含有芳基乙炔和二芳基乙炔单元[112-121]。这种聚合物可结晶，但是因为不可溶，其主要部分的分子量较低[3]。如果在相应的单体上引入长脂肪链烷氧基，缩聚可以产生高分子量的可溶聚合物[122]。

碘代芳烃的反应性比溴代的高，而氯代的不能发生反应。取代卤代芳烃的反应性以下列次序升高，带有吸电子基的＞不取代的＞带有给电子基的。ArI＞ArBr 的活性顺序和带有吸电子取代基活化的卤代芳烃的活性顺序，与卤代芳烃在 Pd(0) 上氧化加成反应的活性一致[3]。

芳基乙炔偶联缩聚反应的条件和一般 Heck 反应相同（温度为 50～100℃），主要使用

Pd 基催化剂。最有效的偶联反应催化剂由 Pd(0) 催化剂和 Cu(Ⅰ) 化合物组成，反应可在室温下进行[109,110,123-129]。一般使用可以产生 Pd(0) 的各种 Pd(Ⅱ) 配合物为催化剂，如 Pd(PPh₃)₂Cl₂，它可以被乙炔基化合物还原为活性的 Pd(PPh₃)₂ 配合物[3]：

$$Pd(PPh_3)_2Cl_2 + HC\equiv CAr \xrightarrow{-2HCl} Pd(PPh_3)_2(C\equiv CAr)_2$$

$$\longrightarrow Pd(PPh_3)_2 + ArC\equiv C-C\equiv CAr \tag{8-36}$$

Pd(0)/Cu(Ⅰ) 催化芳基乙炔偶联反应的一般催化循环如图 8.3 所示。

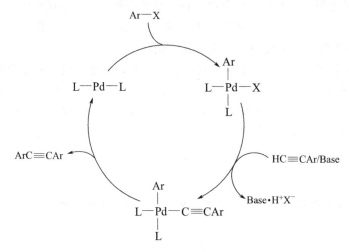

图 8.3　芳香基-炔基偶联反应机理示意图

Pd(PPh₃)₂ 配合物 PdL₂ 有两个配位空位，在 Cu(Ⅰ) 促进下很容易和卤代芳烃（Ar—X）氧化加成生成 Pd(Ⅱ) 配合物。紧接着乙炔基化合物取代卤，再还原消除二芳基乙炔重新产生 Pd(0) 活性中心。反应需要碱对乙炔去质子化[3]。如果没有碱，Pd(Ⅱ) 物种不与乙炔化物的碳成键，而是和三键配位，从而通过链增长方式生成乙炔衍生物的齐聚物[130]。

与芳基卤代物偶联的乙炔可以是乙炔加成物，这种方法可以简化乙炔的纯化和配料，也可以一釜合成[131,132]。如 2-甲基-3-丁炔-2-醇用作单保护的乙炔（与丙酮），合成可在液-液相转移体系中进行，除了 Pd(0)/Cu(Ⅰ) 催化剂，还需要无机碱如 NaOH 或 KOH。例如，二碘代芳烃（I—Ar¹ᵣ—I）和 2-甲基-3-丁炔-2-醇偶联产物去保护后，和二溴代芳烃（Br—Ar¹ᵣ—Br）偶联缩聚，可产生相应的聚（亚乙炔基亚芳基）[133]。

$$nI-Ar^1-I + 2nHC\equiv C-\underset{\underset{CH_3}{|}}{\overset{\overset{CH_3}{|}}{C}}-OH \longrightarrow nHO-\underset{\underset{CH_3}{|}}{\overset{\overset{CH_3}{|}}{C}}-C\equiv C-Ar^1-C\equiv C-\underset{\underset{CH_3}{|}}{\overset{\overset{CH_3}{|}}{C}}-OH$$

$$\xrightarrow{nBr-Ar^2-Br} [Ar^1-C\equiv C-Ar^2-C\equiv C]_n$$

Ar¹ = 2,2'-二甲基联苯基（Me 取代），Ar² = 苯基取代的苯基（Ph）

(8-37)

同样的方法，可以制备各种聚（亚炔基亚芳基）[120,134]。

卤代芳烃也能和功能化的二炔单体偶联。二乙炔基取代的对氨基苯胺[135]、二乙炔基（甲基）（正辛基）硅烷[136]与二碘代芳烃反应，分别生成聚酰胺和聚硅烷。

二卤代芳烃和乙炔或二炔基芳烃进行芳基-炔基偶联反应可以制备聚（亚乙炔基亚芳基），Pd(0)催化二烷氧基取代的二溴芳烃与双（三丁基锡）乙炔杂缩聚也能产生这种聚合物[122]。

## 8.2.3 芳基-烷基偶联

Pd催化剂还可以偶联卤代芳烃和烷基硼烷的功能单体，形成芳基-烷基键［式(8-8)和式(8-9)］[3,137]。其偶联机理如图8.4所示。

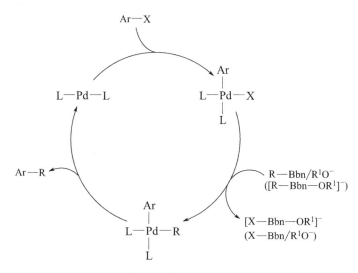

图 8.4 芳基-烷基偶联反应机理示意图

卤代芳烃首先氧化加成到Pd(0)物种，形成Pd(Ⅱ)配合物。碱（$R^1O^-$）活化的烷基硼烷（R—Bbn）的烷基在硼和钯之间进行交叉金属化反应形成新的Pd(Ⅱ)配合物，芳基-烷基偶联产物还原消除后重新产生Pd(0)物种[3]。要注意的是，Pd(0)催化卤代芳烃和烷基硼烷进行相转移偶联缩聚伴随着一定程度的副反应。

## 8.2.4 芳基-芳基偶联

在苯和碳酸钠混合液中，Pd催化溴代烷基硼酸自偶联［式(8-10)］，或二卤代芳烃与芳基二硼酸交叉偶联［式(8-11)］，可以制备高分子量的含有可溶烷基取代基的聚亚芳基[138-140]。带有功能基团如醚、羰基和N-烷基的二卤代芳烃也能与二硼酸芳烃反应[140-144]。Pd(0)催化的卤代芳烃与硼酸芳烃的偶联反应称为Suzuki偶联[145-147]，可以合成各种线型聚亚苯。这种缩聚在温和的条件下具有区域专一性，是合成各种带有功能基团聚亚芳基的理想途径。也是合成超支化聚亚苯的方法[138,148]。

亲电的卤代芳香烃和亲核的硼酸芳烃只能在Pd(0)催化下进行碳-碳偶联。芳基-芳基偶联反应的一般催化循环和芳基-烷基偶联的类似,如图8.4所示,包括氧化加成-金属交换-还原消除序列。

使用钯基催化剂催化各种二溴代芳烃与双功能的三丁基锡芳烃的交叉偶联,能形成聚亚芳基[式(8-12)][149-151],这种偶联称为Stille偶联[152],其机理路径也含有氧化加成-金属交换-还原消除序列。

卤代芳烃和金属化的芳烃在Pd基催化剂作用下进行金属化卤代芳烃配位均聚[式(8-13)],这也广泛用于聚亚芳基的合成。其机理和卤代芳烃与有机锡的缩聚类似[2]。

二卤代芳烃去卤缩聚形成聚亚芳基的反应涉及金属的还原消除,所用的金属有镁和锌[式(8-14)],催化剂有Pd和Ni基催化剂[153-156]。Ni(0)催化的缩聚机制中含有Ni(Ⅰ)、Ni(Ⅲ)和Ni(Ⅱ)活性物种[157,158]。锌要求过量,在反应的开始阶段需要锌将Ni(Ⅱ)还原为Ni(0),在整个催化循环中形成的不反应的Ni(Ⅲ)也需要锌还原。开始形成的Ni(0)和卤代芳烃氧化加成产生Ar—Ni(Ⅱ)配合物。锌将其还原为Ar—Ni(Ⅰ),它比Ar—Ni(Ⅱ)更活泼。Ar—Ni(Ⅰ)和第二个卤代芳烃氧化加成生成Ar—Ni(Ⅲ)—Ar配合物,还原消除Ar—Ar给出Ni(Ⅰ)配合物。再生的Ni(Ⅰ)配合物可以与卤代芳烃再一次氧化加成,或者被锌还原为Ni(0)物种[3]。

## 8.3 双(二氯甲基)芳烃卡宾型偶联缩聚

与Ni催化二卤代芳烃还原偶联形成聚亚芳基类似,在金属或其他还原剂作用下,铜能够催化取代双(二氯甲基)芳烃进行卡宾型还原偶联反应。在锌作用下,Cu基催化剂催化双(苯基二氯甲基)芳烃卡宾型还原偶联的反应如下:

$$nCl_2C(Ph)—Ar—C(Ph)Cl_2 + 2nZn \longrightarrow [Ar—C(Ph)=C(Ph)]_n + 2nZnCl_2 \quad (8\text{-}38)$$

在这种情况下,形成相应的聚(乙烯基亚芳基)[159-161]。

## 8.4 碳-杂原子偶联缩聚

### 8.4.1 羰基化偶联

在一氧化碳作用下,Pd或Ni催化二溴代芳烃与双功能亲核单体(如芳香二胺和二酚)进行羰基化缩聚,这分别是制备芳香聚酰胺[式(8-15)]和聚醚[式(8-16)]的新方法[162-170]。第一个成功的例子是根据[式(8-15)]合成高分子量的聚酰胺($Ar^1 = m\text{-}C_6H_4$,$Ar^2 = p\text{-}C_6H_4\text{-}O\text{-}C_6H_4$)[162]。

羰基化偶联反应的一般催化循环类似于碳-杂原子的直接偶联[式(8-39)],只有一点例外,即一氧化碳的插入发生在氧化加成之后和胺亲核攻击之前[式(8-40)]:

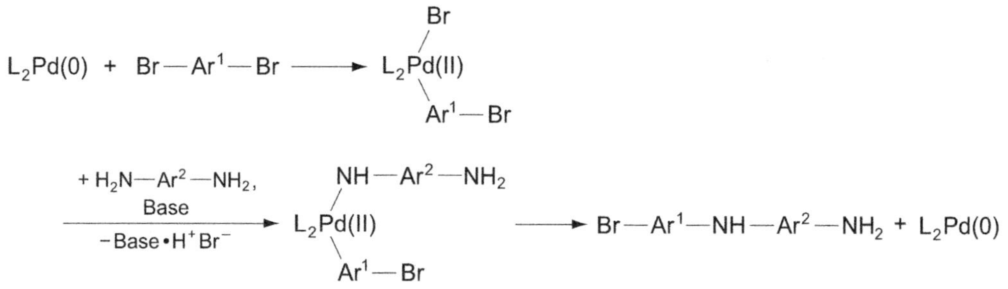

$$L_2Pd(0) + Br-Ar^1-Br \longrightarrow L_2Pd(II)(Br)(Ar^1-Br)$$

$$\xrightarrow[-Base \cdot H^+Br^-]{+H_2N-Ar^2-NH_2, Base} L_2Pd(II)(NH-Ar^2-NH_2)(Ar^1-Br) \longrightarrow Br-Ar^1-NH-Ar^2-NH_2 + L_2Pd(0)$$

(8-39)

$$L_2Pd(II)(Br)(Ar^1-Br) + CO \longrightarrow L_2Pd(II)(Br)(C(=O)-Ar^1-Br)$$

$$\xrightarrow[-Base \cdot H^+Br^-]{+H_2N-Ar^2-NH_2, Base} L_2Pd(II)(NH-Ar^2-NH_2)(C(=O)-Ar^1-Br) \longrightarrow Br-Ar^1-\overset{O}{\underset{\|}{C}}-NH-Ar^2-NH_2 + L_2Pd(0)$$

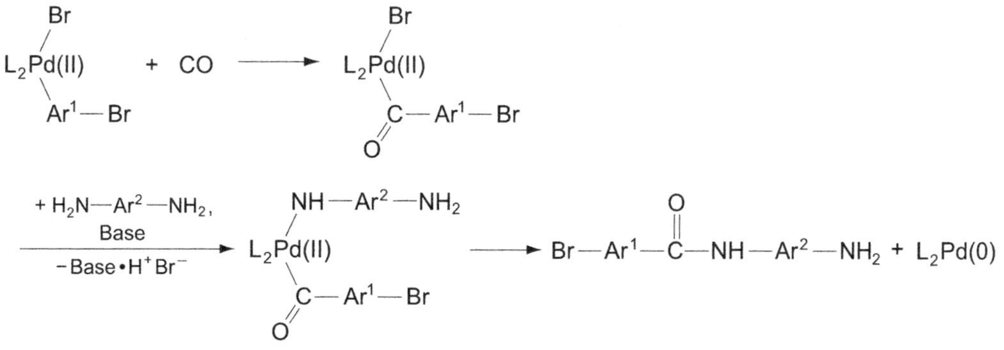

(8-40)

配位羰基化缩聚不仅可以合成聚酰胺[式(8-15)]和聚芳基化合物[式(8-16)]，使用其他亲核单体和卤代芳烃、一氧化碳反应还可以合成出聚（亚胺-酰胺）、聚（酰基肼）和聚（苯并唑）[165,170,171]。

在羰基化缩聚中用相对便宜的 Ni 基催化剂代替昂贵的 Pd 基催化剂是可行的。但是，在二溴代芳烃与芳二胺羰基化偶联制备聚酰胺的反应中，使用 Ni 基催化剂产生的聚合物分子量较低，而使用 Pd 基催化剂则较高[166]。

## 8.4.2 羧基化偶联

在二氧化碳存在下，Cu 配合物可以催化二溴代烷烃与二取代芳烃的羧基化偶联反应[式(8-17)]，虽然其活性中等，聚合物分子量也较小，但这却是探索以非石油碳源二氧化碳为原料的先锋工作[5]。

## 8.5 双酚的氧化羰基化缩聚

如上所述，双酚在过渡金属催化下进行羰基化氧化缩聚会产生芳香聚碳酸酯[式(8-18)][6]。在干燥的氯代烃溶剂中，使用第 8 族金属基催化剂（如 $PdBr_2$ 配合物）、氧化还原催化剂[如 Mn(II)(安息香)$_2$，$L_xMn$]与碱（如 2,2,6,6,N-五甲基哌啶，$R_3N$）、双酚（$HOArOH$，如 $Ar = p\text{-}C_6H_4\text{-}CMe_2\text{-}C_6H_4\text{-}$）在 CO 和 $O_2$ 存在下反应，可能的路径如下所示：

$$n\text{PdBr}_2 + n\text{HO—Ar—OH} + n\text{CO} + 2n\text{R}_3\text{N}$$

$$\longrightarrow \left[\text{Ar—O—}\underset{\underset{O}{\|}}{\text{C}}\text{—O}\right]_n + 2n\text{R}_3\text{NH}^+\text{Br}^- + n\text{Pd}(0) \tag{8-41}$$

Pd(0) 物种在 Mn(Ⅱ) 氧化催化下溴化再生为 Pd(Ⅱ) 物种——$\text{PdBr}_2$：

$$n\text{Pd}(0) + 2n\text{R}_3\text{NH}^+\text{Br}^- + n/2\text{O}_2 \longrightarrow n\text{PdBr}_2 + 2n\text{R}_3\text{N} + n\text{H}_2\text{O} \tag{8-42}$$

聚碳酸酯形成的关键步骤如下：

$$\begin{array}{c}\text{Br}\\ \diagdown\\ \text{Pd(II)}\\ \diagup\\ \text{Br}\end{array} \xrightarrow[-\text{R}_3\text{NH}^+\text{Br}^-]{+\text{HOArOH, R}_3\text{N}} \begin{array}{c}\text{Br}\\ \diagdown\\ \text{Pd(II)}\\ \diagup\\ \text{OArOH}\end{array} \xrightarrow{\text{CO}} \begin{array}{c}\text{Br}\\ \diagdown\\ \text{Pd(II)}\\ \diagup\\ \underset{\underset{O}{\|}}{\text{C}}\text{—OArOH}\end{array}$$

$$\xrightarrow[-\text{R}_3\text{NH}^+\text{Br}^-]{+\text{HOArOH, R}_3\text{N}} \begin{array}{c}\text{OArOH}\\ \diagdown\\ \text{Pd(II)}\\ \diagup\\ \underset{\underset{O}{\|}}{\text{C}}\text{—OArOH}\end{array} + \text{HO—Ar—O—}\underset{\underset{O}{\|}}{\text{C}}\text{—O—Ar—OH} + \text{Pd}(0) \tag{8-43}$$

尽管这种方法的活性中等，聚合物的分子量也较低，但是是一种不使用光气合成聚碳酸酯的新方法。

## 参考文献

1. Tindall, D., Pawlow, J. H. and Wagener, K. B., Recent Advances in ADMET chemistry, pp. 183–198.
2. Kiehl, A. and Müllen, K., 'Polycondensation', in *Catalysis in Precision Polymerisation*, John Wiley & Sons, Chichester–New York, 1997, pp. 134–187.
3. Percec, V., Pugh, C., Cramer, E., Okita, S. and Weiss, R., *Makromol. Chem., Macromol. Symp.*, **54/55**, 113 (1992).
4. Imai, Y., *Makromol. Chem., Macromol. Symp.*, **54/55**, 151 (1992).
5. Oi, S., Fukue, Y., Nemoto, K. and Inoue, Y., *Macromolecules*, **29**, 2694 (1996).
6. Hallgren, J. E., US Pat. 4 201 721 (to General Electric Co.) (1980).
7. Konzelman, J. and Wagener, K. B., *Macromolecules*, **28**, 4686 (1995).
8. Wagener, K. B. and Konzelman, J., *Polym. Prepr. Am. Chem. Soc., Div. Polym. Chem.*, **32**(1), 375 (1991).
9. Konzelman, J. and Wagener, K. B., *Polym. Prepr. Am. Chem. Soc., Div. Polym. Chem.*, **33**(1), 1072 (1992).
10. Kumar, A. and Eichinger, B. E., *Makromol. Chem., Rapid Commun.*, **13**, 311 (1992).
11. Thorn-Csányi, E. and Höhnk, H.-D., *J. Mol. Catal.*, **76**, 101 (1992).
12. Wolf, A. and Wagener, K. B., *Polym. Prepr. Am. Chem. Soc., Div. Polym. Chem.*, **33**(1), 535 (1991).
13. Wagener, K. B., Nel, J. G., Konzelman, J. and Boncella, J. M., *Macromolecules*, **23**, 5155 (1990).
14. Wagener, K. B., Boncella, J. M. and Nel, J. G., *Macromolecules*, **24**, 2649 (1991).
15. Brzezinska, K. and Wagener, K. B., *Macromolecules*, **24**, 5273 (1991).
16. Lindmark-Hamberg, M. and Wagener, K. B., *Macromolecules*, **20**, 2949 (1987).
17. Wagener, K. B., Boncella, J. M., Nel, J. G., Duttweiler, R. P. and Hillmyer, M. A., *Makromol. Chem.*, **191**, 365 (1990).
18. Schrock, R. R., Murdzek, J. S., Bazan, G. C., Robbins, J., Di Mare, M. and O'Regan, M., *J. Am. Chem. Soc.*, **112**, 3875 (1990).

19. Schwab, P. F., Marcia, B., Ziller, J. W. and Grubbs, R. H., *Angew. Chem., Int. Ed. Engl.*, **34**, 2039 (1995).
20. Nugent, W. A., Feldman, J. and Calabrese, J. C., *J. Mol. Catal.*, **36**, 13 (1995).
21. Wagener, K. B., Nel, J. G., Duttweiler, R. P., Hillmyer, M. A., Boncella, J. M., Konzelman, J., Smith Jr, D. W., Puts, R. D. and Willoughby, L., *Rubber Chem. Technol.*, **64**(1), 83 (1991).
22. Höcker, H., Reimann, W., Riebel, K. and Szentivanyi, Z., *Makromol. Chem.*, **177**, 1707 (1976).
23. Schopov, I. and Mladenova, L., *Makromol. Chem., Rapid Commun.*, **6**, 659 (1985).
24. Brzezinska, K., Anderson, J. D. and Wagener, K. B., *Polym. Prepr. Am. Chem. Soc., Div. Polym. Chem.*, **37**(1), 327 (1996).
25. Brzezinska, K., Wolfe, P. S., Watson, M. D. and Wagener, K. B., *Macromol. Chem. Phys.*, **197**, 2065 (1996).
26. Valenti, D. J. and Wagener, K. B., *Polym. Prepr. Am. Chem. Soc., Div. Polym. Chem.*, **37**(1), 325 (1996).
27. Gomez, F. J. and Wagener, K. B., *PSME Prepr. Am. Chem. Soc., Div. Polym. Mat. Sci. Eng.*, **76**, 59 (1997).
28. Nugent, W. A., Feldman, J. and Calabrese, J. C., *J. Am. Chem. Soc.*, **117**, 8992 (1995).
29. Wolfe, P. S., Gomez, F. J. and Wagener, K. B., *PSME Prepr. Am. Chem. Soc., Div. Polym. Mat. Sci. Eng.*, **76**, 250 (1997).
30. Wolfe, P. S., Gomez, F. J. and Wagener, K. B., *Macromolecules*, **30**, 714 (1997).
31. Ofstead, E. A. and Wagener, K. B., 'Polymer Synthesis via Metathesis Chemistry', in *New Methods for Polymer Synthesis*, Plenum Press, New York, 1992, Ch. 8.
32. Ivin, K. J. and Mol, J. C., *Olefin Metathesis and Metathesis Polymerization*, Academic Press, San Diego–London, 1997.
33. Wagener, K. B., Brzezinska, K., Anderson, J. D., Younkin, T. R. and De Boer, W., *Macromolecules*, **30**, 7363 (1997).
34. Wagener, K. B., Nel, J. G., Smith Jr, D. W. and Boncella, J. M., *Polym. Prepr. Am. Chem. Soc., Div. Polym. Chem.*, **31**(2), 711 (1990).
35. Watson, M. D. and Wagener, K. B., *Polym. Prepr. Am. Chem. Soc., Div. Polym. Chem.*, **37**(1), 609 (1996).
36. Wagener, K. B., Puts, R. D. and Smith Jr, D. W. *Makromol. Chem., Rapid Commun.*, **12**, 419 (1991).
37. Wagener, K. B. and Puts, R. D., *Polym. Prepr. Am. Chem. Soc., Div. Polym. Chem.*, **32**(1), 379 (1991).
38. Marmo, J. C. and Wagener, K. B., *Macromolecules*, **28**, 2602 (1995).
39. Marmo, J. C. and Wagener, K. B., *Macromolecules*, **26**, 2137 (1993).
40. Wagener, K. B. and Marmo, J. C., *Macromol. Commun.*, **16**, 557 (1995).
41. Tao, D. and Wagener, K. B., *Macromolecules*, **27**, 1281 (1994).
42. O'Gara, J. E., Wagener, K. B. and Hahn, S. F., *Makromol. Chem., Rapid Commun.*, **14**, 657 (1993).
43. Wagener, K. B., Gomez, F. J. and Watson, M., 3rd International School on *Molecular Catalysis*, Lagow-Poznan, Poland, 1998, Abstracts, L 5.
44. Nel, J. G., Wagener, K. B. and Boncella, J. M., *Polym. Prepr. Am. Chem. Soc., Div. Polym. Chem.*, **30**(2), 130 (1989).
45. Nel, J. G., Wagener, K. B., Boncella, J. M. and Duttweiler, R. P., *Polym. Prepr. Am. Chem. Soc., Div. Polym. Chem.*, **30**(1), 283 (1989).
46. Konzelman, J. and Wagener, K. B., *Macromolecules*, **29**, 7657 (1996).
47. Wagener, K. B. and Valenti, D., *Macromolecules*, **30**, 6688 (1997).
48. O'Gara, J. E., Portmess, J. D. and Wagener, K. B., *Macromolecules*, **26**, 2837 (1993).
49. Wagener, K. B., Brzezinska, K. and Bauch, C. G., *Makromol. Chem., Rapid Commun.*, **13**, 75 (1992).
50. Brzezinska, K. and Wagener, K. B., *Macromolecules*, **25**, 2094 (1992).
51. Wagener, K. B., Patton, J. T. and Boncella, J. M., *Macromolecules*, **25**, 3862 (1992).
52. Bauch, C. G., Boncella, J. M. and Wagener, K. B., *Makromol. Chem., Rapid Commun.*, **12**, 413 (1991).
53. Wagener, K. B. and Patton, J. T., *Macromolecules*, **26**, 249 (1993).
54. Wagener, K. B., Patton, J. T., Forbes, M. D., Myers, T. L. and Maynard, H. D., *Polym. Int.*, **32**, 411 (1993).

55. Smith Jr, D. W. and Wagener, K. B., *Macromolecules*, **24**, 6073 (1991).
56. Smith Jr, D. W. and Wagener, K. B., *Macromolecules*, **26**, 3533 (1993).
57. Cummings, S. K., Anderson, J. and Wagener, K. B., *Polym. Prepr. Am. Chem. Soc., Div. Polym. Chem.*, 192 (1997).
58. Marciniec, B. and Lewandowski, M., *J. Inorg. Organomet. Polym.*, **5**, 647 (1995).
59. Smith Jr, D. W. and Wagener, K. B., *Macromolecules*, **26**, 1633 (1993).
60. Marciniec, B. and Lewandowski, M., *J. Polym. Sci., A, Polym. Chem.*, **34**, 1443 (1996).
61. Cummings, S. K., Smith Jr, D. W. and Wagener, K. B., *Macromol. Commun.*, **16**, 347 (1995).
62. Wagener, K. B. and Tao, D., *Macromolecules*, **27**, 1281 (1994).
63. Wagener, K. B., Brzezinska, K., Anderson, J. D. and Dilocker, S., *J. Polym. Sci., A, Polym. Chem.*, **35**, 3441 (1997).
64. Marmo, J. C. and Wagener, K. B., *Polym. Prepr. Am. Chem. Soc., Div. Polym. Chem.*, **35**(1), 817 (1994).
65. Viswanathan, T., Gomez, F. and Wagener, K. B., *J. Polym. Sci., A, Polym. Chem.*, **32**, 2469 (1994).
66. Mizoroki, T., Mori, K. and Ozaki, A., *Bull. Chem. Soc. Jpn*, **44**, 581 (1971).
67. Heck, R. F. and Nolley Jr, J. P. *J. Org. Chem.*, **37**, 2320 (1972).
68. Dieck, H. A. and Heck, R. F., *J. Organomet. Chem.*, **93**, 259 (1975).
69. Heck, R. F., *Pure Appl. Chem.*, **50**, 691 (1978).
70. Heck, R. F., *Acc. Chem. Res.*, **12**, 146 (1979).
71. Heck, R. F., *Organic React.*, **27**, 345 (1981).
72. De Meijre, A. and Meyer, F. E., *Angew. Chem., Int. Ed. Engl.*, **33**, 2379 (1994).
73. Cabri, W. and Candiani, I., *Acc. Chem. Res.*, **28**, 2 (1995).
74. Negishi, E., Copéret, C., Ma, S., Liou, S.-Y. and Liu, F., *Chem. Rev.*, **96**, 365 (1996).
75. Shibasaki, M., Boden, C. O. J. and Kojima, A., *Tetrahedron*, **53**, 7371 (1997).
76. Heitz, W., Brügging, W., Freund, L., Gailberger, M., Greiner, A., Jung, H., Kampschulte, U., Niessner, N., Osan, F., Schmidt, H. W. and Wicker, M., *Makromol. Chem.*, **189**, 119 (1988).
77. Greiner, A. and Heitz, W., *Makromol. Chem., Rapid Commun.*, **9**, 581 (1988).
78. Brenda, M., Greiner, A. and Heitz, W., *Makromol. Chem.*, **191**, 1083 (1990).
79. Greiner, A., Martelock, H., Noll, A., Siegfried, N. and Heitz, W., *Polymer*, **32**, 1857 (1991).
80. Heitz, W., *Polym. Prepr. Am. Chem. Soc., Div. Polym. Chem.*, **32**(1), 327 (1991).
81. Greiner, A. and Heitz, W., *Polym. Prepr. Am. Chem. Soc., Div. Polym. Chem.*, **32**(1), 333 (1991).
82. Martelock, H., Greiner, A. and Heitz, W., *Makromol. Chem.*, **192**, 967 (1991).
83. Sen, A., *Adv. Polym. Sci.*, **73/76**, 125 (1986).
84. Sen, A. and Lai, T.-W., *J. Am. Chem. Soc.*, **104**, 3520 (1982).
85. Sen, A. and Lai, T.-W., *J. Am. Chem. Soc.*, **103**, 4627 (1981).
86. Stille, J. K. and Lau, K. S. Y., *Acc. Chem. Res.*, **11**, 434 (1977).
87. Amatore, C., Carré, E., Jutand, A., M'Barki, M. A. and Meyer, G., *Organometallics*, **14**, 5605 (1995).
88. Amatore, C., Carré, E., Jutand, A. and M'Barki, M. A., *Organometallics*, **14**, 1818 (1995).
89. Amatore, C., Jutand, A., Khalil, F., M'Barki, M. A. and Mottier, L., *Organometallics*, **12**, 3168 (1993).
90. Brown, J. M., Pérez-Torrente, J. J., Allcock, N. W. and Clase, H. J., *Organometallics*, **14**, 207 (1995).
91. Brown, J. M. and Hii, K. K., *Angew. Chem., Int. Ed. Engl.*, **35**, 657 (1996).
92. Kuran, W. and Musco, A., *J. Organomet. Chem.*, **40**, C47 (1972).
93. Fauvarque, J. F., Pflüger, F. and Troupel, M., *J. Organomet. Chem.*, **208**, 419 (1981).
94. Musco, A., Kuran, W., Silvani, A. and Anker, M., *J. Chem. Soc., Chem. Commun.*, **1973**, 938 (1973).
95. Kuran, W. and Musco, A., *Inorg. Chim. Acta*, **12**, 187 (1975).
96. Otsuka, S., Yoshida, T., Matsumoto, M. and Nakatsu, K., *J. Am. Chem. Soc.*, **98**, 5850 (1976).
97. Amatore, C., Azzabi, M. and Jutand, A., *J. Am. Chem. Soc.*, **113**, 8375 (1991).
98. Paul, F., Patt, J. and Hartwig, J. F., *J. Am. Chem. Soc.*, **116**, 5969 (1994).

99. Hartwig, J. F. and Patt, J., *J. Am. Chem. Soc.*, **117**, 5373 (1995).
100. Yu, L. and Bao, Z., 'Poly(*p*-phenylene vinylene)s by the Heck Coupling Reaction', in *The Polymeric Materials Encyclopedia*, CRC Press, Inc., Boca Raton, 1996, Vol. 9, pp. 6532–6537.
101. Heitz, W. and Greiner, A., 'Palladium-catalyzed Synthesis (Monomers and Polymers)', in *The Polymeric Materials Encyclopedia*, CRC Press, Inc., Boca Raton, 1996, Vol. 7, pp. 4865–4871.
102. Amatore, C. and Pflüger, F., *Organometallics*, **9**, 2276 (1990).
103. Jutand, A. and Mosleh, A., *Organometallics*, **14**, 1810 (1995).
104. Cianfriglia, P., Narducci, V., Sterzo, C. L., Viola, E., Bocelli, G. and Kodenkandath, T. A., *Organometallics*, **15**, 5220 (1996).
105. Friestad, G. K. and Branchand, B. P., *Tetrahedron Lett.*, **36**, 7047 (1995).
106. Yoneyama, M., Tanaka, M., Kakimoto, M. and Imai, Y., *Macromolecules*, **22**, 4148 (1989).
107. Suzuki, M., Sho, K., Lim, J. C. and Saegusa, T., *Polym. Bull.*, **21**, 415 (1989).
108. Cassr, L., *J. Organomet. Chem.*, **93**, 253 (1975).
109. Sonogashira, K., Tohda, Y. and Hagihara, N., *Tetrahedron Lett.*, **50**, 4467 (1975).
110. Takahashi, S., Kuroyama, Y., Sonogashira, K. and Hagihara, N., *Synthesis*, **1980**, 627 (1980).
111. Ratovelomana, V. and Linstrumelle, G., *Synth. Commun.*, **11**, 917 (1981).
112. Sanechika, K., Yamamoto, T. and Yamamoto, A., *Bull. Chem. Soc. Jpn*, **57**, 752 (1984).
113. Harris, F. W., Pamidimukkala, A., Gupta, R., Das, S., Wu, T. and Mock, G., *J. Macromol. Sci. – Chem. A*, **21**, 1117 (1984).
114. Havens, S. J. and Hergenrother, P. M., *J. Polym. Sci., Polym. Lett. Ed.*, **23**, 587 (1985).
115. Trumbo, D. L. and Marvel, C. S., *J. Polym. Sci., Polym. Chem. Ed.*, **24**, 2231 (1986).
116. Trumbo, D. L. and Marvel, C. S., *J. Polym. Sci., Polym. Chem. Ed.*, **24**, 2311 (1986).
117. Trumbo, D. L. and Marvel, C. S., *J. Polym. Sci., Polym. Chem. Ed.*, **25**, 839 (1987).
118. Brown, I. M. and Wilbur, J. M., *Macromolecules*, **21**, 1859 (1988).
119. Kondo, K., Okuda, M. and Fujitani, T., *Macromolecules*, **26**, 7382 (1993).
120. Moroni, M. and Le Moigne, J., *Macromolecules*, **27**, 562 (1994).
121. Beginn, C., Grazulevicius, J. V. and Strohriegel, P., *Macromol. Chem. Phys.*, **195**, 2353 (1994).
122. Giesa, R. and Schulz, R. C., *Makromol. Chem.*, **191**, 857 (1990).
123. Ames, D. L., Bull, D. and Takundwa, C., *Synthesis*, **1981**, 364 (1981).
124. Trybulski, E. J., Reeder, E., Blount, J. F., Walser, A. and Fryer, R. I., *J. Org. Chem.*, **47**, 2441 (1982).
125. Bumagin, N. A., Ponomaryov, A. B. and Beletskaya, I. P., *Synthesis*, **1984**, 728 (1984).
126. Havens, S. J. and Hergenrother, P. M., *J. Org. Chem.*, **50**, 1763 (1985).
127. Neenan, T. X. and Whitesides, G. M., *J. Org. Chem.*, **53**, 2489 (1988).
128. Tao, W., Nesbitt, S. and Heck, R. F., *J. Org. Chem.*, **55**, 63 (1990).
129. Sabourin, E. T. and Onopchenko, A., *J. Org. Chem.*, **48**, 5135 (1983).
130. Simionescu, C. I., Percec, V. and Dimitrescu, S., *J. Polym. Sci., Polym. Chem. Ed.*, **15**, 2497 (1977).
131. Carpita, A., Lessi, A. and Rossi, R., *Synthesis*, **1984**, 571 (1984).
132. Pugh, C. and Percec, V., *J. Polym. Sci., Polym. Chem. Ed.*, **28**, 1101 (1990).
133. Solomin, V. A. and Heitz, W., *Macromol. Chem. Phys.*, **195**, 303 (1994).
134. Mangel, T., Eberhardt, A., Scherf, U., Bunz, U. H. F. and Müllen, K., *Macromol. Commun.*, **16**, 571 (1995).
135. Müller, W. T. and Ringsdorf, H., *Macromolecules*, **23**, 2825 (1990).
136. Corriú, R. J.-P., Douglas, W. E. and Yang, Z.-X., *Eur. Polym. J.*, **29**, 1563 (1993).
137. Cramer, E. and Percec, V., *J. Polym. Sci., Polym. Chem. Ed.*, **28**, 3029 (1990).
138. Rehahn, M., Schlüter, A.-D., Wegner, G. and Feast, W. J., *Polymer*, **30**, 1060 (1989).
139. Fahnenstich, K., Koch, K.-H. and Müllen K., *Makromol. Chem., Rapid Commun.*, **10**, 563 (1989).
140. Rehahn, M., Schlüter, A.-D. and Wegner, G., *Makromol. Chem., Rapid Commun.*, **11**, 535 (1990).

141. Scherf, U. and Müllen K., *Makromol. Chem., Rapid Commun.*, **12**, 489 (1991).
142. Scherf, U. and Müllen K., *Macromolecules*, **25**, 3546 (1992).
143. Wallow, T. I. and Novak, B. M., *Polym. Prepr. Am. Chem. Soc., Div. Polym. Chem.*, **33**(1), 908 (1992).
144. Kaufmann, T. and Lexy, H., *Chem. Ber.*, **114**, 3674 (1981).
145. Miyaura, N., Yanagi, T. and Suzuki, A., *Synth. Commun.*, **11**, 513 (1981).
146. Miller, R. B. and Dugar, S., *Organometallics*, **3**, 1261 (1984).
147. Miyaura, N. and Suzuki, A., *Chem. Rev.*, **9**, 2457 (1995).
148. Kim, Y. H. and Webster, O. W., *Polym. Prepr. Am. Chem. Soc., Div. Polym. Chem.*, **29**(2), 3102 (1988).
149. Bochman, M. and Kelly, K., *J. Chem. Soc., Chem. Commun.*, **1989**, 532 (1989).
150. Bochman, M., Kelly, K. and Lu, J., *J. Polym. Sci., Polym. Chem. Ed.*, **30**, 2511 (1992).
151. Bochman, M. and Lu, J., *J. Polym. Sci., Polym. Chem. Ed.*, **32**, 2493 (1994).
152. Stille, J. K., *Angew. Chem., Int. Ed. Engl.*, **25**, 508 (1986).
153. Colon, I. and Kwiatkowski, G. T., *J. Polym. Sci., Polym. Chem. Ed.*, **28**, 367 (1990).
154. Ueda, M. and Ichikawa, F., *Macromolecules*, **23**, 926 (1990).
155. Yamamoto, T., Osakada, K., Wakabayashi. T. and Yamamoto, A., *Makromol. Chem., Rapid Commun.*, **6**, 671 (1985).
156. Yamamoto, T., Kashiwazaki, A. and Kato, K., *Makromol. Chem.*, **190**, 1649 (1989).
157. Colon, I. and Kelsey, D. R., *J. Org. Chem.*, **51**, 2627 (1986).
158. Amatore, C. and Jutand, A., *Organometallics*, **7**, 2203 (1988).
159. Yoneyama, M., Konishi, T., Kakimoto, M. and Imai, Y., *Polym. Prepr. Jpn.*, **39**, 1799 (1990).
160. Hoerhold, H.-H., Gottschaldt, J. and Opfermann, J., *J. Prakt. Chem.*, **319**, 611 (1977).
161. Feast, W. J. and Millichamp, I. S., *Polym. Commun.*, **24**, 102 (1983).
162. Yoneyama, M., Kakimoto, M. and Imai, Y., *Macromolecules*, **21**, 1908 (1988).
163. Yoneyama, M., Kakimoto, M. and Imai, Y., *J. Polym. Sci., Polym. Chem. Ed.*, **27**, 1985 (1989).
164. Yoneyama, M., Kakimoto, M. and Imai, Y., *Macromolecules*, **22**, 2593 (1989).
165. Yoneyama, M., Kakimoto, M. and Imai, Y., *Macromolecules*, **22**, 4152 (1989).
166. Yoneyama, M., Konishi, T., Kakimoto, M. and Imai, Y., *Makromol. Chem., Rapid Commun.*, **11**, 381 (1990).
167. Imai, Y., *Polym. Prepr. Am. Chem. Soc., Div. Polym. Chem.*, **32**(1), 331 (1991).
168. Perry, R. J. and Turner, S. R., *Polym. Prepr. Am. Chem. Soc., Div. Polym. Chem.*, **32**(1), 335 (1991).
169. Perry, R. J. and Turner, S. R., *J. Macromol. Sci.–Chem. A*, **28**, 1213 (1991).
170. Perry, R. J., Turner, S. R. and Blevins, R. W., *Macromolecules*, **26**, 1509 (1993).
171. Perry, R. J. and Wilson, B. D., *Macromolecules*, **27**, 40 (1994).

### 拓展阅读

Thorn-Csányi, E. and Kraxner, P., '*p*-Phenylene Vinylene Oligomers, Homo- and Copolymers (Metathesis Preparation)', in *The Polymeric Materials Encyclopedia*, CRC Press, Inc., Boca Raton, 1996, Vol. 7, pp. 5055–5067.

Korshak, Y. V., 'Metathesis Polymerization, Cycloolefins', in *The Polymeric Materials Encyclopedia*, CRC Press, Inc., Boca Raton, 1996, Vol. 7, pp. 4250–4236.

Ivin, K. J., 'Metathesis Polymerization', in *Encyclopedia of Polymer Science and Engineering*, Wiley-Interscience, John Wiley & Sons, New York, 1987, Vol. 9, pp. 634–669.

Nagishi, E. and Liu, F., 'Palladium- or Nickel-catalyzed Cross-coupling with Organometals Containing Zinc, Magnesium, Aluminium and Zirconium', in *Metal-catalyzed Cross-coupling Reactions*, Wiley-VCH, Weinheim, 1998, pp. 1–47.

Bräse, S. and de Meijre, A., 'Palladium-catalyzed Coupling of Organyl Halides to Alkenes – the Heck Reaction', in *Metal-catalyzed Cross-coupling Reactions*, Wiley-VCH, Weinheim, 1998, pp. 99–166.

Sonogashira, K., 'Cross-coupling Reactions to *sp* carbon atoms', in *Metal-catalyzed Cross-coupling Reactions*, Wiley-VCH, Weinheim, 1998, pp. 203–229.

Tsuji, J. and Mandai, T., 'Palladium-catalyzed Coupling Reactions of Propargylic Compounds', in *Metal-catalyzed Cross-coupling Reactions*, Wiley-VCH, Weinheim, 1998, pp. 455–489.

# 思考题

1. 非环二烯烃易位缩聚优选结构明确的亚烷基金属催化剂，而不是传统的两组分或三组分易位催化剂，解释其原因。
2. 哪一种 α,ω-二烯烃单体易位缩聚能够产生下列聚合物？

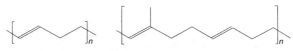

3. 端二烯单体是非环二烯烃易位聚合的优选单体，解释其原因。
4. 从单体类型和催化剂行为两方面区别非环二烯烃易位缩聚和形成 C—C 单键的缩聚。
5. 给出各种配位缩聚制备聚（亚乙烯基-1,4-亚苯）和聚（1,4-亚苯-1,6-亚己烯）的单体和催化剂。
6. 为什么碳-杂原子碳基化偶联反应优选钯基催化剂？举例说明二卤代芳香烃和二酚羰基化缩聚形成聚酯的催化循环。

# 9 非烃（杂环和杂不饱和）单体的配位聚合

非烃单体-含有杂原子的环状和非环状单体的配位聚合和共聚合是一类完全不同的配位聚合，与不饱和烃类单体的配位聚合相比，催化剂和聚合机理都完全不同。烃类单体配位聚合和共聚合中单体和金属原子形成 π 配合物，而杂环和杂不饱和单体聚合中单体以杂原子和金属形成 σ 键配位。除了单体配位方式的不同，含有杂原子的单体的连接方式也不同，在引发或增长步骤中，连在金属上的引发基团或者聚合物链端向配位单体亲核攻击，将单体连接到聚合物链上［式(2-6)到式(2-9)］[1]。

卡宾型杂不饱和单体如一氧化碳和异腈的聚合行为非常特别。一氧化碳和过渡金属配位后可以与各种不饱和烃类单体进行共聚[2]。异腈和同类型的过渡金属配位后可以进行均聚，产生主链为碳-碳结构的聚（亚氨基亚乙基）[3]。

配位催化剂应用于杂环单体聚合后拓宽了其合成的可行性，可制备高度区域专一和有规立构的高分子量均聚物，以及其与含有杂原子的环和非环单体的共聚物。

相对于烃类单体的均聚物和共聚物的工业产量，杂环单体的均聚物和共聚物的产量很小；以烯丙基缩水甘油醚单元为硫化剂，环氧氯丙烷和氧化乙烯或氧化丙烯制备的聚醚弹性体已经大规模生产[4-7]。

杂不饱和单体配位均聚的重要性不如杂环单体（除了一氧化碳），这是因为杂不饱和单体只有在离子引发剂存在下才具有高的聚合性能，某些工业流程上就考虑这种方式（如聚甲醛）。

## 9.1 单体和催化剂

大部分杂环单体都可以被配位催化剂开环聚合为高分子量的聚合物，包括含有环内杂原子的单体和同时含有环内和环外杂原子的单体。可以进行配位均聚以及与其他杂环或杂不饱和单体进行配位共聚的含有杂原子的环状单体有：三元环氧、三元环硫、四元环氧、内酯、交酯、碳酸亚烃酯、硫代碳酸酯、二亚烷基螺原碳酸酯、二羧酸酐、α-氨基酸-N-羧酸酐、吗啉二酮和氧化膦氧化三亚甲基。表 9.1 和表 9.2 分别列出两类杂环单体，即含有环内杂原子（含氧和硫的环状单体）的单体和同时含有环内环外杂原子（带有氧、硫、氮和磷）的单体的配位聚合的代表性实例[1]。

表 9.1 和表 9.2 主要给出了均聚实例，共聚催化剂和均聚的类似。如表 9.3 所示，杂不饱和单体如醛、酮、异氰酸酯和异腈都可以进行配位聚合[1,3]。

表 9.1 含有环内杂原子的杂环单体的配位均聚

| 单体 | 聚合物 |
|---|---|
| 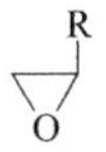 氧杂环单体 环氧化物 R＝氢、烃基 | 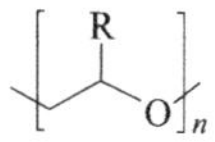 $\left[\begin{array}{c}R\\|\\CH-O\end{array}\right]_n$ |
| 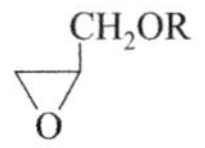 缩水甘油醚 CH$_2$OR R＝氢、烃基 | 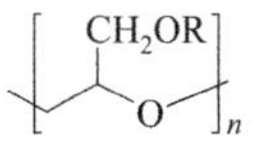 $\left[\begin{array}{c}CH_2OR\\|\\CH-O\end{array}\right]_n$ |
| 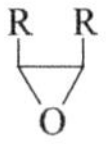 2,3-环氧化物 R＝CH$_3$，顺式和反式；R R ＝(CH$_2$)$_4$，顺式 | $\left[\begin{array}{c}R\ R\\|\ |\\CH-CH-O\end{array}\right]_n$ |
| 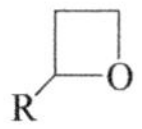 氧杂环丁烷 R＝CH$_3$ | 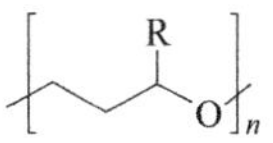 $\left[\begin{array}{c}R\\|\\CH-CH_2CH_2-O\end{array}\right]_n$ |
| 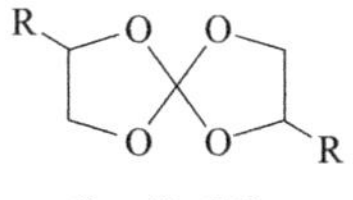 1,3-二氧杂环戊烷螺环 R＝H、CH$_3$ | 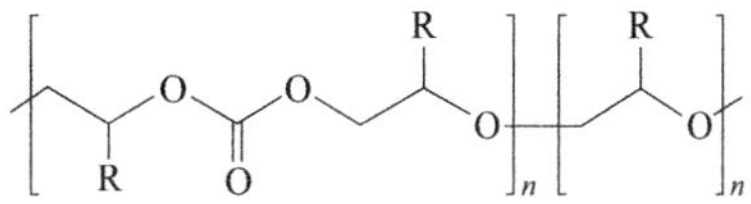 碳酸酯聚合物结构 |
| 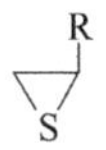 硫杂环单体 环硫化物 R＝烷基 | 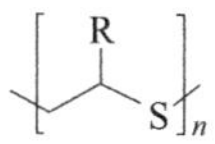 $\left[\begin{array}{c}R\\|\\CH-S\end{array}\right]_n$ |
|  2,3-环硫化物 R＝CH$_3$，顺式，R R ＝(CH$_2$)$_4$，顺式 | $\left[\begin{array}{c}R\ R\\|\ |\\CH-CH-S\end{array}\right]_n$ |

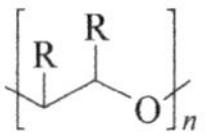

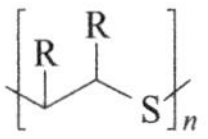

注：源自参考文献 [1]。

表 9.2 同时含有环内和环外杂原子的杂环单体的配位均聚

| 单体 | 聚合物 |
|---|---|
| 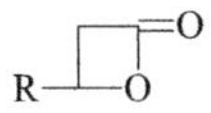 氧杂环单体 β-丙内酯 R＝H、烷基 | 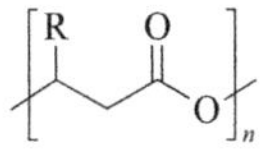 $\left[\begin{array}{c}R\\|\\CH-CH_2-C(=O)-O\end{array}\right]_n$ |
| 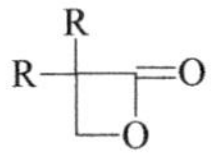 α,α-二取代-β-丙内酯 R＝烷基 | 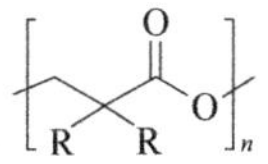 $\left[\begin{array}{c}R\\|\\CH_2-C-C(=O)-O\\|\\R\end{array}\right]_n$ |
| 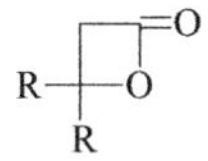 α,α,β-三取代-β-丙内酯 R＝CH$_3$ | $\left[\begin{array}{c}R\ R\\|\ |\\CH-C-C(=O)-O\\ \ \ |\\ \ \ R\end{array}\right]_n$ |

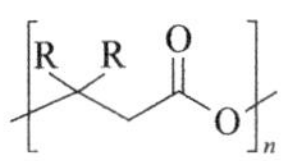

| 单体 | | 聚合物 | |
|---|---|---|---|
| 氧杂环单体 | (δ-戊内酯) | (聚戊内酯) | |
| | (ε-己内酯) | (聚己内酯) | |
| | 丙交酯 R=CH₃ | 聚乳酸 R=CH₃ | |
| | 环碳酸酯 R=CH₃ | 共聚物 R=CH₃ | |
| | 环碳酸酯 R=H、CH₃ | 聚碳酸酯 R=H、CH₃ | |
| 硫杂环单体 | 硫代环碳酸酯 | 聚硫代碳酸酯 | |
| 氮杂环单体 | 吗啉二酮 R=H、CH₃ | 聚肽 R=H、CH₃ | |
| | NCA R=CH₃ | 聚氨基酸 R=CH₃ | |
| 磷杂环单体 | 环磷酸酯 | 聚磷酸酯 | |

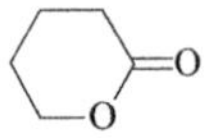

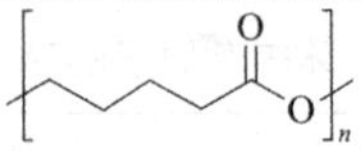

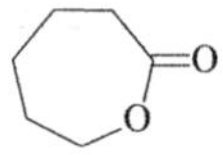

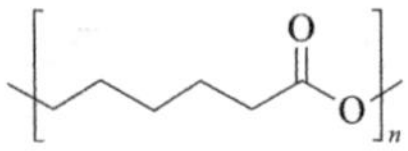

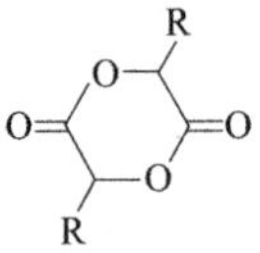

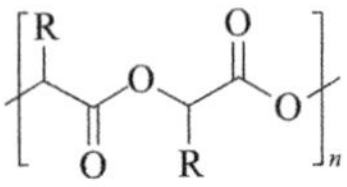

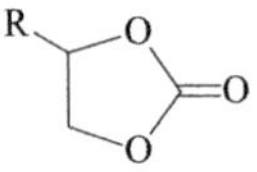

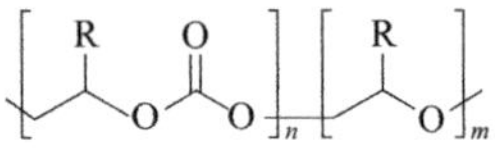

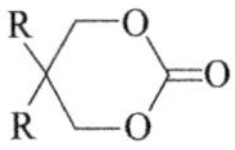

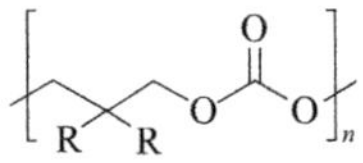

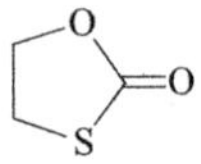

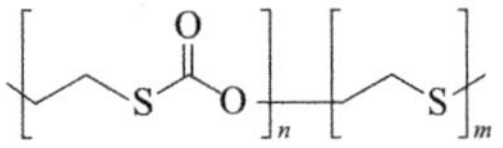

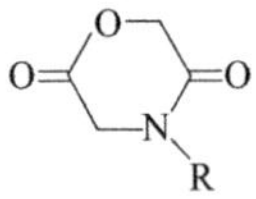

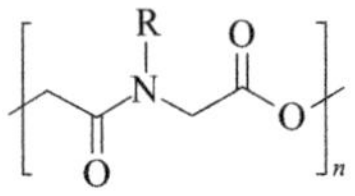

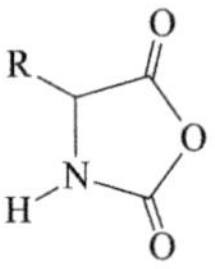

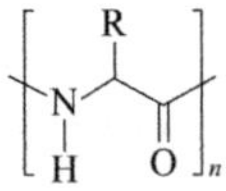

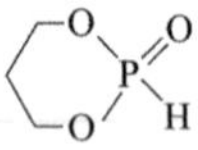

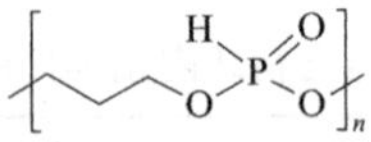

注：源自参考文献 [1]。

**表 9.3** 杂不饱和单体的配位均聚

| 单体 | 聚合物 |
|---|---|
| 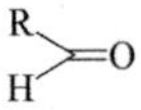 醛 R=烷基、CH₂Cl | 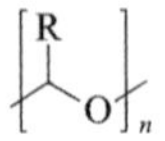 聚醛 |
| 酮 R=CH₃ | 聚酮 |

280　配位聚合原理

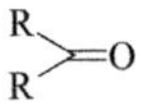

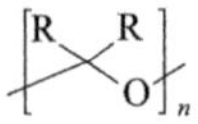

续表

| 单体 | 聚合物 |
|---|---|
| 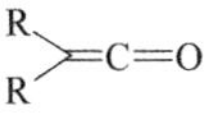 $R_2C=O$，$R=CH_3$ | 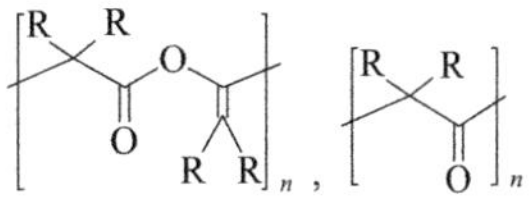 结构式 |
| $R-N=C=O$，$R=n\text{-}C_4H_9$ | 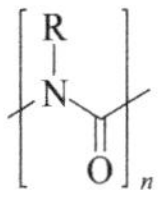 结构式 |
| $R-N\equiv C$，$R=t\text{-}C_4H_9$[①] | 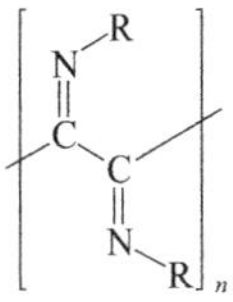 结构式 |

① 引自参考文献 [3]。
注：源自参考文献 [1]。

杂不饱和单体配位聚合的最主要目标不是均聚而是和杂环单体的共聚，其中最主要的是二氧化碳和氧杂环单体（如环氧）的配位共聚，形成脂肪族聚碳酸酯[8-12]。杂环单体和难以均聚的杂累积烯的配位共聚实例列于表 9.4[1]。

表 9.4 杂环单体和杂累积烯的配位共聚

| 共单体 | | 共聚物 |
|---|---|---|
| $CO_2$ 和 | 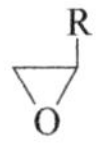 环氧化物，R=H、烃基 | 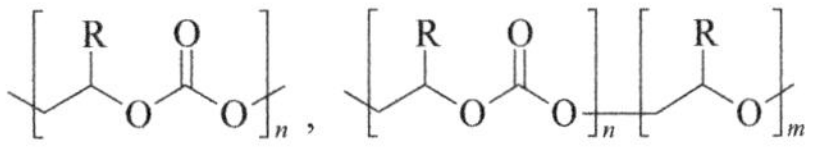 结构式 |
| | 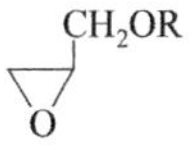 缩水甘油醚，R=H、烃基 | 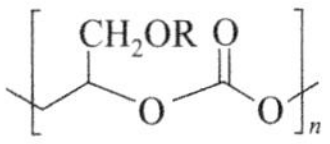 结构式 |
| | 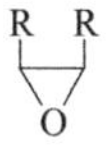 双取代环氧，$R=CH_3$、$RR=(CH_2)_4$ | 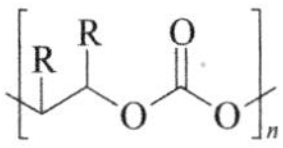 结构式 |
| | 氧杂环丁烷 | 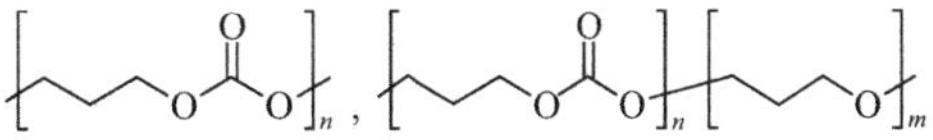 结构式 |
| | 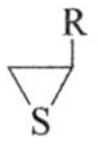 硫杂环丙烷，$R=CH_3$ | 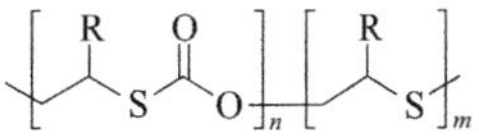 结构式 |

续表

| 共单体 | | 共聚物 |
|---|---|---|
| $CS_2$ 和 | R基环氧乙烷 R=$CH_3$ | $\left[\begin{array}{c}R\\|\\\end{array}\!\!\!\!\!S\!\!-\!\!\!\!\!\begin{array}{c}S\\\\|\\\end{array}\right]_n\!\!\left[\begin{array}{c}R\\|\\\end{array}\!\!\!\!O\right]_m$ |
| | R基硫杂环丙烷 R=H、$CH_3$ | $\left[\begin{array}{c}R\\|\\\end{array}\!\!\!\!\!S\!\!-\!\!\!\!\!\begin{array}{c}S\\\\|\\\end{array}\right]_n\!\!\left[\begin{array}{c}R\\|\\\end{array}\!\!\!\!S\right]_m$ |
| $SO_2$ 和 | R基环氧乙烷 R=$CH_3$ | $\left[\begin{array}{c}R\\|\\\end{array}\!\!\!\!\!O\!\!-\!\!\!\!\!\overset{O}{\underset{||}{S}}\!\!-\!\!O\right]_n\!\!\left[\begin{array}{c}R\\|\\\end{array}\!\!\!\!O\right]_m$ |
| $Ph-C=N=O$ 和 | 环氧乙烷 | $\left[\!\!-\!\!O\!\!-\!\!\overset{N-Ph}{\underset{||}{C}}\!\!-\!\!O\!\!-\!\!\right]_n$ |

注：源自参考文献 [1]。

用于杂环和杂不饱和单体聚合和共聚合的催化剂包括很广范围的金属衍生物，它们的特点是具有中等的亲核性和相对高的 Lewis 酸性。具有合适能量的空 p、d 和 f 轨道的金属衍生物一般用于环氧聚合。特别是第 2、3 族金属化合物，如锌、镉和铝，以及过渡金属如铁、镧和铱是代表性的配位催化剂。这些催化剂的金属应该具有合适的 Lewis 酸性，而金属的取代基应该具有合适的亲核性，这样单体将优先配位而不是亲核攻击。共价键合的金属取代基向催化剂活性中心上与金属原子配位的单体分子的亲核攻击，是杂环和杂不饱和单体配位聚合机理的最重要特征。

单体和配体都带有负电荷，单体配位后两者通过金属互相排斥，这增强了单体受金属配体亲核攻击的能力，使亲核攻击更容易 [式(2-6) 到式(2-9)]。

杂环单体和杂不饱和单体阴离子聚合的亲核引发剂和配位催化剂的特点不同，引发剂一般为碱金属化合物，单体攻击试剂具有高的亲核性，反离子的 Lewis 酸性较小。在亲核引发的阴离子聚合中，虽然单体和亲电反离子之间有着一定的相互作用，但是不要求单体和金属配位。

杂环和杂不饱和单体配位聚合与阴离子聚合的区别在于，配位催化剂金属和杂原子是共价键（极性的），单体配位活化了单体，同时增强了金属配体的亲核攻击力，而亲核引发剂中金属和杂原子是离子键，在亲核攻击前不需要配位来活化单体。因此将杂环和杂不饱和单体配位聚合称为"假阴离子"聚合是不对的。

已报道的大多数配位催化剂都由两到三个组分组成，含有烷基金属和质子化合物。这种催化体系含有金属 (Mt)-杂原子 (X) 活性键，有的是缔合多核物种（→Mt-X→Mt-X→，一般情况下，Mt＝Al、Zn、Cd，X＝O、S、N），有的是非缔合单核物种（一般情况下，Mt＝Al、Zn、X＝O、S、Cl）。烷基金属，如三乙基铝、二乙基锌和二乙基镉，不需要质子化物的预处理也可以进行配位聚合。这种情况下，增长步骤中的金属-杂原子活性键通过金属-碳键和配位单体反应产生。某些配位催化剂，如含有烷氧基和酚基金属的催化剂可以由其他途径制备，不需要使用烷基金属。有的催化剂由烷氧基金属或相关的化合物与 Lewis 酸组成[1]。

一氧化碳共聚和异腈均聚的催化剂具有不同的性质，它们能够和单体的 $\pi^0$ 轨道配位。

## 9.2 氧杂环单体的聚合

氧杂环单体是研究最广泛的一类杂环单体,因为其学术和工业价值都很大,尤其是环醚(如环氧)和环酯(如内酯),以及交酯和环碳酸酯的配位聚合得到广泛重视。

### 9.2.1 环醚的聚合

适合于配位聚合的环醚只限于三元环和四元环环醚。而文献中报道最多的是环氧单体的配位均聚和共聚(表9.1和表9.4)。

#### 9.2.1.1 环氧聚合物的立体异构

由于主链上叔碳原子具有手性,环氧聚合物呈现出立体异构现象。环氧聚合物的立体异构体是有规聚合物,其规整性和环氧单体的结构有关。规则头-尾连接的环氧聚合物,如1,2-环氧丙烷(氧化丙烯)形成的聚(氧化丙烯),可以呈现为等规聚合物;手性氧化烯烃聚合物的规整性源于单体分子中的手性中心,而不像前手性α-烯烃和醛那样,在链形成的过程中才产生手性中心。现在还没有发现手性氧化烯烃的间规聚合物。双取代手性环氧如反-2,3-环氧丁烷(氧化反-2-丁烯)可以形成赤式-双等规聚合物。非手性环氧如1,2-环氧环己烷(氧化环己烯)和顺-2,3-环氧丁烷(氧化顺-2-丁烯)可以形成苏式-双间规聚合物。单、双取代环氧形成的各种规整性聚合物的结构见图9.1。

苏式-双等规和赤式-双间规结构的双取代环氧有规立构聚合物还没有合成出来。

先看一下有关手性环氧单体聚合的定义。外消旋单体可以进行对映对称(立体选择性)聚合或者对映非对称(非对称立体选择性、立体可选性)聚合。对映对称聚合中R和S对映体分别聚合,形成的聚合物链或只含R对映体或只含S对映体,也就是说,形成大分子外消旋混合物,每一个大分子链中的手性碳原子都具有相同的构型,R或S。相反,对映非对称聚合时,外消旋单体中的一种对映体比另一种聚合快,形成的聚合物含有手性链,手性取向和这种对映体单体构型一致。

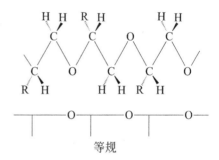

等规

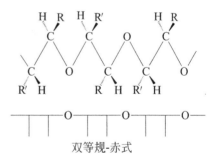

双等规-赤式

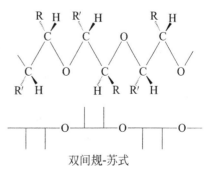

双间规-苏式

**图9.1** 单、双取代环氧形成的各种规整性聚合物的结构

## 9.2.1.2 环氧聚合催化剂

首个报道的环氧聚合配位催化剂是氯化铁-氧化丙烯,相关的专利于 1955 年出现[13],它可以将氧化丙烯聚合为有规立构(等规)聚合物。这种催化剂称为 Pruitt-Baggett 加合物,分子式为 $Cl(C_3H_6O)_x Fe(Cl)(OC_3H_6)_y Cl$,氧化丙烯加成到 Fe—Cl 键形成两个醇化物取代基,一个氯原子连在铁原子上[14]。几年后,发现和开发了各种氧化丙烯的立体选择性催化剂:异丙氧基铝-氯化锌[15]、二烷基锌-水[16]、二烷基锌-醇[16]、三烷基铝-水[17]、三烷基铝-水-乙酰丙酮[18] 和三烷基铝-三乙酰丙酮镧-水[19]。还有一种重要的立体选择性催化剂是 $[(RO)_2AlO]_2Zn$ 型 $\mu$-氧烷氧基双金属,由醋酸锌和异丙氧基铝按 1:2 摩尔比缩合产生[20-22]。

$(R,S)$-氧化丙烯的对映非对称聚合于 1962 年首次报道,催化剂为二乙基锌-(+)-茨醇[23,24]。后来又报道了具有光学活性的氧化丙烯立体选择性聚合催化剂,如二乙基锌-$(R)$-(-)-3,3-二甲基-1,2-丁二醇[25]。

二乙基锌-甲醇 (7:8)[26-28] 和二乙基锌-1-甲氧基-2-丙醇 (2:3)[29] 体系受到了特殊的关注,因为从这两个体系中分离出了单晶,得知了其明确的结构,分别为 $[Zn(OMe)_2] \cdot [EtZnOMe]_6$ 和 $\{Zn[OCH(Me)CH_2OMe]_2\}_2 \cdot [EtZnOCH(Me)CH_2OMe]_2$。前者分子由两个对映扭曲的立方体组成,共用一个角,对称中心是八面体锌原子。后者分子是中心对称的椅式框架,由四个锌原子和四个氧原子组成。每一个分子都含有两个八面体锌原子,一个锌原子被三个 $(R)$-甲氧基异丙氧基包围,另一个被三个 $(S)$-甲氧基异丙氧基包围。三个甲氧基异丙氧基中的两个以外桥和内桥配位,包括一个醚氧原子向八面体锌原子的配位,另一个没有配位。

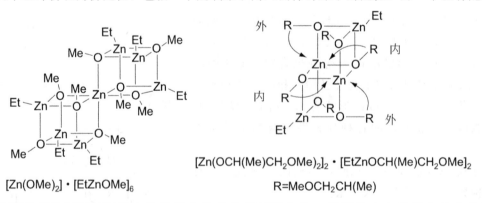

$[Zn(OMe)_2] \cdot [EtZnOMe]_6$

$[Zn(OCH(Me)CH_2OMe)_2]_2 \cdot [EtZnOCH(Me)CH_2OMe]_2$
R=MeOCH$_2$CH(Me)

这两种催化剂可以制备出分子量非常高的环氧聚合物,其活性中心是缔合的多核物种(→Zn—O→Zn—O→),这说明催化剂中只有很少一部分金属物种对聚合有效。形成的分子量分布很宽,这说明存在多种活性中心[30]。

烷基金属和含有两个或三个质子的化合物组成的催化剂也能制备出分子量非常高和分子量分布宽的环氧聚合物,如 $AlEt_3$—$H_2O$ [17]、$ZnEt_2$—$H_2O$ [16] 和 $ZnEt_2$—$Ar(OH)_3$[31],催化剂也含有缔合的多核物种(→Mt—O→Mt—O→),同样,只有很少一部分金属物种对聚合有效。

还有一类环氧聚合催化剂,铝和锌的卟啉化物,其性质和上述催化剂非常不同,如(5,10,15,20-四苯基卟啉)氯化铝[(tpp)AlCl]、甲氧基[(tpp)AlOMe]、1-丙基硫[(tpp)Al-SPr] 和 (5,10,15,20-四苯基-21-甲基卟啉)甲氧基锌[(Mtpp)ZnOMe] [32-35]:

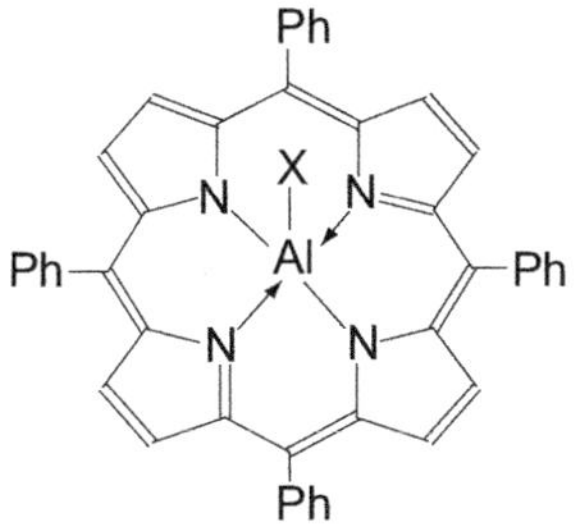

(tpp)ALX
X=Cl, MeO

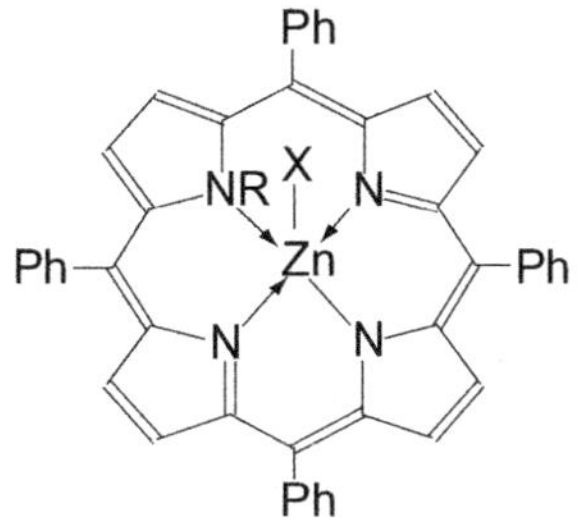

(Mtpp)ZnX
R=Me, X=MeO

卟啉金属催化剂是单核物种（Mt—X），孤立的金属原子被大平面的刚性环围绕。使用这种结构明确的催化剂聚合环氧具有活性特征；产生的聚醚分子量低，分布非常窄[30,36]。

二乙基氯化铝和 Schiff 碱反应也可以产生结构明确的含有孤立金属的环氧聚合催化剂[37-40]，如 {2,2'-[(1R,2R)-1,2-亚环己基双(亚胺次甲基)]二酚} 氯化铝[(sal)AlCl]，使用该催化剂制备的聚（氧化丙烯）分子量低，分布很窄[40]：

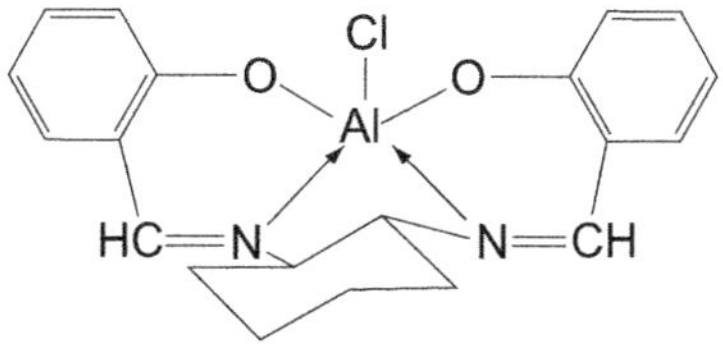

(sal)AlCl

(sal)AlCl 是手性的，其聚合环氧的立体化学行为与非手性的（tpp）AlCl 不同[30,39]。

杯[4]二酚和二乙基铝反应也能产生结构明确的孤立单核金属催化剂。如（25,27-二甲氧基对叔丁基杯[4]-26,28-二酚）氯化铝[(dmca)AlCl]，其具有刚性的 $AlO_4$ 结构，像一个扭曲的三角双锥，低温下在苯中以非缔合的单分子形式存在。使用该催化剂聚合氧化丙烯和氧化环己烯可以产生双功能聚合物，其分子量低，分布相对较窄[41]。该催化剂是非手性的，结构如下：

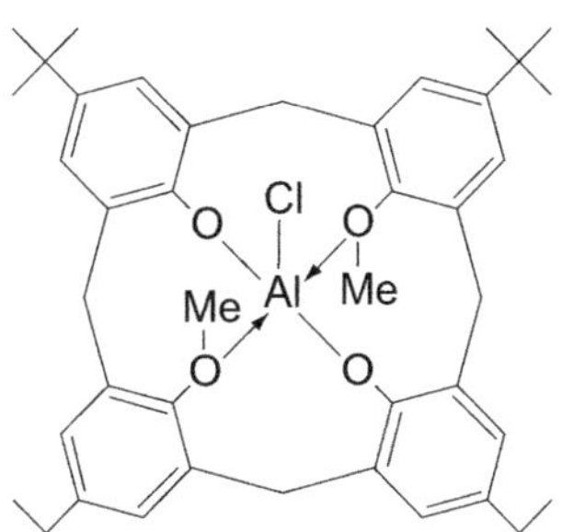

(dmca)AlCl

### 9.2.1.3 环氧的开环模式

外消旋氧化丙烯配位聚合产物可以分为结晶部分和无定形部分：

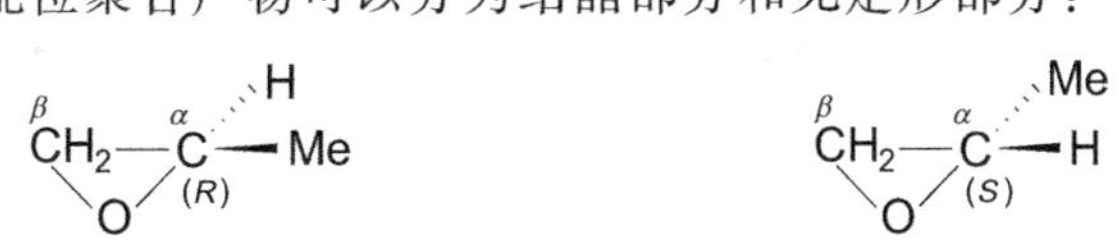

结晶部分由单体的 $C_\beta$—$O(CH_2$—$O)$ 键断裂形成，多年以前已经证明这部分为等规聚

合物（规则的头-尾连接）（图 9.1）[42]。无定形部分的结构根据催化剂的不同而不同。使用二乙基锌-甲醇[43] 或异丙氧基铝-氯化锌[44] 催化剂产生的无定形聚（氧化丙烯）具有规则的头-尾连接单元，但却是无规的（等规二元组的摩尔分数小于 0.6）[43]。而使用二乙基锌-水[44,45]、三乙基铝-水[46] 和异丙氧基铝[44] 催化剂产生的无定形聚（氧化丙烯）的单元连接则是无规律的，即含有头-头和尾-尾结构。

使用异丙氧基铝聚合氧化苯乙烯会选择性地断裂 $C_\alpha$—O[CH(Ph)—O] 键[47]。而使用二乙基锌-水催化氧化苯乙烯聚合时断裂的是 $C_\beta$—O(CH$_2$—O) 键[48]。

使用由卟啉[49,50]、Schiff 碱[40,51] 或杯[4]芳烃[41] 环绕的孤立金属原子特征的催化剂聚合氧化丙烯时，断裂的也是 $C_\beta$—O(CH$_2$—O) 键。

环氧配位聚合中断键的碳原子的构型发生反转：

$$\text{Mt—X} \longrightarrow \cdots \longrightarrow \cdots \tag{9-1}$$

已经证明，无论是单核还是多核催化剂，用其聚合各种环氧都有这种构型反转现象[41,52,53]。二乙基锌-甲醇制备的聚[反-($\beta$-d)氧化丙烯]的结晶部分具有赤式-双等规结构[43,54]。因此可以得出结论：环氧通过 $C_\beta$—O 键断裂开环，同时 $C_\beta$ 原子的构型发生反转。使用三乙基铝-水（1∶1）和二乙基锌-水（1∶1）催化聚合氘代氧化乙烯和氧化丙烯也发现环氧环断裂处的碳原子的构型发生反转[55-59]。使用三乙基铝-水-乙酰丙酮（2∶1∶1）[18,60,61] 和金属卟啉，如（tpp）AlCl、（tpp）AlOMe、（Mtpp）ZnOMe[62] 催化聚合氧化 2-丁烯同分异构体时，环氧环断裂处也有构型的反转，顺式环氧和反式环氧分别被转化为苏式连接和赤式连接的单元。使用二乙基锌-甲醇（7∶8）、二乙基锌-1-甲氧基-2-丙醇（2∶3）[63,64]、二乙基锌-4-叔丁基邻苯二酚-苯酚（2∶1∶1）、二乙基锌-4-叔丁基邻苯二酚-1-苯氧基-2-丙醇（2∶1∶1）[65] 和（dmca）AlCl[41] 催化聚合氧化环己烯（1,2-环氧环己烷）（顺式环氧），产生的聚合物中单体单元都是苏式连接。这也证明环氧开环时 C—O 键断裂处碳原子的构型发生反转。

相反的例子，即环氧开环处碳原子的构型保持不变的情况[式（9-2）] 很少见[66,67]：

$$\text{Mt—X} \longrightarrow \cdots \longrightarrow \cdots \tag{9-2}$$

例如，顺-氧化 2-丁烯和反-氧化 2-丁烯和氯化铝反应分别产生赤式和苏式卤乙醇（氢化后）[66]。

### 9.2.1.4 活性中心的模型、环氧聚合的机理和立体化学

尽管任何配位聚合的每一步都有单体的配位，但是单体杂原子和活性中心金属原子配位形成配合物的数据却很少在文献中报道。这是因为这种配合物很不稳定。如果它们足够稳定，就不会进行任何重排，也就不会有聚合物链增长。所以只能研究模型。模型由没有催化效力的金属配合物和一个单体组成，或者由一个催化剂和一个不能聚合的杂环组成。

在使用羧酸金属催化剂配位聚合环氧的体系中，首次分离并表征了引发阶段的中间体，

它们为可溶于有机溶剂的三-3-苯基吡唑硼氢化物配位的羧酸镉与环氧（如氧化丙烯）和氧化环己烯之间的配合物[68]。文献中也报道了各种金属衍生物与环氧的配合物[69-72]。

环氧聚合开环时断键处的环碳原子构型反转表明，与金属配位的单体是从背后受到取代基X的亲核攻击［式(9-1)］。如果从前面攻击，如式(9-2)那样通过四元环过渡态攻击，那么构型将保持不变。

考虑到催化剂的相关结构以及亲核剂从背后攻击配位环氧的事实，催化剂必须有两个金属原子参与才能进行聚合。实际上，含有缔合多核物种（→Zn—O→Zn—O→）的锌基催化剂以及含有稠合锌原子的催化剂（→Zn—O—Zn—O→）的活性中心都有通过亲核氧原子桥连的两个锌原子，其中与八面体锌原子共价连接的氧原子和邻近的四面体Zn原子配位（Zn—O→Zn）。

$ZnEt_2$-$MeOCH_2CH(Me)OH$(2∶3)[29]、$ZnEt_2$-$C_6H_3$-($t$-Bu)$(OH)_2$-PhOH（2∶1∶1）[65]和$ZnEt_2$-$C_6H_3(OH)_3$(2∶1)[31,73]等催化剂形成的活性中心模型[1,74]如下所示：

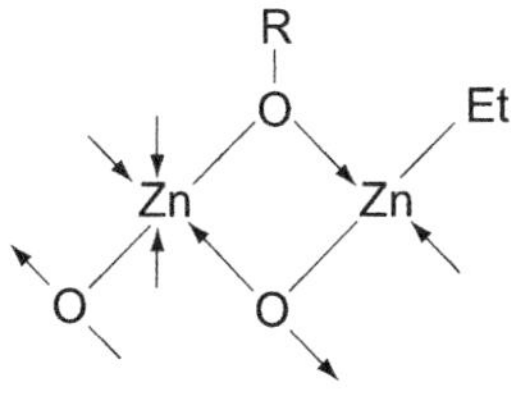

R＝1-甲氧基-2-丙醇

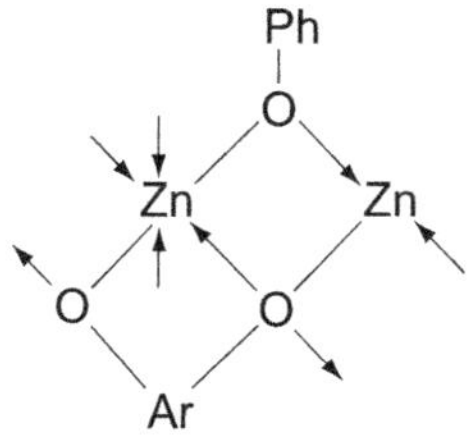

R＝4-叔丁基-1,2-二羟基苯(4-叔丁基邻苯二酚)

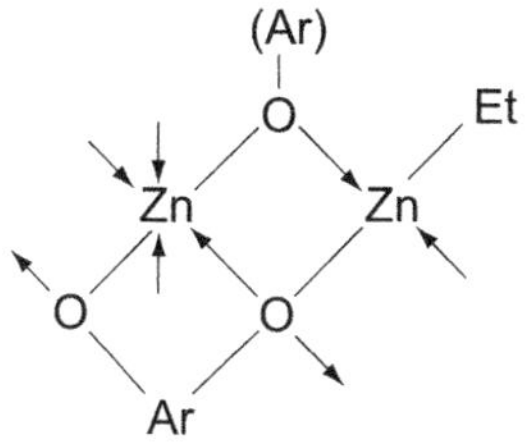

R＝1,2,3-三羟基酚（邻苯三酚）

这些模型的活性中心都有 OZn—O→Zn(O)Et 部分。考虑到所讨论的催化剂的结构特点、聚合物链的微观结构和催化剂 $PhOZnOC_6H_3$($t$-Bu)OZnEt 制备的聚（氧化丙烯）的链端基团，提出了使用含有多核和稠合锌原子的催化剂开环聚合环氧的协同机理[65,74]：

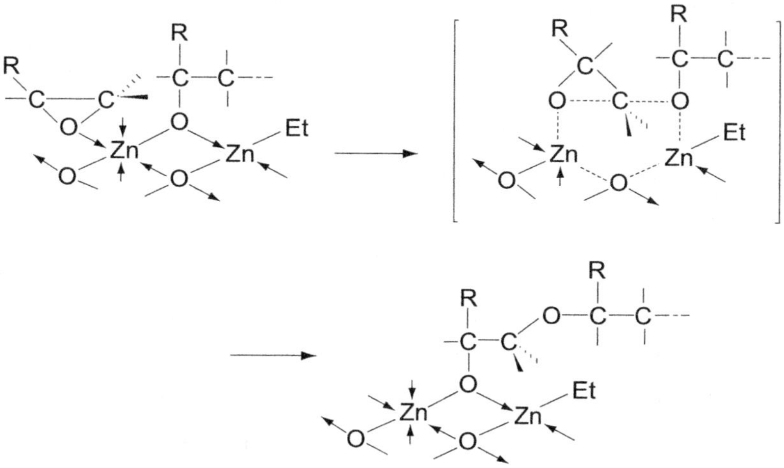

(9-3)

根据该机理，环氧首先和更亲电的锌原子配位，也就是和OZnO单元的八面体锌原子配位。配位后单体受攻击的碳原子的亲电性和攻击氧原子的亲核性都得到增强。配位后的配合物在适当的几何和电荷分布条件下，环氧单体和锌-氧互相活化，这为邻近四面体锌原子上的氧原子从背后亲核攻击配位环氧提供了条件。在含有双金属原子的六中心活性配合物中，背后亲核攻击配位环氧必将使环氧开环断键处的碳原子构型发生反转[65]。

环氧和催化剂活性中心配合物可能存在着以下的中间态，这更能代表活性种的本质[74]：

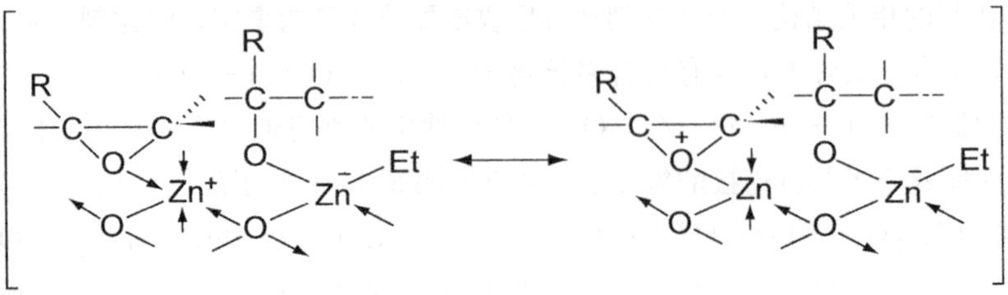

Tsuruta[52,75]等提出了一个对映催化点模型，令人满意地解释了二烷氧基锌和相关的二烷氧基锌-乙基烷氧基锌配合物催化氧化丙烯立体选择性聚合的立体调节机理。根据该模型，带有聚合物链并配位有单体的中心八面体锌原子的手性是立体调节机理的本质。

如果 $R^*$ 中心与(R)-氧化丙烯配位优先于与 (S)-氧化丙烯配位，结果在聚合物链上形成 RRR 等规序列。反之，如果 $S^*$ 中心与 (S)-氧化丙烯配位优先于与 (R)-氧化丙烯配位，结果在聚合物链上形成 SSS 等规序列。

使用二乙基锌-苯酚或醇和/或多元酚体系反应得到的催化剂聚合氧化丙烯时，随着反应的进行，聚合物的平均分子量和聚合物的结晶度（等规度）增加[65]。聚（氧化丙烯）三元组规整度证明聚合增长按对映催化中心控制机理进行。使用非均相负载催化剂，如二乙基锌、乙基苯氧基锌或 1-苯氧基-2-丙氧基乙基锌-γ-氧化铝，制备的氧化丙烯的三元组规整度研究也得出相类似的结论[76]。因此可以说，催化活性中心上 OZnO 单元中带有聚醚增长链的锌原子和具有适当长度的聚合物链中的氧原子配位后可以形成饱和八面体构型。这种多核催化剂中与邻近锌原子连接的六配位锌原子可以形成对应点 $R^*$ 和 $S^*$，在增长步中能够和氧化丙烯进行选择性反应[65,76]。

对映 Zn 基催化剂和其他聚合催化剂并不能识别出氧化环己烯的取向模式，它是顺式双取代的非手性环氧。催化剂就像连在增长聚合物链上的大基团，在倒数第一个和第二个单体单元的强空间作用下，氧化环己烯很容易进行间规连接（苏式-双间规聚合物）[64,65,77]。有趣的是，聚（氧化环己烯）链有一定程度的不饱和端基，这是由 $H^+$ 转移产生的，说明聚合发生了阳离子增长反应[64,65,77]。使用甲氧基乙基锌催化氧化环己烯和四氢呋喃共聚[77]，以及使用 $AlEt_3-H_2O$-乙酰丙酮催化共聚氧化-2-丁烯和四氢呋喃的反应[78] 也是阳离子增长。共聚物中有连续的四氢呋喃单元，这证明聚合是阳离子机理，通过氧鎓离子增长。上述结果表明多核锌和铝基催化剂能产生阳离子增长点。

使用二乙基锌和手性二元醇反应衍生的催化剂聚合氧化丙烯需要特别地关注。如二乙基锌-(R)-(−)-3,3-二甲基-1,2-丁二醇（1∶1）体系，它优先选择和二醇空间构型相同的对映体聚合，产生的聚（氧化丙烯）的规整性符合对映催化中心模型[25,79]。手性引发剂优先选择和自己空间构型相同的对映体聚合，Spassky 等[80] 将这种聚合命名为同构对映非对称聚合。相反的，二乙基锌催化剂如果优先选择和二醇空间构型相反的对映体聚合，这种聚合称为反构（异构）对映非对称聚合。

与使用上述联合的多核催化剂聚合环氧的机理[65]相关,Vandenberg 曾最早提出过环氧配位聚合的"翻转-轻拍"机理[18,60,61],其中间体本质上是线型的三中心过渡态,它也可以解释环氧断键处碳原子构型的反转。"翻转-轻拍"机理假设环氧分子先和铝原子配位,邻近铝原子上键合的聚合物链在从背后亲核攻击该环氧分子。然而,这个机理现在已经过时。

使用 Zn、Al 或其他金属基多核配位催化剂聚合环氧的机理可以用式(9-4)(a) 表示(结构和电荷分布都被简化,+和—表示的电荷为 $\delta^+$ 和 $\delta^-$)[1]:

$$(9\text{-}4)$$

式(9-4)(b) 的路径("翻转-轻拍"机理)不能发生。

一般来说,氧化环己烯配位聚合的阳离子链增长符合配位机理[64,65,77],聚合物链端向配位单体亲核攻击形成增长[式(9-4)(a)]。但是还有其他一些情况,多核催化剂活性中心上配位的单体被其他单体攻击也能形成阳离子增长[式(9-5)]:

$$(9\text{-}5)$$

四苯基卟啉[32,35,38,81]、Schiff 碱[37-40] 和杯[4]芳烃[41] 配位的铝基催化剂具有非缔合孤立五配位金属原子,能和亲核取代基 X 形成活性键 Mt—X。如上所述,使用这类催化剂聚合时对配位环氧的亲核攻击也是从背后进行的[式(9-1)]。为了解释这一现象,提出了一种假设机理,即在引发和增长反应中需要同时有两个催化剂分子参与[40,41,62,82]。根据这一机理,亲核取代基背后攻击配位单体在六配位铝物种上进行。这些物种可以是中性环氧与含有一个氯原子或增长聚合物链的催化剂分子的配合物;或者是铝离子或离子对,它们包括带有配位环氧分子的带正电荷的铝物种和带有亲核攻击试剂的带负离子的铝物种。

(dmca)AlCl[41] 催化聚合环氧的机理如式(9-6)所示:

$$(9\text{-}6)$$

使用单核催化剂（Mt—X）聚合环氧的一般性机理可以用下式表示（简化的，离子和离子对的表示相同）[1]：

$$2 \text{Mt}—\text{X} \xrightarrow{2\text{M}} 2 \begin{array}{c}\text{M}\\|\\\text{Mt}\\|\\\text{X}\end{array} \longrightarrow \begin{array}{c}\text{M}^+\\|\\\text{Mt}\\|\\\text{X}\end{array}\left[\begin{array}{c}\text{M}—\text{X}\\|\\\text{Mt}\\|\\\text{X}\end{array}\right]^- \diagup\!\!\diagdown \begin{array}{c}\text{Mt}—\text{M}—\text{M}—\text{X} + \text{Mt}—\text{X}\\ \\ 2\text{Mt}—\text{M}—\text{X}\end{array} \qquad (9\text{-}7)$$

使用单核催化剂阳离子聚合的机理如下所示[1]：

$$\begin{array}{c}\text{M}^+\\|\\\text{Mt}\end{array}\left[\begin{array}{c}\text{M}—\text{X}\\|\\\text{Mt}\\|\\\text{X}\end{array}\right]^- \xrightarrow{\text{M}} \begin{array}{c}\text{M}—\text{M}^+\\|\\\text{Mt}\end{array}\left[\begin{array}{c}\text{M}—\text{X}\\|\\\text{Mt}\\|\\\text{X}\end{array}\right]^- \qquad (9\text{-}8)$$

#### 9.2.1.5 氧杂环丁烷的聚合

四元环醚氧杂环丁烷极易进行阳离子聚合[83]。但是，如使用二甲氧基锌[84]、三乙基铝-水-乙酰丙酮[85-87]、异丙氧基铝-氯化锌和二乙基锌-水[87,88]，以及四苯基卟啉氯化铝-二(1,6-二叔丁基-4-甲基苯氧基)甲基铝[89] 作为催化剂，也可以进行配位聚合。三乙基铝-水-乙酰丙酮（2∶1∶2）催化聚合 2-甲基氧杂环丁烷的聚合物具有区域规则的单体序列和相当高含量的等规三元组[87]：

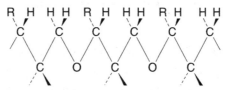

而使用三乙基铝-水（1∶1）制备的聚（2-甲基环丁烷）却是无规的[87]。这说明前一种催化剂聚合是配位机理，而后一种是阳离子机理。

应该注意到环醚聚合用配位催化剂的多功能性，它可以形成各种聚合活性中心以不同的机理进行增长反应。

### 9.2.2 环酯的聚合

能够配位聚合的环酯主要是内酯，尤其是四元环内酯。人们对氧杂环酯如交酯和亚烷基碳酸酯的配位聚合兴趣较大，对硫杂、氮杂和磷杂环酯的配位聚合兴趣较小（表 9.2）。

#### 9.2.2.1 内酯聚合物的立体异构

由于聚合物主链上叔碳原子具有手性，内酯聚合物具有立体异构现象。四元环内酯（$\beta$-内酯）如 $\beta$-丁内酯的聚合物非常有趣。如聚[($R$)-$\beta$-丁内酯]｛聚[($R$)-3-羟基丁酸酯]｝，它是最常见的聚（$\beta$-羟基烷酸酯），广泛存在于微生物中[90]。

聚（$\beta$-丁内酯）等规和间规异构体结构见图 9.2。

#### 9.2.2.2 内酯的聚合

四元环内酯配位开环聚合有两种路径，一种是 C(O)—O 键断裂形成烷氧基金属增长活

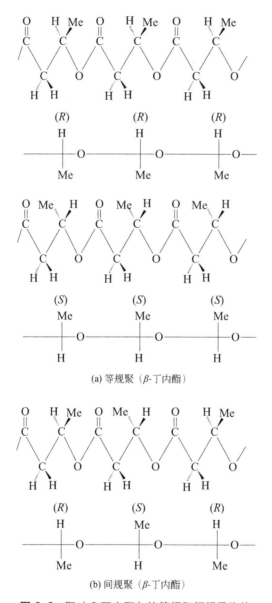

(a) 等规聚（β-丁内酯）

(b) 间规聚（β-丁内酯）

**图 9.2** 聚（β-丁内酯）的等规和间规异构体

性种 [式(9-9)]，另一种是 $C_\beta$—O 键断裂形成羧酸金属增长活性种 [式(9-10)]。内酯开环方式与单体和催化剂有关：

$$\begin{array}{c}-\overset{|}{C}-C=O \\ -\overset{|}{C}-O\end{array} \xrightarrow{Mt-X} Mt-O-\overset{|}{\underset{|}{C}}-\overset{|}{\underset{|}{C}}-\overset{O}{\underset{}{\overset{\|}{C}}}-X \qquad (9-9)$$

$$\begin{array}{c}-\overset{|}{C}-C=O \\ -\overset{|}{C}-O\end{array} \xrightarrow{Mt-X} Mt-O-\overset{O}{\underset{}{\overset{\|}{C}}}-\overset{|}{\underset{|}{C}}-\overset{|}{\underset{|}{C}}-X \qquad (9-10)$$

六元环和七元环内酯（分别为 δ-内酯和 ε-内酯）配位聚合断裂的是 C(O)—O 键，和式(9-9) 类似。

烷氧基铝（尤其是异丙基铝）、二烷基烷氧基铝、烷氧基钇、烷氧基锌、铝氧烷、锌氧烷、$\mu$-氧烷氧基双金属、卟啉铝和 Schiff 碱铝是内酯聚合最具代表性的催化剂，其中有的是多核催化剂，有的是单核催化剂（表 9.5）。

表 9.5 杂环和杂不饱和单体配位聚合的代表实例

| | 催化剂 | 单体 | 参考文献 |
|---|---|---|---|
| 多核催化剂 | $FeCl_3$-PO | 环氧 | [267,290-296] |
| | | 异氰酸酯 | [268] |
| | $AlEt_3/H_2O$ | 环氧 | [17,18,46,61] |
| | | 内酯 | [117] |
| | $AlR_3/H_2O$, R＝Me、Et、$i$-Bu | 内酯 | [115,116,119,120] |
| | $AlEt_3/H_2O/AcacH$ | 环氧 | [15,18] |
| | | 环氧丁烷 | [86,87] |
| | | 环氧丁烷/$CO_2$① | [245] |
| | $ZnEt_2/H_2O$ | 环氧 | [16,45,61,297-303] |
| | | 环氧/$CO_2$① | [137,199-201] |
| | | 三元环硫 | [154,155] |
| | $ZnEt_2/H_2O/CO_2$ | 环氧/$CO_2$① | [202] |
| | $Al(O-i-Pr)_3$ | 环氧 | [57] |
| | | 内酯 | [91,92,97,98,106-110] |
| | | 交酯 | [108,117] |
| | $Al(O-i-Pr)_3/ZnCl_2$ | 环氧 | [15,44] |
| | $[(RO)_2AlOZnOAl(OR)_2]_x$；R＝Bu | 环氧 | [20-22,69,197] |
| | | 内酯 | [122,124,125] |
| | $ZnEt_2/MeOH(1:2)$ | 环氧 | [16,42,43,54,64,84,246] |
| | | 环氧丁烷 | [84] |
| | | 内酯 | [113] |
| | $ZnEt_2/MeOH(7:8)$ | 环氧 | [26-28,64] |
| | $ZnEt_2/MeOCH_2CH_2OH(7:8)$ | 环氧 | [304] |
| | $ZnEt_2/MeOCH_2CH(Me)OH(2:3)$ | 环氧 | [29,64,77] |
| | $ZnEt_2/(R)-(-)-HOCH(t-Bu)CH_2OH(1:1)$ | 环氧 | [79,80] |
| | | 三元环硫 | [79,153,305-307] |
| | | 内酯 | [111,112] |
| | $CdMe_2/(R)-(-)HOCH(t-Bu)CH_2OH(1:1)$ | 三元环硫 | [159] |
| | | 内酯 | [114] |
| | $ZnEt_2/HOC_6H_4OH(1:1)$ | 环氧/$CO_2$① | [203-205,308,309] |
| | $ZnEt_2/HOC_6H_3(t-Bu)OH(1:1)$ | 环氧 | [65] |
| | | 环氧/$CO_2$① | [207] |
| | $ZnEt_2/HOC_6H_4C(O)OH(1:1)$ | 环氧/$CO_2$① | [212] |
| | $ZnEt_2/HOC_6H_4NH_2(1:1)$ | 环氧/$CO_2$① | [208] |
| | $ZnEt_2/HOC(O)C_6H_4C(O)OH(1:1)$ | 环氧/$CO_2$① | [212] |
| | $ZnEt_2/HSC_6H_4SH(1:1)$ | 环氧/$CO_2$① | [213] |
| | $ZnEt_2/H_2NC_6H_4NH_2(3:2)$ | 环氧/$CO_2$① | [213] |
| | $ZnEt_2/C_6H_3(OH)_3(2:1)$ | 环氧 | [31] |
| | | 环氧/$CO_2$① | [73,208-211] |
| | $ZnEt_2/C_6H_3(OH)_3/H_2O(2:1:0.5)$ | 环氧/$CO_2$① | [211] |
| | 催化剂② | 单体 | [209] |
| | $CdEt_2/C_6H_3(OH)_3(2:1)$ | 环氧/$CO_2$① | [209] |
| | $AlEt_3/C_6H_3(OH)_3(2:1)$ | 环氧/$CO_2$① | [209] |
| | | 环硫丁烷/$CO_2$① | [247] |
| | $Y[OP(O)(OR)_2]_3/Al(i-Bu)_3/C_3H_5(OH)_3$ R＝$CH_3(CH_2)_3CH(Et)CH_2$ | 环氧/$CO_2$① | [227] |

续表

| 催化剂 | | 单体 | 参考文献 |
|---|---|---|---|
| 多核催化剂 | $Y[OP(O)(OR)_2]_3/Al(i-Bu)_3$<br>$R=CH_3(CH_2)_3CH(Et)CH_2$ | 环氧/$CO_2$① | [228] |
| | $Y(OCH_2CH_2OMe)_3$ | 内酯 | [69] |
| | $Y_5(\mu-O)(O-i-Pr)_{13}$ | 内酯/交酯 | [100] |
| | $(EtZnOMe)_4$ | 环氧 | [64] |
| | $ZnEt_2/\gamma-Al_2O_3$ | 环氧 | [76,310,311] |
| | | 环氧/$CO_2$① | [76,218,219] |
| | $ZnEt_2/PhOH/\gamma-Al_2O_3$ | 环氧 | [76] |
| | | 环氧/$CO_2$① | [76] |
| | $ZnO/HOC(O)C_6H_4C(O)OH$ | 环氧/$CO_2$① | [221,222] |
| | $ZnO/HOC(O)(CH_2)_xC(O)OH, x=3,4$ | 环氧/$CO_2$① | [223] |
| | Cd(S)-巯基丙氨酸 | 三元环硫 | [157,160,162-164] |
| 单核催化剂 | $Zn[OC_6H_3(Ph)_2]_2 \cdot 2Et_2O$ | 环氧/$CO_2$① | [238] |
| | $Zn[OC_6H_2(t-Bu)_3]_2 \cdot 2Et_2O$ | 环氧/$CO_2$① | [238] |
| | (tpp)AlX, X=Cl, SPr, OMe | 环氧 | [32,35,49,81] |
| | | 环氧/环碳酸酯 | [149] |
| | | 环碳酸酯 | [149] |
| | | 内酯 | [81,128] |
| | (tpp)AlCl | 环氧 | [40,49,242,312,313] |
| | (tpp)AlOMe | 内酯 | [126,127] |
| | | 内酯 | [141] |
| | (tpp)AlOC(O)R | 内酯 | [129] |
| | (tpp)AlCl/MeOH | 环氧 | [196] |
| | (tpp)AlCl/$Q^+X^-$ | 环氧/$CO_2$① | [241] |
| | | 环氧/环酸酐 | [188,189] |
| | (tpp)AlCl/MeAl(OAr)$_2$ | 环氧 | [314-317] |
| | | 内酯 | [140] |
| | (Mtpp)ZnOMe | 环氧 | [62] |
| | (Mtpp)ZSPr | 三元环硫 | [125,165] |
| | (sal)AlCl | 环氧 | [36,37,39,40,50,318] |
| | | 内酯 | [130] |
| | (sal)AlOMe | 交酯 | [130] |
| | (dmca)AlCl | 环氧 | [41,244] |
| | | 环氧/$CO_2$① | [41,244] |

① 共聚合。
② Me=$CH_3$; Et=$CH_3CH_2$; Pr=$CH_3(CH_2)_2$; i-Pr=$(CH_3)_2CH$; Bu=$CH_3(CH_2)_3$; i-Bu=$(CH_3)_2CHCH_2$; t-Bu=$(CH_3)_3C$; Ph=$C_6H_5$; Ar=1,6-二叔丁基苯基,1,6-二叔丁基-4-甲基苯基; AcacH=酰丙酮; sal$H_2$=水杨烯[$N,N'$-二亚水杨基-(1$R$,2$R$)-1,2-环己烷基二胺,$N,N'$-双(2-羟基亚苄基)-(1$R$,2$R$)-1,2-环己烷基二胺或1,2-(1$R$,2$R$)-1,2-环己烯双(腈次甲基)二酚]; tpp$H_2$=5,10,15,20-四苯基卟啉; Mttp=N-甲基-5,10,15,20-四苯基卟啉; $Q^+X^-$=卤化磷鎓; dmca$H_2$=25,27-二甲氧基-26,28-二羟基-对叔丁基杯[4]芳烃,或25,27-二甲氧基-对叔丁基杯[4]芳烃-26,28-二酚。

注：源自参考文献 [1]。

在所评测过的催化剂中，以 C(O)—O 键 [式(9-9)] 断裂方式开环聚合 β-内酯、δ-内酯和 ε-内酯的有效催化剂有烷氧基铝和二烷基烷氧基铝[91-110]、烷氧基钇[99,100]、烷氧基锌[111-114]、铝氧烷[115-120]、锌氧烷[117,121]、双金属 $\mu$-氧代烷氧化物[122-124] 和 (tpp)AlOR 型卟啉铝[81,125-127]。另外，卟啉铝如 (tpp)AlCl 或 (tpp)AlOC(O)R[125,128,129] 和 Schiff 碱铝如 (sal)AlCl[130] 催化聚合 β-内酯聚合时，断裂的是 $C_\beta$—O 键 [式(9-10)]。

内酯聚合时 C(O)—O 键断裂由配位单体羰基碳原子受亲核攻击引起。这种攻击可以由多核催化剂邻近的金属原子完成[82]：

$$\text{(结构式)} \quad (9-11)$$

最近 Lenz 等[119,120,131]报道了铝氧烷催化内酯聚合，外消旋 ($R,S$)-$\beta$-取代的 $\beta$-内酯聚合最有效，产生的聚合物为相当高分子量的等规聚合物。研究最多的铝氧烷是含有甲基、乙基或异丁基等高级烷基取代基的。使用铝氧烷催化 $\beta$-取代的 $\beta$-内酯聚合也有一些缺点，如需要较长的聚合时间，产生的聚酯为等规和无规混合物，且各部分分子量分布宽[118]。然而，异丁基铝氧烷催化聚合外消旋 ($R,S$)-$\beta$-丁内酯可以非常有效地产生最佳结果，制备的聚（$\beta$-丁内酯）具有高的分子量和等规度[120]。根据铝氧烷和聚合条件不同，也能产生高间规或无规的聚（$\beta$-丁内酯）[131]。

近期，一种有效的钇基催化剂——2-甲氧基乙氧基钇，被成功用于 $\beta$-丁内酯的聚合，聚合可在室温下进行[99]。烷氧基稀土金属（铱和镧的衍生物）对己内酯[132]和交酯[133]等环酯的聚合非常有效。

使用双金属 $\mu$-氧代烷氧化物聚合 $\beta$-内酯、$\delta$-内酯、$\varepsilon$-内酯时，亲核攻击基团为烷氧基。催化剂的平均聚合度对聚合动力学有决定性影响[122,125]。双金属 $\mu$-氧代烷氧化物和烷氧基铝[106]催化聚合 $\beta$-丙内酯和 $\varepsilon$-己内酯具有活性聚合特征。

使用异丙氧基铝和双金属 $\mu$-氧代烷氧化物聚合 $\varepsilon$-己内酯具有相同的机理。使用异丙氧基铝三聚体和四聚体聚合时[96-98]，三聚体的引发速度比四聚体的快很多，而四聚体到三聚体的转变相当慢[98]。使用异丙氧基铝三聚体和四聚体混合物聚合 $\varepsilon$-己内酯时，三聚体被完全消耗，而四聚体在聚合完成的时间段内几乎没有转变。在异丙氧基铝和单体分子的反应中，所有的三个异丙氧基都参与引发，转化为聚（$\varepsilon$-己内酯）的链端基[98,108]。因此，一个铝原子上有三个增长链。（$\varepsilon$-己内酯）活性聚合物的 $^{27}$Al NMR 谱表明，铝原子和增长聚合物链酰基氧原子配位，聚合中存在四配位、五配位和六配位的铝原子。

使用二乙基锌-($R$)-(−)-3,3-二甲基-1,2-丁二醇聚合外消旋 $\beta$-丁内酯是对映非对称聚合。$S$ 对映体单体不反应，聚合具有同构对映选择性[114]。相比而言，二乙基锌-水或二乙基锌-甲醇催化的聚合没有立体选择性。二乙基锌-甲醇催化外消旋-$\alpha$-乙基-$\alpha$-甲基-$\beta$-丙内酯[($R$)-(+) 和 ($S$)-(−)-] 聚合只能产生无规聚合物[113]。二乙基锌-水催化聚合 $\beta,\beta$-双取代 $\beta$-内酯也只能产生无规聚合物[134]。这说明锌配位催化剂的对映点不能识别出聚合内酯单体的手性。二乙基锌-($R$)-(−)-3,3-二甲基-1,2-丁二醇催化聚合外消旋-$\alpha$-乙基-$\alpha$-甲基-$\beta$-丙内酯能产生光学活性的聚合物，遵循同构立体可选性[135]。二乙基锌-($R$)-(−)-3,3-二甲基-1,2-丁二醇催化聚合外消旋-$\alpha$-甲基-$\alpha$-丙基-$\beta$-丙内酯产生的结果和外消旋-$\alpha$-乙基-$\alpha$-甲基-$\beta$-丙内酯的类似[114]。二甲基镉-($R$)-(−)-3,3-二甲基-1,2-丁二醇催化聚合外消旋-$\alpha$-甲基-$\alpha$-丙基-$\beta$-丙内酯是对映非对称反构立体可选性聚合[114]。

(tpp)AlOR 催化内酯聚合时，C(O)—O 键断裂，开环反应中有两个催化剂分子参与反应[36,136]，$\beta$-内酯聚合的反应如下式所示：

$$(9\text{-}12)$$

(tpp)AlCl、(tpp)AlO—C(O)R 或 (sal)AlCl 催化聚合 $\beta$-丁内酯是 $C_\beta$—O 键断裂[125,129,130,137],可能解释为有另一个催化剂分子参与对配位单体的亲核攻击:

$$(9\text{-}13)$$

很有趣的是,带有大体积取代基的 Lewis 酸能加速 $\beta$-内酯的聚合,如二(1,6-二叔丁基-4-甲基苯氧基)甲基铝,其加速的程度和内酯开环的方式有关。(tpp)AlOMe 催化 $\beta$-丁内酯[式(9-9)]聚合的速度比 (tpp)AlCl[式(9-10)]慢,但是,Lewis 酸对 (tpp)AlOMe 的加速效果比 (tpp)AlCl 明显的多[125]。这种加速效果可能是由以下原因引起的[125],内酯羰基氧原子和 Lewis 酸的铝原子配位后可以直接影响羰基受攻击的速度[(tpp)AlOMe 催化聚合],而对远离羰基的 $C_\beta$ 原子受攻击的速度影响不大[(tpp)AlCl 催化聚合]。所以开环方式不同的内酯受到的加速程度不同。

与此有关,单独使用 (tpp)AlCl 不能促进 $\delta$-戊内酯聚合,但是,它能明显加速 (tpp)AlOMe 催化 $\delta$-戊内酯的聚合[126]。该聚合可能涉及以下过程,即催化剂 (tpp)AlOMe 上带有的烷氧基亲核攻击与 (tpp)AlCl 配位的单体。由于 (tpp)AlCl 的 Lewis 酸性比 (tpp)AlOR 高得多,所以 (tpp)AlCl 能大大加速聚合[126]。

除了内酯的配位聚合,使用各种催化剂配位聚合交酯(3,6-二甲基-1,4-二氧环己烷-1,5-二酮)的研究也在增多。因为 rac.-D,L-交酯和 meso.-D,L-交酯制备的聚酯毒性低,容易生物降解,可以作为潜在的生物和医药材料。交酯聚合催化剂有多核的,如异丙氧基铝[108,138,139]、三乙基铝-新戊醇(1:1)[139]、三乙基铝-(+)-薄荷醇(1:1)[139]、甲基铝氧烷[139]和双金属 $\mu$-氧代烷氧化物[140],也有单核的,如 (tpp)AlOMe[141] 和 (sal)

AlOMe[130]。

使用异丙氧基铝催化聚合交酯时，三个异丙氧基都参与引发。使用异丙氧基铝和二乙基异丙氧基铝开环方式为 C(O)—O 键断裂，形成的增长物种为烷氧基铝[139]。使用其他多核催化剂催化聚合交酯的机理类似[138-140]。对交酯聚合物的立体序列分析后发现，异丙氧基铝、二乙基烷氧基铝和甲基铝氧烷等催化剂都不能制备出等规聚合物[139]。

使用单核催化剂如（tpp）AlOMe、（sal）AlOMe 催化聚合交酯也是 C(O)—O 键断裂[130,141]。很有趣的是，含有氯的催化剂如（tpp）AlCl 和（sal）AlCl 不能催化聚合交酯[130,141]。

### 9.2.2.3 环碳酸酯的聚合

能够开环配位聚合的环碳酸酯包括五元环和六元环分子。

五元环碳酸酯很难开环，如亚乙基碳酸酯（1,3-二氧环戊-2-酮）和甲代亚乙基碳酸酯（4-甲基-1,3-二氧环戊-2-酮）[142-146]。它们的聚合催化剂有烷氧基金属、乙酰丙酮金属和烷基金属。亚乙基碳酸酯在 100℃ 以下不能聚合[145]，而甲代亚乙基碳酸酯在 140℃ 几乎也没有明显的聚合反应[143]。聚合中有部分脱羧，无论聚合条件如何，聚合中二氧化碳的损失都超过 50%（摩尔分数）。五元环亚烷基碳酸酯聚合不能产生热力学不稳定的聚（亚烷基碳酸酯），而是产生聚（亚烷基醚-碳酸酯），在聚（亚烷基醚-碳酸酯）产物中亚烷基碳酸酯单元的含量不超过 50%（摩尔分数，见表 9.2）[142-145]。

甲代亚乙基碳酸酯聚合的一个假设机理认为其通过原碳酸酯聚合。该机理的合理性可以由以下事实证明，使用二乙基锌在 160℃ 聚合双甲代亚乙基螺原碳酸酯产生的是聚（甲代亚乙基醚-碳酸酯）[143]。

亚烷基碳酸酯聚合的第一步可能是单体脱羧。脱羧很可能是由于 1,3-二氧环戊-2-酮 $C_\beta$—O 键断裂产生的羧基金属造成的[146,147]。Zn 基催化剂存在下可能的脱羧反应如式（9-14）所示，为了清晰，邻近亲核攻击锌原子的参与已省略：

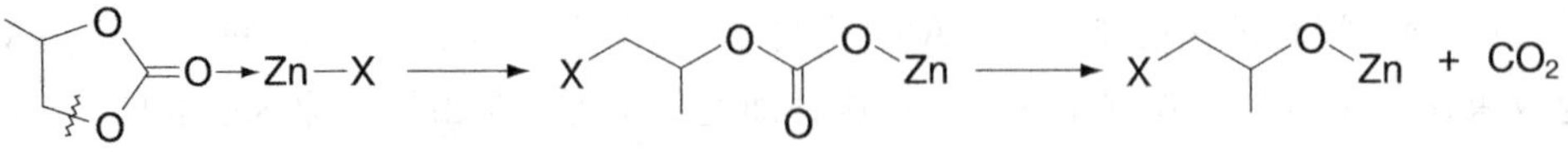

$$\text{(结构式)} \longrightarrow X\text{—}O\text{—}C(O)\text{—}O\text{—}Zn \longrightarrow X\text{—}O\text{—}Zn + CO_2$$

(9-14)

甲代亚乙基碳酸酯通过 C(O)—O 键断裂的聚合可以用下式简单表示，邻近锌原子的参与被略去：

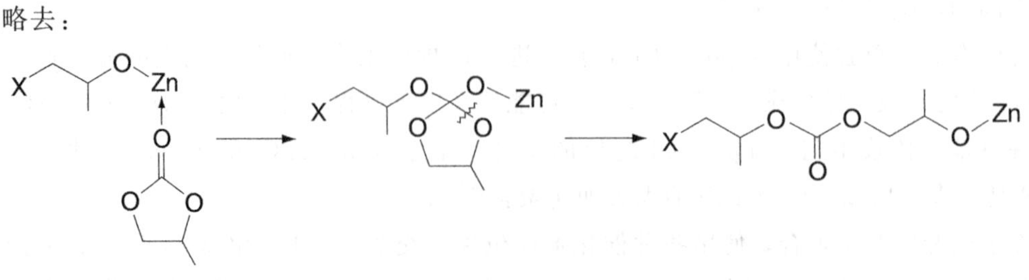

$$\text{(结构式)} \longrightarrow \text{(中间体)} \longrightarrow X\text{—}O\text{—}C(O)\text{—}O\text{—}O\text{—}Zn$$

(9-15)

可以看出，亚烷基碳酸酯聚合有两种路径，其中式（9-14）比式（9-15）发生的程度高。所以最终的聚合物是聚（亚烷基醚-碳酸酯），其中醚链接占优势。

使用锌基催化剂聚合双甲代亚乙基螺原碳酸酯可能通过烷氧基锌增长，其简化的反应方程式(邻近亲核攻击锌原子的参与被省略)如下所示：

$$\text{(结构式)} \xrightarrow{} \text{X—OCH(CH}_3\text{)CH}_2\text{OC(O)OCH}_2\text{CH(CH}_3\text{)O—Zn} \quad (9\text{-}16)$$

所形成的聚（甲代亚乙基醚-碳酸酯）具有规则的头-尾结构。这可能是由于一个环的 $C_\beta$ 原子受到亲核攻击，而另一个环上更具碱性的氧原子和金属配位。使用二乙基锌-邻苯三酚-水（3∶1∶0.5）在80℃能产生主要为头-尾链接的聚（甲代亚乙基醚-碳酸酯）。

六元环碳酸酯配位聚合产生相应的聚碳酸酯，没有脱羧反应（表9.2），如三亚甲基碳酸酯（1,3-二氧环己-2-酮）和1,2-二甲基三亚甲基碳酸酯（5,5-二甲基-1,3-二氧环己-2-酮）[148-150]。在羧酸金属［如硬脂酸锌，锡基催化剂如二（正丁基）二碘化锡-三苯基膦[151]，或卟啉铝化合物如（tpp）AlOR[149]］催化下的聚合。三亚甲基碳酸酯和1,2-二甲基三亚甲基碳酸酯在上述催化剂作用下断裂的是C(O)—O键，形成烷氧基金属增长中心[148,149,151]。有趣的是，（tpp）AlOR催化剂具有活性聚合特征[149]。

## 9.3 硫杂环单体的聚合

尽管硫杂环单体配位聚合的重要性不如氧杂环单体，但是三元环硫的配位聚合值得注意，尤其是它的立体化学：

$$n \underset{S}{\triangle} \xrightarrow{} \text{—[CH}_2\text{CH}_2\text{S]}_n\text{—} \quad (9\text{-}17)$$

对开环聚合的某些一般性考虑是源于三元环硫的配位聚合研究。其他含有环内和环外硫原子的硫杂环单体，如单硫代碳酸酯，可以作为五元环碳酸酯的替代物。

### 9.3.1 三元环硫的聚合

钌（Ⅱ）-亚乙基环硫化物配合物[152]可以作为三元环硫和催化剂活性中心配位的模型。

三元环硫聚合催化剂有多核的和单核的，多核的有二乙基锌或二甲基镉-水、醇、二醇、硫醇或羧酸体系等，单核的烷硫基卟啉锌等（表9.1和表9.5）。

#### 9.3.1.1 使用多核催化剂配位聚合三元环硫

多核配位催化剂聚合三元环硫的研究很多，尤其关注其聚合的立体选择性和立体可选性行为。对于单取代三元环硫，对映对称聚合形成的聚合物是相反构型等规链的混合物。使用光学活性催化剂，聚合可以是对映非对称的，两种对映体只有一种聚合。

三元环硫定向聚合的机理是对映催化点控制。Sigwalt等[79,153]发现，二乙基锌-(R)-(−)-3,3-二甲基-1,2-丁二醇催化聚合硫化丙烯和硫化叔丁基乙烯是对映非对称的。大多数立体定向催化剂催化聚合硫化叔丁基乙烯产生纯的等规链，使用二乙基锌-水聚合对映富集的硫化叔丁基乙烯,制备的产物可以分为两部分,一种是溶于氯仿的聚对映体,一种是不溶于氯仿的外消旋立体复合物[154,155]。

某些镉化合物,包括简单的镉盐,是硫化丙烯对映对称聚合的优异催化剂[156,157]。例如,使用(R)-酒石酸镉制备的聚(硫化丙烯)的等规二元组含量超过95%,高于(R)-酒石酸锌制备的69%含量[158]。相对于(R)-酒石酸锌,(R)-酒石酸镉优异的立体选择性还表现为,其聚合产生的聚(硫化丙烯)可以更有效地分离为两个相反旋光性组分。这两种催化剂催化聚合硫化丙烯的立体可选性很不同,酒石酸镉制备的聚(硫化丙烯)的光学活性非常微弱,而酒石酸锌制备的聚合物的光学活性很高[158]。

在硫化丙烯、硫化顺-2-丁烯和硫化环己烯的对映非对称聚合中,二甲基镉-(R)-(-)-3,3-二甲基-1,2-丁二醇(1∶1)的立体可选性比二乙基锌-(R)-(-)-3,3-二甲基-1,2-丁二醇差,其手性选择性也与锌基催化剂相反[159]。

上述三元环硫的立体定向性聚合一般在非均相体系中进行。从本质上讲,在这种体系中,对聚合活性种详细结构的了解是不可能的。对硫化丙烯对映对称和对映非对称的均相聚合体系也有研究,使用的是手性的巯基丙氨酸酯硫醇镉和手性的巯基丙氨酸,以及甲硫氨酸羧酸镉聚合体系[157,160-164]。而研究最多的是(S)-巯基丙氨酸异丙酯镉衍生物的活性聚合体系[160]:

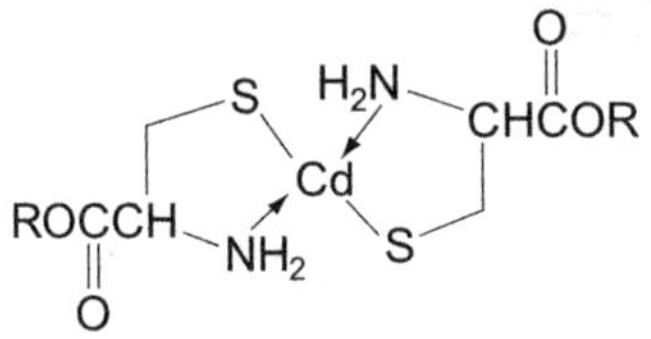

<chemical structure>

双[(S)-巯基丙氨酸异丙酯基]镉催化聚合硫化丙烯产生的聚(硫化丙烯)具有高的等规度,也具有光学活性,但旋光值不大。使用双[(S)-巯基丙氨酸]镉或双[(S)-甲硫氨酸]镉(羧酸镉)制备的聚(硫化丙烯)也是等规的,却没有光学活性。这种羧酸镉催化聚合硫化丙烯没有立体可选性,与(R)-酒石酸镉一样。进一步的研究发现,双[(S)-巯基丙氨酸异丙酯基]镉(连二硫酸镉)催化聚合硫化丙烯的立体定向性只有当分子量超过6000时才出现(立体选择性和立体可选性),而且与聚合温度有关。聚合温度降低,聚合物等规度升高,聚合的立体可选性被反转。分子量低于6000的聚合物为无定形态,没有光学活性。只有当分子量高于6000时,才会出现立体规整性和对映非对称性[157,161]。齐聚物经甲醇沉淀后分离出的高分子量部分才具有立构规整性。立构规整度σ($^{13}$C NMR测定的等规二元组摩尔分数)随分子量非常缓慢地增加。这是因为分子链上有一个数均分子量为6000的无规链段,而部分等规链段随着分子量增大而增加。聚合物链段立构规整度σ与其在主链上位置的关系如图9.3[163,164]所示。

可以看出,分子量超过6000时才出现立构规整性,并随着分子量规则地增长,分子量达到35000时达到最大值($\sigma=1$),分子量继续增大(如50000),立构规整性有小的下降。很明显,两种构型单元的分布随着增长链长度规则地变化。这说明使用双[(S)-巯基丙氨酸异丙酯基]镉聚合硫化丙烯时,聚合物链部分参与到了聚合活性中心体系中,可能至少有一个硫原子与镉原子配位。这种聚合物链主要可能是在一价镉上增长的聚合物,或者是二价镉上缓慢增长的齐聚物[163,164]。

手性巯基丙氨基配体对这种催化剂的对映非对称性影响很明显,聚合一开始,其氮原子

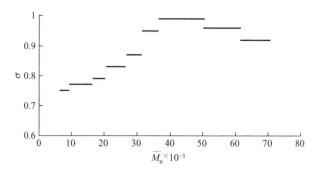

**图 9.3** 聚合物链段立构规整度 $\sigma$ 与其在主链上位置的关系

就和镉原子配位。动力学数据与催化剂缔合和三元环硫配位有关[164]。邻位硫醇基亲核攻击配位硫化丙烯 $C_\beta$ 原子。当聚合物链达到合适长度时，链上硫原子的次级配位成为可能，可以形成立体定向和对映非对称增长[163,164]：

这种立体定向增长在齐聚物和高聚物中同时存在。活性中心可以认为是非对映体，缔合催化剂的镉原子不仅与 (S)-巯基丙氨酸酯配位，也与 (R)-聚合物链段或 (S)-聚合物链段配位。因为不是对映异构体，所以具有不同的链增长速率常数。值得注意的是，聚合物链上的硫原子会取代氨基和镉原子配位，高分子量聚合物链的两个硫原子也会和齐聚物竞争与镉原子配位[163,164]。

各种手性催化剂催化聚合三元环硫（和三元环氧）具有对映非对称性，Spassky 等[25,80,159]归纳了这些催化剂开环聚合立体化学的构型规则。根据取代基的空间构型，催化剂可以分为三种类型。例如，(R)-(—)-3,3-二甲基-1,2-丁二醇和 (R)-(—)-硫化丙烯可以归为一类：

当使用 (R)-(—)-3,3-二甲基-1,2-丁二醇和二乙基锌制备的催化剂催化聚合外消旋硫化丙烯时，催化剂优先选择与二醇同构型的 (R)-(+)-对映体（同构对映非对称聚合）；相反，(R)-(—)-3,3-二甲基-1,2-丁二醇和二甲基镉制备的催化剂优先选择与二醇相反构型的 (S)-(—)-对映体（反构对映非对称聚合）。

所有同构催化剂都是手性锌体系，其组成可表示为 $[RZnOR^*]_x[R^*OZnOR^*]_y$ ($x/y<1$)。反构催化剂有手性锌或隔基催化剂，其组成可表示为 $[RZnOR^*]_x[R^*OZnOR^*]_y$ 或 $[RCdnOR^*]_x[R^*OCdOR^*]_y$ ($x/y>2$)。同构和反构立体可选性还不能从分子水平上给予完全解释，因为这些催化剂活性种的结构和聚合机理还不完全清楚[52]。

9 非烃（杂环和杂不饱和）单体的配位聚合

#### 9.3.1.2 单核催化剂配位聚合三元环硫

N-甲基四苯基卟啉丙硫醇锌[(Mtpp)ZnSPr]是硫化丙烯活性聚合的优异催化剂。室温下聚合其活性增长种为(Mtpp)ZnSPr[165]:

$$\text{Me Zn—SPr} + n\ \underset{S}{\overset{R}{\text{C}-\text{C}}} \longrightarrow \text{Me Zn}\left[\text{S}-\overset{R}{\text{C}}-\text{C}\right]_n\text{SPr} \tag{9-18}$$

一般来说,三元环硫的聚合性能比三元环氧强,但是文献中没有报道过一般条件下三元环硫-三元环氧的共聚。(Mtpp)ZnSPr 催化剂在可见光照射下可以无规共聚这两种单体。光照对交叉增长的效果比均相增长的要明显很多[166],这是首例光诱导的共聚[30,36]。

### 9.3.2 环硫代碳酸酯的聚合

使用烷基金属(如二乙基锌或二乙基镉)和烷氧基金属(如甲氧基镁、正丁氧基铝或正丁氧基钛)都可以聚合亚乙基单硫代碳酸酯(2-氧-1,3-氧硫乙烷)。聚合伴随有二氧化碳的消除(与环碳酸酯的聚合类似),产生的聚合物为聚(亚乙基硫醚单硫代碳酸酯)(表9.2)。聚合物中亚乙基单硫代碳酸酯(氧羰基硫亚乙基)和硫化乙烯(硫代亚乙基)单元的含量依催化剂而不同,在80℃的聚合产物中亚乙基单硫代碳酸酯的含量都不超过50%,如二乙基镉为49.8%,二乙基锌为21.2%,甲氧基镁为15.9%。然而,正丁氧基钛在40℃聚合的含量可以达到约77%[167]。

与亚乙基碳酸酯聚合相比,亚乙基单硫代碳酸酯的配位聚合更易发生,脱羧的程度也较小。两者脱羧的机理类似[式(9-14)],亚乙基单硫代碳酸酯聚合的脱羧是通过单硫代碳酸金属进行的。脱羧后产生硫醇金属物,其反应方程式如下所示:

$$\underset{O}{\overset{S}{\bigcirc}}\!\!=\!\!O \rightarrow \text{Mt—X} \longrightarrow X\!\!-\!\!\text{S}\!\!-\!\!\overset{O}{\underset{\|}{\text{C}}}\!\!-\!\!\text{O—Mt} \longrightarrow X\!\!-\!\!\text{S}\!\!-\!\!\text{Mt} + CO_2 \tag{9-19}$$

聚合中硫醇金属对亚乙基单硫代碳酸酯单体配位的反应性[式(9-20)]比相应的醇金属对亚乙基碳酸酯的反应性要高[式(9-15)]。

$$X\!\!-\!\!\text{S}\!\!-\!\!\text{Cd} \longrightarrow X\!\!-\!\!\text{S}\!\!-\!\!\overset{S}{\underset{O}{\text{C}}}\!\!-\!\!\text{O—Cd} \longrightarrow X\!\!-\!\!\text{S}\!\!-\!\!\overset{O}{\underset{\|}{\text{C}}}\!\!-\!\!\text{O}\!\!-\!\!\text{S}\!\!-\!\!\text{Cd}$$

$$\tag{9-20}$$

二乙基镉催化聚合亚乙基单硫代碳酸酯(80℃)脱羧程度较小,这可能是由于镉和硫在HSAB理论中都属于软性,能够更好地互相适应,形成共价键。因此,金属-硫键更易形成,脱羧物种含有金属-氧键的单硫代碳酸酯镉产生的程度减少了[式(9-19)]。而且,根据式(9-20)的链增长反应,形成相对高活性的硫醇金属物比形成活性较小醇金属物的可能性高。

## 9.4 氮杂环单体的聚合

易于进行配位聚合的含有环内氮原子的氮杂环单体有 α-氨基酸-N-羧酸酐和吗啉-1,5-二酮。

### 9.4.1 α-氨基酸-N-羧酸酐的聚合

α-氨基酸-N-羧酸酐聚合是制备高分子量多肽的一种简便方法,聚合也伴随有二氧化碳的脱除。使用第2、3族金属烷基化物[168-174]或其与水、二级胺或醇的组合物催化聚合 α-氨基尿酸(丙氨酸)-N-羧酸酐[168,173]可以产生聚丙氨酸(表9.2)。

二乙基锌或三异丁基铝催化聚合丙氨酸-N-羧酸酐的研究表明,第一步是烷基金属和单体 NH 基团的快速去质子反应(反应可以由乙烷或异丁烷的溢出判断)。该反应产生的 N-金属引发物种(取代氨基酸金属)并不是单体的,而是通过金属-杂原子配位键进行了缔合[75,175]。

某些简单体系中缔合的氨基酸锌[176,177]的结构可以用下式表示:

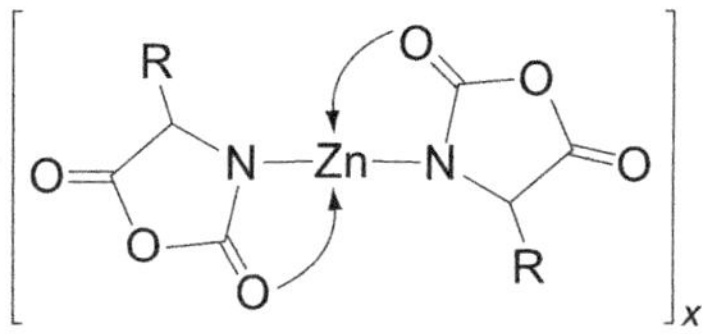

丙氨酸-N-羧酸酐聚合中会形成金属-氧物种,其脱羧后产生金属-氮增长物。增长反应如下式所示:

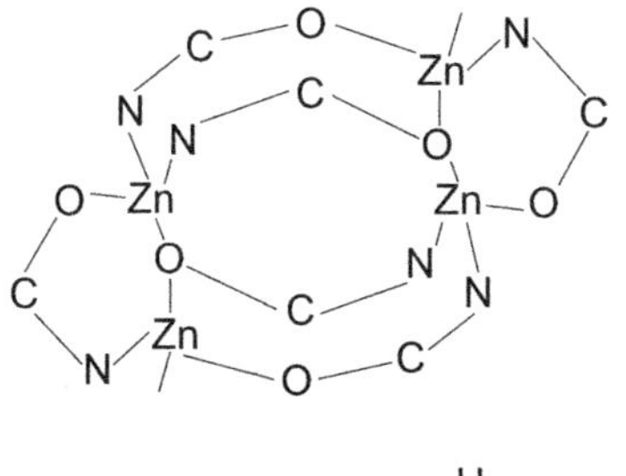

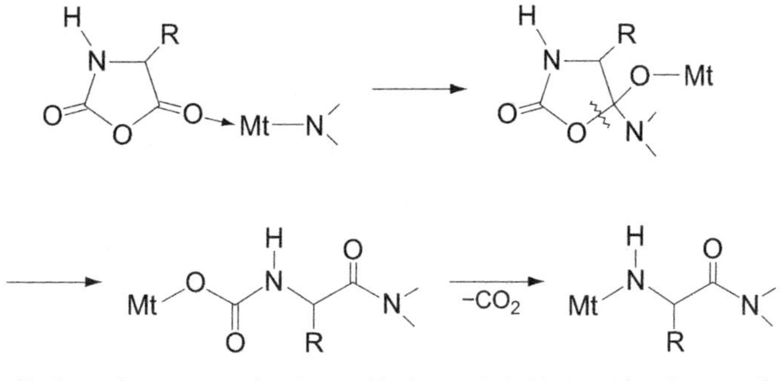

(9-21)

使用三乙基铝催化聚合 D,L-丙氨酸-N-羧酸酐形成的聚丙氨酸可以分为两部分[168,174]:

不溶于水的部分具有高的等规序列,而溶于水的部分是无规的。这说明聚合有某种立体选择性[75]。

使用二异丁基-$N,N$-二乙基氨基铝催化聚合 D,L-丙氨酸-$N$-羧酸酐时,如果投料中 L-对映体多于 D-对映体,则 L 对映体在聚合物中的含量总是比投料比的含量高[173]。这说明投料混合物中多的那种对映体单体在整个聚合中都优先聚合。

使用三乙基铝催化聚合 D,L-丙氨酸-$N$-羧酸酐时,在聚合初期,L-对映体在聚合物中的含量总是低于投料中的含量[173],在非转化单体中 L-对映体的含量增加。但是,随着共聚的进行,非转化单体中 L-对映体含量持续下降[173],在最后阶段,其值会比聚合物中 L-对映体的含量还要低。聚合中 L-对映体和 D-对映体的转化率和总转化率的关系表明,在交叉点之前每个铝原子大约聚合五个单体分子。最合理的解释是,在交叉点前,L-对映体和 D-对映体反应的量相等,之后,L-对映体比 D-对映体优先反应。

丙氨酸-$N$-羧酸酐聚合体系的行为可能源于对映催化点控制机理。如果三乙基铝聚合体系受控于这种机理,那么在快速引发反应后,L-对映体在单体中和聚合物中的含量应该不再变化。氨基甲酸金属的金属原子由于缔合,并没有达到最大配位饱和态,这与上述的氨基甲酸锌的情况是类似的。多核锌基配位催化剂(还有铝基催化剂和相关的配位催化剂)的对映形态和中心金属的八面体构型有关,金属和亲核引发基团或聚合物链共价连接[52],而四面体构型的氨基甲酸锌没有任何的对映形态[176,177]。

考虑到最后一个单元和前来配位的单体分子之间有空间作用,使用烷基金属配位聚合丙氨酸-$N$-羧酸酐可能是增长链端控制机理[75]。

## 9.4.2 吗啉二酮的聚合

吗啉-2,5-二酮(1,4-氧氮环己-2,5-二酮)的特点是分子中既具有 δ-内酰胺也具有 δ-内酯功能基。该单体配位聚合[式(9-22)]的催化剂有二乙基锌[178] 和双(己酸乙酯)锡[150]:

$$n O=C \overset{O-CH_2}{\underset{CH_2-N}{\big|}} C=O \longrightarrow \left[ CH_2-N\overset{R}{\underset{}{\big|}}-C\overset{O}{\underset{}{\big|\big|}}-CH_2-O-C\overset{O}{\underset{}{\big|\big|}} \right]_n \tag{9-22}$$

聚合生成的聚(吗啉-1,5-二酮)是一种聚缩酚肽,$\alpha$-氨基酸和 $\alpha$-醇酸单元交替出现(表 9.2)。

吗啉-2,5-二酮与其取代同系物 6-甲基吗啉-2,5-二酮在氧化锌催化下可以和交酯共聚。共聚物有较高的 $\alpha$-醇酸单元含量。未取代单体的共聚性能和交酯的相当。相比之下,$N$-甲基化单体的共聚性能差很多[178]。有趣的是,其他带有各种功能基的氮杂环单体(包括内酰胺基),如取代的 ε-内酰胺醚-2,7-二甲基四氢-1,4-氧氮䓬烷-5-酮[179] 和取代的 ε-内酰胺硫醚-2,7-二甲基四氢-1,4-硫氮䓬烷-5-酮[180],在二乙基锌、三乙基铝或相关的乙基氯化铝催化下可以产生相应的结晶性聚(酰胺-醚)和聚(酰胺-硫醚)。内酰胺醚和内酰胺硫醚开环反应很容易在醚基的 C—O 键和硫醚基的 C—S 键处断裂,聚合增长反应可能是阳离子机理。

## 9.5 磷杂环单体的聚合

磷杂环单体配位聚合的一个有趣的代表性例子是使用三异丁基铝催化聚合氧化二氧膦基三亚甲基（2-氢-2-氧-1,3-二氧环磷戊烷）[181,182]。在25℃聚合可以得到高转化率，产生的聚（氧化二氧膦基三亚甲基）具有高的分子量（表9.2）。

该聚合的研究机理在文献中鲜有报道。最可能的解释是链增长中 P—O 键断裂开环，形成醇铝物种，如下式所示：

$$\tag{9-23}$$

## 9.6 杂环单体的共聚

配位聚合中有多种物质，伴随着增长反应有一些副反应，所以活性中心的确切结构很难确定。然而，通过交叉增长改变活性中心的性质，尤其是在带有不同功能基团的共单体的交替共聚体系中，很容易考察每一种单体链接到聚合物上的机理。因此，共聚反应必须给予重新考虑。

三元环氧是具有代表性的含有环内杂原子的杂环单体，其聚合研究得最多，它很容易和同时含有环内和环外杂原子的杂环单体共聚。不同功能基杂环单体的配位共聚研究集中于三元环氧和环二羧酸酐、环碳酸酯的共聚。然而，含有环内杂原子的杂环单体与同时含有环内和环外杂原子的单体的无规共聚研究得很少。三元环氧与内酯或环二羧酸酐的嵌段共聚，无论是合成研究还是机理研究，都引起大家关注。带有不同功能基团的共单体的嵌段共聚物具有广泛的应用前景，所以其研究受到了特别的关注。然而，易于发生无规、交替和嵌段聚合并且涉及向配位单体亲核攻击的共单体相当少。

### 9.6.1 三元环氧和环酸酐的共聚

三元环氧（氧化乙烯、氧化丙烯和环氧氯丙烷）和环酸酐（邻苯二甲酸酐、马来酸酐）的配位共聚可以使用多核催化剂如三异丁基铝[183,184]，二乙基锌[185-187]，二乙基锌-甲醇、乙酸、乙酰丙酮或酚[186,187]，也可使用单核催化剂和四元鏻盐的组合物（tpp）AlCl-Et-

Ph$_3$PBr[188,189]，产生的是低分子量的共聚物，或者是交替结构的聚酯或者是含环氧单元较多的聚（醚酯）(表 9.2)。

上述共聚反应的活性中心结构很少有文献报道[183-189]，一般认为环酸酐和金属通过羰基氧原子配位，金属上的取代基向配位羰基碳原子亲核攻击[190,191]。其反应式可能是如下所示[82]：

$$(9\text{-}24)$$

使用烷基金属二乙基锌作为共聚催化剂，发现其和马来酸酐反应后有羧酸锌产生[192]。

使用锌基配位催化剂共聚三元环氧/环羧酸酐有交替倾向，根据文献报道[193]，可以这样解释：与羧酸锌相比，锌醇氧原子具有强的亲核性而锌原子具有更弱的亲电性。二乙基锌-单质子化合物（1:1）催化氧化丙烯和马来酸酐的共聚研究表明，减少锌原子的亲电性能增强共聚的交替倾向[186]，这证明式(9-24)所假设的配位机理是合理的。

Aida 等发现[188,189]，在温和的条件下（tpp)AlCl-四元磷鎓盐催化共聚氧化乙烯和邻苯二甲酸酐可以产生窄分布可控分子量的交替共聚物。而单独使用（tpp)AlCl，共聚进行得很缓慢，产物也不是聚（亚乙基邻苯二甲酸)，而是含有相当量的醚链段。加入四元鎓盐后，共聚具有活性特性和交替倾向，这可能是由于[188,189]形成了六配位卟啉铝离子，它可以从卟啉铝平面的两边同时进行反应。如下式所示[53]：

$$(9\text{-}25)$$

使用三异丁基铝三元共聚氧化乙烯/邻苯二甲酸酐/四氢呋喃[183,184]，以及使用二乙基锌三元共聚氧化丙烯/马来酸酐/四氢呋喃[187]，产生的三元共聚物中三个组分的组成约为1:1:1，是近乎完美的交替结构。对氧化丙烯/马来酸酐/四氢呋喃三元共聚物进行$^1$H NMR 和 $^{13}$C NMR 谱的详细分析，并对这些三元共聚物水解后得到的二醇进行 VPC 分析，结果表明，三元共聚物主要为交替结构，并具有氧化丙烯-氧化四亚甲基-氧化丙烯单元和氧化四亚甲基-氧化丙烯-氧化四亚甲基单元[187]。四氢呋喃引入后出现的醚连接表明，锌基催化剂对不同配位单体具有不同的作用，形成互相不同的聚合活性中心。其他含有中心铝原子的配位催化剂的三元共聚行为和这个类似。

考虑以上因素，三元环氧/环酸酐/四氢呋喃三元共聚更可能含有阳离子性质的活性中心，如式(9-26) 所示，这可以解释氧化亚烷基序列的形成[82]：

(9-26)

## 9.6.2 三元环氧和环碳酸酯的共聚

Kuran 和 Listos 发现，难以聚合的没有张力的五元环碳酸酯 1,3-二氧戊-2-酮在二乙基锌-酚和/或多元酚催化下可以很容易地和三元环氧共聚。共聚物为聚（醚-碳酸酯），分子量较低，主要组分为醚链（表 9.2）。$^{13}$C NMR 谱表明，氧化丙烯和甲代亚乙基碳酸酯共聚物主要为头-尾结构，碳酸酯单元的等规和间规二元组的分数几乎相等[146]。

共聚的引发步很可能是与三元环氧的反应［式(9-3)］。反应中形成的羧酸锌无论是与环氧［式(9-3)］还是环碳酸酯［式(9-15)］单体都很容易配位，并进行共聚链增长。对于环碳酸酯，它也可能根据式(9-14) 进行链接，导致脱羧反应。因此，产生的聚（醚-碳酸酯）中碳酸酯单元的含量比醚单元的要少[82,146]。

使用锌基配位催化剂催化共聚双甲代亚乙基螺旋碳酸酯和氧化丙烯的产物聚（氧化丙烯-co-氧化羰基氧化丙烯）主要为头-尾区域规整性，这很好地证明了环碳酸酯链接的假设机理和式(9-15) 相同[146]。需要注意的是，亲电引发剂如 Et$_2$O·BF$_3$ 聚合氧化丙烯和甲代亚乙基碳酸酯、双甲代亚乙基螺旋碳酸酯产生的聚（氧化丙烯-co-氧化羰基氧化丙烯）主要为尾-尾区域规整性[143,194]。

## 9.6.3 三元环氧和内酯或环酸酐的嵌段共聚

具有明确链长的不同主链结构的三元环氧和其他杂环单体的嵌段共聚物可以由活性聚合催化剂有效地制备。Aida 等[127,188,189,195,196] 用卟啉铝，Teyssié 等[125,197,198] 用双金属 $\mu$-氧代烷氧化物，分别制备了聚醚-聚酯和聚酯-聚酯嵌段共聚物，包括环氧-内酯、环氧-环氧/环酸酐和环氧/环酸酐-内酯嵌段共聚物。这些共聚物有着特别广泛的潜在应用[53]。

活性嵌段共聚增长种的结构可能保持不变，也可能在改换另一种共单体制备另一嵌段时发生改变。例如，卟啉铝（tpp）AlCl 先活性聚合 $\beta$-丁内酯，其活性种是羧酸铝［式(9-10)］，在聚合氧化丙烯时，其改变为醇铝，如下所示[195]：

$$\text{(tpp)Al}-[\text{OCCH}_2\text{CH(Me)}]_n-\text{Cl} \xrightarrow{\text{CH}_3\text{CH-CH}_2\text{O}} \text{(tpp)Al}-\text{OCHCH}_2-[\text{OCCH}_2\text{CH(Me)}]_n-\text{Cl} \quad (9\text{-}27)$$

另外，如果使用（tpp）AlOMe 作为上述体系的催化剂，增长活性种一直都是醇铝［式(9-9)］，不会变化。

## 9.7 杂环和杂不饱和单体的共聚

根据所用单体和催化剂的不同，杂环和杂不饱和单体共聚，可以形成主要为杂环单体单元的无规共聚物和交替或近似交替的共聚物（表 9.4 和表 9.5）。这类共聚最具代表的例子是三元环氧和二氧化碳的共聚。最近几十年内，由于聚合物合成的原因，二氧化碳化学被大量关注，因为二氧化碳是一种易得且源源不断的原料。

### 9.7.1 三元环氧和二氧化碳的共聚

Inoue 等[199,200] 首次发现二乙基锌-水（1∶1）能够催化共聚氧化丙烯和二氧化碳，产物为高分子量的共聚物聚（亚烷基碳酸酯），单体单元近乎交替分布（表 9.4）。继这一发现后，人们发现和发展了更有效的三元环氧/二氧化碳多核锌基配位催化剂（表 9.5）。二乙基锌与双质子（或多质子）化合物组成的二元和三元催化剂体系对氧化丙烯/二氧化碳交替共聚很有效。水[137,201,202]、伯胺[201]、二元酚[203-207]、三元酚[208-211]、氨基酚[208] 或其他芳香烃衍生物（如羟基羧酸[212]、二羧酸[212]、二胺[213]、二硫醇[213] 和其他相关质子化合物），以及含有不稳定氢原子的聚合物载体，如聚（对羟基苯乙烯）[214,215]、聚（苯乙烯-co-丙烯酸）[216,217] 或 γ-氧化铝[76,218,219]，都可以和二乙基锌组成有效的催化剂，催化氧化丙烯/二氧化碳交替共聚。其他有机金属化合物（如二乙基镁[220] 和二乙基镉[209]）可以替代二乙基锌与质子化合物（如水或间苯二酚和邻苯三酚）形成对该共聚反应的有效催化剂。无机锌化合物（如氧化锌和氢氧化锌）与二羧酸组成的催化剂也是氧化丙烯/二氧化碳共聚的有效催化剂，可以产生高分子量的聚（甲代亚乙基碳酸酯）[221-224]。

三乙基铝-水和三乙基铝-水-乙酰丙酮[225]、三乙基铝-三苯基膦[226]、三乙基铝-邻苯三酚和膦酸稀土金属-三异丁基铝-丙三醇[227] 也可以有效催化共聚氧化丙烯/二氧化碳，但产生的是高分子量的聚（甲代亚乙基醚-碳酸酯）(表 9.4)，而不是交替共聚物聚（甲代亚乙基碳酸酯）。

与二氧化碳共聚的三元环氧中，研究最多的是氧化丙烯，但也有其他各种三元环氧可以和二氧化碳配位共聚（表 9.4）。

最近，Shen 等[228] 报道了膦酸稀土金属（如铱）-三异丁基铝（1∶8）催化共聚三元环氧氯丙烷和二氧化碳，产物为高分子量的聚（醚-碳酸酯）。该催化体系中发现了三异丁基铝烷基化钇物种的反应。$^{31}$P NMR 研究表明，该体系的活性种含有氧桥连的钇和铝原子。共聚物的链端含 i-BuC(O)O 基团，引发步可能是含有金属-碳键的催化剂活性种与二氧化碳的反应[228]。这个结论和甲基铝化合物与氧化丙烯反应的结论一致，但是该反应较难进行[72]。

在其他三元环氧单体中氧化环己烯值得注意，它与二氧化碳的交替共聚物碱解后产生苏式-1,2-环己二醇，这说明氧化环己烯（顺式环氧）开环处碳原子的构型发生了反转[207,229]。氧化环己烯/二氧化碳交替共聚的立体化学如下式所示[53]：

$$n \bigtriangleup + nCO_2 \longrightarrow [\cdots]_n \xrightarrow{OH^-} n \text{（结构式）} \quad (9\text{-}28)$$

另一个与二氧化碳共聚的有趣的单体是同分异构的氧化2-丁烯。二乙基锌-水催化的氧化2-丁烯、氧化1-丁烯与二氧化碳的三元共聚中，顺式-2-丁烯可以共聚到共聚物中，而反-2-丁烯难以链接[230]，这可能是因为顺式异构体比反式的空间位阻更小。

使用锌基配位催化剂催化氧化丙烯以及其他三元环氧与二氧化碳共聚时，常常伴随生成五元环碳酸酯、甲代亚乙基碳酸酯或其他亚烷基碳酸酯[147,206,207,210,212,230]。亚烷基碳酸酯并不是聚（亚烷基碳酸酯）的前体，因为在这种条件下它难以聚合[142-146]。

对三元环氧/二氧化碳共聚物的区域选择性研究表明，影响开环方式的因素是环上取代基的极性，而不是体积[231,232]。使用具有光学活性的氧化丙烯与二氧化碳共聚[137,233]，并用 $^1$H NMR 和 $^{13}$C NMR 研究形成的聚（甲代亚乙基碳酸酯）的结构[199,200,233,234]，发现三元环氧主要是 $C_\beta$—O 键断裂。然而，各种锌基配位催化剂制备的氧化丙烯/二氧化碳共聚物的详细 $^{13}$C NMR 研究发现，共聚物中还有少量的醚链接和反转的氧化丙烯单元[235]。

二乙基锌-二元酚催化体系及相关体系催化三元环氧和二氧化碳共聚可能存在着一个协同机理[76,206,207]。如下所示：

$$\text{（反应机理图）} \quad (9\text{-}29)$$

式(9-29)假设的机理中，亲核攻击后三元环氧开环处碳原子的构型发生反转，这和实验数据相符合。三元环氧/二氧化碳共聚中，亲核攻击氧原子的亲核性以及与该氧原子共价连接的锌原子的亲电性的变动有利于共单体的交叉增长。与羧酸锌物种[式(9-27)]相比，锌醇[式(9-3)]氧原子的亲核性更强，而锌原子的亲电性更弱，这有利于整个共聚中的交替增长。

共聚中伴随产生的环碳酸酯如甲代亚乙基碳酸酯可以解释为锌醇物的回击反应[206,207]。最近发现，酚锌催化剂可以降解聚（甲代亚乙基碳酸酯）[147]，这证实回击反应的存在。降解后的聚合物链端具有锌醇物和苯基碳酸酯基团。可能的降解过程如下所示，其中形成了原碳酸锌物种（为了看起来更清楚，省略了活性中心邻近锌原子的参与）：

$$\tag{9-30}$$

另外，含有锌醇的催化剂降解聚（甲代亚乙基碳酸酯）形成的解聚物的端基带有羧酸锌物种[式(9-31)][147]：

$$\tag{9-31}$$

羧酸锌物种脱羧反应进行得较缓慢[式(9-14)]，通过回击反应的解聚过程如下所示[147]：

$$\tag{9-32}$$

不用锌基配位催化剂，使用离子亲核引发剂共聚氧化丙烯/二氧化碳得不到共聚物，只能产生甲代亚乙基碳酸酯[194,236,237]。不含有耦合锌原子的锌基催化剂（由二乙基锌和单质子化合物如酚或醇反应制备）也只能对氧化丙烯/二氧化碳进行环化反应，产生甲代亚乙基碳酸酯，没有共聚物生成[236,237]。所以，二乙基锌-酚或醇催化剂与含有耦合锌原子的催化剂（如二乙基锌-邻苯二酚[206]或邻苯三酚[210]）相比，在催化聚合氧化丙烯/二氧化碳时，前者更容易形成甲代亚乙基碳酸酯[式(9-32)][207]。随着共聚[式(9-30)]的进行，二氧化碳的浓度降低，有时候会引起相当大程度的环化作用[式(9-32)][206]。在回击反应中[式(9-32)]，当聚酯增长链和活性中心配位时，更具亲电的中心锌原子能够配位的配体不超过四个，只能保持四面体构型。当然，当该催化剂用于氧化丙烯均聚时，产生氧化丙烯二聚体的回击反应没有发生，因为增长聚（氧化丙烯）链和中心锌原子配位后将形成八面体锌原子构型，这会增强催化剂的立体选择性[65]。

稠合和非稠合锌催化剂反应性的差别有空间和电子两方面的因素。非稠合锌物种对于碳酸酯部分中羰基氧原子配位的空间位阻较小，而碳酸酯比二氧化碳分子要大得多。另外，稠合锌物种对增长聚合物链中碳酸酯部分的配位具有较大的空间位阻，而羰基氧原子比二氧化碳的氧原子更具亲核性[207]。Darensbourg 等[238] 最近证实了以上想法，他们研究了带有大取代基的非稠合锌催化剂[如二(1,6-二苯基苯氧基)二醚锌或二(1,4,6-三叔丁基苯氧基)二醚锌]，该类催化剂能催化氧化环己烯和二氧化碳共聚，产生的聚（亚环己基醚-碳酸酯）中碳酸酯单元的含量超过 90%（摩尔分数）；而用它催化氧化丙烯/二氧化碳共聚主要产生环碳酸酯甲代亚乙基碳酸酯。这可以解释为大取代基对于氧化环己烯/二氧化碳共聚中的回击反应有大的位阻作用，而在氧化丙烯的情况下位阻较小。

最后，应该注意一下在二氧化碳超临界介质中进行的三元环氧/二氧化碳共聚[239]。

有趣的是，对于三元环氧和非二氧化碳共单体的共聚而言，非稠合和稠合锌基催化剂没有本质的区别。例如，三元环氧/环酸酐和三元环氧/环碳酸酯体系[82]，以及氮丙啶/二氧化碳体系[240]。对于后一种体系，如 2-甲基氮丙啶或 1-苯乙基氮丙啶，使用二乙基锌、乙基苯氧基锌、二乙基锌-邻苯三酚或二乙基锌-邻氨基酚催化剂可以产生低分子量的氮丙啶/二氧化碳交替共聚物，其共聚机理和三元环氧/二氧化碳共聚的机理可能不同[240]。

三元环氧和二氧化碳的共聚也可以用单核催化剂，如卟啉铝[241] 和杯芳二醇铝[41]。从合成的角度讲，这很有趣，首次实现了对共聚物分子量的控制。Aida 等发现，用金属卟啉-鎓盐组合物（tpp）AlCl-EtPh$_3$PBr（1:1）催化氧化环己烯和二氧化碳共聚产生的交替共聚物聚（亚环己基碳酸酯）具有非常窄的分子量分布（$M_w/M_n = 1.06$）。如果不使用四元鎓盐，共聚物的分子量分布仍然很窄，但不是交替共聚物，二氧化碳的含量降低[242]。锌或铝基多核配位催化剂制备的三元环氧均聚物和共聚物的分子量一般很高，但分布很宽[30,36,52,53,136]。

卟啉铝和四元鎓盐的活性聚合机理可假设如下，金属卟啉活化了鎓盐的阴离子使其成为亲核试剂；活性种为六配位的卟啉铝，在四边形 AlN$_4$ 框架的两边各有一个反应性轴配体[188]：

$$\left[ \begin{array}{c} \square \\ X-Al-Y \\ \square \end{array} \right]^- Q^+$$

要考虑催化剂的共聚机理，还要注意以下事实，即四元鎓盐自身可以促进三元环氧和二氧化碳的环化[243]。

四元鎓盐阴离子向铝上配位的三元环氧的亲核攻击也是可能的：

$$\left[ \begin{array}{c} \square \\ X-Al-O\diagup\diagdown Y \\ \square \end{array} \right]^- Q^+$$

(dmca)AlCl 催化三元环氧/二氧化碳共聚产生的共聚物低分子量，其中氧化丙烯/二氧化碳共聚物主要含有醚链接，氧化环己烯/二氧化碳共聚物主要含有碳酸酯链接。

有趣的是，(dmca)AlCl 催化三元环氧/二氧化碳/四氢呋喃共聚可以产生相应的三元共聚物，尤其是氧化环己烯用作三元环氧时。氧化环己烯/四氢呋喃/二氧化碳三元共聚物含有29%（摩尔分数）的二氧化碳和20%（摩尔分数）的四氢呋喃单元[244]。

考虑以上事实，三元环氧/二氧化碳/四氢呋喃三元共聚活性中心的本质应该随着交叉增长发生改变，就像在式(9-6)和式(9-7)中出现和消失的那样[41,74,244]。

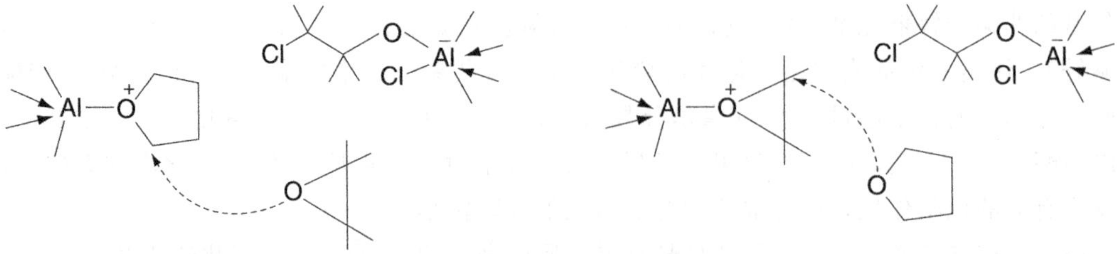

将多核和单核催化剂不同聚合行为的机理进行比较是很有趣的。在单核催化剂聚合中，两个催化剂分子必须互相接近来形成增长活性中心[式(9-7)]。而多核催化剂不需要这样，它的亲电金属原子（也就是配位有单体的金属原子）和邻近的金属原子（也就是亲核攻击载体）已经固定连接[式(9-4)(a)]。这些催化剂聚合行为的不同似乎在于聚合的扩散控制。随着聚合的进行，两种情况中都有单体的扩散，而单核催化剂还有另外的扩散因素，即带有增长链的流动性较小的两个催化剂分子的协同作用变得很重要。使用助催化剂可以将聚合从扩散控制中解放出来，不再需要两个金属原子接近来形成活性中心，助催化剂和单体配位并作为亲核攻击载体，不和增长链永久连接在一起，可以保持自身的活动性。这种体系中，可以进行高速聚合。

聚合机理改变的可能性是显而易见的，尤其是在二元和三元共聚中，其依赖于单体和催化剂的类型。无论是多核催化剂[式(9-33)]还是单核催化剂[式(9-34)]，在一个聚合物链的增长过程中也可能有增长种本性的改变：

(9-33)

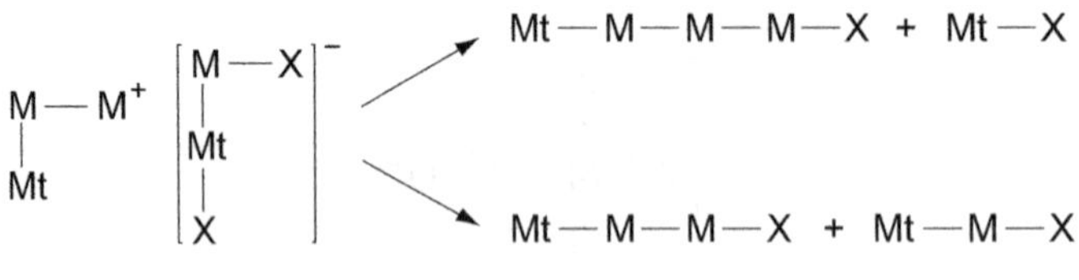

(9-34)

## 9.7.2 四元环氧和二氧化碳的共聚

环氧丁烷（氧化环丁烷）和二氧化碳可以被三乙基铝-水-乙烯丙酮（2:1:1）催化共聚为聚（三亚甲基醚-碳酸酯）(表9.4)[式(9-35)]。其中二氧化碳的含量约为20%（摩尔分数）。二乙基锌-水催化剂不能催化环氧丁烷和二氧化碳共聚[245]。

然而，有机锡基催化剂如 $Bu_2SnI_2$ 或 $Bu_3SnI$-$PBu_3$、$PPh_3$ 或 $NEt_3$ 能够促进环氧丁烷和二氧化碳的交替共聚，产生相应的聚（三亚甲基碳酸酯）。

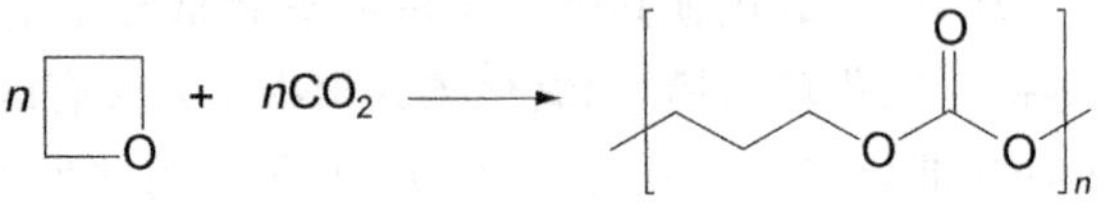

$$n \square + nCO_2 \longrightarrow \left[ \begin{array}{c} O \\ \parallel \\ O \end{array} \right]_n$$  (9-35)

有趣的是，$Bu_2SnO(CH_2)_3I$-$PPh_3$ 催化体系只能产生环碳酸酯三亚甲基碳酸酯[151]。

## 9.7.3 三元环硫和二氧化碳的共聚

硫化丙烯和二氧化碳在三乙基铝-邻苯三酚（2∶1）催化剂作用下共聚能够产生聚（甲代亚乙基硫醚-单硫代碳酸酯）[246]，共聚物中主要是硫化丙烯单元，单硫代碳酸酯含量可以达到 42%（摩尔分数）（表 9.4）。

二乙基锌-邻苯三酚（2∶1）催化硫化丙烯和二氧化碳共聚的效果不佳，因为共聚物中甲代亚乙基单硫代碳酸酯的含量不超过 10%（摩尔分数）。而且，二氧化碳还会降低共聚物的分子量和产量。锌基催化剂更易进行硫化丙烯的均聚，而不宜进行交叉增长，这可能是因为其 HSAB 对称性较小。催化剂中 Zn—S 键中锌原子是相当软的酸，更易和软碱硫化丙烯反应，而不易和硬碱二氧化碳反应。而三乙基铝基催化剂含有硬酸中心，和二氧化碳有较强的亲和力[247]。

## 9.7.4 三元环氧和二硫化碳的共聚

二乙基锌和给电子体等当量组成的催化剂，如二乙基锌-叔胺、叔膦、六甲基膦三铵，催化氧化丙烯和二硫化碳共聚将产生聚（甲代亚乙基醚-二硫代碳酸酯）（表 9.4）[248]，共聚物的分子量低，共单体比为 0.5~0.7，且单体单元无规分布。共聚物中还含有硫代碳酸酯羰基单元，这是由于氧化丙烯中的氧原子和二硫化碳中的硫原子互相交换产生的。共聚伴随产生甲代亚乙基二硫代碳酸酯 1,3-氧硫戊-4-甲基-2-硫酮，但它并不是共聚的中间体：

二乙基锌-水、醇、伯胺、仲胺催化体系对氧化丙烯具有高的均聚活性，但不能共聚氧化丙烯和二硫化碳[248]。

## 9.7.5 三元环硫和二硫化碳的共聚

Soga 等报道了硫化乙烯、硫化丙烯与二硫化碳的共聚，使用的催化剂为二乙基锌、二乙基镉和双正丁基硫醇汞，产生的共聚物为聚（亚烷基硫醚-三硫代碳酸酯）（表 9.4）。在最有效的催化剂双正丁基硫醇汞催化共聚硫化乙烯/二硫化碳产生的共聚物中，亚乙基三硫代碳酸酯的含量在 50%~70%（摩尔分数）[249,250]。

为了探索机理，研究了双正丁基硫醇汞和二硫化碳的反应。结果表明，二硫化碳配位并形成带有 Hg—SC(S) 键的活性种。共聚中也会产生很少量的亚乙基三硫代碳酸酯，但它不是共聚的中间体，因为它在给定的条件下不能聚合[249]。

## 9.7.6 三元环氧和二氧化硫的共聚

使用二乙基锌催化共聚氧化丙烯和二氧化硫产生聚（甲代亚乙基醚-亚硫酸酯）（表 9.4）[251]。然而，共聚物中甲代亚乙基亚硫酸酯单元的含量相当少。使用三乙基铝基催化剂更有效，共聚物中甲代亚乙基亚硫酸酯单元含量较高。环氧很容易和醇铝或亚硫酸铝物种[252,253]反应而链接，很难和烷基铝（Al—C）反应[72]。共聚物链端的亚硫酸铝可以形成二聚体[252,253]：

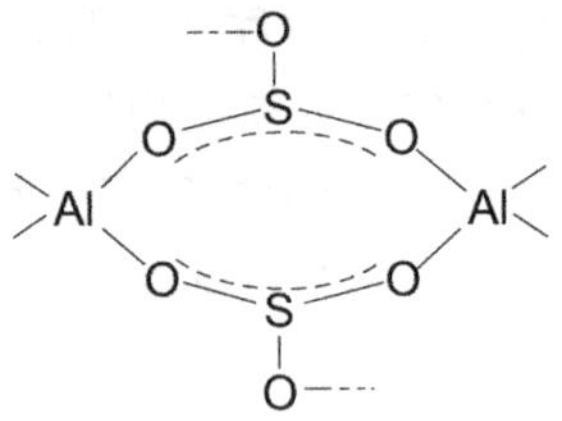

# 9.8 杂不饱和单体的聚合

可以进行配位聚合以及和其他单体共聚的杂不饱和单体可以分为两类：一类具有卡宾型结构，如异腈和一氧化碳，它们能够与催化剂活性中心的过渡金属原子形成 π 配合物；另一类单体是异氰酸酯、醛、酮和烯酮，它们与催化剂活性中心上的金属原子形成 σ-键配位。

## 9.8.1 异腈的聚合

异腈 R—N≡C 聚合可以形成聚异腈［聚（亚甲基亚胺）、聚（碳亚氨基）］[254]：

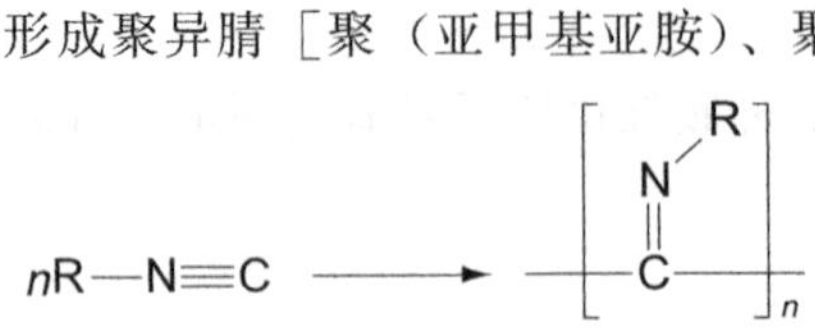

$$n\text{R}-\text{N}\equiv\text{C} \longrightarrow \left[\begin{array}{c}\text{N}-\text{R}\\ \|\\ \text{C}\end{array}\right]_n \tag{9-36}$$

聚异腈具有刚性的螺旋结构，四个单体单元为一个螺旋[254,255]。聚异腈没有任何的立体异构现象，因为聚合物主链上不含有任何手性环境碳原子。但是，异腈聚合具有立体选择性，因为聚合螺旋具有螺旋性。所以，非手性异腈能够产生右手螺旋和左手螺旋[256]。非手性单体形成外消旋的右手螺旋和左手螺旋，如叔丁基异腈[257,258]的聚合物。当异腈 R—N≡C 单体氮原子上的取代基 R 体积较大时（如叔丁基或高级支化的烷基），聚合物螺旋在室温下不能互相转化[257]，对于研究构象刚性大分子的溶液性质而言，这是一个非常有趣的模型。对映纯粹的手性异腈 R*—N≡C 聚合将优先产生右手螺旋或左手螺旋，这证明聚合对于螺旋性具有立体选择性[256]。

异腈配位聚合催化剂的种类很广泛，过渡金属基催化剂可以快速聚合异腈[255,259-261]。一些 Ni(Ⅱ) 配合物，如 NiX$_2$（X 表示非常弱的亲和阴离子）可以产生中等分子量的聚合物。Ni(0) 和 PPh$_3$、CO 或 RNC 等配位形成的催化剂制备的聚合物分子量较低[254]。聚异腈的平均分子量一般为 $4\times10^4 \sim 1.5\times10^5$。异腈聚合是通过单体向过渡金属-碳单键插入进行的[261-263]。

## 9.8.2 异氰酸酯的聚合

异氰酸脂肪酯的配位聚合研究的很少，因为该单体可以用阴离子引发剂通过 C=N 键聚合。然而，这种阴离子聚合要求低温条件[264]。最近发现，异氰酸脂肪酯能够在室温进行配位聚合[265]。与此对比，异氰酸苯酯能够与环氧进行配位共聚[266]。

### 9.8.2.1 异氰酸脂肪酯的聚合

Pruitt-Baggett 加合物 Fe(OR)$_2$Cl[267] 在室温催化异氰酸正丁酯聚合可以产生聚酰胺 1 型聚合物（表 9.3）[268]。为了更加详细地研究聚合机理，使用 Pruitt-Baggett 加合物和 $\beta$-萘基-$N$-正丁基脲反应产生的催化剂进行了异氰酸正丁酯的聚合（为了看起来更清楚，催化剂的结合与 OR 取代基中醚氧原子与 Fe 的内配位没有表示出）：

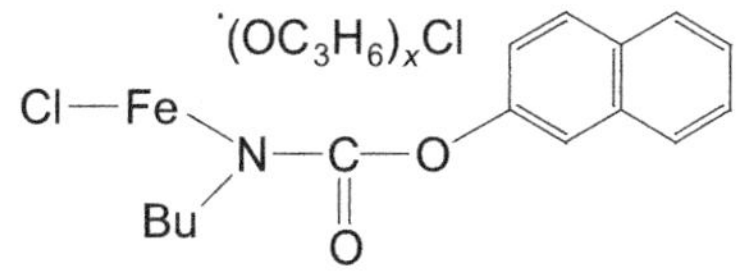

UV 光谱发现上述催化剂制备的聚合物端基有萘基。其他结果也表明单体氮原子和催化剂铁原子有配位。因此，配位单体链接后就获得了脲基功能基，如下所示[268]：

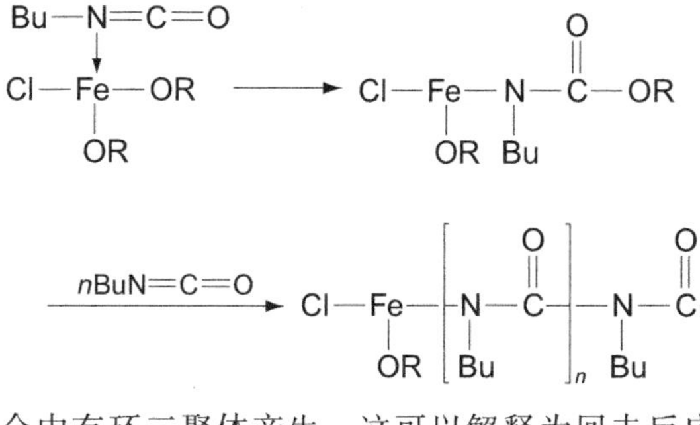

$$(9\text{-}37)$$

异氰酸正丁酯聚合中有环三聚体产生，这可以解释为回击反应的结果[268]。

使用 EtZnX 型锌基催化剂，脂肪族和芳香族异氰酸酯的环三聚是唯一发生的[269]。

### 9.8.2.2 异氰酸苯酯和氧化乙烯的共聚

异氰酸苯酯不能被三乙基铝-水聚合（2:1），但是可以和氧化乙烯共聚[266]。共聚物为交替结构［式(9-38)］，含有缩醛结构（表 9.4）：

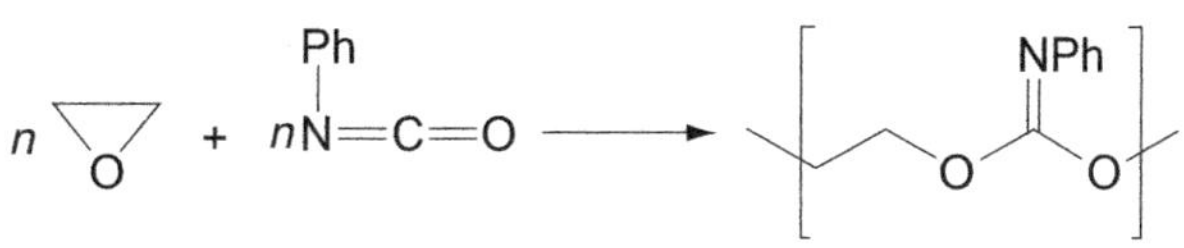

$$(9\text{-}38)$$

共聚物具有缩醛结构说明异氰酸苯酯的羰基参与了共聚。这与苯基在异氰酸酯的氮原子上有关。因此，共聚合机理可以认为是异氰酸酯羰基和环氧的氧原子交替配位增长[266]。

## 9.8.3 羰基单体的聚合

通过羰基聚合的单体最多见的是乙醛、三氯乙醛、丙醛和丁醛。所有聚醛，尤其是聚酮的一个基本问题不是聚合本身，而是聚合物（或共聚物）的热降解稳定性。

最简单的羰基单体甲醛可以被离子引发剂聚合为高分子量的缩醛结构的聚合物。高级醛也能在低温下被广泛的阳离子或阴离子引发剂聚合物为等规结晶聚物。正是 Vogl[270-273]将甲醛、高级脂肪醛和三卤代乙醛聚合引入到了复杂的聚合物科学中。三卤代乙醛聚合的快速发展导致了低温聚合的发展，进而提出了基于大分子不对称的光学活性的概念，也最终让人们认识到了立构规整齐聚物研究的重要性[273]。

### 9.8.3.1 醛的聚合

Furukawa 等[274] 和 Natta 等[275,276] 相继独立地发现，有机金属化合物如二乙基锌或三乙基铝在低温下催化乙醛聚合可以产生结晶性的聚乙醛。烷基金属和烷氧基金属（如异丙氧基铝、乙氧基锌或原钛酸乙酯）也能催化其他醛（如丙醛和三氯乙醛）聚合产生结晶性高聚物（表 9.3）[270,275,277]。使用三乙基铝或四氯化钛-三乙基铝（1∶3）催化剂可以制备出高结晶性等规正丁醛的聚合物。二乙基锌和水[278] 或胺[279] 的组合物也是醛聚合的有效催化剂。

聚合的第一步可能是醛单体羰基氧原子和催化剂金属配位，接着重排为相应的二级醇烷氧基金属[274,277,280,281]。IR 谱已经证明氧化铝催化剂和醛有配位[282]。

二苯基氨基乙基锌是一个中等效力的催化剂，van der kerk[279] 以其作为模型催化剂，研究了甲醛、乙醛、丁醛的聚合，给出了有机锌配位聚合醛的机理：

$$\text{Et—Zn}\overset{N}{\underset{N}{\rightleftarrows}}\text{Zn—Et} \xrightarrow{RCH=O} \text{Et}\overset{N}{\underset{RCH=O}{-}}\text{Zn}\overset{N}{\underset{N}{-}}\text{Zn}\overset{O=CHR}{\underset{Et}{-}}$$

$$\rightleftharpoons \text{Et—Zn}\overset{RCH-N}{\underset{N—CHR}{\overset{O}{\underset{O}{\rightleftarrows}}}}\text{Zn—Et}$$

(9-39)

两种二聚体物种，即含有醛配位的 Zn—N 键的物种以及链接有醛的 Zn—O 键的物种，与其单体物种处于平衡中。带有初始聚合物链的配位不饱和二聚体物种能够配位醛，但是在上限温度以上，将不再和羰基配位。在上限温度以下，配位单体将快速增长形成高立构规整的聚醛（等规的，还没有发现间规聚醛）。催化剂的立体定向可能源于单体配位以及配位单体向增长链的链接两方面的立体控制[279]。

### 9.8.3.2 酮的聚合

有机金属催化丙酮配位聚合的报道很少。这主要是因为丙酮聚合物具有长期不稳定性[283]。已经有烷基金属如三乙基铝催化丙酮聚合的报道[284,285]，IR谱证明聚合物具有缩醛结构（表9.3）。

为了制备相对稳定的聚合物，也进行了有机金属催化的双组分共单体共聚，如丙酮/醛或丙酮/环氧。这种丙酮共聚物具有高的结晶度[284]。

## 9.8.4 烯酮的聚合

### 9.8.4.1 二烷基烯酮的聚合

使用各种有机金属都可以很容易地催化二甲基烯酮聚合，可以形成高结晶的聚合物，其结构依赖于有机金属催化剂的类型。

二乙基锌产生的是聚酯［式(9-40)］[281,286,287]，而三乙基铝或二乙基氯化铝产生的是聚酮［式(9-41)］(表9.3)[288]：

$$2n \underset{R}{\overset{R}{C}}=C=O \longrightarrow \left[ \underset{R}{\overset{R}{\underset{|}{C}}}-\overset{O}{\overset{\|}{C}}-O-\underset{}{\overset{R}{\underset{R}{C}}}= \right]_n \tag{9-40}$$

$$n \underset{R}{\overset{R}{C}}=C=O \longrightarrow \left[ \underset{R}{\overset{R}{\underset{|}{C}}}-\overset{O}{\overset{\|}{C}}- \right]_n \tag{9-41}$$

### 9.8.4.2 烯酮和醛的共聚

烯酮和乙醛可以在二苯基氨基乙基锌催化下共聚。共单体交替形成高等规的聚酯共聚物［式(9-42)］(表9.3)[279]：

$$n \underset{R}{\overset{R}{C}}=C=O + n \underset{}{\overset{R'}{\underset{H}{C}}}=O \longrightarrow \left[ \underset{R}{\overset{R}{\underset{|}{C}}}-\overset{O}{\overset{\|}{C}}-O-\underset{H}{\overset{R'}{\underset{|}{C}}}- \right]_n \tag{9-42}$$

$$R = H, R' = Me$$

有趣的是，在同样的条件下，β-丁内酯均聚产生的也是这种聚酯。

二乙基锌催化二甲基烯酮和乙醛共聚产生结晶性交替共聚物（表9.3）[289]。其他醛如正丁醛、异丁醛或苯甲醛也能和二甲基烯酮共聚产生相应的聚酯[289-318]。

关于含有杂原子的环和非环单体的配位聚合，显而易见，将来还会有大的发展（不仅限于一氧化碳的共聚），尤其是新的催化工艺，包括新的配位聚合单体和新的催化剂。最近出现了一些新的研究领域，例如，环硅氧烷[319]的配位聚合必然形成无机主链的聚合物或者是利用过渡金属催化剂的优势实现环醚的配位聚合[320]。

# 参考文献

1. Kuran, W., *Prog. Polym. Sci.*, **23**, 919 (1998).
2. Sen, A., *Acc. Chem. Res.*, **26**, 303 (1993).
3. Pasquon, I., Porri, L. and Giannini, U., in *Encyclopedia of Polymer Science and Engineering*, Wiley-Interscience, John Wiley & Sons, New York, 1989, Vol. 15, pp. 708–709.
4. Vandenberg, E. J., in *Catalysis in Polymer Synthesis*, Washington, DC, 1992, ACS Symp. Ser. 496, pp. 10–14.
5. Maeda, A. and Inagami, N., *Rubber & Plastics News*, **42**, 1 (1987).
6. Meissner, B., Schätz M. and Brajko, V., in *Elastomers and Rubber Compounding Materials*, Elsevier, Amsterdam, 1989, Studies in Polymer Science, Vol. 1, pp. 274–278.
7. Owens, K. and Kyllingstad, V. R., in *Kirk-Othmer Encyclopedia of Chemical Technology*, Wiley-Interscience, John Wiley & Sons, New York, 1993, Vol. 8, pp. 1079–1093.
8. Inoue, S., *Chemtech*, **6**, 588 (1976).
9. Rokicki, A. and Kuran, W., *J. Macromolec. Sci. – Rev. Macromolec. Chem. C*, **21**, 135 (1981).
10. Kuran, W. and Listos, T., *Polish J. Chem.*, **68**, 1071 (1994).
11. Darensbourg, D. J. and Holtcamp, N. W., *Coord. Chem. Rev.*, **153**, 155 (1996).
12. Super, M. S. and Beckman, E. J., *Trends Polym. Sci.*, **5**, 236 (1997).
13. Pruitt, M. E. and Baggett, J. M., US Pat. 2 706 181 (to Dow Chemical Co.) (1955).
14. Borkovec, A. B., *J. Org. Chem.*, **23**, 828 (1958).
15. Osgan, M. and Price, C. C., *J. Polym. Sci.*, **34**, 153 (1959).
16. Furukawa, J., Tsuruta, T., Sakata, R., Saegusa, T. and Kawasaki, A., *Makromol. Chem.*, **32**, 90 (1959).
17. Colclough, R. O., Gee, G. and Jagger, A. H., *J. Polym. Sci.*, **48**, 273 (1960).
18. Vandenberg, E. J., *J. Polym. Sci.*, **47**, 486 (1960).
19. Wu, J. and Shen, Z., *J. Polym. Sci. Polym. Chem. Ed.*, **28**, 1995 (1990).
20. Osgan, M. and Teyssié, Ph., *J. Polym. Sci. B*, **5**, 789 (1967).
21. Kohler, N., Osgan, M. and Teyssié, Ph., *J. Polym. Sci. B*, **6**, 559 (1968).
22. Osgan, M. and Teyssié, Ph., *J. Polym. Sci. B*, **8**, 319 (1970).
23. Inoue, S., Tsuruta, T. and Furukawa, J., *Makromol. Chem.*, **53**, 215 (1962).
24. Tsuruta, T., Inoue, S., Yoshida, N. and Furukawa, J., *Makromol. Chem.*, **55**, 230 (1962).
25. Spassky, N., Le Borgne, A. and Sepulchre, M., *Pure Appl. Chem.*, **53**, 1735 (1981).
26. Ishimori, M., Higawara, T., Tsuruta, T., Kai, Y., Yasuoka, N. and Kasai, N., *Bull. Chem. Soc. Jpn*, **49**, 1165 (1976).
27. Ishimori, M., Higawara, T. and Tsuruta, T., *Makromol. Chem.*, **179**, 2337 (1978).
28. Higawara, T., Ishimori, M. and Tsuruta, T., *Makromol. Chem.*, **182**, 501 (1981).
29. Kageyama, H., Kai, Y., Suzuki, C., Yoshino, N. and Tsuruta, T., *Makromol. Chem., Rapid Commun.*, **5**, 89 (1984).
30. Inoue, S., in *Catalysis in Polymer Synthesis*, Washington, DC, 1992, ACS Symp. Ser. 496, pp. 194–204.
31. Kuran, W., Rokicki, A. and Pienkowski, J., *J. Polym. Sci., Polym. Chem. Ed.*, **17**, 1235 (1979).
32. Aida, T. and Inoue, S., *Macromolecules*, **14**, 1166 (1981).
33. Aida, T., Wada, K. and Inoue, S., *Macromolecules*, **20**, 237 (1987).
34. Yasuda, T., Aida, T. and Inoue, S., *Bull. Chem. Soc. Jpn.*, **59**, 3931 (1986).
35. Yasuda, T., Aida, T. and Inoue, S., *J. Macromol. Sci.–Chem. A*, **21**, 1035 (1984).
36. Inoue, S. and Aida, T., in *Ring-Opening Polymerization*, D. J. Brunelle (Ed.), Hanser Verlag, Munich, 1993, pp. 187–215.
37. Dzugan, S. G. and Goedkrn, V. L., *Inorg. Chem.*, **25**, 2858 (1986).
38. Jun, C. L., Le Borgne, A. and Spassky, N., *J. Polym. Sci., Polym. Symp. D*, **74**, 31 (1986).
39. Vincens, V., Le Borgne, A. and Spassky, N., in *Catalysis in Polymer Synthesis*, Washington, DC, 1992, ACS Symp. Ser. 496, pp. 205–214.
40. Vincens, V., Le Borgne, A. and Spassky, N., *Makromol. Chem., Rapid Commun.*, **10**, 623 (1989).
41. Kuran, W., Listos, T., Abramczyk, M. and Dawidek, A., *J. Macromol. Sci. – Pure*

*Appl. Chem. A*, **35**, 427 (1998).
42. Kawasaki, A., Furukawa, J., Tsuruta, T., Saegusa, T., Kakogawa, G. and Sakata, R., *Polymer*, **1**, 315 (1960).
43. Hirano, T., Khanh, P. H. and Tsuruta, T., *Makromol. Chem.*, **153**, 331 (1972).
44. Jedlinski, Z., Dworak, A. and Bero, M., *Makromol. Chem.*, **180**, 949 (1979).
45. Tsuchiya, S. and Tsuruta, T., *Makromol. Chem.*, **110**, 123 (1967).
46. Oguni, N., Lee, K. and Tani, H., *Macromolecules*, **5**, 819 (1972).
47. Jedlinski, Z., Kasperczyk, J. and Dworak, A., *Eur. Polym. J.*, **19**, 899 (1983).
48. Rabagliati, F. M. and Contreras, J. M., *Eur. Polym. J.*, **23**, 63 (1987).
49. Aida, T., Mizuta, R. and Yoshida, Y., *Makromol. Chem.*, **110**, 123 (1967).
50. Le Borgne, M., Spassky, N., Jun, C. L. and Momtaz, A., *Makromol. Chem.*, **189**, 637 (1988).
51. Le Borgne, A., Moreau, M. and Vincens, V., *Macromol. Chem. Phys.*, **195**, 375 (1994).
52. Tsuruta, T. and Kawakami, Y., in *Comprehensive Polymer Science*, G. Allen and J. C. Bevington (Eds), Pergamon Press, Oxford, 1989, Vol. 3, pp. 489–500.
53. Inoue, S. and Aida, T., in *Comprehensive Polymer Science*, G. Allen and J. C. Bevington (Eds), Pergamon Press, Oxford, 1989, Vol. 3, pp. 553–569.
54. Khanh, P. H., Hirano, T. and Tsuruta, T., *J. Macromol. Sci.–Chem. A*, **5**, 1287 (1971).
55. Price, C. C. and Spector, R., *J. Am. Chem. Soc.*, **88**, 4171 (1966).
56. Tani, H., Oguni, N. and Watanabe, S., *J. Polym. Sci. B*, **6**, 577 (1968).
57. Price, C. C., Akkapeddi, M. K., De Bona, B. T. and Furie, B. C., *J. Am. Chem. Soc.*, **94**, 3964 (1972).
58. Oguni, N., Watanabe, S., Maki, M. and Tani, H., *Macromolecules*, **6**, 195 (1973).
59. Oguni, N., Maeda, S. and Tani, H., *Macromolecules*, **6**, 459 (1973).
60. Vandenberg, E. J., *Pure Appl. Chem.*, **48**, 295 (1976).
61. Vandenberg, E. J., *J. Polym. Sci. A-1*, **7**, 525 (1969).
62. Watanabe, Y., Yasuda, T., Aida, T. and Inoue, S., *Macromolecules*, **25**, 1396 (1992).
63. Tsuruta, T., *Makromol. Chem., Macromol. Symp.*, **6**, 23 (1986).
64. Hasebe, Y. and Tsuruta, T., *Makromol. Chem.*, **188**, 1403 (1987).
65. Kuran, W. and Listos, T., *Macromol. Chem. Phys.*, **195**, 401 (1994).
66. Inoue, M., Sugita, T., Kiso, Y. and Ichikawa, K., *Bull. Chem. Soc. Jpn.*, **49**, 1063 (1976).
67. Eisch, J. J., Liu, Z.-R. and Singh, M., *J. Org. Chem.*, **52**, 1618 (1992).
68. Darensbourg, D. J., Holtcamp, M. W., Khandelwal, B., Kalusmeyer, K. K. and Reibenspies, J. H., *J. Am. Chem. Soc.*, **117**, 538 (1995).
69. Condé, Ph., Hocks, L., Teyssié, Ph. and Vwrin, R., in *Catalysis in Polymer Synthesis*, Washington, DC, 1992, ACS Symp. Ser. 496, pp. 149–156.
70. Groves, J. T., Han, Y. and Van Engen, D., *J. Chem. Soc., Chem. Commun.*, **1990**, 436 (1990).
71. Dumas, Ph. and Guérin, Ph., *Can. J. Chem.*, **56**, 925 (1978).
72. Kuran, W., Pasynkiewicz, S. and Serzysko, J., *J. Organometall. Chem.*, **73**, 187 (1974).
73. Górecki, P. and Kuran, W., *J. Organometall. Chem.*, **312**, 1 (1986).
74. Kuran, W. and Listos, T., *Polish J. Chem.*, **68**, 643 (1994).
75. Tsuruta, T., *J. Polym. Sci., Polym Symp. D*, **7**, 179 (1972).
76. Listos, T., Kuran, W. and Siwiec, R., *J. Macromol. Sci. – Pure Appl. Chem. A*, **32**, 393 (1995).
77. Hasebe, Y., Izumitani, K., Torii, M. and Tsuruta, T., *Makromol. Chem.*, **191**, 107 (1990).
78. Vandenberg, E. J. and Mulis, J. C., *J. Polym. Sci., Polym. Chem. Ed.*, **29**, 1421 (1991).
79. Coulon, C., Spassky, N. and Sigwalt, P., *Polymer*, **17**, 821 (1976).
80. Deffieux, A., Sepulchre, M., Spassky, N. and Sigwalt P., *Makromol. Chem.*, **175**(2), 339 (1974).
81. Asano, S., Aida, T. and Inoue, S., *Macromolecules*, **18**, 2057 (1985).
82. Kuran, W. and Listos, T., *Polish J. Chem.*, **68**, 1071 (1994).
83. Penczek, S., Kubisa, P. and Matyjaszewski, K., *Adv. Polym. Sci.*, **37**, 1 (1980).
84. Ishimori, M., Hsiue, G. and Tsuruta, T., *Makromol. Chem.*, **128**, 52 (1969).
85. Vandenberg, E. J. and Robinson, A. E., in *Polyethers*, Washington, DC, 1975, ACS Symp. Ser. 6, pp. 101–119.
86. Vandenberg, E. J. and Robinson, A. E., *Polym. Prepr. Am. Chem. Soc., Div.*

*Polym. Chem.*, **15**, 208 (1974).
87. Oguni, N. and Hyoda, J., *Macromolecules*, **13**, 1687 (1980).
88. Kops, J. and Spanggard, H., *Macromolecules*, **15**, 1200 (1982).
89. Inoue, S. IUPAC 35th International Symposium on *Macromolecules*, Akron, Ohio, USA, 1994, Abstracts, p. 60.
90. Okamoto, Y. and Nakano, T., *Chem. Rev.*, **94**, 349 (1994).
91. Jacobs, C., Dubois, Ph., Jérôme, R. and Teyssié, Ph., *Macromolecules*, **24**, 3027 (1991).
92. Ropson, N., Dubois, Ph., Jérôme, R. and Teyssié, Ph., *Macromolecules*, **27**, 5950 (1994).
93. Hofman, A., Slomkowski, S. and Penczek, S., *Makromol. Chem., Rapid Commun.*, **8**, 387 (1987).
94. Duda, A., Florjanczyk, Z., Hofman, A., Slomkowski, S. and Penczek, S., *Macromolecules*, **24**, 1640 (1990).
95. Duda, A. and Penczek, S., *Makromol. Chem., Macromol. Symp.*, **47**, 127 (1990).
96. Duda, A. and Penczek, S., *Macromol. Chem., Rapid Commun.*, **15**, 559 (1994).
97. Duda, A. and Penczek, S., *Macromol. Chem., Rapid Commun.*, **16**, 67 (1995).
98. Duda, A. and Penczek, S., *Macromolecules*, **28**, 5981 (1995).
99. Le Borgne, A., Pluta, C. and Spassky, N., *Macromol. Chem., Rapid Commun.*, **15**, 955 (1994).
100. Stevels, M. W., Anconé, M. J. K., Dijkstra, P. J. and Feijen, J., *Macromol. Chem. Phys.*, **196**, 1153 (1995).
101. Cherdron, H., Ohse, H. and Corte, F., *Makromol. Chem.*, **56**, 187 (1962).
102. Dubois, Ph., Jérôme, R. and Teyssié, Ph., *Polym. Bull.*, **22**, 475 (1989).
103. Dubois, Ph., Degée, Ph., Jérôme, R. and Teyssié, Ph., *Macromolecules*, **25**, 2614 (1992).
104. Duda, A., *Macromolecules*, **27**, 576 (1994).
105. Duda, A., *Macromolecules*, **28**, 1399 (1995).
106. Ouhadi, T., Stevens, C. and Teyssié, Ph., *Makromol. Chem., Suppl.*, **1**, 191 (1975).
107. Vion, J. M., Jérôme, R., Teyssié, Ph., Aubin, M. and Prud'homme, R. E., *Macromolecules*, **19**, 1828 (1986).
108. Kricheldorf, H. R., Berl, M. and Scharnagel, N., *Macromolecules*, **21**, 286 (1988).
109. Wurm, B., Keul, H. and Höcker, H., *Macromol. Chem. Phys.*, **195**, 1011 (1994).
110. Löfgren, A., Albertsson, A.-C., Dubois, Ph., Jérôme, R., Teyssié, Ph., Aubin, M. and Prud'homme, R. E., *Macromolecules*, **27**, 5556 (1994).
111. Le Borgne, A. and Spassky, N., *Polymer*, **30**, 2312
112. Grenier, D., Prud'homme, R. E., Le Borgne, A. and Spassky, N., *J. Polym. Sci., Polym. Chem. Edn. A*, **19**, 1781 (1981).
113. Spassky, N., Le Borgne, A. and Hull, W. E., *Macromolecules*, **16**, 608 (1983).
114. Le Borgne, A., Spassky, N. and Sigwalt, P., *Polym. Bull.*, **1**, 825 (1979).
115. Tani, H., Yamashita, S. and Teranishi, K., *Polym. J.*, **3**, 417 (1972).
116. Teranishi, K., Iida, M., Araki, T., Yamashita, S. and Tani, H., *Macromolecules*, **7**, 421 (1974).
117. Agostini, D. E., Lando, J. B. and Shelton, J. R., *J. Polym. Sci., Polym. Chem. Ed. A-1*, **9**, 2775 (1971).
118. Gross, R. A., Zhang, Y., Konrad, G. and Lenz, R. W., *Macromolecules*, **21**, 2657 (1988).
119. Benvenuti, M. and Lenz, R. W., *J. Polym. Sci., Polym. Chem. Edn A*, **29**, 793 (1991).
120. Pajersky, A. D. and Lenz, R. W., *Makromol. Chem. Macromol. Symp.*, **73**, 7 (1993).
121. Lavallée, C., Le Borgne, A., Spassky, N. and Prud'homme, R. E., *J. Polym. Sci. Polym., Chem. Ed. A*, **25**, 1315 (1987).
122. Ouhadi, T. and Heuschen, J. M., *J. Macromol. Sci. – Chem. A*, **9**, 927 (1975).
123. Ouhadi, T., Hamitou, A., Jérôme, R. and Teyssié, Ph., *Macromolecules*, **9**, 173 (1976).
124. Hamitou, A., Ouhadi, T., Jérôme, R. and Teyssié, Ph., *J. Polym. Sci., Polym. Chem. Ed*, **15**, 865 (1977).
125. Inoue, S. and Aida, A., *Makromol. Chem., Macromol. Symp.*, **73**, 27 (1993).
126. Shimasaki, K., Aida, T. and Inoue, S., *Macromolecules*, **20**, 3076 (1987).
127. Endo, M., Aida, T. and Inoue, S., *Macromolecules*, **20**, 2982 (1987).
128. Yasuda, T., Aida, T. and Inoue, S., *Macromolecules*, **16**, 1792 (1983).
129. Sugimoto, H., Aida, T. and Inoue, S., *Macromolecules*, **23**, 2869 (1990).
130. Le Borgne, A., Vincens, V., Jouglard, M. and Spassky, N., *Makromol. Chem., Macromol. Symp.*, **73**, 37 (1993).

131. Lenz, R. W., IUPAC International Symposium on *Ionic Polymerization*, Istanbul, Turkey, 1995, Abstracts, p. 18.
132. McLain, S. J. and Drysdale, N. E., *Polym. Prepr. Am. Chem. Soc., Div. Polym. Chem.*, **33**(1), 174 (1992).
133. McLain, S. J., Ford, T. M. and Drysdale, N. E., *Polym. Prepr. Am. Chem. Soc., Div. Polym. Chem.*, **33**(2), 463 (1992).
134. Hmamouchi, M., Lavallée, C., Prud'homme, R. E., Le Borgne, A. and Spassky, N., *Macromolecules*, **22**, 130 (1989).
135. Le Borgne, A., Grenier, D., Prud'homme, R. E. and Spassky, N., *Eur. Polym. J.*, **17**, 1103 (1981).
136. Inoue, S. and Aida, T., in *Encyclopedia of Polymer Science and Engineering*, Wiley-Interscience, John Wiley & Sons, New York, 1990, Supplement Vol., pp. 412–420.
137. Inoue, S., Koinuma, H. and Tsuruta, T., *Polym. J.*, **2**, 220 (1971).
138. Dubois, Ph., Jacobs, C., Jérôme, R. and Teyssié, Ph., *Macromolecules*, **24**, 2266 (1991).
139. Kricheldorf, H. R. and Boettcher, C., *Makromol. Chem.*, **194**, 1653 (1993).
140. Feng, X. D., Song, C. X. and Chen, W. Y., *J. Polym. Sci., Polym. Lett. Ed.*, **21**, 593 (1983).
141. Trofimoff, L. R., Aida, T. and Inoue, S., *Chem. Lett.*, **1987**, 991 (1987).
142. Soga, K., Hosoda, S., Tazuke, Y. and Ikeda, S., *J. Polym. Sci., Polym. Lett. Ed.*, **14**, 161 (1976).
143. Soga, K., Tazuke, Y., Hosoda, S. and Ikeda, S., *J. Polym. Sci., Polym. Lett. Ed.*, **15**, 219 (1977).
144. Vogdanis, L. and Heitz, W., *Makromol. Chem., Rapid Commun.*, **7**, 543 (1986).
145. Vogdanis, L., Martens, B., Uchtmann, H., Henzel, F. and Heitz, W., *Makromol. Chem.*, **191**, 465 (1990).
146. Kuran, W. and Listos. T., *Makromol. Chem.*, **193**, 945 (1992).
147. Kuran, W. and Listos, T., *Macromol. Chem. Phys.*, **195**, 1011 (1994).
148. Kricheldorf, H. R., Jenssen, J. and Kreiser-Sanders, I., *Makromol. Chem.*, **192**, 2391 (1991).
149. Hovestatd, W., Keul, H. and Höcker, H., *Polymer*, **33**, 1941 (1992).
150. Heldrr, J., Kohn, F. E., Sato, S., van den Berg, J. W. and Feijen, J., *Makromol. Chem., Rapid Commun.*, **6**, 9 (1975).
151. Baba, A., Meishou, H. and Matsuda, H., *Makromol. Chem., Rapid Commun.*, **5**, 665 (1974).
152. Amarascker, J., Rauchfuss, T. B. and Wilson, S. R., *J. Am. Chem. Soc.*, **110**, 2332 (1988).
153. Sigwalt, P., *Pure Appl. Chem.*, **48**, 257 (1976).
154. Dumas, Ph., Spassky, N. and Sigwalt, P., *Makromol. Chem.*, **156**, 55 (1972).
155. Spassky, N., Dumas, Ph., Sepulchre, M. and Sigwalt, P., *J. Polym. Sci., Polym. Symp. D*, **52**, 327 (1975).
156. Spassky, N. and Sigwalt, P., *Bull. Soc. Chim. France*, **1968**, 4617 (1968).
157. Dumas, Ph., Sigwalt, P. and Guérin, Ph., *Makromol. Chem.*, **182**, 2225 (1981).
158. Marchett, M., Chellini, E., Sepulchre, M. and Spassky, N., *Makromol. Chem.*, **180**, 1305 (1979).
159. Spassky, N., Le Borgne, A., Momtaz, A. and Sepulchre, M., *J. Polym. Sci., Polym. Lett. Ed.*, **18**, 3089 (1980).
160. Dumas, Ph., Guérin, Ph. and Sigwalt, P., *Nouv. J. Chim.*, **4**, 95 (1980).
161. Dumas, Ph., Sigwalt, P. and Guérin, Ph., *Makromol. Chem.*, **185**, 1317 (1984).
162. Guérin, Ph., Boileau, S. and Sigwalt, P., *Eur. Polym. J.*, **10**, 13 (1974).
163. Dumas, Ph., and Sigwalt, P., *Chirality*, **3**, 484 (1993).
164. Dumas, Ph., Sigwalt, P. and Guérin, Ph., *Makromol. Chem.*, **1193**, 1709 (1992).
165. Aida, T., Kawaguchi, K. and Inoue, S., *Macromolecules*, **23**, 3887 (1990).
166. Watanabe, Y., Aida, T. and Inoue, S., *Macromolecules*, **24**, 3970 (1991).
167. Soga, K., Imamura, H. and Ikeda, S., *Makromol. Chem.*, **176**, 807 (1975).
168. Matsuura, K., Inoue, S. and Tsuruta, T., *Makromol. Chem.*, **80**, 149 (1964).
169. Tsuruta, T., Matsuura, K. and Inoue, S., *Makromol. Chem.*, **83**, 289 (1965).
170. Makino, T., Inoue, S. and Tsuruta, T., *Makromol. Chem.*, **83**, 316 (1965).
171. Matsuura, K., Inoue, S. and Tsuruta, T., *Makromol. Chem.*, **103**, 140 (1967).
172. Makino, T., Inoue, S. and Tsuruta, T., *Makromol. Chem.*, **131**, 147 (1970).
173. Makino, T., Inoue, S. and Tsuruta, T., *Makromol. Chem.*, **133**, 137 (1971).
174. Tsuruta, T., Inoue, S. and Matsuura, K., *Makromol. Chem.*, **63**, 219 (1963).

175. Kricheldorf, H. R., in *Comprehensive Polymer Science*, G. Allen and J. C. Bevington (Eds), Pergamon Press, Oxford, 1989, Vol. 3, pp. 531–551.
176. van Santvoort, F. A. J. J., Krabbendam, H., Spek, A. L. and Boersma, J., *Inorg. Chem.*, **17**, 388 (1978).
177. Boersma, J., in *Comprehensive Organometallic Chemistry*, G. Wilkinson, G. A. Stone and E. W. Abel (Eds), Pergamon Press, Oxford, 1983, Vol. 2, pp. 823–862.
178. Yonezawa, N., Toda, F. and Hasegawa, M., *Makromol. Chem., Rapid Commun.*, **6**, 607 (1985).
179. Ogata, N., Asahara, T. and Tohoyama, S., *J. Polym. Sci. A-1*, **4**, 1359 (1966).
180. Ogata, N., Tanaka, K. and Takayama, S., *Makromol. Chem.*, **119**, 161 (1968).
181. Kaluzynski, K., Libiszowski, J. and Penczek, S., *Makromol. Chem.*, **178**, 2943 (1977).
182. Libiszowski, J., Kaluzynski, K. and Penczek, S., *J. Polym. Sci., Polym. Chem. Ed.*, **16**, 1275 (1978).
183. Hsieh, L. H., *Polym. Prepr. Chem. Am. Soc., Div. Polym. Chem.*, **13**, 157 (1972).
184. Hsieh, L. H., *J. Macromol. Sci. – Chem. A*, **7**, 1526 (1973).
185. Inoue, S., Kitamura, K. and Tsuruta, T., *Makromol. Chem.*, **126**, 250 (1969).
186. Kuran, W. and Nieslochowski, A., *Polym. Bull.*, **2**, 411 (1980).
187. Kuran, W. and Nieslochowski, A., *J. Macromol. Sci. – Chem. A*, **15**, 1567 (1981).
188. Aida, T. and Inoue, S., *J. Am. Chem. Soc.*, **107**, 1358 (1985).
189. Aida, T., Sanuki, S. and Inoue, S., *Macromolecules*, **18**, 1049 (1985).
190. Reinheckel, H. and Haage, K., *J. Organometall. Chem.*, **10**, 29 (1967).
191. Zweifel, H., Lolinger, J. and Volker, T., *Makromol. Chem.*, **153**, 125 (1972).
192. Kuran, W. and Nieslochowski, A., *Synth. React. Inorg. Met.-Org. Chem.*, **11**, 79 (1981).
193. Inoue, S., Kobayashi, M. and Tozuka, T., *J. Organometall. Chem.*, **81**, 17 (1974).
194. Kuran, W., Listos, T., Iwaniuk, R. and Rokicki, G., *Polimery*, **38**, 405 (1993).
195. Yasuda, T., Aida, T. and Inoue, S., *Macromolecules*, **17**, 2217 (1984).
196. Asano, S., Aida, T. and Inoue, S., *J. Chem. Soc., Chem. Commun.*, **1985**, 1148 (1985).
197. Teyssié, Ph., Bioul, J. P., Condé, P., Druet, J., Heuschen, J., Jérôme, R., Ouhadi, T. and Warin, R., in *Metal-Alcoholate Initiators*, Washington, DC, 1985, ACS Symp. Ser. 286, p. 97.
198. Hamitou, A., Jérôme, R., Hubert, A. and Teyssié, Ph., *Macromolecules*, **6**, 651 (1973).
199. Inoue, S., Koinuma, H. and Tsuruta, T., *Makromol. Chem.*, **130**, 210 (1969).
200. Inoue, S., Koinuma, H. and Tsuruta, T., *J. Polym. Sci. B.*, **7**, 287 (1969).
201. Inoue, S., Kobayashi, M., Koinuma, H. and Tsuruta, T., *Makromol. Chem.*, **155**, 61 (1972).
202. Rätsch, M. and Haubold, W., *Faserforsch. Textiltech., Z. Polymerforsch.*, **28**, 15 (1977).
203. Kobayashi, M., Inoue, S. and Tsuruta, T., *Macromolecules*, **4**, 658 (1971).
204. Kobayashi, M., Tang, Y.-L., Tsuruta, T. and Inoue, S., *Makromol. Chem.*, **169**, 69 (1973).
205. Kuran, W., Pasynkiewicz, S. and Skupinska, J., *Makromol. Chem.*, **177**, 1283 (1976).
206. Kuran, W., *Appl. Organometall.*, **5**, 191 (1991).
207. Kuran, W. and Listos, T., *Macromol. Chem. Phys.*, **194**, 977 (1994).
208. Kuran, W., Pasynkiewicz, S., Skupinska, J. and Rokicki, A., *Makromol. Chem.*, **177**, 11 (1976).
209. Rokicki, A. and Kuran, W., *Makromol. Chem.*, **180**, 2153 (1979).
210. Górecki, P. and Kuran, W., *J. Polym. Sci., Polym. Lett. Ed.*, **23**, 299 (1985).
211. Kuran, W., Listos, T. and Kulpa, A., Polish Pat. 165,616 (1994).
212. Kobayashi, M., Inoue, S. and Tsuruta, T., *J. Polym. Sci., Polym. Chem. Ed.*, **11**, 2383 (1973).
213. Kuran, W., Rokicki, A. and Wilinska, E., *Makromol. Chem.*, **180**, 361 (1979).
214. Nishimura, M., Kasai, M. and Tsuchida, E., *Makromol. Chem.*, **179**, 1913 (1978).
215. Tsuchida, E. and Kasai, M., *Makromol. Chem.*, **181**, 1612 (1980).
216. Chen, L.-B., Chen, H.-S. and Lin, J., *J. Macromol. Sci. – Chem. A*, **24**, 253 (1987).
217. Chen, L.-B., *Makromol. Chem., Macromol. Symp.*, **59**, 75 (1992).
218. Soga, K., Hyakkoku, K. and Ikeda, S., *Makromol. Chem.*, **179**, 2837 (1978).
219. Soga, K., Hyakkoku, K., Izumi, K. and Ikeda, S., *J. Polym. Sci., Polym. Chem. Ed.*, **16**, 2383 (1978).

220. Inoue, S., in *Progress in Polymer Science*, K. Imahori and T. Higashimura (Eds), Kodansha, Tokyo, 1975, Vol. 8, p. 1.
221. Inoue, S., Takada, T. and Tatsu, H., *Makromol. Chem., Rapid Commun.*, **1**, 775 (1980).
222. Hino, Y., Yoshida, Y. and Inoue, S., *Polym. J.*, **16**, 159 (1984).
223. Rokicki, A., US Pat. 4,943,677 (1990).
224. Soga, K., Imai, E. and Hattori, I., *Polym. J.*, **13**, 407 (1981).
225. Inoue, S., Koinuma, H. and Tsuruta, T., US Pat. 3,585,168 (1971).
226. Koinuma, H. and Hirai, H., *Makromol. Chem.*, **178**, 1283 (1977).
227. Chen, X., Shen, Z. and Zhang, Y., *Macromolecules*, **24**, 5305 (1991).
228. Shen, Z., Chen, X. and Zhang, Y., *Macromol. Chem. Phys.*, **195**, 2003 (1994).
229. Inoue, S., Koinuma, H., Yokoo, Y. and Tsuruta, T., *Makromol. Chem.*, **143**, 97 (1971).
230. Inoue, S., Matsumoto, K. and Yoshida, Y., *Makromol. Chem.*, **181**, 2287 (1980).
231. Hirano, T., Inoue, S. and Tsuruta, T. Y., *Makromol. Chem.*, **177**, 3237 (1976).
232. Hirano, T., Inoue, S. and Tsuruta, T. Y., *Makromol. Chem.*, **177**, 3245 (1976).
233. Inoue, S., Hirano, T. and Tsuruta, T., *Polym. J.*, **9**, 101 (1977).
234. Udipi, K. and Gillham, J. K., *J. Appl. Polym. Sci.*, **18**, 1575 (1974).
235. Lednor, P. W. and Rol, N. C., *J. Chem. Soc., Chem. Commun.*, **1985**, 598 (1985).
236. Koinuma, H., Naito, K. and Hirai, H., *Makromol. Chem., Rapid Commun.*, **1**, 493 (1980).
237. Rokicki, G., Kuran. W. and Pogorzelska-Marciniak, B., *Monatsh. Chem.*, **115**, 205 (1984).
238. Darensbourg, D. J. and Holtcamp, M. W., *Macromolecules*, **28**, 7577 (1995).
239. Super, M., Berluche, E., Costello, C. and Beckman, E., *Macromolecules*, **30**, 362 (1997).
240. Kuran, W., Rokicki, A. and Romanowska, D., *J. Polym. Sci., Polym. Chem. Ed.*, **17**, 2003 (1979).
241. Aida, T., Ishikawa, M. and Inoue, S., *Macromolecules*, **19**, 8 (1986).
242. Aida, T. and Inoue, S., *Macromolecules*, **15**, 628 (1982).
243. Nishikumbo, T., Kameyama, A., Yamashita, J., Tomoi, M. and Fukuda, W., *J. Polym. Sci., A, Polym. Chem.*, **31**, 939 (1993).
244. Abramczyk, M., Kuran, W. and Listos, T., in *The XVIIIth International Conference on Organometallic Chemistry*, Munich, Germany, 1998, Book of Abstracts, p. A39 (Vth Regional Seminar of PhD-Students on *Organometallic and Organophosphorus Chemistry*, Sec, Czech Republic, 1999, Abstracts, p. 35).
245. Koinuma, H. and Hirai, H., *Makromol. Chem.*, **178**, 241 (1977).
246. Tsuruta, T., Inoue, S., Ishimori, M. and Yoshida, N., *J. Polym. Sci. C*, **4**, 407 (1964).
247. Kuran, W., Rokicki, A. and Wielgopolan, W., *Makromol. Chem.*, **179**, 2545 (1978).
248. Adachi, N., Kida, Y. and Shikata, K., *J. Polym. Sci., Polym. Chem. Ed.*, **15**, 937 (1977).
249. Soga, K., Imamura, H., Sato, M. and Ikeda, S., *J. Polym. Sci., Polym. Chem. Ed.*, **14**, 677 (1976).
250. Soga, K., Sato, M., Imamura, H. and Ikeda, S., *J. Polym. Sci., Polym. Lett. Ed.*, **13**, 167 (1975).
251. Schaefer, J., Kern, R. J. and Katnic, R. J., *Macromolecules*, **1**, 107 (1968).
252. Ziegler, K., Krupp, F., Weyer, K. and Larbig, W., *Ann. Chem.*, **629**, 251 (1960).
253. Coates, G. E. and Mukherjee, R. N., *J. Chem. Soc.*, **1964**, 1295 (1964).
254. Millich, F., *J. Polym. Sci., Macromol. Rev.*, **15**, 207 (1980).
255. Drenth, W. and Nolte, R. J. M., *Acc. Chem. Res.*, **12**, 30 (1979).
256. van Beijnen, A. J. M., Nolte, R. J. M., Naaktgeboren, A. J., Zwikker, J. W., Drenth, W. and Hezemans, A. M. F., *Macromolecules*, **16**, 1679 (1983).
257. Nolte, R. J. M., van Beijnen, A. J. M. and Drenth, W., *J. Am. Chem. Soc.*, **96**, 5932 (1974).
258. van Beijnen, A. J. M., Nolte, R. J. M. and Drenth, W., *Recl. Trav. Chim. Pays-Bas*, **99**, 121 (1980).
259. Yamamoto, Y., Takizawa, T. and Hagihara, N., *Nippon Kagaku Zasshi*, **87**, 1355 (1966).
260. Nolte, R. J. M., Stephany, R. W. and Drenth, W., *Recl. Trav. Chim. Pays-Bas*, **92**, 83 (1973).

261. Millich, F. and Baker, G. K., *Macromolecules*, **2**, 122 (1969).
262. Millich, F., *Adv. Polym. Sci.*, **19**, 117 (1975).
263. Nolte, R. J. M. and Drenth, W., *Recl. Trav. Chim. Pays-Bas*, **92**, 788 (1973).
264. Burr, A. J. and Fetters, L. J., *Chem. Rev.*, **76**, 727 (1976).
265. Yilmaz, O., Usanmaz, A. and Alyürük, K., *J. Polym. Sci. C*, **28**, 341 (1990).
266. Furukawa, J., Yamashita, S., Maruhashi, M. and Harada, K., *Makromol. Chem.*, **85**, 80 (1965).
267. Colclough, R. O., Gee, G., Higginson, W. C. E., Jackson, J. B. and Litt, M., *J. Polym. Sci.*, **36**, 541 (1959).
268. Yilmaz, O., Usanmaz, A. and Alyürük, K., *Eur. Polym. J.*, **28**, 1351 (1992).
269. Noltes, J. G. and Boersma, J., *J. Organometall. Chem.*, **7**, 6 (1967).
270. Vogl, O., *J. Polym. Sci. A*, **2**, 4607 (1964).
271. Neeld, K. and Vogl, O., *Macromol. Rev.*, **16**, 1 (1981).
272. Vogl, O., in *Encyclopedia of Polymer Science and Engineering*, H. F. Mark, N. M. Bikales, C. G. Overberger and G. Menges (Eds), Wiley-Interscience, New York, 1987, Vol. 1, pp. 623–643.
273. Vogl, O., *J. Macromol. Sci. – Pure Appl. Chem A*, **29**, 1085 (1992).
274. Furukawa, J., Saegusa, T., Fujii, H., Kawasaki, A., Imai, H. and Fujii, Y., *Makromol. Chem.*, **37**, 149 (1960).
275. Natta, G., Corradini, P. and Bassi, I. W., *J. Polym. Sci.*, **51**, 505 (1965).
276. Natta, G., Mazzanti, G., Corradini, P. and Bassi, I. W., *Makromol. Chem.*, **37**, 156 (1960).
277. Furukawa, J., Saegusa, T. and Fujii, H., *Makromol. Chem.*, **44–46**, 398 (1961).
278. Ishimori, M., Nakasugi, O., Takeda, N. and Tsuruta, T., *Makromol. Chem.*, **115**, 103 (1968).
279. van der Kerk, G. J., *Pure Appl. Chem.*, **30**, 389 (1972).
280. Natta, G., Mazzanti, G., Corradini, P., Chini, P. and Bassi, I. W., *Atti Accad. Naz. Lincei, Rend. Classe Sci. Fis. Mat. Nat.*, **28**, 8 (1960).
281. Furukawa, J., Saegusa, T., Tsuruta, T., Fujii, H., Kawasaki, A. and Tatano, T., *J. Polym. Sci.*, **36**, 546 (1959).
282. Furukawa, J., Saegusa, T., Tsuruta, T., Fujii, H., Kawasaki, A. and Tatano, T., *Makromol. Chem.*, **33**, 32 (1959).
283. Colomb, H. O., Bailey Jr, F. E. and Lundberg, R. D., *J. Polym. Sci., Polym. Lett. Ed.*, **16**, 507 (1978).
284. Furukawa, J., Saegusa, T., Tsuruta, T., Ohta, S. and Wasai, G., *Makromol. Chem.*, **52**, 230 (1962).
285. Kawai, W., *Bull. Chem. Soc. Jpn*, **35**, 516 (1962).
286. Natta, G., Mazzanti, G., Pregaglia, G. F., Binaghia, M. and Peraldo, M., *J. Am. Chem. Soc.*, **82**, 4742 (1960).
287. Natta, G., Mazzanti, G., Pregaglia, G. F., Binaghia, M. and Peraldo, M., *Makromol. Chem.*, **44–46**, 537 (1961).
288. Yamashita, Y. and Nanumoto, S., *Makromol. Chem.*, **58**, 244 (1962).
289. Miller, R. G. J., Nield, E. and Turner-Jones, A., *Chem. Ind (Lond.)*, **1962**, 181 (1962).
290. Pruitt, M. E. and Baggett, J. M., US Pat. 2,706,181 (1955).
291. Pierre, St. and Price, C. C., *J. Am. Chem. Soc.*, **78**, 3432 (1956).
292. Price, C. C. and Osgan, M., *J. Am. Chem. Soc.*, **78**, 690 (1956).
293. Price, C. C. and Osgan, M., *J. Am. Chem. Soc.*, **78**, 4789 (1956).
294. Ishida, S. and Murashashi, A., *J. Polym. Sci.*, **40**, 571 (1959).
295. Ishida, S., *Bull. Chem. Soc. Jpn.*, **33**, 727 (1960).
296. Ishida, S., *Bull. Chem. Soc. Jpn.*, **33**, 731 (1960).
297. Sakata, R., Tsuruta, T., Saegusa, T. and Furukawa, J., *Makromol. Chem.*, **40**, 64 (1960).
298. Booth, C., Higginson, W. C. E. and Powell, E., *Polymer*, **5**, 479 (1964).
299. Bruce, J. M. and Hurst, S. J., *Polymer*, **7**, 1 (1966).
300. Kern, R. J., *Makromol. Chem.*, **81**, 261 (1965).
301. Booth, C. and Price, C. C., *Polymer*, **7**, 85 (1966).
302. Kasperczyk, J. and Jedlinski, Z., *Makromol. Chem.*, **187**, 2215 (1986).
303. Tsuruta, T., Inoue, S. and Koinuma, H., *Makromol. Chem.*, **112**, 58 (1968).
304. Hasegawa, H., Miki, K., Tanaka, N., Kasai, N., Ishimori, M., Heki, T. and Tsuruta, T., *Makromol. Chem., Rapid Commun.*, **3**, 947 (1982).
305. Dumas, Ph., Spassky, N. and Sigwalt, P., *J. Polym. Sci., Polym. Chem. Ed.*, **17**, 1583 (1979).

306. Dumas, Ph., Spassky, N. and Sigwalt, P., *J. Polym. Sci., Polym. Chem. Ed.*, **17**, 1595 (1979).
307. Dumas, Ph., Spassky, N. and Sigwalt, P., *J. Polym. Sci., Polym. Chem. Ed.*, **17**, 1605 (1979).
308. Kuran, W. and Mazanek, E., *J. Organometall. Chem.*, **384**, 13 (1990).
309. Kuran, W. and Mazanek, E., *Main Group Metal Chem.*, **12**, 241 (1989).
310. Furukawa, J., Saegusa, T., Tsuruta, T. and Kakogawa, G., *J. Polym. Sci.*, **36**, 541 (1959).
311. Furukawa, J., Saegusa, T., Tsuruta, T. and Kakogawa, G., *Makromol. Chem.*, **36**, 25 (1960).
312. Aida, T. and Inoue, S., *Makromol. Chem., Rapid Commun.*, **1**, 677 (1980).
313. Vincens, V., Le Borgne, A. and Spassky, N., *Makromol. Chem., Macromol. Symp.*, **47**, 285 (1991).
314. Kuroki, M., Watanabe, T., Aida, T. and Inoue, S., *J. Am. Chem. Soc.*, **113**, 5903 (1991).
315. Watanabe, T., Aida, T. and Inoue, S., *Macromolecules*, **23**, 2612 (1990).
316. Inoue, S. and Aida, T., *Macromol. Symp.*, **88**, 117 (1994).
317. Inoue, S. and Aida, T., *Chemtech*, **24**, 28 (1994).
318. Taton, D., Le Borgne, A., Sepulchre, M. and Spassky, N., *Macromol. Chem. Phys.*, **195**, 139 (1994).
319. Yoshinaga, K. and Iida, I. *Chem. Lett.*, **1991**, 1057 (1991).
320. Crivello, J. V. and Fan, M., *Makromol. Chem. Macromol. Symp.*, **54/55**, 179 (1992).

**拓展阅读**

Kuran. W., 'Coordination Polymerization of Heterocyclic and Heterounsaturated Monomers', *Prog. Polym. Sci.*, **23**, 919 (1998).
Vandemberg, E. J., 'A Key to Advances in Applied Polymer Science', in *Catalysis in Polymer Synthesis*, Washington, DC, 1992, ACS Symp. Ser. 496, pp. 10–14.
Inoue, S., 'High Polymers from $CO_2$', *Chemtech*, **6**, 588 (1976).
Darensbourg, D. J. and Holtcamp, N. W., 'Catalysts for the Reactions of Epoxides and Carbon Dioxide', *Coord. Chem. Rev.*, **153**, 155 (1996).
Kuran, W., 'Poly(propylene oxide)', in *Polymeric Materials Encyclopedia*, CRC Press, Boca Raton, 1996, Vol. 9, pp. 6657–6662.
Inoue, S., 'Metalloporphyrin Catalysts for Control of Polymerization', in *Catalysis in Polymer Synthesis*, Washington, DC, 1992, ACS Symp. Ser. 496, pp. 194–204.
Inoue, S. and Aida, T., 'Anionic Ring-opening Polymerization: Copolymerization', in *Comprehensive Polymer Science*, G. Allen and J. C. Bevington (Eds), Pergamon Press, Oxford, 1989, Vol. 3, pp. 553–569.
Vincens, V., Le Borgne, A. and Spassky, N., 'Oligomerization of Oxiranes with Aluminum Complexes as Initiators', in *Catalysis in Polymer Synthesis*, Washington, DC, 1992, ACS Symp. Ser. 496, pp. 205–214.
Kuran, W., 'Poly(propylene carbonate)', in *Polymeric Materials Encyclopedia*, CRC Press, Boca Raton, 1996, Vol. 9, pp. 6623–6630.

**思考题**

1. 指出可以进行配位聚合的含有杂原子的环和非环单体，并指出其中哪些是外消旋体。
2. 指出杂环单体形成的聚合物的立体异构。
3. 指出杂不饱和单体形成的聚合物的立体异构。
4. 给出三元环氧形成的所有可能的立构规整聚合物的结构（锯齿结构和适当的Fischer投影）。其中，哪些聚合物已经制备出，哪些还没有？
5. 指出杂环和杂不饱和单体配位聚合催化剂的主要特点。
6. 三元环氧配位聚合时环断裂处碳原子的构型发生反转，请解释其原因。
7. 四氢呋喃可以被配位共聚到聚合物链中，请解释其原因。给出配位聚合产生的主链含有氧化四亚甲基单元的共聚物和三元共聚物的例子。
8. 在中等温度条件下，甲代亚乙基碳酸酯和氧化丙烯配位共聚相对容易，而均聚相当困难，请解释其原因。
9. 二氧化碳和氧化丙烯可以配位共聚为线型聚合物聚（甲代亚乙基碳酸酯），而在阴离子引发下只能得到环碳酸酯甲代亚乙基碳酸酯，请解释其原因。
10. 多核金属催化剂和单核金属催化剂的区别是什么？这两种催化剂聚合三元环氧的机理的主要特征是什么？
11. 指出三元环氧配位聚合产生的有规和双有规聚合物。
12. 杂环单体立体选择性（对映对称性）聚合与立体可选性（对映非对称性）聚合的主要特点是什么？举例说明。

# 10 烯烃配位聚合的最新进展

　　本章将对烯烃配位聚合近年来的研究进展进行概括介绍，内容包括密度泛函理论（DFT）在烯烃配位聚合方面的应用、Ziegler-Natta 催化剂新型内外给电子体、烯烃与极性单体共聚、双核/多核茂金属催化剂以及链穿梭聚合等五个方面，并附有参考文献。这些概括的介绍仅供大家参考，如读者需对某部分内容做进一步的了解，可查询章后的参考文献深入研讨。

　　10.1 综述了 DFT 在烯烃配位聚合方面的研究进展，主要包括三部分内容：Ziegler-Natta 催化聚合、茂金属催化聚合以及非茂金属催化聚合领域。此章节主要以第一部分内容为主，即 DFT 在理解 Ziegler-Natta 催化剂结构与性能关系方面的研究进展：介绍了 $MgCl_2$ 载体的表面结构、给电子体的作用、给电子体和 $TiCl_4$ 在 $MgCl_2$ 载体表面的状态以及助催化剂的作用，讨论了 Ziegler-Natta 催化聚合的立体选择性、位置选择性和链转移反应，以及不希望发生的副反应，致力于了解 α-烯烃聚合的立体选择性本源、终止反应机理以及杂质在非均相 Ziegler-Natta 催化中的作用。第二部分介绍了 DFT 在茂金属催化烯烃中的应用，包括单核茂以及限制几何构型（CGC）催化体系等。DFT 在非茂金属催化聚合领域的应用主要分为非茂前和非茂后过渡金属催化，包括 FI 催化体系、α-二亚胺钯/镍催化体系和磷氧钯/镍催化体系等。

　　10.2 介绍了新型内外给电子体对 Ziegler-Natta 催化剂以及丙烯聚合的作用和机理。首先介绍了几种新型内给电子体，包括二醚类、琥珀酸酯类和醚酮类等；接下来通过内给电子体对催化剂活性中心结构和聚合动力学影响的阐述，说明新型给电子体的作用机理与优势。在新型外给电子体方面，主要介绍了几种氨基硅烷类和复合型外给电子体的特点与优势；紧接着，依次从外给电子体取代基的电子效应和位阻效应，外给电子体对催化剂活性中心、催化剂性能和聚合物性能的影响等方面对外给电子体的研究进展进行了综述。

　　10.3 综述了烯烃与极性单体的直接共聚法制备功能化聚烯烃的研究进展。首先给出了烯烃与极性单体共聚的难点，接下来从基于前过渡金属的催化剂（主要为 Ziegler-Natta 催化剂和茂金属催化剂）和非茂后过渡金属催化剂等方面对此领域进行介绍。其中，重点介绍了非茂后过渡金属催化剂，分别罗列了几种 α-二亚胺钯/镍催化剂、磷氧钯/镍催化剂以及具有次级配位效应的钯/镍催化剂，并对它们各自的催化机制及所制备聚合物结构与性能进行论述。

10.4 对具有独特聚合活性和聚烯烃微观结构的双核/多核茂金属催化剂的研究进展进行综述,主要从亚苯基桥连的茂金属催化剂、硅烷/硅氧烷桥连的茂金属催化剂、聚亚甲基桥连的柔性茂金属催化剂、几种柔性/刚性桥连的双核茂金属催化剂、桥连 CGC 催化剂等五种催化剂类型方面展开,对催化剂结构特点及所制备聚合物微观结构进行介绍。

10.5 首先介绍了链穿梭聚合的概念,包括链穿梭聚合的定义、聚合机理以及催化剂和链穿梭剂选择的基本原则等。之后综述了几种可用于链穿梭聚合的催化剂体系,着重论述催化剂性能和所制备烯烃嵌段产物性能。最后对蒙特卡罗法在模拟链穿梭聚合动力学以及烯烃嵌段聚合产物方面的应用研究进行简要介绍。

## 10.1 密度泛函理论在烯烃配位聚合中的应用

配位聚合催化剂种类繁多,通过实验技术对不同催化剂催化的烯烃聚合机理进行研究需要大量的人力物力投入。21 世纪以来,随着计算机水平的飞速发展,科学家可以通过理论计算的方法从分子、原子尺度对材料的性质、结构进行研究,涌现出大量的计算方法。其中,量子化学领域应用最广泛的计算方法——密度泛函理论,由于其具有较高的计算准确度以及相对较小的计算量,使得对大分子系统的计算成为可能。本节重点综述近年来密度泛函理论在 Ziegler-Natta 催化聚合领域的研究进展,并对其在茂金属催化剂和后过渡金属催化剂的应用进行简要介绍。

### 10.1.1 密度泛函理论在 Ziegler-Natta 催化聚合中的应用

尽管 Ziegler-Natta 催化剂在聚烯烃大规模生产中具有较高的应用价值,但由于该类催化剂是非均相的,组分复杂,且其活性中心结构不明确,因此,对于 Ziegler-Natta 催化剂的催化机理认识尚不尽如人意。基于量子力学和分子力学的分子模拟技术已被用来研究 Ziegler-Natta 催化剂各组分间的关系。在过去的二十年中,研究人员采用密度泛函理论(DFT)方法对 $MgCl_2$ 载体的表面结构、给电子体的作用、给电子体和 $TiCl_4$ 在 $MgCl_2$ 载体表面的状态以及助催化剂的作用进行了研究,致力于了解 α-烯烃聚合的立体选择性本源、终止反应机理以及杂质在非均相 Ziegler-Natta 催化中的作用,从分子尺度上理解了催化剂各组分间的关系,为催化剂的设计提供了理论依据[1]。本节将对近年来密度泛函理论在 $MgCl_2$ 载体、$MgCl_2$-给电子体相互作用、$MgCl_2$-$TiCl_4$ 相互作用和助催化剂作用,以及 Ziegler-Natta 催化烯烃聚合机理等方面的应用进行综述,为 DFT 方法在分子水平上对 Ziegler-Natta 催化剂进行设计和改进提供了思路和发展方向。

#### 10.1.1.1 Ziegler-Natta 催化剂模型建构

工业用 $MgCl_2$ 负载 Ziegler-Natta 催化剂由小的 $MgCl_2$ 粒子组成,并且这些小粒子可能在聚合过程发生断裂,进一步降低 $MgCl_2$ 粒子的平均尺寸[2]。在这种情况下,$MgCl_2$ 粒子将不再是常规的三维晶体,也不是像单一中心均相催化剂团簇。因此,选出最佳的计算方法对 Ziegler-Natta 催化剂进行建模并不容易。目前该领域中最典型的两种方法分别是基于团簇模型和周期性边界条件（PBC）的固态模型。

团簇模型是将整个 $MgCl_2$ 载体减少到由几个 $MgCl_2$ 单元组成的团簇（通常少于 30 个单元），通过构造这些团簇的几何结构对 $MgCl_2$ 结晶表面进行建模，如图 10.1 所示。团簇通常是由 2～5 层 Mg 原子组成。团簇模型的最大局限是团簇的尺寸有限，这将在一定程度上限定 Mg 和 Cl 的原子位置。最常见的建模方法是要么完全限定 $MgCl_2$ 位置（此方法会阻止小团簇以非物理方式形成），要么完全不限定（此方法允许捕捉一些发生在 $MgCl_2$ 表面的弛豫）。可能二者结合是最平衡的方法，即在限定与吸附物质无相互作用的 $MgCl_2$ 单元的同时，不限定与吸附物质存在相互作用的 $MgCl_2$ 单元。这种混合方法既允许一些表面原子弛豫，又能保持 $MgCl_2$ 晶体的整体几何构造。从计算角度来看，团簇模型的优势可显著降低计算成本；在计算资源有限情况下，短时间可内模拟大量的分子结构；可使用多种计算机程序包来处理分子系统。

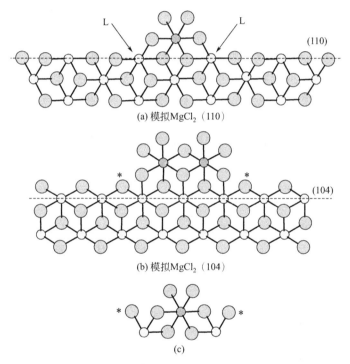

图 10.1　模拟 $MgCl_2$（110）(a) 和（104）(b) 面的经典团簇模型
[(c) 的氯模拟为 (a) 的一般配体或 (b) 的* 标记氯原子][1]

PBC 法是基于固态物理学所开发的程序，用来处理不能用团簇模型进行建模的金属、半导体和金属氧化物。PBC 模型的主要优点是模拟空间内的全部原子位置都不受限定，因此可同时顾及整体的刚度与表面的柔性，从而提供可靠的近似值。该方法非常适合于研究 $MgCl_2$ 不同切面的相对稳定性。PBC 方法的主要缺点是计算成本高，比团簇模型方法至少高一个数量级。此外，PBC 模型的内在规律性不允许对拐角及类似缺陷进行简单的建模，因此，对于工业上最有效的小颗粒 $MgCl_2$ 载体 Ziegler-Natta 催化剂（在聚合过程中会进一步断裂）来说，这将是一个限制。

### 10.1.1.2 密度泛函理论简介

密度泛函理论是一种基于量子力学的从头算（ab-initio）理论，通常也叫作第一性原理计算，其基本思想是将体系基态的物理性质通过电子密度函数而不再是电子波函数来描述。密度泛函理论建立在 Kohn 和 Hohenberg 所证明的两个基本数学定理的基础上[3]。Walter Kohn 也因现代密度泛函理论的提出被授予 1998 年诺贝尔化学奖。密度泛函理论方法的基础方程是由 Kohn 和 Sham 所推导的 KS 方程[4]。根据 KS 方程，体系中电子总能量与其电子密度 $\rho(r)$ 之间的函数关系可表示如下：

$$E = E_T[\rho(r)] + E_V[\rho(r)] + E_H[\rho(r)] + E_{XC}[\rho(r)]$$

式中，$E_T[\rho(r)]$ 表示电子的动能；$E_V[\rho(r)]$ 表示外场势能；$E_H[\rho(r)]$ 表示电子间的库仑相互作用势；$E_{XC}[\rho(r)]$ 表示电子的交换关联能。

由于所需处理的实际体系通常较复杂，$E_{XC}[\rho(r)]$ 很难精确得到，因此密度泛函理论计算中会采用各种近似形式以及校正方法。常见的近似形式以及校正方法包括局域密度近似（LDA）、广义梯度近似（GGA）、meta-GGA（最典型的是 TPSS 泛函）、Hatree-Fock（HF）、杂化密度泛函（如广泛使用的 B3LYP 函数）以及 DFT+U 等。

经过几十年的发展，尤其是随着计算机速度和计算方法的改进，密度泛函理论得到了很大发展，其计算范围也从简单元素扩展到复合化合物，成为量子化学、凝聚态物理、材料与生物科学领域研究的有力工具。在催化领域，密度泛函理论已成为最先进、最高效的理论研究方法之一。在许多情况下，密度泛函理论可以准确地预测催化剂性质，大大减少实验工作量，缩短新型催化剂研发周期[5,6]。

### 10.1.1.3 $MgCl_2$-载体

$MgCl_2$ 自 20 世纪 60 年代以来一直是 Ziegler-Natta 催化剂中最有效的载体[7]。文献中讨论最多的是 $MgCl_2$ 的三种结晶，即 α 晶型、β 晶型和 δ 晶型。通常以采用物理法或化学法得到较大比表面积的 $MgCl_2$ 作为载体，实现有效催化[8]。物理法中，$MgCl_2$ 被球磨成纳米大小的颗粒，即所知的 δ 相[9,10]。X 射线衍射研究表明，$MgCl_2$ 的 δ 晶型具有旋转无序的 Cl—Mg—Cl 三层堆叠结构，可通过格氏试剂氯化得到高度无序的结晶形态[8,11]。如图 10.2 所示，文献中报道的 $MgCl_2$ 通常是（001）、（110）和（104）面，以及最近增加的（015）面[12-15]。值得注意的是，$MgCl_2$（104）面中是五配位 Mg 原子，类似于 $MgCl_2$ 单分子层的（100）面［文章中都以（104）面来表示］。（001）面对应的基面仅由 Cl 原子组成，不适合吸附 $TiCl_4$。如图 10.2 所示的（110）面和（104）面分别暴露出了四配位和五配位的 $Mg^{2+}$，因此相对于六配位 Mg 原子存在一至两个空位[16]。现在普遍接受的是活化的 $MgCl_2$ 粒子是由若干 $MgCl_2$ 单分子层不规则地堆

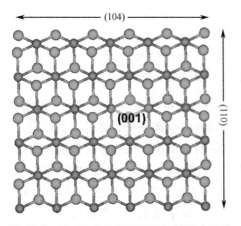

**图 10.2** $MgCl_2$ 单分子层模型的基面（001）和（110）和（104）两个侧切面

积而成，(104)面和（110）面暴露在外[13]。

对 $MgCl_2$ 催化表面的识别是现在一些计算和实验相结合论文的研究主题。研究人员利用各种 DFT 方法并结合 CO 束缚在 $MgCl_2$ 表面的红外光谱，分析了 $MgCl_2$ 的体积弛豫和表面弛豫[17]，从而得出弛豫（110）面和（104）面与实验结果相吻合的结论。Credendino 等[18] 采用具有经验色散修正项的周期性 DFT 方法研究了 $MgCl_2$ 有序的 α-晶型和 β-晶型的表面和整体结构。DFT 计算得到的结构参数和晶格常数与实验结果相近。从计算的角度来看，在所研究的泛函中，PW91 为晶格常数的计算提供了最高的精度，并且估算出 β-晶型的能量略高于 α-晶型（每单位晶格+0.2kcal/mol）。此作者也试图利用 Wulff 构造[19] 与 Bravais、Friedel、Donnay 和 Harker（BFDH）动力学模型，对 $MgCl_2$ 的晶体形态进行简单的模拟，以识别暴露的晶体面性质。研究结果表明，不考虑特异相的情况下，对于结构良好的 $MgCl_2$ 晶体，这两种模型都得到五配位 Mg 原子切面的晶体[对应于 α-$MgCl_2$ 的（104）面、（101）面和（012）面]，而在很大程度上不会形成四配位 Mg 原子的（110）切面。

文献研究的结果包括周期性边界条件的使用和/或更好的 $MgCl_2$ 团簇的选择，以及更可靠的 DFT 协议，这表明基于不同的 Miller 指数，弛豫和/或重构过程会不同程度地影响 $MgCl_2$ 表面[14,20]。之后，研究人员又模拟了不同形状、大小和边界[典型的（104）面和（110）面]的 $MgCl_2$ 晶体，并计算了几种给电子体存在下的晶体表面稳定性。据报道，$MgCl_2$ 表面的稳定性与 $MgCl_2$ 表面给电子体的覆盖度也密切相关[21,22]。事实上，在无任何 LBs 的情况下，例如在 $MgCl_2$ 简单机械研磨中，会形成具有（104）晶界的大晶体；而在有 LBs 的情况下，则形成具有（110）晶界的小晶体。

Bazhenov 等[23] 利用周期性边界条件结合 PBE0 泛函强调了 $MgCl_2$ 缺陷对（110）面和（104）面稳定性的影响。通过将氯取代为溴原子进行模拟，系统地研究了溴的掺入率和表面厚度对 $MgCl_2$(110)面和（104）面性能的影响。他们还以甲醇分子为给电子体来模拟计算不同缺陷表面的结合能。结果表明，甲醇在 $MgCl_2$ 不饱和界面的配位可以降低其表面能，稳定其结构，并且对（104）面的影响强于对（110）面的影响。这项工作的进一步延伸是模拟了表面缺陷的两种构造[24]：梯形（ST）和垛形（BA）构造图案。通过研究表面的相对稳定性随四配位 Mg 原子分数的变化可知，缺陷表面的相对稳定性与四配位和五配位中心的相对数量呈近乎完美的线性关系。这表明，晶面-中心配位是决定其表面稳定性的主要因素，五配位 Mg 中心有利于晶面稳定。另外，当甲醇（作为模型用给电子体）使表面饱和时，稳定性顺序完全颠倒，（110）面最为稳定，而（104）面较为不稳定。所有的缺陷结构都位于这两个极限之间，它们的稳定性与晶面-中心配位呈线性关系。

结合周期性 DFT 计算的实验研究表明，$MgCl_2$(110) 与四配位 Mg 原子是高产量的 Ziegler-Natta 体系中最有可能的催化表面，因为在聚合条件下 $TiCl_4$ 和给电子体都能与这一表面紧密结合[25,26]。相反，在纯 $MgCl_2$ 晶体中，（104）面是最有可能的催化晶面，但其路易斯酸性低于 $MgCl_2$(110) 面，因此在给电子体加入时更倾向于后者。

## 10.1.1.4 $MgCl_2$-给电子体相互作用

自第四代 Ziegler-Natta 催化剂问世以来，寻找更好的给电子体一直是工业界和学术界关注的焦点。催化剂的性能以及聚合物的性质很大程度上取决于载体和反应介质中的给电子体类型。给电子体对催化剂性能至关重要，它可显著改善聚丙烯的立构规整性、分子量分布和氢调敏感性[2,27]。此外,给电子体通过稳定初级 $MgCl_2$ 小晶体以及与 $TiCl_4$ 竞争 $MgCl_2$ 表面的配位,从而影响 $TiCl_4$ 在最终催化剂中的分布和数量。目前可使用的给电子体包括邻苯二甲酸酯、琥珀酸酯、丙二酸酯、1,3-二醚、1,3-二酮、1,3-二醇酯、1,4-二醇、异氰酸酯、二胺和戊二酸酯等。其中,1,3-二醚、烷氧基硅烷、芳香酯(邻苯二甲酸酯和苯甲酸酯)和脂肪族酯(尤其是琥珀酸酯)效果最佳。

给电子体与 $MgCl_2$ 表面相互作用的理论研究证实,给电子体会优先吸附在(110)面,这样就会阻碍 $TiCl_4$ 在 $MgCl_2$(110)面上的吸附,而此吸附通常被认为具有较弱的立体选择性。Toto 等[28]将此概念直接应用于简单模型中,发现在 $MgCl_2$(104)面和(110)面聚合分别得到二甲苯-不溶和二甲苯-可溶的聚丙烯,并且外给电子体的吸附与 Ti-催化剂的形成相竞争。该模型虽然过于简单,但能够定量地解释由 1,3-二醚存在下得到的聚丙烯的等规度。

随后,Lee 等[29]更详细地研究了 8 种 1,3-二醚给电子体与聚丙烯等规度之间的关系。对这些给电子体的构象能计算表明,所有给电子体都表现出相同的行为。围绕着中心的 C—C 二面角,它们有与($G^+G^+$)、($G^+G^-$)、(TT) 和 ($TG^+$) 构象或其类似物相关的四个构象极小值。吸附能计算表明,所有的 1,3-二醚都更倾向于与 $MgCl_2$ 的(110)面结合,并且这种较强的吸附能清楚地说明 1,3-二醚的吸附是不可逆的。此外,给电子体在(104)面或(110)面优先吸附主要受吸附活化能的影响。根据计算可知,1,3-二醚在(104)面的吸附因经历较大的构象转变从而需要克服能量势垒 [图 10.3(b)],而(110)面上的吸附因为不需要甲氧基的旋转从而阻碍较小 [图 10.3(a)]。

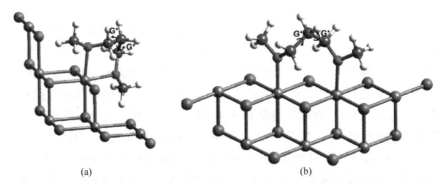

**图 10.3** 1,3-甲基丙基二醚在 $MgCl_2$(110)(a)和(104)(b)切面的吸附模型[29]

还有一些其他课题组对给电子体的化学性质及其在 $MgCl_2$ 载体上的吸附方式进行了研究。Cavallo 等[30]使用 DFT 方法研究了不同类型的给电子体(包括 1,3-二醚、烷氧基硅烷、邻苯二甲酸酯和琥珀酸酯)与 $MgCl_2$ 载体之间的相互作用。所研究的给电子体都与 $MgCl_2$(110)面和(104)面有很强的配位关系。不同的是,1,3-二醚和烷氧基硅烷由于两个配位氧原子之间的短间隔会在(110)面形成螯合配位。另外,琥珀酸酯和邻苯二甲酸酯中氧原子间更大的间隔赋予电子体足够的柔性,因此存在更多的吸附模式。这种柔性构象有利于形成多样性的活性中心,这就解释了邻苯二甲酸酯-配位催化剂聚合得到的聚丙烯分子量分布要大于二醚-配位催化剂聚合的原因。

Zakharov 等[31]探索了苯甲酸乙酯吸附在 $MgCl_2$(110)面和(104)面的不同模式。结果表明,在(110)面和(104)面上均可形成双齿和单齿苯甲酸乙酯配合物。通过降低表面 Mg—Mg 邻近配位中心,双齿吸附会稳定在(104)面。Cheng 等[32]拓展了苯甲酸乙酯吸附在 MgCl$_2$ 表面的不同模式，并给出了（110）面和（104）面对应的理想模型。

以上报道的工作均采用基于团簇模型的 DFT 计算对孤立给电子体在 MgCl$_2$ 表面上的吸附模式进行建模。当研究人员采用周期性模式对给电子体吸附进行 DFT 计算以确认 MgCl$_2$ "覆盖极限"时，得到了有趣的结果。Credendino 等[33]在此方面对烷氧基硅烷、邻苯二甲酸酯和 9,9-双（甲氧基甲基）芴[22]在 MgCl$_2$（110）面和（104）面的吸附进行了探索。研究表明，随着表面覆盖度的增加，给电子体的吸附能力下降，而已吸附给电子体分子的空间排斥作用会阻碍 MgCl$_2$ 表面空位的完全覆盖。

Kumawat 等[34]最近指出，Ziegler-Natta 催化剂的活化机制也受给电子体的影响。在不同给电子体（二醚、苯甲酸酯、硅酯和邻苯二甲酸酯）存在的情况下，他们采用三乙基铝助催化剂将 TiCl$_4$ 前驱体改性为 TiCl$_2$Et 活性中心（图 10.4）。计算结果表明，在活化过程中，烷基化是限速步骤。这一步骤很容易在裸露的 TiCl$_4$ 中心，以及 Ti 中心附近吸附的二醚和苯甲酸酯给电子体上进行。然而，在含有配位硅酯和邻苯二甲酸酯给电子体的模型中，烷基转移阶跃势垒显著升高，这表明以硅酯和邻苯二甲酸酯为内给电子体的体系在催化前需要一段诱导期。这些结果与 Ohnishi 等的研究相符，他们发现在 TiCl$_4$/MgCl$_2$/邻苯二甲酸酯催化体系中存在明显的诱导期[35]。最后，Kumawat 等通过三乙基铝-给电子体复合物的形成研究了三乙基铝助催化剂对给电子体取代的影响[34]。研究发现，当苯甲酸乙酯为给电子体时，此步骤与 Ti—Cl 键首次断裂反应竞争；而邻苯二甲酸乙酯、二醚和硅基为给电子体时，此步骤则是有利的。

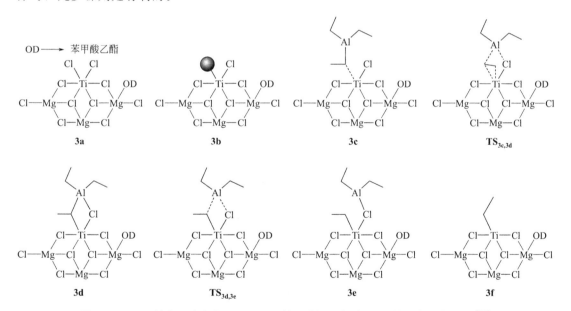

图 10.4　不同给电子体存在下采用三乙基铝助催化剂对 TiCl$_4$ 催化剂进行活化[34]

## 10.1.1.5　MgCl$_2$-TiCl$_4$ 相互作用

一系列静态和动态 DFT 模拟计算表明，TiCl$_4$ 在（104）面的吸附较弱，因此不太可能会形成二聚体 Ti$_2$Cl$_8$[36]。相反，研究发现，TiCl$_4$ 在（110）面吸附较强，并且可作为稳定的活性中心。已有许多研究团队从模拟计算的角度对 TiCl$_4$ 在 MgCl$_2$ 上的吸附进行了大量的研究。

Monaco 等[37] 采用不同形状和尺寸的团簇对 $TiCl_4$ 和 $TiCl_3$ 分子在 $MgCl_2$ （110）面和（104）面的吸附进行了模拟。研究发现，$TiCl_4$ 分子和 $TiCl_3$ 碎片会优先吸附在（110）面，吸附能分别为 15.3kcal/mol 和 29.8 kcal/mol。Brant 和 Speca 最初提出，$TiCl_3$ 碎片可能会吸附在（104）面，这样就会形成多核 $(TiCl_3)_n$ 物质[38,39]。这些多核活化中心可为顺磁共振（ESR）研究中大部分 $Ti^{3+}$ 的缄默提供一种解释[40]。

在给电子体位于活性 Ti 中心附近的情况下，Taniike 和 Terano 采用周期 DFT 法对 $TiCl_4$ 和 $TiCl_3$ 在 $MgCl_2$ 晶体（110）面和（104）面上的吸附能进行计算[41]。他们证明了（110）面上 Ti 的电负性随着苯甲酸乙酯电子密度向载体的迁移而增加。但是，从苯甲酸乙酯向 $MgCl_2$ 迁移的电子密度并不会改变 Ti 在（104）面的配位。此结果表明，在 Ziegler-Natta 催化剂合成中，使用苯甲酸乙酯会优先诱导 $TiCl_4$ 和给电子体的共吸附，从而在（110）面形成活性种。

随后，此科研团队采用不同的配位模式将此项工作拓展到其他给电子体。经 Taniike 等计算，单核 $TiCl_4$ 在 $MgCl_2$（110）面的吸附能为 20kcal/mol，在（100）面上以双核和单核的吸附能分别为 11kcal/mol 和 13kcal/mol。酯类给电子体的单齿配位在（110）面和（100）面表现出大致相当的吸附能，约为 30kcal/mol；对于双官能度的琥珀酸酯和邻苯二甲酸酯，吸附能相对较高，约 30～40kcal/mol。1,3-二醚在（110）面和（100）面则表现不同。由于醚键 O—O 较短，其在（110）面只以双齿形式配位，吸附能高达 31kcal/mol，而在（100）面的吸附能则要低至一半。$TiCl_4$ 更喜欢以单核形式牢固地吸附在（110）面，从势能角度来看，给电子体与孤立的 $TiCl_4$ 在 $MgCl_2$（110）面的共吸附是最可被接受的。Stukalov 等探索了 $TiCl_4$ 在 $MgCl_2$ 不同层面上的吸附[42]。如图 10.5(a) 和 (b) 所示，他们分别建立了（110）面单核 Zip-Ti 和（104）面双核 Zip-Ti 复合物的模型。有趣的是，$Zip\text{-}Ti_2Cl_8$ 物质对（104）面的吸附证实为 $MgCl_2$（104）面上所有 $Ti^{4+}$ 中最稳定的 [图 10.5(b)]。此外，与位于单层 Cl—Mg—Cl 上的 $Ti_2Cl_8$ 只产生立体定向中心不同，这些物质可同时产生非选择性和立体选择性中心。

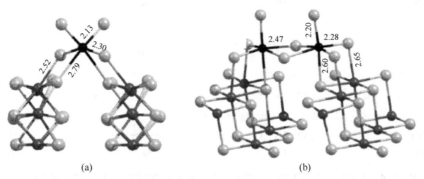

图 10.5 $TiCl_4$ 和 $Ti_2Cl_8$ 在 $MgCl_2$（110）面和（104）面的吸附所形成的 Zip 模式复合物（深黑色、浅黑色和灰白色分别代表 Ti、Mg 和 Cl 原子）[42]

D'amore 等[43] 采用基于色散力和其他 DFT 泛函的周期性混合 DFT 方法，对有关 $TiCl_4$ 在 $MgCl_2$ 晶体表面的吸附能力问题进行了再探索。研究指出，$TiCl_4$ 在形态良好的 $MgCl_2$ 晶体上的吸附只能发生于（110）面或等效侧面，而由于与（104）面的相互作用太弱，从而不能形成稳定的加合物，至少在催化条件下是这种状况。Cheng 等在 2013 年研究

了 $TiCl_4$ 和苯甲酸乙酯在常规以及有缺陷的 $MgCl_2$（110）面和（104）面的吸附竞争[32]，研究发现，Cl 原子缺失后的中性缺陷表面比 $Cl^-$ 缺失后阳离子缺陷表面更易形成。$TiCl_4$ 在原子缺陷表面的吸附强于在离子缺陷表面的吸附，且吸附能高于苯甲酸乙酯，因此最可能形成活性中心。

最近，Cavallo 等[44] 提出了一种可以与 $TiCl_4$ 进行强烈吸附的（104）面低能量缺陷。研究中，他们从块状 $MgCl_2$ 出发，设想了不同碎裂模式以产生常规或具有阶梯缺陷的（104）面（图 10.6）。常规（104）面对应于一个常规的平面，而阶梯缺陷面则对应于碎裂在两个表面上生成的对称阶梯缺陷。比较块状 $MgCl_2$ 碎裂成不同尺寸的常规或阶梯缺陷（104）面的碎裂能，得出单阶梯缺陷仅需 7.1kcal/mol。为把具有阶梯缺陷的（104）面与常规（104）面和（110）面联系起来，Cavallo 等采用可变数目的

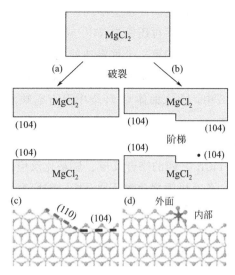

**图 10.6** $MgCl_2$ 的断裂：（a）常规（104）面；（b）存在阶梯缺陷的（104）面；（c）（104）面阶梯缺陷的几何构造；（d）$TiCl_4$ 在（104）面阶梯缺陷处的吸附[44]

孤立缺陷计算了具有缺陷的（104）面。结果发现，表面能为 $0.410J/m^2$ 的常规（104）面比表面能为 $0.722J/m^2$ 的常规（110）面具有更显著的稳定性。有趣的是，具有 10%、20% 和 30% 的孤立阶跃缺陷的（104）面表面能分别仅为 $0.429J/m^2$、$0.448J/m^2$ 和 $0.466J/m^2$，这表明即使是高度缺陷的（104）面也明显比公认的（110）面更稳定。考虑到 $MgCl_2$ 载体的制备通常需要在相当极端的条件下进行，这些结果表明，缺陷表面在 Ziegler-Natta 催化剂中起着重要的作用。他们还研究了 $TiCl_4$ 在（104）面阶梯缺陷的吸附。根据计算，$TiCl_4$ 可以很容易地适应（104）面阶梯缺陷，总结合能为 12.5kcal/mol。该值远高于 $TiCl_4$ 在常规（104）面的吸附值 2.8kcal/mol，与 $TiCl_4$ 在理想（110）面的吸附值 13.9kcal/mol 相当。

综上所述，本节报道的 DFT 研究为非均相 Ziegler-Natta 催化体系活性中心提供了各种各样的模型。在某些方面，DFT 建模结果促进了在分子水平上理解 Ziegler-Natta 催化体系的新实验技术。从大量的实验和计算数据中可以得到一些通常的特征。首先，单分子 $TiCl_4$ 在 $MgCl_2$（110）面的强吸附可产生包含八面体 Ti 中心的结构，这就产生了活性中心模型的合适前驱体。正如几篇实验论文中所报道的，$TiCl_4$ 是以单分子还是二聚体形式吸附在 $MgCl_2$（104）面仍然是一个有争议的问题。在这方面，由 Stukalov 报道的 Zip 模型[42]，以及 Cavallo 最近报道的缺陷表面模型[44]［见图 10.5(b) 和图 10.6(b)］，似乎可以绕开由 DFT 法估算出的 $TiCl_4$ 在（104）面上非常低的吸附能。

### 10.1.1.6 助催化剂作用

助催化剂，如烷基铝等，在 Ziegler-Natta 催化聚合过程主要起到活化催化剂的作用。长期以来，人们就知道使用不同的 $AlR_3$ 化合物（R 表示不同的烷基或 Cl 配体），催化剂的

活性和立体定向性也会不同。这中间的关键问题是"氯化钛"氧化态的多样性，因为 $Ti^{4+}$ 在催化条件下可还原为 $Ti^{3+}$ 或 $Ti^{2+}$[1]。

烷基铝的第二个重要功能是 $TiCl_n$ 的烷基化，此步骤会形成 Ti—C 键从而产生活性中心。钛化合物的烷基化机理是烷基铝的烷基基团可以与 $TiCl_4$ 的 Cl 原子交换。然而，在 $Ti^{4+}$ 中，在八面体 Cl 环绕中没有空缺的 Ti 原子，被认为是 $TiCl_4/MgCl_2$ 系统中最有可能的活性中心前驱体，这很难设定一个简单的机理进行描述。一般来说，表面存在 $Ti^{4+}$ 时，烷基化之前要先进行还原。Stukalov 等[45] 采用 DFT 法，通过研究烷基铝化合物与 $TiCl_3$ 或 $TiCl_4$ 之间的络合反应、烷基化反应以及还原反应，试图阐明活性中心的形成。

各有机铝化合物还原 $TiCl_4$ 的研究分析表明：①所有 $TiCl_4$，不论有无 Cl 空缺，在有机铝直接参与下会发生还原；②在还原过程中，可能会释放三种有机气体产物，即氯乙烷、丁烷、乙烯与乙烷，尽管形成氯乙烷在热力学上是不利的；③虽然 $TiCl_4$ 形成 $Ti^{3+}$ 和 $Ti^{2+}$ 的能量势垒相似，但首选形成 $Ti^{3+}$，这也是反应体系中 $Ti^{3+}$ 占优势的原因；④烷基铝化合物的化学结构对 $Ti^{4+}$ 的还原有显著影响。在这方面，Stukalov 等指出 Al $(i\text{-Bu})_3$ 和 $AlEt_2Cl$ 分别是效果最好和最差的还原剂[45]。他们提出了形成活性中心的烷基转移反应的四元环过渡态 [图 10.7(a)]。通过 $AlEt_3$ 对 Ti 烷基化的研究，他们发现，烷基化 $Ti^{4+}$ 必须克服 $AlEt_3$ 的 Et 和 $TiCl_4$ 的 Cl 的交换所需的势垒 9.7kcal/mol。在 $TiCl_3$ 的烷基化中，首先形成 $TiCl_3 \cdot AlEt_3$ 络合物，然后再解离。解离需由另一 $AlEt_3$ 分子进行辅助，通过形成 $AlEt_2Cl \cdot AlEt_3$ 络合物，$AlEt_3$ 会促进连接在 $Ti^{3+}$ 上的 $AlEt_2Cl$ 的释放。通过这样，$AlEt_3$ 降低了因 $AlEt_2Cl$ 或 $AlEtCl_2$ 吸附在活性中心上而使催化剂失活。

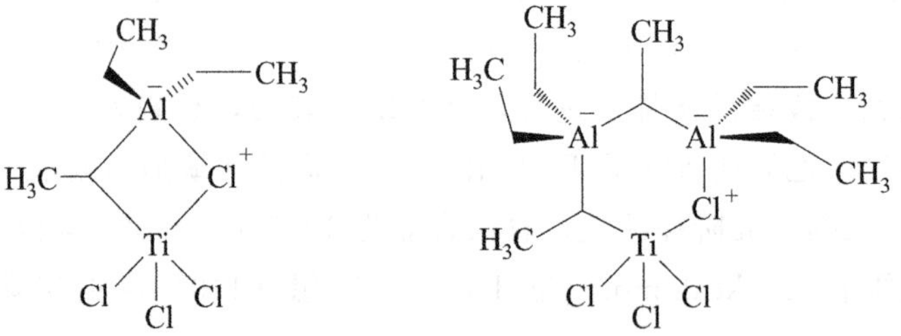

(a) 四元环　　　　(b) 六元环

图 10.7　铝化合物和 Ti 中心相互作用的四元环和六元环过渡态[45]

基于活性中心（$C^*$）形成所需的助催化剂浓度，Paulik 等[46] 提出了六元环过渡态机理 [图 10.7(b)]。对烷基转移反应的 DFT 计算表明，单分子 $TiCl_4$ 吸附在（110）面的四元环和六元环过渡态的能量势垒分别为 9.7kcal/mol 和 10.3kcal/mol。由于这两种过渡态的能量势垒相差不大，Paulik 等提出两者都可能发生烷基转移反应。他们还指出，Ziegler-Natta 催化剂中 $Ti^{2+}$ 含量的增加是经由六元环过渡态的烷基转移反应的速度加快所致。事实上，在还原过程中，尽管提供烷基对稳定最终产物是必不可少的，但助催化剂并不直接参与反应。

Bahri 等[47] 考虑了几种可能的路径用活化 $TiCl_4$ 以得到含有配位空穴的 $Ti^{3+}$。基于常用的聚合介质，他们对还原吸附的 $TiCl_4$ 提出了三种不同的路径：游离 Ti—Cl 键的自发均裂；用作还原剂的铝化合物，如 $AlCl_3$、$Al_2Cl_6$ 和 $AlEt_3$ 的解离；或由 $C_2H_4$ 促使的解离。之后，Bahri 等又探索了 Ti—C 键形成的可能途径，并提出了两种机理：①由 $AlEt_3$ 推动的 Cl—乙烷基交换，一步形成 $Ti^{3+}$ 活性中心，此活性中心包含带有一个空位的 Ti 原子和新形成的用于单体插入的 Ti—C 键；②通过与 AlEt₃Cl·反应（AlEt₃ 活化 TiCl₄ 时形成该化合物），Ti³⁺ 中心再氧化，从而导致另一 Ti—Cl 游离键均裂。根据计算得到的能量可知，[Mg]/TiCl₂Et·中心最可能的形成机理是直接烷基转移反应。烷基转移的能量分布如图 10.8 所示。

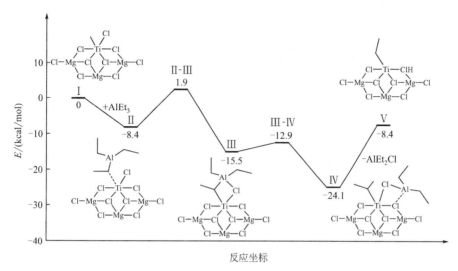

**图 10.8** 直接一步烷基转移反应的能量分布（能量单位为 kcal/mol）[47]

Champagne 等[48] 评价了 R-AlEt₂ 型助催化剂（R = Cl、Et、O-$i$-Pr、O-Me、NH-Me、S-$i$-Pr 或 S-Me）促使氯化钛烷基化的性能。采用的催化剂烷基化反应如下：

$$R\text{-}AlEt_2 + TiCl_4 \longrightarrow R\text{-}AlEtCl + TiEtCl_3$$

根据计算，得到的各 R 取代基助催化剂的烷基化能，Champagne 等选择 AlEt₃ 作为最有效的烷基化剂。随后他们还指出，因与给电子体的络合及二聚化反应，烷基化放热增加。但是，在某些情况下，反应存在相对较大的活化势垒。此外，R-AlEt₂ 助催化剂的烷基化强度主要取决于 R 取代基的性质。R 为 NH-Me、O-Me 和 O-$i$-Pr 时，形成非常稳定的聚合体，烷基化能力弱（烷基化能为 7.2kcal/mol）。当加入给电子体时，$i$-P-r-S-AlEt₂ 和 Me-S-AlEt₂ 的烷基化强度增加，AlEt₃ 的烷基化强度降低。最后，他们发现给电子体对 Cl-AlEt₂（DEAC）的影响不大。

除了烷基化剂这个最重要的作用外，烷基铝转化为 $AlR_{3-x}Cl_x$ 后可与 TiCl₄ 以及给电子体竞争在 MgCl₂ 上的吸附。Cavallo 等[44] 描述了此物质在步阶缺陷的（104）面的 Ti 中心附近的吸附对丙烯插入的立体选择性和位置选择性的影响。首先，他们观察到的这两种烷基铝在常规（104）面都有很强的吸附性，计算出 AlEt₃ 和 AlEt₂Cl 的吸附能分别为 12.5kcal/mol 和 19.9kcal/mol。其次，他们发现，Ti 活性中心的立体选择性因临近的铝烷基的吸附而增强，立构选择能接近 1kcal/mol（活性中心无任何烷基铝或给电子体吸附时，为 0.1kcal/mol）。即使这些差异在 DFT 方法精确度的极限范围内，其结果也是可以预测的，因为空间位阻并不限制向外增长链的构象空间，而 Cl 原子多少限制了向内增长链的构象空间。他们还计算了烷基铝对位于某种立体选择性的向内环境中的增长链的影响。此外，初级丙烯插入仍然受到这两种烷基铝的影响，位置选择能总是大于 1kcal/mol。即 TiCl₄ 在低能量阶梯缺陷（104）面的吸附，此缺陷通常附近存在烷基铝修饰的不饱和镁原子，形成了中度立体选择性和位置选择性中心,这与实验结果一致。

最近的 DFT 计算似乎证实了烷基铝的这种作用,表明内给电子体与 AlEt$_2$Cl 构象咬合作用增强了活性中心的立体刚性,可在丙烯聚合中得到更高的立体选择性。

### 10.1.1.7 链增长反应

最广为接受的单体插入 Ti—C 键的反应路径及增长机理是由 Arlman 和 Cossee 首先提出的[49],其示意如图 10.9 所示。首先,形成单体配位在金属原子上的 π-复合物。由于带正电的金属与烯烃 π-键电子相互作用,可形成 π-复合物并伴随能量的增加。然后,复合烯烃单体迁移插入 Ti 原子与聚合物第一碳原子之间的化学键,形成四元环过渡态。链增长就是烯烃单体重复插入活性中心的过程,插入势垒约为 6~12kcal/mol[50,51]。总的插入能大约是 20kcal/mol,说明插入反应很容易进行[52]。Cossee 机理的重要含义就是单体和增长链在每次插入步骤中都交换配位位置("链迁移机理"),这对解释活性中心的对称性和立体选择性之间的关系至关重要[53]。

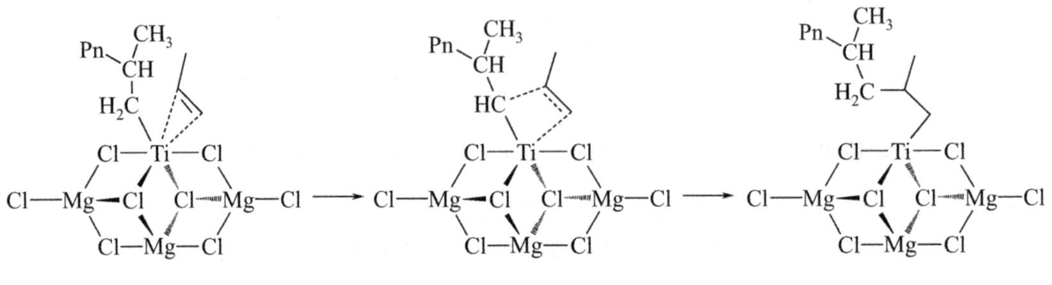

**图 10.9** 基于 Cossee 和 Arlman 提出的 TiCl$_3$ 催化剂机理的丙烯插入 Ti—C 键中心的主要步骤[49]

Ziegler 等通过模拟 TiCl$_4$、TiCl$_3$ 和 TiCl$_2$ 在 MgCl$_2$ 表面的吸附探索了氧化态 Ti (从 Ti$^{4+}$ 到 Ti$^{3+}$ 和 Ti$^{2+}$) 在单体插入中的作用[54]。结合实验数据表明,与助催化剂反应后,Ti 可能存在+4 价、+3 价和+2 价氧化态[55]。总的来说,计算 TiCl$_x$ 基中心的插入能垒为 8~16kcal/mol,类似于由 Cavallo 得到的用于乙烯插入分别以甲基和乙基建模的聚合物链的值 8.6kcal/mol 和 6.6kcal/mol[56]。

在另一项研究中,Ziegler 等[57] 采用 TiCl$_3$/MgCl$_2$ 基中心模型与以甲基、异丁基、2-丁基、和正丙基建模的增长链研究了丙烯和乙烯共聚。他们的 DFT 计算揭示,丙烯与活性中心的络合反应比乙烯更易进行。在同一研究中,作者讨论了活性中心模型(特别是对于空间环境)的合适选择,并指出,受更多空间阻碍的基于 TiCl$_4$ 的中心是共聚活性中心模型的更好选择。随后,Bahri 等[27] 使用 B3LYP/TZVP 泛函,以 [MgCl$_2$]/TiCl$_2$Et 和 [MgCl$_2$]/TiCl$_2$H 为中心(聚合物增长链氢化水解得到),研究了乙烯和丙烯插入到八面体形式吸附在 MgCl$_2$ (110) 面 TiCl$_4$ 分子的行为。可以看出,丙烯在 (MgCl$_2$)$_3$/TiCl$_2$Et 中心的一次和二次插入(1,2-插入和 2,1-插入)需要克服的能量势垒分别为 12.6kcal/mol 和 13.9kcal/mol,这些势垒要高于相应的乙烯插入势垒 (6.2kcal/mol)。此外,乙烯和丙烯在 [MgCl$_2$]/TiCl$_2$H 中心插入所需较低的势垒值,证实了 Ti—H 键比 Ti—C 键具有更高的反应活性。

### 10.1.1.8 丙烯插入的立体选择性

Ziegler-Natta 催化剂的主要特点是烯烃插入过程的立体选择性，正如 1963 年授予 Ziegler 和 Natta 诺贝尔奖时所强调的："自然界合成了许多立体分子聚合物，例如纤维素和橡胶。到目前为止，这种能力一直被自然与生物催化剂酶所垄断。但现在 Natta 教授打破了这种垄断。"事实上，Natta 是首位假设立体控制是基于 $TiCl_3$ 晶体层边缘的催化中心的手性结构，见图 10.10，这里的金属原子具有相反的构象。

然而，Ziegler-Natta 催化剂的立体选择性假设是由 Corradini 等[16] 通过结合下列对称性元素来合理化的：①手性中心；②前手性单体对映体（$re$ 对映体和 $si$ 对映体）；③聚合物增长链的手性取向（$G^+$ 或 $G^-$ 取向）。基于此模型，"增长链的手性取向"是由活性中心的手性决定。活性中心的手性会驱使聚合物链呈现朝向第一个 C—C 键的构象，以此来最小化与催化中心的排斥作用 [见图 10.10(a)]。首选对映体就是使甲基取代基取向所述增长链的第一个 C—C 键，立体误差取决于链取向差 [见图 10.10(b)] 或与链相关的单体取向差 [见图 10.10(c)]。

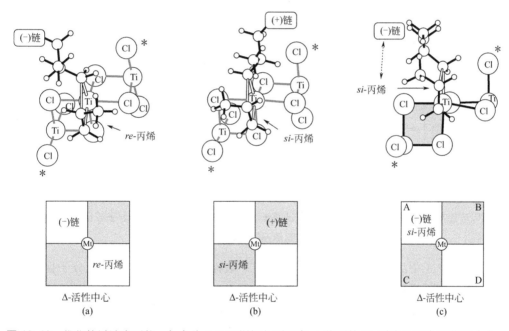

**图 10.10** 优化的过渡态形状：（a）为 1,2-丙烯插入到具有 Δ 构型的 $C_2$ 对称八面体 Ti 模型中心；（b）链取向导致的立体误差；（c）与链相关的单体取向差而产生的立体误差 [初级链增长由异丁基基团模拟；第二行是相同体系的象限表示；灰色象限对应的是由星状标记的 Cl 原子占据的拥挤区域；箭头表示单体与链（c）的空间相互作用] [16]

有趣的是，最初发展起来的基于非均相 Ziegler-Natta 体系不确定活性中心的模型，已成功应用到具有良好立体选择性的用于丙烯聚合的茂和非茂金属均相体系[58]，并且除少数例外，此模型也可解释由过渡金属配合物催化的烯烃聚合的立体选择性。依据此模型，理论立体选择性可模拟以计算 "right" 丙烯插入过渡态的能量 [图 10.10(a)]，并将其与较低过渡态路径的能量进行比较，产生立体误差 [图 10.10(b) 和 (c)]。丙烯插入 $si$-对映体和 $re$-对映体活性中心的能量差异对应于一种更等规聚丙烯或统计模型的术语，用来解释统计分布的对映体控制，或者更简单地说，基于 $^{13}$C NMR 测定的等规五元组 *mmmm* 的百分含量[59]。通常，立体异构能与等规度的相关性也会在文献中报道。然而，由于 Ziegler-Natta 体系的多中心性质，这种相关性应谨慎考虑。

对图 10.10 所示模型的进一步分析表明，用 * 标记的 Cl 原子的存在和体积对获得立体选择性的过程起着至关重要的作用。Busico 等据此建立一个三中心模型（图 10.11）以解释等规、全晶和间规立体序列[60]，这也是非均相 Ziegler-Natta 催化聚合所制备聚丙烯的主要构筑单元。这三者之间的相互转化导致了单一聚丙烯分子链中非均匀分布的立构缺陷，类似于立构嵌段微结构，从而影响聚合物物理性能。此现象被认为是采用非均相催化剂与均相单一中心催化剂所合成 iPPs 的主要差异[61]。

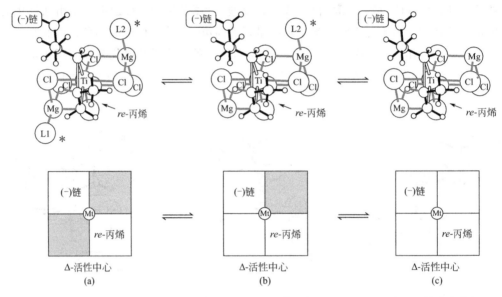

**图 10.11** Busico 及其同事提出的三中心模型，用于非均相 Ziegler-Natta 表面活性中心的相互转化以产生高等规（a）全晶（b）和间规链增长（c）（L1 和 L2 可能是 Cl 原子或给电子体分子；下侧是相同体系的象限表示）[60]

假设图 10.11 中的 L1 和 L2 是吸附在 $MgCl_2$ 表面的给电子体分子，此分子促进了丙烯插入给电子体附近活性部位的立体选择性建模。$MgCl_2$（110）面被认为是最佳选择，因为它通过修饰给电子体的化学结构来调整所吸附单核 $TiCl_4$ 的立体选择性。$TiCl_4$ 与给电子体的化学成键被排除在外，因为 Terano 等的实验研究指出，例如苯甲酸乙酯单独用作给电子体，配位在 $MgCl_2$ 表面时，并没有形成 $TiCl_4$ 和苯甲酸乙酯复合物[62]。

Wondimagegn 和 Ziegler[63] 指出，烷氧基硅烷外给电子体的结构影响 $MgCl_2$ 负载的 Ziegler-Natta 催化剂的立体选择性和分子量分布，计算出的立体异构能与实验等规度数据相符。在相同的研究中，通过分别计算插入与 β-氢转移到单体过渡态的能量差，证实烷氧基硅烷给电子体的结构与所得产物的平均分子量也有关。

Taniike 和 Terano[64] 研究了给电子体共吸附的可行性，共吸附过程中的空间和电子相互作用，以及这些参数对催化剂立体定向性、位置专一性和聚合产品分子量的影响。他们考虑了催化剂表面 $TiCl_4$ 和给电子体的能态。Ti 中心附近的邻苯二甲酸乙酯共吸附有三个明显的影响：①通过空间控制速率决定步的增长链取向，使特定的单核 Ti 活性种转变为立体选择中心。其代价由相应的能量势垒来定义，1,2-*re* 插入的最低能量值 2.3kcal/mol 高于 1, 2-*si* 插入，表明距离最近的苯甲酸乙酯共吸附将特定的 Ti 单核活性种转变成为全同立构中心；②增加了二次丙烯 2,1-插入的电子排斥力，从而提高了位置选择性；③通过阻止向单体的链转移，使链继续在单核 Ti 中心生长。

Terano 等[65] 同样研究了丙烯聚合反应中外给电子体结构-性能关系与 $R_2(MeO)_2Si$ 结构。他们从实验发现，采用经 DFT 计算出的在 $MgCl_2$ 表面具有高吸附的烷氧基硅烷体系，可获得较高的聚合物收率。实验观察到的聚合物立构规整性可以由基于共吸附模型的 DFT 计算给出解释。他们采用了不同的预处理条件来了解催化剂前驱体与烷氧基硅烷给电子体之间的相互作用。研究发现，通过使用给电子体，新的全同立构催化中心形成，这就解释了所得聚丙烯较高的等规度，而经中毒引起的催化剂失活通常发生在非选择性模式。

最近，Bahri 等[66] 研究了邻苯二甲酸二丁酯和苯甲酸乙酯对铁掺杂的 $MgCl_2(110)$ 表面 $TiCl_4$ 中心全同立构性的影响。为此，两个给电子体分子被放置在单核 Ti 种的两侧，并计算了 $Ti-CH(CH_3)_2$ 活性中心的丙烯的 *si*-对映体和 *re*-对映体插入相对应的近似势垒。他们的结果清楚地表明，在两种给电子体存在的情况下，全同立构性得到提高，而邻苯二甲酸二丁酯带来的提高更明显。

### 10.1.1.9 丙烯插入的位置选择性

非均相 Ziegler-Natta 催化剂通常被称为具有有利于丙烯 1,2-插入的位置选择性。少量（少于 1%）的由孤立 2,1-单位所形成的无规部分可以在聚丙烯中被检出（例如，二甲苯或庚烷可溶），然而采用同位素丰度 $^{13}C$ NMR 进行分析时在"等规"聚合物中并未检测到。Chadwick 等[67] 分析了第四代非均相 Ziegler-Natta 催化剂制备的聚丙烯链末端基团，发现有多达 20% 左右的丁基链末端存在，说明确实有链向氢转移后的不规则位置 2,1-单体插入。他们假定，由于二次聚合链在活性金属上的高空间位阻，偶然的 2,1-插入会将活性中心变为"休眠状态"，对催化剂活性、分子量和氢响应都有严重的影响。这激起了人们对非均相 Ziegler-Natta 催化剂催化丙烯聚合位置选择性的新兴趣[68-70]，激励用实验研究来测量由最新代 Ziegler-Natta 催化剂得到的聚丙烯 2,1-单元含量。与此同时，Busico 等[71] 发展了采用乙烯-1-$^{13}C$ 共聚的方法取代天然 $^{13}C$ 丰度的乙烯，测定丙烯在催化剂上的位置选择性。此方法包括在不同乙烯-1-$^{13}C$/丙烯投料比条件下的试验，以确定乙烯掺入量的数值高于"全部" 2,1-丙烯单元之后是乙烯所需的量。这些信号可以作为无规丙烯单元的标记物，或者是作为无规单元本身进行分析。采用此方法，由 $Al(i-Bu)_3$ 活化的 $MgCl_2/TiCl_4$ 的位置误差量约为 0.7%（摩尔分数）[70]。随后，以 1,3-二醚和烷氧基硅烷修饰的工业用 $MgCl_2$ 负载 Ziegler-Natta 催化剂系统的位置误差量被确定低至 0.26% 和 0.18%。

外延八面体催化 Ti 模型的 DFT 计算发现，首选 1,2-插入与 2,1-插入的过渡态能量差约 1.5kcal/mol ［见图 10.12(a) 和 (b)］。图 10.12 模型值得注意两个方面：①立体异构能并不是真的高（明显低于实验值）；②2,1-插入是高度对映选择性的，有利于将甲基基团向最近 Cl 原子的反向对映体定向［比较图 10.12 中的结构 (b) 和结构 (c)］。利用图 10.1(c) 最小模型得到的结果被 Ziegler 等[57] 和 Cavallo 等[30] 通过使用团簇方法证实。Cavallo 等模拟了 $MgCl_2$ 的 (110) 面上单核 Ti 活性种促进的丙烯插入的位置选择性，考虑了是否存在外给电子体与 $MgCl_2$ 配位两种情况（见图 10.13）。在没有给电子体的情况下，计算出的

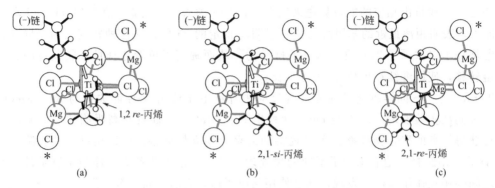

图 10.12 优化的过渡态形状：在具有 Δ 构型的 $C_2$ 对称八面体 Ti 模型中心（a）首选的 1,2-丙烯插入（re-对映面），（b）可能的 2,1-插入（si-对映面）；（c）可能的 2,1-插入（re-对映面）（初级链增长由异丁基基团模拟）[70]

立体异构能值与图 10.12 所示大小相同，而在给电子体存在情况下，计算出的立体异构能值略高，并且 2,1-插入的对映体选择性更明显。

通过改变 $MgCl_2$ 面分析吸附在（104）阶梯缺陷 $TiCl_4$ 的位置选择性，也得到了相似的立体异构能值。Taniike 也就此进行了报道，他认为在无给电子体存在时位置误差发生的概率约为 15%（此值比实验值大），并认为苯甲酸乙酯的共吸附会使 2,1-插入的概率从 15%降至 6%[64]。

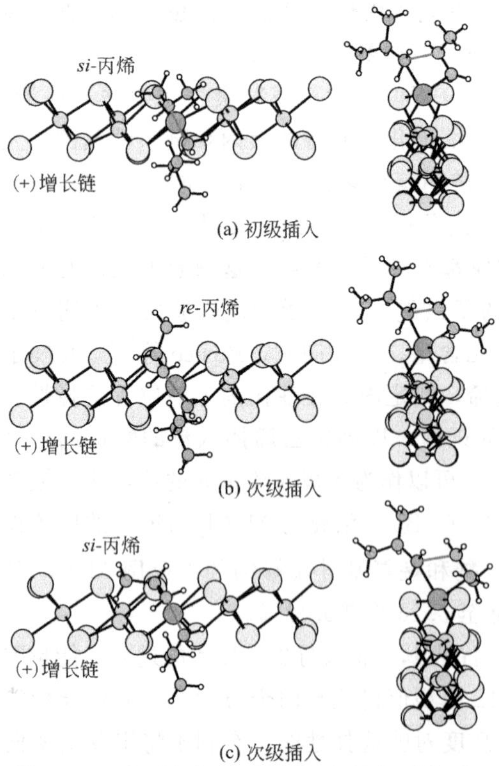

总之，采用非均相 Ziegler-Natta 催化剂以不同的催化中心模型进行的丙烯聚合，其各种位置选择性 DFT 计算结果都集中于倾向低于 2kcal/mol 的 1,2-插入，而不是 2,1-插入，以及基于活性中心对称性的 2,1-插入的明确对映选择性。

过去几代高效 Ziegler-Natta 催化剂虽然在实验上具有以 1,2-插入为支配的高度位置选择性，但因为 2,1-插入活性种向氢的链转移概率很高，以致整个体系具有较高的氢敏感性，因此容易实现分子量控制[72]。

### 10.1.1.10 链转移反应

烯烃聚合中的链转移是一个重要的研究领域，因为它们相对于链增长的频率决定了聚合物的分子量。自发现单中心茂金属和非茂金属体系以来，已经在实验和理论上详细地对这些反应进行了研究。然而，对于在分子层面更好地了解 $MgCl_2$ 载体催化剂体系的链转移，所有这些研究只是部分适用[1]。据报道，与茂金属和非茂金属体系类似，向单

图 10.13 促使初级（a）和两种次级丙烯插入[（b）和（c）]到 Ti—iBu 键的过渡态俯视图（左）和侧视图（右）[为清晰起见，俯视图中只给出 $MgCl_2$ 团簇的一部分；整个团簇如图 10.1（a）所示][30]

体的链转移是非均相 Ziegler-Natta 体系的主导链转移反应。虽然如此,在低单体浓度和/或高烷基铝浓度条件下,向金属和助催化剂的链转移可能占主导地位。对于工业用 Ziegler-Natta 催化剂,主要利用氢调节分子量,使氢解作用成为主要的链转移反应。

在详细介绍有限的以非均相 Ziegler-Natta 催化剂的链转移反应为研究重点的计算工作之前,先简要总结通过对定义良好的均相系统的 DFT 计算研究的主要成果。有人声称,聚合物分子量的增加可以通过合适的辅助配体取代破坏向单体的链转移得到,如图 10.14 所示[73]。

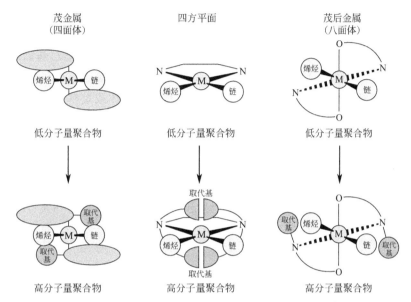

**图 10.14** 由均相单中心催化剂推导而来的配体设计原理,通过对辅助配体进行适当的修饰,使配体从低(上)分子量聚合物转变为高(下)分子量聚合物[73]

如果我们把这个概念转化为图 10.1(c)所示的用于立体选择性(图 10.10)和位置选择性(图 10.12)路径的最小模型,来比较链增长和向单体链转移的过渡态,会发现,向单体的链转移是一个跨越约 130°角的六元过渡态 [图 10.15(b)],链增长是 90°角的四元过渡态 [图 10.15(a)]。角度越大,向单体链转移越易被标有 * 的取代基的空间位阻所破坏。有

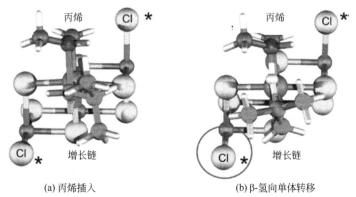

**图 10.15** 优化的过渡态图形:丙烯插入(a)和 β-氢向单体转移(b),计算最小模型在图 10.1(c)[(b)中圆圈中为与增长链通过位阻效应破坏向单体链转移的 Cl 原子][1]

趣的是，标记为 * 的取代基会占据提高单体插入立体选择性的关键部位（比较图 10.12 和图 10.15）；这并不意外，立体选择性活性中心越多，生成的聚丙烯分子量越大。这些考虑很符合 Ziegler 等[63] 提供的关于团簇模型的数据，具有较高立体异构能的外给电子体表现出较高的单体链转移能。

### 10.1.1.11 Ziegler-Natta 催化剂的稳定性及副反应的影响

上述内容，我们着重介绍了给电子体在 Ziegler-Natta 烯烃聚合过程中的主要作用，如增加聚合物的立构规整度和分子量，提高催化活性。然而，给电子体与某些路易斯酸性的催化成分之间也易发生一些副反应。越是高效的给电子体越是显示出较低或不参与副反应的趋势，同时对 Ziegler-Natta 催化产生积极的影响。Chien 等最早提出了三乙基铝助催化剂分解酯的两种酮醛途径，并通过对单一产物的 GC-MS 表征分析，论证了这两种途径[74]。

已经证实，除 $MgCl_2$ 外，给电子体也易连接于 $Ti^{3+}$ 前驱体或烷基铝部分，Kumawat 等研究了 $MgCl_2$ 载体上 $AlEt_3$（二聚 $Al_2Et_6$）和 $TiCl_2Et$ 所诱导的对乙氧基苯甲酸乙酯、对异丙氧基苯甲酸乙酯和苯甲酸乙酯的醛酮分解路径（图 10.16）[75,76]。可以看出，反应过程中最慢步骤是第一步（Ia-Ia′ 或 Ia-Ia″）。由于 $Al_2Et_6$ 的第一步势垒（31.1～31.4kcal/mol）高于 $TiCl_2Et$（24.7～30.0kcal/mol），因此可得出，Ti 对给电子体的分解作用明显大于 $AlEt_3$。另外，Kumawat 等的计算结果表明，$MgCl_2$ 载体上 $Al_2Et_6$ 和 $TiCl_2Et$ 均可分解具有较大烷基基团的硅酯。

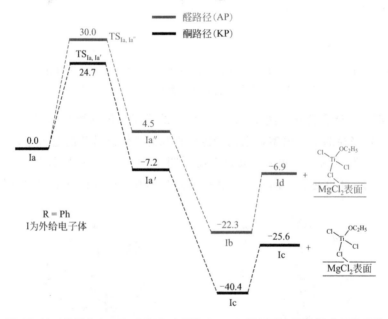

图 10.16 吸附在 $MgCl_2$（110）表面的 $TiCl_2Et$ 通过醛和酮途径分解苯甲酸乙酯的自由能图[76]（单位：kcal/mol）

还有一些其他的研究集中在卤化有机化合物提高 Ziegler-Natta 催化剂活性的能力上。事实上，已有研究表明，卤化有机化合物可再活化通过 $AlR_3$ 助催化剂对 $Ti^{4+}$ 的过度还原产生的活性较低的 $Ti^{2+}$[77,78]。最广泛接受的理论是由 $Ti^{4+}$ 还原形成的 $Ti^{3+}$ 在不同的氧化态中具有最高的活性，而 $Ti^{4+}$ 过度还原形成的 $Ti^{2+}$ 聚合活性较低，或者实际上不会形成高分子量的烯烃聚合物。尽管从实验的角度进行了改进，还是只有少量理论工作揭示了这种效应的机理。Bahri 等[77]研究了氯甲烷氧化/再活化 $Ti^{2+}$ 的机理，以氯甲烷中 C—Cl 键的均裂为基础评估了两种氧化途径。第一种途径是将氯甲烷的有机部分和 Cl 原子同时加入 $Ti^{2+}$ 中心中，将 $Ti^{2+}$ 氧化为 $Ti^{4+}$ [图 10.17(a)]。第二种途径是向 $Ti^{2+}$ 中心加入氯甲烷中的 Cl 原子，将 $Ti^{2+}$ 氧化为 $Ti^{3+}$ [图 10.17(b)]。

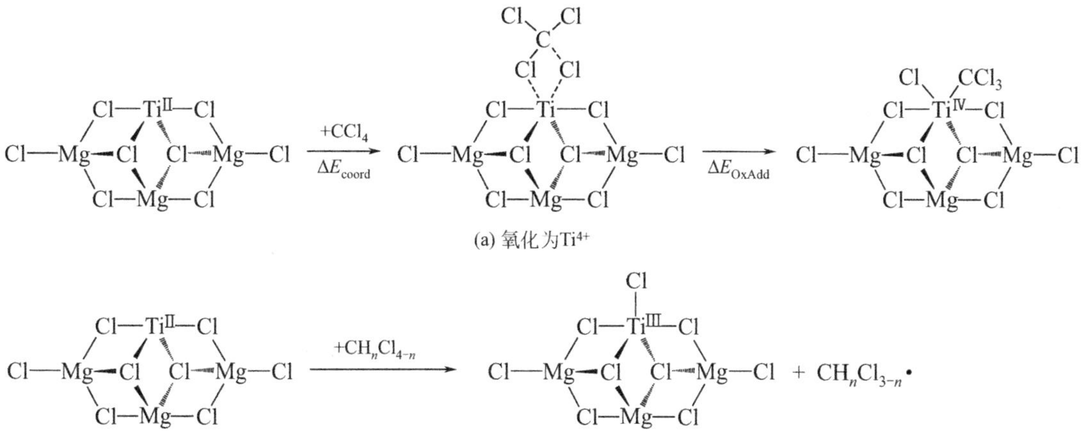

**图 10.17** $n$-氯甲烷将 $Ti^{2+}$ 氧化为 $Ti^{4+}$ 和 $Ti^{3+}$ [77]

由图 10.17（a）所示的 $Ti^{2+}$ 至 $Ti^{4+}$ 的不同步骤对应的能量可知，氯甲烷的配位能随着 Cl 原子数量的增加而减少，所以 $CCl_4$ 的配位就不再那么有利。这与富卤化合物给电子能力的下降有关。富氯化合物更倾向于氧化加成反应，因此，富氯化合物加入时，$Ti^{2+}$ 中心的氧化和再活化反应变得更加温和。图 10.17(b) 给出了与 $Ti^{2+}$ 氧化为 $Ti^{3+}$ 有关的第二种途径中，$CH_2Cl_2$ 和 $CH_3Cl$ 的总势能变化分别为 $-4.3$ kcal/mol 和 $+2.2$ kcal/mol，表明几乎不可能通过自由基机制氧化 $Ti^{2+}$ 中心。对于 $CH_3Cl$ 来说尤其如此，因为它有一个正的能量值。$CCl_4$ 和 $CHCl_3$ 的总势能变化分别为 $-19.8$ kcal/mol 和 $-11.4$ kcal/mol，能够通过自由基机制对 $Ti^{2+}$ 中心进行再氧化。

此外，Bahri 探讨了吸附在 $MgCl_2$ 上的 $AlEt_3$、$TiCl_4$ 以及 $MgCl_2$ 与可能存在于催化剂中潜在有毒物质（包括甲醇、水、硫化氢）之间的相互作用，以及它们对聚合物立构规整度和催化活性的影响[79]。结果表明，所检测的分子在 $MgCl_2$（104）表面和（110）表面均具有较强的结合，其结合顺序为 $CH_3OH > H_2O > H_2S$。他们还探索了 Mg 吸附的毒物分子对 Ti 活性种附近烯烃插入势垒的影响，发现其对插入势垒和立体选择性都存在负面影响，这与 Terano 等的实验结果不一致[80]。此外，这些小分子被认为通过与 Ti 活性种形成稳定的复合物而使催化剂失活。最后，通过适当的路易斯酸掺杂 $Mg(OEt)_2$ 或 $MgCl_2$ 载体，近年来被认为是合成高效 Ziegler-Natta 催化剂的一种有效方法，该催化剂具有更高的活性和更好的性能，可以实现更高的 α-烯烃（共）聚合，这在 LLDPE 生产中非常有用。这些路易斯酸主要以金属卤化物为基础，如 $MnCl_2$、$ZnCl_2$、$NaCl$、$AlCl_3$，或者它们与 $SiCl_4$-型和 $GeCl_4$-型类金属的混合物[1,81,82]。最近，Bahri 等计算研究了 $FeCl_3$ 作为一种载体修饰剂来提高催化性能，以及共聚单体参与乙烯均聚和 1-己烯/乙烯共聚[66,83]。他们考虑了三个模型，包括［$Fe_3$］/$TiCl_2CH_3$、［$Mg_2Fe$］/$TiCl_2CH_3$ 和［$Mg_3$］/$TiCl_2CH_3$。对乙烯插入（掺杂和未掺杂）模型催化剂的能量分布分析表明，在部分掺杂的 $MgCl_2$ 载体中，插入势垒稍微较低（见图 10.18）。

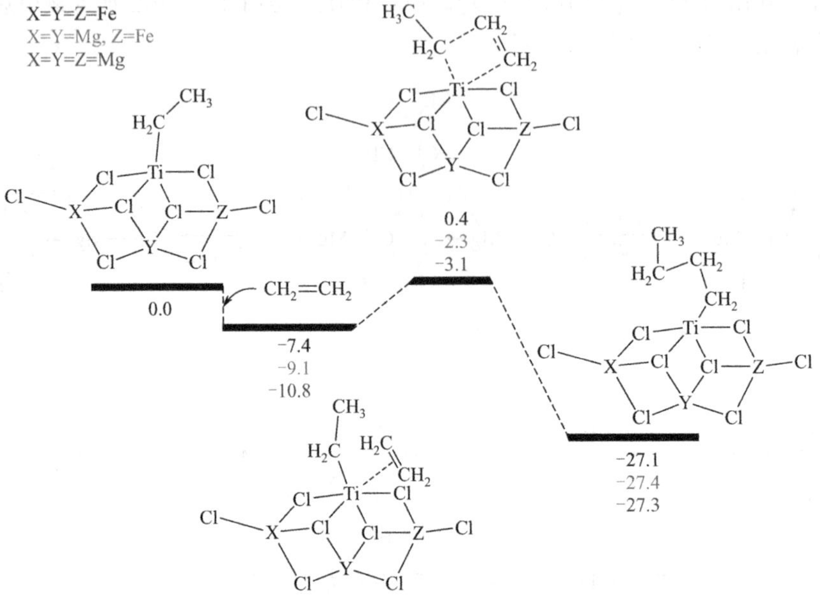

**图 10.18** 在 BP86/SVP 水平上模型计算出的乙烯插入［$Mg_3$］/$TiCl_2CH_3$（第三行），［$Mg_2Fe$］/$TiCl_2CH_3$（第二行），以及 ［$Fe_3$］/$TiCl_2CH_3$（第一行）的相对能量图[83]

Fe 掺杂催化剂可以促使乙烯/1-己烯共聚反应中所含的 1-己烯量高于未掺杂催化剂，这是因为掺杂催化剂中 Ti 的电子密度较低，有利于高级烯烃的引入[84-86]。然而，有关用邻苯二甲酸二丁酯和苯甲酸乙酯给电子体修饰的 Ziegler-Natta 催化剂的立体选择性没有类似的结果报道[66,79]。

关于 Ziegler-Natta 催化剂催化烯烃聚合机理的密度泛函理论研究，论文很多，本章就不一一介绍，有兴趣的读者可以参阅文献进一步阅读[87-115]。

## 10.1.2 密度泛函理论研究茂金属催化剂及其聚合反应

### 10.1.2.1 单核茂金属催化体系

Jensen 等[116] 采用 DFT 法对烷基阳离子 ［$L_2Zr\text{-}Pr$］$^+$（L=Cp、Cp$^*$；Pr=$n$-丙烷）的丙基中的不同构象异构体和同分异构体进行模拟计算，以探讨烯烃聚合的单中心双态（single-center two-state）动力学模型。研究发现，对于 L=Cp（$n \approx 1$），β-H 构象是最稳定的结构，同时在乙烯配位中反应性最强；对于 L=Cp$^*$（$n \approx 1.4$），最佳的链增长方式包括烷基化合物的 γ-H 和 α-H 构象。α-H 构象上的配位可使乙烯插入的空间位阻最小化。从 γ-H 和 α-H 构象到更稳定的 β-H 构象的结构重排势垒显著低于链增长势垒。此外，研究中没有发现比 β-H 构象更低能量的结构，因此 β-H 构象扮演了休眠态角色。

Pasha 等[117] 采用 DFT 法研究了如下所示结构的催化剂与 MAO 组成的催化体系，探讨了它们催化乙烯生成1-己烯齐聚物的反应机理。他们明确考虑了MAO助催化剂模型，其中MAO簇在脱离一个氯离子后变成阴离子中心，从而生成阳离子活化催化剂。计算结果表明，采用两性离子体系计算出的势能面与阳离子催化体系并无大的差异。

Caporaso等[118]采用密度泛函理论研究了一系列桥连茂金属催化剂，探讨了它们催化乙烯聚合制备线型低密度聚乙烯（LLDPE）的聚合机理（图10.19）。通过对反应活性中心和聚合机理的研究发现，该活性中心具有两个重要特点：配位空间较小的反应中心处，链增长所需克服的能垒比β-H转移的小，从而链增长反应更易进行；配位空间较大的反应中心处，β-H转移因所需能垒小于链增长，从而更易发生。在配位空间较大的反应中心生成的大单体，还能够插入聚合物链中继续反应，生成支化结构。此外，茂环结构、桥连上原子种类及数目对聚合反应均存在一定影响，催化剂的构型变化因影响Zr暴露程度，从而使烯烃插入X、Y两处反应中心的能垒存在差异，最终催化乙烯聚合制得支化度不同的聚乙烯产品。

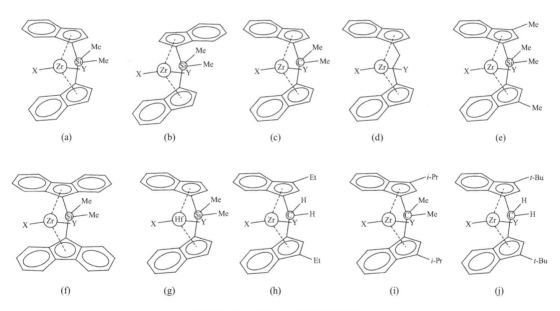

**图 10.19** 桥连茂金属催化剂[118]

Mella等[119]也对该聚合机理进行了DFT研究，主要考虑β-HE（β-氢消除）与β-HT（β-氢转移），以及β-HT与链增长的竞争关系。研究结果表明，β-HE反应的能垒比增长链发生β-HT的能垒高出很多，所以该系列催化体系催化乙烯聚合时，不会发生β-HE。当中心金属为Zr时，β-HT生成含乙基支链的α-烯烃增长链后，又立刻插入到另一Zr活性中心与增长链之间，但所形成的新增长链也极为容易发生β-HT，从反应中心掉落下来生成2-烷基烯烃。因此，Zr催化剂催化乙烯聚合时得到了大量的α-烯烃与少量的2-烷基烯烃；当中心金属为Ti时，链增长比β-HT更具竞争力，所以得到支化聚乙烯。

#### 10.1.2.2 限制几何构型催化体系

Motta 等[120]采用密度泛函理论研究了双核 CGC 催化剂展现出的独特中心——中心协同催化性能,并分析了 $Zr_2$ 和 $BN_2$ 催化体系催化乙烯聚合中的金属-金属临近效应。研究发现,从单核到双核的催化体系,由于催化剂中心和反离子相互作用增强,硼烷离子对解离能增加。此外,在双核体系下,相互作用能对双核硼烷和催化剂 Zr-甲基位置的几何匹配非常敏感。之后,他们探索了金属中心间的双核催化效应,详细研究了在双核催化剂第二 Zr 中心存下情况下,1-辛烯体系中 α-烯烃与 Zr 中心 π-配位的抓氢相互作用。有人认为,这些抓氢相互作用在一定程度上对双核催化剂独特的协同特性存在影响。实验中发现,双核催化剂催化制备的较大支化度聚乙烯与由 β-H 相互作用辅助的分子内再插入过程相关。

### 10.1.3 密度泛函理论在非茂金属催化聚合中的应用

#### 10.1.3.1 FI 催化体系

茂金属催化剂之后,发展了非茂过渡金属催化剂,其配体通过 N、O 和 P 等原子与过渡金属配位[121-123],可催化乙烯聚合和乙烯齐聚。Nikitin 等[124]对苯氧亚胺(FI)钛催化剂催化乙烯聚合反应机理进行了理论研究,确定了影响催化活性的主要因素。他们在 BP86-D3 水平模拟了 FI 配体的几何最优化、八面体二氯化钛复合物、活性阳离子中心以及它们与乙烯的 π-配合物,并计算了链增长的能量分布曲线。结果表明,计算得到的催化剂活性阳离子的 HOMO 和 LUMO 能量值与实验观察到的活性值对应。此外,由于活性阳离子中 α-异丙苯基与(N-芳香基)水杨醛亚胺间的超共轭效应,FI 催化剂的 HOMO-LUMO 带较小,从而具备高活性。

**FI-Ti 催化剂**

随后,他们在 RBP86/SVP 水平对 α-异丙苯基和叔丁基取代的双(苯氧基亚胺)钛催化剂进行量子化学计算[125],研究了苯氧亚胺配体的双取代对钛配合物电子结构的影响。同样发现，这种超共轭效应使得α-异丙苯基复合物比相应的叔丁基复合物化学性质更加温和，从而在乙烯聚合中活性更高。

(a) α-异丙苯基FI钛催化剂　　　　　(b) 叔丁基FI钛催化剂

Promarak团队[126]首次报道了对18种苯氧基亚胺（FI）钛催化剂的定量构效关系（QSAR）的研究，阐明了催化剂结构特性对乙烯聚合活性的影响。他们利用基于M06L/6-31G**和LANL2DZ基础函数的密度泛函理论研究了FI-钛催化剂的电子特性。用遗传算法对QSAR方程分析的结果表明，乙烯催化聚合活性主要取决于HOMO能级和取代基在苯氧基亚胺上的总电荷。采用所得到FI-Ti催化剂模型的QSAR，分别对FI-Zr或FI-Ni催化剂的乙烯催化活性进行预测，结果发现，FI-Ni催化剂的乙烯催化活性高于FI-Zr配合物，活性高达35000~48000 kg(PE)/mol(Cat.)·MPa·h，可作为乙烯聚合的候选催化剂。

### 10.1.3.2　α-二亚胺钯/镍催化体系

刘佳雯等[127]采用密度泛函理论在B3LYP/LANL2MB水平上研究了中性水杨醛亚胺镍催化乙烯聚合反应的链引发机理。通过几何构型最优化，得到了链引发阶段的反应物、产物、中间体和过渡态的最可几构型。并推断，由于催化剂中与中心原子Ni相联接的配体不对称性，反应存在两条可能路径，分别为甲基位于Ni—O键的对位和位于Ni—N键的对位，且反应在两条路径间转换，形成一条在能量上最为有利的反应途径。

Yu等[128,129]采用密度泛函理论，对双（β-酮胺）镍催化剂与甲基铝氧烷组成的催化体系催化苯乙烯聚合进行研究。研究结果表明，催化剂Ni活性中心与苯乙烯形成的σ-π配位键导致苯乙烯C═C双键的变长和电子分布的区域化，这对苯乙烯的活化非常重要。该反应为四元环反应机理，活性中心离子、C═C双键和R基团构成一个四元环。随着碳链的增长，反应的立体位阻增加，其活化能垒也逐渐升高。

Michalak等[130,131]用密度函数理论法研究了Brookhart型阳离子和Grubbs型中性两种后过渡金属催化剂制备功能化聚烯烃的机理。计算结果表明，对于Brookhart型阳离子催化剂而言，镍催化剂的活性中心与极性原子结合形成σ络合物，钯催化剂则优先生成双键与金属中心配位的π络合物。因此，钯催化剂可催化烯烃与极性单体共聚，镍催化剂则没有共聚活性。对于 Grubbs 型的水杨醛亚胺催化剂，钯和镍的 π 络合物都比相应的 σ 络合物稳定，均可催化烯烃与极性单体共聚。

### 10.1.3.3 磷氧钯/镍催化体系

Jian 等[132,133] 采用膦-磺酸钯催化体系催化乙烯与乙烯基呋喃共聚，制备得到遥爪型呋喃聚乙烯（图 10.20）。他们结合实验证据与 DFT 理论计算，揭示了聚合反应机理。聚合引发步骤主要由电子效应控制，富电子的乙烯基呋喃单体优先配位到缺电子的金属中心，形成稳定的 $\pi\text{-}\eta^3$-烯丙基-Pd 中间体，在热力学驱动下，乙烯基呋喃优先插入到 Pd—H，从而引发聚合反应；链增长阶段，聚合反应转为由空间位阻效应控制，体积较小的乙烯优先插入进行链增长；当乙烯基呋喃再次配位插入时，再次形成稳定的 $\pi\text{-}\eta^3$-烯丙基-Pd 配体，阻碍单体继续插入，发生更为容易的 β-H 消除链终止反应，最终形成呋喃位于链末两端的遥爪型聚乙烯。

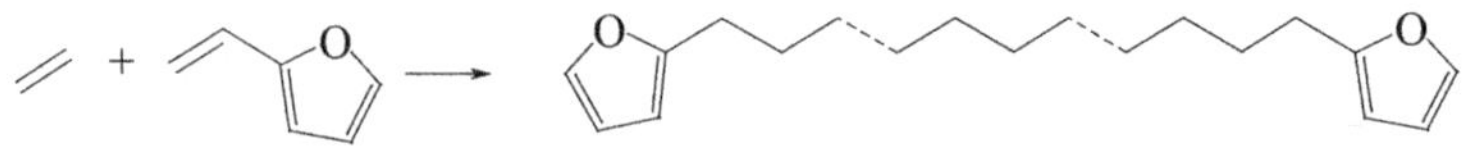

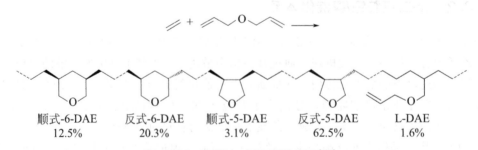

**图 10.20** 乙烯与乙烯基呋喃共聚[132]

Wimmer 等[134] 采用 DFT 理论计算解释了膦-磺酸钯催化体系催化乙烯与极性单体二烯丙基醚（DAE）聚合产物中所呈现的立体区域选择性实验结果。计算结果显示，DAE 插入最有利的 2 种方式为 1,2-1,2-插入与 2,1-1,2-插入。如图 10.21 所示，1,2-1,2-插入形成热力学有利的六元环顺/反-6-DAE，而 2,1-1,2-插入则形成动力学有利的五元环顺/反-5-DAE。此外，2,1-1,2-插入后形成五元环反式-结构比顺式-结构的能量低 9.2J/k mol，表明反式-5-DAE 结构更容易形成，呈现明显的立体选择性（62.5%/3.1%）；然而，1,2-1,2-插入后，形成六元环反式结构比顺式结构的能量仅仅低 0.4kJ/mol，没有明显的立体选择性（20.3%/12.5%）。

顺式-6-DAE 12.5%　　反式-6-DAE 20.3%　　顺式-5-DAE 3.1%　　反式-5-DAE 62.5%　　L-DAE 1.6%

**图 10.21** 乙烯与二烯丙基醚共聚[134]

Chen 等[135] 采用密度泛函理论方法对双磷单氧型（A）和膦-磺酸型（B）钯催化剂催化乙烯与极性单体共聚进行了比较。计算结果表明，双磷单氧钯催化剂 A 的刚性五元骨架和阳离子性质有利于其共聚活性。理论与实验结果基本一致，证明了甲基丙烯酸甲酯优先以 2,1-选择性插入到双磷单氧钯络合物，这归因于此种插入方式产生的较小几何变形，以及配体与插入的 MMA 甲基间较强的 MeO⋯H 相互作用。在此催化剂体系中，由于 MMA 的甲基与乙烯单体的空间排斥作用，乙烯单体插入到 MMA 配体链端在动力学上是困难的，反而有利于 β-H 消除，生成 MMA-封端的共聚物。相比之下，膦-磺酸型钯催化剂 B 催化 MMA1,2-插入和 2,1-插入具有类似的插入能垒，这也可能是该催化剂位置选择性较低的原因。

(A) 双膦单氧钯催化剂      (B) 膦-磺酸钯催化剂

## 10.1.3.4 其他非茂金属催化体系

Villani 等[136-138]采用密度泛函理论在 B3P86/SVP ab-initio 水平上对均相芳基吡啶钛催化剂中弱氟键的稳定性进行研究。他们指出，氟 sp$^3$ 的孤对电子与钛的空 3d 轨道重叠，再加上增长链中的 β-H，会形成稳定的 Ti—F—H$_\beta$ 相互作用。三中心之间的相互作用在抑制链终止反应中，β-H 向金属或单体的转移起到一定作用。随后，Villani 小组采用 DFT 法研究了均相烯烃催化聚合中的链增长和链终止反应机理。他们从现有催化剂开始，提出一种新型双（烯醇-偶氮）钛催化剂族的设计思路，设计了芳香环和螯合环的一系列氢化和氟化模型，经优化后得到聚合反应性最高的催化剂结构。

中科院化学所的研究人员[139]采用密度泛函 BP/DNP 优化了五组（每组化合物具有相同的框架结构和不同电子效应的取代基）共 18 个最受关注的烯烃配位聚合催化剂（图 10.22），分别计算了每个化合物中心金属上的 Hirshfeld、Mulliken 和 QEq 电荷，中心金属的 Fukui 指数以及化合物的 HOMO 和 LUMO 能量值，然后将这些结构参数和配合物催化乙烯聚合的活性相关联。结果发现，中心金属的 QEq 电荷能正确反映取代基的电子效应，且与化合物的 HOMO 以及 LUMO 能量值与催化活性之间有良好的相关性，可用来预测催

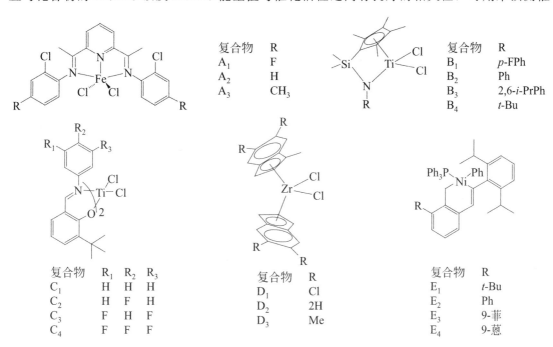

**图 10.22** 用于计算的化合物结构[139]

化剂活性；而 Hirshfeld 和 Mulliken 电荷不能正确反映取代基的电子效应，不适合计算这些化合物的中心金属电荷。中心金属的 Fukui 指数受取代基电子效应影响较小，和催化剂活性之间的相关性不明显。

本节综述了近年来密度泛函理论在理解 Ziegler-Natta 催化剂结构与性能关系方面的研究进展，讨论了 Ziegler-Natta 催化聚合的立体选择性、位置选择性和链转移反应，以及不希望发生的副反应。尽管该领域取得了重大进展，但对 Ziegler-Natta 催化体系各物质间的相互关系的理解依然存在难点，其活性中心的本质仍是一个有争议的话题，阻碍了其在分子水平上的合理设计。可以预见，量子计算仍然会是研究 Ziegler-Natta 催化剂的重要方法，它省时、省力、省钱，展现出试验方法无法观测的化学过程。关于 Ziegler-Natta 催化剂催化机理的研究，有兴趣的读者可进一步参阅文献［140-145］。

## 10.2 内、外给电子体在丙烯聚合用 Ziegler-Natta 催化体系中的应用

内、外给电子体对 Ziegler-Natta 催化剂的性能有非常重要的调节作用[146-157]。第四代聚丙烯 Ziegler-Natta 催化剂中使用的内给电子体通常是邻苯二甲酸二酯类化合物[158]，属于典型的"塑化剂"。近年来，随着人们对健康问题的密切关注，对 Ziegler-Natta 催化剂中使用的邻苯二甲酸二酯的关注度也逐步提升，希望找到替代品。科研工作者们在此方面的研究取得了长足的进展。此外，在新型内给电子体不断涌现的同时，为了进一步调控聚合物性能，新型外给电子体的研究也取得了很大进步，尤其是复合外给电子体的研究更是取得了突破性进展。

### 10.2.1 新型内给电子体

在寻找内给电子体替代物方面，Basell 公司报道的 1,3-二醚结构内给电子体是一个重大发现[159,160]。文献报道的二醚类内给电子体中有工业应用价值的主要有下图所示的两种结构[3]：第一种 1,3-二醚取代基为体积位阻较大烷基，如异丁基、异丙基、环戊基等；第二种 1,3-二醚取代基为芴基。

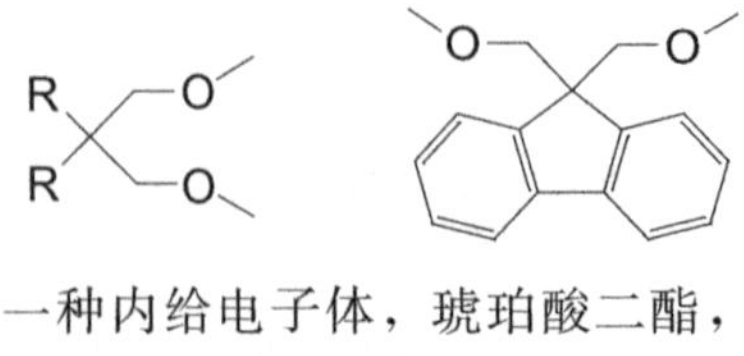

Basell 公司同样报道了另一种内给电子体，琥珀酸二酯，如下方右图所示[161]。其中 $R_1$ 和 $R_2$ 为具有一定体积位阻的烷基，$R_3$ 和 $R_4$ 一般是正丁基或异丁基。中国石油将琥珀酸二酯进一步改性为具有螺环取代基的琥珀酸二酯，如下方左图所示[162]。该化合物由环戊二烯和马来酸酐加成，后经酯化反应，制备方法简单。

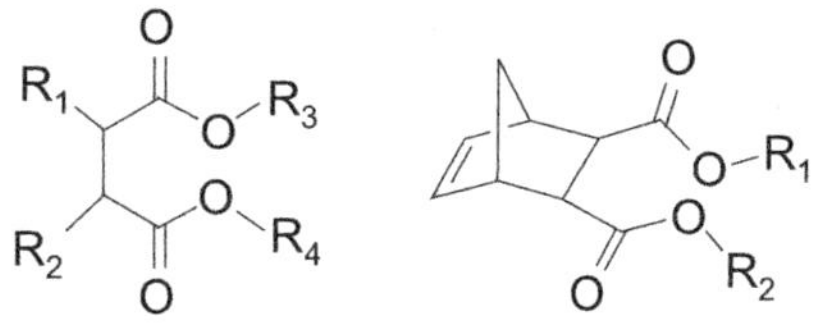

高明志等报道了下图所示的二醇酯内给电子体[163]。与邻苯二甲酸二酯型催化剂相比，该化合物制备的催化剂的活性高出约 30%，制备的聚丙烯等规度和氢调性能相当。BASF 催化剂公司报道了二酚酯内给电子体[164]，该化合物制备的聚丙烯催化剂活性高，制备的聚丙烯等规度和邻苯二甲酸二酯型催化剂相当。

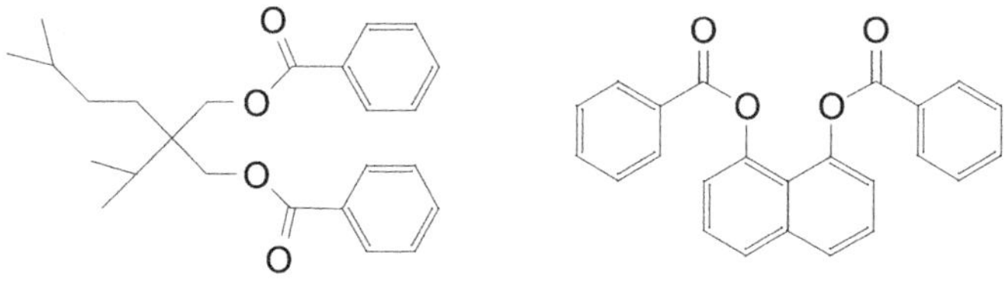

BASF 公司近期报道了下图所示的 1-醚-3-酮型内给电子体[165]，该化合物制备的聚丙烯催化剂的活性比邻苯二甲酸二酯型催化剂的略高，等规定向性相近。

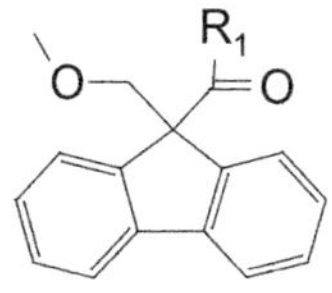

Tanase 等[166] 以 2 位取代的丙二酸二丁酯化合物为内给电子体，所制备的 $MgCl_2$ 负载 Ziegle-Natta 催化剂的催化活性强烈依赖于 2 位取代基的体积位阻大小。当 2 位取代基为环戊基时，其效果与邻苯二甲酸二丁酯相当。

Mirjahanmardi 等[167] 报道了下图所示的庚醚内给电子体，该化合物制备的聚丙烯催化剂活性高，可催化聚合得到分子量分布窄且熔体指数高的聚丙烯。

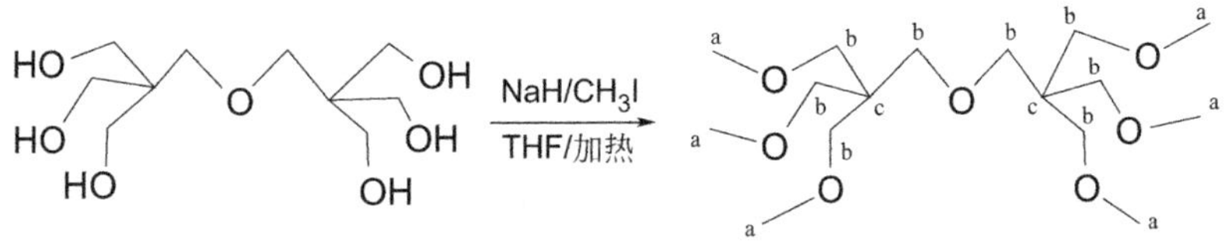

在复合内给电子体方面，Makwana 等[168] 研究了苯甲酸乙酯和邻苯二甲酸二丁酯两种内给电子体混合物的影响，随邻苯二甲酸二丁酯在混合给电子体中含量的增加，催化剂的晶体颗粒减小，催化活性增加，而聚丙烯的分子量分布减小（从 6.9 降至 3.5）。Patil 等[169] 采用苯甲酸乙酯和环丁砜复合内给电子体制备了催化剂，环丁砜的加入能拓宽聚丙烯的分子量分布（从 4.6 增至 6.1）。邻苯二甲酸二丁酯和 2,4-戊二醇二苯甲酸二酯复合内给电子体的催化剂与分别单独含有上述两种内给电子体的催化剂相比，复合内给电子体可提高催化剂的立体定向能力[170]。

中科院化学所的研究人员[171,172] 研究了一系列环烷酸二酯和马来酸二酯化合物作为内给电子体对催化剂的影响，发现内给电子体的体积位阻对催化剂的立体定向能力和催化活性都有重要影响，体积位阻太大或太小都不利，只有在适合的条件下，才能达到最佳效果。研究结果表明，2,3-二异丙基取代的马来酸二酯的效果与邻苯二甲酸二丁酯相当。随后，他们以三乙基铝为保护剂，研究了 $TiCl_4/MgCl_2/$芴二醚$/Al(C_2H_5)_3$ 体系催化丙烯与十一烯醇或十一烯酸的共聚反应[173]。结果表明，该催化体系不同于其他类型的 Ziegler-Natta 催化体系，极性单体的加入并没有导致反应活性急剧下降，而是保持了接近均聚的高活性，新型催化剂对极性单体表现出很好的耐受力。

## 10.2.2 内给电子体对催化剂活性中心结构的影响

Potapov 等[174] 采用漫反射红外光谱（DRIFT）技术研究了内给电子体苯甲酸乙酯和邻苯二甲酸二丁酯在 $MgCl_2$ 表面的配位状态。结果表明，苯甲酸乙酯在 $MgCl_2$ 表面有 3 种配位形态，分别与三配位、四配位和五配位的 Mg 原子配位，且 3 种形态的比例相当；而邻苯二甲酸二丁酯只会形成 3 种配位形态中的 1 种。在 $TiCl_4$ 作用下，苯甲酸乙酯主要与四配位的 Mg 原子配位；而邻苯二甲酸二丁酯的配位状态受 $TiCl_4$ 影响不大。同样，在 $TiCl_4$ 作用下，苯甲酸乙酯和邻苯二甲酸二丁酯在 $MgCl_2$ 表面的含量会降低，这说明 $TiCl_4$ 和 Mg 原子的作用形式与内给电子体的类似。进一步的研究结果表明[175]，含有苯甲酸乙酯的催化剂，在烷基铝作用下，弱配位的苯甲酸乙酯（与四配位和五配位的 Mg 原子配位）可能被烷基铝从原有配位位置除去，而烷基铝占有了苯甲酸乙酯原有的配位位置。当苯甲酸乙酯以外给电子体形式加入时，即加入苯甲酸乙酯和烷基铝的混合物后，$MgCl_2$ 表面的苯甲酸乙酯数量基本保持不变，但苯甲酸乙酯配位形态的比例发生很大变化，五配位和三配位的 Mg 原子会吸附更多的苯甲酸乙酯，这可能与烷基铝的作用有关。此外，他们还研究了 1,3-二醚化合物与 $MgCl_2$ 的作用[176]，两者也会形成多种配合物，作用强度超过苯甲酸乙酯与 $MgCl_2$，而某些配位形态的作用强度与邻苯二甲酸二丁酯和 $MgCl_2$ 的接近，且邻苯二甲酸二丁酯取代二醚的位置。经 $TiCl_4$ 处理后，催化剂上的二醚化合物均具有强配位作用，且不易移除。

Stukalov 等[177] 利用 IR 技术研究了苯甲酸乙酯和邻苯二甲酸二丁酯等内给电子体在 $MgCl_2$ 表面的吸附状态，发现 $MgCl_2$ 表面约 90% 的 Mg 为（104）晶面的五配位态，约 10% 为（110）晶面的四配位态。苯甲酸乙酯与 Mg 原子作用时，2 个氧原子同时发生配位。给电子体在（104）晶面上的吸附受其体积位阻影响很大，体积位阻越小，越易在（104）晶面上吸附。当内给电子体和 $TiCl_4$ 在 $MgCl_2$ 表面共吸附时，$TiCl_4$ 和内给电子体并不是竞争关系，$TiCl_4$ 形成的配位结构强度更弱。

Singh 等[178] 通过 IR 技术研究发现，在 $MgCl_2$ 载体成型过程中，内给电子体苯甲酸乙酯和邻苯二甲酸二丁酯会影响 $MgCl_2$ 的结晶形态，（110）晶面含量会增加。双齿的邻苯二甲酸二丁酯在（110）晶面的层间和层内形成配体，对晶面有稳定作用，因此有增强催化活性的作用。

Potapov 等[179] 也利用 DRIFT 技术研究了助催化剂的影响，在 $AlEt_3$ 作用下，$MgCl_2$ 载体上的邻苯二甲酸二丁酯部分被 $AlEt_3$ 移除，而 $AlEt_3$ 占据了原来邻苯二甲酸二丁酯的位置。当然，$MgCl_2$/邻苯二甲酸二丁酯/$TiCl_4$ 催化剂与 $AlEt_3$ 反应后，只有弱配位的邻苯二甲酸二丁酯被 $AlEt_3$ 移除，而部分被移除的邻苯二甲酸二丁酯会与 $AlEt_3$ 反应后再次与 $MgCl_2$ 作用。外给电子体硅烷不会影响邻苯二甲酸二丁酯与 $AlEt_3$ 的反应，但会占据被移除的邻苯二甲酸二丁酯的部分位置。

Weng 等[180] 采用 2-噻吩甲酰氯作为选择性淬灭增长链的标记，研究了内外给电子体对活性中心数量、活性中心分布（等规、中度等规和无规）的影响。在 $TiCl_4/MgCl_2$-TEA 催化体系中，邻苯二甲酸酯内给电子体可以显著提高等规活性中心分布，但对三种活性中心的活性没有影响；当加入烷氧基硅烷为外给电子体时，等规活性中心分布进一步增加，且活性也向此种活性中心偏移。

采用密度泛函理论可更加详细地研究内外给电子体对催化剂活性中心的作用，通过建立模型可直观形象地认识其作用机理，这些在 10.1 节已有叙述，这里不再赘述。

### 10.2.3 内给电子体对配位聚合机理的影响

此部分在 10.1 节已有叙述，这里不再赘述。

### 10.2.4 内给电子体对聚合动力学的影响

Matsuoka 等[181] 将 $MgCl_2$/苯甲酸乙酯/$TiCl_4$ 和 $MgCl_2$/邻苯二甲酸二丁酯/$TiCl_4$ 催化剂体系用 $AlEt_3$ 预处理一段时间，再催化丙烯聚合，测试反应速率常数和活性种数量。结果表明，随预处理时间的延长，催化剂中残留的内给电子体含量降低，反应活性、反应速率、活性种含量及聚丙烯的等规度降低。内给电子体在反应初期会急剧降低，而聚丙烯的等规度降幅较缓，说明内给电子体在催化剂中的残留量与聚丙烯的等规度没有直接关系。

Yaluma 等[182] 测试了二酯型和二醚型催化剂的活性中心数量。结果表明，催化剂中 2%～8%的 Ti 会成为活性中心，其中二醚型催化剂的活性中心数量多于二酯型催化剂。Nishiyama 等[183,184] 通过大量的实验数据表明，$MgCl_2$ 负载型催化剂的活性中心可大致分为 3 种：高等规活性中心、低等规活性中心和无规活性中心。Bukatov 等[185-188] 通过活性中心数量和聚合动力学测试结果表明，$MgCl_2$ 负载型催化剂中内给电子体能增加高等规活性中心的比例，如无内给电子体时，高等规活性中心的比例为 16%；加入邻苯二甲酸二丁酯后，该比例增至 34%；加入二异丙基-1,3-丙二甲醚后，该比例增至 43%。外给电子体的加入会进一步增强内给电子体的作用，高等规活性中心的比例增至 63%。$TiCl_3$ 催化剂的聚合速率常数和 $MgCl_2$ 负载型催化剂的非常接近，说明载体的主要作用在于对 Ti 活性中心的高度分散。

Nassiri 等[189] 对含邻苯二甲酸二异丁酯内给电子体的 $MgCl_2$ 负载型催化剂制备的聚丙烯的 GPC 曲线进行分峰处理。分析结果表明，催化剂含有 3 种活性中心。全面考虑链引发、链增长、自发链转移、向氢的链转移、向单体的链转移、向助催化剂的链转移以及自发链终止反应（失活），通过对聚合动力学曲线的模拟，得到 3 种活性中心的动力学参数。结果可知，在反应初期，第二种和第三种活性中心在反应初期快速失活，反应后期主要是第一种活性中心的贡献。另外，第三种活性中心的链转移反应速率很快，容易产生低分子量部分的聚丙烯。进一步计算各个反应的活化能，发现链增长反应的活化能低于链终止和链转移反应的活化能。

采用 2-噻吩甲酰氯可高效终止增长聚丙烯链，将活性聚丙烯链转变为端基含硫的聚丙烯，通过测试聚丙烯中的硫含量可确定催化剂的聚合动力学。采用该技术发现，使用含有二醇酯的 $MgCl_2$ 负载 Ziegler-Natta 催化剂催化丙烯聚合时，在反应最初的 5min 内，活性中心数量增加，但聚合速率减小，这可能是由扩散速率造成的[190]。

为了研究 $MgCl_2$ 与内给电子体邻苯二甲酸二异丁酯的作用，Cheruvathur 等[191] 将 $MgCl_2$ 和乙醇的配合物以及 $MgCl_2$/乙醇/邻苯二甲酸二异丁酯混合物铺设在硅板上，制备了 1 种薄层 $MgCl_2$ 和 $MgCl_2$/邻苯二甲酸二异丁酯的混合物，并采用全反射 FTIR 原位技术研究了催化剂的形成过程。反应开始时邻苯二甲酸二异丁酯与 $MgCl_2$ 没有作用，随乙醇的慢慢脱除，两者开始配位，在有乙醇存在的情况下，邻苯二甲酸二异丁酯倾向于与 $MgCl_2$ (104) 晶面发生微弱的相互作用，乙醇含量降低后，邻苯二甲酸二异丁酯更多地与 (110) 晶面相互作用；随温度的升高，$MgCl_2$ 上饱和吸附的邻苯二甲酸二异丁酯含量降低。在没有邻苯二甲酸二异丁酯的情况下，$MgCl_2$ 形成较大的结晶，缺陷较少；在邻苯二甲酸二异丁酯存在下，$MgCl_2$ 晶体变小。该研究结果表明，在制备的 Ziegler-Natta 催化剂中，不同的 $MgCl_2$ 晶面吸附不同浓度的邻苯二甲酸二异丁酯，而催化剂的选择性和活性强烈依赖于内给电子体的配位状态。

Taniike 等[192] 以 2-异戊基-2-异丙基-1,3-丙二醚为内给电子体制备了 $MgCl_2$ 负载型催化剂，通过 Stopped-Flow 技术（聚合时间 0.1~0.2s）进行测试，结果表明，共聚单体乙烯的加入加快了丙烯聚合反应速率，活性种的数量基本不变；共聚单体己烯不会加快反应速率和增加活性中心的数量。在连续聚合中（聚合时间超过 30s），乙烯和己烯均会使聚合速率加快。这是因为在短时间内聚合时，单体的扩散速率可以不考虑；而在长时间聚合中，单体向活性中心的扩散是聚合速率的重要影响因素。

## 10.2.5 新型氨基硅烷类外给电子体

外给电子体影响催化剂的活性、等规定向性和氢调敏感性。单一及复合型硅烷类外给电子体对丙烯聚合催化剂的影响研究得较多，使用复合硅烷外给电子体能够制备出一些单一外给电子体所不能制备出来的高性能聚丙烯，为聚丙烯新材料的研发提供了一种新的思路[151]。

硅烷类外给电子体系中有一种是二苯基二甲氧基硅烷，该化合物含有苯环，对人体有害，很多国家已经使用环己基甲基二甲氧基硅烷取代了该化合物。与烃基烷氧基硅烷相比，氨基硅烷中富电子的氮原子可参与到与活性中心的配位过程中，这就给反应体系中活性中心的种类和分布带来更多的影响，可能制备得到具有独特性能的聚丙烯，比如宽分布聚丙烯[193-195]。胺基硅烷的研究对开发聚丙烯新产品具有重大的意义。

Ikeuchi 等[193] 报道了不同氨基取代的氨基硅烷作为外给电子体对聚丙烯等规度和分子量的影响。结果表明，聚合物的等规度和氨基取代基的体积有关，对于 $(R_2N)_2Si(OCH_3)_2$ 结构的胺基硅烷而言，聚合物的等规度按以下顺序降低：

$$Me_2N \geqslant Et_2N > (Et_2N)(n\text{-}Pr_2N) > [(EtCy)N]_2 = [EtPhN]_2 \geqslant$$
$$(Et_2N)(iso\text{-}Pr_2N) > (iso\text{-}Pr_2N)(n\text{-}Pr_2N) \geqslant (n\text{-}Pr_2N)_2$$

在所有双氨基硅烷中，$(Me_2N)_2Si(OCH_3)_2$ 可以得到最高等规度的聚合物，和工业上常用的二异丙基二甲氧基硅烷的等规定向性几乎相同。

氨基硅烷化合物中最重要的一类是二全氢异喹啉二甲氧基硅烷［下图（a)］，该外给电子体存在下的催化剂活性和等规度与一般的烷基硅氧烷化合物的性能相当，而制备出的聚丙烯的分子量分布大于15，对单釜制备宽分布聚丙烯有重要意义[196]。Fang 等[197] 报道了下图（b）所示的外给电子体，其含有噁唑硅环，其取代基可以是芳基，可以是烷基（如异丁基)，该外给电子体与一般的烷基硅氧烷外给电子体的性能相当。

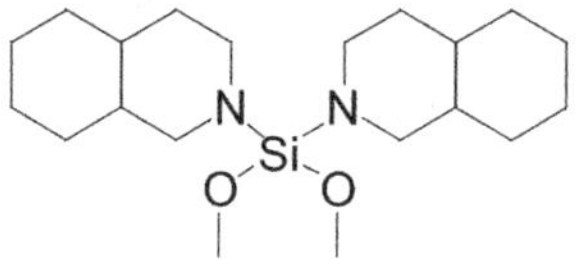

(a)

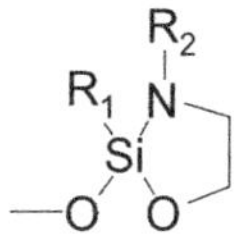


(b)

中科院化学所的研究人员[198-200] 合成了几种新型含N原子的氨基硅氧烷类化合物：双哌啶二甲氧基硅烷（Donor-Py)、双吗啉二甲氧基硅烷（Donor-Pm)、双1-甲基哌嗪二甲氧基硅烷（Donor-Pz）和双异丙基哌嗪二甲氧基硅烷（Donor-Pi)：

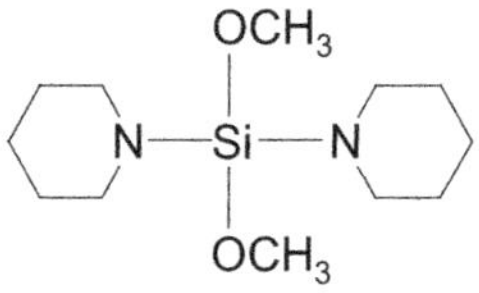

Donor-Py

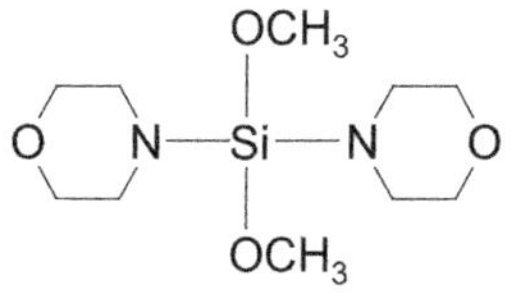

Donor-Pm

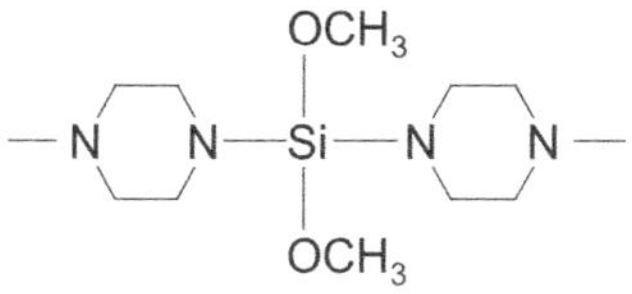

Donor-Pz

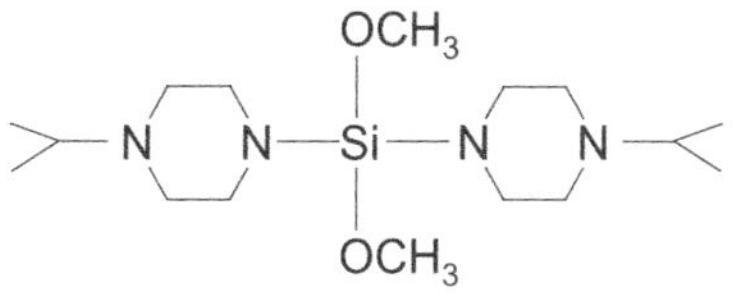

Donor-Pi

将其作为丙烯聚合的外给电子体，并与工业上使用的环己基甲基二甲氧基硅烷（Donor-C）相比。结果表明，含N原子的氨基硅氧烷类外给电子体在丙烯聚合时表现出优异的性能，对催化剂活性、聚合物的等规度、分子量分布、氢调敏感性以及聚合物的等规序列长度及其分布产生重要的影响。

## 10.2.6 复合型外给电子体

单一硅烷类外给电子体的性能与其结构有关，由于结构不同的硅烷外给电子体的性能不同，因此，如果将两种外给电子体复合使用，则往往能够综合两种外给电子体的性能，制备出更高性能的聚丙烯材料。

近年来，Dow 化学公司在 Unipol 聚丙烯工艺上大力推广其先进给电子体技术（ADT)，取得了良好的应用效果。ADT 技术不仅能调控聚丙烯的结构和性能，还能调控聚合反应器的温度，防止反应釜温度过高造成结块和停车[201,202]。ADT 技术的基本原理：所用复合外给电子体中的酯类组分能抑制催化剂在高温下的活性，而当反应温度降低后，催化剂活性又恢复到正常水平。

目前，国内对这方面的研究较少。中科院化学所的研究人员[147-151,203-207] 多年来致力于实现丙烯聚合催化体系的国产化研究，在国内较早提出利用外给电子体复配技术制备高性能聚丙烯[207-210]。他们与中国石化北京燕山分公司合作，采用复配外给电子体技术，开发出氢调法制备高熔融指数聚丙烯技术，并在2010年实现工业化，开发出了一系列性能优异的新型牌号聚丙烯树脂产品，包括高流动均聚、无规共聚、抗冲共聚聚丙烯系列专用料9个牌号：K1840、K4930、K7726H、K7735H、K7760H、K7780、K7100、K9820H、K9829H，熔体指数（10min）为20～120g，主要应用于汽车、家居和食品卫生等领域。最近，他们还发现，与常用的Donor-C相比，采用适当的复配外给电子体，可同时提高催化剂的活性、聚丙烯的等规度和弯曲模量等性能，且在生产熔体指数相同的聚丙烯时，可降低加氢量。

## 10.2.7 外给电子体取代基的电子效应和位阻效应

具有不同烷基和烷氧基取代基的硅烷化合物用于丙烯聚合时，所制备聚合物的性能存在很大不同。对烷氧基硅烷 $R_1R_2(OR_3)_2$ 中不同结构的烃基取代基（$R_1$ 和 $R_2$）和烷氧基取代基（$R_3$）的位阻效应和电子效应的研究，可加深人们对硅氧烷类外给电子体的认识，为开发新型外给电子体的分子设计提供理论指导。

Seppala 等[211]研究了具有不同结构的烷氧基硅烷 $[R_nSi(OR')_{4-n}]$ 外给电子体对丙烯聚合的影响。结果表明，它们对丙烯聚合的影响强烈依赖于与硅原子相连的烷氧基的数目、大小以及与硅原子相连的烃基的大小。烷氧基的数目越多，选择性毒化无规活性中心的能力越强。他们认为，与Ziegler-Natta主催化剂一起加入的助催化剂 $AlEt_3$，在"活化" $MgCl_2$ 负载的 $TiCl_4$ 的同时，一部分 $AlEt_3$ 的Al原子会与烷氧基硅烷中1个烷氧基上的氧进行配位，形成 $AlEt_3$ 与烷氧基硅烷的复合物；如果硅烷含有1个以上的烷氧基时，复合物中还存在未配位的烷氧基，可以选择性地毒化无规活性中心。

此外，他们还发现，如果烷氧基太大，可能阻碍烷氧基硅烷或 $AlEt_3$/烷氧基硅烷复合物与无规活性中心的配位，故甲氧基硅烷和乙氧基硅烷最常用，丙氧基硅烷在聚合中的表现较差。另外，烃基取代基的影响主要取决于它们的空间位阻效应的强弱。烃基的空间位阻效应越强，制备的聚丙烯等规度越高，这主要是因为空间位阻大的外给电子体具有更高的选择性，与无规活性中心结合的能力远高于等规活性中心，可以使等规活性中心的相对浓度更高，聚合物等规度增大。

Harkonen 等[212]选取了一系列硅氧烷化合物用于丙烯聚合，致力于探究烷氧基硅烷类化合物作为外给电子体的最佳结构。研究结果表明，硅氧烷类外给电子体的最佳结构是带有2个小的烷氧基和2个树枝状的烃基。首先，当硅烷类外给电子体完全不含烷氧基时，制备的聚丙烯的等规度低于90%，远低于含有烷氧基的硅烷类化合物；但如果烷氧基过大，烷氧基中具有较大空间位阻的基团会屏蔽烷氧基中的氧原子，降低它与 $AlEt_3$ 中Al原子的配位能力，所以进一步毒化无规活性中心的能力也大幅减弱。其次，在所有烃基取代基中以树枝状的烃基效果最好，这是因为随烃基位阻效应的增加，硅氧烷类外给电子体毒化无规活性中心的能力提高，导致聚丙烯的等规度增大。

## 10.2.8 外给电子体对催化剂活性中心的影响

在丙烯聚合中，烷氧基硅烷类外给电子体所起的主要作用在于对催化剂活性中心的影响，概括起来就是毒化无规活性中心、活化等规活性中心、促进无规活性中心向等规活性中心转变[213-220]。

2001年，Matsuoka等[221]通过使用Stopped-Flow和TREF热分级技术，研究了Donor-C为外给电子体时对催化剂活性中心的影响。结果表明，加入外给电子体后，链增长速率加快，聚合物等规度提高，但聚合体系中活性中心减少，表明外给电子体的加入不仅可提高催化剂的活性及聚丙烯的等规度，还会对催化剂的活性中心的比例产生影响。TREF分析结果表明，加入外给电子体后，次高等规活性中心的比例和链增长速率均明显提高，中等规度部分的聚丙烯等规度增加，而最高等规度的活性中心的比例、链增长速率没有明显变化，表明外给电子体的加入对最高等规度的活性中心影响较小。Matsuoka等认为，在Ziegler-Natta催化剂催化丙烯聚合的体系中存在3类活性中心：高等规、次高等规和无规Ti活性中心。在催化丙烯聚合反应中，加入外给电子体可使无规活性中心转化为次高等规活性中心，但转变得到的次高等规活性中心没有生成最高等规度的聚丙烯。

Liu等[184,222]通过使用Stopped-Flow和TREF技术也推论出第四代非均相Ziegler-Natta催化剂至少包含3种等规活性中心。研究结果表明，外给电子体及助催化剂可与活化后的催化剂二次配位，使低等规性中心转化成高等规性中心[219,223,224]。

Garoff等[219]通过逐步等温分离技术（SIST）研究了使用外给电子体Donor-D时不同Si/Ti摩尔比对丙烯聚合的影响。研究结果表明，随Si/Ti摩尔比的增加，催化剂的聚合活性逐渐增加，聚合物中长的等规聚丙烯链段逐渐增加，相应地短的等规聚丙烯链段逐渐减少，这主要是因为Donor-D与催化剂的配位导致无规活性中心的数量减少，等规活性中心的数量增加[225]。

中科院化学所的研究人员[147-151,203-207]多年来对丙烯聚合催化体系的研究表明，在$MgCl_2$载体表面上，内给电子体二酯中的1个氧原子与金属Mg作用，另一个氧原子与Mg和Ti原子相互作用，将具有2个空位的无规活性中心转化为具有1个空位的等规活性中心。由于助催化剂烷基铝的存在，一部分二酯内给电子体与烷基铝相互作用，被烷基铝从$MgCl_2$表面抽出，部分等规活性中心转变为无规活性中心，而外给电子体的加入可占据原来内给电子体的位置，又将无规活性中心转化为等规活性中心，提高了催化剂的立体定向能力。外给电子体在聚合反应中还与烷基铝配位反应，降低游离烷基铝的浓度，避免Ti活性中心被过度还原，造成催化活性的降低。另外，外给电子体优先与Lewis酸性较强的无规活性中心反应，也可使聚合反应等规产物的产率增加。

Jiang等[226]研究了不同载Ti量的$TiCl_4/MgCl_2$催化体系（Cat-1：Ti 0.1％；Cat-2：Ti 1％）对烷氧基硅烷外给电子体的响应。无规、中等规和等规活性中心的数量都因外给电子体的加入而减少，尤其是Cat-1。等规活性中心的活性增强，且Cat-2体系更加敏感。如图10.23所示，Cat-2、Cat-1催化剂体系立体选择性和反应活性的下降是由外给电子体在Mg表面的弱吸附引起的，Cat-1体系中稀疏的Ti是这种弱吸附的主要原因。

## 10.2.9　外给电子体对催化剂及聚合物性能的影响

白雪等[227]研究了不同外给电子体对Ziegler-Natta催化剂性能的影响。研究结果表明，外给电子体二异丁基二甲氧基硅烷（Donor-B）有助于提高Ziegler-Natta催化剂的活性和氢

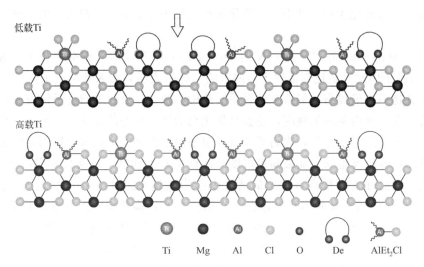

**图 10.23** 外给电子体和烷基铝在不同 Ti 吸附分布的 $MgCl_2$（110）表面上的配位
（上面模型中的箭头表示可能 $AlEt_3$ 接近外给电子体甲氧基的可能位置）[226]

调敏感性。刘红芳等[228-230]也相继研究了外给电子体的工业应用评价。结果表明，Donor-D 有利于提高聚丙烯催化剂的活性，但氢调敏感性较差；而 Donor-P 可提高 CS-1 系列催化剂制备的聚丙烯的等规度；Donor-B 作为外给电子体时具有最好的氢调敏感性，氢调范围最宽。余世金等[231]采用 Donor-C、Donor-D、二苯基二甲氧基硅烷制备了高结晶聚丙烯，Donor-D 可有效提高聚丙烯的等规度和结晶度，更适合用来制备高结晶聚丙烯。

霍晓剑等[232,233]分别研究了异丙基三乙氧基硅烷和 Donor-D 对聚丙烯熔体指数的影响，Donor-D 适合用来制备熔体指数（10min）为 0.2~0.3g 的低熔体指数聚丙烯；而异丙基三乙氧基硅烷作为外给电子体与 N 催化剂组成的催化体系的氢调性能好，有利于高熔体指数聚丙烯专用料的生产。马国玉等[234]和张英杰等[235]均研究了 Donor-C 和 Donor-D 对催化剂活性和聚丙烯性能的影响，得到类似的结论。Zhang 等[236]研究了苯基三乙氧基硅烷（PTES）、Donor-C、双异丙基二甲氧基硅烷（Donor-I）、丙基异丙基二甲氧基硅烷（PiPDMS）和双正丙基二甲氧基硅烷（DnPDMS）等外给电子体。研究结果表明，DnPDMS 表现出较高的催化活性，而 PTES 催化活性较低；外给电子体的加入可促进中等分子量的组分转变为高分子量的组分，进而得到分子量分布较宽的聚丙烯材料。张天一等[237]研究了 4 种外给电子体 Donor-C、Donor-D、Donor-I、Donor-B 对 DQC 催化剂聚合性能的影响。实验结果表明，以 Donor-D 和 Donor-I 为外给电子体时，制备的聚丙烯的等规度较高，且分子量分布较宽；在生产低熔体指数聚合物时，以 Donor-C 为外给电子体时具有更敏感的氢调性能。外给电子体的使用不仅可提高催化剂的立构规整性和聚丙烯的等规度，还可对聚丙烯的微观结构［如等规序列（结晶序列）的长度及其分布］产生重要的影响。

Xu 等[238,239]利用 TREF 技术研究了外给电子体二苯基二甲氧基硅烷（DDS）对聚丙烯及其共聚物等规组分的影响。实验结果表明，添加外给电子体 DDS 不仅可增加聚丙烯的等规度，还可降低低温下淋洗物的相对含量。Garoff 等[219]研究了外给电子体 Donor-D/Ti（Si/Ti）对聚丙烯的等规度和等规序列长度的影响。实验结果表明，随 Donor-D 含量的增加，聚丙烯的等规度增大，逐步等温分级后的高等规序列长度变长，而低等规序列的长度变短。Harding 等[240]利用 TREF 技术研究了 2 种外给电子体 DDS 和甲基苯基二甲氧基硅烷（MPDMS）对聚丙烯性能的影响。实验结果表明，与 MPDMS 相比，DDS 外给电子体对催化剂的活性中心及聚丙烯的物理性能影响更大。Kang 等[241]利用 TREF、$^{13}$C NMR、SSA 技术，研究了助催化剂 AlEt$_3$ 与外给电子体 Donor-D 摩尔比的变化对聚丙烯分子链中立体缺陷分布的影响，随着 Al/Si 摩尔比从 30 增至 36，不同等规度组分的含量也随之变化，立构缺陷在分子链和分子间的分布更均匀。SSA 表征结果也显示，随 Al/Si 摩尔比的增加，高熔体指数组分的含量逐渐下降，而低等规组分的含量逐渐增加。

最近，Salakhov 及其同事[242]研究了一系列甲氧基和乙氧基硅烷外给电子体对 MgCl$_2$ 负载 Ziegler-Natta 催化体系催化丙烯聚合和所制备聚丙烯性能的影响。外给电子体的加入使聚丙烯等规度由约 66% 增加至 92%~98%。研究发现，随着外给电子体分子中烷氧基基团尺寸和数量的增加，以及烷基取代基尺寸或分支的减少，催化剂活性和立体选择性，以及聚丙烯产物的分子量呈下降趋势。烷氧基硅烷中体积较大的取代基对催化剂活性和立体选择性有积极影响；但取代基里的双键会降低活性；N 原子会增加聚丙烯的等规度、结晶性、弯曲模量和强度。

中科院化学所的研究人员[243]利用 SSA 技术详细研究了外给电子体 Donor-C 含量的变化对聚丙烯分子链中各等规组分长度及其分布的影响。实验结果表明，当不添加 Donor-C 时，制备的聚丙烯经 SSA 热分级后高等规组分的含量相对较低，而低等规组分的含量相对较高，等规序列长度的分布较窄；随 Donor-C 含量的增加，制备的聚丙烯的等规度逐渐增大。经 SSA 热分级后，聚丙烯分子链中的高等规组分含量也随 Si/Ti 摩尔比的增加而增加，而低等规组分的含量则呈下降趋势，聚丙烯的等规序列分布也逐渐变宽。外给电子体 Donor-C 在用于 Ziegler-Natta 催化剂的丙烯聚合时可提高聚丙烯的等规度和催化剂的立构规整性。

内、外给电子体是丙烯聚合 Ziegler-Natta 催化体系的重要组成部分，直接影响催化剂的立构定向性、活性以及聚丙烯的微观和宏观性能，在聚丙烯催化剂的制备、使用和聚丙烯新产品的开发中发挥着重要作用。此外，内、外给电子体在聚丙烯催化剂中作用机理的研究对给电子体的设计和创新具有重要的指导意义。

## 10.3 烯烃与极性单体共聚

使用烯烃与极性单体的直接共聚法制备功能化聚烯烃简单有效，切实可行，可以大大改善聚烯烃的表面极性，提高聚烯烃的印染性及与其他材料的相容性，将聚烯烃产品的应用扩展到一个全新的领域。然而，烯烃与极性单体的共聚存在一些难点，这在本书 3.11 节也已有介绍：首先极性基团易与具有强路易斯酸性的金属中心发生 δ-配位螯合作用，单体的插入需要克服很高的能垒；其次，极性单体插入后，一方面易于与金属中心形成螯合物，另一方面形成的中间体易发生链转移和链终止反应[244]。此外，链增长过程中伴随着重排以达到稳定的增长方式，而这种重排又不利于形成结构规整的聚合物。研究者们在此方面进行了大量深入而细致的研究，取得了很多突破性进展，本章节将从 Ziegler-Natta 催化剂、茂金属催化剂和后过渡金属催化剂等方面对此领域进行介绍，并着重介绍后过渡金属催化剂在烯烃与极性单体共聚方面的研究进展。

## 10.3.1 基于前过渡金属的催化体系

本书 3.11 节中简要介绍了 Ziegler-Natta 催化剂和茂金属催化剂用于烯烃与极性单体共聚的研究。基于前过渡金属的配位聚合催化剂具有路易斯酸性，亲氧性强，对极性基团很敏感，在用于烯烃与极性单体聚合时，金属活性中心易于与极性基团结合而失活。为了在聚烯烃中引入极性基团，Padwa 等总结了以下方法[245,246]：

① 双键与极性基团之间插入一个或多个亚甲基位阻基团；
② 增大极性杂原子周围位阻基团的体积；
③ 极性杂原子上或其相邻位置引入吸电子取代基，减弱杂原子的电负性；
④ 选择合适的过渡金属配位体，在允许双键聚合的同时，降低引发剂组分与杂原子反应的可能性；
⑤ 用电子给体如苯甲酸乙酯与催化剂金属中心预络合，降低其反应活性；
⑥ 用 Lewis 酸与极性单体预络合，通常所用的路易斯酸为助催化剂氯化烷基铝等；
⑦ 采用可与催化剂金属中心络合以防止它与极性杂原子反应的极性溶剂，此溶剂同时允许乙烯基单体接近金属中心，进行配位和聚合。

这些方法主要是通过电子效应和位阻效应来阻止极性基团与金属中心的络合配位，抑制催化剂的中毒，对 Ziegler-Natta 催化剂和茂金属催化剂都适用。

中科院化学所的研究人员以三乙基铝为保护剂，采用 $TiCl_4/MgCl_2/$芴二醚$/Al(C_2H_5)_3$ 体系催化丙烯和十一烯酸或十一烯醇共聚合（图 10.24）[247]。结果表明，该催化体系不同于其他类型的 Ziegler-Natta 催化体系，极性单体的加入虽然使分子量降低和分子量分布变宽，但并没有导致反应活性急剧下降，而是保持了接近均聚的高活性，新型催化剂对极性单体表现出很好的耐受力。

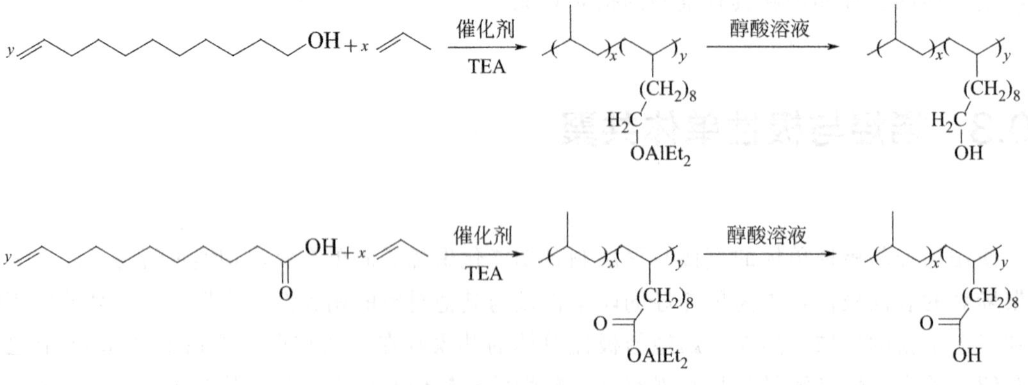

**图 10.24** 丙烯与极性单体共聚合[247]

20 世纪 90 年代，用茂金属催化剂进行烯烃与极性单体的共聚合逐渐发展起来，通常的办法是先用 MAO 或者 TMA 预处理极性单体，将 O、N 等杂原子保护起来再进行共聚合[248]。总体来讲，茂金属，特别是桥连茂金属的空间位阻越大，极性单体杂原子周围含有的取代基越大，越有利于共聚反应的发生。

Yasuda 等[249] 用 $SmH(C_5Me_5)_2$ 催化剂，采用单一组分双核桥连催化剂（图 10.25）

实现了可控的 α-烯烃与极性单体的嵌段共聚合反应。他们对得到的嵌段聚合物进行了成功的染色实验，说明得到的聚合物具有优良的化学反应性能。图 10.25(b) 表示在该催化剂上的聚合物链增长方式。从结构上看，这种桥连的双核茂稀土金属催化剂形成了一个闭合的空间，金属之间的氢桥稳定了活性中心，闭合的结构使得聚合物链只能从一个方向生长，有效地避免了金属中心与更多氧原子的结合。

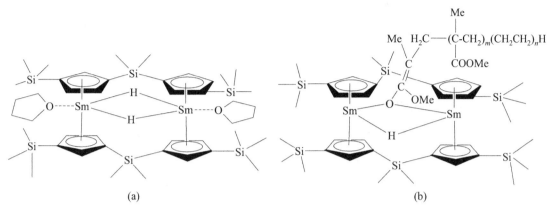

**图 10.25** 双金属桥连催化剂及其聚合链增长方式[249]

Lofgren 等在利用茂金属催化剂催化烯烃与极性单体共聚方面做了大量的工作[250,251]。他们发现含羟基的极性单体比含酸、酯的极性单体更容易与烯烃发生共聚合反应。极性基团与双键间隔越远，极性基团周围的位阻越大，越容易聚合。这些研究成果对我们如何选择极性单体有很高的参考价值。

Imuta 等[252] 采用空间位阻比较大的含茚基和芴基的桥连锆催化剂（见图 10.26）研究了乙烯和极性单体 1-羟基-10-十一碳烯的共聚，聚合产物中极性单体含量能达到36.7%（摩尔分数），并能在较高的温度下获得很高的聚合活性。他们在聚合过程中先用烷基铝处理极性单体，然后加入 MAO 和催化剂。通过对聚合物进行端基分析发现，烷基铝对极性基团有保护作用，同时在聚合过程中又起到链转移剂的作用。

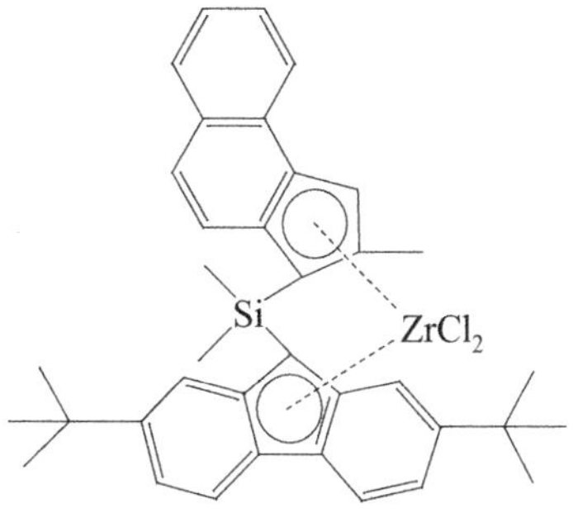

**图 10.26** 桥连大位阻茂金属催化剂[252]

使用前过渡金属催化剂催化乙烯与极性单体共聚时，需要使用大量的路易斯酸对极性单体的官能团进行保护处理。茂金属催化剂的出现，带动了乙烯与极性单体共聚的发展，但还存在许多问题亟待解决，比如，其不能催化乙烯与酮或醚单体的共聚等。

## 10.3.2 非茂后过渡金属催化体系

鉴于使用前过渡金属催化剂在催化烯烃与极性单体共聚合时存在种种较难解决的问题，研究人员把注意力关注到电子饱和性更高的后过渡金属。但是，在很长一段时间内，使用后过渡金属催化剂（主要是镍钯）聚合时容易发生 β-H 消除反应，这被认为只能用于烯烃齐聚[244]。2000 年左右，Brookhart 与 Drent 等先后开创性地报道了阳离子 α-二亚胺钯/镍和中性磷磺酸钯/镍后过渡金属催化剂，他们成功地把这些催化剂用于烯烃均聚及与极性单体的共聚[253,254]。在过去的二十年里，后过渡金属催化剂的研究得到了迅速的发展。针对极性单体易于形成极性基团螯合与加速链转移，导致共聚反应活性低、极性单体插入率低以及聚合物分子量低等问题，Brookhart、Coates、Guan、Jordan、Long、Mecking、Nozaki、Takeuchi、陈昶乐、简忠保、李悦生、伍青等从催化剂结构设计入手，通过调控电子效应和位阻效应，并引入次级配位作用，发展了一系列后过渡金属镍钯催化剂[244]。研究成果表明，提高了共聚反应活性和聚合物分子量，实现了极性单体插入率、共聚物微观结构从高度支化到高度线型的可调，以及双键与极性单体之间有无阻隔链共聚。有关后过渡金属用于烯烃与极性单体共聚的详细总结可参考一些综述[244,245,255-278]，本章节将针对一些具有代表性的催化剂类型做简要介绍。

### 10.3.2.1 α-二亚胺钯/镍催化体系

含 α-二亚胺配体的钯/镍催化剂不仅活性很高，而且由于配体的体积较大，阻止了中心金属与极性单体中杂原子的配位，使其亲氧性较弱，因而可以通过对催化剂分子设计来实现烯烃单体与极性单体的共聚，合成出性能优异的功能化聚烯烃材料。

Brookhart 等[253,279] 采用含有图 10.27 所示催化剂 1、2、3、4 首先实现催化乙烯、丙

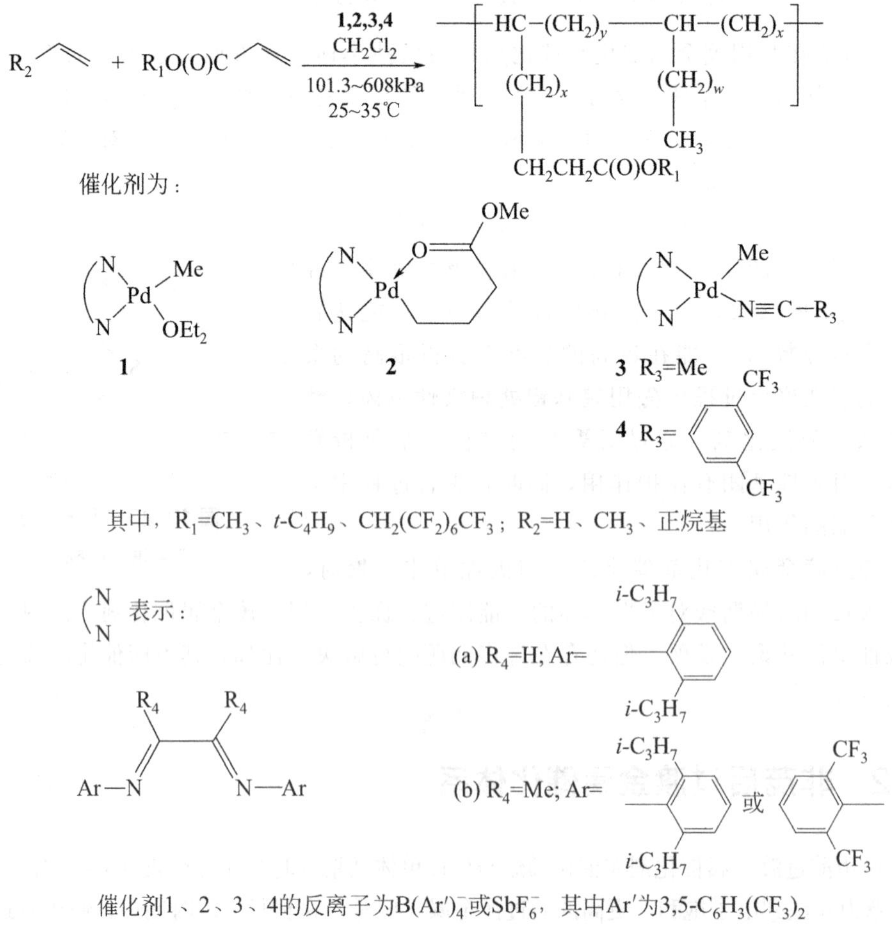

$R_2$
$R_1O(O)C$
1,2,3,4
$CH_2Cl_2$
101.3~608kPa
25~35℃
HC
$(CH_2)_y$
CH
$(CH_2)_x$
$(CH_2)_x$
$(CH_2)_w$
$CH_3$
$CH_2CH_2C(O)OR_1$
催化剂为：
OMe
N
Pd
Me
$OEt_2$
O
1
2
3 $R_3$=Me
$N\equiv C-R_3$
4 $R_3$=
$CF_3$
$CF_3$
其中，$R_1$=$CH_3$、$t$-$C_4H_9$、$CH_2(CF_2)_6CF_3$；$R_2$=H、$CH_3$、正烷基
表示：
$i$-$C_3H_7$
(a) $R_4$=H; Ar=
$R_4$
Ar—N
N—Ar
(b) $R_4$=Me; Ar=
或
催化剂1、2、3、4的反离子为$B(Ar')_4^-$或$SbF_6^-$，其中Ar′为3,5-$C_6H_3(CF_3)_2$


**图 10.27** α-二亚胺配体的阳离子型钯催化剂结构式[276]

烯与含极性基团的丙烯酸甲酯（MA）共聚合。其中，钯系主催化剂主要是带有两个烷基的二亚胺钯络合物，活化后在不加 MAO 条件下直接催化乙烯等 $\alpha$-烯烃与含极性基团的 MA 共聚，得到支化度大约为 100/1000 的高分子量无规共聚物。研究结果表明，MA 单元通过 2,1-方式插入到 Pd—C 键中，使其均匀分布在共聚物中，酯基主要分布在支链端；插入到链中的丙烯酸酯的含量与参加反应的丙烯酸酯的浓度成正比，而产率却随着丙烯酸酯浓度的增加而下降。

Mecking 等[280,281]系统阐述了阳离子 $\alpha$-二亚胺钯催化剂催化乙烯与丙烯酸甲酯配位共聚合的机理（图 10.28）：在链引发的初级阶段，乙烯首先进行插入，形成带聚合物链的金属活性中心，然后 MA 以 2,1-插入的方式快速插入金属活性中心，经多次重排后生成较稳定的六元环螯合过渡态中间产物，接着乙烯与金属中心配位，完成一次插入形成链增长。研究发现，MA 在共聚物中的含量随 MA 在反应溶液中的浓度增加而增大，但是共聚物的产率却会出现相应地降低；提高乙烯的压力，并不影响支链的数目，但有利于提高乙烯和 MA 的转化率。配体结构也是影响共聚反应的一个重要因素，改变二亚胺上氮原子的取代基，对共聚物中 MA 的含量影响较小，但是对共聚物的产率（Me＞An＞H）和共聚物的分子量（Me＞An＞H）有影响；而当减小芳环上取代基的空间体积时，有利于提高 MA 在共聚物中的含量，但是共聚物的分子量降低。由此可见，在共聚反应中，起显著稳定作用的六元环结构过渡态是控制共聚反应单体转化率的关键步骤，同时也决定了共聚反应不可能具有烯烃均聚的高速率，而且所有的酯基都分布在支链末端。通过对共聚单体插入反应和键结合力的研究可知，虽然 MA 的插入速率远大于乙烯，但是它对金属活性中心的亲和力较弱，决定了共聚物中乙烯单元占大部分。

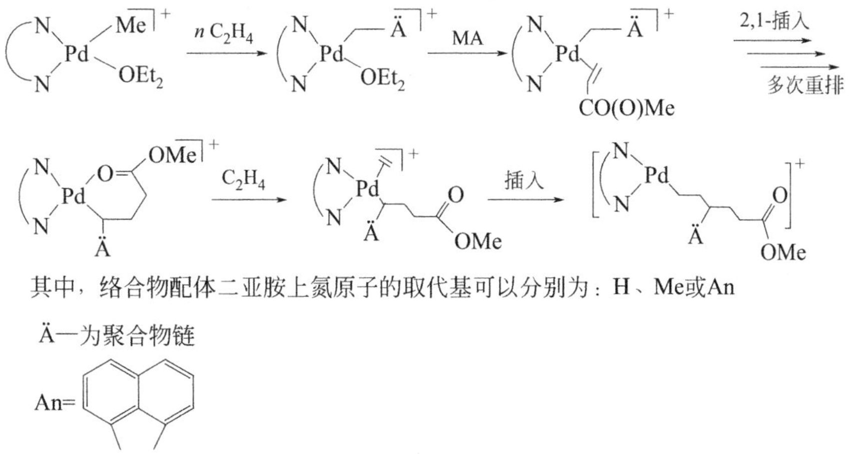

**图 10.28** 乙烯与丙烯酸甲酯共聚合的机理[275]

其他用于烯烃与极性单体共聚的 $\alpha$-二亚胺钯/镍催化剂如图 10.29 所示，相关研究可参考本章节后的参考文献[244,282-293]。

## 10.3.2.2 磷氧钯/镍催化体系

与 $\alpha$-二亚胺钯催化体系相比，Drent 等报道的磺酸-膦钯体系可催化共聚的极性单体种类更广泛，且极性单体可以嵌入到 PE 主链上。这类催化体系一个非常重要的电子特征是，

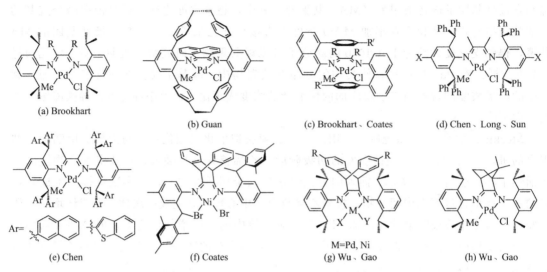

图 10.29 用于烯烃与极性单体共聚的 α-二亚胺钯/镍催化剂[244, 282-292]

不对称的"强 α-给体"膦基团与"弱 α-给体"磺酸基团的组合[254]。这也被普遍认为是此类催化剂有效的原因。研究人员基于这一原则设计了很多新型[P，O]配体（图 10.30）与钯/镍金属相配合，取得了很好的效果[244,294-307]。

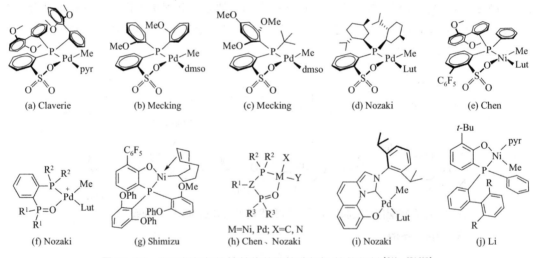

图 10.30 用于烯烃与极性单体共聚的磷氧钯/镍催化剂[244, 294-307]

Claverie 团队[294]首次报道了采用向膦上引入大位阻取代基的方法 [图 10.30(a)]，得到的催化体系活性可达 $1.6 \times 10^7$ g/(mol·h)，催化乙烯聚合得到的聚合产物 $M_n$ 可达 $227 \times 10^3$，使[P，O]催化体系在乙烯聚合活性研究方面取得较大突破。

Mecking 团队[295]首次报道了弱配位的 DMSO（二甲基亚砜）稳定的磺酸-膦钯催化剂[图 10.30(b)]，并将其应用到乙烯与甲基丙烯酸（MA）共聚。此催化剂表现出更高的活性，不仅可得到 MA 插入率达 52% 的共聚物，还可实现 MA 的均聚。随后，他们采用此催化剂分别实现了乙烯与乙烯基砜、丙烯酸以及一系列丙烯酰胺单体的插入共聚[308-310]。Mecking 等[311]又在 2016 年采用图 10.30(c) 所示的催化剂实现了乙烯同结构中含有四氟硼酸咪唑盐的烯丙基单体的共聚合,成功制备了插入率较低（0.67%）的含有咪唑盐的功能化 PE。

Shimizu 等[301] 报道了图 10.30(g) 所示的含有烷氧基和芳氧基的酚-膦中性镍催化剂,用于催化乙烯同丙烯酸酯类的共聚合。此催化剂中,OMe 的 O 原子与活性中心轴面的配位起到了保护作用,从而抑制链转移反应,可在催化乙烯/丙烯酸丁酯共聚时得到高分子量共聚物（$M_w=185×10^3$）。聚合产物均是高度线型结构,丙烯酸酯基团随机分布于聚合物主链,其特征与磺酸-膦钯催化体系相似,但此催化体系对聚合条件比较敏感。随后,Li 等[304] 报道了图 10.30(j) 所示结构的镍催化剂,用于催化乙烯与丙烯酸酯及丙烯酰胺共聚研究。通过向膦上引入大位阻的联苯基团,屏蔽镍中心轴面的 $P_z$ 空轨道,抑制链转移反应,得到了 $M_n>100×10^3$ 的功能化聚烯烃。此外,此催化体系的 OMe 并未像 Shimizu 体系当中那样与活性中心配位,表明这并不是保护活性中心的必要手段。

Nozaki 等[300] 报道了一类新型不对称双磷单氧（BMPO）阳离子钯催化剂 [图 10.30 (f)]。此催化体系能催化乙烯与许多极性单体共聚,如丙烯腈、醋酸乙烯酯、醋酸烯丙基酯以及丁基乙烯基醚,但并不适用于乙烯和 MA 的共聚。进一步研究发现,这是因为 MA 单体 1,2-插入所生成的五元环钯中间体阻止了进一步的聚合反应。亚甲基桥联 BMPO-钯催化剂 [图 10.30(h)] 也有较宽的单体适用范围[303],包括甲基丙烯酸、丙烯腈、醋酸乙烯酯、醋酸烯丙基酯以及丁基乙烯基醚,甚至甲基丙烯酸甲酯,催化活性在 (0.1~20) $×10^3$ g/(mol·h) 之内,极性单体插入率可达 20%。

### 10.3.2.3 次级配位效应钯/镍催化体系

如图 10.31 所示,金属催化的烯烃与极性单体共聚反应中存在一系列问题亟待解决,其中包括：①极性单体对金属中心的直接毒化；②极性单体与金属中心形成稳定的螯合环；③相关的消除反应所引起的快速链终止等。Brookhart 型 α-二亚胺钯催化剂是这个领域的一项重大突破,但只适用于丙烯酸酯、硅基乙烯醚和其他一些特殊的极性单体,对其他极性单体（如乙烯基卤化物、乙烯基醚、丙烯腈、乙烯基醋酸盐、苯乙烯等）却无法催化聚合。

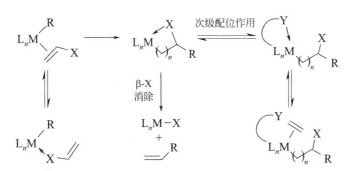

**图 10.31** 金属-介导的配位共聚合中存在的问题

研究人员设想在配体上引入次级配位官能团。次级配位官能团与金属的配位能力强于极性单体官能团与金属的配位。而弱于乙烯与金属的配位,就有可能解决上述一系列与极性单体官能团 X 相关的副反应,从而实现乙烯与极性单体的配体共聚合反应。基于此种设想,文献中报道的具有次级配位效应的钯/镍催化剂如图 10.32 所示。此类催化剂具有较高的热稳定性、对极性添加剂的耐受性和较宽的极性单体范围，为解决具有挑战性的烯烃极性单体共聚提供了一种新的策略[312-317]。

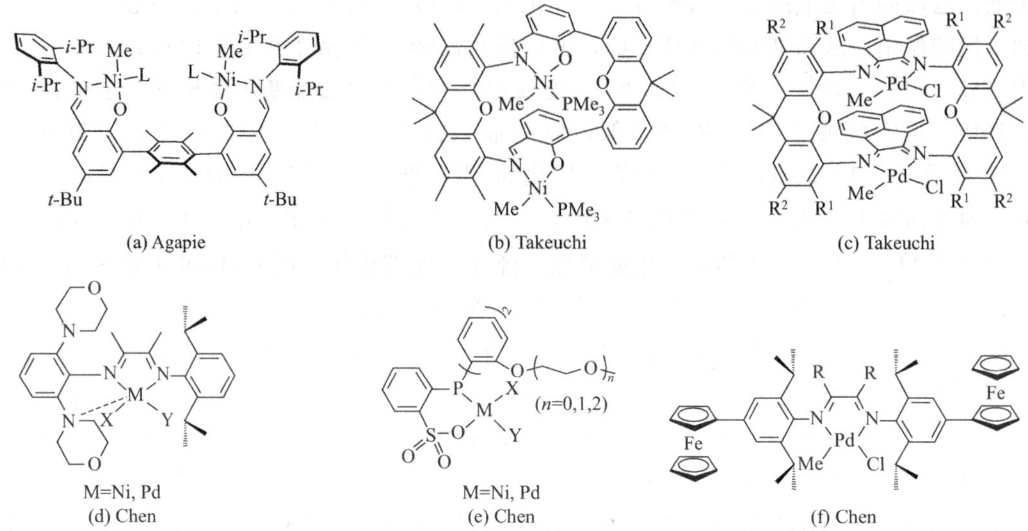

**图 10.32**　用于烯烃与极性单体共聚的具有次级配位效应的钯/镍催化剂[244, 312-317]

从本节的介绍可知，烯烃与极性单体共聚合是制备功能化聚烯烃最为直接的方法。其中，催化剂是这种烯烃共聚的关键技术，而采用后过渡金属催化体系是目前制备功能化聚烯烃材料最重要的发展方向。近年来，以后过渡金属为主的催化体系得到了非常高的关注，取得一定的突破，实现了对于聚合物结构和组成的控制[318-396]。但是，目前催化体系的活性和分子质量还不能满足工业应用的要求，功能化聚烯烃的直接合成仍任重道远。

## 10.4　双核茂金属催化剂

第 3 章对单核茂金属催化剂进行了介绍，包括茂金属和负载茂金属催化剂的简介，活性中心模型和聚合机理，以及茂金属催化剂对链增长的立体控制等。但本书中对双核及多核茂金属催化剂并无涉及，在此我们将对这部分内容进行介绍。

单核茂金属催化剂活性中心单一，催化活性高，具有能控制共聚单体含量、聚合物立构规整性、分子量及其分布等优点。缺点是使用单核茂金属催化剂生产的聚烯烃分子量分布太窄，加工性能较差。人们尝试改进聚合工艺（如多级串联反应器），采用复合催化体系或多核茂金属催化剂催化烯烃聚合，以生成宽峰或双峰聚烯烃。其中，双核或多核茂金属催化剂通过同一化合物中两个金属中心的协同作用，对烯烃聚合催化活性和聚合物性能产生影响，显示出与单核催化剂不同的性能。近年来，双核茂金属催化剂引起人们的广泛关注，其合成与性能研究取得了重大进展[397-400]。

本节将通过亚苯基、硅烷/硅氧烷、聚亚甲基和柔性/刚性桥连的茂金属催化剂以及桥连 CGC 催化剂等，对双核和多核茂金属催化剂的研究进展进行综述。

## 10.4.1 亚苯基桥连的茂金属催化剂

文献中已报道了一系列亚苯基桥连茂钛和茂锆催化剂的实例。单1,4-亚苯基桥连的双核二茂锆催化剂 1 和 MAO 助催化剂体系的催化活性和失活行为与结构类似的单核二茂锆相比，并无大的差异，但其所制备的聚丙烯分子量较低[401]。由于催化剂 1 是一个大的共轭体系，因此在特定时间内实际上只有一个 Zr 是被 MAO 活化的。同时，活化中心对另一端金属原子的吸电子作用，降低了茂环上的电子云密度，使得 β-氢的消除反应速率升高，链转移速率常数增大，因而聚合物分子量降低。

联苯桥连的双核二茂锆催化剂 2 和二茂钛催化剂 3 催化乙烯和苯乙烯的聚合表明，与其相应的单核 $Cp_2ZrCl_2$ 和 $Cp_2TiCl_2$ 相比，不仅催化活性升高，而且所制备的聚合物分子量也增加[402]。Soga 等[403] 也报道了一种类似的联苯桥连的锆催化剂 4，此催化剂中，Cp 由二（茚基）苯基硅烷配体替代。以 MAO 或 $[Ph_3C]^+[B(C_6F_5)_4]^-$ 为助催化剂，40～100℃下可制备出分子量分布为 4.2～10 的线型聚乙烯，且其收率比相同实验条件下相应单核催化剂催化聚合时要高。电子、空间和离子配对等效应对双核催化剂 1～4 的催化活性都起到很重要的作用。

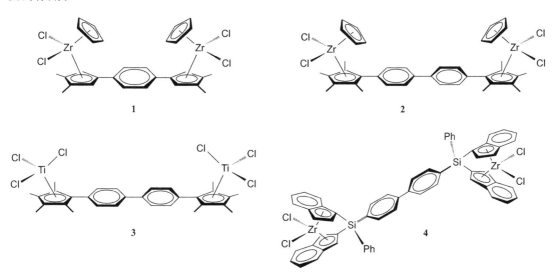

## 10.4.2 硅烷/硅氧烷桥连的茂金属催化剂

Noh 等[404,405] 报道了中等催化活性的硅氧桥连的双核茂钛催化剂 5，并进行苯乙烯聚合，其催化性能与相应的单核 $CpTiCl_3$ 催化剂相当。但催化剂 5 所制备的聚苯烯间规度 (95.6) 要高于 $CpTiCl_3$ (82.2)。他们认为聚合物间规度的增加是因为硅氧桥连所引起的 Ti 活性中心空间位阻的增大，而不是两金属中心的协同作用。Xu[406] 和 Jung 等[407] 进一步的研究表明，单硅和双硅氧桥连的双核茂金属催化剂 6 和 7 对乙烯聚合都有很大的活性（MAO 为助催化剂）。单硅桥连的茂钛催化剂 6 在 40℃ 低温时催化活性最高，双硅氧桥连的茂钛催化剂 7 在 60℃ 时催化活性最高。这是因为催化剂 7 会经历更慢的双分子失活过程。

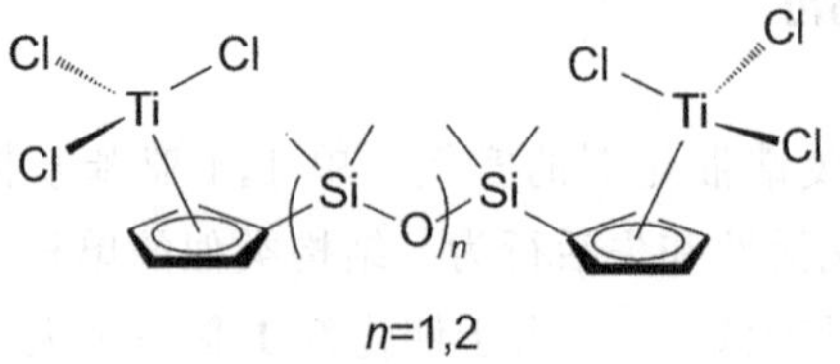

**5** (n=1,2)

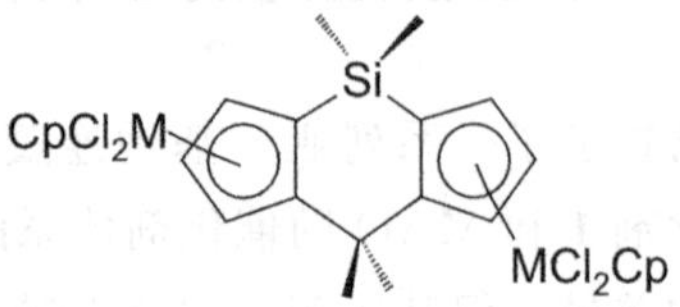

**6** M=Ti, Zr

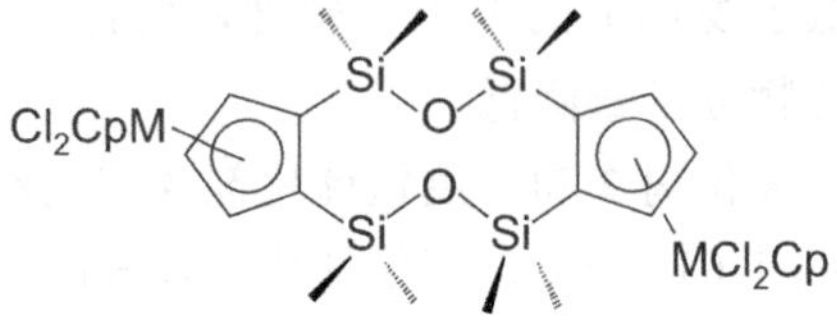

**7**

Tian 等[408,409] 报道了一系列硅和硅氧桥连的双分子茂锆催化剂 **8**，并以 MAO 为助催化剂，进行了其催化乙烯聚合的研究。研究结果表明，对于具有相同 Cp 配体的双核催化剂，桥链越长，催化活性越高。他们从电子效应和空间效应的角度对研究结果进行了分析和阐述。桥链越长，金属中心的空间位阻越小，有利于单体在活性中心的配位与插入，催化活性增大；同时金属中心电子云密度的降低有利于 β-氢转移或消除反应，聚乙烯分子量下降[410]。此外，路易斯酸性茂铝与弱路易斯碱性硅氧烷之间的酸碱相互作用可以提高催化剂的热稳定性，使其在高温下（>60℃）催化活性增强。

此外，研究人员[411,412] 也报道了 Cp 环上带有烷基、烯丙基和苄基的硅桥连 Ti 复合物 **9**。此催化剂在较低的 Al/Ti 比下，具有很高的催化乙烯聚合活性。与 $Cp_2TiCl_2$ 相比，Cp 环上的烷基取代增强了乙烯聚合活性，而烯丙基和苄基取代则降低了活性，这可能由于空间拥挤和/或金属配位阻碍了乙烯的插入[413]。采用这些催化剂所制备的聚合物分子量分布较宽，且呈双峰分布（PDI = 26.75）。

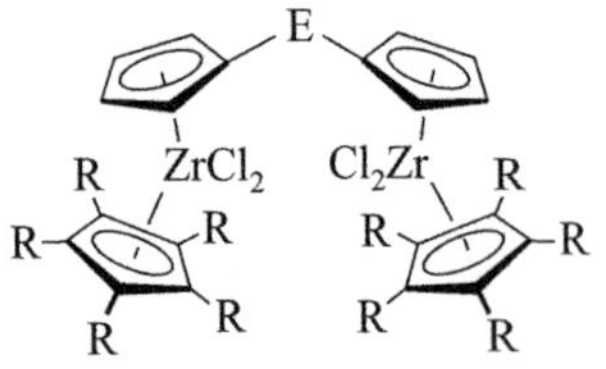

**8**
R=H, E= $Me_2Si$, $Me_2SiSiMe_2$, $Me_2SiOSiMe_2$, $Me_2SiOSiMe_2OSiMe_2$
R= Me, E= $Me_2SiOSiMe_2$, $Me_2SiOSiMe_2OSiMe_2$

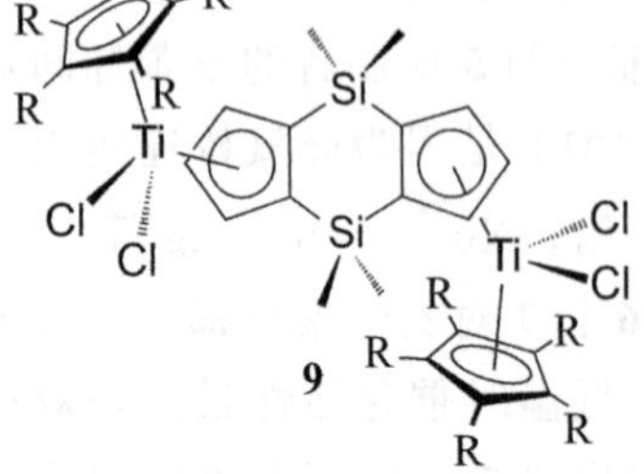

**9**
R=Me, i-Pr, n-Bu, 烯丙基, 苄基

## 10.4.3 聚亚甲基桥连的茂金属催化剂

双核茂金属相比于其相应的单核催化剂往往表现出独特的聚合性能,这些性能一般基于桥链的长度和性质。为保持链桥的柔性和两金属中心间的协同作用,Noh 等[414-416] 报道了一系列不同长度亚甲基桥连的双核茂锆化合物 **10**。这些催化剂最显著的特点就是,其催化活性明显高于相应的单核茂金属,这与硅氧桥连的双核催化剂 **8** 相似。他们认为这是由于较长的聚亚甲基链提供了较大的电荷密度和空间屏蔽作用,从而稳定活性中心,加速乙烯插入。

相对于单桥连的双核 CpTi 催化剂,双桥连的双核催化剂 **11** 的催化活性更高,且所制备的聚苯乙烯立构规整性和分子量更高[417]。第二个链桥在苯乙烯聚合中对产生高间同立构度聚合物起到很重要的作用,它阻止了聚亚甲基链桥的旋转,使两金属中心维持在间同苯乙烯插入的有利构象。

另一单聚亚甲基桥连的复合物为 Spaleck 等报道的用于丙烯聚合的双核 $C_2$-对称茚基茂锆化合物 **12**[418]。与其相应的单核催化剂相比,此催化剂的反应活性降低,但所制备聚丙烯的分子量和无规度都增加。

## 10.4.4 柔性/刚性桥连的茂金属催化剂

如何通过高试剂浓度和/或选择性构象活性中心来提高催化中心间的协同效应,一些课题组报道了几种柔性/刚性桥连的双核茂金属催化剂。Sierra 等[419] 制备了双核的钛复合物 **13** 和锆复合物 **14**,所制备的催化剂都是同分异构体混合物:催化剂 **13** 包括顺式和反式;催化剂 **14** 包括外消旋顺式、外消旋反式、内消旋顺式和内消旋反式。在用于乙烯和丙烯聚合的初步测试中,与其相应单核催化剂相比,催化剂 **14** 活性较低。

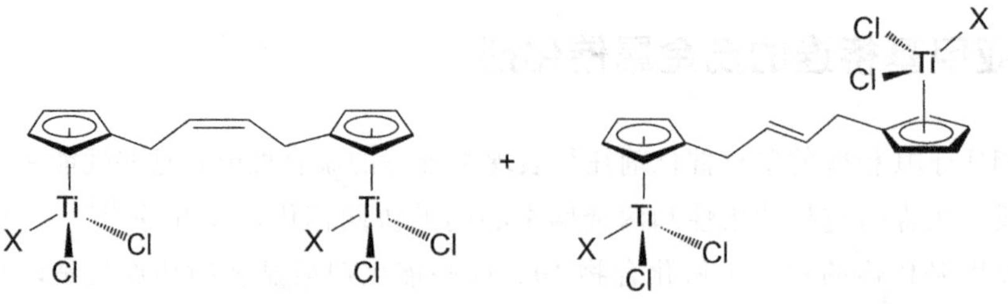

**顺式** **反式**

**13**

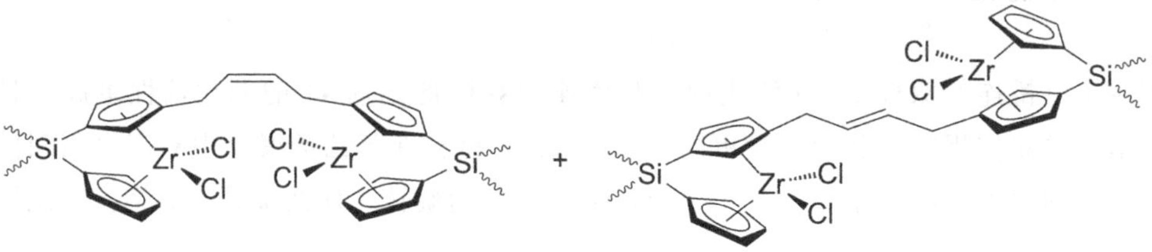

**内/外消旋-顺式** **内/外消旋-反式**

**14**

Kuwabara 等[420,421] 报道了一种柔性桥连的双核锆化合物 **15**，并以 MAO 为助催化剂，将其应用于乙烯和丙烯的均聚。在乙烯聚合中，双核催化剂 **15** 的活性远高于其相应单核催化剂。双核复合物催化聚合的活性中心主要是双阳离子配合物，其与由 MAO 形成的大体积反负离子可能存在相互空间排斥或静电排斥作用，从而减弱了与阳离子锆的离子配对作用。双核复合物更高的催化活性可能就是由于阳离子中心与负离子的有效隔离。

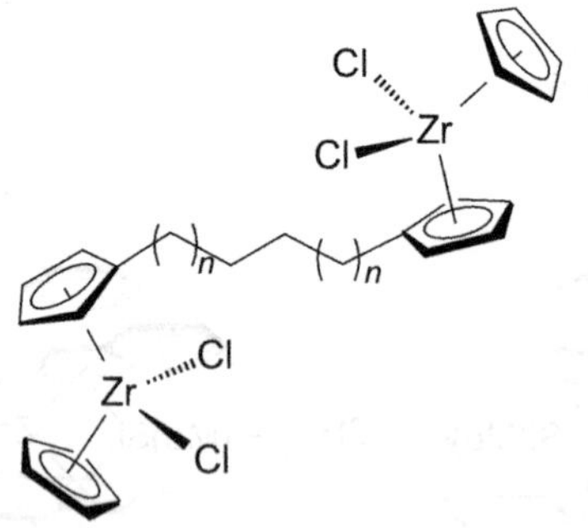

**15**

为使金属催化中心靠得更近，Noh 等[422] 和 Liu 等[423] 报道了二甲苯桥连的双核茂钛化合物 **16**，并用于苯乙烯和乙烯均聚。二甲苯的连接方式（邻、间、对）与催化中心的空间关系是此种双核催化剂不同聚合特征的主要因素。在苯乙烯均聚中，以 MAO 为助催化剂，40℃时催化剂 **16** 催化聚合得到的聚苯乙烯间规度高于相应的单核催化剂，并且间位＞临位＞对位，催化活性为对位＞间位＞临位。

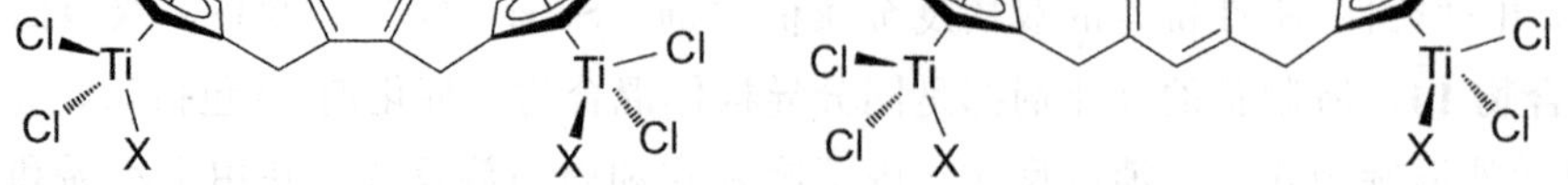

**16-邻位** **16-间位**

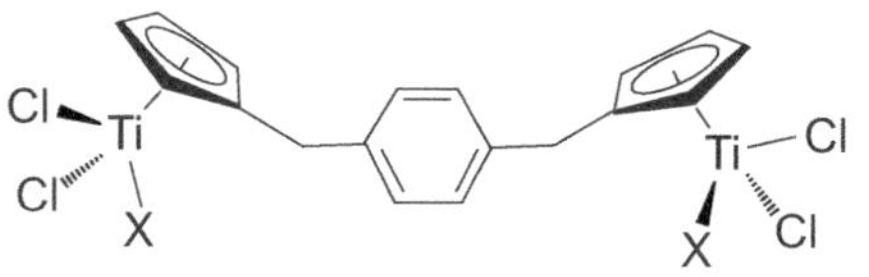

**16-对位**

X=Cl, CpMe

Xiao 等[424] 在 2007 年报道了二醚桥连的双核茂钛催化剂 **17**，在以 MAO 为助催化剂的乙烯均聚中，催化剂 **17** 的催化性能高度依赖于柔性链的链长与聚合条件。随着柔性链的增加，催化活性增大，所制备聚乙烯分子量降低。

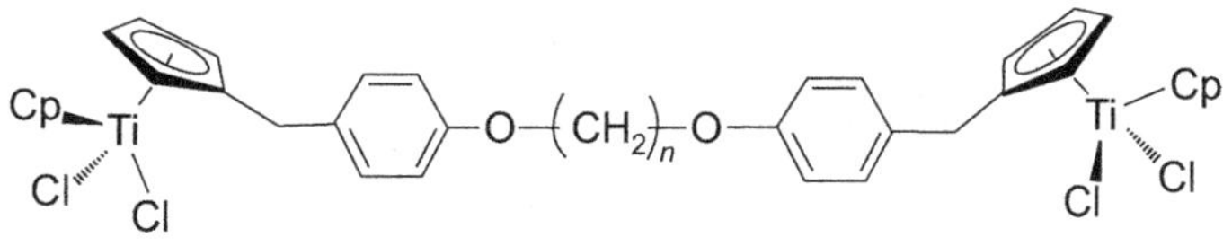

n=2,3,4,5,6

**17**

## 10.4.5 桥连的 CGC 催化剂

限制几何构型催化剂（CGC）在制备高产率和高选择性聚烯烃领域众所周知。活性中心的"开放"和配位不饱和特性，使其在催化烯烃聚合中允许链转移的大分子单体重新插入到临近的增长链中，从而生成高支化度聚合物。此外，CGC 体系也允许具有立体位阻的烯烃在聚乙烯主链的快速插入。相对于传统茂金属催化剂，CGC 催化剂具有更高的热稳定性，所制备聚合物分子量更高。

Li 等报道了一系列Ⅳ族双核和单核 CGC 复合物的合成和聚合特点[425]。链桥的长度可以改变双核 CGC 催化剂的构象。茚基-$CH_2$-茚基桥连的双核催化剂 **18** 具有较大的计算旋转壁垒（约 65kcal/mol），而双亚甲基桥连的催化剂 **19** 的计算旋转壁垒则可忽略。催化剂 **20** 为双核 CGC 催化剂所对应的单核 CGC 催化剂；催化体系的助催化剂为 $B_1$、$B_2$ 和 BN。在乙烯的均聚、与 α-烯烃共聚以及与异烯烃共聚的研究中，双核 CGC 催化剂催化聚合所制备的聚合物分子量均远远大于相应单核 CGC 催化剂[425-429]。

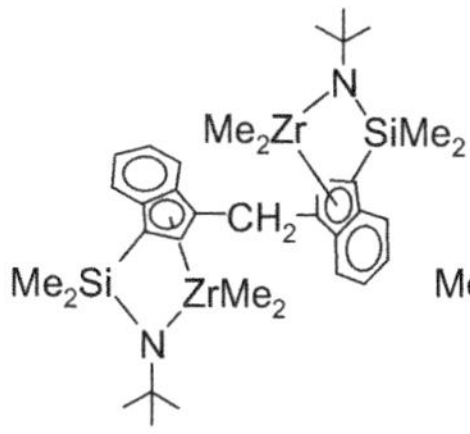

**18-ZrMe** 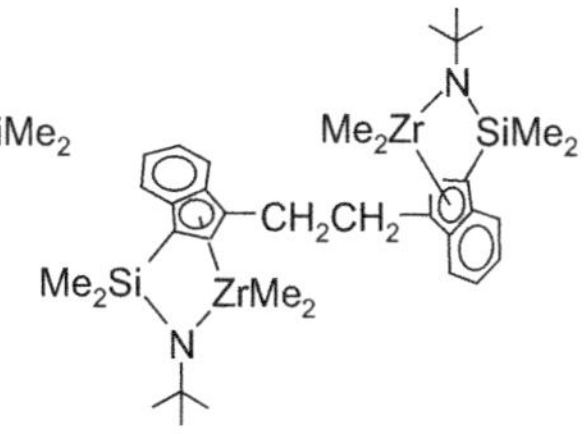  **19-ZrMe** 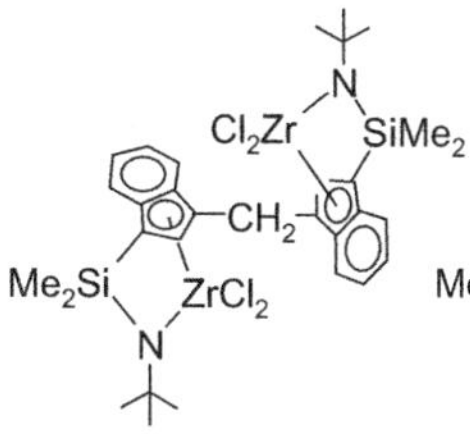  **18-ZrCl** 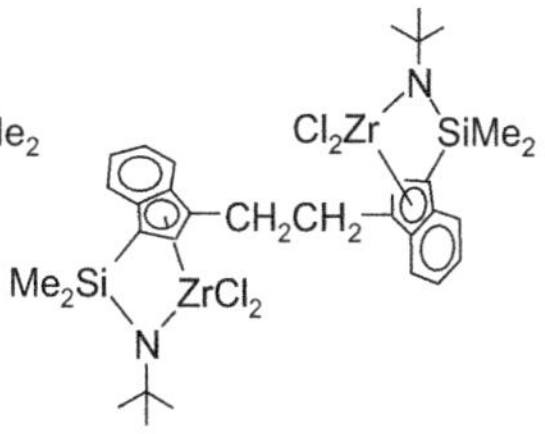  **19-ZrCl**

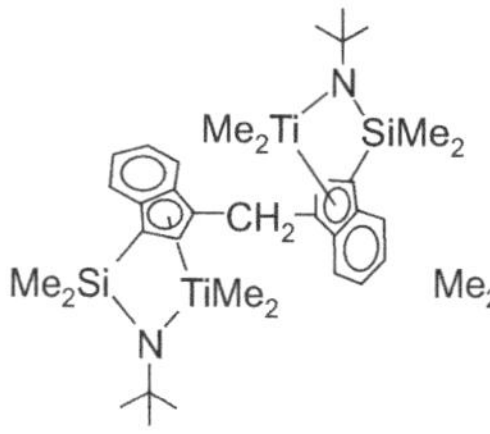

**18-TiMe** 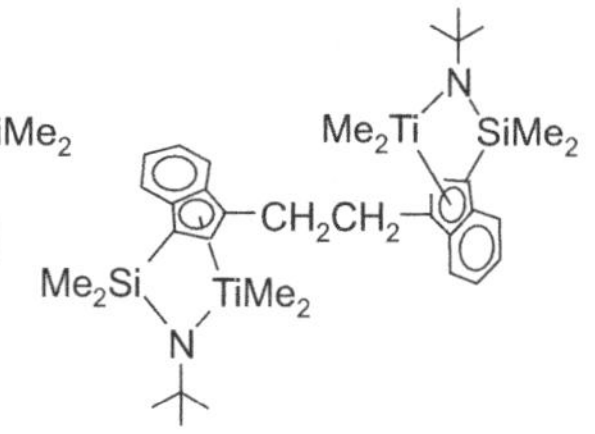  **19-TiMe** 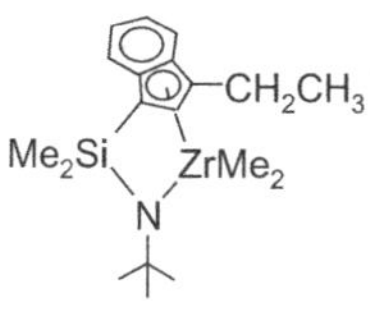  **20-ZrMe** 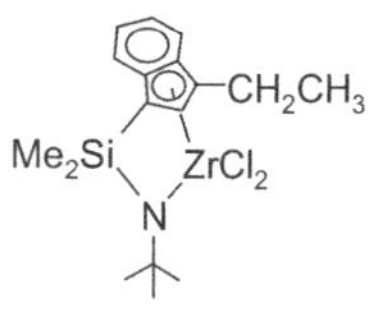  **20-ZrCl** 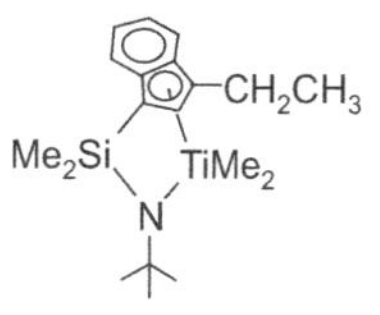  **20-TiMe**

双核 CGC 催化剂 **19**-TiMe 也可用于烯硅烷的链转移聚合。与相应的单核催化剂相比，双核催化剂 **19**-TiMe 催化乙烯和烯硅烷（烯丙基硅烷、3-丁烯硅烷、5-己烯硅烷和 7-辛烯硅烷）链转移共聚得到的聚合分子量高，分子量分布窄，长链支化度高[430-432]。这些结果是由于临近的两个活性中心的协作插入和链转移过程增加了大分子单体的再插入和/或烷基硅烷支链的链转移。双金属的协同效应促使生成具有长支链的高分子量聚烯烃产品。

Noh 等研究了不同聚亚甲基链长（$n=6$、9、12）的双核 CGC 钛催化剂 **21** 和 MMAO 催化体系对乙烯聚合行为的影响[433]。催化活性顺序为 $C_{12}$-**21** > $C_9$-**21** > $C_6$-**21**，表明活性中心间的链桥越长，催化剂的聚合活性越高。由 N 桥接的双核 Ti 化合物 **22** 和 MAO 体系对乙烯和 1-己烯聚合中没有活性[434]。然而，由二亚苯基桥连的一系列双核 CGC 钛化合物 **23** 和 MAO 催化体系在烯烃聚合中表现出较高活性，比相应单核催化剂的催化活性高，且所制备聚合物分子量较高。此外，在乙烯和 1-己烯共聚中，生成的聚合物的长支链含量略微增加。

由此节的介绍可以看出,双核或多核茂金属催化剂具有独特的聚合活性及聚烯烃微观结构,这是无法通过类似的单核催化剂实现的。一般来说,多核烯烃聚合催化剂具有以下特点[4]:①在大多数情况下,金属中心的聚合活性比其相应的单核催化剂更高;②聚烯烃产物支化程度高;③改进链转移动力学,如β-氢向金属或单体的转移;④只使用一种催化剂和乙烯就可制备线型低密度聚乙烯。

在双核茂金属催化剂的设计和合成中,催化剂中心之间协同作用的最优化结构需要理性设计。值得注意的是,有关双核及多核催化剂的研究也从侧面加强了理解,即单核活性中心在聚合过程中是如何起到单独或协同作用。另外,此领域的进展还将产生新的聚合工艺和新型高分子材料。本节所介绍的双核茂金属催化剂只是众多结构中的一部分,如需进一步深入了解双核茂金属催化剂,可参考文献 [397-490]。

## 10.5 链穿梭聚合

2006年,美国Dow化学公司的几位科学家提出了链穿梭(chain shuttling)聚合的概念[491],其定义为:增长聚合物链在多个催化剂活性中心穿梭,每一个聚合物链至少在两个催化活性中心上增长。此概念一经提出,便引起国内外科研人员对烯烃嵌段共聚物的极大兴趣,大量有关此方面研究的论文层出不穷。经链穿梭聚合制备烯烃嵌段聚合物的方法,不仅能够简化生产工艺,降低生产成本,而且易调节聚合物微观结构。与传统烯烃聚合物相比,烯烃嵌段聚合物具有更高的结晶温度、弹性、耐热和耐磨性能,加工时可快速成型,可用于高抗冲材料、热塑性弹性体、生物医药载体等领域。

中科院化学所的研究人员早在2008年就对链穿梭聚合进行了综述[492],包括链穿梭聚合的基本原理,在制备"软""硬"嵌段共聚物、两嵌段共聚物和立体嵌段聚丙烯方面的应用。之后,毛炳权、张学全、刘东兵和范志强等聚烯烃领域的研究者们也陆续对链穿梭聚合的研究进展进行了综述[493-496],内容涵盖采用链穿梭聚合制备新型聚合物材料、双烯烃的链穿梭聚合、催化剂和链穿梭剂对聚合物结构的影响等方面。

本节将着重介绍链穿梭聚合机理、催化剂与链穿梭剂的匹配原理,以及链穿梭聚合的研究进展。如若想进一步学习有关链穿梭聚合方面的内容,可参考文献 [491-539]。

### 10.5.1 链穿梭聚合机理

链穿梭聚合的基本原理是采用至少两种均相烯烃聚合催化剂和至少一种链穿梭剂(CSA),在溶液聚合体系中,增长聚合物链从一种催化剂活性中心转移到链转移剂上,再从链转移剂上转移到另一种催化剂活性中心继续增长,以链转移剂为媒介,聚烯烃增长链在多种均相活性中心上不断穿梭,以完成一个聚合物链的增长。

Dow化学公司[491]最初提出的链穿梭聚合体系的单体为乙烯和辛烯,催化剂 Cat-1 和 Cat-2 结构式见下图,链穿梭剂是一种金属烷基复合物二乙基锌。根据两种催化活性中心对单体选择性的不同,可生成不同结晶度的链段(见图10.33)。其中 Cat-1 对乙烯选择性较高，生成结晶度较高的链段，即"硬段"；Cat-2 共聚性能较好，生成无定形链段（$T_g <$ $-40℃$），即"软段"。"软段"和"硬段"在链穿梭剂存在下，经过链转移在不同活性中心上增长，就可制备出烯烃嵌段聚合物。链穿梭聚合中不可缺少链穿梭剂，一般是烯烃配位聚合的链转移剂，如烷基锌、烷基铝等烷基金属化合物。因此，链穿梭反应也可看作是多种催化剂和链转移剂组成的一个可实现交叉链转移的聚合体系。

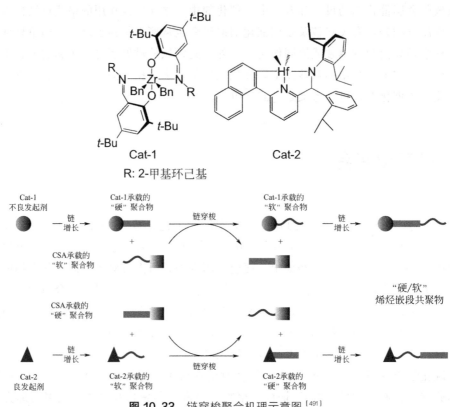

图 10.33 链穿梭聚合机理示意图[491]

## 10.5.2 催化剂和链穿梭剂选择的基本原则

从链穿梭聚合的基本原理看，要成功实现链穿梭聚合，催化剂和链穿梭剂选择的基本原则应满足以下要求[492]：

① 主催化剂和 CSA 良好匹配，CSA 上的聚合物链能够和任意一个主催化剂上的聚合物链快速交换，链交换反应的速率要大于链终止速率，即在一个聚合物链的生长周期内至少完成一次链穿梭。更形象地说，一个聚合物链在终止前能够和 CSA 至少交换一次。

② 主催化剂之间具有不同的选择性（如立体选择性、单体插入能力的选择性等），才能制备出具有不同性能嵌段的共聚物。

③ 聚合需要在均相条件下进行。很显然，在非均相条件下，CSA 和主催化剂的链交换反应很难进行，这就要求采用非负载的单活性中心催化剂和溶液聚合工艺。均相溶液聚合一般要在大于 120℃的条件下进行，因此，还要求催化剂有很好的耐温性。

④ 催化剂的活性最好能达到可大规模工业应用的要求。

## 10.5.3 催化剂的选择

Xiao 等[507]采用乙烯单体，选取 Cat-3、Cat-4 与 ZnEt$_2$ 组成的催化剂体系，茂金属催化剂（MAO）为助催化剂，在 20℃下通过链行走和链穿梭聚合，制备了一种新型的线型-超支化多嵌段共聚物。在 Cat-3 与 MAO 的作用下，乙烯会发生链行走，产生支链，Cat-4 则产生线型聚乙烯，在 ZnEt$_2$ 的作用下，两条不同的链段在两个活性中心之间交替增长，从而生成线型-超支化嵌段聚乙烯。此聚合物熔点在 120℃以上，CSA 用量较大时，其分子量分布符合 Schulz-Flory 分布，为 1.91～2.21。

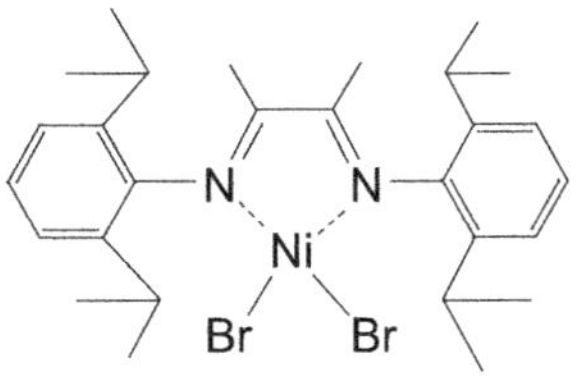

Cat-3 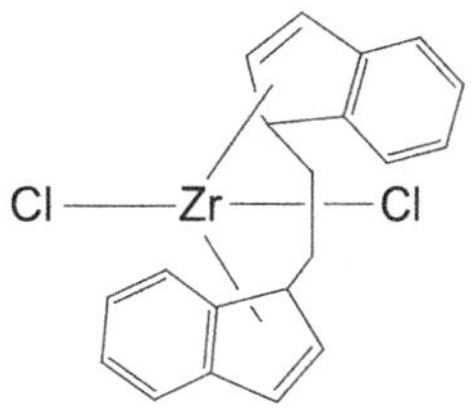    Cat-4

Martins 等[522]采用一种耐热性较好的 α-二亚胺镍催化剂 Cat-5 和二茂锆催化剂 Cat-6 组成的催化体系，在 ZnEt$_2$ 的存在下，分别在 60℃、80℃、100℃的条件下，催化乙烯均聚形成"软""硬"相间的嵌段共聚物。其中，Cat-5 在较高温度下催化乙烯型成高度支化聚乙烯"软段"，Cat-6 催化乙烯形成线型聚乙烯"硬段"。嵌段共聚物的熔点在 125℃左右，并且随着 CSA 用量的增加或者聚合温度升高，聚合物的熔点和结晶度都略有增加。

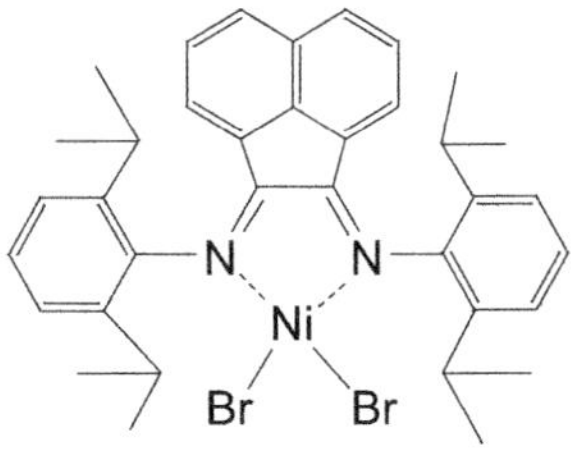

Cat-5 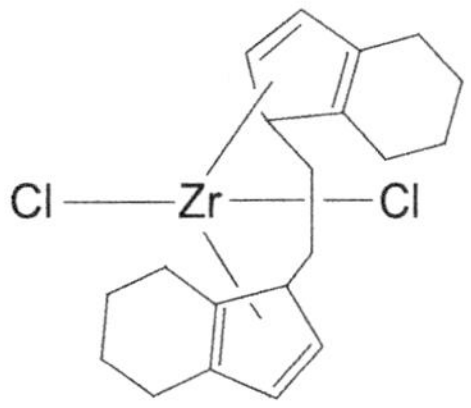    Cat-6

Xiao 等[523]选用了两种不同类型的 α-二亚胺镍催化剂 Cat-3 和 Cat-7，MAO 作为助催化剂，在 20℃下于常压下催化乙烯均聚。利用 α-二亚胺镍在催化乙烯时具有链行走的特性，Cat-3 催化乙烯可形成支化度大于 100 的高支化度的聚乙烯链段，Cat-7 在同样的条件下可催化乙烯形成中等支化度的聚乙烯链段；链穿梭剂 ZnEt$_2$ 促进两个活性金属中心之间的链转移，实现乙烯的链穿梭聚合，生成一种新型的高度支化-支化的嵌段聚乙烯。

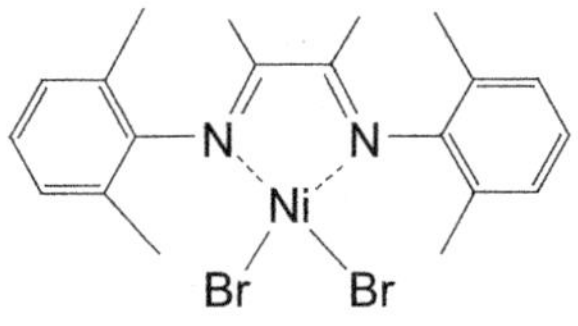

Cat-7

Busico 等[501]将链穿梭聚合引入到合成等规立构嵌段聚丙烯领域。催化体系由有机铪配合物 Cat-8、MAO 以及三甲基铝组成。由于对映中心的控制，Cat-8 对丙烯具有高度全同立构选择性；此外，Cat-8是外消旋的，这样插入单体的手性与聚丙烯链相邻结构单元的手性关系仅由活性中心决定。聚合过程中，在CSA三甲基铝的作用下，聚合物链段在两个手性相反的活性中心之间发生链转移，就会产生对应面不同的等规立构嵌段聚丙烯。

Cat-8

Tynys 等[500]选用两种二茂锆催化剂Cat-9和Cat-10，以MAO为助催化剂，三甲基铝为CSA，催化丙烯均聚形成立构嵌段聚丙烯。其中，Cat-9可催化丙烯形成分子量较高的间规链段，Cat-10则催化丙烯形成分子量较低的等规链段，利用CSA使增长链在两个活性中心转移增长，形成嵌段共聚物。

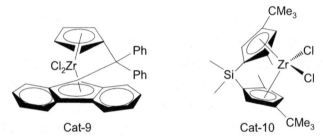

Xiao 等[524]选用两种具有不同立构选择性的茂金属催化体系Cat-4和Cat-11催化丙烯均聚（MAO为助催化剂，$ZnEt_2$为CSA）。其中，Cat-4可催化生成等规聚丙烯链段，Cat-11可催化生成无规聚丙烯链段，$ZnEt_2$使增长链在两个活性中心交叉增长。所制备共聚物熔点125℃，结晶度22%。与不添加CSA的样品对比，共聚物的NMR谱图中出现无规聚丙烯特征峰，证明了链穿梭反应的发生。

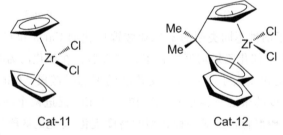

Incoronata 等[525]选用两种茂金属催化剂Cat-11和Cat-12将链穿梭聚合应用到乙烯与环烯（降冰片烯）的共聚。Cat-11具有较好的共聚能力，生成的聚合物玻璃化转变温度高达195℃；Cat-12共聚能力较弱，生成聚合物玻璃化转变温度约为130℃。根据两种催化剂对单体插入能力的选择性不同，在CSA存在的体系中，所制备聚合物的玻璃化转变温度呈单峰分布，并且可通过控制CSA的加入量，使其在140~190℃之间调节。

PAN 等[508,517]首次将链穿梭聚合引入到稀土金属催化剂催化共轭双烯聚合领域。该催化体系包括三种Sc系催化剂：Cat-13、Cat-14、Cat-15，$[Ph_3C][B(C_6F_5)_4]$为助催化剂，Al($i$-Bu)$_3$为链穿梭剂，在常温常压下催化异戊二烯、苯乙烯、丁二烯共聚。Cat-13对苯乙烯显示出较高的催化活性和立体选择性；Cat-14对异戊二烯和丁二烯具有较高的催化活性，并且可催化形成顺式-1,4-结构的聚异戊二烯和聚丁二烯；Cat-15对异戊二烯显示出较高的3,4-结构选择性。选取Cat-13与其他两种Sc系催化剂组合，在CSA的作用下可得到不同立体构型的嵌段共聚物。Cat-13和Cat-14作为催化剂时，在25℃条件下可制备间规聚苯乙烯与高顺式聚异戊二烯（顺式-1,4-结构含量为98%）的嵌段共聚物，其熔点接近270℃，玻璃化转变温度接近-60℃。加入丁二烯，在相同的聚合条件下，可得到间规聚苯乙烯、顺-1,4-异戊二烯和顺-1,4-丁二烯的多嵌段共聚物。Cat-13和Cat-15作为催化剂时，可得到间规聚苯乙烯和3,4-聚异戊二烯多嵌段共聚物（3,4-结构含量为52%~90%），其熔点约为260℃，玻璃化转变温度约为30℃。

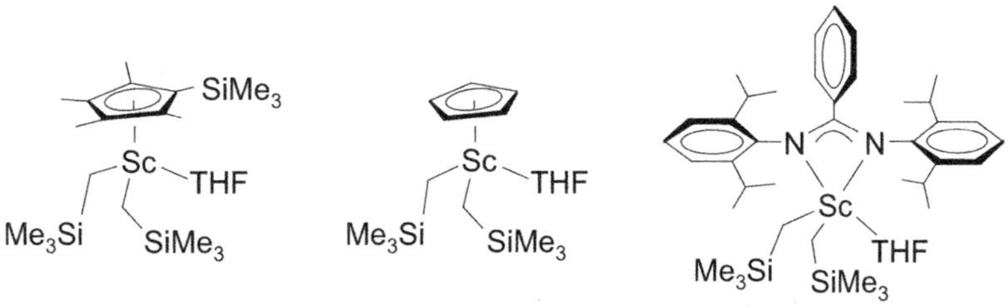

Cat-13　　　　Cat-14　　　　Cat-15

Valente等[518]利用链穿梭聚合直接合成"软""硬"相间的反-1,4-异戊二烯和苯乙烯无规嵌段共聚物。选取Cat-16和Cat-17作为主催化剂，正丁基乙基镁作为CSA，催化异戊二烯和苯乙烯共聚。所制备嵌段共聚物的玻璃化转变温度可以通过改变单体配比和CSA加入量进行调控。

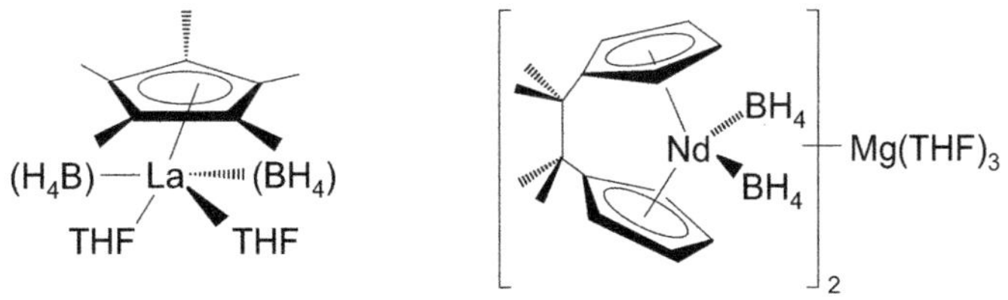

Cat-16　　　　Cat-17

Liu等[526]以稀土金属催化剂Cat-18（活性中心分别为Sc和Lu）为主催化剂，通过链穿梭聚合制备了一种异戊二烯新型材料。这两种稀土金属催化剂对异戊二烯具有不同的立构选择性：Cat-18 Sc可催化形成反-1,4-聚异戊二烯；Cat-18 Lu则显示出较高的3,4-结构选择性。在CSA三异丁基铝的作用下，增长链在两个活性中心转移增长，可得到反-1,4-异戊二烯和3,4-异戊二烯的嵌段共聚物。此嵌段共聚物分子量分布约2.0，玻璃化转变温度在-38~2℃内可调。

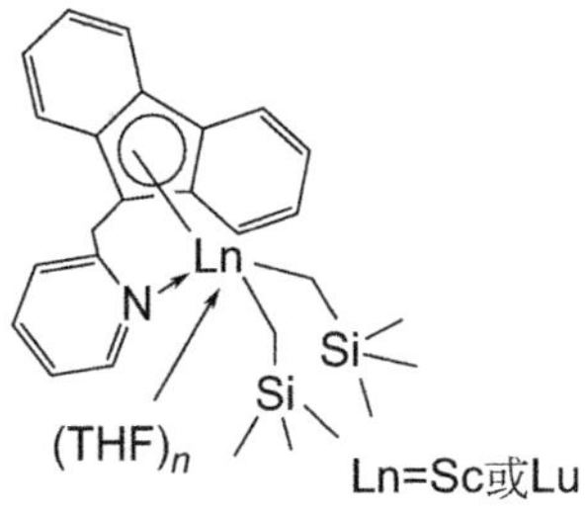

Cat-18

Zinck 等[527] 在 2017 年也利用链穿梭聚合，仅使用异戊二烯单体制备得到反式、顺式交替排列的立构多嵌段聚异戊二烯。Cat-16 催化单体得到反-1,4-聚异戊二烯，在室温条件下是半结晶的，即"硬段"；Cat-19 催化单体得到顺-1,4-聚异戊二烯，室温下为无定形状态，即"软段"。根据两种稀土金属催化剂（Cat-16 和 Cat-19）不同的立体选择性，以烷基铝为 CSA，在 50℃下催化异戊二烯聚合，可得到分子量分布 2.58，玻璃化转变温度−66.8℃，熔点 38.6℃的立构嵌段共聚物。

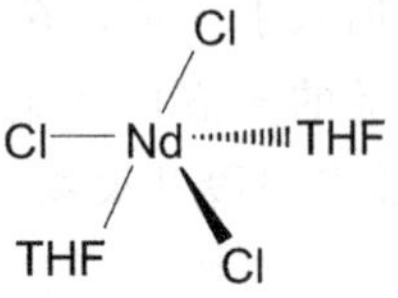

Cat-19

在链穿梭聚合体系中，除了可以由主催化剂控制单体的立体选择性或单体插入顺序不同，也有研究人员尝试通过助催化剂来调节单体的立体选择性。Li 等[528] 利用一种三元催化体系 $Nd(CF_3SO_3)_3 \cdot H_2O \cdot 3TBP/Mg(n\text{-}Bu)_2/MMAO$（其中 TBP 为磷酸三丁酯；MMAO 为改性甲基铝氧烷）催化丁二烯聚合，得到顺式-1,4-聚丁二烯和反式-1,4-聚丁二烯的多嵌段共聚物。在该反应中，$Mg(n\text{-}Bu)_2$ 既可作为助催化剂，又能起到 CSA 的作用，与主催化剂共同作用可得到分子量分布较窄的反式-1,4-聚丁二烯；而主催化剂在 MMAO 的作用下，可催化单体形成分子量较高的顺式-1,4-聚丁二烯。此研究思路打破了人们对传统"链穿梭聚合"的认识，扩大了链穿梭聚合的应用领域。

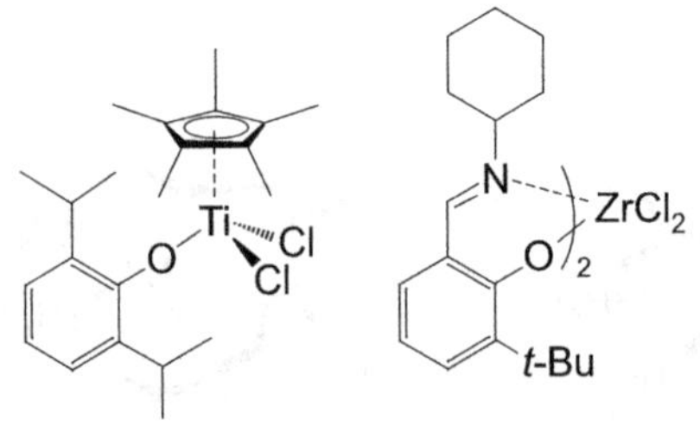

Cat-20　　Cat-21

Liu 等[529] 采用非桥联单茂钛 Cat-20 和双（苯氧基亚胺）锆 Cat-21 二元催化体系，以 MAO 为助催化剂，$ZnEt_2$ 为 CSA，催化聚合得到乙烯与 1-辛烯的嵌段聚合物。此嵌段聚合物链为分子量分布达 35.9 的高分子量聚合物，可作为热塑性塑料的高级添加剂使用。

## 10.5.4　链穿梭剂的选择

要实现链穿梭聚合，要求催化剂与 CSA 的烷基交换可逆，且交换速率远高于链增长反应速率，目前使用较多的是二烷基锌和烷基铝。由相关研究可总结得出 CSA 的选取规律[494]：①烷基对 CSA 金属中心位阻作用小；②CSA 金属中心与碳的化学键强度与催化剂活性中心与碳的相似。因此，可以推测只要催化剂活性中心种类相同，就可以与同一种 CSA 匹配。例如，$ZnEt_2$ 一般作为 FI 催化剂、Hf 系催化剂和双亚胺镍系催化剂体系的链穿梭剂，烷基铝和烷基镁则通常分别与 Sc 系催化剂和稀土活性中心催化剂体系搭配使用。此外，由于丙烯在 2,1-位插入时，催化剂活性中心与碳的化学键强度增加，因此 Busico 等使用 Cat-8 与三乙基铝催化体系进行丙烯聚合时，效果更佳。

## 10.5.5 蒙特卡罗模型在链穿梭聚合中的应用

通过链穿梭聚合技术可制备线型烯烃嵌段共聚物，通常此种聚合物分子链上存在软硬交替的多嵌段微观结构。对这些聚合物链微观结构的表征是一个具有挑战性的任务，因为传统的表征手段通常不能直接探测每条分子链上嵌段的数目与分布。近年来，一些研究者们通过采用蒙特卡罗方法对烯烃嵌段共聚物的链结构进行了模拟研究[531-539]。

Soares 团队[531]首先采用蒙特卡罗方法对链穿梭聚合所制备烯烃嵌段聚合物链的微观结构进行了模拟。他们研究了链穿梭概率、链增长概率和催化剂浓度等聚合参数对聚合物链中嵌段分布和嵌段数量的影响。随后，此团队[532-534]采用动态蒙特卡罗模型，模拟了半间歇反应器中链穿梭剂浓度，链穿梭、催化剂失活和链转移速率常数的变化对烯烃嵌段聚合物微观结构的影响。研究结果对建立聚合参数与聚合物微观结构之间的定量关系提供了有用信息，为如何对烯烃嵌段聚合物结构进行微调以实现精确设计多嵌段结构提供了指导。

Stadler 等[535-539]在蒙特卡罗模拟烯烃嵌段聚合物方面同样进行了深入研究。他们采用蒙特卡罗方法对乙烯与 1-辛烯链穿梭共聚动力学进行模拟，研究了链穿梭剂浓度、催化剂配比和单体组成对聚合物链的影响[535-538]。采用蒙特卡罗方法通过烯烃嵌段聚合物链的不同特性，如链长和化学组成分布，嵌段数量、长度，"软""硬"段的化学组成等，可筛选和识别大量的共聚物链。近期，他们结合动态蒙特卡罗模拟和人工神经网络随机模型对烯烃嵌段聚合物分子结构进行了图案化，以探索了乙烯与 $\alpha$-烯烃链穿梭共聚反应的复杂性[539]。通过内部的动态蒙特卡罗模拟得到了链微观结构的理论数据；通过人工神经网络建模揭示了链微观结构和操作条件之间的相互关系。他们还根据催化剂组成、乙烯/1-辛烯比、链穿梭剂用量等量化了"硬"和"软"段的长度，以及两种嵌段中乙烯序列长度。这种混合随机建模方法不仅可成功预测特定结构烯烃嵌段聚合物的生产条件，还可开创性地为开发和识别新型微观结构烯烃嵌段聚合物库提供条件。

通过链穿梭聚合制备的聚合物分子量分布一般在 2.0 左右，且通过聚合条件的改变可得到不同微观结构的聚合物，产品性能优异，具有广泛的应用前景。但是，目前链穿梭聚合在某些方面依然存在难点，如催化剂与单体、链穿梭剂匹配的筛选工作量大，判断链穿梭反应是否进行需要大量的测试工作，以及通过链穿梭聚合所制备的聚合物的准确市场应用等。这些问题都有待于进一步的探索。

**参考文献**

1. Bahri-laleh N, Hanifpour A, Mirmohammadi S A, et al. Computational modeling of heterogeneous Ziegler-Natta catalysts for olefins polymerization [J]. Progress in Polymer Science, 2018, 84: 89-114.
2. Ecchin G C, Marchetti E, Baruzzi G. On the mechanism of polypropene growth over $MgCl_2/TiCl_4$ catalyst systems [J]. Macromolecular Chemistry and Physics, 2001, 202 (10): 1987-1994.
3. Bazvand R, Bahri-laleh N, Nekoomanesh M, et al. Highly efficient $FeCl_3$

doped Mg（OEt）$_2$/TiCl$_4$-based Ziegler-Natta catalysts for ethylene polymerization [J]. Designed Monomers and Polymers，2015，18（7）：599-610.

4. Simonazzi T，Cecchin G，Mazzullo S. An outlook on progress in polypropylene-based polymer technology [J]. Progress in Polymer Science，1991，16（2）：303-329.

5. 贾秀华，鲁玉祥，齐国梁. 密度泛函理论在催化领域的应用 [J]. 石油化工，2009，38（9）：1016-1021.

6. 杜虹波，闫志国，殷霞，等. 密度泛函理论在过渡金属氧化物催化剂中的应用 [J]. 武汉工程大学学报，2018，40（4）：366-370.

7. Kashiwa N. The discovery and progress of MgCl$_2$-supported TiCl$_4$ catalysts [J]. Journal of Polymer Science Part A：Polymer Chemistry，2004，42（1）：1-8.

8. Barbé P C，Cecchin G，Noristi L. The catalytic system Ti-complex/MgCl$_2$ [M]. Catalytical and Radical Polymerization. Berlin：Springer Berlin Heidelberg，1986：1-81.

9. Mori H，Yoshitome M，Terano M. Investigation of a fine-grain MgCl$_2$-supported Ziegler catalyst by stopped-flow propene polymerization：model for the formation of active sites induced by catalyst fragmentation during polymerization [J]. Macromolecular Chemistry and Physics，1997，198（10）：3207-3214.

10. Bassi I W，Polato F，Calcaterra M，et al. A new layer structure of MgCl$_2$ with hexagonal close packing of the chlorine atoms [J]. Zeitschrift für Kristallographie-Crystalline Materials，1982，159（1-4）：297-302.

11. Kashiwa N，Yoshitake J，Toyota A. Studies on propylene polymerization with a highly active MgCl$_2$ supported TiCl$_4$ catalyst system [J]. Polymer Bulletin，1988，19（4）：333-338.

12. Busico V，Causa M，Cipullo R，et al. Periodic DFT and high-resolution magic-angle-spinning（HR-MAS）$^1$H NMR investigation of the active surfaces of MgCl$_2$-supported Ziegler-Natta catalysts. The MgCl$_2$ matrix [J]. Journal of Physical Chemistry C，2008，112（4）：1081-1089.

13. Mori H，Sawada M，Higuchi T，et al. Direct observation of MgCl$_2$-supported Ziegler catalysts by high resolution transmission electron microscopy [J]. Macromolecular Rapid Communications，1999，20（5）：245-250.

14. Boero M，Parrinello M，Weiss H，et al. A first principles exploration of a variety of active surfaces and catalytic sites in Ziegler-Natta heterogeneous catalysis [J]. The Journal of Physical Chemistry A，2001，105（21）：5096-5105.

15. D'amore M，Thushara K S，Piovano A，et al. Surface investigation and morphological analysis of structurally disordered MgCl$_2$ and MgCl$_2$/TiCl$_4$ Ziegler-Natta catalysts [J]. ACS Catalysis，2016，6（9）：5786-5796.

16. Corradini P，Barone V，Fusco R，et al. A possible model of catalytic sites for the stereospecific polymerization of alpha-olefins on 1st-generation and supported Ziegler-Natta catalysts [J]. Gazzetta Chimica Italiana，1983，113（9-10）：601-607.

17. Trubitsyn D A, Zakharov V A, Zakharov I I. A theoretical investigation of the adsorption surface sites of the activated $MgCl_2$ [J]. Journal of Molecular Catalysis A Chemical, 2007, 270 (1-2): 164-170.
18. Credendino R, Busico V, Causà M, et al. Periodic DFT modeling of bulk and surface properties of $MgCl_2$ [J]. Physical Chemistry Chemical Physics, 2009, 11 (30): 6525-6532.
19. Wulff G. xxv. Zur frage der geschwindigkeit des wachsthums und der auflösung der krystallflächen [J]. Zeitschrift für Kristallographie-Crystalline Materials, 1901, 113 (9-10): 601-607.
20. Weiss H, Boero M, Parrinello M. Car-parrinello molecular dynamics investigation of active surfaces and Ti catalytic sites in Ziegler-Natta heterogeneous catalysis [J]. Macromolecular Symposia, 2001, 173 (1): 137-148.
21. Credendino R, Pater J T M, Correa A, et al. Thermodynamics of formation of uncovered and dimethyl ether-covered $MgCl_2$ crystallites. consequences in the structure of Ziegler-Natta heterogeneous catalysts [J]. Journal of Physical Chemistry C, 2011, 115 (27): 13322-13328.
22. Credendino R, Liguori D, Morini G, et al. Investigating phthalate and 1,3-diether coverage and dynamics on the (104) and (110) surfaces of $MgCl_2$-supported Ziegler-Natta catalysts [J]. Journal of Physical Chemistry C, 2014, 118 (15): 8050-8058.
23. Bazhenov A, Linnolahti M, Karttunen A J, et al. Modeling of substitutional defects in magnesium dichloride polymerization catalyst support [J]. The Journal of Physical Chemistry C, 2012, 116 (14): 7957-7961.
24. Bazhenov A, Linnolahti M, Pakkanen T A, et al. Modeling the stabilization of surface defects by donors in Ziegler-Natta catalyst support [J]. Journal of Physical Chemistry C, 2014, 118 (9): 4791-4796.
25. Capone F, Rongo L, D'amore M, et al. Periodic hybrid DFT approach (including dispersion) to $MgCl_2$-supported Ziegler-Natta catalysts. 2. model electron donor adsorption on $MgCl_2$ crystal surfaces [J]. The Journal of Physical Chemistry C, 2013, 117 (46): 24345-24353.
26. Grau E, Lesage A, Norsic S, et al. Tetrahydrofuran in $TiCl_4$/THF/$MgCl_2$: a non-innocent ligand for supported Ziegler-Natta polymerization catalysts [J]. ACS Catalysis, 2013, 3 (1): 52-56.
27. Bahri-Laleh N, Nekoomanesh-Haghighi M, Mirmohammadi S A. A DFT study on the effect of hydrogen in ethylene and propylene polymerization using a Ti-based heterogeneous Ziegler-Natta catalyst [J]. Journal of Organometallic Chemistry, 2012, 719: 74-79.
28. Toto M, Morini G, Guerra G, et al. Influence of 1,3-diethers on the stereospecificity of propene polymerization by supported Ziegler-Natta catalysts. A theoretical investigation on their adsorption on (110) and (100) lateral cuts of $MgCl_2$ platelets [J]. Macromolecules, 2000, 33 (4): 1134-1140.
29. Lee J W, Jo W H. Chemical structure-stereospecificity relationship of internal donor in heterogeneous Ziegler-Natta catalyst for propylene polymeriza-

tion by DFT and MM calculations [J]. Journal of Organometallic Chemistry, 2009, 694 (19): 3076-3083.

30. Piemontesi F, Morini G, Cavallo L, et al. Key elements in the structure and function relationship of the $MgCl_2$/$TiCl_4$/Lewis base Ziegler-Natta catalytic system [J]. Macromolecules, 2007, 40 (25): 9181-9189.

31. Stukalov D V, Zakharov V A, Zilberberg I L. Adsorption species of ethyl benzoate in $MgCl_2$-supported ziegler-natta catalysts. A density functional theory study [J]. Journal of Physical Chemistry C, 2010, 114 (1): 21376-21382.

32. Cheng R H, Luo J, Liu Z, et al. Adsorption of $TiCl_4$ and electron donor on defective $MgCl_2$ surfaces and propylene polymerization over Ziegler-Natta catalyst: A DFT study [J]. Chinese Journal of Polymer Science, 2013, 31 (4): 591-600.

33. Credendino R, Pater J T M, Liguori D, et al. Investigating alkoxysilane coverage and dynamics on the (104) and (110) surfaces of $MgCl_2$-supported Ziegler-Natta catalysts [J]. Journal of Physical Chemistry C, 2012, 118 (43): 8050-8058.

34. Kumawat J, Gupta V K, Vanka K. Effect of donors on the activation mechanism in Ziegler-Natta catalysis: A computational study [J]. Chem Cat Chem, 2016, 8 (10): 1809-1818.

35. Ohnishi R, Konakazawa T. Role of tert-butyl methyl ether (TBME) as an external donor in propene polymerization with dibutyl phthalate (DBP)-containing $MgCl_2$-supported Ti catalysts activated with Al ($i$-$C_4H_9$)$_3$ [J]. Macromolecular Chemistry and Physics, 2004, 205 (14): 1938-1947.

36. Boero M, Parrinello M, Hüffer S, et al. First principles study of propene polymerization in Ziegler-Natta heterogeneous catalysis [J]. Journal of the American Chemical Society, 2000, 122 (3): 501-509.

37. Monaco G, Toto M, Guerra G, et al. Geometry and stability of titanium chloride species adsorbed on the (100) and (110) cuts of the $MgCl_2$ support of the heterogeneous Ziegler-Natta catalysts [J]. Macromolecules, 2000, 33 (24): 8953-8962.

38. Brant P, Speca A N. Electron spin resonance, titanium oxidation state, and ethylene polymerization studies of a model supported Ziegler-Natta catalyst. Spectroscopic detection of titanium tetrachloride [J]. Macromolecules, 2002, 20 (11): 2740-2744.

39. Brant P, Speca A N, Johnston D C. Magnetic susceptibility study of a model supported Ziegler-Natta catalyst: Evidence for reduced titanium clusters [J]. Journal of Catalysis, 1988, 113 (1): 250-255.

40. Fuhrmann H, Herrmann W. Studies on the polymerization of ethylene using a high-yield $MgCl_2$-supported titanium catalyst, 4. Structural investigation by X-ray diffraction and electron spin resonance measurements on the state of titanium ions in the standard system and its modifications [J]. Macromolecular Chemistry and Physics, 1994, 195 (11): 3509-3521.

41. Taniike T, Terano M. Coadsorption and support-mediated interaction of Ti

species with ethyl benzoate in MgCl$_2$-supported heterogeneous Ziegler-Natta catalysts studied by density functional calculations [J]. Macromolecular Rapid Communications, 2007, 28 (18-19): 1918-1922.

42. Stukalov D V, Zilberberg I L, Zakharov V A. Surface species of titanium (IV) and titanium (III) in MgCl$_2$-supported Ziegler-Natta catalysts. A periodic density functional theory study [J]. Macromolecules, 2009, 42 (21): 8165-8171.

43. D'amore M, Credendino R, Budzelaar P H M, et al. A periodic hybrid DFT approach (including dispersion) to MgCl$_2$-supported Ziegler-Natta catalysts-1: TiCl$_4$ adsorption on MgCl$_2$ crystal surfaces [J]. Journal of Catalysis, 2012, 286: 103-110.

44. Credendino R, Liguori D, Fan Z, et al. Toward a unified model explaining heterogeneous Ziegler-Natta catalysis [J]. ACS Catalysis, 2015, 5 (9): 5431-5435.

45. Stukalov D V, Zakharov V A. Active site formation in MgCl$_2$-supported Ziegler-Natta catalysts. A density functional theory study [J]. The Journal of Physical Chemistry C, 2009, 113 (51): 21376-21382.

46. Trischler H, Schöfberger W, Paulik C. Influence of alkylaluminum co-catalysts on TiCl$_4$ transalkylation and formation of active centers C* in Ziegler-Natta catalysts [J]. Macromolecular Reaction Engineering, 2013, 7 (3-4): 146-154.

47. Bahri-Laleh N, Correa A, Mehdipour-Ataei S, et al. Moving up and down the titanium oxidation state in Ziegler-Natta catalysis [J]. Macromolecules, 2011, 44 (4): 778-783.

48. Champagne B, Cavillot V, André J-M, et al. Density functional theory investigation of the alkylating strength of organoaluminum co-catalysts for Ziegler-Natta polymerization [J]. International Journal of Quantum Chemistry, 2006, 106 (3): 588-598.

49. Arlman E J. Ziegler-Natta catalysis II. Surface structure of layer-lattice transition metal chlorides [J]. Journal of Catalysis, 1964, 3 (1): 89-98.

50. Bhaduri S, Mukhopadhyay S, Kulkarni S A. Role of titanium oxidation states in polymerization activity of Ziegler-Natta catalyst: a density functional study [J]. Journal of Organometallic Chemistry, 2006, 691 (12): 2810-2820.

51. Mukhopadhyay S, Kulkarni S A, Bhaduri S. Density functional study on the role of electron donors in propylene polymerization using Ziegler-Natta catalyst [J]. Journal of Organometallic Chemistry, 2005, 690 (5): 1356-1365.

52. Zakharov I I, Zakharov V A. A DFT quantum-chemical study of the structure of precursors and active sites of catalyst based on 2,6-bis (imino) pyridyl Fe (II) complexes [J]. Macromolecular Theory and Simulations, 2004, 13 (7): 583-591.

53. Resconi L, Cavallo L, Fait A, et al. Selectivity in propene polymerization with metallocene catalysts [J]. Chemical Reviews, 2000, 100 (4): 1253-1346.

54. Seth M, Margl P M, Ziegler T. A density functional embedded cluster study

of proposed active sites in heterogeneous Ziegler-Natta catalysts [J]. Macromolecules, 2002, 35 (20): 7815-7829.

55. Morra E, Giamello E, Van Doorslaer S, et al. Probing the coordinative unsaturation and local environment of $Ti^{3+}$ sites in an activated high-yield Ziegler-Natta catalyst [J]. Angewandte Chemie International Edition, 2015, 54 (16): 4857-4860.

56. Cavallo L, Guerra G, Corradini P. Mechanisms of propagation and termination reactions in classical heterogeneous Ziegler-Natta catalytic systems: A nonlocal density functional study [J]. Journal of the American Chemical Society, 1998, 120 (10): 2428-2436.

57. Seth M, Ziegler T. Theoretical study of the copolymerization of ethylene and propylene by a heterogeneous Ziegler-Natta catalyst [J]. Macromolecules, 2004, 37 (24): 9191-9200.

58. Corradini P, Guerra G, Cavallo L. Do new century catalysts unravel the mechanism of stereocontrol of old Ziegler-Natta catalysts [J]. Accounts of Chemical Research, 2004, 37 (4): 231-241.

59. Busico V, Cipullo R. Microstructure of polypropylene [J]. Progress in Polymer Science, 2001, 26 (3): 443-533.

60. Busico V, Cipullo R, Monaco G, et al. High-resolution $^{13}C$ NMR configurational analysis of polypropylene made with $MgCl_2$-supported Ziegler-Natta catalysts. 1. The "model" system $MgCl_2/TiCl_4$-2, 6-dimethylpyridine/Al $(C_2H_5)_3$ [J]. Macromolecules, 1999, 32 (13): 4173-4182.

61. De Rosa C, Auriemma F, Spera C, et al. Comparison between polymorphic behaviors of Ziegler-Natta and metallocene-made isotactic polypropylene: the role of the distribution of defects in the polymer chains [J]. Macromolecules, 2004, 37 (4): 1441-1454.

62. Terano M, Kataoka T, Keii T. A study on the states of ethyl benzoate and $TiCl_4$ in $MgCl_2$-supported high-yield catalysts [J]. Die Makromolekulare Chemie, 1987, 188 (6): 1477-1487.

63. Wondimagegn T, Ziegler T. The role of external alkoxysilane donors on stereoselectivity and molecular weight in $MgCl_2$-supported Ziegler-Natta propylene polymerization: a density functional theory study [J]. The Journal of Physical Chemistry C, 2012, 116 (1): 1027-1033.

64. Taniike T, Terano M. Coadsorption model for first-principle description of roles of donors in heterogeneous Ziegler-Natta propylene polymerization [J]. Journal of Catalysis, 2012, 293: 39-50.

65. Poonpong S, Dwivedi S, Taniike T, et al. Structure-performance relationship for dialkyldimethoxysilane as an external donor in stopped-flow propylene polymerization using a Ziegler-Natta catalyst [J]. Macromolecular Chemistry and Physics, 2014, 215 (18): 1721-1727.

66. Nouri-Ahangarani F, Bahri-Laleh N, Nekoomanesh-Haghighi M, et al. Synthesis of highly isotactic poly 1-hexene using Fe-doped Mg $(OEt)_2/TiCl_4$/ED Ziegler-Natta catalytic system [J]. Designed Monomers and Polymers, 2016, 19 (5): 394-405.

67. Chadwick J C, Miedema A, Sudmeijer O. Hydrogen activation in propene polymerization with $MgCl_2$-supported Ziegler-Natta catalysts: the effect of the external donor [J]. Macromolecular Chemistry and Physics, 1994, 195 (1): 167-172.
68. Kashiwa N, Kojoh S I. Stereoregularity and regioregularity of active centers in propene polymerization [J]. Macromolecular Symposia, 1995, 89 (1): 27-37.
69. Chadwick J C, Morini G, Balbontin G, et al. Effects of internal and external donors on the regio-and stereoselectivity of active species in $MgCl_2$-supported catalysts for propene polymerization [J]. 2001, 202 (10): 1995-2002.
70. Busico V, Chadwick J C, Cipullo R, et al. Propene/ethene-[1-$^{13}$C] copolymerization as a tool for investigating catalyst regioselectivity. $MgCl_2$/internal donor/$TiCl_4$-external donor/$AlR_3$ systems [J]. Macromolecules, 2004, 37 (20): 7437-7443.
71. Busico V, Cipullo R, Talarico G, et al. Highly regioselective transition metal catalyzedl-alkene polymerizations. A simple method for the detection and precise determination of regioirregular monomer enchainments [J]. Macromolecules, 1999, 31 (7): 2387-2390.
72. Yu Y, Busico V, Budzelaar P H M, et al. Of poisons and antidotes in polypropylene catalysis [J]. Angewandte Chemie International Edition, 2016, 55 (30): 8590-8594.
73. Talarico G, Busico V, Cavallo L. "Living" propene polymerization with bis (phenoxyimine) group 4 metal catalysts: new strategies and old concepts [J]. Organometallics, 2004, 23 (25): 5989-5993.
74. Chien J C W, Wu J C. Magnesium-chloride-supported high-mileage catalysts for olefin polymerization. II. Reactions between aluminum alkyl and promoters [J]. Journal of Polymer Science Polymer Chemistry Edition, 1982, 20 (9): 2445-2460.
75. Seth M, Ziegler T. Polymerization properties of a heterogeneous Ziegler-Natta catalyst modified by a base: a theoretical study [J]. Macromolecules, 2003, 36 (17): 6613-6623.
76. Kumawat J, Gupta V K, Vanka K. Donor decomposition by lewis acids in Ziegler-Natta catalyst systems: A computational investigation [J]. Organometallics, 2014, 33 (17): 4357-4367.
77. Bahri-Laleh N, Arabi H, Mehdipor-Ataei S, et al. Activation of Ziegler-Natta catalysts by organohalide promoters: a combined experimental and density functional theory study [J]. Journal of Applied Polymer Science, 2012, 123 (4): 2526-2533.
78. Bahri-Laleh N, Abbas-Abadi M S, Haghighi M N, et al. Effect of halocarbon promoters on polyethylene properties using $MgCl_2$ (ethoxide type) / $TiCl_4$/$AlEt_3$/$H_2$ catalyst system [J]. Journal of Applied Polymer Science, 2010, 117 (3): 1780-1786.
79. Bahri-Laleh N. Interaction of different poisons with $MgCl_2$/$TiCl_4$ based Zie-

gler-Natta catalysts [J]. Applied Surface Science, 2016, 379: 395-401.
80. Tangjituabun K, Yull Kim S, Hiraoka Y, et al. Effects of various poisoning compounds on the activity and stereospecificity of heterogeneous Ziegler-Natta catalyst [J]. Science and Technology of Advanced Materials, 2008, 9 (2): 024402.
81. Xiao A G, Wang L, Liu Q Q, et al. Synthesis of low isotactic polypropylene using $MgCl_2/AlCl_3$-supported Ziegler-Natta catalysts prepared using the one-pot milling method [J]. Designed Monomers and Polymers, 2008, 11 (2): 139-145.
82. Chen Y-P, Fan Z Q, Liao J-H, et al. Molecular weight distribution of polyethylene catalyzed by Ziegler-Natta catalyst supported on $MgCl_2$ doped with $AlCl_3$ [J]. Journal of Applied Polymer Science, 2006, 102 (2): 1768-1772.
83. Bazvand R, Bahri-Laleh N, Nekoomanesh M, et al. Highly efficient $FeCl_3$ doped Mg $(OEt)_{(2)}$/$TiCl_4$-based Ziegler-Natta catalysts for ethylene polymerization [J]. Designed Monomers and Polymers, 2015, 18 (7): 599-610.
84. Wang J, Wang L, Wang W, et al. Study on ethylene-alpha-olefin copolymerization catalyzed by the $MgCl_2$-supported and low Ti-loading Ziegler-Natta catalyst [J]. Polymer-Plastics Technology and Engineering, 2006, 45 (9): 1053-1058.
85. Shin Y W, Hashiguchi H, Terano M, et al. Synthesis and characterization of propylene-alpha-olefin random copolymers with isotactic propylene sequence. II. Propylene-hexene-1 random copolymers [J]. Journal of Applied Polymer Science, 2004, 92 (5): 2949-2954.
86. Senso N, Praserthdam P, Jongsomjit B, et al. Effects of Ti oxidation state on ethylene, 1-hexene comonomer polymerization by $MgCl_2$-supported Ziegler-Natta catalysts [J]. Polymer Bulletin, 2011, 67 (9): 1979-1989.
87. Kim S H, Somorjai G A. Model Ziegler-Natta polymerization catalysts fabricated by reactions of Mg metal and $TiCl_4$: Film structure, composition, and deposition kinetics [J]. Journal of Physical Chemistry B, 2000, 104 (23): 5519-5526.
88. Boero M, Parrinello M, Weiss H, et al. A first principles exploration of a variety of active surfaces and catalytic sites in Ziegler-Natta heterogeneous catalysis [J]. Journal of Physical Chemistry A, 2001, 105 (21): 5096-5105.
89. Galli P, Vecellio G. Technology: Driving force behind innovation and growth of polyolefins [J]. Progress in Polymer Science, 2001, 26 (8): 1287-1336.
90. Skalli M K, Markovits A, Minot C, et al. A theoretical investigation of the role of AlR (3) as cocatalyst [J]. Catalysis Letters, 2001, 76 (1-2): 7-9.
91. Grimme S. Accurate description of van der Waals complexes by density functional theory including empirical corrections [J]. Journal of Computational Chemistry, 2004, 25 (12): 1463-1473.
92. Flisak Z, Ziegler T. DFT study of ethylene and propylene copolymerization over a heterogeneous catalyst with a coordinating Lewis base [J]. Macromolecules, 2005, 38 (23): 9865-9872.

93. Yang P, Baird M C. Reinvestigation of the modes of chain transfer during propene polymerization by the CP*Zr-2 catalyst system [J]. Organometallics, 2005, 24 (24): 6013-6018.

94. Busico V, Cipullo R, Pellecchia R, et al. Design of stereoselective Ziegler-Natta propene polymerization catalysts [J]. Proceedings of the National Academy of Sciences of the United States of America, 2006, 103 (42): 15321-15326.

95. Auriemma F, De Rosa C. Formation of $(MgCl_2)(x)$ polynuclear species during preparation of active $MgCl_2$ supported Ziegler-Natta catalysts from solid solvates with Lewis bases [J]. Chemistry of Materials, 2007, 19 (24): 5803-5805.

96. Taniike T, Terano M. Coadsorption and support-mediated interaction of ti species with ethyl benzoate in $MgCl_2$-supported heterogeneous Ziegler-Natta catalysts studied by density functional calculations [J]. Macromolecular Rapid Communications, 2007, 28 (18-19): 1918-1922.

97. Talarico G, Budzelaar P H M. Variability of chain transfer to monomer step in olefin polymerization [J]. Organometallics, 2008, 27 (16): 4098-4107.

98. Zhao Y, Truhlar D G. The M06 suite of density functionals for main group thermochemistry, thermochemical kinetics, noncovalent interactions, excited states, and transition elements: Two new functionals and systematic testing of four M06-class functionals and 12 other functionals [J]. Theoretical Chemistry Accounts, 2008, 120 (1-3): 215-241.

99. Grimme S, Antony J, Ehrlich S, et al. A consistent and accurate ab initio parametrization of density functional dispersion correction (DFT-D) for the 94 elements H-Pu [J]. Journal of Chemical Physics, 2010, 132 (15): 19.

100. Correa A, Credendino R, Pater J T M, et al. Theoretical investigation of active sites at the corners of $MgCl_2$ crystallites in supported Ziegler-Natta catalysts [J]. Macromolecules, 2012, 45 (9): 3695-3701.

101. Flisak Z, Spaleniak G P, Bremmek M. Impact of organoaluminum compounds on phenoxyimine ligands in coordinative olefin polymerization. a theoretical study [J]. Organometallics, 2013, 32 (14): 3870-3876.

102. Groppo E, Seenivasan K, Barzan C. The potential of spectroscopic methods applied to heterogeneous catalysts for olefin polymerization [J]. Catalysis Science & Technology, 2013, 3 (4): 858-878.

103. Trischler H, Schofberger W, Paulik C. Influence of alkylaluminium Co-catalysts on $TiCl_4$ transalkylation and formation of active centers $C^*$ in Ziegler-Natta catalysts [J]. Macromolecular Reaction Engineering, 2013, 7 (3-4): 146-154.

104. Valente A, Mortreux A, Visseaux M, et al. Coordinative chain transfer polymerization [J]. Chemical Reviews, 2013, 113 (5): 3836-3857.

105. Ehm C, Antinucci G, Budzelaar P H M, et al. Catalyst activation and the dimerization energy of alkylaluminium compounds [J]. Journal of Organometallic Chemistry, 2014, 772: 161-171.

106. Blaakmeer E S, Antinucci G, Busico V, et al. Solid-State NMR Investiga-

tions of MgCl$_2$ Catalyst Support [J]. Journal of Physical Chemistry C, 2016, 120 (11): 6063-6074.
107. De Rosa C, Di Girolamo R, Talarico G. Expanding the origin of stereocontrol in propene polymerization catalysis [J]. ACS Catalysis, 2016, 6 (6): 3767-3770.
108. Ehm C, Cipullo R, Passaro M, et al. Chain Transfer to Solvent in propene polymerization with Ti Cp-phosphinimide catalysts: Evidence for chain termination via Ti-C bond hemolysis [J]. ACS Catalysis, 2016, 6 (11): 7989-7993.
109. Kumawat J, Gupta V K, Vanka K. Effect of donors on the activation mechanism in Ziegler-Natta catalysis: A computational study [J]. Chemcatchem, 2016, 8 (10): 1809-1818.
110. Shetty S. Synergistic, reconstruction and bonding effects during the adsorption of internal electron donors and TiCl$_4$ on MgCl$_2$ surface: A periodic-DFT investigation [J]. Surface Science, 2016, 653: 55-65.
111. Linnolahti M, Pakkanen T A, Bazhenov A S, et al. Alkylation of titanium tetrachloride on magnesium dichloride in the presence of Lewis bases [J]. Journal of Catalysis, 2017, 353: 89-98.
112. Nissinen V H, Linnolahti M, Bazhenov A S, et al. Polyethylenimines: Multidentate electron donors for Ziegler-Natta catalysts [J]. Journal of Physical Chemistry C, 2017, 121 (42): 23413-23421.
113. Blaakmeer E S M, Antinucci G, Van Eck E R H, et al. Probing interactions between electron donors and the support in MgCl$_2$-supported Ziegler-Natta catalysts [J]. Journal of Physical Chemistry C, 2018, 122 (31): 17865-17881.
114. Zorve P, Linnolahti M. Adsorption of titanium tetrachloride on magnesium dichloride clusters [J]. ACS Omega, 2018, 3 (8): 9921-9928.
115. Takasao G, Wada T, Thakur A, et al. Machine learning-aided structure determination for TiCl$_4$-capped MgCl$_2$ nanoplate of heterogeneous Ziegler-Natta catalyst [J]. ACS Catalysis, 2019, 9 (3): 2599-2609.
116. Jensen V R, Koley D, Jagadeesh M N, et al. DFT investigation of the single-center, two-state model for the broken rate order of transition metal catalyzed olefin polymerization [J]. Macromolecules, 2005, 38 (24): 10266-10278.
117. Pasha F A, Basset J M, Toulhoat H, et al. DFT Study on the Impact of the methylaluminoxane cocatalyst in ethylene oligomerization using a titanium-Based catalyst [J]. Organometallics, 2015, 34 (2): 426-431.
118. Caporaso L, Galdi N, Oliva L, et al. Tailoring the metallocene structure to obtain LLDPE by ethene homopolymerization: An experimental and theoretical study [J]. Organometallics, 2008, 27 (7): 1367-1371.
119. Mella M, Izzo L, Capacchione C. Role of the metal center in the ethylene polymerization promoted by group 4 complexes supported by a tetradentate OSSO -type bis (phenolato) ligand [J]. ACS Catalysis, 2011, 1 (11): 1460-1468.

120. Motta A, Fragala I L, Marks T J. Proximity and cooperativity effects in binuclear d (0) olefin polymerization catalysis. theoretical analysis of structure and reaction mechanism [J]. Journal of the American Chemical Society, 2009, 131 (11): 3974-3984.
121. Chakraborty D, Mandal D, Ramkumar V, et al. A new class of MPV type reduction in group 4 alkoxide complexes of salicylaldiminato ligands: Efficient catalysts for the ROP of lactides, epoxides and polymerization of ethylene [J]. Polymer, 2015, 56: 157-170.
122. Froese R D J, Hustad P D, Kuhlman R L, et al. Mechanism of activation of a hafnium pyridyl-amide olefin polymerization catalyst: Ligand modification by monomer [J]. Journal of the American Chemical Society, 2007, 129 (25): 7831-7840.
123. Netalkar S P, Budagumpi S, Abdallah H H, et al. Sterically modulated binuclear bis-alpha-diimine Pd (Ⅱ) complexes: Synthesis, characterization, DF'T studies and catalytic behavior towards ethylene oligomerization [J]. Journal of Molecular Structure, 2014, 1075: 559-565.
124. Nikitin S V, Nikitin V V, Oleynik I I, et al. Activity of phenoxy-imine titanium catalysts in ethylene polymerization: A quantum chemical approach [J]. Journal of Molecular Catalysis A: Chemical, 2016, 423: 285-292.
125. Nikitin S V, Sanchez-Marquez J, Oleynik, I I, et al. A screening DFT study of the para-substituent effect on local hyper-softness in bis (phenoxyimine) titanium complexes to get insights about their catalytic activity in ethylene polymerization [J]. Molecular Catalysis, 2019, 469: 57-67.
126. Chasing P, Maitarad P, Wu H M, et al. Straightforward design for phenoxy-imine catalytic activity in ethylene polymerization: Theoretical prediction [J]. Catalysts, 2018, 8 (10): 15.
127. 刘佳雯, 刘颖, 刘跃. 中性水杨醛亚胺镍催化烯烃聚合反应链引发机理的密度泛函研究 [J]. 分子催化, 2006, 20 (1): 51-56.
128. Yu S, Hong S, Chen Y, et al. A DFT study of styrene polymerization using neutral (2Z, 4E)-4-(methylimino) pent-2-en-2-ol nickel (Ⅱ) [J]. Progress in Reaction Kinetics and Mechanism, 2011, 36 (1): 18-26.
129. 余淑娴. 金属镍、锡络合物催化烯烃活化及聚合反应机理研究 [D]. 南昌: 南昌大学, 2014.
130. Michalak A, Ziegler T. DFT studies on the copolymerization of alpha-olefins with polar monomers: Comonomer binding by nickel-and palladium-based catalysts with Brookhart and Grubbs ligands [J]. Organometallics, 2001, 20 (8): 1521-1532.
131. Michalak A, Ziegler T. DFT studies on the copolymerization of alpha-olefins with polar monomers: Ethylene-methyl acrylate copolymerization catalyzed by a Pd-based diimine catalyst [J]. Journal of the American Chemical Society, 2001, 123 (49): 12266-12278.
132. Jian Z B, Falivene L, Boffa G, et al. Direct synthesis of telechelic polyethylene by selective insertion polymerization [J]. Angewandte Chemie-International Edition, 2016, 55 (46): 14376-14381.

133. 简忠保. 功能化聚烯烃合成：从催化剂到极性单体设计[J]. 高分子学报，2018，(11)：1359-1371.

134. Wimmer F P, Caporaso L, Cavallo L, et al. Mechanism of insertion polymerization of allyl ethers[J]. Macromolecules，2018，51（12）：4525-4531.

135. Sun J J, Chen M, Luo G, et al. Diphosphazane-monoxide and phosphine-sulfonate palladium catalyzed ethylene copolymerization with polar monomers: A computational study[J]. Organometallics，2019，38（3）：638-646.

136. Villani V, Giammarino G. Fluorine interactions in a post-metallocene titanium catalyst: An ab initio study[J]. Macromolecular Theory and Simulations，2011，20（3）：174-178.

137. Giammarino G, Villani V. Termination mechanisms Via H-Transfer for polyolefin living catalysis at DFT Level[J]. Macromolecular Theory and Simulations，2014，23（6）：365-368.

138. Giammarino G, Villani V. Catalysis design: from Ti-bis（enolato-imino）to Ti-bis（enolato-azo）in living olefin polymerization at DFT level[J]. Theoretical Chemistry Accounts，2016，135（3）：1-5.

139. Li H, Zhang L, Hu Y. Density functional theory study on the relationship between polymerization activity and substituent electronic effect of polyolefin catalysts[J]. Chinese Journal of Catalysis，2010，31（9）：1127-1131.

140. Nyamato G S, Ojwach S O, Akerman M P. Ethylene oligomerization studies by nickel（Ⅱ）complexes chelated by（amino）pyridine ligands: Experimental and density functional theory studies[J]. Dalton Transactions，2016，45（8）：3407-3416.

141. Nyamato G S, Ojwach S O, Akerman M P. Potential hemilabile（Imino）pyridine Palladium（Ⅱ）complexes as selective ethylene dimerization catalysts: An experimental and theoretical approach[J]. Organometallics，2015，34（23）：5647-5657.

142. Michalak A, Ziegler T. Modeling ethylene and propylene homopolymerization by late-transition-metal catalysts: A combined quantum mechanical and stochastic approach[J]. Kinetics and Catalysis，2006，47（2）：310-325.

143. Chan M C W. Synthetic models of weak attractive ligand-polymer interactions in olefin polymerization catalysts[J]. Macromolecular Chemistry and Physics，2007，208（17）：1845-1852.

144. Makio H, Ochiai T, Tanaka H, et al. FI catalysts: A molecular zeolite for olefin polymerization[J]. Advanced Synthesis & Catalysis，2010，352（10）：1635-1640.

145. Terao H, Iwashita A, Matsukawa N, et al. Ethylene and ethylene/alpha-Olefin（Co）polymerization Behavior of bis（phenoxy-imine）ti catalysts: Significant substituent effects on activity and comonomer incorporation[J]. ACS Catalysis，2011，1（4）：254-265.

146. Qiao J L, Guo M F, Wang L S, et al. Recent advances in polyolefin technology[J]. Polymer Chemistry，2011，2（8）：1611-1623.

147. 李化毅，胡友良. 丙烯聚合用 Ziegler-Natta 催化剂内/外给电子体研究的最新进展[J]. 高分子通报，2011（010）：94-98.

148. 李振昊，李化毅，胡友良. 二醚类 Ziegler-Natta 催化剂及其催化丙烯聚合的研究进展［J］. 高分子通报，2009，（05）：30-35.
149. 李化毅，胡友良. 烯烃配位聚合二十年［J］. 高分子通报，2008，（07）：56-65.
150. 崔楠楠，胡友良. 用于丙烯聚合的 $MgCl_2$ 负载 Ziegler-Natta 催化剂研究进展［J］. 高分子通报，2005，（05）：24-30.
151. 袁春海，李化毅，胡友良. 外给电子体对聚丙烯性能的影响［J］. 高分子通报，2009，（10）：38-42.
152. 杜宏斌. $MgCl_2$ 负载 Ziegler-Natta 催化剂内给电子体的研究进展［J］. 石油化工，2010，39（10）：1178-1184.
153. 温笑菁，冀棉，逯丽，等. 丙烯等规聚合 Ziegler-Natta 催化剂体系中给电子体化合物的研究进展［J］. 高分子通报，2010，（06）：53-60.
154. 高明智，李红明. 聚丙烯催化剂的研发进展［J］. 石油化工，2007，（06）：535-546.
155. 李昌秀，李现忠，李季禹，等. Ziegler-Natta 聚丙烯催化剂体系给电子体的研究进展［J］. 化工进展，2009，28（05）：793-799，804.
156. 徐彦龙. 外给电子体对聚烯烃催化剂性能的影响［J］. 合成树脂及塑料，2012，29（01）：81-84.
157. 袁炜，黄河，焦洪桥，等. 聚丙烯制备中的外给电子体技术［J］. 高分子通报，2012，（09）：15-28.
158. Mitsui Petrochemical Industries，LTD. Process for producing olefin polymers or copolymers and catalyst components used therefor：US4952649［P］，1990-08-28.
159. Himont INC. Components and catalysts for the polymerization of olefins：EP0361494［P］，1996-02-07.
160. 蒙特尔北美公司. 烯烃用固体催化剂成分的制备方法：CN96106050.6［P］，1996-02-18.
161. 巴塞尔聚烯烃意大利有限公司. 用于烯烃聚合的组分和催化剂：CN00801123.0［P］，2000-04-12.
162. 中国石油天然气股份有限公司. 烯烃聚合催化组分及其催化剂：CN2007101-76666.2［P］，2007-11-01.
163. Gao M Z，Liu H T，Wang J，et al. Novel $MgCl_2$-supported catalyst containing diol dibenzoate donor for propylene polymerization［J］. Polymer，2004，45（7）：2175-2180.
164. BASF Catalysts LLC. Internal donor for olefin polymerization catalysts：US2010029870［P］，2010-2-14.
165. BASF Catalysts LLC. Internal donor for olefin polymerization catalysts：US2009286672［P］，2009-11-19.
166. Tanase S，Katayama K，Yabunouchi N，et al. Design of novel malonates as internal donors for $MgCl_2$-supported $TiCl_4$ type polypropylene catalysts and their mechanistic aspects，Part 1［J］. Journal of Molecular Catalysis A Chemical，2007，273（1-2）：211-217.
167. Mirjahanmardi S H，Taromib F A，Zahedic R，et al. Effects of various amounts of new hepta-ether as the internal donor on the polymerization of propylene with

and without the external donor [J]. Polymer Science: Series B, 2017, 59 (6): 639-649.
168. Makwana U C, Singala K J, Patankar R B, et al. Propylene polymerization using supported Ziegler-Natta catalyst systems with mixed donors [J]. Journal of Applied Polymer Science, 2012, 125 (2): 896-901.
169. Patil H R, Naik D G, Gupta V. Broad molecular weight polypropylene synthesis using mixed internal donor incorporated magnesium dichloride supported titanium catalyst [J]. Journal of Macromolecular Science Part A: Pure and Applied Chemistry, 2011, 48 (3): 227-232.
170. Gao F, Xia X, Mao B. $MgCl_2$-supported catalyst containing mixed internal donors for propylene polymerization [J]. Journal of Applied Polymer Science, 2011, 120 (1): 36-42.
171. 杨渊, 姚军燕, 党小飞, 等. 内给电子体对 Ziegler-Natta 催化剂性能的影响 [J]. 高分子学报, 2013, (4): 511-517.
172. 党小飞. 新型聚丙烯 Ziegler-Natta 催化剂内给电子体与成核剂的研究 [D]. 北京: 中国科学院化学研究所, 2013.
173. 黄河, 张辽云, 李化毅, 等. 二醚型 Ziegler-Natta 催化剂催化丙烯与极性单体共聚 [J]. 催化学报, 2010, 31 (8): 1077-1082.
174. Potapov A G, Bukatov G D, Zakharov V A. Drifts study of internal donors in supported Ziegler-Natta catalysts [J]. Journal of Molecular Catalysis A: Chemical, 2006, 246 (1-2): 248-254.
175. Potapov A G, Bukatov G D, Zakharov V A. Drifts study of the interaction of the $AlEt_3$ cocatalyst with the internal donor ethyl benzoate in supported Ziegler-Natta catalysts [J]. Journal of Molecular Catalysis A: Chemical, 2009, 301 (1-2): 18-23.
176. Potapov A G, Politanskaya L V. The study of the adsorption of 1,3-diethers on the $MgCl_2$ surface [J]. Journal of Molecular Catalysis A: Chemical, 2013, 368: 159-162.
177. Stukalov D V, Zakharov V A, Potapov A G, et al. Supported Ziegler-Natta catalysts for propylene polymerization. Study of surface species formed at interaction of electron donors and $TiCl_4$ with activated $MgCl_2$ [J]. Journal of Catalysis, 2009, 266 (1): 39-49.
178. Singh G, Kaur S, Makwana U, et al. Influence of internal donors on the performance and structure of $MgCl_2$ supported titanium catalysts for propylene polymerization [J]. Macromolecular Chemistry and Physics, 2009, 210 (1): 69-76.
179. Potapov A G, Bukatov G D, Zakharov V A. Drifts study of the interaction of the internal donor in $TiCl_4$/di-$n$-butyl phthalate/$MgCl_2$ catalysts with $AlEt_3$ cocatalyst [J]. Journal of Molecular Catalysis A: Chemical, 2010, 316 (1-2): 95-99.
180. Weng Y, Jiang B, Fu Z, et al. Mechanism of internal and external electron donor effects on propylene polymerization with $MgCl_2$-supported Ziegler-Natta catalyst: New evidences based on active center counting [J]. Journal of Applied Polymer Science, 2018, 135 (32): 46605.

181. Matsuoka H, Liu Boping, Nakatani H, et al. Active sites deterioration of MgCl$_2$-supported catalyst induced by the electron donor extraction by alkylaluminium [J]. Polymer International, 2002, 51 (9): 781-784.

182. Yaluma A K, Tait P J T, Chadwick J C. Active center determinations on MgCl$_2$-supported fourth-and fifth-generation Ziegler-Natta catalysts for propylene polymerization [J]. Journal of Polymer Science Part A: Polymer Chemistry, 2006, 44 (5): 1635-1647.

183. Nishiyama I, Liu B, Matsuoka H, et al. Kinetic evaluation of various isospecific active sites on MgCl$_2$-supported Ziegler catalysts [J]. Macromolecular Symposia, 2003, 193: 71-80.

184. Liu B, Nitta T, Nakatani H, et al. Stereospecific nature of active sites on TiCl$_4$/MgCl$_2$ Ziegler-Natta catalyst in the presence of an internal electron donor [J]. Macromolecular Chemistry and Physics, 2003, 204 (30): 395-402.

185. Bukatov G D, Sergeev S A, Zakharov V A, et al. Supported titanium-magnesium catalysts for propylene polymerization [J]. Kinetics and Catalysis, 2008, 49 (6): 782-790.

186. Wang Q, Murayama N, Liu B, et al. Effects of electron donors on active sites distribution of MgCl$_2$-supported Ziegler-Natta catalysts investigated by multiple active sites model [J]. Macromolecular Chemistry and Physics, 2005, 206 (9): 961-966.

187. Bukatov G D, Zakharov V A, Barabanov A A. Mechanism of olefin polymerization on supported Ziegler-Natta catalysts based on data on the number of active centers and propagation rate constants [J]. Kinetics and Catalysis, 2005, 46 (2): 166-176.

188. Zakharov V A, Bukatov G D, Barabanov A A. Recent data on the number of active centers and propagation rate constants in olefin polymerization with supported ZN catalysts [J]. 2004, 213 (1): 19-28.

189. Nassiri H, Arabi H, Hakim S. Kinetic modeling of slurry propylene polymerization using a heterogeneous multi-site type Ziegler-Natta catalyst [J]. Reaction Kinetics Mechanisms & Catalysis, 2012, 105 (2): 345-359.

190. Shen X, Hu J, Fu Z, et al. Counting the number of active centers in MgCl$_2$ supported Ziegler-Natta catalysts by quenching with 2-thiophenecarbonyl chloride and study on the initial kinetics of propylene polymerization [J]. Catalysis Communications, 2013, 30: 66-69.

191. Cheruvathur A V, Langner E H G, Niemantsverdriet J W, et al. In situ ATR-FTIR studies on MgCl$_2$-diisobutyl phthalate interactions in thin film Ziegler-Natta catalysts [J]. Langmuir, 2012, 28 (5): 2643-2651.

192. Taniike T, Binh T N, Takahashi S, et al. Kinetic elucidation of comonomer-induced chemical and physical activation in heterogeneous Ziegler-Natta propylene polymerization [J]. Journal of Polymer Science Part A Polymer Chemistry, 2011, 49 (18): 4005-4012.

193. Ikeuchi H, Yano T, Ikai S, et al. Study on aminosilane compounds as external electron donors in isospecific propylene polymerization [J]. Journal of

Molecular Catalysis A Chemical,2003,193(1):207-215.

194. Arnal M L,Hernández Z H,Matos M,et al. In Use of the SSA Technique for Polyolefin Characterization,56th Annual SPE Conference,ANTEC'98,1998[C].

195. Equistar Chemicals LP. Methods for preparing propylene polymer having broad molecular weight distribution:US6800703[P],2004-11-05.

196. Mitsui Chemicals Inc. Process for polymerization of alpha-olefin,a poly-alpha-olefin prepared thereby,and an aminosilane compound usable as the constituent of catalyst for the process:EP0841348[P],1998-05-13.

197. Formosa Plastics Corporation. Cyclic organosilicon compounds as electron donors for polyolefin catalysts:US7619049[P],2009-04-13.

198. 常贺飞,任士通,郑涛,等.硅烷类外给电子体的取代基变化对丙烯聚合影响的研究[J].高分子学报,2013,(2),199-207.

199. 中国科学院化学研究所.一种含N硅烷类化合物,其制备方法及其用于丙烯聚合的应用:201210387272.2[P],2012-10-15.

200. Chang H,Li H,Zheng T,et al. The effects of new aminosilane compounds as external donors on propylene polymerization[J]. Journal of Polymer Research,2014,21(9):1-11.

201. 陶氏环球技术有限责任公司.具有混合的选择性控制剂的催化剂组合物和使用它的聚合反应方法:200980141346.0[P],2009-02-23.

202. 陶氏环球技术公司.自限制催化剂组合物和丙烯的聚合方法:200480027561.5[P],2004-09-17.

203. 李化毅,张辽云,胡友良.密度泛函理论研究聚烯烃催化剂取代基电子效应与催化活性的关系[J].催化学报,2010,31(9):1127-1131.

204. 崔楠楠,张志成,李化毅,等.给电子体在丙烯聚合$MgCl_2$载体催化剂体系中的作用[J].高分子学报,2005,1(6):902-906.

205. 李明和,胡友良.Lewis碱对丙烯聚合高效载体催化体系的调变作用[J].石油化工,1994,023(1):54-62.

206. 胡友良,韩世敏.高活性载体Ziegler-Natta催化剂的研究[J].高分子学报,1992,1(4):495-499.

207. 中国科学院化学研究所.氢调法制备高熔融指数聚丙烯的催化剂及聚合方法:201110097918[P],2011-04-19.

208. 大唐国际化工研究院有限责任公司.制备高熔融指数聚丙烯的催化剂组合物、制备方法和用途:201110029619.1[P],2011-01-27.

209. Chang H,Ren S,Dang X,et al. The effect of the mixed external donors on the sequence length distribution of polypropylene[J]. Journal of Applied Polymer Science,2013,129(3):1026-1035.

210. 中国科学院化学研究所.一种制备BOPP专用聚丙烯的方法:201210387296.8[P],2012-10-15.

211. Seppala J V,Harkonen M. Effect of the structure of external alkoxysilane donors on the polymerization of propene with high-activity Ziegler-Natta catalysts[J]. Makromolekulare Chemie-Macromolecular Chemistry and Physics,1989,190(10):2535-2550.

212. Harkonen M,Seppala J V. External silane donors in Ziegler-Natta catalysis -

an approach to the optimum structure of the donor [J]. Makromolekulare Chemie-Macromolecular Chemistry and Physics, 1991, 192 (12): 2857-2863.

213. Zucchini U, Cecchin G. Control of molecular-weight distribution in polyolefins synthesized with Ziegler-Natta catalytic-systems [J]. Advances in Polymer Science, 1983, 51: 101-153.

214. Fan Z Q, Feng L X, Yang S L. Distribution of active centers on $TiCl_4$/$MgCl_2$ catalyst for olefin polymerization [J]. Journal of Polymer Science Part A: Polymer Chemistry, 1996, 34 (16): 3329-3335.

215. Cheng H N, Kakugo M. $^{13}$C Nmr analysis of compositional heterogeneity in ethylene-propylene copolymers [J]. Macromolecules, 1991, 24 (8): 1724-1726.

216. Harkonen M, Seppala J V, Salminen H. External silane donors in Ziegler-Natta catalysis: a three-site model analysis of effects on catalyst active-sites [J]. Polymer Journal, 1995, 27 (3): 256-261.

217. Paukkeri R, Iiskola E, Lehtinen A, et al. Microstructural analysis of polypropylenes polymerized with Ziegler-Natta catalysts without external donors [J]. Polymer, 1994, 35 (12): 2636-2643.

218. Busico V, Cipullo R, Monaco G, et al. High-resolution $^{13}$C-NMR configurational analysis of polypropylene made with $MgCl_2$-supported Ziegler-Natta catalysts. 1. The "model" system $MgCl_2$/$TiCl_4$-2, 6-dimethylpyridine/Al$(C_2H_5)_3$ [J]. Macromolecules, 1999, 32 (13): 4173-4182.

219. Garoff T, Virkkunen V, Jaaskelainen P, et al. A qualitative model for polymerisation of propylene with a $MgCl_2$-supported $TiCl_4$ Ziegler-Natta catalyst [J]. European Polymer Journal, 2003, 39 (8): 1679-1685.

220. Lu L, Niu H, Dong J Y. Propylene polymerization over $MgCl_2$-supported $TiCl_4$ catalysts bearing different amounts of a diether internal electron donor: Extrapolation to the role of internal electron donor on active site [J]. Journal of Applied Polymer Science, 2012, 124 (2): 1265-1270.

221. Matsuoka H, Liu B P, Nakatani H, et al. Variation in the isospecific active sites of internal donor-free $MgCl_2$-supported Ziegler catalysts: Effect of external electron donors [J]. Macromolecular Rapid Communications, 2001, 22 (5): 326-328.

222. Liu B, Nitta T, Nakatani H, et al. Specific roles of Al-alkyl cocatalyst in the origin of isospecificity of active sites on donor-Free $TiCl_4$/$MgCl_2$ Ziegler-Natta Catalyst [J]. Macromolecular Chemistry and Physics, 2002, 203 (17): 2412-2421.

223. Soga K, Park J R, Uchino H, et al. Perfect conversion of aspecific sites into isospecific sites in Ziegler-Natta catalysts [J]. Macromolecules, 1989, 22 (9): 3824-3826.

224. Busico V, Corradini P, Martino L D, et al. Polymerization of propene in the presence of $MgCl_2$-supported Ziegler-Natta catalysts, 2. Effects of the co-catalyst composition [J]. Die Makromolekulare Chemie, 1986, 187 (5): 1115-1124.

225. Chadwick J C, Kessel G M M V, Sudmeijer O. Regio-and stereospecificity in propene polymerization with MgCl$_2$-supported Ziegler-Natta catalysts: Effects of hydrogen and the external donor [J]. Macromolecular Chemistry and Physics, 1995, 196 (5): 1431-1437.

226. Jiang B Y, He F, Yang P J, et al. Enhancing stereoselectivity of propylene polymerization with MgCl$_2$-supported Ziegler-Natta catalysts by electron donor: Strong effects of titanium dispersion state [J]. Catalysis Communications, 2019, 121: 38-42.

227. 白雪, 高明智, 李天益. 外给电子体对N催化剂丙烯聚合性能的影响 [J]. 石油化工, 2004, 33 (07): 615-618.

228. 刘红芳, 徐盛虎. 新型外给电子体 D-Donor 在聚丙烯装置上的应用 [J]. 江西石油化工, 2005, 17 (3): 6-10.

229. 石继红, 甄少柯, 王胜利. 外给电子体 Donor-D 在聚丙烯装置上的应用 [J]. 河南化工, 2004, (08): 35-36.

230. 刘红芳, 徐胜虎, 霍晓剑, 等. 几种高活性外给电子体工业应用评价 [J]. 辽宁化工, 2004, 33 (08): 450-452.

231. 余世金, 许招会, 王甡, 等. 外给电子体 CMMS、DCPMS 制备高结晶度聚丙烯的研究 [J]. 应用化工, 2004, 33 (4): 37-38.

232. 霍晓剑, 魏鸥, 张宝星, 等. 异丁基三乙氧基硅烷作为外给电子体生产高熔融指数聚丙烯 [J]. 应用化工, 2009, 28 (1): 152-153.

233. 霍晓剑, 魏鸥, 乔会平. DCPMS 作为外给电子体生产低熔融指数聚丙烯 [J]. 应用化工, 2007, 36 (3): 305-307.

234. 马国玉, 张英杰, 王辉. 外给电子体对 DQ-Ⅳ 催化剂催化丙烯聚合反应的影响 [J]. 工业催化, 2008, 16 (9): 61-64.

235. 张英杰, 马国玉, 王辉. 外给电子体 D-Donor 在丙烯聚合中的应用 [J]. 合成树脂及塑料, 2008, 25 (4): 40-43.

236. Zhang H X, Lee Y J, Park J R, et al. Control of molecular weight distribution for polypropylene obtained by commercial Ziegler-Natta catalyst: Effect of electron donor [J]. Macromolecular Research, 2011, 19 (6): 622-628.

237. 张天一, 夏先知, 刘月祥, 等. 外给电子体对 DQC 催化剂聚合性能的影响 [J]. 石油化工, 2011, 40 (4): 381-386.

238. Xu J, Feng L, Yang S, et al. Influence of electron Donors on the tacticity and the composition distribution of propylene-butene copolymers produced by supported Ziegler-Natta catalysts [J]. Macromolecules, 1997, 30 (25): 7655-7660.

239. Kong X M, Yang Y Q, Xu J T, et al. Temperature rising elution fractionation of polypropylene produced by heterogeneous Ziegler-Natta catalysts [J]. European Polymer Journal, 1998, 34 (3-4): 431-434.

240. Harding G W, Van Reenen A J. Polymerisation and structure-property relationships of Ziegler-Natta catalysed isotactic polypropylenes [J]. European Polymer Journal, 2011, 47 (1): 70-77.

241. Kang J, Yang F, Wu T, et al. Polymerization control and fast characterization of the stereo-defect distribution of heterogeneous Ziegler-Natta isotactic

polypropylene [J]. European Polymer Journal，2012，48（2）：425-434.

242. Salakhov I I，Bukatov G D，Batyrshin A Z，et al. Polypropylene synthesis in liquid monomer with titanium-magnesium catalyst：Effect of different alkoxysilanes as external donors [J]. Journal of Polymer Research，2019，26（6）：126.

243. Chang H，Zhang Y，Ren S，et al. Study on the sequence length distribution of polypropylene by the successive self-nucleation and annealing（SSA）calorimetric technique [J]. Polymer Chemistry，2012，3（10）：2909-2919.

244. 简忠保. 功能化聚烯烃合成：从催化剂到极性单体设计 [J]. 高分子学报，2018，(11)：1359-1371.

245. 薛行华，王海华. 极性单体与烯烃共聚反应的研究进展 [J]. 高分子材料科学与工程，2003，19（5）：2909-2919.

246. Padwa A R. Functionally substituted poly（α-olefins）[J]. Progress in Polymer Science，1989，14（6）：811-833.

247. 黄河，张辽云，李化毅，等. 二醚型 Ziegler-Natta 催化剂催化丙烯与极性单体共聚 [J]. 催化学报，2010，31（08）：1077-1082.

248. Hakala K，Lofgren B，Helaja T. Copolymerizations of oxygen-functionalized olefins with propylene using metallocene/methylaluminoxane catalyst [J]. European Polymer Journal，1998，34（8）：1093-1097.

249. Desurmont G，Tokimitsu T，Yasuda H. First controlled block copolymerizations of higher 1-olefins with polar monomers using metallocene type single component lanthanide initiators [J]. Macromolecules，2000，33（21）：7679-7681.

250. Hakala K，Helaja T，Lofgren B. Metallocene/methylaluminoxane-catalyzed copolymerizations of oxygen-functionalized long-chain olefins with ethylene [J]. Journal of Polymer Science Part A：Polymer Chemistry，2000，38（11）：1966-1971.

251. Hakala K，Helaja T，Lofgren B. Synthesis of nitrogen-functionalized polyolefins with metallocene/methylaluminoxane catalysts [J]. Polymer Bulletin，2001，46（2-3）：123-130.

252. Imuta J I，Kashiwa N，Toda Y. Catalytic regioselective introduction of allyl alcohol into the nonpolar polyolefins：Development of one-pot synthesis of hydroxyl-capped polyolefins mediated by a new metallocene IF catalyst [J]. Journal of the American Chemical Society，2002，124（7）：1176-1177.

253. Johnson L K，Mecking S，Brookhart M. Copolymerization of ethylene and propylene with functionalized vinyl monomers by palladium（II）catalysts [J]. Journal of the American Chemical Society，1996，118（1）：267-268.

254. Drent E，Van Dijk R，Van Ginkel R，et al. Palladium catalysed copolymerisation of ethene with alkylacrylates：Polar comonomer built into the linear polymer chain [J]. Chemical Communications，2002，(7)：744-745.

255. Mu H L，Pan L，Song D P，et al. Neutral nickel catalysts for olefin homo- and copolymerization：relationships between catalyst structures and catalytic properties [J]. Chemical Reviews，2015，115（22）：12091-12137.

256. Guo L，Liu W，Chen C. Late transition metal catalyzed α-olefin polymerization and copolymerization with polar monomers [J]. Materials Chemistry

Frontiers, 2017, 1 (12): 2487-2494.

257. Chen C. Redox-controlled polymerization and copolymerization [J]. ACS Catalysis, 2018, 8 (6): 5506-5514.

258. Chen C. Designing catalysts for olefin polymerization and copolymerization: Beyond electronic and steric tuning [J]. Nature Reviews Chemistry, 2018, 2 (5): 6-14.

259. Gibson V C, Spitzmesser S K. Advances in non-metallocene olefin polymerization catalysis [J]. Chemical Reviews, 2003, 103 (1): 283-316.

260. Dong J Y, Hu Y. Design and synthesis of structurally well-defined functional polyolefins via transition metal-mediated olefin polymerization chemistry [J]. Coordination Chemistry Reviews, 2005, 250 (1-2): 47-65.

261. Nakamura A, Ito S, Nozaki K. Coordination-insertion copolymerization of fundamental polar monomers [J]. Chemical Reviews, 2009, 109 (11): 5215-5244.

262. Chen Y X. Coordination polymerization of polar vinyl monomers by single-site metal catalysts [J]. Chemical Reviews, 2009, 109 (11): 5157-5214.

263. Ito S, Nozaki K. Coordination-insertion copolymerization of polar vinyl monomers by palladium catalysts [J]. Chemical Record, 2010, 10 (5): 315-325.

264. Boffa L S, Novak B M. Copolymerization of polar monomers with olefins using transition-metal complexes [J]. Chemical Reviews, 2000, 100 (4): 1479-1494.

265. 江山, 王立, 封麟先. 烯烃与极性单体配位共聚的研究进展 [J]. 合成树脂及塑料, 2001, 18 (003): 54-57.

266. 刘云海, 曹小红. 烯烃与含氧极性单体共聚的研究进展 [J]. 华东地质学院学报, 2002, (02): 150-153.

267. 刘云海, 伍青. 新型后过渡金属烯烃催化剂的研究进展 [J]. 合成树脂及塑料, 2002, 019 (002): 58-62.

268. 暴峰, 张玲, 桂国球, 等. 后过渡金属催化剂催化烯烃/极性单体共聚的研究进展 [J]. 现代化工, 2003, (04): 20-23.

269. 柯灯明, 张玲, 伍青. 新型烯烃与极性单体共聚合 Ni (Ⅱ)、Pd (Ⅱ) 金属催化剂的研究进展 [J]. 石油化工, 2003, 032 (005): 438-442.

270. 陈商涛, 吕英莹, 胡友良. 直接共聚法制备功能化聚烯烃研究进展 [J]. 高分子通报, 2004, 000 (001): 37-43.

271. 胡扬剑, 王海华. 烯烃/极性单体共聚催化剂的研究进展 [J]. 合成树脂及塑料, 2004, (05): 65-67, 71.

272. 胡友良, 陈商涛. 烯烃的共聚合反应及聚烯烃改性: Ⅰ. 烯烃与极性单体的共聚合 [J]. 石化技术与应用, 2004, 22 (1): 1-3.

273. 赵烨, 高海洋, 张玲, 等. 功能化聚烯烃合成研究进展 [J]. 高分子通报, 2009, (07): 27-35.

274. 傅智盛, 朱良, 范志强. 乙烯/极性单体共聚钯基催化剂的研究进展 [J]. 合成树脂及塑料, 2010, 027 (003): 69-74.

275. 任鸿平, 李传峰, 汪开秀, 等. 后过渡催化剂催化烯烃与极性单体共聚的研究进展 [J]. 现代塑料加工应用, 2011, 23 (01): 60-63.

276. 常贺飞, 贺丽娟, 任士通, 等. 用于烯烃与（甲基）丙烯酸甲酯配位共聚的非茂后过渡催化剂研究进展 [J]. 高分子通报, 2012, (08): 13-23.

277. 陈敏, 陈昶乐. 官能团化聚烯烃: 新催化剂、新聚合调控手段、新材料 [J]. 高分子学报, 2018, (11): 1372-1384.

278. 王钦, 宁英男, 毛国梁. 乙烯与极性单体共聚的研究进展 [J]. 化学工程师, 2013, 27 (12): 34-37, 44.

279. Svejda S A, Johnson L K, Brookhart M. Low-temperature spectroscopic observation of chain growth and migratory insertion barriers in (α-diimine) Ni (Ⅱ) olefin polymerization catalysts [J]. Journal of the American Chemical Society, 2010, 121 (45): 10634-10635.

280. Mecking S, Johnson L K, Wang L, et al. Mechanistic studies of the palladium-catalyzed copolymerization of ethylene and α-olefins with methyl acrylate [J]. Journal of the American Chemical Society, 1998, 120 (5): 888-899.

281. Mecking S. Olefin polymerization by late transition metal complexes -a root of Ziegler catalysts gains new ground [J]. Angewandte Chemie-International Edition, 2001, 40 (3): 534-540.

282. Camacho D H, Salo E V, Ziller J W, et al. Cyclophane-based highly active late-transition-metal catalysts for ethylene polymerization [J]. Angewandte Chemie, 2010, 43 (14): 1821-1825.

283. Popeney C S, Camacho D H, Guan Z. Efficient incorporation of polar comonomers in copolymerizations with ethylene using a cyclophane-based Pd (Ⅱ) α-diimine catalyst [J]. Journal of the American Chemical Society, 2007, 129 (33): 10062-10063.

284. Vaidya T, Klimovica K, Lapointe A M, et al. Secondary alkene insertion and precision chain-walking: A new route to semicrystalline "polyethylene" from α-olefins by combining two rare catalytic events [J]. Journal of the American Chemical Society, 2014, 136 (20): 7213-7216.

285. Allen K E, Campos J, Daugulis O, et al. Living polymerization of ethylene and copolymerization of ethylene/methyl acrylate using "sandwich" diimine palladium catalysts [J]. ACS Catalysis, 2015, 5 (1): 456-464.

286. Rhinehart J L, Brown L A, Long B K. A robust Ni (Ⅱ) α-diimine catalyst for high temperature ethylene polymerization [J]. Journal of the American Chemical Society, 2013, 135 (44): 16316-16319.

287. Dai S, Sui X, Chen C. Highly robust palladium (Ⅱ) α-diimine catalysts for slow-chain-walking polymerization of ethylene and copolymerization with methyl acrylate [J]. Angewandte Chemie, 2015, 127 (34): 9948-9953.

288. Dai S Y, Chen C L. Direct synthesis of functionalized high-molecular-weight polyethylene by copolymerization of ethylene with polar monomers [J]. Angewandte Chemie-International Edition, 2016, 55 (42): 13281-13285.

289. Long B K, Eagan J M, Mulzer M, et al. Semi-crystalline polar polyethylene: ester-functionalized linear polyolefins enabled by a functional-group-tolerant, cationic nickel catalyst [J]. Angewandte Chemie-International Edition, 2016, 55 (25): 7106-7110.

290. Zhong L, Li G, Liang G, et al. Enhancing thermal stability and living fashion in α-diimine-nickel-catalyzed (co) polymerization of ethylene and polar monomer by increasing the steric bulk of ligand backbone [J]. Macromolecules, 2017, 50 (7): 2675-2682.

291. Zhong S H, Tan Y X, Zhong L, et al. Precision synthesis of ethylene and polar monomer copolymers by palladium-catalyzed living coordination copolymerization [J]. Macromolecules, 2017, 50 (15): 5661-5669.

292. Guo L, Gao H, Guan Q, et al. Substituent effects of the backbone in α-diimine palladium catalysts on homo-and copolymerization of ethylene with methyl acrylate [J]. Organometallics, 2012, 31 (17): 6054-6062.

293. 简忠保. 磷氧镍钯催化烯烃与极性单体共聚合研究进展 [J]. 四川师范大学学报（自然科学版），2019, 042 (004): 427-442.

294. Skupov K M, Marella P R, Simard M, et al. Palladium aryl sulfonate phosphine catalysts for the copolymerization of acrylates with ethene [J]. Macromolecular Rapid Communications, 2007, 28 (20): 2033-2038.

295. Guironnet D, Roesle P, Runzi T, et al. Insertion polymerization of acrylate [J]. Journal of the American Chemical Society, 2009, 131 (2): 422-423.

296. Neuwald B, Caporaso L, Cavallo L, et al. Concepts for stereoselective acrylate insertion [J]. Journal of the American Chemical Society, 2013, 135 (3): 1026-1036.

297. Wucher P, Goldbach V, Mecking S. Electronic influences in phosphinesulfonato palladium (II) polymerization catalysts [J]. Organometallics, 2013, 32 (16): 4516-4522.

298. Ota Y, Ito S, Kuroda J I, et al. Quantification of the steric influence of alkylphosphine-sulfonate ligands on polymerization, leading to high-molecular-weight copolymers of ethylene and polar monomers [J]. Journal of the American Chemical Society, 2014, 136 (34): 11898-11901.

299. Chen M, Chen C. Rational design of high-performance phosphine sulfonate nickel catalysts for ethylene polymerization and copolymerization with polar monomers [J]. ACS Catalysis, 2017, 7 (2): 1308-1312.

300. Carrow B P, Nozaki K. Synthesis of functional polyolefins using cationic bisphosphine monoxide-palladium complexes [J]. Journal of the American Chemical Society, 2012, 134 (21): 8802-8805.

301. Xin B S, Sato N, Tanna A, et al. Nickel catalyzed copolymerization of ethylene and alkyl acrylates [J]. Journal of the American Chemical Society, 2017, 139 (10): 3611-3614.

302. Chen M, Chen C L. A versatile ligand platform for palladium-and nickel-catalyzed ethylene copolymerization with polar monomers [J]. Angewandte Chemie International Edition, 2018, 57 (12): 3094-3098.

303. Mitsushige Y, Yasuda H, Carrow B P, et al. Methylene-bridged bisphosphine monoxide ligands for palladium-catalyzed copolymerization of ethylene and polar monomers [J]. Acs Macro Letters, 2018, 7 (3): 305-311.

304. Zhang Y P, Mu H L, Pan L, et al. Robust bulky P,O neutral nickel cata-

lysts for copolymerization of ethylene with polar vinyl monomers [J]. ACS Catalysis, 2018, 8 (7): 5963-5976.

305. Yasuda H, Nakano R, Ito S, et al. Palladium/IzQO-catalyzed coordination-insertion copolymerization of ethylene and 1,1-disubstituted ethylenes bearing a polar functional group [J]. Journal of the American Chemical Society, 2018, 140 (5): 1876-1883.

306. Chen Zhou, Liu Weijun, Daugulis O, et al. Mechanistic studies of Pd (II)-catalyzed copolymerization of ethylene and vinylalkoxysilanes: Evidence for a beta-silyl elimination chain transfer mechanism [J]. Journal of the American Chemical Society, 2016, 138 (49): 16120-16129.

307. Chen Z, Leatherman M D, Daugulis O, et al. Nickel-catalyzed copolymerization of ethylene and vinyltrialkoxysilanes: catalytic production of crosslinkable polyethylene and elucidation of the chain-growth mechanism [J]. Journal of the American Chemical Society, 2017, 139 (44): 16013-16022.

308. Bouilhac C, Ruunzi T, Mecking S. Catalytic copolymerization of ethylene with vinyl sulfones [J]. Macromolecules, 2010, 43 (8): 3589-3590.

309. Ruenzi T, Froehlich D, Mecking S. Direct synthesis of ethylene-acrylic acid copolymers by insertion polymerization [J]. Journal of the American Chemical Society, 2010, 132 (50): 17690-17691.

310. Friedberger T, Wucher P, Mecking S. Mechanistic insights into polar monomer insertion polymerization from acrylamides [J]. Journal of the American Chemical Society, 2012, 134 (2): 1010-1018.

311. Jian Z, Leicht H, Mecking S. Direct synthesis of imidazolium-functional polyethylene by insertion copolymerization [J]. Macromolecular Rapid Communications, 2016, 37 (11): 934-938.

312. Radlauer M R, Buckley A K, Henling L M, et al. Bimetallic coordination insertion polymerization of unprotected polar monomers: Copolymerization of amino olefins and ethylene by dinickel bisphenoxyiminato catalysts [J]. Journal of the American Chemical Society, 2013, 135 (10): 3784-3787.

313. Takeuchi D, Chiba Y, Takano S, et al. Double-decker-type dinuclear nickel catalyst for olefin polymerization: Efficient incorporation of functional co-monomers [J]. Angewandte Chemie, 2013, 52 (48): 12536-12540.

314. Takano S, Takeuchi D, Osakada K, et al. Dipalladium catalyst for olefin polymerization: Introduction of acrylate units into the main chain of branched polyethylene [J]. Angewandte Chemie International Edition, 2014, 53 (35): 9246-9250.

315. Li M, Wang X B, Luo Y, et al. A second-coordination-sphere strategy to modulate nickel-and palladium-catalyzed olefin polymerization and copolymerization [J]. Angewandte Chemie International Edition, 2017, 56 (38): 11604-11609.

316. Zhang D, Chen C. Influence of polyethylene glycol unit on palladium-and nickel-catalyzed ethylene polymerization and copolymerization [J]. Angewandte Chemie International Edition, 2017, 56 (46): 14672-14676.

317. Chen M, Yang B, Chen C. Redox-controlled olefin (co) polymerization

catalyzed by ferrocene-bridged phosphine-sulfonate palladium complexes [J]. Angewandte Chemie International Edition, 2015, 54 (54): 15520-15524.

318. Britovsek G J P, Gibson V C, Wass D F. The search for new-generation olefin polymerization catalysts: Life beyond metallocenes [J]. Angewandte Chemie International Edition, 1999, 38 (4): 428-447.

319. Luo S, Vela J, Lief G R, et al. Copolymerization of ethylene and alkyl vinyl ethers by a (phosphine-sulfonate) PdMe catalyst [J]. Journal of the American Chemical Society, 2007, 129 (29): 8946-8947.

320. Bettucci L, Bianchini C, Claver C, et al. Ligand effects in the non-alternating co-ethylene copolymerization by palladium (II) catalysis [J]. Dalton Transactions, 2007, (47): 5590-5602.

321. Liu S, Borkar S, Newsham D, et al. Synthesis of palladium complexes with an anionic P, O chelate and their use in copolymerization of ethene with functionalized norbornene derivatives: Unusual functionality tolerance [J]. Organometallic, 2007, 26 (1): 210-216.

322. Kochi T, Noda S, Yoshimura K, et al. Formation of linear copolymers of ethylene and acrylonitrile catalyzed by phosphine sulfonate palladium complexes [J]. Journal of The American Chemical Society, 2007, 129 (29): 8948-8949.

323. Wen W, Shen Z, Jordan R F. Copolymerization of ethylene and vinyl fluoride by (phosphine-sulfonate) Pd (Me)(py) catalysts [J]. Journal of the American Chemical Society, 2007, 129 (50): 15450-15451.

324. Kuhn P, Semeril D, Matt D, et al. Structure-reactivity relationships in shop-type complexes: Tunable catalysts for the oligomerisation and polymerisation of ethylene [J]. Dalton Transactions, 2007, (5): 515-528.

325. Vela J, Lief G R, Shen Z, et al. Ethylene polymerization by palladium alkyl complexes containing bis (aryl) phosphino-toluenesulfonate ligands [J]. Organometallic, 2007, 26 (26): 6624-6635.

326. Borkar S, Newsham D K, Sen A. Copolymerization of ethene with styrene derivatives, vinyl ketone, and vinylcyclohexane using a (phosphine-sulfonate) palladium (II) system: Unusual functionality and solvent tolerance sachin [J]. Organometallic, 2008, 27 (14): 3331-3334.

327. Skupov K M, Piche L, Claverie J P. Linear polyethylene with tunable surface properties by catalytic copolymerization of ethylene with $N$-vinyl-2-pyrrolidinone and $N$-Isopropylacrylamide [J]. Macrom-olecules, 2008, 41 (7): 2309-2310.

328. Terao H, Ishii S, Mitani M, et al. Ethylene/polar monomer copolymerization behavior of bis (phenoxy-imine) Ti complexes: Formation of polar monomer copolymers [J]. Journal of the American Chemical Society, 2008, 130 (52): 17636-17637.

329. Noda S, Nakamura A, Kochi T, et al. Mechanistic studies on the formation of linear polyethylene chain catalyzed by palladium phosphine-sulfonate complexes: experiment and theoretical studies [J]. Journal of the American Chemical Society, 2009, 131 (39): 14088-14100.

330. Ito S, Munakata K, Nakamura A, et al. Copolymerization of vinyl acetate with ethylene by palladium/alkylphosphine-sulfonate catalysts [J]. Journal of the American Chemical Society, 2009, 131 (41): 14606-14607.

331. Yang X H, Liu C R, Wang C, et al. [O⁻NSR] TiCl$_3$-catalyzed copolymerization of ethylene with functionalized olefins [J]. Angewandte Chemie International Edition, 2009, 48 (43): 8099-8102.

332. Guironnet D, Caporaso L, Neuwald B, et al. Mechanistic insights on acrylate insertion polymerization [J]. Journal of the American Chemical Society, 2010, 132 (12): 4418-4426.

333. Piche L, Daigle J-C, Poli R, et al. Investigation of steric and electronic factors of (arylsulfonyl) phosphane-palladium catalysts in ethene polymerization [J]. European Journal of Inorganic Chemistry, 2010, 2010 (29): 4595-4601.

334. Runzi T, Guironnet D, Gottker-Schnetmann I, et al. Reactivity of methacrylates in insertion polymerization [J]. Journal of the American Chemical Society, 2010, 132 (46): 16623-16630.

335. Chen C L, Luo S, Jordan R F. Cationic polymerization and insertion chemistry in the reactions of vinyl ethers with (r-Diimine) PdMe⁺ species [J]. Journal of the American Chemical Society, 2010, 132 (14): 5273-5284.

336. Conley M P, Jordan R F. Cis/trans Isomerization of phosphinesulfonate palladium (II) complexes [J]. Angewandte Chemie International Edition, 2011, 50 (16): 3744-3746.

337. Anselment T M J, Wichmann C, Anderson C E, et al. Structural modification of functionalized phosphine sulfonate-based palladium (II) olefin polymerization catalysts [J]. Organometallics, 2011, 30 (24): 6602-6611.

338. Wucher P, Caporaso L, Roesle P, et al. Breaking the regioselectivity rule for acrylate insertion in the mizoroki-heck reaction [J]. Proceedings of the National Academy of Sciences, 2011, 108 (22): 8955-8959.

339. Ito S, Kanazawa M, Munakata K, et al. Coordination-insertion copolymerization of allyl monomers with ethylene [J]. Journal of the American Chemical Society, 2011, 133 (5): 1232-1235.

340. Daigle J-C, Piche L, Arnold A, et al. Probing the regiochemistry of acrylate catalytic insertion polymerization via cyclocopolymerization of allyl acrylate and ethylene [J]. ACS Macro Letters, 2012, 1 (3): 343-346.

341. Runzi T, Tritschler U, Roesle P, et al. Activation and deactivation of neutral palladium (II) phosphinesulfonato polymerization catalysts [J]. Organometallics, 2012, 31 (23): 8388-8406.

342. Piche L, Daigle J C, Rehse G, et al. Structure-activity relationship of palladium phosphanesulfonates: Toward highly active palladium-based polymerization catalysts [J]. Chemistry-A European Journal, 2012, 18 (11): 3277-3285.

343. Wucher P, Roesle P, Falivene L, et al. Controlled acrylate insertion regioselectivity in diazaphospholidine-sulfonato palladium (II) complexes [J]. Organometallics, 2012, 31 (24): 8505-8515.

344. Neuwald B, Olscher F, Gottker-Schnetmann I, et al. Limits of activity: Weakly coordinating ligands in arylphosphinesulfonato palladium (Ⅱ) polymerization catalysts [J]. Organometallics, 2012, 31 (8): 3128-3137.

345. Cai Z, Shen Z, Zhou X, et al. Enhancement of chain growth and chain transfer rates in ethylene polymerization by (phosphine-sulfonate) PdMe catalysts by binding of B $(C_6F_5)_3$ to the sulfonate group [J]. ACS Catalysis, 2012, 2 (6): 1187-1195.

346. Chen Z, Li J F, Tao W J, et al. Copolymerization of ethylene with functionalized olefins by [ONX] titanium complexes [J]. Macromolecules, 2013, 46 (7): 2870-2875.

347. Nakamura A, Anselmentt M J, Claverie J, et al. Ortho-Phosphinobenzenesulfonate: A superb ligand for palladium-catalyzed coordination insertion copolymerization of polar monomers [J]. Accounts of Chemical Research, 2013, 46 (7): 1438-1449.

348. Neuwald B, Falivene L, Caporaso L, et al. Exploring electronic and steric effects on the insertion and polymerization reactivity of phosphinesulfonato pd (Ⅱ) catalysts [J]. Chemistry: A European Journal, 2013, 19 (52): 17773-17788.

349. Leicht H, Gottker-Schnetmann I, Mecking S. Incorporation of vinyl chloride in insertion polymerization [J]. Angewandte Chemie International Edition, 2013, 52 (14): 3963-3966.

350. Wang X, Wang Y, Shi X, et al. Syntheses of well-defined functional isotactic polypropylenes via efficient copolymerization of propylene with $\omega$-halo-$\alpha$-alkenes by post-metallocene hafnium catalyst [J]. Macromolecules, 2014, 47 (2): 552-559.

351. Carrow B P, Nozaki K. Transition-metal-catalyzed functional polyolefin synthesis: Effecting control through chelating ancillary ligand design and mechanistic insights [J]. Macromolecules, 2014, 47 (8): 2541-2555.

352. Boccia A C, Scalcione G, Boggioni L, et al. Multinuclear NMR spectroscopic characterization of a fluorinated enolatoimine titanium polymeryl species in the living ethylene-co-norbornene polymerization [J]. Organometallics, 2014, 33 (10): 2510-2516.

353. Jian Z, Wucher P, Mecking S. Heterocycle-substituted phosphinesulfonato palladium (Ⅱ) complexes for insertion copolymerization of methyl acrylate [J]. Organometallics, 2014, 33 (11): 2879-2888.

354. Lanzinger D, Giuman M M, Anselment T M J, et al. Copolymerization of ethylene and 3,3,3-trifluoropropene using (phosphine-sulfonate) Pd (Me) (DMSO) as catalyst [J]. ACS Macro Letters, 2014, 3 (9): 931-934.

355. Contrella N D, Sampson J R, Jordan R F. Copolymerization of ethylene and methyl acrylate by cationic palladium catalysts that contain phosphine-diethyl phosphonate ancillary ligands [J]. Organometallics, 2014, 33 (13): 3546-3555.

356. Dai S, Sui X, Chen C. Highly robust palladium (Ⅱ) alpha-diimine catalysts for slow-chain-walking polymerization of ethylene and copolymerization

with methyl acrylate [J]. Angewandte Chemie International Edition, 2015, 54 (34): 9948-9953.

357. Chen M, Zou W, Cai Z, et al. Norbornene homopolymerization and copolymerization with ethylene by phosphine-sulfonate nickel catalysts [J]. Polymer Chemistry, 2015, 6 (14): 2669-2676.

358. Gaikwad S R, Deshmukh S S, Gonnade R G, et al. Insertion copolymerization of difunctional polar vinyl monomers with ethylene [J]. ACS Macro Letters, 2015, 4 (9): 933-937.

359. Jian Z, Baier M C, Mecking S. Suppression of chain transfer in catalytic acrylate polymerization via rapid and selective secondary insertion [J]. Journal of the American Chemical Society, 2015, 137 (8): 2836-2839.

360. Jian Z, Mecking S. Insertion homo-and copolymerization of diallyl ether [J]. Angewandte Chemie International Edition, 2015, 54 (52): 15845-15849.

361. Nakano R, Nozaki K. Copolymerization of propylene and polar monomers using pd/izqo catalysts [J]. Journal of the American Chemical Society, 2015, 137 (34): 10934-10937.

362. Liu D, Yao C, Wang R, et al. Highly isoselective coordination polymerization of ortho-methoxystyrene with beta-diketiminato rare-earth-metal precursors [J]. Angewandte Chemie International Edition, 2015, 54 (17): 5205-5209.

363. Zhang Y P, Li W W, Li B X, et al. Well-defined phosphino-phenolate neutral nickel (II) catalysts for efficient (co) polymerization of norbornene and ethylene [J]. Dalton Transactions, 2015, 44 (16): 7382-7394.

364. Sui X, Dai S, Chen C. Ethylene polymerization and copolymerization with polar monomers by cationic phosphine phosphonic amide palladium complexes [J]. ACS Catalysis, 2015, 5 (10): 5932-5937.

365. Guo L, Dai S, Sui X, et al. Palladium and nickel catalyzed chain walking olefin polymerization and copolymerization [J]. ACS Catalysis, 2015, 6 (1): 428-441.

366. Nakano R, Chung L W, Watanabe Y, et al. Elucidating the key role of phosphine-sulfonate ligands in palladium-catalyzed ethylene polymerization: Effect of ligand structure on the molecular weight and linearity of polyethylene [J]. ACS Catalysis, 2016, 6 (9): 6101-6113.

367. Wu Z, Chen M, Chen C. Ethylene polymerization and copolymerization by palladium and nickel catalysts containing naphthalene-bridged phosphine-sulfonate ligands [J]. Organometallics, 2016, 35 (10): 1472-1479.

368. Dai S, Zhou S, Zhang W, et al. Systematic investigations of ligand steric effects on $\alpha$-diimine palladium catalyzed olefin polymerization and copolymerization [J]. Macromolecules, 2016, 49 (23): 8855-8862.

369. Hanifpour A, Bahri-Laleh N, Nekoomanesh-Haghighi M, et al. Study on unsaturated structure and tacticity of poly1-hexene and new copolymer of 1-hexene/5-hexene-1-ol prepared by metallocene catalyst [J]. Journal of Organometallic Chemistry, 2016, 819: 103-108.

370. Jian Z, Falivene L, Boffa G, et al. Direct synthesis of telechelic polyethylene by selective insertion polymerization [J]. Angewandte Chemie International Edition, 2016, 55 (46): 14378-14383.

371. Jian Z, Mecking S. Insertion polymerization of divinyl formal [J]. Macromolecules, 2016, 49 (12): 4395-4403.

372. Ota Y, Ito S, Kobayashi M, et al. Crystalline isotactic polar polypropylene from the palladium catalyzed copolymerization of propylene and polar monomers [J]. Angewandte Chemie International Edition, 2016, 55 (26): 7505-7509.

373. Mitsushige Y, Carrow B P, Ito S, et al. Ligand-controlled insertion regioselectivity accelerates copolymerisation of ethylene with methyl acrylate by cationic bisphosphine monoxide-palladium catalysts [J]. Chemical Science, 2016, 7 (1): 737-744.

374. Wang K, Wang J, Li Y, et al. Facile, efficient copolymerization of ethylene with norbornene-containing dienes promoted by single site non-metallocene oxovanadium (V) catalytic system [J]. Polymers, 2017, 9 (12).

375. Liang T, Chen C. Side-arm control in phosphine-sulfonate palladium-and nickel-catalyzed ethylene polymerization and copolymerization [J]. Organometallics, 2017, 36 (12): 2338-2344.

376. Yang B, Xiong S, Chen C. Manipulation of polymer branching density in phosphine-sulfonate palladium and nickel catalyzed ethylene polymerization [J]. Polymer Chemistry, 2017, 8 (40): 6272-6276.

377. Liu D, Wang M, Wang Z, et al. Stereoselective copolymerization of unprotected polar and nonpolar styrenes by an yttrium precursor: Control of polar-group distribution and mechanism [J]. Angewandte Chemie International Edition, 2017, 56 (10): 2714-2719.

378. Gaikwad S R, Deshmukh S S, Koshti V S, et al. Reactivity of difunctional polar monomers and ethylene copolymerization: A comprehensive account [J]. Macromolecules, 2017, 50 (15): 5748-5758.

379. Wang C X, Luo G, Nishiura M, et al. Heteroatom-assisted olefin polymerization by rare-earth metal catalysts [J]. Science Advances, 2017, 3 (7): E1701011.

380. Chen J, Gao Y, Wang B, et al. Scandium-catalyzed self-assisted polar comonomer enchainment in ethylene polymerization [J]. Angewandte Chemie International Edition, 2017, 56 (50): 15964-15968.

381. Wimmer F P, Caporaso L, Cavallo L, et al. Mechanism of insertion polymerization of allyl ethers [J]. Macromolecules, 2018, 51 (12): 4525-4531.

382. Zou C, Pang W, Chen C. Influence of chelate ring size on the properties of phosphine-sulfonate palladium catalysts [J]. Science China Chemistry, 2018, 61 (9): 1175-1178.

383. Wang X, Nozaki K. Selective chain-end functionalization of polar polyethylenes: Orthogonal reactivity of carbene and polar vinyl monomers in their copolymerization with ethylene [J]. Journal of the American Chemical Society, 2018, 140 (46).

384. Konishi Y,Tao W-J,Yasuda H,et al. Nickel-catalyzed propylene/polar monomer copolymerization [J]. ACS Macro Letters,2018,7(2):213-217.
385. Hong C,Sui X,Li Z,et al. Phosphine phosphonic amide nickel catalyzed ethylene polymerization and copolymerization with polar monomers [J]. Dalton Transactions,2018,47(25):8264-8267.
386. Khoshsefat M,Ahmadjo S,Mortazavi S M M,et al. Synthesis of low to high molecular weight poly (1-hexene):rigid/flexible structures in a di-and mononuclear ni-based catalyst series [J]. New Journal of Chemistry,2018,42(11):8334-8337.
387. Konishi Y,Tao W-J,Yasuda H,et al. Nickel-catalyzed propylene/polar monomer copolymerization [J]. ACS Macro Letters,2018,7(2):213-217.
388. Ren X,Guo F,Fu H,et al. Scandium-catalyzed copolymerization of myrcene with ethylene and propylene:convenient syntheses of versatile functionalized polyolefins [J]. Polymer Chemistry,2018,9(10):1223-1233.
389. Zhang W,Waddell P M,Tiedemann M A,et al. Electron-rich metal cations enable synthesis of high molecular weight,linear functional polyethylenes [J]. Journal of the American Chemical Society,2018,140(28):8841-8850.
390. Xia J,Zhang Y,Zhang J,et al. High-performance neutral phosphine-sulfonate nickel (II) catalysts for efficient ethylene polymerization and copolymerization with polar monomers [J]. Organometallics,2019,38(5):1118-1126.
391. 周蒴,马志,胡友良.后过渡金属催化剂制备烯烃极性单体共聚物[J].化学通报,2002,(08):527-533.
392. 杨楚峰,范宏,郭春文,等.乙烯与极性单体共聚合制备功能性超支化聚乙烯[J].科技通报,2008,(03):395-399,405.
393. 吕春胜,李晶,屈政坤.乙烯与极性单体共聚的研究进展[J].工业催化,2010,18(10):7-12.
394. Huang H,Zhang L,Li H,et al. Copolymerization of propylene and polar monomers by a new ziegler-natta catalyst system with diether as internal donor [J]. Chinese Journal of Catalysis (Chinese Version),2010,31(8):1077-1082.
395. 焦娜,郭方,李杨.单茂钪催化对氟苯乙烯间规聚合及与乙烯共聚合的研究[J].高分子学报.2017,(12):1922-1929.
396. 王帆,石向辉,南枫,等.非茂钯催化剂催化乙烯/丙烯/$\omega$-Cl-$\alpha$-乙烯基单体三元共聚合的研究[J].中国科学:化学,2018,48(6):609-619.
397. Ishihara N,Seimiya T,Kuramoto M,et al. Crystalline syndiotactic polystyrene [J]. Macromolecules,1986,19(9):2464-2465.
398. 冯作锋,谢军,陈斌,等.双核茂金属催化剂的研究[J].有机化学,2001,21(1):33-40.
399. 班青,孙俊全.双核茂金属催化剂催化聚合反应进展[J].高分子通报,2002,(06):41-50.
400. Delferro M,Marks T J. Multinuclear olefin polymerization catalysts [J].

Chemical Reviews, 2011, 111 (3): 2450-2485.
401. Jungling S, Mullhaupt R, Plenio H. Cooperative effects in binuclear zirconocenes: Their synthesis and use as catalyst in propene polymerization [J]. Journal of Organometallic Chemistry, 1993, 460 (2): 191-195.
402. Lee M H, Kim S K, Do Y. Biphenylene-bridged dinuclear group 4 metal complexes: enhanced polymerization properties in olefin polymerization [J]. Organometallics, 2005, 24 (15): 3618-3620.
403. Soga K, Ban H T, Uozumi T. Synthesis of a dinuclear ansa-zirconocene catalyst having a biphenyl bridge and application to ethene polymerization [J]. Journal of Molecular Catalysis A Chemical, 1998, 128 (1-3): 273-278.
404. Noh S K, Byun G G, Lee C S, et al. Synthesis, characterization, and reactivities of the polysiloxane-bridged binuclear metallocenes tetramethyldisiloxanediylbis (cyclopentadienyltitanium trichloride) and hexamethyltrisiloxanediylbis (cyclopentadienyltitanium trichloride) [J]. Journal of Organometallic Chemistry, 1996, 518 (1-2): 1-6.
405. Lee D H, Yoon K B, Lee E H, et al. Polymerizations of ethylene and styrene initiated with trisiloxane-bridged dinuclear titanium metallocene/MMAO catalyst systems [J]. Macromolecular Rapid Communications, 1995, 16 (4): 265-268.
406. Xu S, Dai X, Wu T, et al. Synthesis, structure and polymerization catalytic properties of doubly bridged bis (cyclopentadienyl) dinuclear titanium and zirconium complexes [J]. Journal of Organometallic Chemistry, 2002, 645 (1): 212-217.
407. Jung J, Noh S K, Lee D H, et al. Synthesis and characterization of group 4 metallocene complexes with two disiloxanediyl bridges [J]. Journal of Organometallic Chemistry, 2000, 595 (2): 147-152.
408. Tian G, Wang B, Xu S, et al. Ethylene polymerization with sila-bridged dinuclear zirconocene catalysts [J]. Macromolecular Chemistry & Physics, 2002, 203 (1): 31-36.
409. Ushioda T, Green M L H, Haggitt J, et al. Synthesis and catalytic properties of ansa-binuclear metallocenes of the group iv transition metals [J]. Journal of Organometallic Chemistry, 1996, 518 (1-2): 155-166.
410. Noh S K, Kim S, Kim J, et al. Investigation of the polymerization behavior of polysiloxane-bridged dinuclear zirconocenes as model compounds for a heterogenized metallocene at the silica surface [J]. Journal of Polymer Science Part A Polymer Chemistry, 2015, 35 (17): 3717-3728.
411. Xu S, Feng Z F, Huang J L. Synthesis of double silylene-bridged binuclear titanium complexes and their use as catalysts for ethylene polymerization [J]. Journal of Molecular Catalysis A: Chemical, 2006, 250 (1-2): 35-39.
412. Lang H, Blau S, Muth A, et al. Untersuchungen von polymerisations-und metathesereaktionen, X-XII. Darstellung und katalytische reaktionen von substituierten titanocendichloriden [J]. Journal of Organometallic Chemistry, 1995, 490 (1-2): C32-C36.
413. Deckers P J W, Hessen B, Teuben J H. Catalytic trimerization of ethene

with highly active cyclopentadienyl-arene titanium catalysts [J]. Organometallics, 2002, 21 (23): 5122-5135.

414. Lee H W, Ahn S H, Park Y H. Copolymerization characteristics of homogeneous and in situ supported [(CH$_2$)$_5$ (C$_5$H$_4$)$_2$] [(C$_9$H$_7$) ZrC$_{l2}$]$_2$ catalyst [J]. Journal of Molecular Catalysis A Chemical, 2003, 194 (1): 19-28.

415. Lee H W, Park Y H. Polymerization characteristics of in situ supported pentamethylene bridged dinuclear zirconocene [J]. Catalysis Today, 2002, 74 (3): 309-320.

416. Noh S K, Kim J, Jung J, et al. Syntheses of polymethylene bridged dinuclear zirconocenes and investigation of their polymerisation activities [J]. Journal of Organometallic Chemistry, 1999, 580 (1): 90-97.

417. Noh S K, Kim S, Yang Y, et al. Preparation of syndiotactic polystyrene using the doubly bridged dinuclear titanocenes [J]. European Polymer Journal, 2004, 40 (2): 227-235.

418. Spaleck W, Küber F, Bachmann B, et al. New bridged zirconocenes for olefin polymerization: binuclear and hybrid structures [J]. Journal of Molecular Catalysis A Chemical, 1998, 128 (1-3): 279-287.

419. Sierra J C, Hüerländer D, Hill M, et al. Formation of dinuclear titanium and zirconium complexes by olefin metathesis-catalytic preparation of organometallic catalyst systems [J]. Chemistry, 2003, 9 (15): 3618-3622.

420. Kuwabara J, Takeuchi D, Osakada K. Zr/Zr and Zr/Fe dinuclear complexes with flexible bridging ligands. Preparation by olefin metathesis reaction of the mononuclear precursors and properties as polymerization catalysts [J]. Organometallics, 2005, 24 (11): 2705-2712.

421. Trnka T M, Grubbs R H. The development of L$_2$X$_2$Ru = CHR olefin metathesis catalysts: An organometallic success story [J]. Accounts of Chemical Research, 2001, 34 (1): 18-29.

422. Noh S K, Jung W, Oh H, et al. Synthesis and styrene polymerization properties of dinuclear half-titanocene complexes with xylene linkage [J]. Journal of Organometallic Chemistry, 2006, 691 (23): 5000-5006.

423. Linh N T B, Huyen N T D, Noh S K, et al. Preparation of new dinuclear half-titanocene complexes with ortho-and meta-xylene linkages and investigation of styrene polymerization [J]. Journal of Organometallic Chemistry, 2009, 694 (21): 3438-3443.

424. Xiao X, Sun J, Li X, et al. Binuclear titanocenes linked by the bridge combination of rigid and flexible segment: synthesis and their use as catalysts for ethylene polymerization [J]. Journal of Molecular Catalysis A: Chemical, 2007, 267 (1-2): 86-91.

425. Li H, Marks T J. Nuclearity and cooperativity effects in binuclear catalysts and cocatalysts for olefin polymerization [J]. Proceedings of the National Academy of Sciences of the United States of America, 2006, 103 (42): 15295-15302.

426. Li H, Stern C L, Marks T J. Significant proximity and cocatalyst effects in binuclear catalysis for olefin polymerization [J]. Macromolecules, 2005, 38

(22): 9015-9027.

427. Li L, Metz M V, Li H, et al. Catalyst/cocatalyst nuclearity effects in single-site polymerization. Enhanced polyethylene branching and α-olefin comonomer enchainment in polymerizations mediated by binuclear catalysts and cocatalysts via a new enchainment pathway [J]. Journal of the American Chemical Society, 2002, 124 (43): 12725-12741.

428. Li H, Li L, Marks T J. Polynuclear olefin polymerization catalysis: proximity and cocatalyst effects lead to significantly increased polyethylene molecular weight and comonomer enchainment levels [J]. Angewandte Chemie, 2004, 116 (37): 4937-4940.

429. Motta A, Fragala I L, Marks T J. Proximity and cooperativity effects in binuclear d (0) olefin polymerization catalysis. Theoretical analysis of structure and reaction mechanism [J]. Journal of the American Chemical Society, 2009, 131 (11): 3974-3984.

430. Amin S B, Marks T J. Organosilane effects on organotitanium-catalyzed styrene polymerization [J]. Organometallics, 2007, 26 (12): 2960-2963.

431. Amin S B, Marks T J. Alkenylsilane structure effects on mononuclear and binuclear organotitanium-mediated ethylene polymerization: scope and mechanism of simultaneous polyolefin branch and functional group introduction [J]. Journal of the American Chemical Society, 2007, 129 (10): 2938-2953.

432. Amin S B, Marks T J. Versatile pathways for in? situ polyolefin functionalization with heteroatoms: catalytic chain transfer [J]. Angewandte Chemie International Edition, 2008, 47 (11): 2006-2025.

433. Noh S K, Lee J, Lee D H. Syntheses of dinuclear titanium constrained geometry complexes with polymethylene bridges and their copolymerization properties [J]. Journal of Organometallic Chemistry, 2003, 667 (1-2): 53-60.

434. Lee S H, Wu C J, Joung U G, et al. Bimetallic phenylene-bridged Cp/amide titanium complexes and their olefin polymerization [J]. Dalton Transactions, 2007, 251 (40): 4608-4614.

435. 张海英, 孙俊全, 刘希杰, 等. 4,4'-二（亚甲基）联苯桥连双核茂金属钛化合物的合成及催化乙烯聚合 [J]. 浙江大学学报（理学版）, 2006, 33 (1): 76-79.

436. 班青, 孙俊全. 三种不同碳桥联双核茂钛配合物的合成及催化乙烯聚合研究 [J]. 高等学校化学学报, 2003, 24 (12): 2304-2307.

437. 张德顺, 王力博, 米普科. 双核茂金属催化剂催化乙烯/1-己烯共聚合 [J]. 化学工程师, 2008, 22 (11): 56-58.

438. 邵炉, 梁春超, 许胜, 等. 双核茂金属催化剂的合成、表征与应用 [J]. 高等学校化学学报, 2019, 40 (006): 1324-1332.

439. 李旭, 孙俊全, 林峰, 等. 新型不对称双核茂金属钛催化剂催化乙烯聚合 [J]. 浙江大学学报（工学版）, 2007, 41 (008): 1348-1350.

440. 温丽芳, 杨敏, 罗爽, 等. 氧桥连双核茂钛催化剂催化苯乙烯的聚合 [J]. 高分子材料科学与工程, 2011, 27 (07): 9-12.

441. 邓小斌，徐善生，王佰全，等. 联苯基桥连双核茂锆化合物的合成及催化乙烯聚合 [J]. 高等学校化学学报，2002，23（11）：2089-2092.

442. 黄吉玲，许胜，王红，等. 芳基亚胺桥联双核茂钛络合物催化乙烯聚合 [J]. 催化学报，2005，26（003）：203-208.

443. 米普科，许胜，刘敏，等. 负载双核茂金属催化剂催化乙烯聚合反应动力学研究（英文）[J]. 分子催化，2012，26（06）：537-545.

444. Ewen J A，Jones R L，Razavi A，et al. Syndiospecific propylene polymerizations with group ⅣB metallocenes [J]. Journal of the American Chemical Society，1988，110（18）：6255.

445. Ishihara N，Kuramoto M，Uio M，et al. Stereospecific polymerization of styrene giving the syndiotactic polymer [J]. Macromolecules，1988，21（12）：3356-3360.

446. Reddy K P，Petersen J L. Synthesis and characterization of binuclear zirconocene complexes linked by a bridge bis（cyclopentadienyl）ligand [J]. Organometallics，1989，8（9）：2107-2113.

447. Diamond G M，Green M L H，Popham N A，et al. Synthesis of homo-and hetero-bimetallic complexes incorporating the [（$\eta_5$-$C_5H_4$）$CMe_2$（$\eta_5$-$C_9H_6$）] ligand [J]. Journal of the Chemical Society D：Chemical Communications，1994，6：727-728.

448. Herrmann W A，Morawietz M J A，Herrmann H F，et al. Tin-bridged ansa-metallocenes of zirconium：Synthesis and catalytic performance in olefin polymerization [J]. Journal of Organometallic Chemistry，1996，509（1）：115-117.

449. Mitani M，Hayakawa M，Yamada T，et al. Novel zirconium-iron multinuclear complex catalysts for olefin polymerizations [J]. Bulletin of the Chemical Society of Japan，1996，69（10）：2967-2976.

450. Flores J C，Ready T E，Chien J C W，et al. Binuclear monoindenyl-titanium（Ⅳ）complexes. synthesis and styrene polymerization catalysis [J]. Journal of Organometallic Chemistry，1998，562（1）：11-15.

451. Yan Xuefeng，Chernega A，Green M L H，et al. Homo-and hetero-binuclear ansa-metallocenes of the group 4 transition metals as homogeneous co-catalysts for the polymerisation of ethene and propene [J]. Journal of Molecular Catalysis A：Chemical，1998，128（1）：119-141.

452. Stanford res inst int. Metallocene catalysts and preparation and use：EP1023305 [P]，2000-08-02.

453. Cheil industries，inc. Carbon and/or silicon bridged binuclear metallocene catalyst for styrene polymerization：US6010974 [P]，2000-01-04.

454. Alt H G，Ernst R，Bohmer I K. Dinuclear ansa zirconocene complexes containing a sandwich and a half-sandwich moiety as catalysts for the polymerization of ethylene [J]. Journal of Organometallic Chemistry，2002，658（1-2）：259-265.

455. Lee M H，Park S J，Kim S K，et al. Multinuclear metallocene catalyst：US6943225B2 [P]，2005-9-13.

456. Sun J，Pan Z，Hu W，et al. Polymerization of methyl methacrylate with

ethylene bridged heterodinuclear metallocene of samarium and titanium [J]. European Polymer Journal, 2002, 38 (3): 545-549.

457. 侯卫锋. 新型锗桥联单核（稀土）、双核、多核茂金属催化乙烯和极性单体聚合行为研究 [D]. 杭州：浙江大学，2002.

458. 梁成锋. 新型氰乙基取代茂和锗、锡桥联茂金属的合成及催化聚合研究 [D]. 杭州：浙江大学，2002.

459. Alt H G, Ernst R. Dinuclear ansa zirconocene complexes as dual-site catalysts for the polymerization of ethylene [J]. Journal of Molecular Catalysis A Chemical, 2003, 195 (1): 11-27.

460. Alt H G, Ernst R. Asymmetric dinuclear ansa zirconocene complexes with methyl and phenyl substituted bridging silicon atoms as dual site catalysts for the polymerization of ethylene [J]. Inorganica Chimica Acta, 2003, 350 (14): 1-11.

461. Li H B, Li L, Marks T J, et al. Catalyst/cocatalyst nuclearity effects in single-site olefin polymerization. Significantly enhanced 1-octene and isobutene comonomer enchainment in ethylene polymerizations mediated by binuclear catalysts and cocatalysts [J]. Journal of the American Chemical Society, 2003, 125 (36): 10788-10789.

462. 班青. 碳桥联同核和异核茂金属的合成及催化乙烯聚合行为的研究 [D]. 杭州：浙江大学，2003.

463. Deppner M, Burger R, Alt H G. Alkylidenverbrückte dissymmetrische zweikernige Metallocenkomplexe als Katalysatoren für die Ethylenpolymerisation [J]. Journal of Organometallic Chemistry, 2004, 689 (7): 1194-1211.

464. Deppner M, Burger R, Weiser M, et al. Alkylidenverbrückte, symmetrische, zweikernige metallocenkomplexe als katalysatoren für die propylenpolymerisation [J]. Journal of Organometallic Chemistry, 2005, 690 (12): 2861-2871.

465. Joung U G, Lee B Y. Ethylene and ethylene/1-hexene (co) polymerizations with 2,5-dimethylcyclopentadienyl ansa-titanocene and zirconocene complexes [J]. Polyhedron, 2005, 24 (11): 1256-1261.

466. Liu X, Sun J, Zhang H, et al. Ethylene polymerization by novel phenylenedimethylene bridged homobinuclear titanocene/MAO systems [J]. European Polymer Journal, 2005, 41 (7): 1519-1524.

467. 刘希杰. 双亚甲基芳香桥双核茂金属化合物的合成及其催化乙烯聚合研究 [D]. 杭州：浙江大学，2005.

468. 张海英. 4,4'-二（亚甲基）联苯桥连双核钛、锆茂金属化合物催化聚合特性研究 [D]. 杭州：浙江大学，2005.

469. Sun J, Liu X, Zhang H, et al. Ethylene polymerization by phenylenedimethylene-bridged homobinuclear zirconocene/methylaluminoxane systems [J]. Journal of Applied Polymer Science, 2006, 99 (5): 2193-2198.

470. Sun J, Zhang H, Liu X, et al. Ethylene polymerization by novel 4,4'-bis (methylene) biphenylene bridged homodinuclear titanocene and zirconocene combined with MAO [J]. European Polymer Journal, 2006, 42 (6):

1259-1265.

471. Liu X, Sun J, Zhang H, et al. Synthesis of novel thiophenedimethylene bridged homobinuclear metallocenes and their catalytic properties for ethylene polymerization [J]. 高分子科学：英文版，2006，24（1）：21-27.
472. 李旭. 3-氧戊撑桥联不对称双核茂金属钛/MAO体系催化乙烯聚合研究 [D]. 杭州：浙江大学，2006.
473. 林峰. 柔性桥联双核钛、锆茂金属化合物的合成及催化乙烯聚合研究 [D]. 杭州：浙江大学，2006.
474. 许胜. 新型构型限制双桥双核茂金属化合物的合成、结构及烯烃聚合研究 [D]. 上海：华东理工大学，2006.
475. Owen C T, Bolton P D, Cowley A R, et al. Cyclopentadienyl titanium imido compounds and their ethylene polymerization capability: Control of molecular weight distributions by imido $N$-substituents [J]. Organometallics, 2007, 26 (26): 83-92.
476. 李洪峰. 桥联双核钛茂金属催化乙烯及甲基丙烯酸甲酯聚合的研究 [D]. 杭州：浙江大学，2007.
477. 聂玉静. 钛锆双核茂金属和非茂钛金属化合物的合成及其催化乙烯及甲基丙烯酸甲酯聚合 [D]. 杭州：浙江大学，2007.
478. 伍乔林. 新型非桥联茂钛催化剂的合成、表征及催化烯烃聚合反应研究 [D]. 长春：吉林大学，2007.
479. 肖孝辉. 双核、多核二茂钛的合成及其催化乙烯均相聚合研究 [D]. 杭州：浙江大学，2007.
480. 钟林. 新型双核二茂钛的合成及其催化性能的研究 [D]. 金华：浙江师范大学，2009.
481. Feng L, Sun J, Liu X, et al. Ethylene polymerization by alkylidene-bridged asymmetric dinuclear titanocene/MAO systems [J]. Journal of Applied Polymer Science, 2010, 101 (5): 3317-3323.
482. Noh S K, Lee M, Kum D H, et al. Studies of ethylene-styrene copolymerization with dinuclear constrained geometry complexes with methyl substitution at the five-membered ring in indenyl of [Ti（η5：$\eta_1$-$C_9H_5SiMe_2NC$-$Me_3$)]$_2$[$CH_2$]$_n$ [J]. Journal of Polymer Science Part A: Polymer Chemistry, 2004, 42 (7): 1712-1723.
483. Noh S K, Yang Y, Lyoo W S. Investigation of ethylene and styrene copolymerization initiated with dinuclear constrained geometry catalysts holding polymethylene as a bridging ligand and indenyl as a cyclopentadienyl derivative [J]. Journal of Applied Polymer Science, 2010, 90 (9): 2469-2474.
484. 邱仁华. 耐水抗氧型有机金属路易斯酸的设计、合成与催化应用研究 [D]. 长沙：湖南大学，2011.
485. Ban H T, Uozumi T, Soga K. Polymerization of olefins with a novel dinuclear ansa-zirconocene catalyst having a biphenyl bridge [J]. Journal of Polymer Science Part A: Polymer Chemistry, 2015, 36 (13): 2269-2274.
486. Liu S, Invergo A M, Mcinnis J P, et al. Distinctive stereochemically linked cooperative effects in bimetallic titanium olefin polymerization catalysts [J]. Organometallics, 2017, 36 (22): 4403-4421.

487. 许胜，梁春超，吕中文，等.双核茂钛催化剂中苄基苯环的弱作用效应对乙烯聚合行为影响的研究［J］.有机化学，2017，37（05）：1284-1289.

488. Jende L N, Vantomme A, Welle A, et al. Trinuclear tris (ansa-metallocene) complexes of zirconium and hafnium for olefin polymerization［J］. Journal of Organometallic Chemistry, 2018, 878: 19-29.

489. Khoshsefat M, Dechal A, Ahmadjo S, et al. Synthesis of poly (α-olefins) containing rare short-chain branches by dinuclear Ni-based catalysts［J］. New Journal of Chemistry, 2018, 42 (22): 18288-18296.

490. Suo H, Solan G A, Ma Y, et al. Developments in compartmentalized bimetallic transition metal ethylene polymerization catalysts［J］. Coordination Chemistry Reviews, 2018, 372 (OCT): 101-116.

491. Arriola D, Hustad P D. Catalytic production of olefin block copolymers via chain shuttling polymerization［J］. Science, 2006, 312 (5774): 714-719.

492. 李化毅，胡友良.链穿梭聚合制备聚烯烃嵌段共聚物的研究进展［J］.合成树脂与塑料，2008，25（6）：55-60.

493. 王凤，张贺新，张学全，等.双烯烃配位链转移聚合研究进展［J］.高分子通报，2013，(5)：57-64.

494. 苑泽华，刘东兵.链穿梭聚合的研究进展［J］.合成树脂及塑料，2015，32（2）：75-79.

495. 毛炳权，刘振杰，王世波.烯烃配位链转移聚合研究进展［J］.高分子通报，2013，(09)：1-8.

496. 成振美，傅智盛，范志强.链穿梭聚合的研究进展［J］.弹性体，2018，28（3）：69-75.

497. Wang H P, Khariwala D U, Cheung W, et al. Characterization of some new olefinic block copolymers［J］. Macromolecules, 2007, 40 (8): 2852-2862.

498. Khariwala D U, Taha A, Chum S P, et al. Crystallization kinetics of some new olefinic mock copolymers［J］. Polymer, 2008, 49 (5): 1365-1375.

499. Hustad P D, Kuhlman R L, Arriola D J, et al. Production of ethylene-based diblock copolymers continuous using coordinative chain transfer polymerization［J］. Macromolecules, 2007, 40 (20): 7061-7064.

500. Tynys A, Eilertsen J L, Seppala J V, et al. Propylene polymerizations with a binary metallocene system-Chain shuttling caused by trimethylaluminium between active catalyst centers［J］. Journal of Polymer Science Part A: Polymer Chemistry, 2007, 45 (7): 1364-1376.

501. Alfano F, Boone H W, Busico V, et al. Polypropylene "chain shuttling" at enantiomorphous and enantiopure catalytic species: Direct and quantitative evidence from polymer microstructure［J］. Macromolecules, 2007, 40 (22): 7736-7738.

502. Domski G J, Rose J M, Coates C W, et al. Living alkene polymerization: New metlods for the precision synthesis of polyolefins［J］. Progress in Polymer Science, 2007. 32 (1): 30-92.

503. Valente A, Mortreux A, Visseaux M, et al. Coordinative chain transfer polymerization［J］. Chemical Reviews, 2013, 113 (5): 3836-3857.

504. Zintl M, Rieger B. Novel olefin block copolymers through chain-shuttling polymerization [J]. Angewandte Chemie International Edition, 2007, 46 (3): 333-335.

505. Zinck P. Unexpected reactivities in chain shuttling copolymerizations [J]. Polymer International, 2016, 65 (1): 11-15.

506. Kuhlman R L, Klosin J. Tuning block compositions of polyethylene multiblock copolymers by catalyst selection [J]. Macromolecules, 2010, 43 (19): 7903-7904.

507. Xiao A, Wang L, Liu Q, et al. A novel linear-hyperbranched multiblock polyethylene produced from ethylene monomer alone via chain walking and chain shuttling polymerization [J]. Macromolecules, 2009, 42 (6): 1834-1837.

508. Pan L, Zhang K, Nishiura M, et al. Chain-shuttling polymerization at two different scandium sites: Regio-and stereospecific "one-pot" block copolymerization of styrene, isoprene, and butadiene [J]. Angewandte Chemie International Edition, 2011, 50 (50): 12012-12015.

509. Valente A, Mortreux A, Visseaux M, et al. Coordinative chain transfer polymerization [J]. Chemical Reviews, 2013, 113 (5): 3836-3857.

510. Gibson V C. Shuttling polyolefins to a new materials dimension [J]. Science, 2006, 312 (5774): 703-704.

511. Kempe R. How to polymerize ethylene in a highly controlled fashion [J]. Chemistry A: European Journal, 2007, 13 (10): 2764-2773.

512. Zhang M, Karjala T W, Jain P. Modeling of α-olefin copolymerization with chain-shuttling chemistry using dual catalysts in stirred-tank reactors: Molecular weight distributions and copolymer composition [J]. Industrial and Engineering Chemistry Research, 2010, 49 (17): 8135-8146.

513. Hustad P D, Kuhlman R L, Carnahan E M, et al. An exploration of the effects of reversibility in chain transfer to metal in olefin polymerization [J]. Macromolecules, 2008, 41 (12): 4081-4089.

514. Zhang M, Karjala T W, Jain P, et al. Theoretical modeling of average block structure in chain-shuttling α-olefin copolymerization using dual catalysts [J]. Macromolecules, 2013, 46 (12): 4847-4853.

515. Guzmun J D, Arriola D J, Karjala T, et al. Simple model to predict gel formation in olefin-diene copolymerizations catalyzed by constrained-geometry complexes [J]. Aiche Journal, 2010, 56 (5): 1325-1333.

516. Kuhlman R L, Wenzel T T. Investigations of chain shuttling olefin polymerization using deuterium labeling [J]. Macromolecules, 2008, 41 (12): 4090-4094

517. Pan L, Zhang K Y, Nishiura M, et al. Chain-shuttling polymerization at two different scandium sites: Regio-and stereospecific "one-pot" block copolymerization of styrene, isoprene, and butadiene [J]. Angewandte Chemie, 2011, 123 (50): 12218-12221.

518. Valente A, Stoclet G, Bonnet F, et al. Isoprene-styrene chain shuttling copolymerization mediated by a lanthanide half-sandwich complex and a lanthanidocene: Straightforward access to a new type of thermoplastic elasto-

mers [J]. Angewandte Chemie International Edition, 2014, 53 (18): 4638-4641.
519. Zhang W, Sita L R. Highly efficient, living coordinative chain-transfer polymerization of propene with $ZnEt_2$: Practical production of ultrahigh to very low molecular weight amorphous atactic polypropenes of extremely narrow polydispersity [J]. Journal of the American Chemical Society, 2008, 130 (2): 442-443.
520. Dow global technologies inc. Catalyst composition comprising shuttling agent for ethylene multi-block copolymerformation: US7858706 [P], 2010-12-28.
521. Chum P S, Swogger K W. Olefin polymer technologies-history and recent progress at the Dow Chemical Company [J]. Progress in Polymer Science, 2008, 33 (8): 797-819.
522. Martins R, Quinello L, Souza G, et al. Polymerization of ethylene with catalyst mixture in the presence of chain shuttling agent [J]. Chemistry Chemical Technology, 2012, 6 (2): 153-162.
523. Xiao A G, Zhou S B, Liu Q Q. A novel branched-hyper branched block polyolefin produced via chain shuttling polymerization from ethylene alone [J]. Polymer-Plastics Technology and Engineering, 2014, 53 (17): 1832-1837.
524. Xiao A G, Wang L. Propylene polymerization catalyzed by rac-Et$(Ind)_2ZrCl_2/Cp_2ZrCl_2$ in the presence of $ZnEt_3$ [J]. Designed Monomers and Polymers, 2009, 12 (5): 425-431.
525. Incoronata T, Laura B, Giulia S, et al. Novel norbornene copolymers with transition metal catalysts [J]. Journal of Organometallic Chemistry, 2015, 798 (2): 367-374.
526. Liu B, Cui D M. Regioselective chain shuttling polymerization of isoprene: An approach to access new materials from single monomer [J]. Macromolecules, 2016, 49 (17): 6226-6231.
527. Phuphuak Y, Bonnet F, Stoclet G, et al. Isoprene chain shuttling polymerisation between cis and trans regulating catalysts: Straightforward access to a new material [J]. Chemical Communication (Camb), 2017, 53 (38): 5330-5333.
528. Dai Q Q, Zhang X Q, Li Y Q, et al. Regulation of the cis-1,4-and trans-1, 4-polybutadiene multiblock copolymers via chain shuttling polymerization using a ternary neodymium organic sulfonate catalyst [J]. Macromolecules, 2017, 50 (20): 7887-7894.
529. Xu Q, Gao R, Liu D. Studies on chain shuttling polymerization reaction of nonbridged half-titanocene and bis (phenoxy-imine) Zr binary catalyst system [J]. Royal Society Open Science, 2019, 6 (4): 182007.
530. Childers M I, Vitek A K, Morris L S, et al. Isospecific, chain shuttling polymerization of propylene oxide using a bimetallic chromium catalyst: A new route to semicrystalline polyols [J]. Journal of the American Chemical Society, 2017, 139 (32): 11048-11054.
531. Anantawaraskul S, Somnukguande P, Soares J B P. Monte Carlo simulation of the microstructure of linear olefin block copolymers [J]. Macromolecular

Symposia, 2012, 312 (1): 167-173.
532. Tongtummachat T, Anantawaraskul S, Soares J B P. Dynamic Monte Carlo simulation of olefin block copolymers (OBCs) produced via chain-shuttling polymerization: Effect of kinetic rate constants on chain microstructure [J]. Macromolecular Reaction Engineering, 2018, 12 (4): 1800021.
533. Tongtummachat T, Anantawaraskul S, Soares J B P. Understanding the microstructure of living ethylene/1-octene block copolymers with dynamic Monte Carlo simulation [J]. Macromolecular Theory and Simulations, 2017, 26 (3): 1700012.
534. Tongtummachat T, Anantawaraskul S, Soares J B P. Understanding the formation of linear olefin block copolymers with dynamic Monte Carlo simulation [J]. Macromolecular Reaction Engineering, 2016, 10 (6): 535-550.
535. Saeb M R, Khorasani M M, Ahmadi M, et al. A unified picture of hard-soft segmental development along olefin chain shuttling copolymerization [J]. Polymer, 2015, 76: 245-253.
536. Ahmadi M, Nasresfahani A. Realistic representation of kinetics and microstructure development during chain shuttling polymerization of olefin block copolymers [J]. Macromolecular Theory and Simulations, 2015, 24 (4): 311-321.
537. Ahmadi M, Saeb M R, Mohammadi Y, et al. A perspective on modeling and characterization of transformations in the blocky nature of olefin block copolymers [J]. Industrial and Engineering Chemistry Research, 2015, 54 (36): 8867-8873.
538. Mohammadi Y, Ahmadi M, Saeb M R, et al. A detailed model on kinetics and microstructure evolution during copolymerization of ethylene and 1-octene: From coordinative chain transfer to chain shuttling polymerization [J]. Macromolecules, 2014, 47 (14): 4778-4789.
539. Saeb M R, Mohammadi Y, Kermaniyan T S, et al. Unspoken aspects of chain shuttling reactions: Patterning the molecular landscape of olefin multiblock copolymers [J]. Polymer, 2017, 116: 55-75.